一流学科教材
化学

结晶化学导论

INTRODUCTION TO CRYSTAL CHEMISTRY

第4版

钱逸泰　编著

中国科学技术大学出版社

内 容 简 介

本书包括几何结晶学、X光结晶学和结晶化学三部分。几何结晶学用对称性几何理论讨论了32种点群和230种空间群。X光结晶学包括X射线衍射理论、X光粉末衍射法及其在无机化学中的应用，并结合电子显微镜技术研究了纳米材料的形状和物相。结晶化学部分对于无方向性的金属键、离子键、范德瓦尔斯键构成的晶体结构用球的密堆积模型来描述；而对于复合化合物的晶体结构则用配位多面体构型来描述，如钙钛矿八面体配位的超导氧化物，八面体和四面体复合配位的尖晶石磁性氧化物，硅氧四面体为骨架的分子筛；对于多种化学键的如储氢化合物和插层化合物的晶体结构也从结晶化学角度加以描述。

本书适合作为高等学校化学、材料学科的本科生教材，也可供相关学科研究人员参考。

图书在版编目(CIP)数据

结晶化学导论/钱逸泰编著. —4版. —合肥：中国科学技术大学出版社，2022.9
(中国科学技术大学一流规划教材)
ISBN 978-7-312-05467-9

Ⅰ. 结…　Ⅱ. 钱…　Ⅲ. 晶体化学　Ⅳ. O74

中国版本图书馆CIP数据核字(2022)第156889号

结晶化学导论
JIEJING HUAXUE DAOLUN

出版　中国科学技术大学出版社
安徽省合肥市金寨路96号，230026
http://press.ustc.edu.cn
https://zgkxjsdxcbs.tmall.com
印刷　合肥市宏基印刷有限公司
发行　中国科学技术大学出版社
开本　787 mm×1092 mm　1/16
印张　23.75
字数　606千
版次　1988年8月第1版　2022年9月第4版
印次　2022年9月第9次印刷
定价　80.00元

第 4 版前言

结晶学是一门古老的学科。自从 20 世纪初劳埃发现晶体能衍射 X 光和布拉格用 X 光衍射证实巴劳预言的氯化钠晶体结构以后，一系列的晶体结构被测定。这加快了化学的发展，使人们对物质的化学键本质有了深入理解；同时，人们发现同样化学成分的物质会有完全不同的结构和性质。对晶体结构的理解、分类及其和性能的关系研究逐步形成了结晶化学学科。

从本书第 3 版出版至今，十余年来晶体结构分析技术已发展成一种通用的技术，特别是在计算机辅助下越来越先进、高效。所以本版对单晶 X 光结构分析不再介绍，而增加了微纳米材料的结晶化学的相关内容。

晶体生长学科有很久的历史了，古时候人们甚至认为水晶是由于冰过冷形成的。长期以来，晶体生长长成的晶体对高新技术领域有很大贡献，但晶体生长理论有待发展。本版增加“微纳米材料的结晶化学”这一章，是因为微纳米材料晶体生长机理在高倍电镜的观察下十分清楚。同时纳米晶体形成的微米多晶材料已应用到各种材料领域。而微纳米晶体材料制备科学的崛起也促进了二次电池材料的发展。

本版对稀土超导铜氧化合物钙钛矿结构的结晶化学进行了简明清晰的描述。这是因为钙钛矿结构演变在超导铜氧化合物中展现得十分典型。而类似的钙钛矿类化合物涌现于各种领域，如巨磁阻材料、太阳能光伏材料和催化剂材料。

作者十分感谢浙江大学曹光旱教授为第 4 版专门编写了“铁基超导材料的结晶化学”；十分感谢唐凯斌教授和朱永春副教授长期在中国科学技术大学讲授“结晶化学”课程。

第 4 版的及时出版，作者特别感谢周杰副研究员和一批勤奋的学生：蒋松、钱勇、陈南、凌忍恶、敖怀生、李阳、张明颖、谢雅萍和秦自力所做的很大的努力。

最后，作者亦感谢中国科学技术大学出版社的伍传平先生，他是 30 多年前本书第 1 版出版时全力协助的责任编辑。

钱逸泰

（钱逸泰　中国科学院院士）

2022 年 3 月

第3版前言

由于材料化学的发展，结晶化学得到充实和提高，结晶化学的读者有所增加。这样我们在1999年出版的《结晶化学导论》第2版的基础上增补、修订了有关内容，成为本书的第3版。具体修改的内容如下：为方便读者理解，我们对 C_{2v} 空间群的具体推导进行了较为详细的描述；从结晶化学角度，对"分子筛"(9.5节)和"夹层化合物"(13.5节)的相关内容进行了扩充；并对"超导氧化物的结晶化学"(第15章)部分的内容进行了调整和增补。此外，书中还穿插进了一些纳米材料的研究内容。

复旦大学龙英才教授对"分子筛"一节提出了宝贵的意见，在此表示真挚的谢意。感谢唐凯斌教授使用本书在中国科学技术大学讲授结晶化学课程，并对再版提出了不少宝贵意见。感谢学校教学主管部门领导的鼓励与支持。

在本书的再版修订过程中，还得到了朱永春、万军喜、张武等同学的大力支持，在此亦表示感谢。

本书虽经修订，但仍难免有错误、不当之处，希望读者在使用本书过程中批评指正。

钱逸泰

2005年6月于中国科学技术大学

第2版前言

《结晶化学导论》在1988年出版的《结晶化学》的基础上融合了我们近10年来取得的有关科研成果，吸收了结晶化学近年来取得的进展，增补、修订了有关内容，如特地新增了“超导氧化物的结晶化学”这一章（第15章），对10年来引人瞩目的超导氧化物从结晶化学的角度做了较为全面和系统的介绍。此外，为了便于读者查阅，我们还增加了名词索引和化合物索引。我们此次尽量采用了国际标准单位，但考虑到晶体结构中大量使用的长度单位以埃（Å，Å = 10^{-10} m）最为方便，故仍予以保留，考虑到数据的准确性，书中的能量单位大部分仍使用千卡（kcal）。

作者要感谢唐凯斌博士编写了第15章，赵亚盾博士审阅了本书的大部分内容，张厚波实验员为本书的出版所做的努力。傅佩珍副教授10年来使用本书在中国科学技术大学讲授结晶化学课程，谨此表示真挚的谢意。

在本书的再版修订过程中，得到了陆军、孟昭宇、严平、杨剑、胡俊青、陆轻铱、乔正平、张卫新等同学的大力支持，在此亦表示感谢。

结晶化学是一门历史悠久的学科，但它的发展却从未停止过，本书虽经修订，但仍难免有错误、不当之处，望读者批评指正。

钱逸泰

1999年1月于中国科学技术大学

前　言

结晶化学是研究晶体结构规律,并通过对晶体结构的理解来探索晶体性质的一门学科。

由于化学系的学生毕业后从事固体材料方面研究工作的逐年增加,因此自1963年以来中国科学技术大学化学系增设了结晶化学课程。它包括几何结晶学、X光结晶学和结晶化学三部分。本书在几何结晶学部分着重论述了空间群理论;在X光结晶学部分重点介绍了X光粉末法及其在无机固体化学中的应用;在结晶化学部分,对于离子键和共价键型的化合物,以配位多面体的类型及其相互连接方式来对它们进行分类。作为补充,对于化学键的本质也从结晶化学在这个传统领域中取得的成就的角度来描述。

我们之所以对晶体结构如此关心,主要是晶体有着种种有用的性质,同时要继续发现新的晶体结构,开发其对科学或生活有用的性质。因此,本书在描述各种几何结构的同时,对近年来材料科学的成就,如超导材料、激光材料、非线性光学材料、铁电材料、储氢材料等也从结晶化学的观点出发来加以论述。这些都穿插在各有关章节中。

在本书的编写过程中,曾得到了傅佩珍、程瑞鹏、黄允兰和王俊新等同志的大力帮助。刘凡镇副教授和陈祖耀副教授也提出了一些宝贵的意见,并不断给予鼓励。

1963年中国科学院化学所傅亨教授首次在中国科学技术大学主讲了结晶化学课程。作者在辅导该课程中取得了不少教益,在此也表示感谢。

钱逸泰

1987年6月

目　　录

第 1 章　晶体及其本质

1.1　晶　　体

1.1.1　晶体概念的发展

自然界中一些现象的节奏是那么的鲜明，春夏秋冬，月缺月圆，日出日落。自然界中一些事物的外形又是如此地对称：纷飞的蝴蝶、盛开的花朵、具有天然多面体外形的矿物，如石英(图 1-1)。

古代人错误地认为透明的石英晶体是由过冷的冰形成的，他们称石英为“krystallos”。这个名词的希腊文原意是“洁净的冰”。英文 crystal(晶体)也起源于这个词。在中世纪，人们研究了许多矿物晶体后形成一个初步的概念：晶体是具有多面体外形的固体。

在科学发展的过程中，随着人们对晶体结构的理解，晶体的概念得到不断深化和完善。如果把氯化钠晶体打碎，能形成无数立方体外形的小晶体，1812 年浩羽(R. J. Haüy)提出：这个过程能一直进行下去，直到形成一立方体的氯化钠“分子”。所以他认为晶体是由具有多面体外形的“分子”构成的(图 1-2)。这个理论遇到的严重困难是，有的晶体，如萤石，解理面为正八面体，而仅用正八面体不能堆砌晶体。况且有些晶体的解理面并不明显。还有，他把最小的平行六面体单位称为组成晶体的分子，这显然也是错误的。

图 1-1　石英晶体

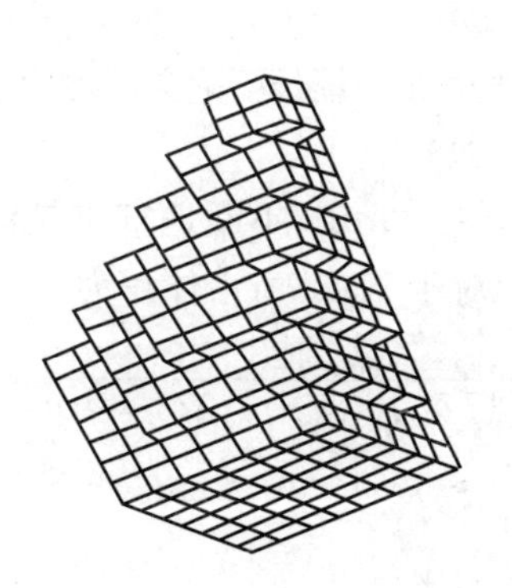

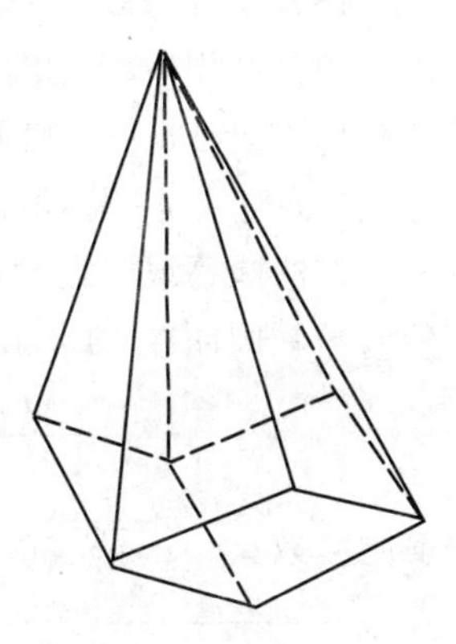

图 1-2　浩羽提出的晶体结构示意图

早在浩羽之前，1690 年惠更斯就提出：晶体中质点的有序排列导致晶体具有某种多面体外形（图 1-3）。在浩羽理论遭到否定以后，惠更斯的理论便在布拉维（A. Bravais）等人的努力下发展成晶体的点阵结构理论。

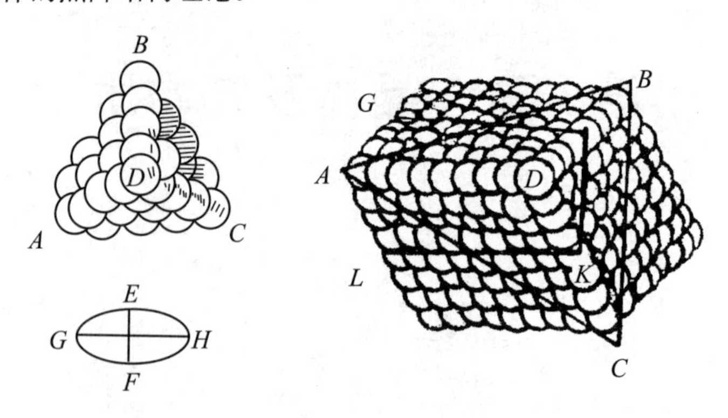

图 1-3　惠更斯对方解石晶体结构的臆测

基于晶体的各向异性和均匀性提出的点阵理论成功地经受了实践的考验，现在，我们能在电子显微镜下看到点阵结构了。1912 年劳埃开创了 X 光结晶学，它的发展一方面证明晶体是由构成晶体的质点（原子、离子、分子）在空间三维有序排列而成的结构——点阵结构；另一方面表明，这样定义下的晶体在自然界中是普遍存在的。在自然界中，具有天然多面体外形的晶体是少数的。有些东西从外表看似乎不是晶体，但实际上也是晶体。矿石、沙子、水泥、钢铁、洗衣粉、化学肥料，甚至骨骼和牙齿无一不是由晶体构成的。不过，这里不是较大的具有多面体外形的晶体，而是由无数微小的晶体颗粒取向随机地结合在一起而形成的多晶体。

1.1.2　结晶化学的发展

晶体结构的测定使人们对化合物的结构、化学键的本质以及物质的性质有了深入的了解。晶体结构、化学键和性能之间的关联形成了现代结晶化学研究的主题。

1912 年劳埃（Laue）通过 X 光被晶体衍射的实验表明，晶体是三维周期点阵结构，以及 X 光具有波动性，这是科学发展的里程碑。

1897 年 Barlow 在几何方面通过圆球的堆积问题，研究晶体结构的均匀性和对称性，提出了四种堆积模型，如图 1-4 所示。

1907 年 Barlow 和 Pope 发表了一篇长篇论文，预测了氯化钠为立方最密堆积（图 1-4(c)），氯化铯为简单立方堆积（图 1-4(d)）。

在法国慕尼黑大学，结晶学家 Groth 不断地宣讲晶体三维周期点阵结构。从阿伏伽德罗常数知周期在 10^{-8} cm，例如对于 NaCl 所占体积为

$$\frac{M}{\rho N_0}=\frac{58.4428\times 4}{2.17\times 10^{-24}\times 6.023\times 10^{23}}=178.9(\text{Å}^3)$$ ①

晶胞参数 $a=\sqrt[3]{178.9}\approx 5.64\ \text{Å}\approx 5.64\times 10^{-8}$ cm。

① 考虑到晶体结构中大量使用的长度单位以埃（Å，1 Å = 10^{-10} m）最为方便，故未使用国际标准单位。

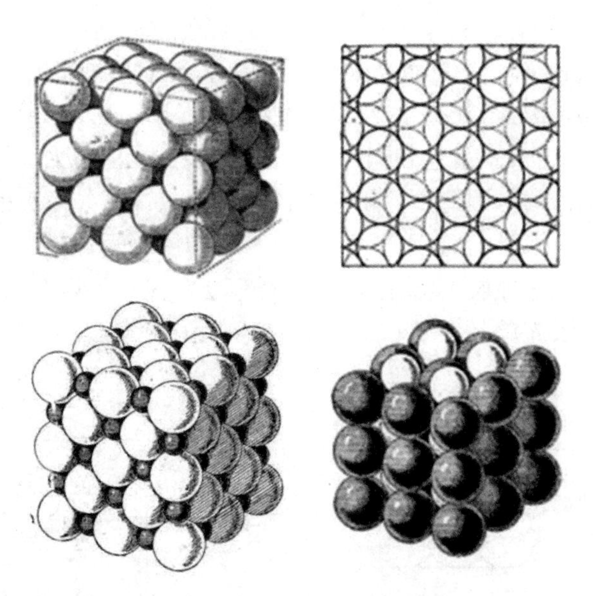

图 1-4　Barlow 提出的堆积模型

伦琴(X光发现者)1901年获得第一届诺贝尔奖,但X光的本质仍在争论中。光学权威 Prof. A. Sommerfeld (和 Koch)认为:X光是波,且在 Walter 和 Paul 的X射线通过不同狭缝的实验上测X光波长,未成。在此基础推测X射线可能有 10^{-9} cm 数量级的波长。

Ewald 在 Sommerfeld 教授的指导下做博士论文:研究光和正交晶体中的偶极子相互作用,并推导了严格的方程式,讲师劳埃和各组的研究生相互交流,当 Ewald 请教劳埃时,劳埃就设想,在人工做的狭缝光栅上,X光衍射失败是因为狭缝太宽,X光波长太短,而三维周期排列的晶体是一个理想的天然立体光栅。

1912年,在劳埃的建议下,伦琴实验室的弗里德里赫(W. Friedrich)和尼平(P. Knipping)用硫酸铜晶体作为光栅衍射X射线,得到世界上第一张X射线衍射图。

劳埃第一次成功地进行了X射线通过晶体发生衍射的实验,验证了晶体的点阵结构理论,并确定了晶体衍射劳埃方程式。因此他获得了1914年诺贝尔物理学奖。

在 Pope 的鼓励下,Bragg 用单色X光替代劳埃实验中的多色光,用 Bragg 晶面反射公式替代三维衍射的劳埃方程,验证了 NaCl 的晶体结构模型,根据面心立方堆积模型得出 $d_{100}=a=5.64$ Å,由布拉格公式 $2d\sin\theta=n\lambda$,成功地测定了特征X射线的波长:

$$\lambda = 5.64\ \text{Å} \times 0.126 = 0.71\ \text{Å}(\text{Mo 靶})$$

随后几十年,晶体学把早已建立的空间群理论引入到X光结构分析,成千上万个结构被测定,而晶体结构、化学键和性能紧密相关,形成了结构化学的主题。

1.1.3　同质多象

图 1-5 是椭圆形分子各种堆积方式的示意图。从图中可以看出,同样的分子(原子)可以以不同的方式堆积成不同的晶体(同一物质的液体、气体却只有一种),这种现象叫作同质多象。下面举两个例子来说明。

在图 1-6 中,(a)是金刚石的结构,(b)是石墨的结构。从化学分析知道,金刚石和石墨都是由碳原子构成的。这样,二者性质上的极大差别只能从碳原子排列(即晶体结构)的不同来解释。

在力学性质上，金刚石非常硬，作为莫氏硬度的标准，它的硬度定为 10，而其他任何天然物质的硬度都不到 10。因此，在日常生活中用它来划玻璃，在地质部门用它来做钻头，等等。而石墨非常软，可用来做铅笔和润滑剂。在光学性质上，金刚石无色透明，在阳光下闪闪发亮，对光的折射率高，因此人们用它来作贵重的装饰品。而石墨是黑色、不透明的，具有金属光泽。在电学性质上，金刚石不导电，为绝缘体；而石墨导电性能良好，在电解时经常用来作电极。在化学性质上，金刚石加热到 750 ℃左右可以在空气中燃烧，而石墨是高温耐火材料。生长激光单晶 YAG 时，单晶的熔点为 1960 ℃，对坩埚加热用的就是石墨加热器。

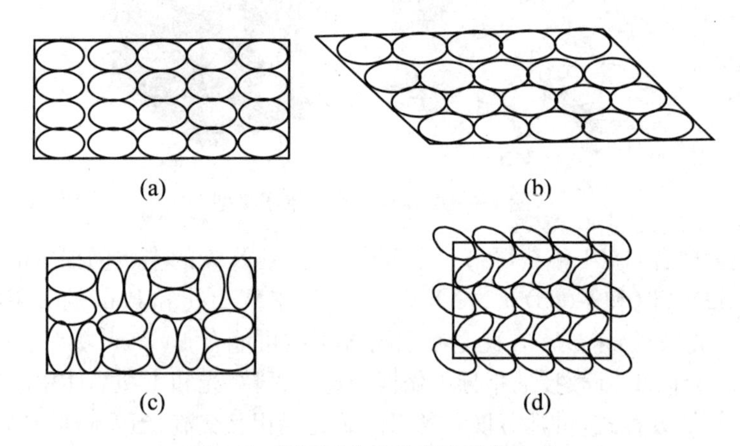

图 1-5　椭圆形分子的各种堆积方式

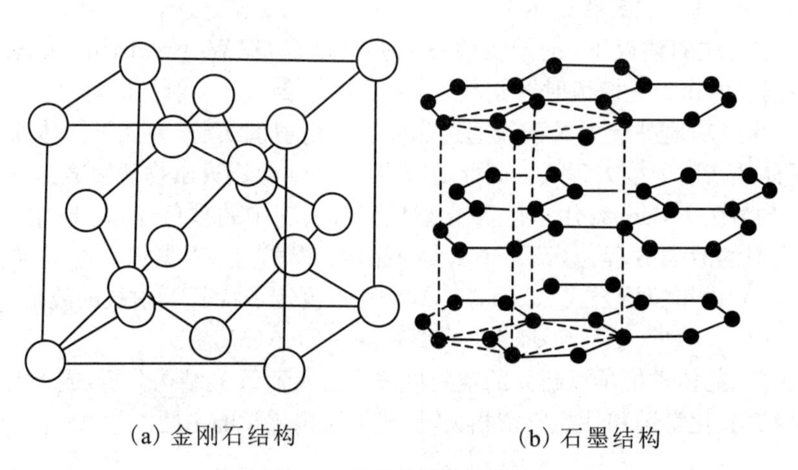

图 1-6　碳元素的两种结构

从同质多象可以得到这样一个结论：在研究晶体性质时，确定化学成分仅仅是第一步，只有进一步确定其结构才能深入探讨问题。因为对于晶体，化学成分必须通过结构方能决定性质，这也是我们学习结晶化学的目的。

1.2　晶体的基本特点

1.2.1　各向异性

晶体的几何度量和物理效应常随方向不同而表现出量上的差异，这种性质称为各向异性。当然，在晶体以对称性联系起来的方向上其几何度量和物理效应是相同的。

晶体是各向异性体，这是由晶体内部质点的有序排列决定的(图1-7)。图1-8中指出了NaCl晶体在 ***c*** 方向、***b***+***c*** 方向和在 ***a***+***b***+***c*** 方向上拉力的差别。我们看到，三个方向拉力的比约为1∶2∶4。

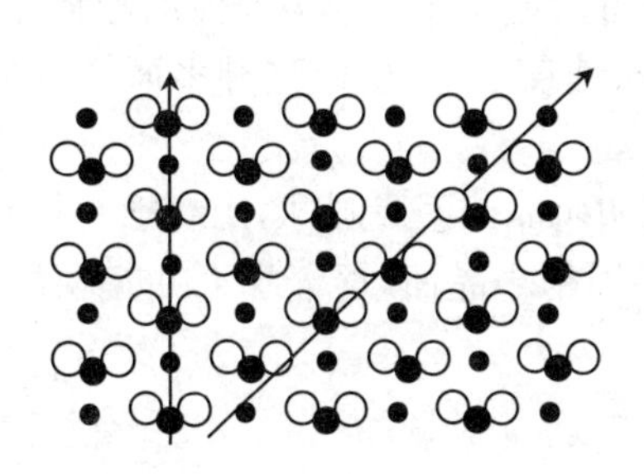

图1-7　晶体的各向异性

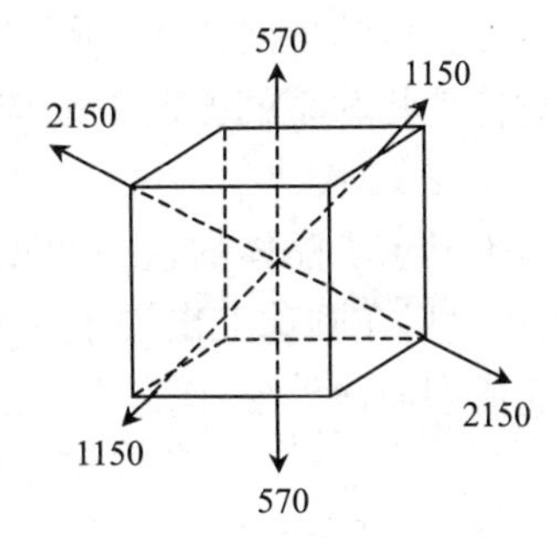

图1-8　NaCl晶体的力学性质
(单位：g/mm^2)

虽然晶体在多数性质上表现为各向异性，但我们不能认为无论何种晶体，无论在什么方向上都表现出各向异性。例如，在光学性质上，方解石是各向异性的，而岩盐(NaCl)在 ***a***，***b***，***c*** 方向是各向同性的。在热传导性质上，氯化钠是各向同性的，而霞石($Na(SiAl)O_4$)晶体在底面上表现为各向同性，在柱面上却表现为各向异性。对于霞石的这一性质，我们做一个小实验：在霞石的底面上和柱面上涂上一层石蜡，在酒精灯上将两根铁针烧热，分别把针尖放在底面和柱面上。底面上石蜡化成圆形，而柱面上化成椭圆形(图1-9(b))，这说明在霞石晶体的底面上热传导是各向同性的，在柱面上则是各向异性的，而在岩盐(NaCl)晶体立方面上石蜡都化成圆形(图1-9(a))。

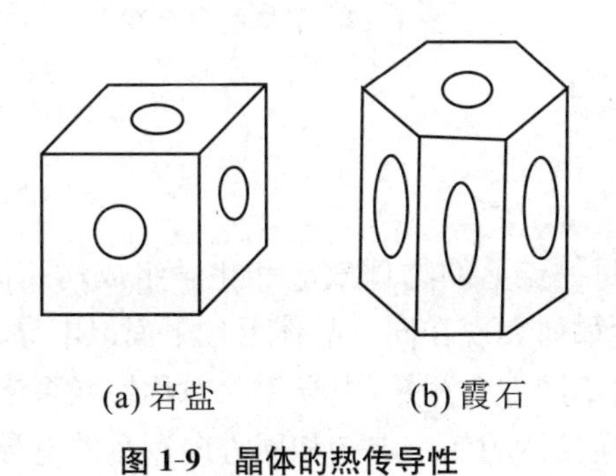

(a) 岩盐　　(b) 霞石

图1-9　晶体的热传导性

在图 1-10 中,(a)是有机长分子晶体的一种堆积,(b)是有机长分子晶体另一种堆积,(c)是离子晶体的堆积。从图中可以看出,构成晶体的分子的形状和堆积方式对晶体的各向异性有很大影响。因此测量了晶体的各向异性就可粗略地估计晶体内分子的形状和排列方式。例如我们沿六方柱形石墨晶体底面测得电导率为沿柱面方向测得的 10^6 倍,从这点出发就可以初步估计石墨是层状结构的了(图 1-11)。

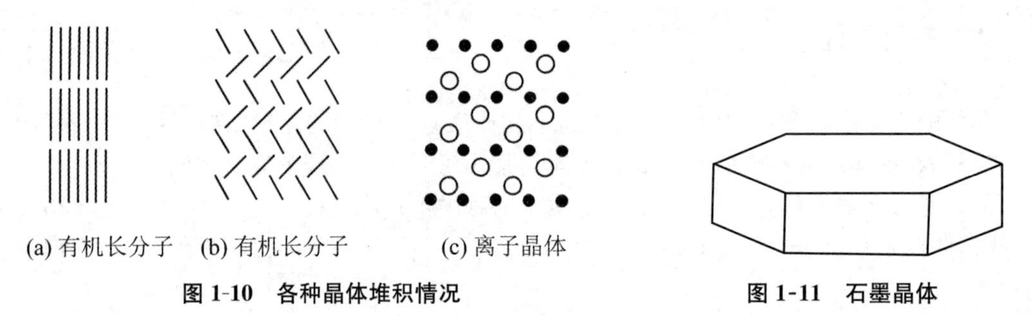

图 1-10　各种晶体堆积情况　　**图 1-11　石墨晶体**

晶体由于生长速度的各向异性,所以具有自发地长成一个多面体的趋势,这叫作晶体的自范性。因为对称性相联系的方向上晶体生长速度一样,所以这种多面体也会呈现出种种对称性。

下面的实验也显示了晶体的这一性质:将明矾晶体磨成圆球,用线把它挂在明矾的饱和溶液里,经过数小时后在圆球上出现了一些平坦的小晶面,逐渐扩大并互相汇合,最后终于覆盖整个圆球而成多面体外形(图 1-12)。

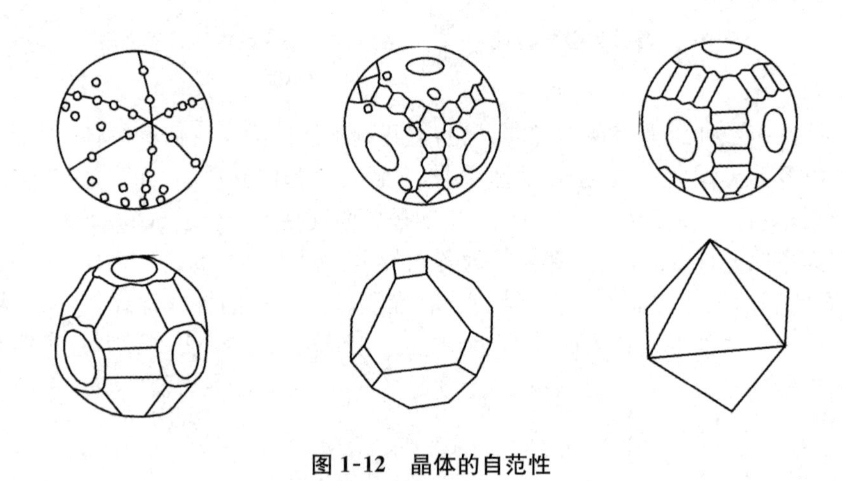

图 1-12　晶体的自范性

1.2.2　均匀性

在宏观观察下,晶体每一点上的物理效应和化学组成均相同。这种性质称为晶体的均匀性。各向异性和均匀性如何表现在同一晶体上? 下面以电导率为例来说明这个问题。

在晶体的每一点上按不同方向测量,电导率除对称性联系起来的方向外都是不同的,这就是晶体的各向异性;而在晶体的任一点按相同方向测量的电导率都相同,这就是晶体的均匀性。即晶体的各向异性均匀地在晶体各点上表现出来。

表面上，晶体和非晶体都是均匀的，但实质上有所不同，晶体中每一微观区域精确地均匀，而非晶体中只是统计上近似均匀(图 1-13)。

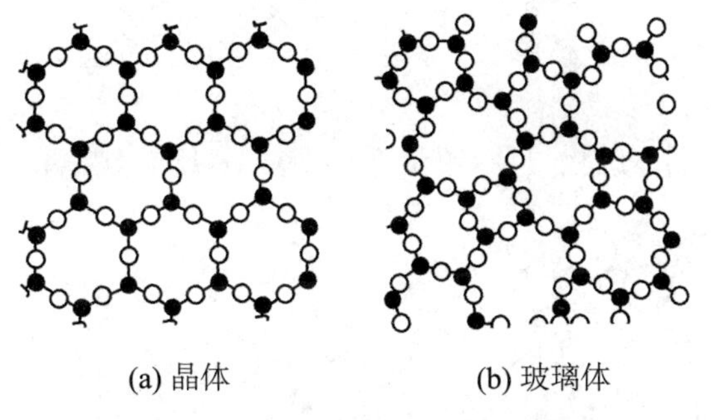

图 1-13　晶体和玻璃体中的结构特点

晶体的有序排列决定了晶体的精确均匀性，这使它具有固定熔点。如冰的熔点选作为摄氏温度的零点。非晶体(如玻璃)在加热时随温度上升，其中原子或原子团的热运动相应加剧，它们的流动性就逐渐地恢复，黏度愈来愈小，在融化的整个过程中并无固定的熔点。这表现在加热时间-温度曲线上晶体的曲线有平台(固定熔点)，而非晶体的曲线无平台(图 1-14)。

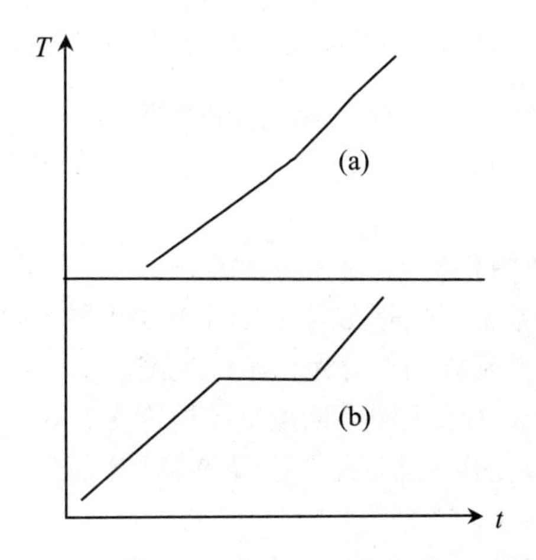

图 1-14　非晶体(a)和晶体(b)的加热时间-温度曲线

1.3　点阵与点阵结构

1.3.1　点阵与点阵结构的概念

图 1-15(a)是石墨晶体的一个平面层，粗一看似乎周期重复着的是一个碳原子，稍加分析就可看出周期重复着的是一对碳原子(图 1-15(b))，这是因为相邻的两个碳原子周围环境

不同，碳原子①和②周围三个碳原子形成的三角形方向正好相反，因此碳原子①和②是无法周期重复的。必须指出，石墨晶体的这个平面层是无限的。对于石墨这种结构的描述可以归结为两点：

（1）存在被周期重复的最小单位，称之为结构基元。石墨结构中它是邻近的两个碳原子。

（2）通过平移可使晶体结构复原，单位平移重复向量称为周期。

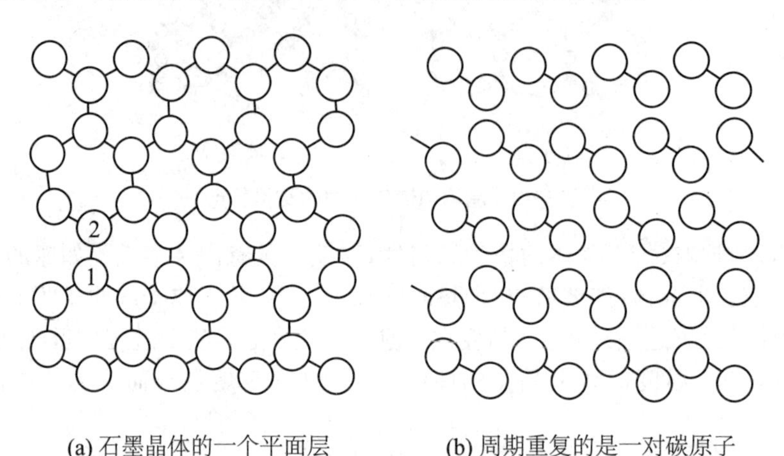

(a) 石墨晶体的一个平面层　　(b) 周期重复的是一对碳原子

图 1-15　石墨晶体的点阵结构

这两点就确定了结构的全貌。为了复制这样的结构模型可以采用以下两种办法：

（1）按平移向量的方向和大小，先在纸上点一组点，然后在这些点上按一定的取向把结构基元填上去。

（2）按平移向量的距离画成格子，再在格子的顶点按一定取向把结构基元填上去。因为结构是无限的，所以这一组点必然是无限的，这个格子也是无限的。

一组周围环境相同、为数无限的点称为点阵。以点阵点为顶点取出的平行六面体（二维时为平行四边形）单位称为格子。无限周期重复结构称为点阵结构。与点阵结构相应的平行六面体称为晶胞。晶体就是由质点（原子、分子或离子）在三维空间周期重复而成的点阵结构。

在日常生活中有许多图案就是一维、二维、三维点阵结构，图 1-16 是黄铁矿 FeS_2 晶体结构的一个平面，它与平常的花布图案十分相似。

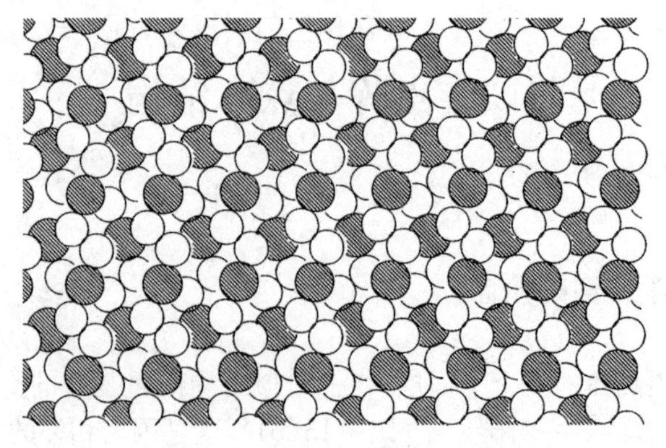

图 1-16　FeS_2 结构中的一个平面

1.3.2　点阵和平移群

如图 1-15(b)所示，我们可按照无数个向量使这样的点阵结构平移复原，复原的意思就是在操作后觉察不出结构有任何变化。能使点阵结构(或点阵)复原的全部平移向量的集合构成一个群，称为平移群。显然与同一点阵结构相应的点阵与平移群之间有以下关系：

(1) 点阵中任意二点阵点之间连接的向量必属于平移群。

(2) 平移群中任一向量起点为点阵点时，其端点也是点阵点。

若 $\boldsymbol{a},\boldsymbol{b},\boldsymbol{c}$ 是三个不共面的向量，则平移群的表达式可写成

$$\boldsymbol{T}_{m,n,p}=m\boldsymbol{a}+n\boldsymbol{b}+p\boldsymbol{c}\quad(m,\ n,\ p=0,\ \pm1,\ \cdots,\ \pm\infty)$$

如果 $p\equiv0$，则($\boldsymbol{T}_{m,n}$)表示平面点阵的平移群。

如果 $p,n\equiv0$，则($\boldsymbol{T}_{m}$)表示直线点阵的平移群。

1.3.3　格子和晶胞

平面点阵和空间点阵都可以按照它自身的周期分别划分为无数并置的平行四边形和平行六面体单位。前者称为平面格子(图 1-17)，后者称为空间格子(图 1-18)。

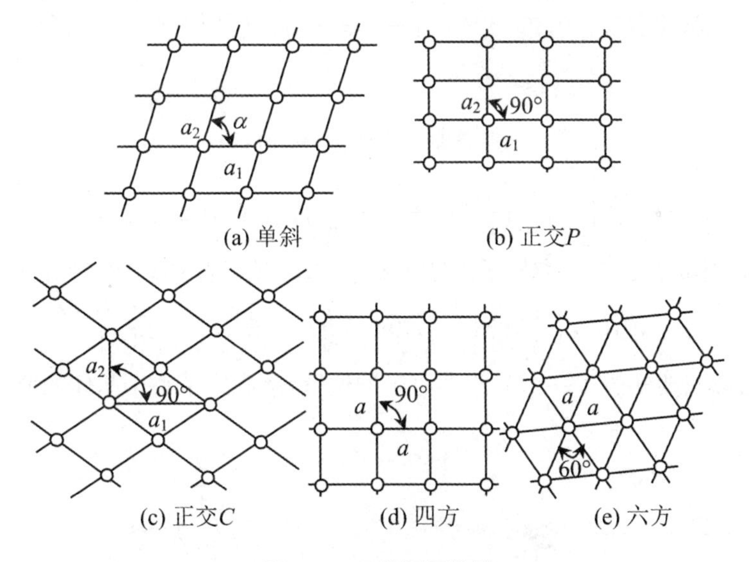

图 1-17　5 种平面格子

如果点阵点都位于平行六面体的顶点，每个平行六面体只有一个点阵点，则称为素格子，用 P 表示。如果在平行六面体的体心还有点阵点则称为体心格子，用 I 表示。如果点阵点位于平行六面体的相对面心上，则称为底心格子，其中：A 格子表示 $\boldsymbol{b},\boldsymbol{c}$ 向量决定的面上有心，B 格子表示 $\boldsymbol{a},\boldsymbol{c}$ 向量决定的面上有心，C 格子表示 $\boldsymbol{a},\boldsymbol{b}$ 向量决定的面上有心。如果所有面心上都有点，则称为面心格子，用 F 表示，每个格子有 4 个点阵点。格子面为菱形的三方格子有时是立方格子(图 1-19)。

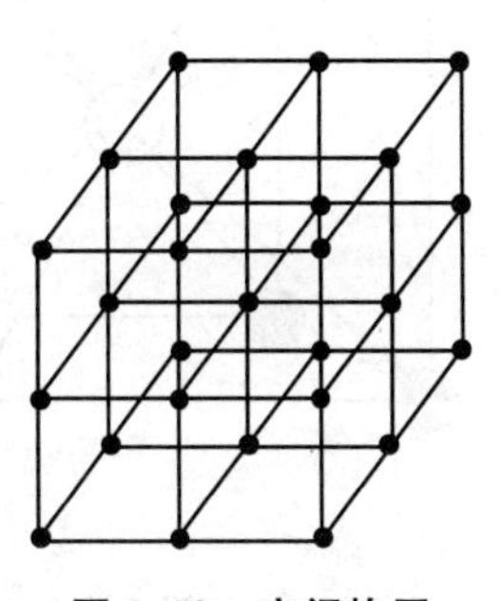

图 1-18　空间格子

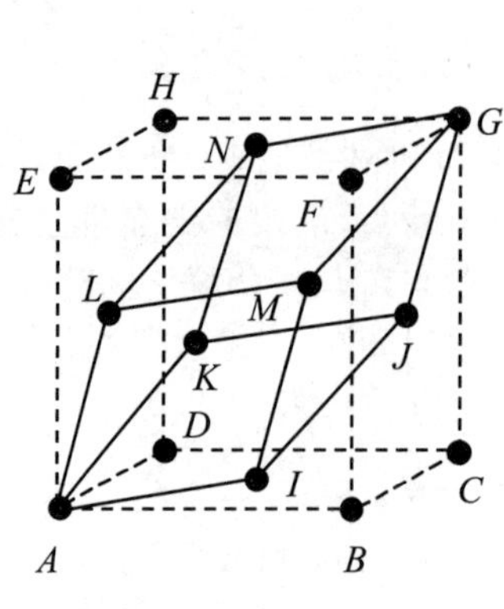

(a) 立方F格子及三方R格子

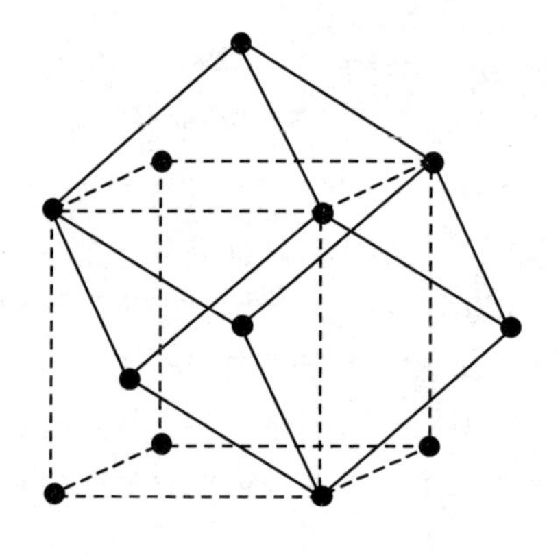

(b) 立方I格子及三方R格子

图 1-19　立方格子与三方格子

空间点阵结构也可以取每个顶点都是等同点的平行六面体单位来表示，这个平行六面体能反映晶体的特征对称性，这样的最小重复单位称为晶胞，晶胞应对整个点阵、点阵结构都有代表性。

晶胞中原子的位置一般用分数坐标来表示。对于立方格子，$\boldsymbol{a},\boldsymbol{b},\boldsymbol{c}$ 正交等长，如图 1-20 所示 CsCl 晶体结构中：Cs^+ (0，0，0)；Cl^- $\left(\frac{1}{2},\frac{1}{2},\frac{1}{2}\right)$，其结构基元由一个 Cs^+ 和一个 Cl^- 组成。

图 1-21 为 Cu_2O 晶体结构，晶胞中原子分数坐标为：O^{2-}：(0，0，0)，$\left(\frac{1}{2},\frac{1}{2},\frac{1}{2}\right)$；$Cu^+$：$\left(\frac{1}{4},\frac{1}{4},\frac{3}{4}\right)$，$\left(\frac{3}{4},\frac{3}{4},\frac{3}{4}\right)$，$\left(\frac{1}{4},\frac{3}{4},\frac{1}{4}\right)$，$\left(\frac{3}{4},\frac{1}{4},\frac{1}{4}\right)$，其结构基元由两个 O^{2-}，四个 Cu^+ 构成。以上两个晶体都是简单立方格子。图 1-22 为六方 ZnS 晶体结构(纤锌矿)，晶胞中原子的分数坐标为：S^{2-}：(0，0，0)，$\left(\frac{1}{3},\frac{2}{3},\frac{1}{2}\right)$；$Zn^{2+}$：$\left(0,0,\frac{5}{8}\right)$，$\left(\frac{1}{3},\frac{2}{3},\frac{1}{8}\right)$。由于晶胞代表了晶体的结构，所以只要知道了一个晶胞中原子的位置，就确定了整个晶体的原子位置。

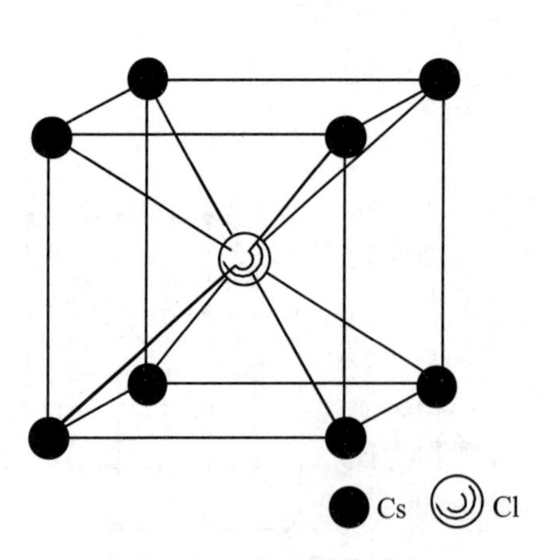

图 1-20　CsCl 晶体结构

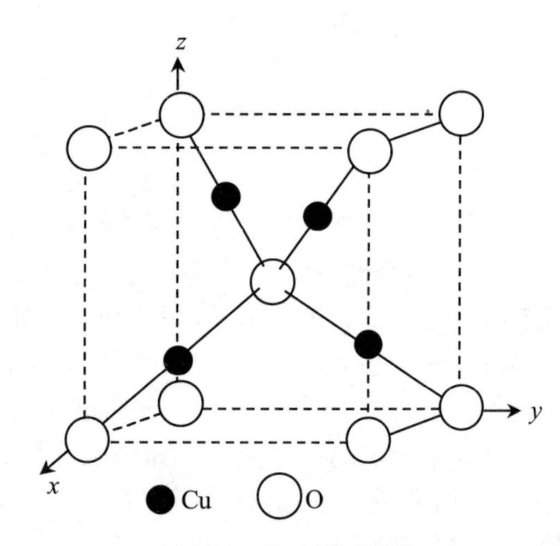

图 1-21　Cu_2O 晶体结构

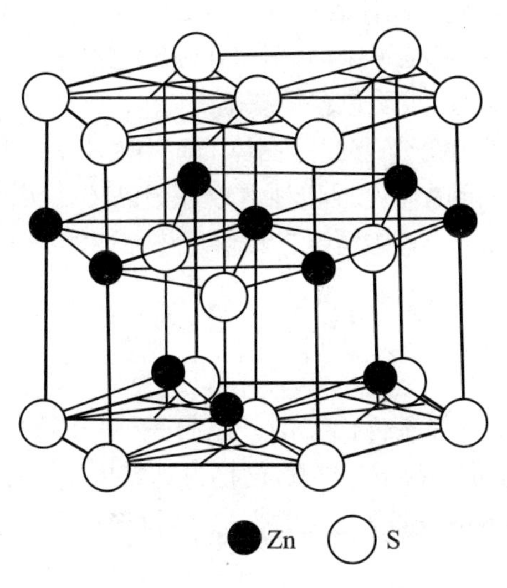

图 1-22　六方 ZnS 晶体结构

1.4　实 际 晶 体

1.4.1　单晶体与多晶体

内部结构由同一空间点阵结构贯穿着的晶体称为单晶体。内部结构由两个或几个单晶按不同取向形成的晶体称为双晶体(图 1-23)。

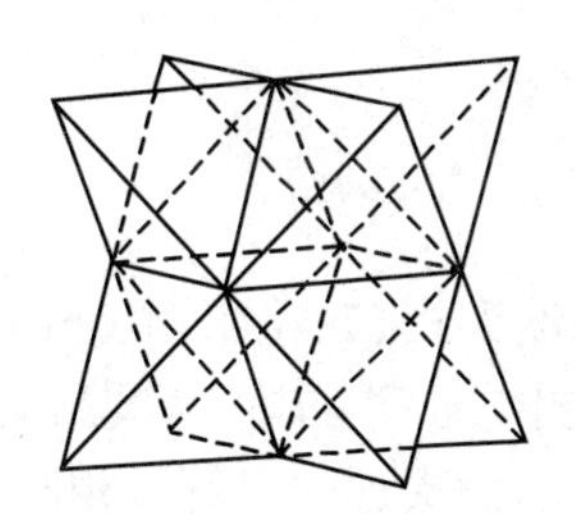

(a) 黝铜矿双晶，由两个四面体贯穿而成

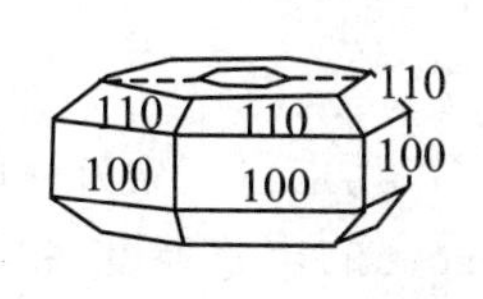

(b) 金红石环状六连晶

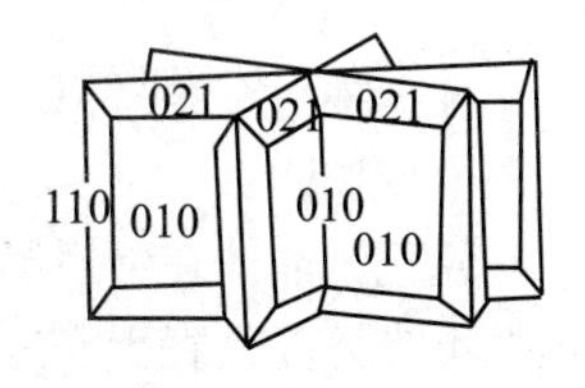

(c) 白铅矿轮式三连晶

图 1-23　双晶体

在通常情况下，金属从熔融态凝固时，在液体各处产生了无数取向随机的晶核。在长成晶块后，晶块中每个小晶粒虽具有各向异性，但由于小晶粒取向随机，晶块整体并不显示出各向异性。

1.4.2　实际晶体与理想晶体

与点阵结构完全一样的理想晶体实际上不存在，这是由于：

(1) 实际晶体大小有限,处于晶体表面的质点和内部的质点不能平移复原。

(2) 晶体中的质点在其平衡位置振动,即使在 0 K 也不停止。

(3) 晶体中存在位错、裂缝、杂质包藏等缺陷。

尽管理想晶体不存在,但由于平移比起晶体的大小要小亿万倍,质点在晶体中的振幅比质点间距离小得多,因此,实际晶体可近似地看成理想晶体。实践表明,用理想晶体的点阵结构模型推出的一些规律再结合具体情况进行修正往往能解决实际问题。

1.4.3 二面角守恒定律

晶面的形状和大小是随外界条件而变的。但同一种晶体的相应晶面间夹角(或晶棱间夹角)却不受外界条件影响而保持恒定的值,这称为二面角守恒定律。

图 1-24 示出了石英晶体的各种外形,其外表虽相差很大,但其二面角是固定不变的。

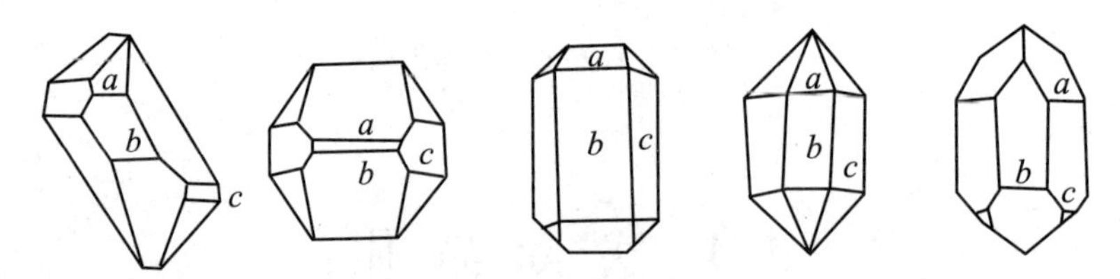

图 1-24 石英晶体的各种外形

$\angle ab=141°47'$, $\angle bc=120°00'$, $\angle ac=113°08'$

随着度量晶体二面角技术的提高,知道二面角守恒定律只是近似的成立。在某些情况下,偏差达 $10'\sim20'$,甚至于达到 1°,同时二面角还会随温度而变。这样二面角守恒定律应严格表述为:

所有的同一物质的同种晶体,在同样条件(包括晶体生长条件)下,相应晶面或晶棱之间的角保持恒定。

1.4.4 氯化钠晶体的抗拉强度

氯化钠晶体在常规测量时,其垂直于立方体面的抗拉强度为 0.57 kg/mm^2(图 1-8)。理论上不难计算垂直于立方体晶面的抗拉强度,图 1-25 是立方体 NaCl 晶体,从其晶面上 Na^+ 和 Cl^- 的分布情况可知相邻的二层面上离子的符号正好相反,而次远的又符号相同,这样不难理解,垂直于此平面施力而使之断开需克服 Na^+ 和 Cl^- 之间的引力。在立方晶面中每个离子所受到的引力为

$$f=\frac{e^2}{R^2}$$

式中,e 为离子的电荷,R 为两个离子的半径和。每平方厘米中正负离子总数(N)可由下式求出:

$$(2R)^2:4=1:N$$

$$N=\frac{1}{R^2}$$

因此,每平方厘米正负离子间的吸引力为

$$P=f\cdot N=\frac{e^2}{R^4}=\frac{(4.8\times10^{-10})^2}{(2.8\times10^{-8})^4}$$
$$=3.8\times10^{11}\,(\mathrm{Dyn/cm^2})$$
$$=380\ (\mathrm{kg/mm^2})$$

如果考虑到稍远离子的作用,对上面计算进行精确修正得 $P=200\ \mathrm{kg/mm^2}$。

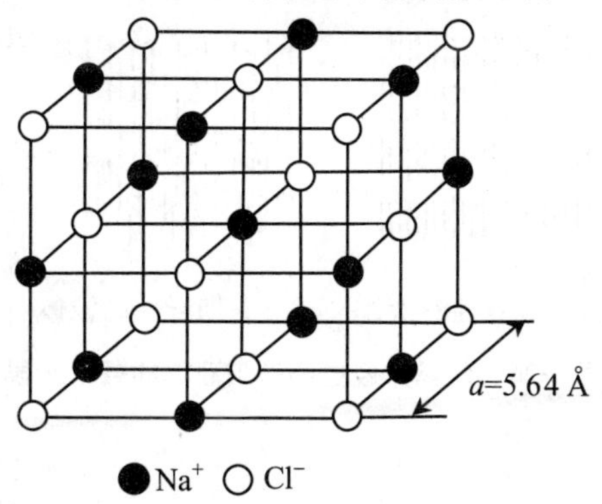

图 1-25　NaCl 晶体中 Cl^- 和 Na^+ 的分布情况

实验测量值随被测氯化钠单晶的粗细不同而异。常规测量时 $P=0.57\ \mathrm{kg/mm^2}$,比理论值小 300 多倍。当氯化钠单晶为 1 $\mathrm{mm^2}$ 粗时测得 $P=2\ \mathrm{kg/mm^2}$,有趣的是当单晶细到 $10^{-3}\ \mathrm{mm^2}$ 时 $P\approx200\ \mathrm{kg/mm^2}$,这几乎与理论抗拉强度一样。这是因为晶体越细,因缺陷与位错使晶体断裂的机会就越少。很细的单晶称为晶须,它有着较强的单位截面积抗拉强度,这一点被越来越广泛地应用到工业上。

1.4.5　液晶

一些分子结构很长的有机化合物的晶体,分子在晶体中排列如图 1-26(a)所示。当温度升高时因热运动而失去周期性排列状态,如图 1-26(b,c)所示。这时晶体已融成液体,但仍具有各向异性,我们称之为液态晶体。当温度继续升高时,分子热运动更加剧烈,最终变成了各向同性的液体(图 1-26(d))。几种典型液晶的两个转变温度列于表 1-1。两个转变温度之间的温度范围就是液晶稳定区。

表 1-1　几种典型液晶的两个转变温度

化合物	固→液晶熔点(℃)	液晶→真液体温度(℃)
$CH_3O\cdot C_6H_4-\overset{O}{N\text{——}N}-C_6H_4\cdot OCH_3$ (O 桥接于两个 N 之间)	118.3	135.9
$C_2H_5O\cdot C_6H_4-\overset{O}{N\text{——}N}-C_6H_4\cdot OC_2H_5$ (O 桥接于两个 N 之间)	137.5	168
$C_{27}H_{45}\cdot C_7H_5O_2$	145.5	178.5

液晶中分子的排列比液体有序,比晶体无序。只有分子结构很长的有机晶体才会形成液晶,这类化合物目前有 3000 多种。一般说来,通式为 $R\cdot C_6H_4\cdot M\cdot C_6H_4\cdot R$ 的化合物

易于形成液晶。式中,R 为链形有机基团,M 为连接两个苯环的有机基团,如:—N═N— ,—N(O)N— (N 与 N 通过 O 桥连的三元环),—CH═N— ,等等。由于各向异性,液晶所形成的液滴也与一般液滴不同,不是球形而是椭球形。

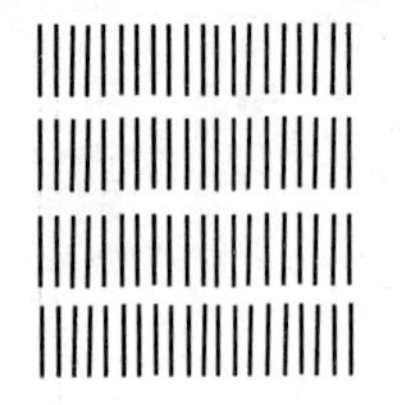
(a) 晶体

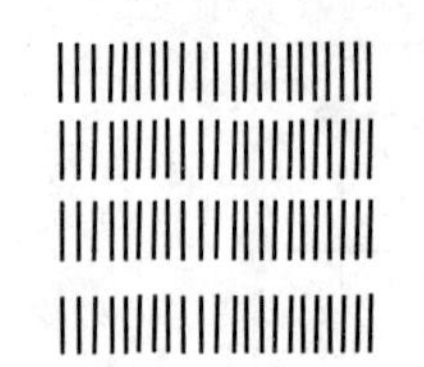
(b) 各向异性的液体

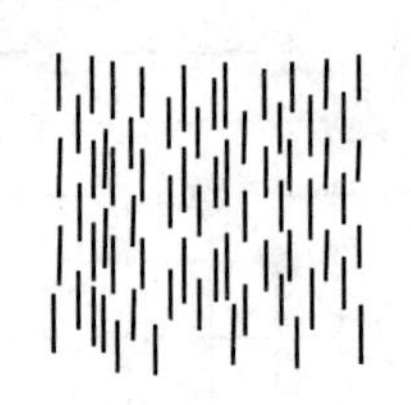
(c) 各向异性的液体

(d) 各向同性的液体

图 1-26 从晶体经过液晶到液体的各个阶段

第 2 章　晶体的宏观对称性

2.1　对称性概论

对称，顾名思义就是几个物体或同一物体的各个部分相对又相称。因此，把这几个物体或同一物体的各个部分位置对换一下好像没有动过一样。

2.1.1　基本概念

1. 等同图形

具有对称性的物体的相应各部分叫作**等同图形**。它包括能完全叠合的相等图形和互成镜像的如左右手的左右形(图 2-1(a))。左右形等同但不相等，其根本原因是左右形放在左右坐标系中它们的坐标在数值上是一样的，但是在平面内找不到一种平动或转动能使这两个坐标系重合(图 2-1(b))。

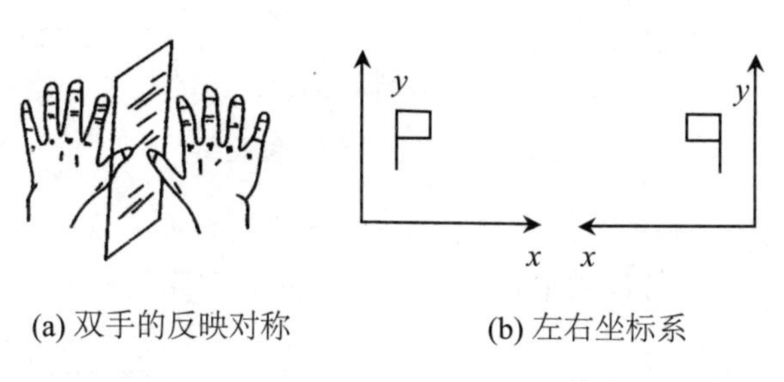

(a) 双手的反映对称　　(b) 左右坐标系

图 2-1

2. 对称动作

把对称图形中某一部分的任意点变到一个等同部分相应点上去的动作叫作**对称动作**。在对称图形进行了对称动作以后图形与原来无任何区别，这样的结果称为复原。

3. 对称图形的阶次

对称图形中所包括的等同部分的数目称为对称图形的**阶次**。阶次的大小代表对称性的高低。从图 2-2 不难看出，正方形对称图形阶次为 8。

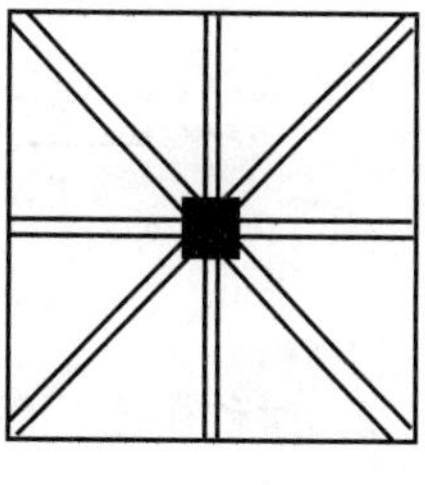

图 2-2　正方形的阶次

4. 对称元素

进行对称动作所依据的几何元素称为对称元素。它可以是点、线或面。

2.1.2 宏观对称元素

对正方形进行旋转对称动作时，依据的是通过其中心垂直于纸面的直线，显然此时直线上的点是不动的。在对称动作进行中，至少有一点不动的对称动作称为**点动作**，因为被作用物体的重心在对称操作前后不变，即至少有一点不动，所以与点动作相应的对称元素称为**宏观对称元素**。

1. 反映面

与反映面相应的对称动作是反映。反映面就是镜面，其阶次为 2，用 P 表示。许多晶体或分子互成镜像关系，这叫作**对映体**(图 2-3)。许多晶体自身具有反映面，显然这类晶体不会有对映体。

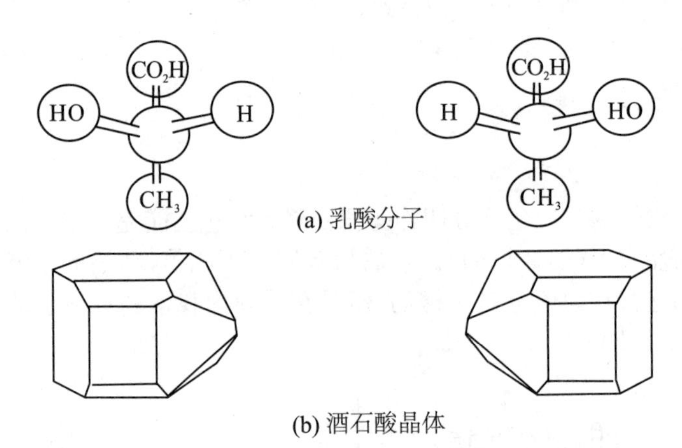

图 2-3 对映体的镜像关系

图 2-4(a)中反映面垂直平分 4 条平行棱，这样的反映面共有 3 个；(b)中反映面穿过两相对棱。因相对棱有 6 对，故反映面共有 6 个。因此立方体共有 9 个反映面。

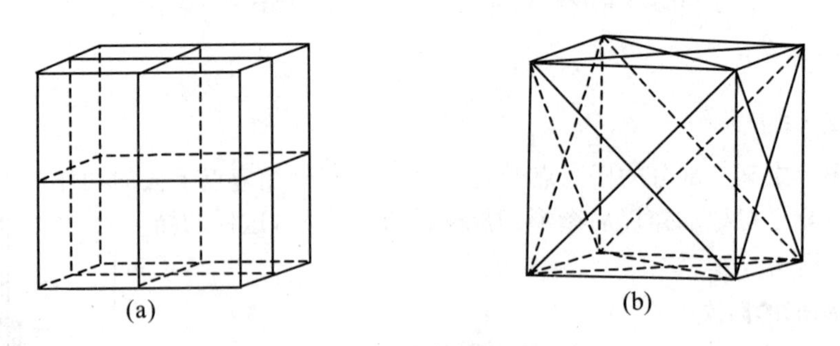

图 2-4 立方体上反映面的分布情况

2. 对称中心

与对称中心相应的动作是倒反，用 C 表示。进行倒反动作时有一点不动。对称中心使图形分成两个等同部分，它们互成左右形，阶次为 2。进行倒反动作时，图形对应点连线通过对称中心，为对称中心所平分。

对倒反引起左右形这一点初看不易理解，其实只要和反映一对比就明白了。图 2-5 是倒反时形成的图形，我们把经过倒反动作的直角三角锥绕短直角边转 180°，便得到和图 2-6 一样的情况。旋转不会引起左右形，而倒反可引起左右形。

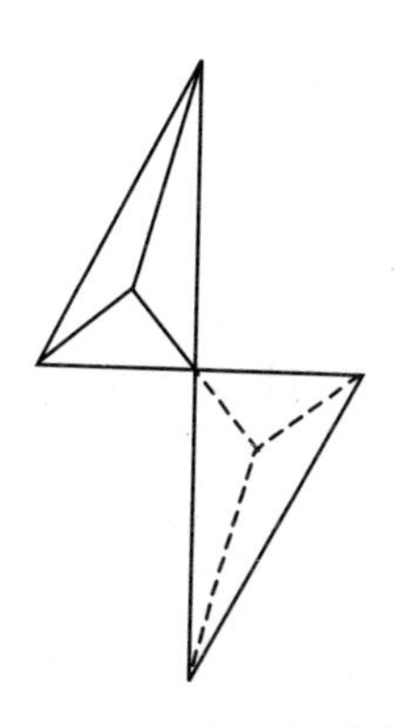

图 2-5　倒反形成的图形

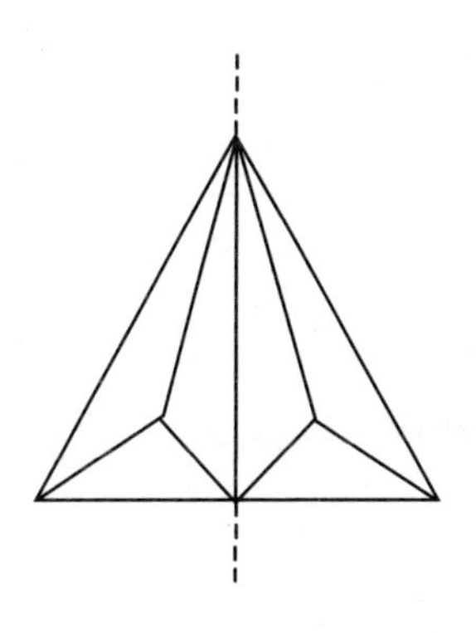

图 2-6　反映形成的图形

当晶体中有对称中心时，晶面会成对地互相平行。在确定晶体有无对称中心时，我们往往把每个晶面轮流放在平面上，看看有无平行晶面。对每个晶面都检查过后，方能断定晶体有无对称中心。

3. 旋转轴

若图形中可找到一直线 L，绕此直线将图形旋转某一角度，可使图形复原，则此直线称为**旋转轴**。

先看一下立方体的旋转轴，立方体绕穿过相对面中心的直线旋转 90°，180°，270°，360°都能复原(图 2-7(a))。立方体绕体对角线转 120°，240°，360°同样能复原(图 2-7(b))。立方体绕相对棱中点连线旋转 180°，360°也能复原(图 2-7(c))。

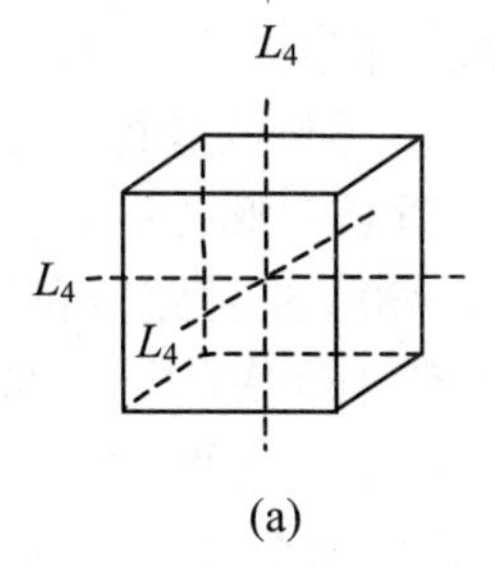

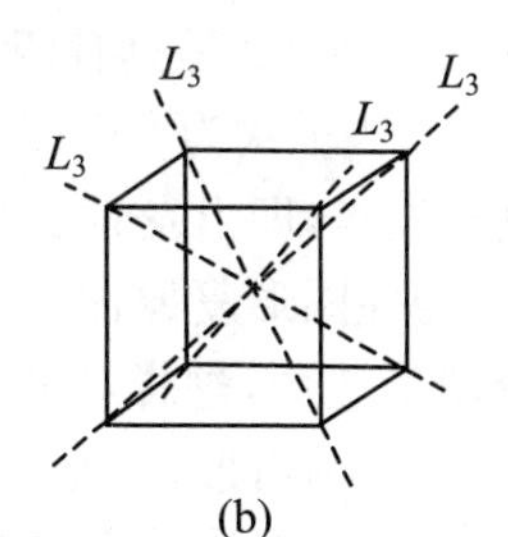

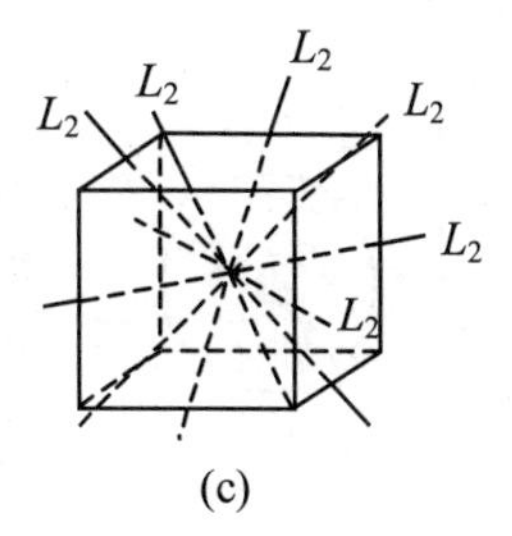

图 2-7　立方体中的旋转轴

这说明在同一几何体上会有不同的旋转轴，为了对旋转轴进行分类，现引入基转角的概念。

定义：使图形复原的最小旋转角度称为该旋转轴的**基转角**。

不难证明，任何旋转轴的基转角 α 总能找到一个正整数 n，使 $n\times\alpha=360°$。如果 $L_{(\alpha)}$ 为对称动作，则 $L_{(2\alpha)}$，$L_{(3\alpha)}$，…，$L_{(n\alpha)}$ 为对称动作。假定 360°不能被 α 整除，必可找到一个对称动作 $L_{(m\alpha)}$，使 $360°-m\alpha<\alpha$。$L_{(m\alpha)}$ 是对称动作，即旋转了 $m\alpha$ 后的图形能复原。如果再继续

旋转 $360°-m\alpha$ 角度,仍然能达到复原的效果,因为

$$m\alpha+360°-m\alpha=360°$$

由此 $L_{(360°-m\alpha)}$ 亦为旋转对称动作,但 $360°-m\alpha<\alpha$,这样 α 当然不是最小基转角了,这与假设相矛盾。换言之,只要 α 是最小的基转角,总能选得一个整数 n 使

$$n\times\alpha=360°$$

式中,n 定义为该旋转轴的轴次。

运用基转角和轴次的概念可将立方体上的旋转轴归纳如下:

穿过立方体相对面中心的旋转轴,基转角为 90°,轴次

$$n=\frac{360°}{90°}=4$$

称为 4 次旋转轴,用 L_4 表示。因立方体相对面有三对,故立方体共有 3 个 L_4。

相应于立方体体对角线的旋转轴基转角为 120°,轴次

$$n=\frac{360°}{120°}=3$$

称为 3 次旋转轴,用 L_3 表示。因相对角顶有 4 对,故立方体共有 4 个 L_3。

穿过立方体相对棱之中点的旋转轴基转角为 180°,轴次

$$n=\frac{360°}{180°}=2$$

用 L_2 表示。因相对棱共有 12 条,故这样的 L_2 共有 6 个。

前面已经讨论过,立方体上还有 9 个反映面 P 和对称中心 C。这样立方体的对称性为 $3L_44L_36L_29PC$。

4. 反轴

与反轴相应的对称动作是旋转和倒反组成的复合对称动作,用 $L_{\bar{n}}$ 表示。动作进行时先绕某一直线转一定的角度,然后再通过该直线上某一点进行倒反(或先倒反再旋转)。

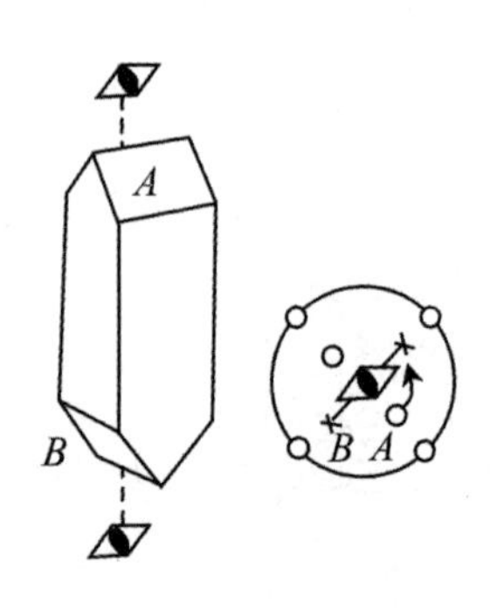

图 2-8 尿素中的四次反轴

反轴的对称性阶次分两种情况:当轴次为偶数时,旋转 360°后倒反进行了偶数次,这时图形得以复原,因此轴次和阶次是一样的。图 2-8 是具有四次反轴的尿素晶体,不难验证 $L_{\bar{4}}$ 的阶次为 4。当轴次为奇数时,旋转 360°后倒反进行了奇数次,没有回到出发点,即出发时是左形,此时是右形(或相反),图形不能复原,为使图形复原需要再旋转 360°,此时旋转和倒反才同步地使图形复原,这样一共得到 2 倍于轴次的等同部分,一半为左形,一半为右形,因此图形的阶次是轴次的 2 倍。

注意,复合对称动作和对称元素的组合是不同的。两个或两个以上的对称动作连续进行,称为这些对称动作的**复合对称动作**。一个对称图形中若同时具有两种或多种对称元素的对称性,则称为具有这些对称元素组合的对称性。

图 2-9 是四苯基甲烷的分子,它具有 4 次反轴的对称性。图 2-10 是环丁烷分子,它具有 4 次轴和对称中心组合的对称性。显然,二者的对称性是不同的。前者对称图形阶次为 4,后者为 8。

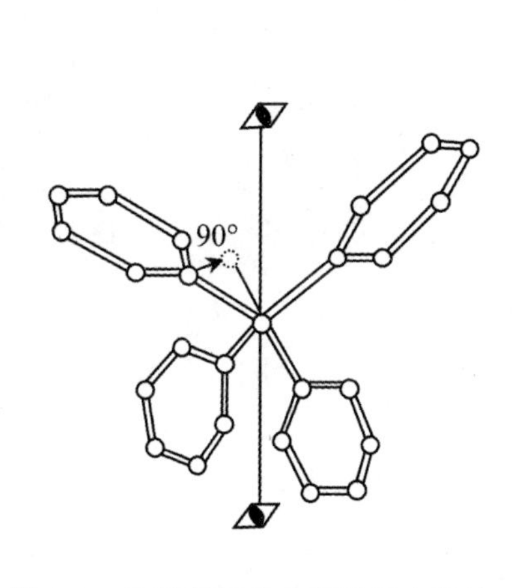

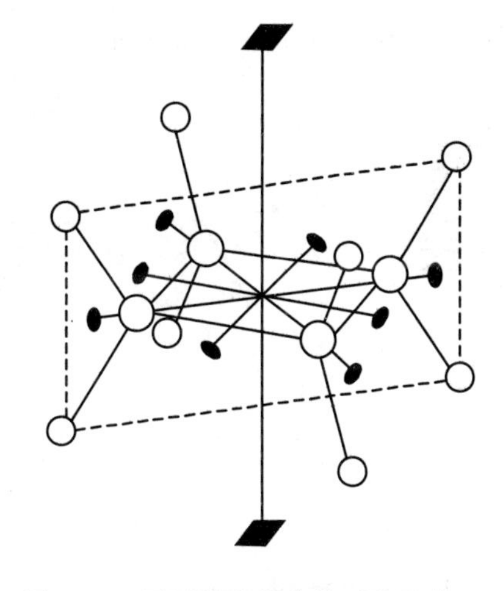

图 2-9　四苯基甲烷分子的四次反轴

图 2-10　环丁烷分子中的对称元素

但是在 3 次反轴情况下(图 2-11(c)),这个复合对称元素正好与 3 次轴和对称中心组合的对称性一样,图形阶次都为 6。在 6 次反轴情况,它不等于 6 次轴和对称中心组合,等于 3 次轴和垂直于 3 次轴的反映面的组合(图 2-11(d)),图形的阶次为 6。2 次反轴得到的几何图形和反映面一样(图 2-11(b))。1 次反轴就是对称中心(图 2-11(a))。

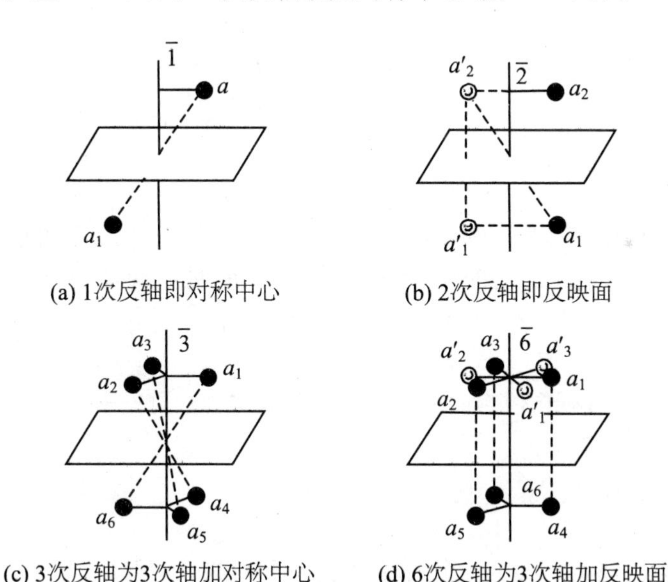

(a) 1次反轴即对称中心　(b) 2次反轴即反映面

(c) 3次反轴为3次轴加对称中心　(d) 6次反轴为3次轴加反映面

图 2-11　1,2,3,6 次反轴可拆解为对称元素或其他组合

综上所述,反轴中仅 4 次反轴是独立的,其他的反轴都可以归结为别的对称元素或它们的组合。镜转轴即反映和旋转的复合动作,可以归结为反轴。限于篇幅,不再讨论。

2.1.3　对称元素和点阵的几何配置

点阵点是对称中心。在与点阵相应的平移群中,若有平移向量 $\boldsymbol{T}$,则必然有平移向量 $-\boldsymbol{T}$,换言之,点阵固有对称中心,点阵点即是。

旋转轴必然和点阵中一组直线点阵相平行,而和一组平面点阵相垂直。以 3 次旋转轴为例说明这种关系，如图 2-12 所示。

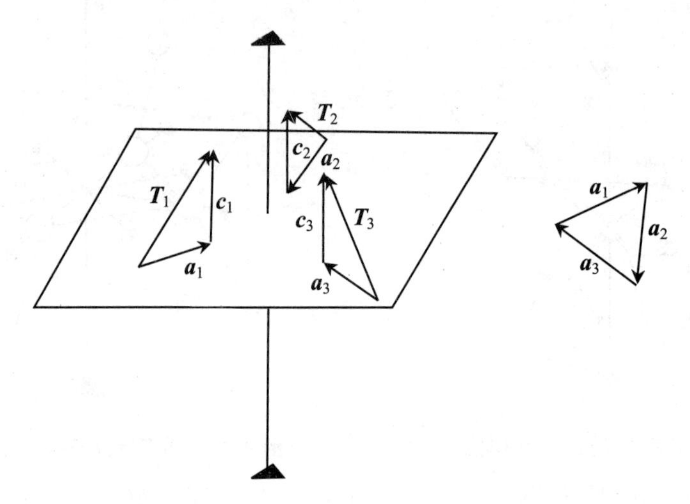

图 2-12　3 次旋转轴在晶体点阵中的取向

设在点阵中有一 3 次旋转轴，任选一与轴交角不是 0°或 90°的平移向量 $\boldsymbol{T}_1$，对 $\boldsymbol{T}_1$ 施行对称操作得 $\boldsymbol{T}_2,\boldsymbol{T}_3$。现将向量 $\boldsymbol{T}_1,\boldsymbol{T}_2,\boldsymbol{T}_3$ 各分解为与 3 次旋转轴垂直的部分 $\boldsymbol{a}_1,\boldsymbol{a}_2,\boldsymbol{a}_3$ 和平行的部分 $\boldsymbol{c}_1,\boldsymbol{c}_2,\boldsymbol{c}_3$，则

$$\boldsymbol{a}_1+\boldsymbol{a}_2+\boldsymbol{a}_3=\boldsymbol{0}$$

$$\boldsymbol{c}_1+\boldsymbol{c}_2+\boldsymbol{c}_3=3\boldsymbol{c}_1$$

于是

$$\boldsymbol{T}_1+\boldsymbol{T}_2+\boldsymbol{T}_3=3\boldsymbol{c}_1=\boldsymbol{T}_p$$

根据平移群的性质，$\boldsymbol{T}_1,\boldsymbol{T}_2,\boldsymbol{T}_3$ 是平移群中的向量，则 $\boldsymbol{T}_p$ 也是平移群中的向量。换言之，在与 3 次旋转轴平行的方向上有一组直线点阵，其周期为 $3\boldsymbol{c}_1$。把 $\boldsymbol{T}_1,\boldsymbol{T}_2,\boldsymbol{T}_3$ 相减：

$$\boldsymbol{T}_1-\boldsymbol{T}_2=\boldsymbol{a}_1-\boldsymbol{a}_2=\boldsymbol{T}_H$$

$$\boldsymbol{T}_2-\boldsymbol{T}_3=\boldsymbol{a}_2-\boldsymbol{a}_3=\boldsymbol{T}'_H$$

这两个向量也应属于平移群，但它们决定了一组与 3 次轴垂直的平面点阵。

2.1.4　对称性定律

晶体中只可能出现 1，2，3，4，6 次旋转轴，这称为对称性定律。

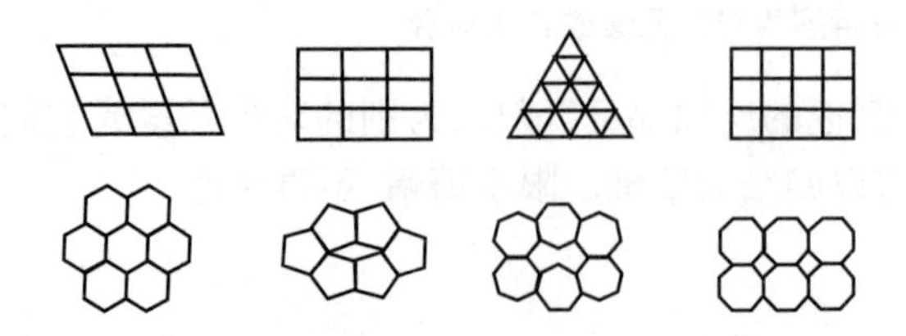

图 2-13　点阵只允许 1，2，3，4，6 次旋转轴

从上面的定律可知，如果在点阵中出现 n 次旋转轴，则在垂直于 L_n 的平面点阵中便有正 n 边形格子的几何形象。

各种同样大小的花砖铺地所得到的几何形象（图 2-13）就与平面点阵中划分的格子十分类似。正五边形和正 n 边形（$n>6$）不能铺满平面，因而不能形成相应的平面格子，换言之，点阵只允许 1，2，3，4，6 次旋转轴。

2.2　对称元素组合原理

两个对称元素组合必产生第三个对称元素，因为晶体外形是有限图形，对称元素组合时至少交于一点，否则，对称元素将无限伸展。

2.2.1　反映面之间的组合

定理：两个反映面相交，其交线为旋转轴，基转角为反映面相交角的 2 倍。

如图 2-14 所示，在两个反映面进行连续动作时

$$A \to (Q) \to B$$

因为

$$\triangle OAC \cong \triangle OQC$$

$$\triangle OQD \cong \triangle OBD$$

这样$\angle AOB = 2\beta$，β 是两反映面的夹角。又 $OA = OB$，图中两个反映面都垂直于纸面，因此点 $A \to B$ 相当于绕两反映面交线转了 2β 角。这说明 O 处是一基转角为 2β 的旋转轴。

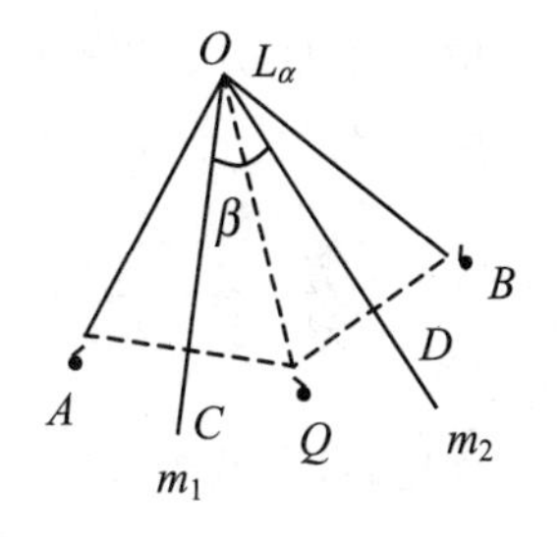

图 2-14　两个反映面的组合

若我们维持交线位置和两反映面夹角不变，仅改变两反映面的取向，则只能改变中间过渡点 Q 之位置，而对 A，B 点相对位置无影响，即动作的效果仍然一样。

推论：基转角为 α 的旋转轴可分解为两个反映面的连续动作，其夹角为 $\alpha/2$。

2.2.2　反映面与旋转轴的组合

定理：当一个反映面穿过旋转轴 L_n 时必有 n 个反映面穿过此旋转轴。

L_n 可看成夹角为 $\alpha/2$ 的 m_1，m_2 的连续动作，它们在空间的取向是任意的。这样把穿过 L_n 的 m 和 m_1 重合起来(图 2-15)再进行连续动作。

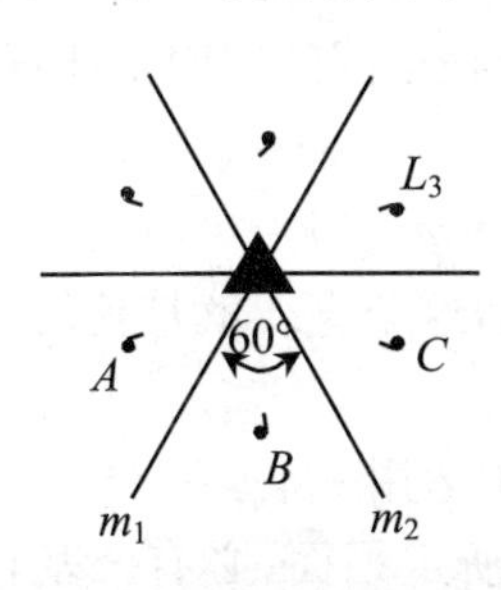

图 2-15　穿过 L_n 加反映面

$m \cdot L_n = m \cdot m_1 \cdot m_2 = I \cdot m_2 = m_2$，这里 I 是等同动作，是连续 2 次反映动作的结果；“·”表示连续动作，这样 m_2 成为真实的反映面。图 2-15 中，在 A 处有一逗号，经 L_n 操作，则在 C 处也是一逗号，但 m 使逗号 B 为 A 的镜像，这样 B 与 C 之间也互为镜像关系，m_2 也成为真实存在的反映面。

在与 m 成$\alpha/2$ 角度处有一反映面后，可以推断每隔 $\alpha/2$ 角度便有一反映面，共有$\dfrac{360^\circ}{\alpha/2} = 2n$ 个反映面。但其中第 1 个与第 $n+1$ 个，第 2 个与第 $n+2$ 个……反映面间夹角为 $n \times \left(\dfrac{\alpha}{2}\right) = 180^\circ$，实际上相重合，因此反映面的数目仅有 n 个，与旋转轴的轴次相同。

万花筒具有 L_n 和 n 个反映面的对称性，所以这个定理可形象地称为万花筒定理。

2.2.3 旋转轴与对称中心的组合

定理：如果在偶次旋转轴上有对称中心，那么必有一反映面与旋转轴垂直相交于对称中心。

首先证明 L_2 的情况。如图 2-16 所示，有

$$L_2 \text{ 使 } \quad xyz \rightarrow \bar{x}\bar{y}z$$

$$i \text{ 使 } \quad \bar{x}\bar{y}z \rightarrow xy\bar{z}$$

即 $L_2 \cdot i = m$，m 在 xy 平面内。所有的偶次轴都包含有 L_2 的对称动作，因此，只要在偶次轴上有对称中心，则必有反映面与它垂直相交于对称中心。

推论 1：在有对称中心时，图形中偶次轴数目和反映面数目相等。

推论 2：偶次旋转轴和反映面垂直相交，交点为对称中心。

推论 3：反映面和对称中心的组合，必有一垂直反映面的二次轴。

2.2.4 旋转轴之间的组合

欧拉定理：两个旋转轴的适当组合产生第三个旋转轴(图 2-17)。

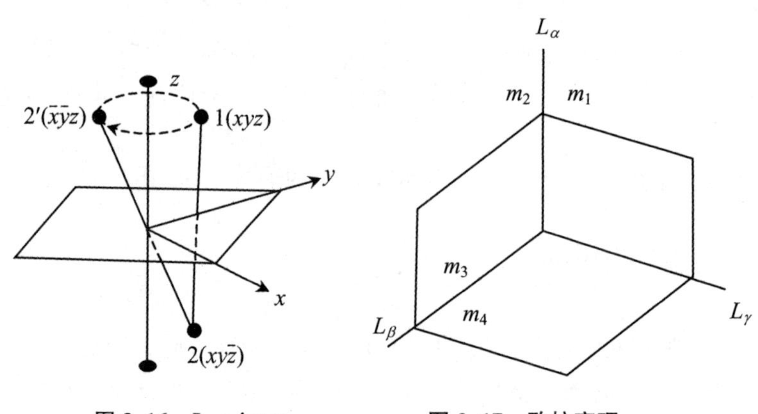

图 2-16　$L_2 \cdot i = m$　　**图 2-17　欧拉定理**

从前面定理可知：$L_\alpha = m_1 \cdot m_2$，$L_\beta = m_3 \cdot m_4$。因这两对反映面在空间的取向是任意的，故可以使 m_2，m_3 都在 L_α 和 L_β 决定的平面上彼此重合。这时

$$L_\alpha \cdot L_\beta = m_1 \cdot m_2 \cdot m_3 \cdot m_4 = m_1 \cdot I \cdot m_4 = m_1 \cdot m_4$$

因为 L_α，L_β 的交点为 m_1 和 m_4 共有，这样两个反映面必交于一直线，这条直线就是新的旋转轴 L_γ。

注意，这里的反映面并不真的存在于图形中，只是在推导过程中运用一下。

推论 1：两个二次轴相交，交角为 $\alpha/2$，则垂直于这两个二次轴所定平面，必有一基转角为 α 的 n 次轴。

推论 2：一个二次轴和一个 n 次旋转轴垂直相交，则有 n 个二次轴同时与 n 次轴相交，且相邻两二次轴的夹角为 n 次轴基转角的一半。

2.3　晶体的 32 点群

晶体在宏观观察中是有限的，对称元素必须至少交于一点，在对称元素动作中至少有一点不动，因此我们把晶体宏观观察中所具有的点对称元素的组合或宏观对称类型称为**点群**。

2.3.1　晶体 32 点群的推导

综上所述，晶体的宏观对称性允许有 L_1，L_2，L_3，L_4，L_6，$L_{\bar{4}}$，m 和 i。因为旋转轴之间的组合不会产生反映面，而反映面间的组合却会产生旋转轴，因此推导从轴的组合开始是比较明了的方法。

1. 旋转轴的组合

先研究 2 次轴组合的情况。

以夹角为 60°的两个 2 次轴组合为例，如图 2-18 所示，每个 2 次轴均可看作两相互垂直的反映面的连续动作，把两个反映面 P_1 和 P_4 重合于两个 L_2 决定的平面中，另两个反映面 P_2 和 P_3 将垂直于此平面且相交，夹角为 60°，因此会产生基转角为 120°的旋转轴，即 3 次轴。

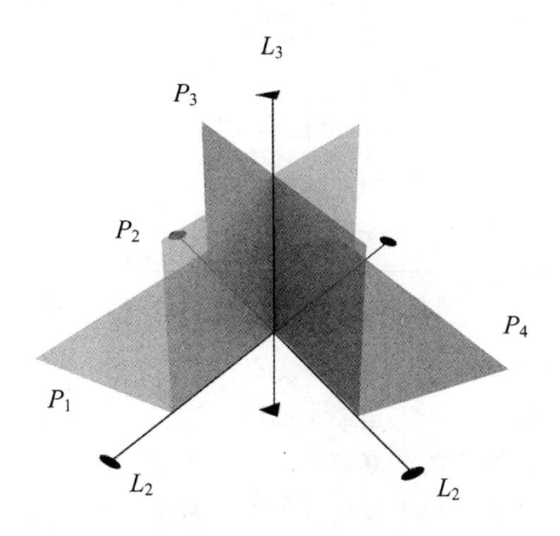

图 2-18　二次轴组合(夹角为 60°)产生新的对称轴 L_3

由对称性定律可知，其交角 β 可为 30°，45°，60°，90°，180°，相应于新的旋转轴 L_6，L_4，L_3，L_2，L_1。基转角 2β 相应地为 60°，90°，120°，180°，360°。这五种轴的组合情况可写成：$L_6 6L_2$，$L_4 4L_2$，$L_3 3L_2$，$L_2 2L_2$(图 2-19)。

在有几个高次轴组合时，如 L_n 和 L_m($m,n>2$)，高次轴 L_n 和 L_m 相交于 O 点，则在 L_n 周围必能找到 n 个 L_m，在每个 L_m 上距 O 点等距离的地方取一点，连接这些点一定会得到一个正 n 边形(图 2-20)。L_n 位于正 n 边形中心而 L_m 分布于正 n 边形的角顶，每个角顶周围 m 个正 n 边形围成一个 m 面角。这样两个高次轴相交必然产生凸正多面体(图 2-20)。

一个凸多面体的多面角至少需要三个面构成，每个多面角面角之和要小于 360°，因此这只能是正三角形、正方形、正五边形。

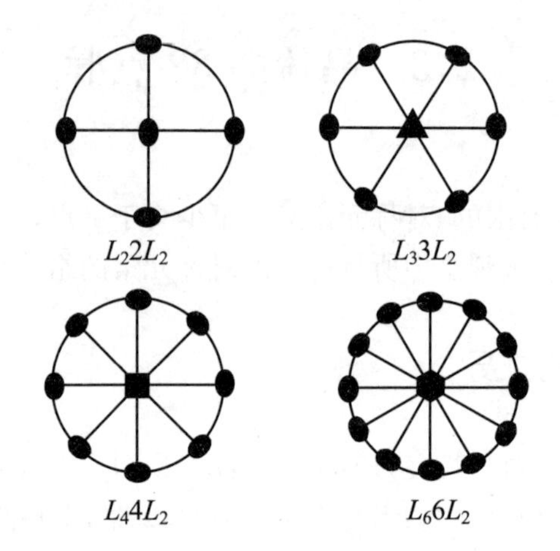

图 2-19　二次轴组合产生高次轴的情况

正多边形	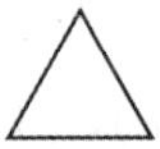 （正三角形）			（正方形）	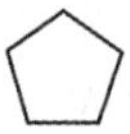 （正五边形）
正多面体	 四面体4	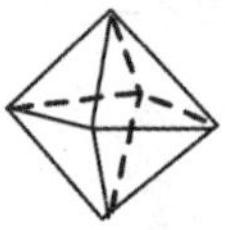 八面体6	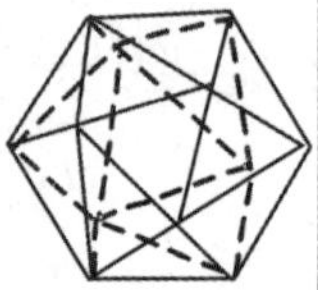 二十面体	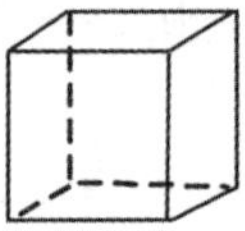 立方体8	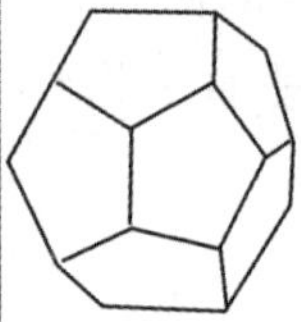 五角十二面体
对称轴	$3L_2 4L_3$	$3L_4 4L_3 6L_2$	$6L_5 10L_3 15L_2$	$3L_4 4L_3 6L_2$	$6L_5 10L_3 15L_2$

图 2-20　高次轴 L_m 和 L_n 的组合结果

由多面体欧拉定理 F(面)$+V$(顶点)$=E$(棱)$+2$ 可得，多面角由 3，4 或 5 个正三角形分别构成正四面体、正八面体、正三角二十面体。

多面角由 3 个正方形构成的是立方体。

多面角由 3 个正五边形构成的是正五角十二面体。

由图 2-20 可知，5 种正多面体中，正三角二十面体和正五角十二面体有 5 次轴，在晶体中不可能出现(但分子对称性不受此限制，如 C_{60} 分子正好具有正三角二十面体的对称性(图 2-46)：$6L_5 10L_3 15L_2$。C_{60} 可以看成是正三角二十面体切顶后形成的)。这样，与点阵不矛盾的 3 种正多面体的轴的组合是允许的，但是立方体与正八面体轴的组合是一样的，故高次轴的组合仅两种：

(1) 立方体和正八面体：$3L_4 4L_3 6L_2$。

(2) 正四面体：$3L_2 4L_3$。

综上所述，晶体所允许的旋转轴的组合为：L_1，L_2，L_3，L_4，L_6，$L_2 2L_2$，$L_3 3L_2$，$L_4 4L_2$，$L_6 6L_2$，$3L_2 4L_3$，$3L_4 4L_3 6L_2$，这些轴的组合共 11 种，称为对映对称类型，因为只有旋转轴而无反轴(包括 1 次反轴即对称中心和 2 次反轴即反映面)的晶体和分子必有互成镜像的对映体。

2. 向 11 种轴型加反映面 P

在加反映面时必须不引起 11 种以外新轴型的产生。这样，只能有如下两种加法：

(1) 垂直于主轴加反映面得以下 11 种

$$P, L_2PC, L_3P, L_4PC, L_6PC, 3L_23PC, L_33L_24P$$

$$L_66L_27PC, L_44L_25PC, 3L_24L_33PC, 3L_44L_36L_29PC$$

这样加上去的反映面称为水平的(horizontal)反映面。

对于 L_33L_24P 和 $3L_24L_33PC$ 这两种对称类型需要解释一下：在向 L_33L_2 加上水平反映面后为什么会在穿过 2 次轴的地方出现了 3 个反映面?

用对称元素组合原理说明这个问题，如图 2-21(a)所示，2 次轴可看成是两个反映面的连续动作：$L_2 = m_1 \cdot m_2$，使得 m_1 与水平反映面 P 重合，这时水平反映面和 2 次轴连续动作的效果

$$P \cdot m_1 \cdot m_2 = m_2$$

即在 3 次轴和 2 次轴所决定的平面有新的反映面。这样 $L_33L_2 + P$(垂直于 L_3) 得 L_33L_24P (图 2-21(b))，而 $3L_24L_3 + P$(垂直于 L_2) 得 $3L_24L_33PC$。

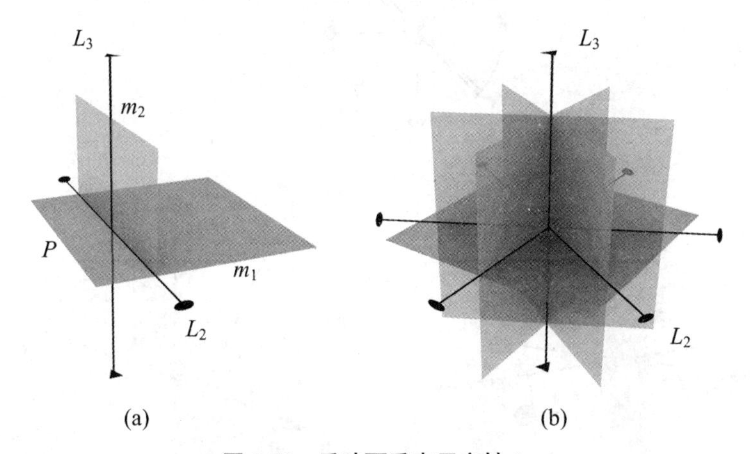

图 2-21　反映面垂直于主轴 L_3

对于 $3L_24L_3$ 对称型主轴是 L_2 而不是 L_3。要注意到，3 次轴共有 4 个，相互交角是 109°28′(图 2-22)，向 3 次轴加与它垂直的反映面是不可能的。

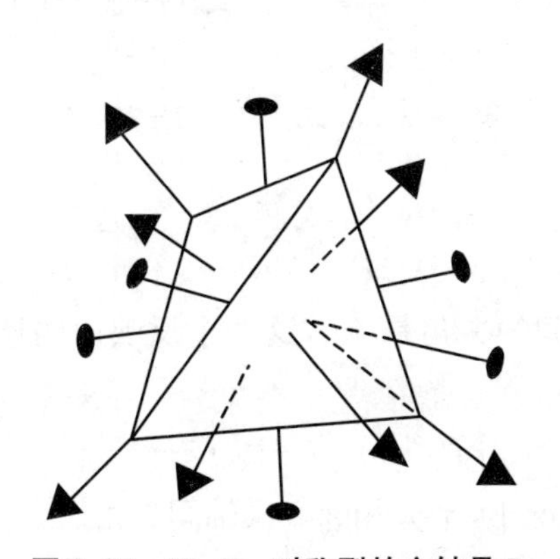

图 2-22　$3L_24L_3$ 对称型的主轴是 L_2

(2) 穿过主轴加反映面。在对仅有一个轴的对称型加 P 时，共有 4 种：$L_2 2P$，$L_3 3P$，$L_4 4P$，$L_6 6P$。

在几个轴组合时，反映面只有两种加法：穿过主轴，平分相邻 2 次轴间夹角；穿过主轴，垂直或穿过 2 次轴。

① 平分相邻 2 次轴间夹角(diagonal)

$$L_2 2L_2 \xrightarrow{P_d} L_{\bar{4}} 2L_2 2P$$

$$L_3 3L_2 \xrightarrow{P_d} L_3 3L_2 3PC$$

$$3L_2 4L_3 \xrightarrow{P_d} 3L_{\bar{4}} 4L_3 6P$$

$$3L_4 4L_3 6L_2 \xrightarrow{P_d} 3L_4 4L_3 6L_2 9PC$$

对于第一种和第三种情况，为什么 L_2 会成为 $L_{\bar{4}}$ 呢？下面我们来说明这个问题。

如图 2-23 所示，我们看一下 2 次轴和 P_d 的连续动作产生的效果：

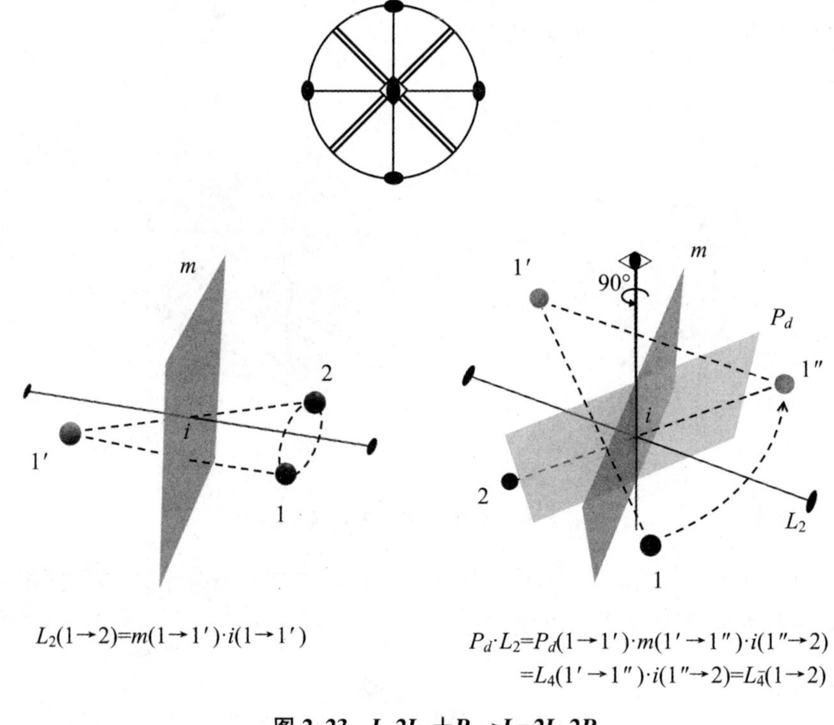

图 2-23　$L_2 2L_2 + P_d \to L_{\bar{4}} 2L_2 2P$

$$(L_2 = m \cdot i)$$

$$P_d \cdot L_2 \to P_d \cdot m \cdot i$$

我们注意到 P_d 和 m 之间的夹角是 45°，这两个反映面的连续动作相当于一个 4 次轴，所以

$$P_d \cdot m \cdot i \to L_4 \cdot i \to L_{\bar{4}}$$

在 $L_4 4L_2$，$L_6 6L_2$ 两种情况下，平分相邻 2 次轴间夹角后会使主轴生成 $L_{\bar{8}}$ 和 $L_{\overline{12}}$，这与点阵矛盾，晶体中不可能有这种情况。

这样共得 $L_{\bar{4}} 2L_2 2P$，$L_3 3L_2 3PC$，$3L_{\bar{4}} 4L_3 6P$ 三种对称型。

② 穿过主轴，与 2 次轴垂直或穿过 2 次轴

a. 当 P 穿过 2 次轴 L_2，如图 2-24 所示，则

$$P \cdot L_2 = P \cdot (P \cdot m_{水平}) = m_{水平}$$

b. 当 P 垂直于 2 次轴 L_2，在主轴是偶次轴时，如图 2-25 所示，则

$$L_{2n} \cdot (P \cdot L_2) = L_{2n} \cdot i = m_{水平}$$

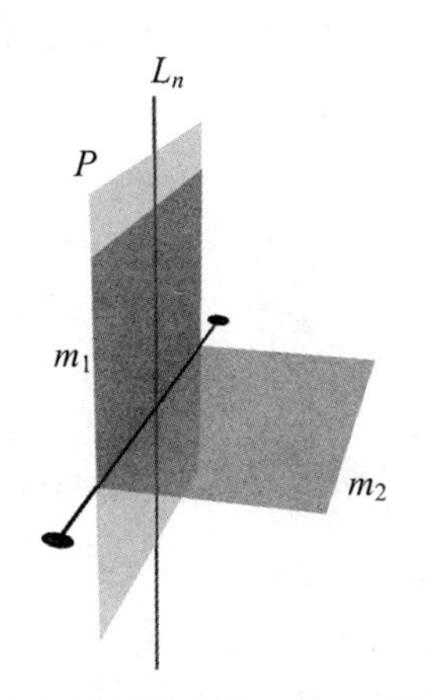

图 2-24　反映面穿过主轴 L_n 且穿过 L_2

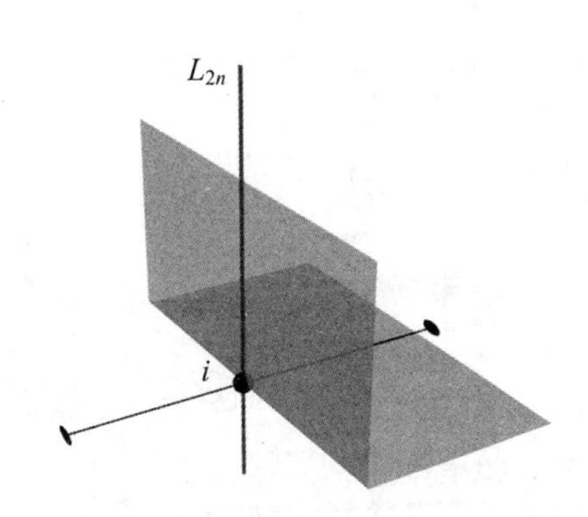

图 2-25　反映面穿过偶次主轴 L_{2n} 且垂直于 L_2

综上所述，总存在一个水平反映面，而这类前面已经讨论过。剩下 $L_3 3L_2$ 情况，我们注意到这时相邻 2 次轴间夹角为 60°，如图 2-26 所示，垂直于 2 次轴的平面必平分另外两个 2 次轴的夹角，即

$$L_3 3L_2 + P_d = L_3 3L_2 + P_{\perp L_2} = L_3 3L_2 3PC$$

当反映面穿过主轴和 2 次轴时不产生新的对称类型。

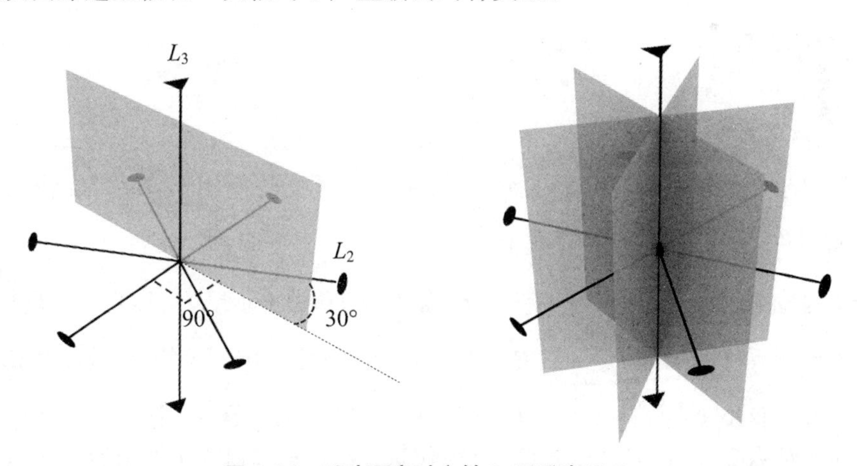

图 2-26　反映面穿过主轴 L_3 且垂直于 L_2

因此，穿过主轴加反映面共得 7 种对称类型。

(3) 加对称中心，由于偶次轴与对称中心组合可产生反映面，所以只有对仅有奇次轴对称性的轴型加对称中心才得到新的组合：

$$L_1 + C = C$$

$$L_3 + C = L_{\bar{3}}(L_3 C)$$

(4) 4 次反轴情况。前面讲过 4 次反轴是独立的对称元素，为什么我们在推导过程中不

加考虑呢？这是因为

$$L_{\bar{4}}+P_h \to L_4PC$$

$$L_{\bar{4}}+P_v \to L_{\bar{4}}2L_22P$$

$$L_{\bar{4}}+C \to L_4PC$$

这 3 种都包括在上面的推导中，只有 $L_{\bar{4}}$ 本身是新的。

用不着向 11 种轴型同时加反映面和对称中心，因为这种加法等于也加上了 2 次旋转轴，而轴的类型我们已经严格不漏地推导过了。

归纳一下，晶体的宏观对称类型共计

$$11+11+7+2+1=32$$

这就是晶体的 32 种点群。

2.3.2 7 个晶系

把晶体的 32 种对称类型划分为 7 个晶系，其特征对称元素如下：

(1) 立方晶系：4 个 3 次轴。

(2) 四方晶系：1 个 4 次轴或 4 次反轴。

(3) 六方晶系：1 个 6 次轴或 6 次反轴。

(4) 三方晶系：1 个 3 次轴或 3 次反轴。

(5) 正交晶系：2 次轴或反映面之数目大于 1。

(6) 单斜晶系：2 次轴或反映面之数目等于 1。

(7) 三斜晶系：无反映面和旋转轴。

2.3.3 点群符号

1. 国际符号

在国际符号中旋转轴用数字 n 表示，反轴用 $\bar{n}$ 表示，反映面用 m 表示，旋转轴和与之垂直的反映面用 $\frac{n}{m}$ 表示，对称中心用 $\bar{1}$ 表示。

在既可写轴又可写反映面时尽量写反映面，因为反映面间组合可以得到旋转轴，而旋转轴间组合不能得反映面。如 $\frac{2}{m}\frac{2}{m}\frac{2}{m}$ 是正交晶系全对称型的国际符号，一般简写成 mmm，但不能写成 $2mm$。这里写出了 3 个特定方向的对称元素，注意 m 是指与该方向垂直的反映面。

立方体的对称型是 $3L_44L_36L_29PC$。写国际简写符号时查得 3 个方向为 $\boldsymbol{a}$，$\boldsymbol{a}+\boldsymbol{b}+\boldsymbol{c}$，$\boldsymbol{a}+\boldsymbol{b}$（表 2-1）。不难确定在 $\boldsymbol{a}$ 方向有 4 次轴和 m，在 $\boldsymbol{a}+\boldsymbol{b}+\boldsymbol{c}$ 方向为 3 次轴，在 $\boldsymbol{a}+\boldsymbol{b}$ 方向有 2 次轴和 m，这样根据简写符号写法可写成 $m3m$。32 点群的国际简写统一符号列于表 2-2 的圆括号中。

表 2-1　各晶系的定向表

晶　系	坐标轴的选择	轴间角格子常数	单位面	国际简写符号的三个方向
立方	3 个相互垂直的 L_2 或 L_4 为 $\boldsymbol{a},\boldsymbol{b},\boldsymbol{c}$	$\alpha=\beta=\gamma=90°$ $a=b=c$	八面体面或四面体面	$\boldsymbol{a},\boldsymbol{a}+\boldsymbol{b}+\boldsymbol{c},$ $\boldsymbol{a}+\boldsymbol{b}$
四方	L_4 或 $L_{\bar{4}}$ 选为 $\boldsymbol{c}$，垂直的 L_2 或对称面的两相互垂直的法线方向或垂直的两棱作为 $\boldsymbol{a},\boldsymbol{b}$	$\alpha=\beta=\gamma=90°$ $a=b\neq c$	四方锥面、四方双锥面或四面体面	$\boldsymbol{c},\boldsymbol{a},\boldsymbol{a}+\boldsymbol{b}$
正交	3 个 L_2 为 $\boldsymbol{a},\boldsymbol{b},\boldsymbol{c}$ 或一个 L_2 为 $\boldsymbol{c}$ 两个对称面的法线为 $\boldsymbol{a},\boldsymbol{b}$	$\alpha=\beta=\gamma=90°$ $a\neq b\neq c$	斜方锥、斜方双锥或四面体面	$\boldsymbol{a},\boldsymbol{b},\boldsymbol{c}$
单斜	L_2 或者对称面的法线方向为 $\boldsymbol{b}$，两个实际或可能晶棱（在对称面内或垂直于 L_2 的平面内）为 $\boldsymbol{a},\boldsymbol{c}$	$\alpha=\gamma=90°\neq\beta$ $a\neq b\neq c$	斜方锥面或二面体面	$\boldsymbol{b}$
三斜	3 个实际或可能晶棱	$\alpha\neq\beta\neq\gamma\neq90°$ $a\neq b\neq c$	板形面或一面体面	$\boldsymbol{a}$
六方和三方	$L_6,L_{\bar{6}},L_3,L_{\bar{3}}$ 为 $\boldsymbol{c}$ 轴，3 个 L_2 或对称面的法线，或者 3 个在垂直于 $\boldsymbol{c}$ 轴平面内的相互成 60°角的棱为 $\boldsymbol{a}_1,\boldsymbol{a}_2,\boldsymbol{a}_3$	$\alpha=\beta=90°$ $\gamma=120°$ $a=b\neq c$	相应的锥、双锥或者菱面体面	$\boldsymbol{c},\ \boldsymbol{a}_1,$ $2\boldsymbol{a}_1+\boldsymbol{a}_2$ $\boldsymbol{c},\ \boldsymbol{a}$

表 2-2　晶体 32 点群的推导

轴　型	加垂直主轴的反映面 P_h	加穿过主轴的反映面 P_v		加对称中心
$L_1(C_1,\ 1)$	$P\ (C_s,\ m)$	$[P]$		$C\ (C_i,\bar{1})$
$L_2(C_2,\ 2)$	$L_2PC\left(C_{2h},\dfrac{2}{m}\right)$	$L_22P\ (C_{2v},\ mm2)$		$[L_2PC]$
$L_3(C_3,\ 3)$	$L_{\bar{6}}\ (L_3P)(C_{3h},\bar{6})$	$L_33P\ (C_{3v},\ 3m)$		$L_{\bar{3}}\ (L_3C)(C_{3i},\bar{3})$
$L_4(C_4,\ 4)$	$L_4PC\left(C_{4h},\dfrac{4}{m}\right)$	$L_44P\ (C_{4v},\ 4mm)$		$[L_4PC]$
$L_6(C_6,\ 6)$	$L_6PC\left(C_{6h},\dfrac{6}{m}\right)$	$L_66P\ (C_{6v},\ 6mm)$		$[L_6PC]$
		P_d 平分 L_2 夹角	P 垂直 L_2	
L_22L_2 $(D_2,\ 222)$	$3L_23PC$ $(D_{2h},\ mmm)$	$L_{\bar{4}}2L_22P$ $(D_{2d},\bar{4}2m)$	$[3L_23PC]$	$[3L_23PC]$
$L_33L_2(D_3,\ 32)$	$L_{\bar{6}}3L_23P(L_33L_24P)$ $(D_{3h},\bar{6}m2)$	L_33L_23PC $(D_{3d},\bar{3}m)$	$[L_33L_23PC]$	$[L_33L_23PC]$

续表

轴　型	加垂直主轴的反映面 P_h	加穿过主轴的反映面 P_v		加对称中心
$L_4 4L_2(D_4, 422)$	$L_4 4L_2 5PC$ $\left(D_{4h}, \frac{4}{m}mm\right)$		$[L_4 4L_2 5PC]$	$[L_4 4L_2 5PC]$
$L_6 6L_2(D_6, 622)$	$L_6 6L_2 7PC$ $\left(D_{6h}, \frac{6}{m}mm\right)$		$[L_6 6L_2 7PC]$	$[L_6 6L_2 7PC]$
$3L_2 4L_3$ $(T, 23)$	$3L_2 4L_3 3PC$ $(T_h, m3)$	$3L_{\bar{4}} 4L_3 6P$ $(T_d, \bar{4}3m)$	$[3L_2 4L_3 3PC]$	$[3L_2 4L_3 3PC]$
$3L_4 4L_3 6L_2$ $(O, 432)$	$3L_4 4L_3 6L_2 9PC$ $(O_h, m3m)$	$[3L_4 4L_3 6L_2 9PC]$	$[3L_4 4L_3 6L_2 9PC]$	$[3L_4 4L_3 6L_2 9PC]$
$L_{\bar{4}}(S_4, \bar{4})$	$[L_4 PC]$	$[L_{\bar{4}} 2L_2 2P]$		$[L_4 PC]$
12	11	7		2

注:[ ]表示重复,( )内分别为点群的圣佛里斯符号和国际简写符号。

2. 圣佛里斯符号

仅有一个旋转轴的点群称为旋转群(cyclic group),用 C_n 表示,下标 n 表示旋转轴的轴次。

在有几个旋转轴时分两种情况:由 2 次轴组合产生的点群用 D_n 表示,称为二面体群(dihedral group),n 是主轴的轴次,因二面体是 2 次轴的单形;在有几个高次轴时,轴的组合相当于正四面体时称为四面体群(tetrahedral group),用 T 表示;轴的组合相当于正八面体时称为八面体群(octahedral group),用 O 表示。

在有反映面的情况,反映面与主轴平行(即穿过主轴),这时反映面是直立的,以下标 v(vertical)表示;而当反映面穿过主轴又平分两个 2 次轴间夹角时以下标 d(diagonal)表示;在反映面垂直于主轴时,反映面是水平的,以下标 h(horizontal)表示;4 次反映轴以 S_4 表示,反映面以 C_s(下标 s 源自德文 spiegnl,意为镜子)表示。32 点群的圣佛里斯符号列于表 2-2 的圆括号中。

2.4　整数定律和晶面指数

2.4.1　整数定律

如图 2-27 所示,在晶体中选 3 个不共面、相交于一点的晶棱 OⅠ,OⅡ,OⅢ,再在这个晶体上取两个不平行的晶面 $A_1B_1C_1$ 和 $A_2B_2C_2$。这两个晶面在晶棱上的截距分别为 OA_1,

OB_1，OC_1，OA_2，OB_2，OC_2。

浩羽发现，这两个晶面相应截距相除其商的连比总能化成一简单整数比，这就是整数定律。写成数学形式，即

$$\frac{OA_2}{OA_1}:\frac{OB_2}{OB_1}:\frac{OC_2}{OC_1}=q:r:s$$

从点阵理论对整数定律很容易理解。如图 2-28 所示，晶面可用与它平行的平面点阵来考虑。

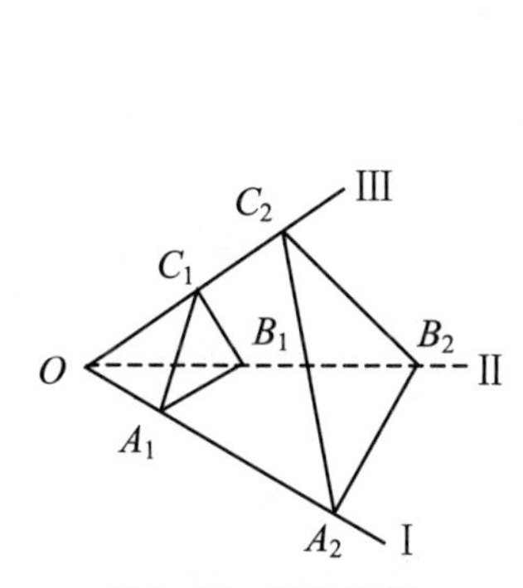

图 2-27　整数定律

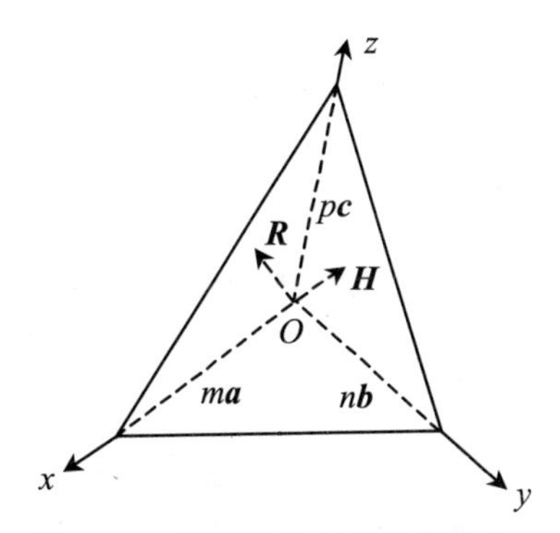

图 2-28　平面点阵方程式的推导

平面点阵与三轴相交于 m，n，p，从原点至此平面点阵的法线为 $\boldsymbol{Oh}$，如法线上的单位向量为 $\boldsymbol{H}$，则这平面点阵的法线方程为

$$\boldsymbol{OR}\cdot\boldsymbol{H}=|\boldsymbol{Oh}|$$

$R(x,y,z)$为此平面上任意一点。将上式展开：

$$\boldsymbol{OR}\cdot\boldsymbol{H}=(x\boldsymbol{a}+y\boldsymbol{b}+z\boldsymbol{c})\cdot\boldsymbol{H}=|\boldsymbol{Oh}|$$

但

$$m\boldsymbol{a}\cdot\boldsymbol{H}=n\boldsymbol{b}\cdot\boldsymbol{H}=p\boldsymbol{c}\cdot\boldsymbol{H}=|\boldsymbol{Oh}|$$

因此

$$\boldsymbol{a}\cdot\boldsymbol{H}=\frac{|\boldsymbol{Oh}|}{m},\quad \boldsymbol{b}\cdot\boldsymbol{H}=\frac{|\boldsymbol{Oh}|}{n},\quad \boldsymbol{c}\cdot\boldsymbol{H}=\frac{|\boldsymbol{Oh}|}{p}$$

代入得

$$\frac{x}{m}+\frac{y}{n}+\frac{z}{p}=1$$

在平面点阵上有无数点阵点，其坐标是整数值，这样为使上述方程能够成立，m，n，p 比值必可化成整数比 $q:r:s$。

2.4.2　晶面指数

在整数定律中，用 m，n，p 3 个数字就能表示该晶面在空间的取向，但在晶体中有时晶面会与轴平行，此时截距为无限大。为了避免这一点，结晶学中采用倒易截距来表示晶面：

$$\frac{1}{m}:\frac{1}{n}:\frac{1}{p}=h:k:l$$

式中，$h:k:l$ 是 3 个整数比，称为米勒指数或晶面指数，使用时简单地表示为(hkl)。

2.4.3 晶体的定向

当我们测定实际晶体的晶面符号时，为了统一，必须确定一个标准的结晶学坐标系，这样才会有共同的语言来精确地描述晶体的外形。

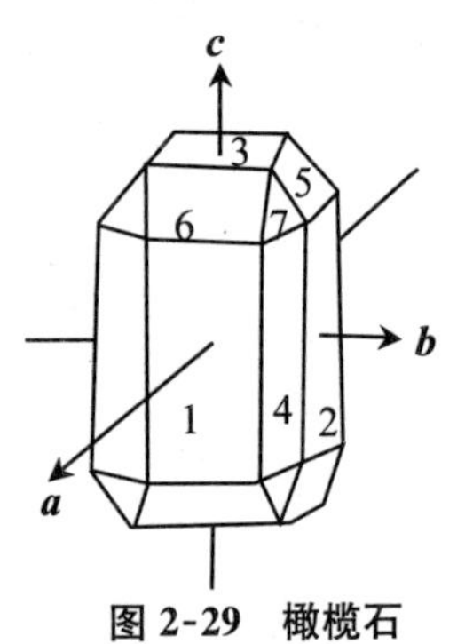

图 2-29 橄榄石

对称元素就是一个现成的坐标系，旋转轴与直线点阵平行是可能的晶棱方向；反映面法线方向也与直线点阵平行，也是可能的晶棱方向，晶棱有时会不出现，而反映晶体本质的对称元素相互之间总是保持一定的几何取向。因此对称元素方向不仅是坐标系而且是比较标准的坐标系。

此外，坐标轴上的单位向量的大小我们也是不知道的，这可用选取单位面的办法来解决。

对晶体按晶系选用适当的坐标系和单位面叫作晶体的定向(表 2-2)。

图 2-29 是橄榄石的晶体外形，我们选 3 个互相垂直的 2 次轴为坐标系，选晶面 7 为单位面，则有晶面 1(100)，2(010)，3(001)，4(110)，5(011)，6(101)，7(111)。这个晶体上共有 26 个晶面。

至于三方、六方晶系，以上方法是不适用的。图 2-30 是六方晶系柱面在三轴定向后的晶面指数，我们发现无法写出一个统一的单形符号来。

在六方晶系中为了对称性的缘故而采用**四轴定向**，把 L_6 作为 $\boldsymbol{c}$ 轴，把相互成 120°角的 3 个 L_2 作为 $\boldsymbol{a}_1,\boldsymbol{a}_2,\boldsymbol{a}_3$。这样，以这 4 个轴决定下来的柱面晶面指数为$(10\bar{1}0)$，$(01\bar{1}0)$，$(\bar{1}100)$，$(\bar{1}010)$，$(0\bar{1}10)$，$(1\bar{1}00)$。因此，可用$\{10\bar{1}0\}$表示六方柱面的 6 个晶面，如图 2-31 所示。一般用$(hkil)$表示三方或六方晶面指数，其中$-i=(h+k)$。证明如下：

如图 2-32 所示，AC 是一个晶面，n 为比例常数，则

$$OA=n\times\left(\frac{a_1}{h}\right),\quad OB=n\times\left(-\frac{a_3}{i}\right),\quad OC=n\times\left(\frac{a_2}{k}\right)$$

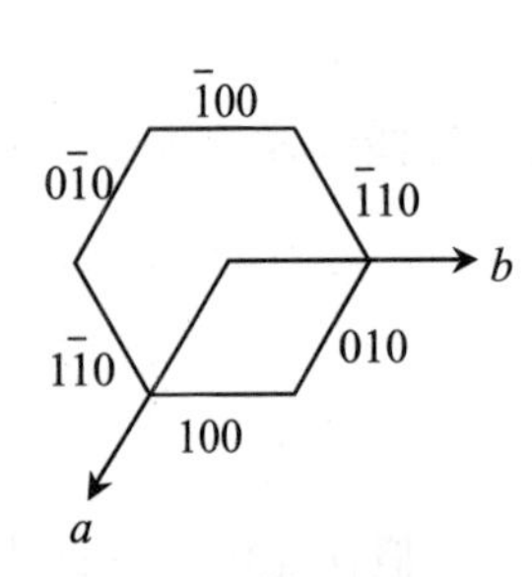

图 2-30 三轴定向后的晶面指数

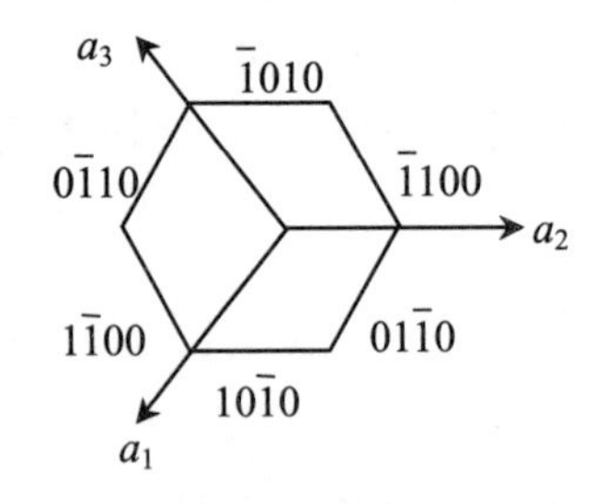

图 2-31 四轴定向后的晶面指数

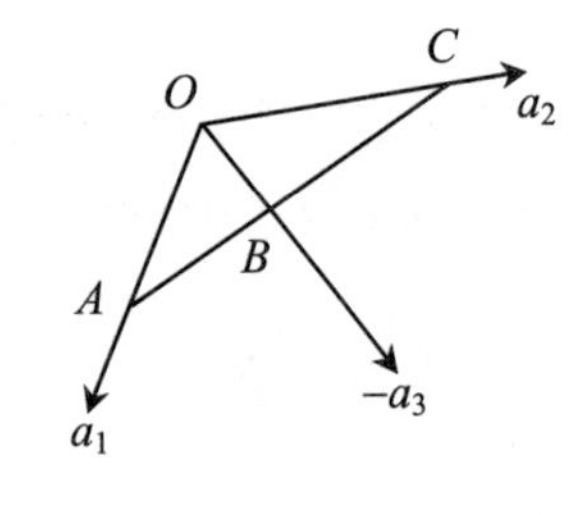

图 2-32 四轴定向

从面积之间的关系

$$S_{\triangle OAC}=S_{\triangle OAB}+S_{\triangle OBC}$$

得

$$n^2\times\frac{a_1a_2\times\sin 60^\circ}{hk}=-\frac{n^2a_1a_3\sin 60^\circ}{hi}-\frac{n^2a_2a_3\sin 60^\circ}{ik}$$

或

$$\frac{1}{hk}+\frac{1}{hi}+\frac{1}{ik}=0$$

即

$$h+k+i=0$$
$$i=-(h+k)$$

这样在三轴定向改成四轴定向以后，由于 $i=-(h+k)$，所以晶面指标化工作并没有加重。

2.4.4　布拉维定律

在晶体中，最可能出现的和比较发展的晶面是格子面积较小(或面网密度较大)的晶面，这称为布拉维定律。

如图 2-33、图 2-34 所示，指数较高、格子面积较大的晶面(110)，在晶体生长过程中，当质点长上去时受到较大的作用力，与(100)晶面相比其面积相对缩小，以致消失。留下的是格子面积较小的(100)和(010)晶面。

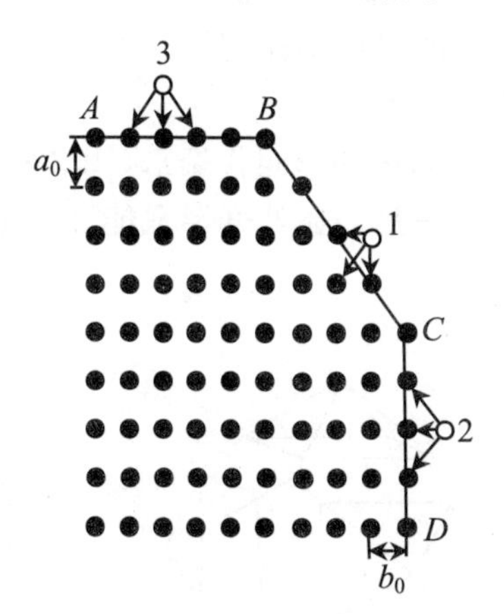

图 2-33　面网密度小的晶面优先生长的图解

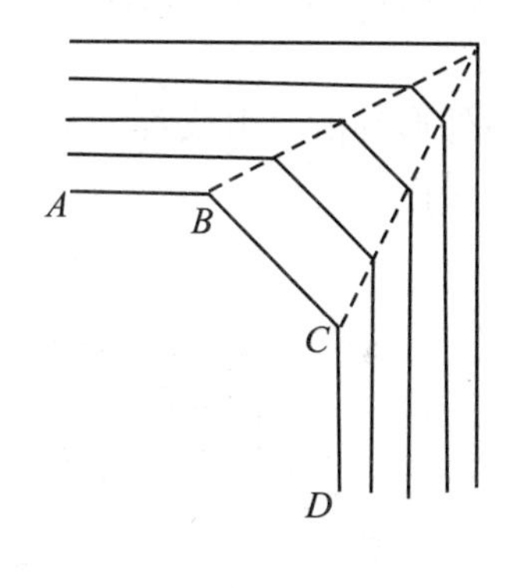

图 2-34　生长速度快的晶面在生长过程中被淹没的示意图

晶体生长是一个比较复杂的物理化学过程，晶面生长速度会受到许多因素，如杂质、温度等的影响。因此晶体仍会出现一些指数稍大的晶面。

2.5　47 种单形

2.5.1　普形和特形

一个面在一对称类型所有对称动作下所得的一组面称为单形。

单形按其出发面相对于对称元素的取向分为普形与特形。普形是指出发面在一般位置的情况，特形是指出发面垂直或平行于某对称元素，或与同样的对称元素交成等角的情况。

2.5.2 单形和聚形

图 2-35 所示的是在含硼酸水溶液中长出来的 NaCl 单晶结构，它可以看成是由立方体和正八面体穿插组成的。

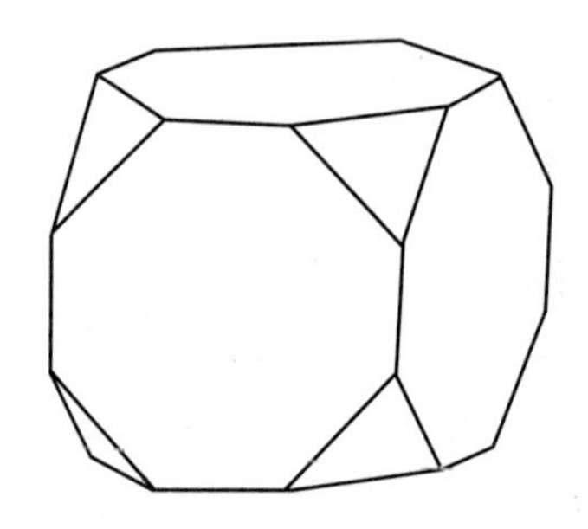

图 2-35 含硼酸水溶液中的 NaCl 单晶结构

立方面、正八面体面都可以借助于晶体的对称元素的对称动作复原。这每一组晶面都是单形。

一般晶体外形都由二组或若干组单形构成，这样的晶体外形叫作**聚形**(图 2-36)。当单形成闭合空间时称为**闭形**，当单形不能闭合空间时称为**开形**。显然开形只能和其他单形一起构成晶体外形。

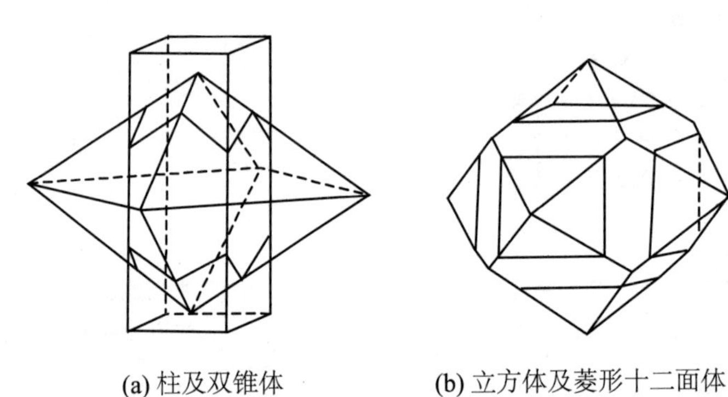

(a) 柱及双锥体　　(b) 立方体及菱形十二面体

图 2-36 聚形的生成

2.5.3 立方晶系 O_h 的单形

如图 2-37 所示，当出发面与 3 个晶轴(这里是 3 个 4 次轴)无特定关系时，得到 48 个晶面。这里的单形用{321}表示，叫作六八面体。

当出发面与其中 1 个晶轴 L_4 平行时，这时也必和 1 个反映面垂直，重复数减少了 1 倍，得到 24 个晶面，这个单形用{210}表示，叫作四六面体(图 2-38)。

当出发面与两个晶轴截距相等时，也必与一反映面垂直，重复数减少 1 倍，得到 24 个晶面的单形，这分两种情况：

① 单形{221}，即截距比为$\frac{1}{2}a : \frac{1}{2}a : a$ 得到的是“三角三八面体”（图 2-39）。

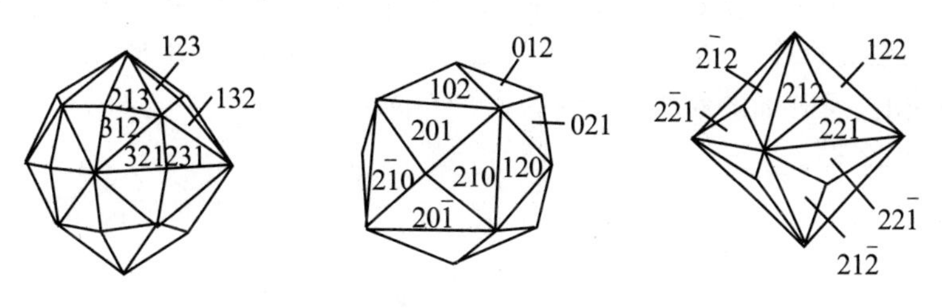

图 2-37　六八面体　　图 2-38　四六面体　　图 2-39　三角三八面体

② 单形{112}，即截距比为 $a : a : \frac{1}{2}a$，得到的是“四角三八面体”（图 2-40）。

当出发面正好与两个晶轴截距相等，与另一个晶轴平行，单形符号是{101}。这个出发面必与 2 次轴垂直，也与一反映面垂直，重复数因而缩小到 12，得十二面体（图 2-41）。

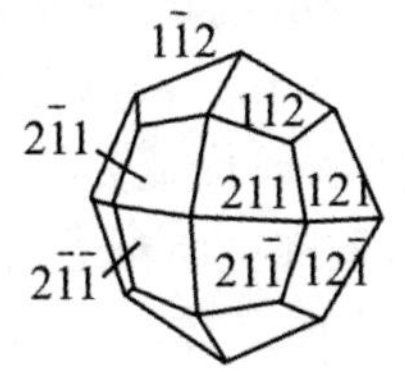

图 2-40　四角三八面体　　图 2-41　十二面体

在与 3 个晶轴截距相等时，出发面也必然和 3 次轴及反映面垂直，重复数减少了 6 倍，得到正八面体，单形符号是{111}（图 2-42）。

出发面与晶轴垂直时即与 4 次轴垂直，这时也和反映面垂直，重复数减少了 8 倍，得到立方体，单形符号是{100}（图 2-43）。

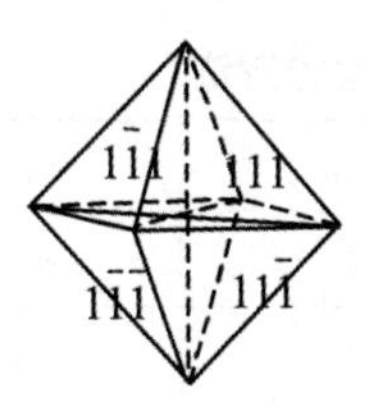

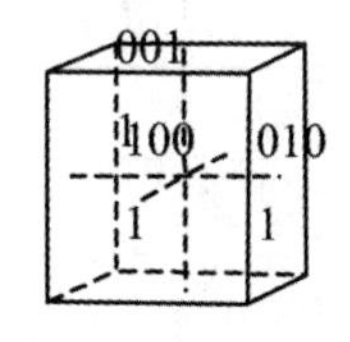

图 2-42　正八面体　　图 2-43　立方体

综上所述，在立方晶系全对称类型 O_h 中一共可以有 7 种单形，六八面体{321}（当然也可以用{hkl}表示，$h \neq k \neq l$）是普形，其余六种都是特形。

2.5.4　47 种单形

从晶体微观结构看，立方晶系 O_h 对称型中出发面与晶轴的 7 种几何关系对其他晶系对称型似乎也适用，这样单形可能会有 32×7＝224 种。但是这里单形分类的依据是晶体的外形而不是它的微观结构。对于对称性比 O_h 低的点群，这 7 种几何关系就不会显示出来。

由于单形分类只考虑外形不考虑内部结构，所以不同对称类型，甚至不同晶系推得的同样单形也只算 1 种，这就减少了单形的数目。例如在 D_{4h}，D_{6h} 两种类型中，当出发面垂直于主轴时，就只能得到板形，显然它们在晶体中形状和内部结构都不相同，但这两种和所有的对称类型推得的板形只算 1 种。这样一来，大大减少了单形数目，单形共有 47 种。

在无对称中心、反映面的对称类型中，单形有左右形，这里左右形只算 1 种，否则单形还不止 47 种，将有 58 种。

2.6 分子的对称性

2.6.1 分子的对称性的概念

分子的对称性是宏观对称性，能用点群符号来表示，如圣佛里斯符号。与晶体宏观对称性不同的是，分子对称性不受点阵的限制，允许有 5 次和 6 次以上的轴对称性，如 C_{60} 分子对称性中有 6 个 5 次轴，二茂铁分子具有 D_{5d} 的对称性，环形硫分子(S_8)具有 8 次反轴的对称性，O_2 分子具有无穷大次轴对称性，其对称性可用圣佛里斯符号表示为 $D_{\infty h}$。

当具有 5 次轴或 6 次以上的轴对称性的分子形成晶体时，晶体中不会有与分子对称性协调的环境，分子的对称性有时得不到保证。和晶体一样，只有旋转轴而无反轴(包括 1 次反轴即对称中心和 2 次反轴即反映面)的分子必有左右对映体。

2.6.2 分子结构的测定

各种仪器测定分子对称性和分子参数的能力如表 2-3 所示。从表可见，所有方法都能测定分子的对称性，但不是所有方法都能测分子参数。

表 2-3 测定分子结构的方法

方法	分子对称性	分子参数
转动光谱	可测	可测
振动光谱	可测	不可测
转动拉曼光谱	可测	可测
振动拉曼光谱	可测	不可测
电子衍射	可测	可测
X 光衍射	可测	可测
中子衍射	可测	可测
经典立体化学	可测	不可测
偶极矩	可测	不可测
磁性测量	可测	不可测
核磁共振	可测	可测

如果分子由 3 个原子组成，它就有 3 个参数：3 个长度或两个长度和它们之间的夹角。不难证明，如果分子由 N 个原子组成，它将有 $3N-6$ 个参数。在有对称性的情况，由于对称动作使这些参数互相相等，所以所要测的参数会减少。如 SF_6 有 O_h 的对称性，仅有 1 个参数(图 2-44)。

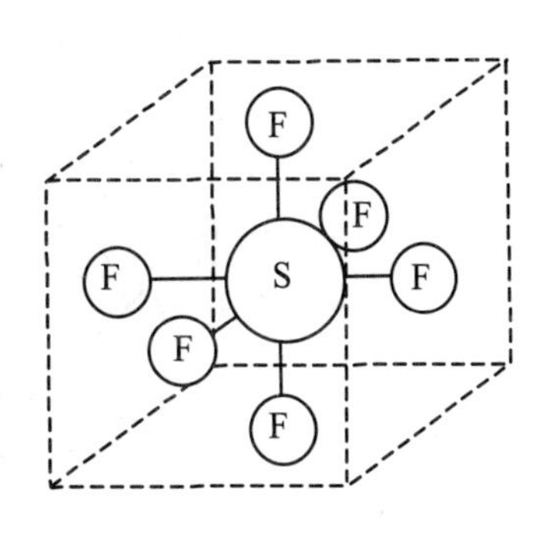

图 2-44　SF_6 有 O_h 对称性

对一个未知分子结构测定之前应先进行可能的对称性分析。

SF_4 有 4 种可能的结构：

(1) 图 2-45(a)，有 T_d 的对称性，1 个参数；

(2) 图 2-45(b)，有 D_{2d}的对称性，2 个参数；

(3) 图 2-45(c)，有 C_{3v}的对称性，3 个参数；

(4) 图 2-45(d)，有 C_{2v}的对称性，4 个参数。

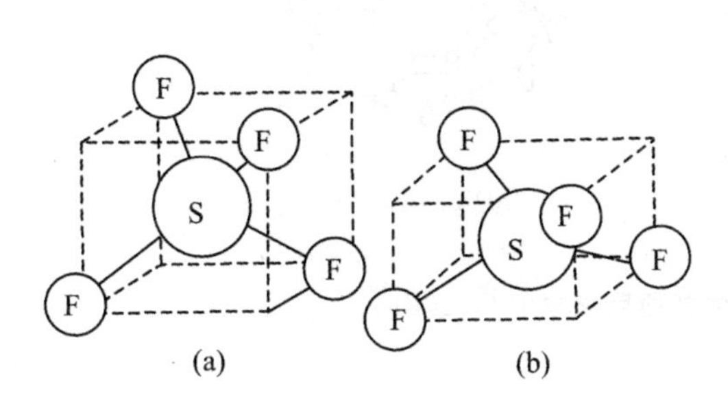

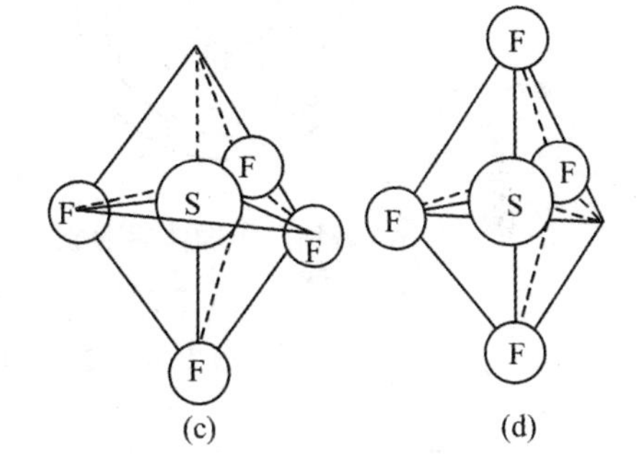

图 2-45　SF_4 四种可能结构

红外光谱研究倾向于它有 C_{2v}的对称性。

众所周知，碳有石墨和金刚石两种同素异形体。到 20 世纪 80 年代中期，发现了富勒烯(Fullerene)碳原子簇[24-25]，确认碳元素还存在第三种晶体形态。1985 年 Kroto 等用质谱研究在超声氦气流中以激光蒸发石墨所得产物时，获得了以 C_{60}为主的质谱图并提出了它的结构。因此，Kroto，Curl，Smalley 三人获得了 1996 年的诺贝尔化学奖。

受建筑学家 B. Fuller 用五边形和六边形构成球形薄壳建筑结构的启发，Kroto 等提出 C_{60}是由 60 个碳原子构成的球形三十二面体，即由 12 个五边形和 20 个六边形组成，相当于截顶二十面体，可以看做在正二十面体每条边的约 1/3 处平截 12 个顶角后在新的顶角位置放上 60 个碳原子形成的球形三十二面体，顶角截去后得到 12 个五边形，原来的 20 个面则形成六边形，如图 2-46 所示。其中五边形彼此不连接，只与六边形相邻。C_{60}的成键特征比金刚石和石墨复杂。在 C_{60}分子中，每个 C 原子和周围 3 个 C 原子形成了 3 个 σ 键，剩余的轨道和电子则共同组成 π 键。由于球状表面的弯曲特征和五圆环的存在，引起轨道杂化的改变。C 原子杂化态处于石墨的 sp^2 杂化和金刚石的 sp^3 杂化之间[26]。3 个 σ 轨道每个含 s 成分 30.5%，p 成分 69.5%。而垂直于球面的 π 轨道含 s 成分 8.5%，p 成分91.5%。随之命名为 Buckminsterfullerene，由于分子结构酷似足球，故又称为 footballene，即足球烯。

该结构对称性为 I_h 点群，这是一完美的几何对称性。60 个碳原子均匀分布在球面上，所有碳原子都是等同的，^{13}C NMR 谱只有一条化学位移为 142.5×10^{-6}的谱线(图 2-47) 证实了这一点。C_{60}分子为空心球结构也得到了红外光谱和振动拉曼光谱的有力证明。该结构有 6 个 5 次轴，10 个 3 次轴，15 个 2 次轴，1 个对称中心和 15 个反映面。

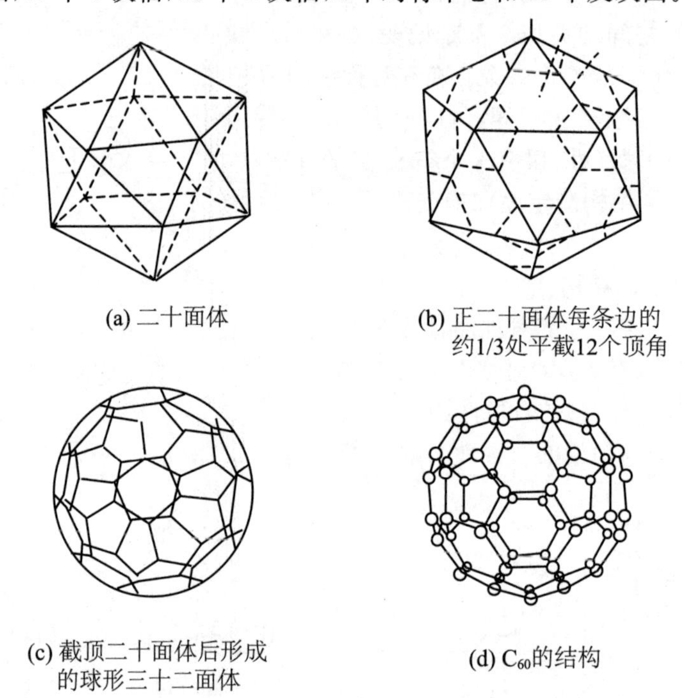

图 2-46　二十面体截顶后抽象为 C_{60} 结构

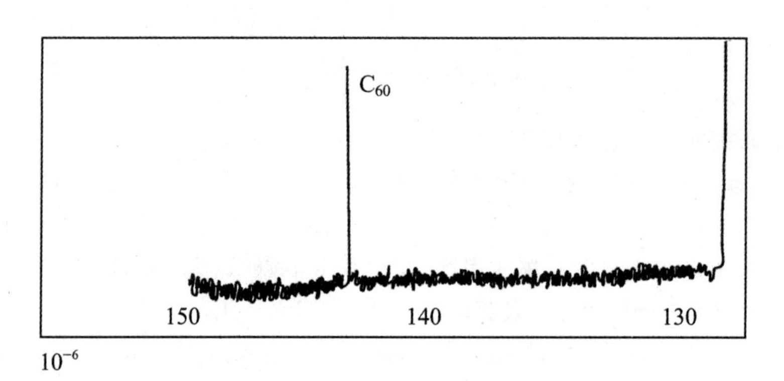

图 2-47　C_{60} 的 ^{13}C NMR 谱图

第 3 章　晶体的微观对称性

3.1　7 个晶系和 14 种空间格子

3.1.1　布拉维法则

空间点阵可看成由无数平行六面体单位三维并置而成，因此只要弄清单位平行六面体就能知道整个点阵。但把空间点阵划分为平行六面体有无数种方法。以平面点阵为例说明之。

图 3-1 是具有 D_{2h} 对称性的平面点阵，但当画平行四边形单位时，有时反映不出点阵的对称性。为了从无限多个平行六面体中挑选出一个确定的、能代表点阵特征的单位平行六面体，布拉维提出了**布拉维法则**：

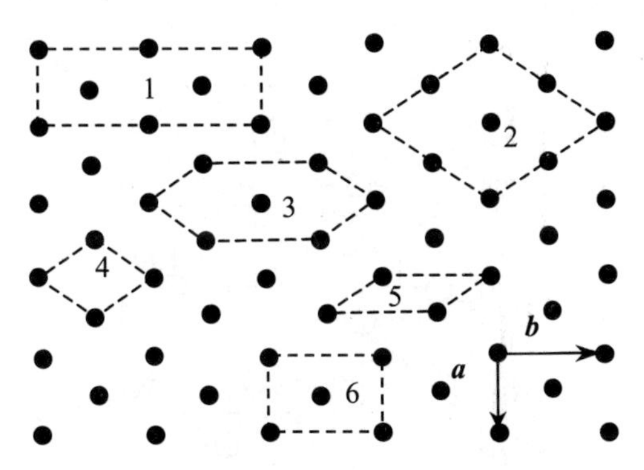

图 3-1　具有 D_{2h} 对称性的平面点阵

(1) 所选择的平行六面体对称性和点阵的对称性一样；
(2) 在平行六面体上各棱之间直角数目尽量多；
(3) 在遵守以上两条后，平行六面体体积尽量小。

3.1.2　点阵的对称性

点阵是无限图形，但是如果我们考虑通过点阵点的对称性，那么对点阵也可以用点群来表示其对称性。

由于点阵点是对称中心，因此点阵的对称类型将落在有对称中心的 11 个劳埃点群之中。再加上点阵中如有 L_n（$n \geqslant 3$），则必有 n 个反映面 m 通过 L_n，n 个 L_2 与 L_n 垂直（图 3-2），这样一来点阵的对称性只有 7 种：C_i，C_{2h}，D_{2h}，D_{4h}，D_{6h}，D_{3d}，O_h。换言之，如果点阵具有某晶系的特征对称元素，点阵就具有该晶系的全对称类型的对称性，见表 3-1。

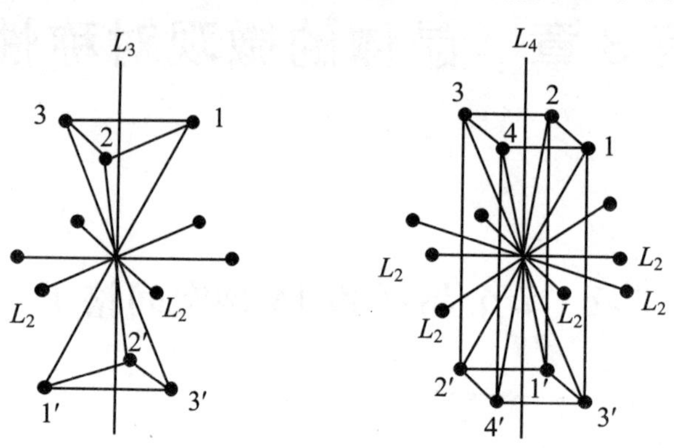

图 3-2　点阵中存在垂直于 L_n 的 n 个 L_2

3.1.3　平行六面体的形状

以立方晶系为例，说明平行六面体形状的选择。这里特征对称元素是 $4L_3$，它们的方向由于角度关系而指向立方体的 8 个顶点，L_3 本身又是直线点阵，这样只要在每个 L_3 上取一个相应的点阵点就能画出 1 个立方体单位，其对称性是立方晶系的全对称类型 O_h（图 3-3）。各晶系的平行六面体形状和对称性列在表 3-1 中。

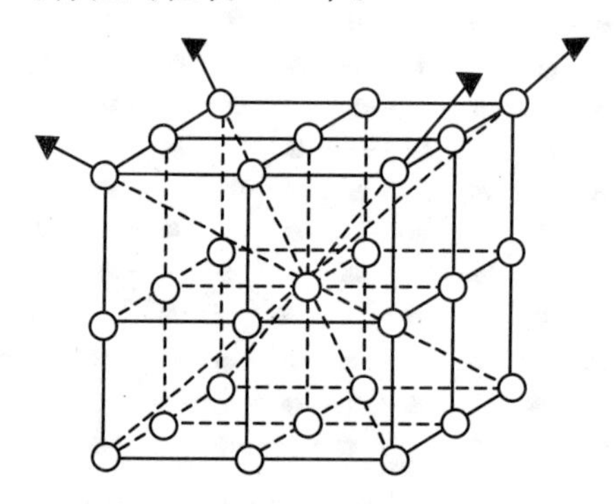

图 3-3　具有 4 个 3 次轴的点阵

表3-1　各晶系的平行六面体形状和对称性

晶系	三斜	单斜	正交	四方	六方	三方	立方
点群	C_1, C_i	C_2, C_s, C_{2h}	D_2, C_{2v}, D_{2h}	$C_4, D_4, S_4, C_{4h}, C_{4v}, D_{2d}, D_{4h}$	$C_{3h}, D_{3h}, C_6, D_6, C_{6v}, C_{6h}, D_{6h}$	$C_3, D_3, C_{3i}, C_{3v}, D_{3d}$	T, O, T_h, T_d, O_h
劳埃点群	C_i	C_{2h}	D_{2h}	C_{4h}, D_{4h}	C_{6h}, D_{6h}	C_{3i}, D_{3d}	T_h, O_h
点阵点群	C_i	C_{2h}	D_{2h}	D_{4h}	D_{6h}	D_{3d}	O_h
平行六面体形状	β α γ	β					
几何参数	$a \neq b \neq c$ $\alpha \neq \beta \neq \gamma$	$a \neq b \neq c$ $\alpha = \gamma = 90^\circ$ $\beta \neq 90^\circ$	$a \neq b \neq c$ $\alpha = \beta = \gamma = 90^\circ$	$a = b \neq c$ $\alpha = \beta = \gamma = 90^\circ$	$a = b \neq c$ $\alpha = \beta = 90^\circ$ $\gamma = 120^\circ$	$a = b = c$ $\alpha = \beta = \gamma \neq 90^\circ$	$a = b = c$ $\alpha = \beta = \gamma = 90^\circ$

3.1.4 14种空间格子

在结晶学中常常把平行六面体称为**格子**。上面我们仅讨论了格子的形状，并未讨论格子的内容。它们会有什么样的素单位格子和复单位格子？

1. 三斜晶系

三斜晶系中由于格子只有 C_i 的对称性，既不会因对称性要求选取复格子，又不必因点阵显示的对称性而选棱间有直角的格子。这样，三斜晶系只需选一种体积最小的格子，即简单 P 格子。

2. 单斜晶系

格子对称性是 C_{2h}，除了 P 格子以外，我们来考虑可能的复格子。

在单斜格子中定向为：2 次轴平行于 $\boldsymbol{b}$ 方向，$\alpha=\gamma=90°$，$a\neq b\neq c$。我们在 B 面，即 $\boldsymbol{a},\boldsymbol{c}$ 决定的平面加心时，我们能在不减少直角数目、不影响对称性的前提下划出一个体积小一倍的 P 格子，即单斜 B=单斜 P(图 3-4)。在 C 或 A 面上加心得 A 心和 C 心格子，我们不能把它划成 P 格子，因为划小会减少直角数目。因 $\boldsymbol{a},\boldsymbol{c}$ 方向在单斜系中无对称元素，所以定向 $\boldsymbol{a}$ 或 $\boldsymbol{c}$ 有任意性，这两种只能算一种，一般称为单斜 C。在加体心时得到单斜体心格子。但在直角数、对称性不变的前提下，单斜 I=单斜 C(图 3-5)。同样，单斜 F=单斜 C(图 3-6)。

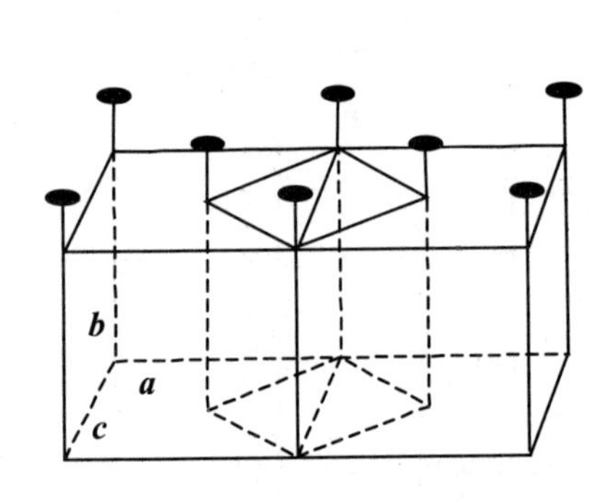

图 3-4　单斜 B=单斜 P

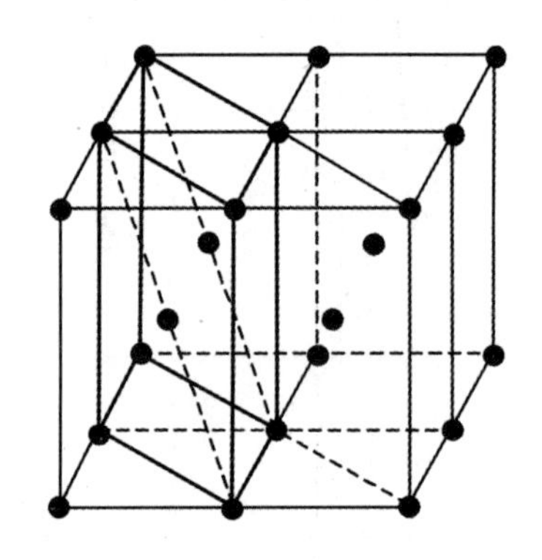

图 3-5　单斜 I=单斜 C

因此在单斜晶系中共有两种空间格子：单斜 P 和单斜 C。

3. 正交晶系

格子对称性是 D_{2h}。除 P 格子外还有其他复格子。在加底心时，因格子的 3 个格子面对称性是一样的，所以 A=C，B=C 一般为底心 C 格子。体心 I 格子在这里不能划成底心 C 格子，因为这会减少棱间直角数目。另外还有面心 F 格子也不能划成底心 C 格子。这样，正交晶系共有 P,C,I,F 四种格子类型。

4. 四方晶系

由于四方晶系特征对称元素为 4 次轴，格子底面为正方形，仅有四方 P 和四方 I 两种格子类型。因为向正方形底面加心后可以划分体积小一倍的格子而不影响对称性，所以，四方 C 格子=四方 P 格子(图 3-7)，同样道理，四方 F=四方 I。

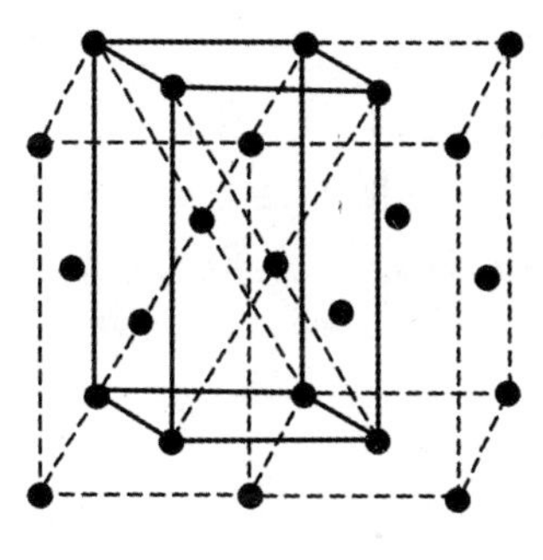

图 3-6　单斜 F=单斜 C

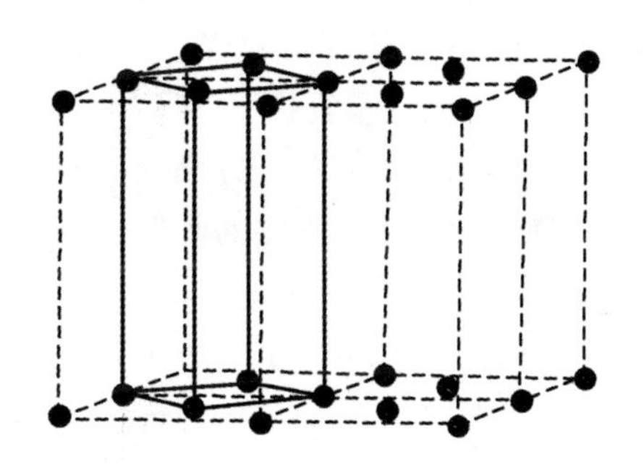

图 3-7　四方 C=四方 P

5. 立方晶系

立方晶系有 P,I,F 三种空间格子,向任何单独面加心都将破坏立方晶系的对称性。

6. 六方和三方晶系

由于平面格子固有 2 次轴的对称性,所以具有 3 次轴,或具有 6 次轴的平面是一样的:都是具有 D_{6h} 对称性的 60°菱形,其对称元素的分布如图 3-8 所示。

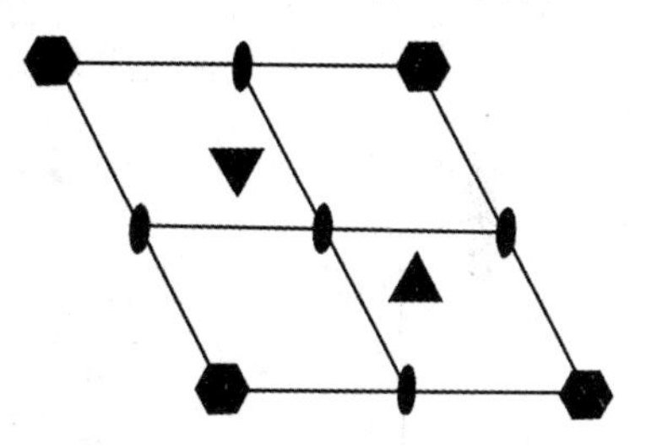

图 3-8　具有 6 次轴和 3 次轴的平面格子对称性为 D_{6h}

立体格子可由平面格子叠加而成,在叠加时尽量照顾对称性,对于 60°平面菱形格子可以有两种方法叠加成立体格子。

(1) 第二层在第一层的正上方,这样形成的六方格子称为六方 P,其对称性和平面格子一样为 D_{6h}(图 3-9(b))。

(2) 第二层平面格子 6 次轴的正下方为第一层的 3 次轴位置,反过来,第一层的平面格子 6 次轴的正上方是第二层的平面格子 3 次轴位置,从这样的点阵中可以取出 1 个三方菱面体 R 格子,对称性为 D_{3d}(图 3-9(a))。

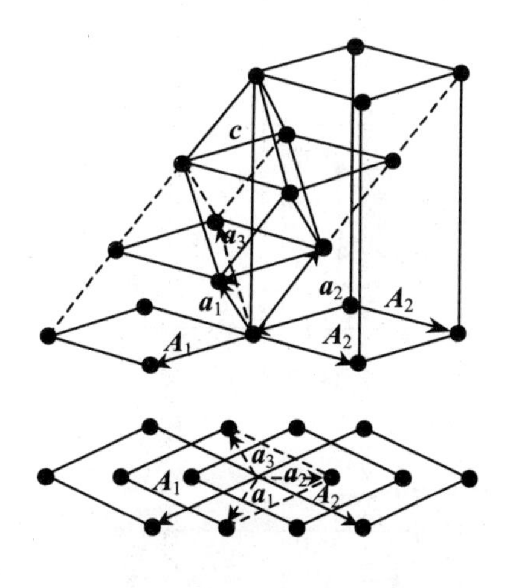

(a) 三方R格子和其六方定向的三重复格子

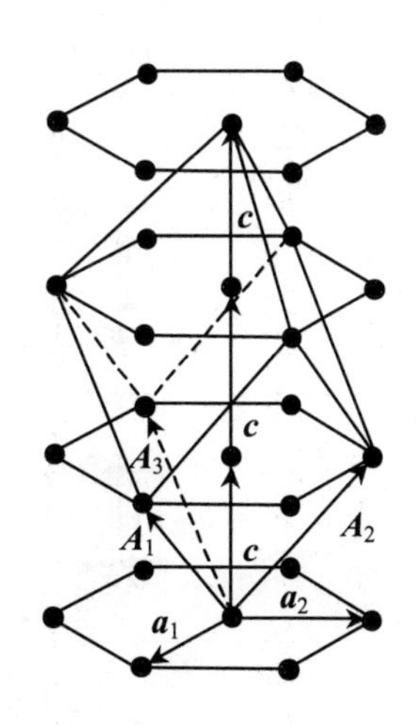

(b) 六方P格子和其三方定向的三重复格子

图 3-9　两种方法叠加成立体格子

如图 3-9(a)所示,如果我们在三方 R 点阵中取出一个六方定向的格子,那么它将是具有三方对称性的三方三重复格子;若我们在六方 P 格子中取出 1 个三方 R 定向的格子,那么它将是六方 R 的三重复格子(图 3-9(b))。显然,这两种复格子都没有必要作为独立的类型加以考虑。因此,六方和三方晶系仅有六方 P 和三方 R 两种格子类型。与格子对称性相比,晶体对称性会有不同程度的降低。三方晶体允许占有六方 P 格子,但六方晶体不会占有三方 R 格子,因为三方 R 格子不可能有 6 次轴的对称性。

在日常工作中,只是为了计算方便,常常将三方 R 格子的晶体六方定向为三方三重复格子。

这样,一共有 14 种空间格子,如表 3-2 所示。

表 3-2　14 种空间格子

晶系	简单 P	底心 C	体心 I	面心 F
三斜	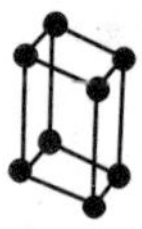			
单斜	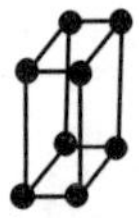	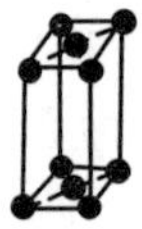		
正交	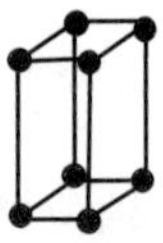	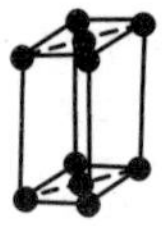	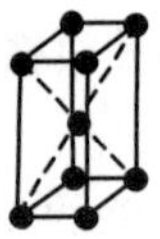	
三方	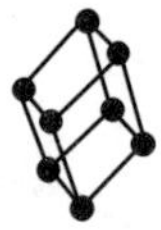			
四方	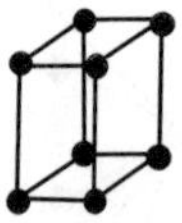		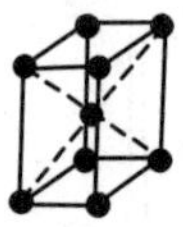	
六方				
立方	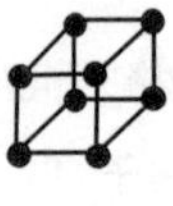		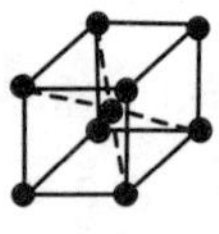	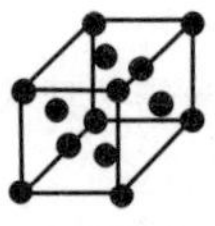

3.2　晶体的微观对称元素

3.2.1　点阵

与点阵相应的对称动作是平移。进行平移动作时每一点都动，在动作进行后仿佛每一点都没有动，平移必然为无限图形所具有，平移是晶体最本质的对称操作。

与点阵相应的对称阶次为∞，平移只能使相等图形叠合，不能使左右形叠合。

3.2.2　螺旋轴

与螺旋轴相应的对称动作是旋转和平移组成的复合对称动作。动作进行时先绕一直线旋转一定的角度，然后在与此直线平行的方向上进行平移（或先平移后旋转），该直线就称为**螺旋轴**。图 3-10 是硒（Se）晶体中无限长硒分子中的螺旋轴。

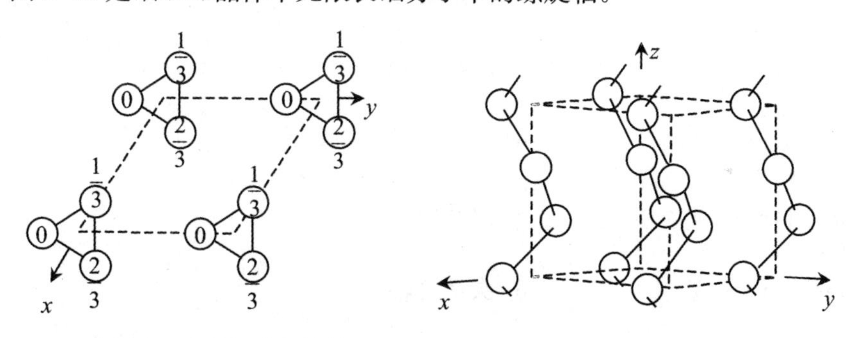

(a) 垂直于xy平面的3次螺旋轴　　(b) 无限长硒分子

图 3-10　硒晶体结构

与螺旋轴相应的对称动作的阶次为∞，螺旋轴对称动作只能使相等图形重合而不能使左右形重合。

为了使螺旋轴不与点阵矛盾，除轴次受点阵限制为 1，2，3，4，6 次外，还要使螺旋轴的滑移分量满足这样的条件

$$n\boldsymbol{\tau}=s\boldsymbol{T}$$

这里，$\boldsymbol{T}$ 是平行于螺旋轴的直线点阵素向量，n 是螺旋轴的轴次，$n=360°/$基转角。s 可以写成 $qn+m$ 形式，其中 q 和 $m(m<n)$ 都是整数。

即

$$\boldsymbol{\tau}=\frac{qn+m}{n}\boldsymbol{T}=q\boldsymbol{T}+\frac{m}{n}\boldsymbol{T}$$

显然，$q\boldsymbol{T}$ 是平移群中平移向量。这样

$$\boldsymbol{\tau}=\frac{m}{n}\boldsymbol{T}$$

由此，在晶体结构这样的无限周期重复图形中允许的螺旋轴如下：

$n=1, m=0, \boldsymbol{\tau}=\mathbf{0}$	1 次轴
$n=2, m=0, \boldsymbol{\tau}=\mathbf{0}$	2 次轴
$m=1, \boldsymbol{\tau}=\frac{1}{2}\boldsymbol{T}$	2_1 次螺旋轴
$n=3, m=0, \boldsymbol{\tau}=\mathbf{0}$	3 次轴
$m=1, \boldsymbol{\tau}=\frac{1}{3}\boldsymbol{T}$	3_1 次螺旋轴
$m=2, \boldsymbol{\tau}=\frac{2}{3}\boldsymbol{T}$	3_2 次螺旋轴
$n=4, m=0, \boldsymbol{\tau}=\mathbf{0}$	4 次轴
$m=1, \boldsymbol{\tau}=\frac{1}{4}\boldsymbol{T}$	4_1 次螺旋轴
$m=2, \boldsymbol{\tau}=\frac{2}{4}\boldsymbol{T}$	4_2 次螺旋轴
$m=3, \boldsymbol{\tau}=\frac{3}{4}\boldsymbol{T}$	4_3 次螺旋轴
$n=6, m=0, \boldsymbol{\tau}=\mathbf{0}$	6 次轴
$m=1, \boldsymbol{\tau}=\frac{1}{6}\boldsymbol{T}$	6_1 次螺旋轴
$m=2, \boldsymbol{\tau}=\frac{2}{6}\boldsymbol{T}$	6_2 次螺旋轴
$m=3, \boldsymbol{\tau}=\frac{3}{6}\boldsymbol{T}$	6_3 次螺旋轴
$m=4, \boldsymbol{\tau}=\frac{4}{6}\boldsymbol{T}$	6_4 次螺旋轴
$m=5, \boldsymbol{\tau}=\frac{5}{6}\boldsymbol{T}$	6_5 次螺旋轴

这里，用 n_m 来表示 n 次螺旋轴，其滑移分量为$\frac{m}{n}\boldsymbol{T}(m<n)$，是螺旋轴的国际符号。

在螺旋轴中还存在着这样的关系

$$(\text{右螺旋})n_m=(\text{左螺旋})n_{n-m}$$

以 3 次螺旋轴为例来说明这个问题：

(右旋)3_1 的动作 x^1(右)旋转 120°，滑移$\frac{1}{3}\boldsymbol{T}$

x^2(右)旋转 240°，滑移$\frac{2}{3}\boldsymbol{T}$

(左旋)3_2 的动作 y^1(左)旋转 120°，滑移$\frac{2}{3}\boldsymbol{T}$

y^2(左)旋转 240°，滑移$\frac{4}{3}\boldsymbol{T}$

而

$$y^1=(\text{左})\text{旋转 }120°,\text{滑移}\frac{2}{3}\boldsymbol{T}$$

$$= \text{（右）旋转 } 240°\text{，滑移}\frac{2}{3}\boldsymbol{T}$$

$$= x^2$$

$$y^2 = \text{（左）旋转 } 240°\text{，滑移}\frac{4}{3}\boldsymbol{T}$$

$$= \text{（右）旋转 } 120°\text{，滑移}\frac{1}{3}\boldsymbol{T}$$

$$= x^1$$

即 $x^1 = y^2$，$x^2 = y^1$。也就是说通过 3_1（右）和 3_2（左）所得的对称图形的几何形象是完全一样的。同理，3_2（右）$=3_1$（左）。在3次螺旋轴中分成左右两种即 3_1（右）、3_1（左）和普通3次旋转轴。不难理解 3_1（右）和 3_2（右）互成左右形。对于4次螺旋轴和6次螺旋轴分析的办法完全一样。但要指出，4_2 和 6_3 螺旋轴因 $m=\frac{1}{2}n$ 而无左右形之分。图3-11给出 6_2 螺旋轴的情况，螺旋轴的符号列于表3-3中。

3.2.3 滑移面

与滑移面相应的对称动作是反映和平移组成的复合对称动作。动作进行时先通过某一平面进行反映，然后在此平面平行方向上进行平移，该平面就称**滑移面**。与滑移面相应的对称动作的阶次为∞。图3-12是无限长分子中的滑移面。

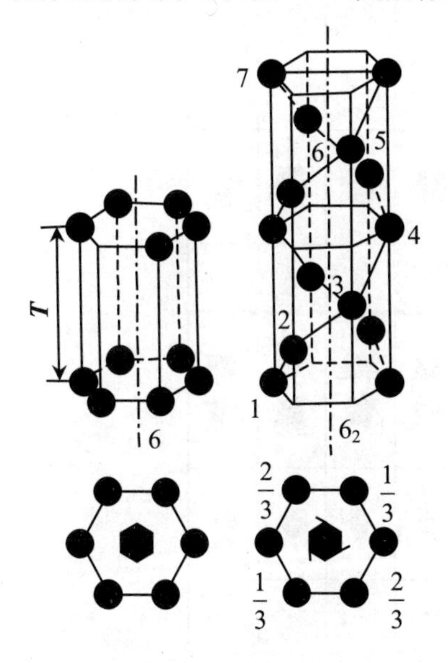

图 3-11 6_2 次螺旋轴

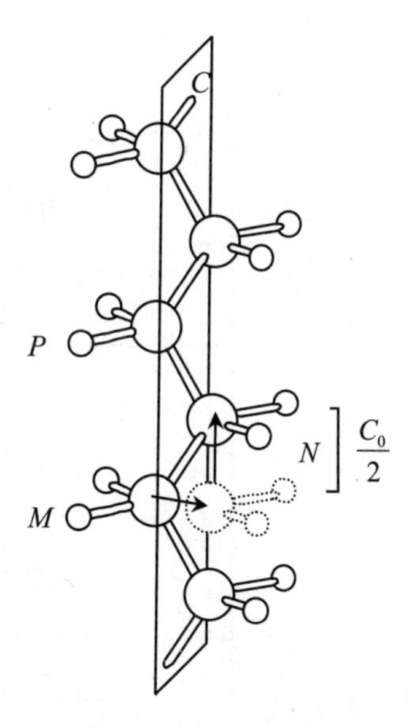

图 3-12 无限长分子中的滑移面

表3-3 微观对称元素符号

名称	符号		名称	符号		名称	符号		+
	垂直	平行		垂直	平行		垂直	平行	
2			$\bar{4}$			m			**0**
2_1			$\bar{3}$			a			$\frac{a}{2}$
3			6			b			$\frac{b}{2}$
3_1			6_1			c			$\frac{c}{2}$
3_2			6_2			n			$\frac{(a+b)}{2}$或$\frac{(b+c)}{2}$或$\frac{(a+c)}{2}$或$\frac{(a+b+c)}{2}$
4			6_3			d			$\frac{(a+b)}{4}$或$\frac{(b+c)}{4}$或$\frac{(a+c)}{4}$或$\frac{(a+b+c)}{4}$
4_1			6_4						
4_2			6_5						
4_3			$\bar{6}$						

显然，滑移反映动作进行一次能使左右形重合。

为使滑移面的滑移分量不与点阵矛盾，在两次滑移动作之后，合滑移分量必须在平移群内(图 3-13(a))，即

$$[Mt]^2=\boldsymbol{I}\cdot 2\boldsymbol{t}=2\boldsymbol{t}=m\boldsymbol{a}+n\boldsymbol{b}$$

式中，m,n 为整数，而且只能为 1 或 0。如 m,n 为 2，则 $2\boldsymbol{t}=(\boldsymbol{a}+\boldsymbol{b})$，$\boldsymbol{t}=(\boldsymbol{a}+\boldsymbol{b})$，这样的滑移面实际上是反映面(图 3-13(b))。因此

$$m=\pm 1,\quad n=0,\quad \boldsymbol{t}=\frac{\boldsymbol{a}}{2}$$

$$m=0,\quad n=\pm 1,\quad \boldsymbol{t}=\frac{\boldsymbol{b}}{2}$$

$$m=\pm 1,\quad n=\pm 1,\quad \boldsymbol{t}=\frac{\boldsymbol{a}+\boldsymbol{b}}{2}$$

上述滑移面分别称为 a 滑移面、b 滑移面和 n 滑移面(图 3-13(c))。同理 $\boldsymbol{t}=\frac{\boldsymbol{c}}{2}$ 的滑移面称为 c 滑移面，$\boldsymbol{t}=\frac{(\boldsymbol{b}+\boldsymbol{c})}{2}$，$\boldsymbol{t}=\frac{(\boldsymbol{a}+\boldsymbol{c})}{2}$ 也称为 n 滑移面。c 滑移面平行于 $\boldsymbol{c}$ 方向，$\boldsymbol{t}=\frac{(\boldsymbol{b}+\boldsymbol{c})}{2}$ 的 n 滑移面既平行于 $\boldsymbol{b}$ 也平行于 $\boldsymbol{c}$ 方向，等等。在格子带心时，根据平移群，$\boldsymbol{t}$ 可写成

$$2\boldsymbol{t}=(m+r)\boldsymbol{a}+(n+s)\boldsymbol{b}$$

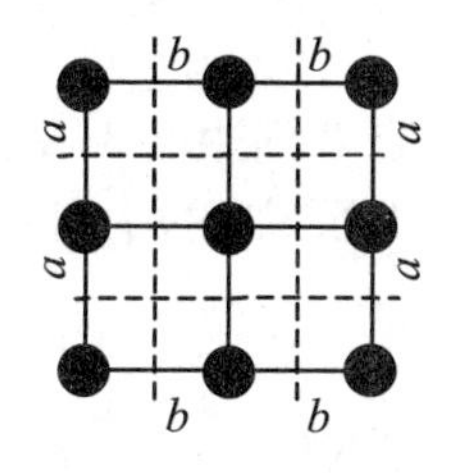

(a) NaCl中的a,b滑移面

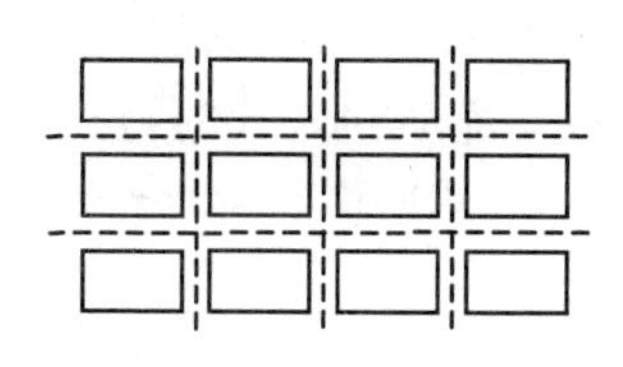

(b) 反映面

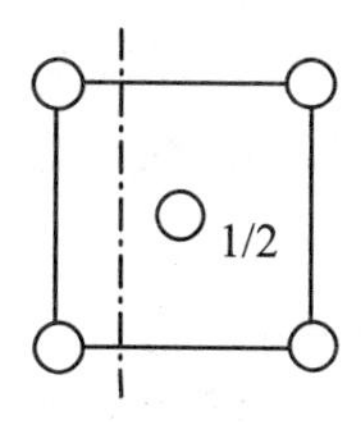

(c) α-铁中的n滑移面

图 3-13　三种滑移面

m,n 取 $0,\pm 1$；r,s 取 $0,\pm\frac{1}{2}$。这样多出了一种滑移面

$$\boldsymbol{t}=\frac{1}{4}(\boldsymbol{a}+\boldsymbol{b})$$

同理 $\boldsymbol{t}=\frac{1}{4}(\boldsymbol{b}+\boldsymbol{c})$ 和 $\boldsymbol{t}=\frac{1}{4}(\boldsymbol{a}+\boldsymbol{c})$ 的滑移面也是可能的，因为金刚石(diamond)晶体结构中有这种滑移面，所以我们称其为 d 滑移面(图 3-14)。

与点阵、螺旋轴、滑移面相应的对称动作进行时，空间的每一点都动了，动作后整个空间仿佛没有动，我们称之为**空间对称动作**，其阶次为∞。其对称类型称为**空间群**。

与空间动作相应的对称元素分布于整个空间，它只能存在于无限周期重复图形如晶体微观结构中，而不能存在于有限对称图形如晶体的宏观对称性中。

与旋转轴、反映面、对称中心、反轴相应的对称动作进

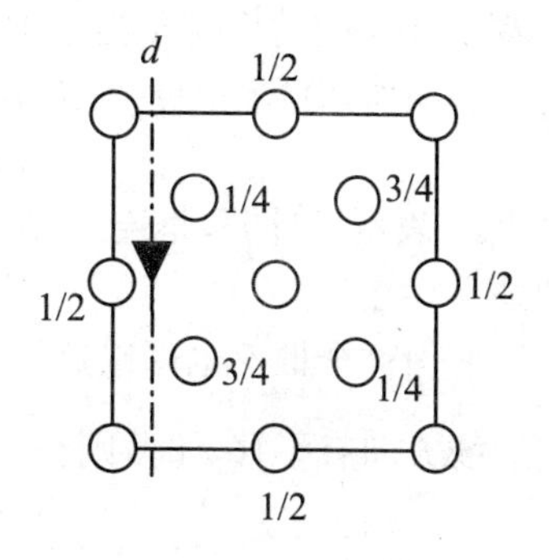

图 3-14　金刚石结构中的 d 滑移面

行时至少有一点不动，我们称其为**点动作**。这样的对称元素在有限对称图形如晶体宏观对称性中有，在无限周期重复对称图形中（如晶体的点阵结构中）也有。

综上所述，使得对称图形复原的对称动作一共有 7 种：反映、倒反、旋转、旋转倒反（或旋转反映）、平移、螺旋旋转、滑移反映。其中旋转、平移、螺旋旋转不能使左右形重合，只能使相等图形重合。而反映、倒反、旋转倒反（或旋转反映）、滑移反映能使左右形重合。上述微观对称元素的符号列于表 3-3 中。

3.3 对称元素组合原理

与点动作的对称元素组合原理不同，相应于空间动作的对称元素组合时不一定要交于一点。

3.3.1 两个平行反映面的组合

定理 1：两个互相平行反映面的连续动作相当于一个平移动作，其平移的距离是反映面间距的二倍。

如图 3-15 所示，两个反映面 m_1，m_2 连续动作时，点 1 经过点 2 到达点 3，从图中可以看出从点 1 到点 3 这样一个动作是平移，其平移向量，$|\boldsymbol{\tau}|=2d$，d 为反映面 m_1 和 m_2 之间的距离，写成表达式

$$(m_1 \cdot m_2)=\boldsymbol{\tau}$$

3.3.2 平移和正交反映面的组合

推论：平移 $\boldsymbol{\tau}$ 及垂直于平移的反映面的连续动作相当于与这个反映面相距 $\frac{|\boldsymbol{\tau}|}{2}$ 处的一个反映面（图 3-16）。

在定理 1 的推导中我们注意到 m_1 和 m_2 的具体位置是任意的，只要求互相平行，间距为 d，都能在连续动作时相当于垂直于反映面的平移 $\boldsymbol{\tau}$。这样，我们把平移 $\boldsymbol{\tau}$ 看成是 m_1 和 m_2 的连续动作，令 m 和 m_1 重合在一起，在 $\boldsymbol{\tau}$ 和 m 连续动作时

$$m \cdot \boldsymbol{\tau}=m \cdot m_1 \cdot m_2=I \cdot m_2=m_2$$

这里，I 表示“等同”，是连续二次反映动作的结果。从图 3-16 上的等效点的情况看出了 m_2 的独立存在。

前面这个推论也可以这样表述：在无限点阵结构中，有反映面的对称性，又同时在反映面法线方向有平移 $\boldsymbol{\tau}$ 时，则在垂直于 $\boldsymbol{\tau}$ 每隔 $\frac{|\boldsymbol{\tau}|}{2}$ 距离都有反映面。

3.3.3 平移和斜交反映面的组合

平移 t 可分解成

$$t=\tau+g \quad (\tau \perp m, g /\!/ m)$$

这样，在离开 m 法线方向 $\frac{\tau}{2}$ 处又有一反映面，再与 g 结合成一滑移面(图 3-17)，即

$$m \cdot t = m \cdot (\tau \cdot g) = m_1 \cdot g \quad (\text{滑移面})$$

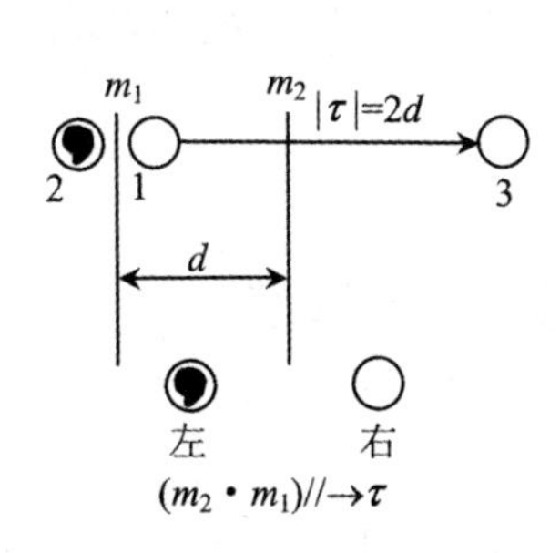

图 3-15　两个平行反映面的组合

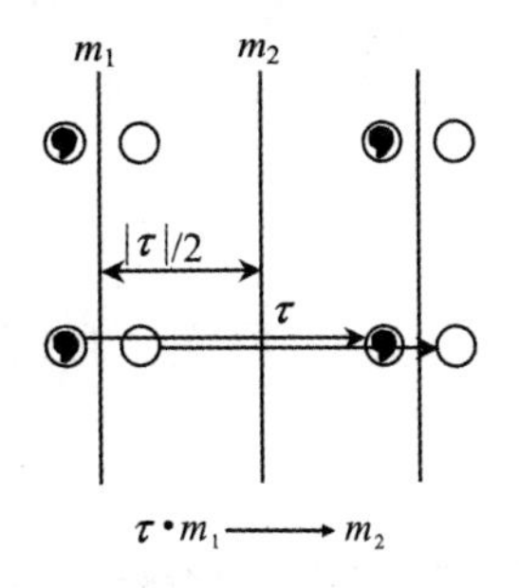

图 3-16　平移和垂直于平移的反映面的组合

这个原理可表述为：反映面和斜交平移 τ 的连续动作相当于一滑移面。此滑移面与反映面相距 $\frac{\tau}{2}$，滑移分量为 g。这里 τ 是平移在反映面法线方向的分量，g 是平行于反映面方向的分量。

3.3.4　旋转轴与垂直平移的组合

基转角为 α 的旋转轴 A_α 与垂直于它的平移 τ 的连续动作相当于旋转轴 B_α，它的基转角也为 α，旋转方向与 A_α 相同，在 AA' 的垂直平分线上与 AA' 相距 $\frac{1}{2} \cdot |\tau| \cdot \cot\left(\frac{\alpha}{2}\right)$(图 3-18)。

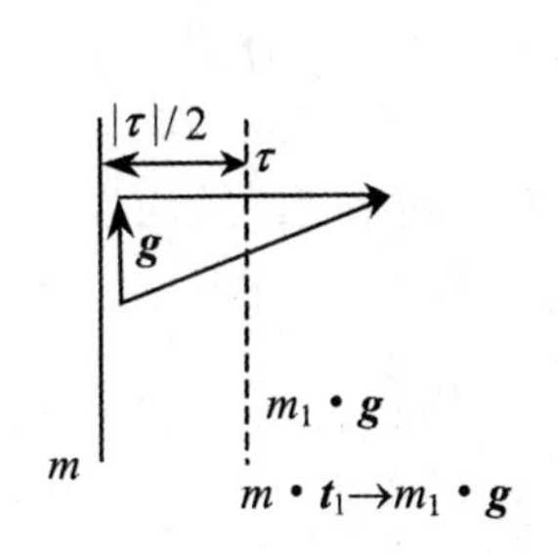

图 3-17　平移和反映面斜交

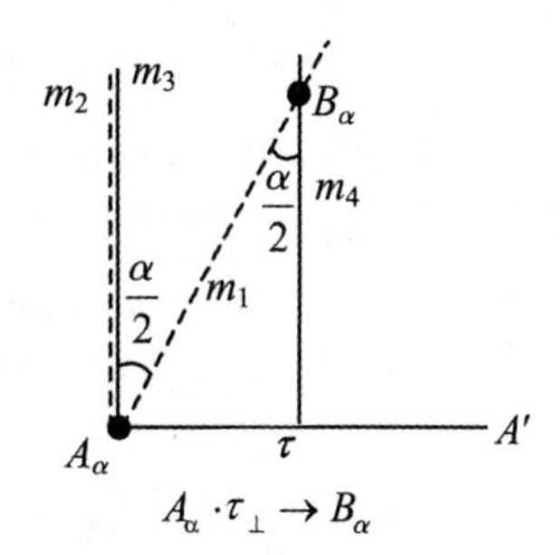

图 3-18　旋转轴与平移的组合

我们将旋转轴 A_α 看成交成 $\frac{\alpha}{2}$ 的两个反映面 m_1, m_2 的连续动作，将 τ 看成是两个相距 $\frac{|\tau|}{2}$ 的平行反映面 m_3, m_4 的连续动作。我们可以使得 m_2 和 m_3 重合在一起，因为 m_1, m_2 在空间的取向是任意的，只要它们相互交在 A_α 上，并且它们之间相距 $\frac{|\tau|}{2}$。这样，在 m_2 和 m_3 重合在一起时

$$A_\alpha \cdot \tau = m_1 \cdot m_2 \cdot m_3 \cdot m_4 = m_1 \cdot I \cdot m_4 = m_1 \cdot m_4 = B_\alpha$$

3.3.5 旋转轴与斜交平移($t=\tau+g$)的组合

这种组合结果得一螺旋轴,位置在AA'的垂直平分线上与AA'相距$\frac{1}{2}\cdot|\boldsymbol{\tau}|\cdot\cot\left(\frac{\alpha}{2}\right)$,滑移分量为$\boldsymbol{g}$,这留给读者自己去证明。

3.4 晶体的230种空间群

3.4.1 微观观察下和宏观观察下的晶体

根据布拉维定律,在晶体生长过程中,晶面指数小、面网密度大的晶面保留下来,而晶面指数大、面网密度小的晶面趋于消失。晶体的外形往往由晶面指数小的单形构成。

布拉维从六方点阵出发对石英(SiO_2)晶体作一些计算。石英晶体面网密度由大到小的次序是:

$$\{0001\},\{10\bar{1}0\},\{10\bar{1}1\},\{11\bar{2}0\},\{10\bar{1}2\},\{11\bar{2}1\}$$

{0001}就是垂直于石英晶体3次轴的面。这里,{0001}面网密度是最大的,但在石英晶体中从来没有出现过(图1-1),这在布拉维看来是一种反常现象。

现在我们知道,石英晶体外形的3次轴是在晶体结构中实际的3次螺旋轴,由于晶体中密度是已知的,螺旋轴与旋转轴相比{0001}面网密度(精确讲,原子密度)减少了3倍(图3-19)。在考虑到这种情况以后重新计算的面网密度大小次序是:

$$\{10\bar{1}0\},\{10\bar{1}1\},\{11\bar{2}0\},\{10\bar{1}2\},\{11\bar{2}1\},\{0001\}$$

这与石英晶体面出现的实际情况比较相符。从图1-1可看出,晶面发展大小的次序是:$\{10\bar{1}0\},\{10\bar{1}1\},\{11\bar{2}1\}$。由理论和实际的情况,我们可以下结论:由于3次螺旋轴的存在,石英晶体的{0001}面从能量的角度看难以在晶体上出现。

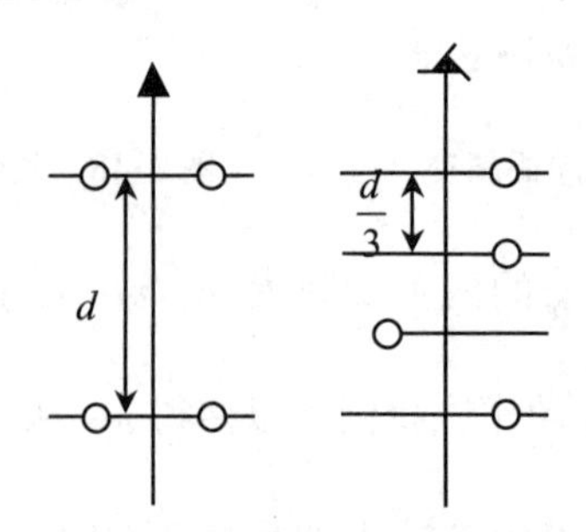

图3-19 螺旋轴减少面网密度

在微观观察中,以3次螺旋轴联系起来的石英晶体二晶面间应沿$\boldsymbol{c}$平移$\boldsymbol{\tau}$。但$\boldsymbol{\tau}$是原子数量级的,在宏观观察中由于观察能力的限制而觉察不到,因此我们看到的仍是一个3次旋转轴。因此在宏观观察中表现为旋转轴、反映面,在微观观察中可能为螺旋轴、滑移面,格子

也可能为 P 格子或种种复格子，这样微观晶体对称类型数目要大得多，共 230 种，称为 230 种空间群。

3.4.2　空间群与点群的同形关系

与点群相比，空间群多了一些平移成分。从微观对称元素组合原理可推得这样一个结论：平移不会改变螺旋轴、滑移面在空间的取向和基本动作（如螺旋轴的轴次、滑移面的反映）。平移只能改变对称元素的位置和滑移分量。因此，从某一点群出发而得到的种种可能的微观对称类型——空间群时，相应对称元素之间的角度关系是与该点群相同的，我们把与一个点群对称元素角度关系相同的所有空间群称为与该点群同形的**空间群**。显然，这些空间群之间也是同形的。

3.4.3　空间群的符号

空间群的符号与点群的基本一样，只是在对称类型的符号前面加上格子类型。在表示对称元素时尽量写滑移面，仅在滑移面不存在时才写旋转轴。国际符号的 3 个方向仍按各晶系定向。

在按国际符号 3 个方向找对称元素时，有时在同一方向不同位置有几种对称元素。对于反映面，我们按 m，a，b，c，n，d 顺序找，既有前者又有后者时尽量写前者，在下面的 C_{2v} 空间群的推导中我们将看到这一点。对于旋转轴，我们尽量采用比较对称的写法，例如 $I222=I2_12_12$，$I222_1=I2_12_12_1$，这两种空间群我们写成 $I222$ 和 $I2_12_12_1$。

空间群的圣佛里斯符号是在同形点群符号右上角标上一个数字表示序号，如 C_{2v}^{17}-$Aba2$，C_{2v}^{18}-$Fmm2$（表 3-4）。

表 3-4　230 个空间群的符号

C_1^1	$P1$	C_{2v}^{12}	$Cmc2_1$	D_{2h}^7	$P\frac{2}{m}\frac{2}{n}\frac{2_1}{a}Pmna$
C_i^1	$P\bar{1}$	C_{2v}^{13}	$Ccc2$	D_{2h}^8	$P\frac{2_1}{c}\frac{2}{c}\frac{2}{a}Pcca$
C_s^1	Pm	C_{2v}^{14}	$Amm2$	D_{2h}^9	$P\frac{2_1}{b}\frac{2_1}{a}\frac{2}{m}Pbam$
C_s^2	Pc	C_{2v}^{15}	$Abm2$	D_{2h}^{10}	$P\frac{2_1}{c}\frac{2_1}{c}\frac{2}{n}Pccn$
C_s^3	Cm	C_{2v}^{16}	$Ama2$	D_{2h}^{11}	$P\frac{2}{b}\frac{2_1}{c}\frac{2_1}{m}Pbcm$
C_s^4	Cc	C_{2v}^{17}	$Aba2$	D_{2h}^{12}	$P\frac{2_1}{n}\frac{2_1}{n}\frac{2}{m}Pnnm$
C_2^1	$P2$	C_{2v}^{18}	$Fmm2$	D_{2h}^{13}	$P\frac{2_1}{m}\frac{2_1}{m}\frac{2}{n}Pmmn$
C_2^2	$P2_1$	C_{2v}^{19}	$Fdd2$	D_{2h}^{14}	$P\frac{2_1}{b}\frac{2}{c}\frac{2_1}{n}Pbcn$
C_2^3	$C2$	C_{2v}^{20}	$Imm2$	D_{2h}^{15}	$P\frac{2_1}{b}\frac{2_1}{c}\frac{2_1}{a}Pbca$
C_{2h}^1	$P\frac{2}{m}$	C_{2v}^{21}	$Iba2$	D_{2h}^{16}	$P\frac{2_1}{n}\frac{2_1}{m}\frac{2_1}{a}Pnma$
C_{2h}^2	$P\frac{2_1}{m}$	C_{2v}^{22}	$Ima2$	D_{2h}^{17}	$C\frac{2}{m}\frac{2}{c}\frac{2_1}{m}Cmcm$
C_{2h}^3	$C\frac{2}{m}$	D_2^1	$P222$	D_{2h}^{18}	$C\frac{2}{m}\frac{2}{c}\frac{2_1}{a}Cmca$
C_{2h}^4	$P\frac{2}{c}$	D_2^2	$P222_1$	D_{2h}^{19}	$C\frac{2}{m}\frac{2}{m}\frac{2}{m}Cmmm$
C_{2h}^5	$P\frac{2_1}{c}$	D_2^3	$P2_12_12$	D_{2h}^{20}	$C\frac{2}{c}\frac{2}{c}\frac{2}{m}Cccm$
C_{2h}^6	$C\frac{2}{c}$	D_2^4	$P2_12_12_1$	D_{2h}^{21}	$C\frac{2}{m}\frac{2}{m}\frac{2}{a}Cmma$
C_{2v}^1	$Pmm2$	D_2^5	$C222_1$	D_{2h}^{22}	$C\frac{2}{c}\frac{2}{c}\frac{2}{a}Ccca$
C_{2v}^2	$Pmc2_1$	D_2^6	$C222$	D_{2h}^{23}	$F\frac{2}{m}\frac{2}{m}\frac{2}{m}Fmmm$
C_{2v}^3	$Pcc2$	D_2^7	$F222$	D_{2h}^{24}	$F\frac{2}{d}\frac{2}{d}\frac{2}{d}Fddd$
C_{2v}^4	$Pma2$	D_2^8	$I222$	D_{2h}^{25}	$I\frac{2}{m}\frac{2}{m}\frac{2}{m}Immm$
C_{2v}^5	$Pca2_1$	D_2^9	$I2_12_12_1$	D_{2h}^{26}	$I\frac{2}{b}\frac{2}{a}\frac{2}{m}Ibam$
C_{2v}^6	$Pnc2$	D_{2h}^1	$P\frac{2}{m}\frac{2}{m}\frac{2}{m}Pmmm$		
C_{2v}^7	$Pmn2_1$	D_{2h}^2	$P\frac{2}{n}\frac{2}{n}\frac{2}{n}Pnnn$		
C_{2v}^8	$Pba2$	D_{2h}^3	$P\frac{2}{c}\frac{2}{c}\frac{2}{m}Pccm$		
C_{2v}^9	$Pna2_1$	D_{2h}^4	$P\frac{2}{b}\frac{2}{a}\frac{2}{n}Pban$		
C_{2v}^{10}	$Pnn2$	D_{2h}^5	$P\frac{2_1}{m}\frac{2}{m}\frac{2}{a}Pmma$		
C_{2v}^{11}	$Cmm2$	D_{2h}^6	$P\frac{2}{n}\frac{2_1}{n}\frac{2}{a}Pnna$		

续表

D_{2h}^{27}	$I\frac{2}{b}\frac{2}{c}\frac{2}{a}Ibca$
D_{2h}^{28}	$I\frac{2}{m}\frac{2}{m}\frac{2}{a}Imma$
S_4^1	$P\bar{4}$
S_4^2	$I\bar{4}$
C_4^1	$P4$
C_4^2	$P4_1$
C_4^3	$P4_2$
C_4^4	$P4_3$
C_4^5	$I4$
C_4^6	$I4_1$
C_{4h}^1	$P\frac{4}{m}$
C_{4h}^2	$P\frac{4_2}{m}$
C_{4h}^3	$P\frac{4}{n}$
C_{4h}^4	$P\frac{4_2}{n}$
C_{4h}^5	$I\frac{4}{m}$
C_{4h}^6	$I\frac{4_1}{a}$
D_{2d}^1	$P\bar{4}2m$
D_{2d}^2	$P\bar{4}2c$
D_{2d}^3	$P\bar{4}2_1m$
D_{2d}^4	$P\bar{4}2_1c$
D_{2d}^5	$P\bar{4}m2$
D_{2d}^6	$P\bar{4}c2$
D_{2d}^7	$P\bar{4}b2$
D_{2d}^8	$P\bar{4}n2$
D_{2d}^9	$I\bar{4}m2$
D_{2d}^{10}	$I\bar{4}c2$
D_{2d}^{11}	$I\bar{4}2m$
D_{2d}^{12}	$I\bar{4}2d$
C_{4v}^1	$P4mm$
C_{4v}^2	$P4bm$
C_{4v}^3	$P4_2cm$
C_{4v}^4	$P4_2nm$
C_{4v}^5	$P4cc$
C_{4v}^6	$P4nc$
C_{4v}^7	$P4_2mc$
C_{4v}^8	$P4_2bc$
C_{4v}^9	$I4mm$
C_{4v}^{10}	$I4cm$
C_{4v}^{11}	$I4_1md$
C_{4v}^{12}	$I4_1cd$
D_4^1	$P422$
D_4^2	$P42_12$
D_4^3	$P4_122$
D_4^4	$P4_12_12$
D_4^5	$P4_222$
D_4^6	$P4_22_12$
D_4^7	$P4_322$
D_4^8	$P4_32_12$
D_4^9	$I422$
D_4^{10}	$I4_122$
D_{4h}^1	$P\frac{4}{m}\frac{2}{m}\frac{2}{m}P\frac{4}{m}mm$
D_{4h}^2	$P\frac{4}{m}\frac{2}{c}\frac{2}{c}P\frac{4}{m}cc$
D_{4h}^3	$P\frac{4}{n}\frac{2}{b}\frac{2}{m}P\frac{4}{n}bm$
D_{4h}^4	$P\frac{4}{n}\frac{2}{n}\frac{2}{c}P\frac{4}{n}nc$
D_{4h}^5	$P\frac{4}{m}\frac{2_1}{b}\frac{2}{m}P\frac{4}{m}bm$
D_{4h}^6	$P\frac{4}{m}\frac{2_1}{n}\frac{2}{c}P\frac{4}{m}nc$
D_{4h}^7	$P\frac{4}{n}\frac{2_1}{m}\frac{2}{m}P\frac{4}{n}mm$
D_{4h}^8	$P\frac{4}{n}\frac{2_1}{c}\frac{2}{c}P\frac{4}{n}cc$
D_{4h}^9	$P\frac{4_2}{m}\frac{2}{m}\frac{2}{c}P\frac{4_2}{m}mc$
D_{4h}^{10}	$P\frac{4_2}{m}\frac{2}{c}\frac{2}{m}P\frac{4_2}{m}cm$
D_{4h}^{11}	$P\frac{4_2}{n}\frac{2}{b}\frac{2}{c}P\frac{4_2}{n}bc$
D_{4h}^{12}	$P\frac{4_2}{n}\frac{2}{n}\frac{2}{m}P\frac{4_2}{n}nm$
D_{4h}^{13}	$P\frac{4_2}{m}\frac{2_1}{b}\frac{2}{c}P\frac{4_2}{m}bc$
D_{4h}^{14}	$P\frac{4_2}{m}\frac{2_1}{n}\frac{2}{m}P\frac{4_2}{m}nm$
D_{4h}^{15}	$P\frac{4_2}{n}\frac{2_1}{m}\frac{2}{c}P\frac{4_2}{n}mc$
D_{4h}^{16}	$P\frac{4_2}{n}\frac{2_1}{c}\frac{2}{m}P\frac{4_2}{n}cm$
D_{4h}^{17}	$I\frac{4}{m}\frac{2}{m}\frac{2}{m}I\frac{4}{m}mm$
D_{4h}^{18}	$I\frac{4}{m}\frac{2}{c}\frac{2}{m}I\frac{4}{m}cm$
D_{4h}^{19}	$I\frac{4_1}{a}\frac{2}{m}\frac{2}{d}I\frac{4_1}{a}md$
D_{4h}^{20}	$I\frac{4_1}{a}\frac{2}{c}\frac{2}{d}I\frac{4_1}{a}cd$
C_3^1	$P3$
C_3^2	$P3_1$
C_3^3	$P3_2$
C_3^4	$R3$
C_{3i}^1	$P\bar{3}$
C_{3i}^2	$R\bar{3}$
C_{3v}^1	$P3m1$
C_{3v}^2	$P31m$
C_{3v}^3	$P3c1$
C_{3v}^4	$P31c$
C_{3v}^5	$R3m$
C_{3v}^6	$R3c$

续表

D_3^1	$P312$	C_{6v}^1	$P6mm$	T_d^1	$P\bar{4}3m$
D_3^2	$P321$	C_{6v}^2	$P6cc$	T_d^2	$F\bar{4}3m$
D_3^3	$P3_112$	C_{6v}^3	$P6_3cm$	T_d^3	$I\bar{4}3m$
D_3^4	$P3_121$	C_{6v}^4	$P6_3mc$	T_d^4	$P\bar{4}3n$
D_3^5	$P3_212$	D_6^1	$P622$	T_d^5	$F\bar{4}3c$
D_3^6	$P3_221$	D_6^2	$P6_122$	T_d^6	$I\bar{4}3d$
D_3^7	$R32$	D_6^3	$P6_522$	O^1	$P432$
D_{3d}^1	$P\bar{3}1\frac{2}{m}$ $P\bar{3}1m$	D_6^4	$P6_222$	O^2	$P4_232$
D_{2d}^2	$P\bar{3}1\frac{2}{c}$ $P\bar{3}1c$	D_6^5	$P6_422$	O^3	$F432$
D_{3d}^3	$P\bar{3}\frac{2}{m}1$ $P\bar{3}m1$	D_6^6	$P6_322$	O^4	$F4_132$
D_{3d}^4	$P\bar{3}\frac{2}{c}1$ $P\bar{3}c1$	D_{6h}^1	$P\frac{6}{m}\frac{2}{m}\frac{2}{m}$ $P\frac{6}{m}mm$	O^5	$I432$
D_{3d}^5	$R\bar{3}\frac{2}{m}$ $R\bar{3}m$	D_{6h}^2	$P\frac{6}{m}\frac{2}{c}\frac{2}{c}$ $P\frac{6}{m}cc$	O^6	$P4_332$
D_{3d}^6	$R\bar{3}\frac{2}{c}$ $R\bar{3}c$	D_{6h}^3	$P\frac{6_3}{m}\frac{2}{c}\frac{2}{m}$ $P\frac{6_3}{m}cm$	O^7	$P4_132$
C_{3h}^1	$P\bar{6}$	D_{6h}^4	$P\frac{6_3}{m}\frac{2}{m}\frac{2}{c}$ $P\frac{6_3}{m}mc$	O^8	$I4_132$
C_6^1	$P6$	T^1	$P23$	O_h^1	$P\frac{4}{m}\bar{3}\frac{2}{m}$ $Pm3m$
C_6^2	$P6_1$	T^2	$F23$	O_h^2	$P\frac{4}{n}\bar{3}\frac{2}{n}$ $Pn3n$
C_6^3	$P6_5$	T^3	$I23$	O_h^3	$P\frac{4_2}{m}\bar{3}\frac{2}{n}$ $Pm3n$
C_6^4	$P6_2$	T^4	$P2_13$	O_h^4	$P\frac{4_2}{n}\bar{3}\frac{2}{m}$ $Pn3m$
C_6^5	$P6_4$	T^5	$I2_13$	O_h^5	$F\frac{4}{m}\bar{3}\frac{2}{m}$ $Fm3m$
C_6^6	$P6_3$	T_h^1	$P\frac{2}{m}\bar{3}$ $Pm3$	O_h^6	$F\frac{4}{m}\bar{3}\frac{2}{c}$ $Fm3c$
C_{6h}^1	$P\frac{6}{m}$	T_h^2	$P\frac{2}{n}\bar{3}$ $Pn3$	O_h^7	$F\frac{4_1}{d}\bar{3}\frac{2}{m}$ $Fd3m$
C_{6h}^2	$P\frac{6_3}{m}$	T_h^3	$F\frac{2}{m}\bar{3}$ $Fm3$	O_h^8	$F\frac{4_1}{d}\bar{3}\frac{2}{c}$ $Fd3c$
D_{3h}^1	$P\bar{6}m2$	T_h^4	$F\frac{2}{d}\bar{3}$ $Fd3$	O_h^9	$I\frac{4}{m}\bar{3}\frac{2}{m}$ $Im3m$
D_{3h}^2	$P\bar{6}c2$	T_h^5	$I\frac{2}{m}\bar{3}$ $Im3$	O_h^{10}	$I\frac{4_1}{a}\bar{3}\frac{2}{d}$ $Ia3d$
D_{3h}^3	$P\bar{6}2m$	T_h^6	$P\frac{2_1}{a}\bar{3}$ $Pa3$		
D_{3h}^4	$P\bar{6}2c$	T_h^7	$I\frac{2_1}{a}\bar{3}$ $Ia3$		

注：此表来自“International Tables for X-ray Crystallography，1”。

3.4.4　与点群 C_{2v} 同形的空间群及空间群的投影表示

在与 C_{2v} 同形的空间群推导中，我们可以只考虑滑移面组合情况，因为 2 次轴可由滑移面组合产生。确定了滑移面也就确定了 2 次轴，这里的滑移面包括反映面，2 次轴包括 2 次螺旋轴。在晶体 32 个点群中，C_{2v} 属于正交晶系，有 P，I，C，F 这 4 种布拉维格子。前面我们讲过 $A=C$，$B=C$，但在 C_{2v} 点群中，2 次轴是唯一的，习惯把它定为 **c** 方向，(001) 格子面上有心时称为 C 格子，而在(010)，(100)格子面上有心时分别称为 B 格子和 A 格子，显然，A、B 格子与 C 格子不同，但 A、B 格子从对称性角度看没有原则性区别。

空间群的投影图表示是利用布拉维格子的正投影作出的。投影区域是晶胞的一个平行四边形，每个边的长度为 1 个单位。对于单斜晶系，投影面是平行或垂直于二次轴的面；对于三斜晶系，投影面可用任意一个面；对于三方、四方、立方、六方、正交晶系，投影面是 **a** 方向与 **b** 方向构成的平面，一般规定 **a** 向下、**b** 向右、**c** 向上伸出纸面。本节将以与 C_{2v} 同形的空间群为例，详细介绍投影图的表示方法。从前面的学习，我们知道，点群的国际符号一般由 1～3 个序位构成，每个序位上的符号分别代表不同晶体学方向上的对称元素(代表与该规定方向垂直的反映面或者平行于该方向的轴)，据此，我们可以在投影图的绘制中准确的绘制各个方向上的对称元素。具体的，我们以空间群 C_{2v}^1-$Pmm2$ 为例加以说明：对于点群 $mm2$，属于正交晶系，查得其 3 个序位对应的晶体学方向依次为 **a**，**b**，**c**，即在 **a** 方向上有与该方向垂直的 m，**b** 方向上也是与该方向垂直的 m，通过 m 与 m 的组合可以产生 **c** 方向上的 2 次轴。如图 3-20(a)，我们先在纸上绘制出正交的 mm。注意到，对于整个空间而言，是由 mm(正交)通过 P 格子平移形成的，因此，这里隐含微观对称元素——平移($\boldsymbol{t}$)。根据微观对称元素组合原理，平移 $\boldsymbol{t}$ 可分解为两个反映面的连续动作 $\boldsymbol{t}=m_1\cdot m_2$($m_1$，$m_2$ 方向、间距不变，位置不变)，它和反映面连续动作必然得

$$m\cdot m_1\cdot m_2=m_2$$

换句话讲，反映面 m 每隔 $\frac{|\boldsymbol{t}|}{2}$ 交替出现(图 3-20(b))。

根据对称元素组合原理，两反映面垂直相交，交线为 2 次轴，得图 3-20(c)空间群 $Pmm2$ 的投影图。

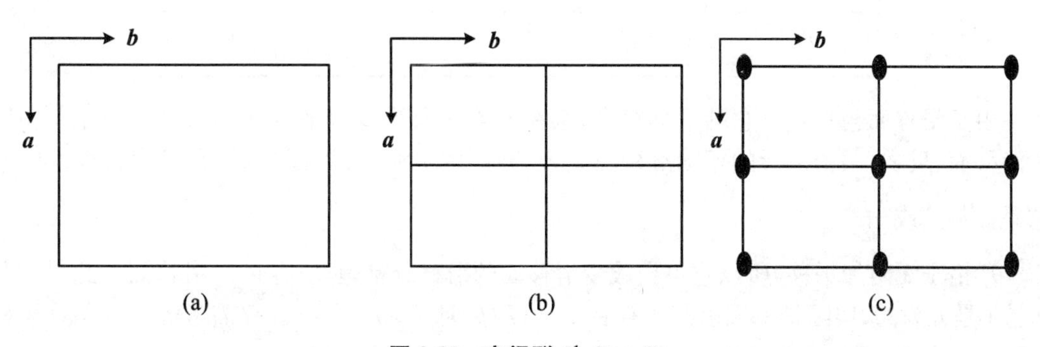

图 3-20　空间群 C_{2v}^1-$Pmm2$

C_{2v} 点群中有两个正交的反映面，对应于微观上就表现为两个正交的滑移面，滑移面有 m，n，a，b，c，d 6 种。考虑两个正交滑移面的组合，如 n 与 a 的组合，根据对称元素组合原

理，有

$$n\cdot a=m_{\perp a}\cdot\frac{\boldsymbol{b}+\boldsymbol{c}}{2}\cdot m_{\perp b}\cdot\frac{\boldsymbol{a}}{2}=\left(m_{\perp a}\cdot\frac{\boldsymbol{a}}{2}\right)\cdot\left(m_{\perp b}\cdot\frac{\boldsymbol{b}}{2}\right)\cdot\frac{\boldsymbol{c}}{2}$$

$$=m_{\perp\frac{a}{4}}\cdot m_{\perp\frac{b}{4}}\cdot\frac{\boldsymbol{c}}{2}=2_{\frac{(a+b)}{4}}\cdot\frac{\boldsymbol{c}}{2}=2_{1\frac{(a+b)}{4}}$$

下标中，$\perp\boldsymbol{a}$ 表示该反映面垂直 $\boldsymbol{a}$ 方向，且包含原点；$\frac{\boldsymbol{a}}{4}$ 表示该滑移面垂直 $\boldsymbol{a}$ 方向，且位于距原点 $\frac{a}{4}$ 处；$\frac{\boldsymbol{a}+\boldsymbol{b}}{4}$ 表示该 2 次轴在格子中的位置，下同。n 与 a 组合的投影图如图 3-21 所示。

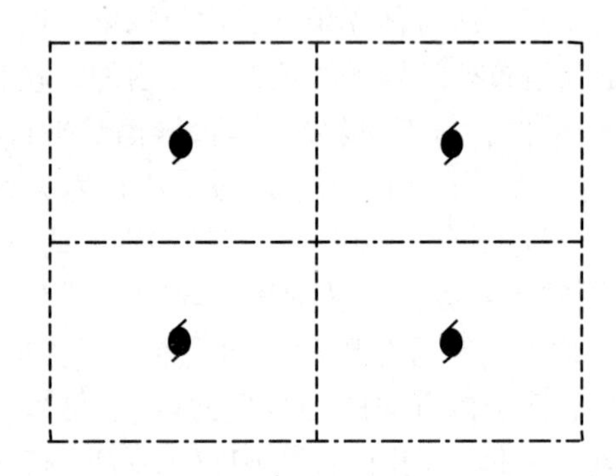

图 3-21　n 与 a 组合产生 2_1 螺旋轴

这样可以得出两个正交滑移面的组合情况如表 3-5 所示。

表 3-5　两个正交滑移面的组合

b \ a	m	n	b	c	d
m	2	$2_{1\frac{b}{4}}$	$2_{\frac{b}{4}}$	2_1	
n	$2_{1\frac{a}{4}}$	$2_{\frac{a+b}{4}}$	$2_{1\frac{a+b}{4}}$	$2_{\frac{a}{4}}$	
a	$2_{\frac{a}{4}}$	$2_{1\frac{a+b}{4}}$	$2_{\frac{a+b}{4}}$	$2_{1\frac{a}{4}}$	
c	2_1	$2_{\frac{b}{4}}$	$2_{1\frac{b}{4}}$	2	
d					$2_{1\frac{a+b}{8}}$

由于滑移面与垂直于它的平移组合，会在 $\boldsymbol{a}$ 或 $\boldsymbol{b}$ 向量垂直平分处产生另一个完全相同的滑移面，反之，两个平行的相同滑移面组合，会产生平移，可以证明，只有 d 滑移面产生附加平移 $\frac{\boldsymbol{a}+\boldsymbol{c}}{2}$ 或 $\frac{\boldsymbol{b}+\boldsymbol{c}}{2}$。

P 格子无附加平移，所以它不会改变滑移面的滑移分量，且不存在 d 滑移面。此时 $\boldsymbol{a}$ 和 $\boldsymbol{b}$ 定向是人为的，实际是一回事。不存在 Paa，Pbb，且 $Pbm=Pma$。仅需考虑 m，n，a，c 4 种滑移面。所以，根据表 3-5 知，16 种正交滑移面组合在 P 格子中：

$$Pmc2_1=Pcm2_1,\quad Pma2=Pbm2$$

$$Pca2_1=Pbc2_1,\quad Pnc2=Pcn2$$

$$Pmn2_1=Pnm2_1,\quad Pna2_1=Pbn2_1$$

因此，P 格子有 10 种空间群，即

$Pmm2$，　$Pmc2_1$，　$Pcc2$，　$Pma2$，　$Pca2_1$，　$Pnc2$，　$Pmn2_1$，　$Pba2$，　$Pna2_1$，　$Pnn2$

C 格子、A 格子、I 格子都是二重复格子，附加平移分别为$\frac{\boldsymbol{a}+\boldsymbol{b}}{2}$，$\frac{\boldsymbol{b}+\boldsymbol{c}}{2}$，$\frac{\boldsymbol{a}+\boldsymbol{b}+\boldsymbol{c}}{2}$。$F$ 格子是四重复格子，附加平移为$\frac{\boldsymbol{a}+\boldsymbol{b}}{2}$，$\frac{\boldsymbol{b}+\boldsymbol{c}}{2}$，$\frac{\boldsymbol{c}+\boldsymbol{a}}{2}$。5 种滑移面与这些附加平移组合会产生新的滑移面，以反映面 m 为例：

当 $\boldsymbol{\tau}=\frac{\boldsymbol{a}+\boldsymbol{b}}{2}$时，

$$m_{\perp b}\cdot\frac{\boldsymbol{a}+\boldsymbol{b}}{2}=m_{\perp b}\cdot\frac{\boldsymbol{b}}{2}\cdot\frac{\boldsymbol{a}}{2}=m_{\frac{b}{4}}\cdot\frac{\boldsymbol{a}}{2}=a_{\frac{b}{4}}$$

$$m_{\perp a}\cdot\frac{\boldsymbol{a}+\boldsymbol{b}}{2}=m_{\perp a}\cdot\frac{\boldsymbol{a}}{2}\cdot\frac{\boldsymbol{b}}{2}=m_{\perp\frac{a}{4}}\cdot\frac{\boldsymbol{b}}{2}=b_{\frac{a}{4}}$$

当 $\boldsymbol{\tau}=\frac{\boldsymbol{a}+\boldsymbol{c}}{2}$时，

$$m_{\perp b}\cdot\frac{\boldsymbol{a}+\boldsymbol{c}}{2}=n_{\perp b}$$

$$m_{\perp a}\cdot\frac{\boldsymbol{a}+\boldsymbol{c}}{2}=m_{\perp a}\cdot\frac{\boldsymbol{a}}{2}\cdot\frac{\boldsymbol{c}}{2}=m_{\perp\frac{a}{4}}\cdot\frac{\boldsymbol{c}}{2}=c_{\frac{a}{4}}$$

当 $\boldsymbol{\tau}=\frac{\boldsymbol{b}+\boldsymbol{c}}{2}$时，

$$m_{\perp b}\cdot\frac{\boldsymbol{b}+\boldsymbol{c}}{2}=m_{\perp b}\cdot\frac{\boldsymbol{b}}{2}\cdot\frac{\boldsymbol{c}}{2}=m_{\frac{b}{4}}\cdot\frac{\boldsymbol{c}}{2}=c_{\frac{b}{4}}$$

$$m_{\perp a}\cdot\frac{\boldsymbol{b}+\boldsymbol{c}}{2}=n_{\perp a}$$

当 $\boldsymbol{\tau}=\frac{\boldsymbol{a}+\boldsymbol{b}+\boldsymbol{c}}{2}$时，

$$m_{\perp b}\cdot\frac{\boldsymbol{a}+\boldsymbol{b}+\boldsymbol{c}}{2}=m_{\perp b}\cdot\frac{\boldsymbol{b}}{2}\cdot\frac{\boldsymbol{a}+\boldsymbol{c}}{2}=m_{\frac{b}{4}}\cdot\frac{\boldsymbol{a}+\boldsymbol{c}}{2}=n_{\frac{b}{4}}$$

$$m_{\perp a}\cdot\frac{\boldsymbol{a}+\boldsymbol{b}+\boldsymbol{c}}{2}=m_{\perp a}\cdot\frac{\boldsymbol{a}}{2}\cdot\frac{\boldsymbol{b}+\boldsymbol{c}}{2}=m_{\frac{a}{4}}\cdot\frac{\boldsymbol{b}+\boldsymbol{c}}{2}=n_{\frac{a}{4}}$$

这样得到 5 种滑移面与 4 种附加平移的组合，如表 3-6 所示。

表 3-6　滑移面与附加平移的组合

滑移面 / $\boldsymbol{\tau}$	$m_{\perp b}$	$m_{\perp a}$	$n_{\perp b}$	$n_{\perp a}$	a	b	$c_{\perp b}$	$c_{\perp a}$
$\frac{\boldsymbol{a}+\boldsymbol{b}}{2}$	$a_{\frac{b}{4}}$	$b_{\frac{a}{4}}$	$c_{\frac{b}{4}}$	$c_{\frac{a}{4}}$	$m_{\frac{b}{4}}$	$m_{\frac{a}{4}}$	$n_{\frac{b}{4}}$	$n_{\frac{a}{4}}$
$\frac{\boldsymbol{b}+\boldsymbol{c}}{2}$	$c_{\frac{b}{4}}$	$n_{\perp a}$	$a_{\frac{b}{4}}$	$m_{\perp a}$	$n_{\frac{b}{4}}$	$c_{\perp a}$	$m_{\frac{b}{4}}$	b
$\frac{\boldsymbol{a}+\boldsymbol{c}}{2}$	$n_{\perp b}$	$c_{\frac{a}{4}}$	$m_{\perp b}$	$b_{\frac{a}{4}}$	$c_{\perp b}$	$n_{\frac{a}{4}}$	$a_{\perp b}$	$m_{\frac{a}{4}}$
$\frac{\boldsymbol{a}+\boldsymbol{b}+\boldsymbol{c}}{2}$	$n_{\frac{b}{4}}$	$n_{\frac{a}{4}}$	$m_{\frac{b}{4}}$	$m_{\frac{a}{4}}$	$c_{\frac{b}{4}}$	$c_{\frac{a}{4}}$	$a_{\frac{b}{4}}$	$b_{\frac{a}{4}}$

由表 3-6 可以得出以下结论：

在 C 格子中 $m_{\perp b}$ 与 a 共存，$m_{\perp a}$ 与 b 共存，$n_{\perp b}$ 与 $c_{\perp b}$ 共存，$n_{\perp a}$ 与 $c_{\perp a}$ 共存。此时 $\boldsymbol{a}$ 和 $\boldsymbol{b}$ 定向也是人为的，实际是一回事，所以 10 种正交滑移面组合在 C 格子中有

$$Cmm2 = Cma2 = Cba2$$
$$Cmc2_1 = Cmn2_1 = Cna2_1 = Cca2_1$$
$$Ccc2 = Cnn2 = Cnc2$$

即 C 格子有 3 种空间群：$Cmm2$，$Cmc2_1$，$Ccc2$。

怎么理解存在以上相等关系呢？我们用投影图示进行解释如下：

对于 C_{2v}-$Cmm2$ 空间群，有附加平移 $\frac{\boldsymbol{a}+\boldsymbol{b}}{2}$，将 $\boldsymbol{m}$ 分别与 $\frac{\boldsymbol{a}+\boldsymbol{b}}{2}$ 组合。

$$\boldsymbol{m} \cdot \frac{\boldsymbol{a}+\boldsymbol{b}}{2} = m \cdot \frac{\boldsymbol{a}}{2} \cdot \frac{\boldsymbol{b}}{2} = m'_{\frac{a}{4}} \cdot \frac{\boldsymbol{b}}{2} = b$$

即 m 和 b 滑移面共存，且每隔 $\frac{\boldsymbol{a}}{4}$ 交替存在。

同理，m 和 a 滑移面共存，且每隔 $\frac{\boldsymbol{b}}{4}$ 交替存在。在 m 和 m 相交处是 2 次轴，这个 2 次轴和 $\frac{\boldsymbol{a}+\boldsymbol{b}}{2}$ 组合得另一些 2 次轴。$Cmm2$ 的投影图如图 3-22(a)所示。

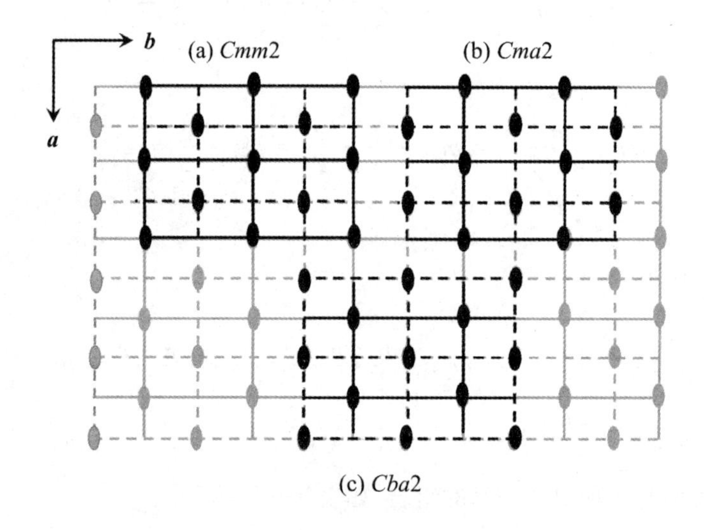

图 3-22　Cmm2＝Cma2＝Cba2

同样的，可以得到 $Cma2$(图 3-22(b))和 $Cbm2$(图 3-22(c))的投影图。任意微观对称元素在空间里都有无穷多个与它平行并相同的对称元素，那么，我们可以从分布规律上理解以上等价的情况。具体来说，$Cmm2$，$Cma2$，$Cba2$ 三种空间群中，m 和 b 均每隔 $\frac{\boldsymbol{a}}{4}$ 交替存在，m 和 a 均每隔 $\frac{\boldsymbol{b}}{4}$ 交替存在，2 次轴分别分布于 mm 和 ab 滑移面的交点上，因此，就分布规律而言，以上三种空间群是等价的。同理，可知其他等价关系。

对于 A 格子，其附加平移为 $\frac{\boldsymbol{b}+\boldsymbol{c}}{2}$，因此，在 A 格子中 $m_{\perp b}$ 与 $c_{\perp b}$ 共存，$m_{\perp a}$ 与 $n_{\perp a}$ 共存，$n_{\perp b}$ 与 a 共存，$c_{\perp a}$ 与 b 共存。A 格子中 $\boldsymbol{a}$ 和 $\boldsymbol{b}$ 两个方向不能更换，因为(100)面有心而(010)面无心，所以考虑五种正交滑移面全部 16 种组合后，则有

$$Amm2=Amc2_1=Anc2=\mathbf{Anm2_1}$$
$$\mathbf{Abm2=Abc2_1=Acm2_1}=Acc2$$
$$Ama2=Amn2_1=Ana2_1=Ann2_1$$
$$Aba2=\mathbf{Abn2_1}=Aca2_1=\mathbf{Acn2}$$

黑体字的 6 种组合在其他 3 种格子中是没有的,因为在其他格子中 **a** 和 **b** 两个方向可以更换。因此,A 格子有 4 种空间群:$Amm2,Abm2,Ama2,Aba2$。

对于 I 格子,其附加平移为$\frac{\mathbf{a}+\mathbf{b}+\mathbf{c}}{2}$,$I$ 格子中 $m_{\perp b}$与 $n_{\perp b}$共存,$m_{\perp a}$与 $n_{\perp a}$共存,b 与 $c_{\perp a}$共存,a 与 $c_{\perp b}$共存。I 格子中 **a** 和 **b** 两个方向可以更换,10 种正交滑移面组合在 I 格子中,则有

$$Imm2=Inn2=Imn2_1$$
$$Iba2=Icc2=Ica2_1$$
$$Ima2=Imc2_1=Ina2_1=Inc2$$

因此,I 格子有三种空间群:$Imm2,Iba2,Ima2$。

在 F 格子推导中先不考虑 dd 滑移面组合,此时,格子的附加平移为$\frac{\mathbf{a}+\mathbf{b}}{2},\frac{\mathbf{b}+\mathbf{c}}{2},\frac{\mathbf{c}+\mathbf{a}}{2}$,由表 3-6 可以得到 $m_{\perp b},c_{\perp b},n_{\perp b},a$ 共存,$m_{\perp a},c_{\perp a},n_{\perp a},b$ 共存。F 格子中 **a** 和 **b** 两个方向可以更换,因此 10 种正交滑移面组合在 F 格子中完全等价,即

$$Fmm2=Fma2=Fmn2_1=Fmc2_1=Fnn2$$
$$=Fna2_1=Fnc2=Fca2_1=Fba2=Fcc2$$

最后考虑 dd 组合。前面已提到 d 滑移面会产生附加平移$\frac{\mathbf{a}+\mathbf{c}}{2}$或$\frac{\mathbf{b}+\mathbf{c}}{2}$,两个正交的 dd 滑移面又会增加一个附加平移,即

$$\frac{\mathbf{a}+\mathbf{c}}{2}\cdot\frac{\mathbf{b}+\mathbf{c}}{2}=\frac{\mathbf{a}}{2}\cdot\frac{\mathbf{b}}{2}\cdot\mathbf{c}=\frac{\mathbf{a}+\mathbf{b}}{2}$$

这样三个附加平移即是 F 格子的附加平移,所以存在 $Fdd2_1$ 空间群,其 $d_{\perp b}$与 $d_{\frac{b}{4}}$共存,$d_{\perp a}$与 $d_{\frac{a}{4}}$共存。所以 F 格子中有两种空间群:$Fmm2,Fdd2$。

至此与 C_{2v}同形的空间群全部导出,共有

$$10(P)+3(C)+4(A)+3(I)+2(F)=22(\text{种})$$

见表 3-4 中 C_{2v}^1到 C_{2v}^{22}。

3.4.5 与 C_{2v}同形的空间群的投影图表示

以 C_{2v}同形的空间群来理解空间群的投影图。从这些图可以清楚地看出对称元素和平移群是如何互相组合的。

1. P 格子

(1) C_{2v}^1-$Pmm2$

空间中有 mm(正交)通过 P 格子平移形成图 3-23(a)的情况。因为平移 $\mathbf{t}$ 可分解为两个反映面的连续动作,$\mathbf{t}=m_1\cdot m_2$(m_1,m_2 方向、间距不变,位置不变),它和反映面连续动作必然得

$$m \cdot m_1 \cdot m_2 = m_2$$

换句话讲,反映面每隔$\frac{t}{2}$出现一次,得图 3-23(b)。显然,在两反映面交线处为 2 次轴,得图 3-23(c)空间群 $Pmm2$ 的投影图。

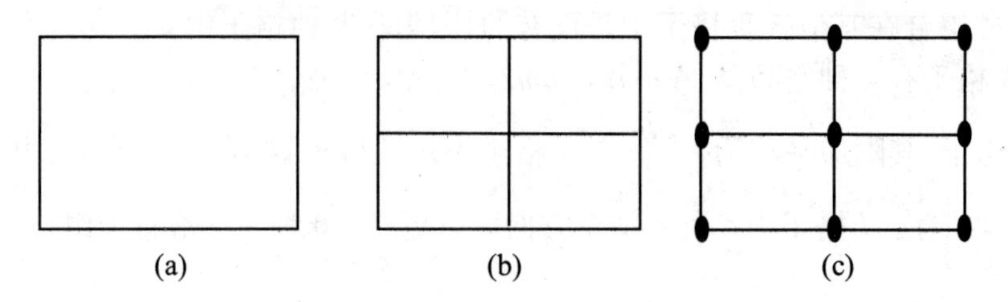

图 3-23 空间群 C_{2v}^1-$Pmm2$

(2) C_{2v}^2-$Pmc2_1$

m,c 和 P 格子组合得一样的滑移面分布情况,只是由于其中一滑移面为 c 滑移面,组合得到(图 3-24)

$$m \cdot c(\text{正交}) = m \cdot m' \cdot \frac{\boldsymbol{c}}{2} = 2 \cdot \frac{\boldsymbol{c}}{2} = 2_1$$

即得到的是 2_1 次螺旋轴,空间群为 $Pmc2_1$。

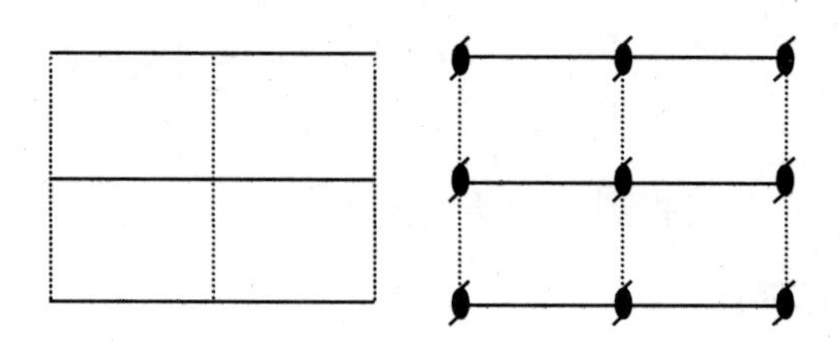

图 3-24 空间群 C_{2v}^2-$Pmc2_1$

(3) C_{2v}^3-$Pcc2$

对于 $Pcc2$,c,c 和 P 之组合与前类似(图 3-25)。不过在两个 c 滑移面相交处仍是 2 次轴。因为

$$c \cdot c_{(\perp)} = m \cdot m_{(\perp)} \cdot \frac{\boldsymbol{c}}{2} \cdot \frac{\boldsymbol{c}}{2} = m \cdot m_{(\perp)} = 2$$

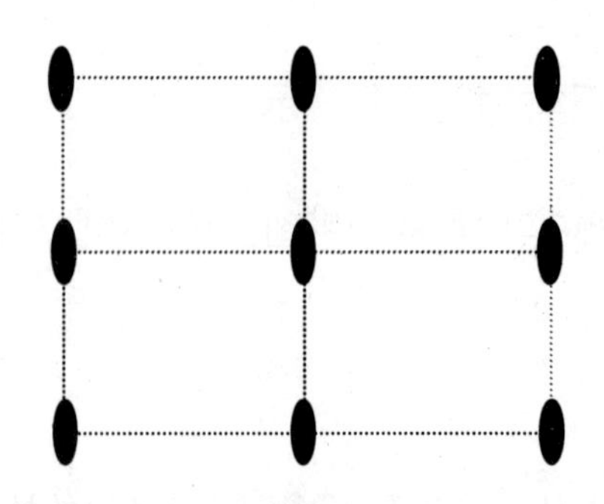

图 3-25 空间群 C_{2v}^3-$Pcc2$

(4) C_{2v}^4-$Pma2$

对于 C_{2v}^4-$Pma2$，2次轴的位置移了$\frac{\boldsymbol{a}}{4}$，原因是

$$m \cdot a = m' \cdot m_{(\perp)} \cdot \frac{\boldsymbol{a}}{2}$$

因为$\frac{\boldsymbol{a}}{2}$平行于 m'，垂直于 m，可以使 m 和$\frac{\boldsymbol{a}}{2}$进行组合

$$m \cdot m'_{(\perp)} \cdot \frac{\boldsymbol{a}}{2} = m \cdot \frac{\boldsymbol{a}}{2} \cdot m'_{(\perp)} = m_{\frac{a}{4}} \cdot m'_{(\perp)} = 2_{\frac{a}{4}}$$

即得到的2次轴移动了$\frac{\boldsymbol{a}}{4}$距离(图 3-26)。

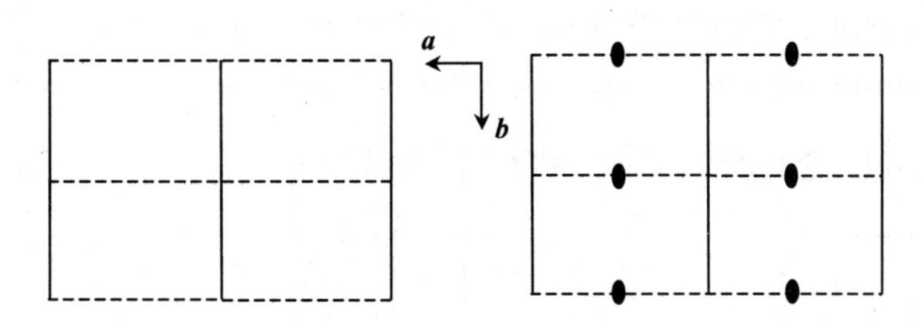

图 3-26　空间群 C_{2v}^4-$Pma2$

(5) C_{2v}^5-$Pca2_1$

c 和 a 滑移面组合得到的 2_1 次轴移动了$\frac{\boldsymbol{a}}{4}$距离(图 3-27)：

$$c \cdot a = m_{\perp a} \cdot \frac{\boldsymbol{c}}{2} \cdot m_{\perp b} \cdot \frac{\boldsymbol{a}}{2} = \boldsymbol{m}_{\perp a} \cdot \frac{\boldsymbol{a}}{2} \cdot m_{\perp b} \cdot \frac{\boldsymbol{c}}{2} = m_{\frac{a}{4}} \cdot m_{\perp b} \cdot \frac{\boldsymbol{c}}{2} = 2_{1\frac{a}{4}}$$

(6) C_{2v}^6-$Pnc2$

n 和 c 滑移面组合得到的2次轴移动了$\frac{\boldsymbol{b}}{4}$距离(图 3-28)。

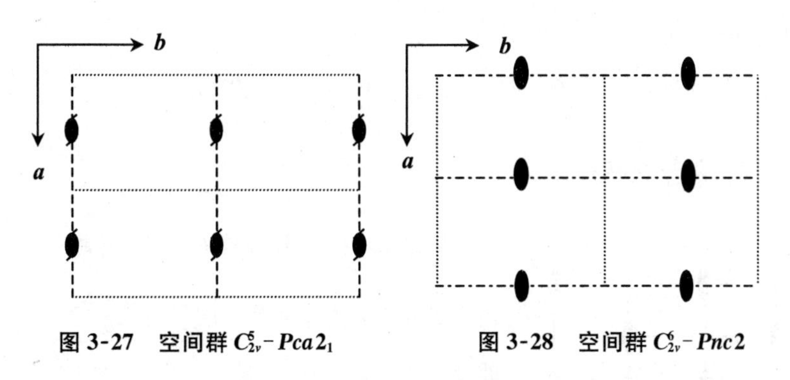

图 3-27　空间群 C_{2v}^5-$Pca2_1$　　**图 3-28　空间群 C_{2v}^6-$Pnc2$**

(7) C_{2v}^7-$Pmn2_1$

m 和 n 组合得到的 2_1 次轴移动了$\frac{\boldsymbol{a}}{4}$距离(图 3-29)。

(8) C_{2v}^8-$Pba2$

b 和 a 滑移面组合得到的2次轴移动了$\frac{\boldsymbol{a}+\boldsymbol{b}}{4}$距离(图 3-30)。

(9) C_{2v}^9-$Pna2_1$

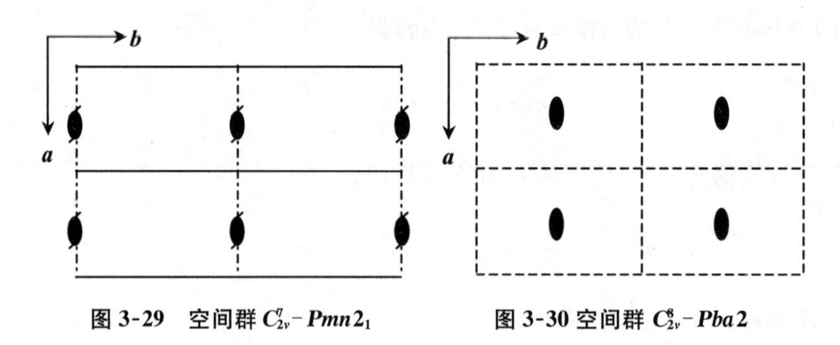

图 3-29　空间群 C_{2v}^{7}-$Pmn2_1$　　图 3-30 空间群 C_{2v}^{8}-$Pba2$

n 和 a 滑移面组合得到的 2_1 次轴移动了$\frac{\boldsymbol{a}+\boldsymbol{b}}{4}$距离(图 3-31)。

(10) C_{2v}^{10}-$Pnn2$

n 和 n 滑移面组合得到的 2 次轴移动了$\frac{\boldsymbol{a}+\boldsymbol{b}}{4}$距离(图 3-32)。

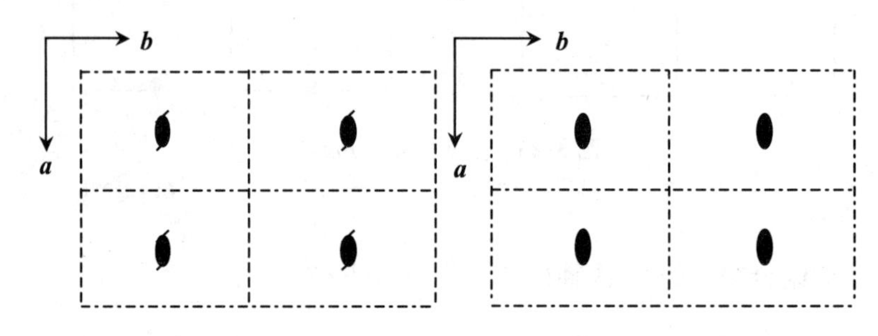

图 3-31　空间群 C_{2v}^{9}-$Pna2_1$　　图 3-32　空间群 C_{2v}^{10}-$Pnn2$

2. C 格子

(1) C_{2v}^{11}-$Cmm2$

空间群有附加平移$\frac{\boldsymbol{a}+\boldsymbol{b}}{2}$,将 m 分别与$\frac{\boldsymbol{a}+\boldsymbol{b}}{2}$组合。

$$m \cdot \frac{\boldsymbol{a}+\boldsymbol{b}}{2}=m \cdot \frac{\boldsymbol{a}}{2} \cdot \frac{\boldsymbol{b}}{2}=m'_{\frac{a}{4}} \cdot \frac{\boldsymbol{b}}{2}=b$$

即 m 和 b 滑移面每隔$\frac{\boldsymbol{a}}{4}$交替存在。

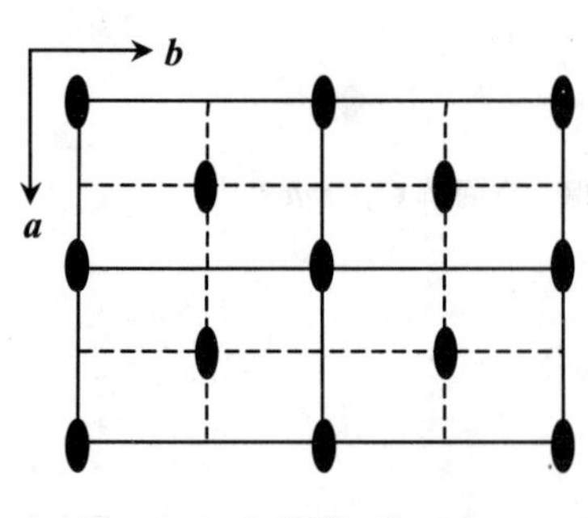

图 3-33　空间群 C_{2v}^{11}-$Cmm2$

同理,m 和 a 滑移面每隔$\frac{\boldsymbol{b}}{4}$交替存在。在 m 和 m 相交处是 2 次轴,这个 2 次轴和$\frac{\boldsymbol{a}+\boldsymbol{b}}{2}$组合得另一些 2 次轴(图 3-33)。

(2) C_{2v}^{12}-$Cmc2_1$

C_{2v}^{12}-$Cmc2_1$ 空间群有附加平移$\frac{\boldsymbol{a}+\boldsymbol{b}}{2}$,将 m,c 分别与$\frac{\boldsymbol{a}+\boldsymbol{b}}{2}$组合。

$$m \cdot \frac{\boldsymbol{a}+\boldsymbol{b}}{2}=m \cdot \frac{\boldsymbol{a}}{2} \cdot \frac{\boldsymbol{b}}{2}=m'_{\frac{a}{4}} \cdot \frac{\boldsymbol{b}}{2}=b$$

即 m 和 b 滑移面每隔 $\frac{\boldsymbol{a}}{4}$ 交替存在；

$$c \cdot \frac{\boldsymbol{a}+\boldsymbol{b}}{2}=c \cdot \frac{\boldsymbol{a}}{2} \cdot \frac{\boldsymbol{b}}{2}=m \cdot \frac{\boldsymbol{c}}{2} \cdot \frac{\boldsymbol{a}}{2} \cdot \frac{\boldsymbol{b}}{2}=m'_{\frac{b}{4}} \cdot \frac{\boldsymbol{a}+\boldsymbol{c}}{2}=n$$

即 c 和 n 滑移面每隔 $\frac{\boldsymbol{b}}{4}$ 交替存在。

在 m 和 c 相交处显然是 2_1 次轴，这个 2_1 次轴与 $\frac{\boldsymbol{a}+\boldsymbol{b}}{2}$ 组合得另一些 2_1 次轴(图 3-34)。

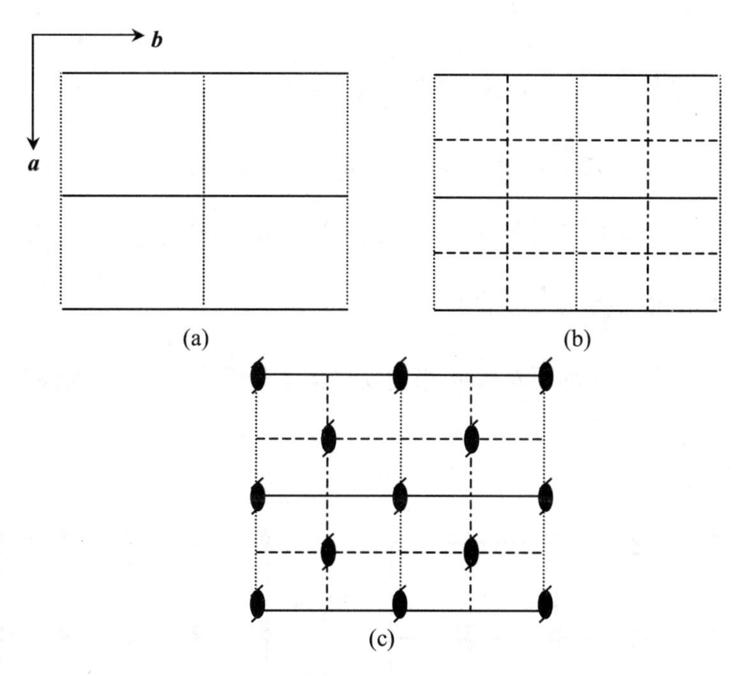

图 3-34　C_{2v}^{12}-$Cmc2_1$ 空间群的投影图

(3) C_{2v}^{13}-$Ccc2$

c 和 n 滑移面每隔 $\frac{\boldsymbol{a}}{4}$ 交替存在，c 和 n 滑移面每隔 $\frac{\boldsymbol{b}}{4}$ 交替存在。

c 和 c 相交处是 2 次轴，这个 2 次轴和 $\frac{\boldsymbol{a}+\boldsymbol{b}}{2}$ 组合得另一些 2 次轴(图 3-35)。

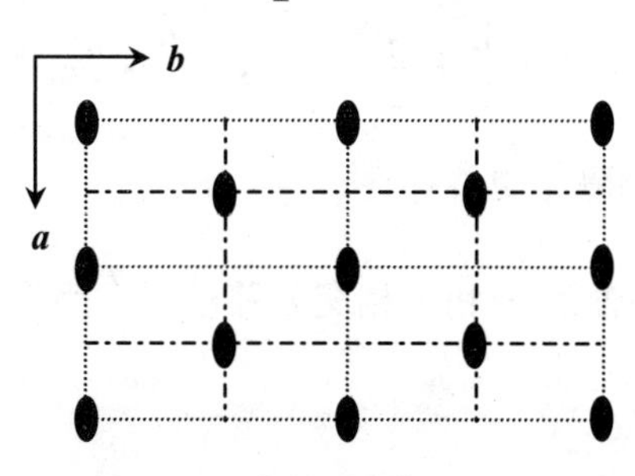

图 3-35　空间群 C_{2v}^{13}-$Ccc2$

3. A 格子

(1) C_{2v}^{14}-$Amm2$

空间群有附加平移 $\frac{\boldsymbol{b}+\boldsymbol{c}}{2}$，将 m 分别与 $\frac{\boldsymbol{b}+\boldsymbol{c}}{2}$ 组合。

$$m_{\perp a} \cdot \frac{\boldsymbol{b}+\boldsymbol{c}}{2} = n_{\perp a}$$

$$m_{\perp b} \cdot \frac{\boldsymbol{b}+\boldsymbol{c}}{2} = m_{\perp b} \cdot \frac{\boldsymbol{b}}{2} \cdot \frac{\boldsymbol{c}}{2} = m_{\frac{b}{4}} \cdot \frac{\boldsymbol{c}}{2} = c_{\frac{b}{4}},$$

即垂直于 b,c 滑移面和 m 每隔$\frac{\boldsymbol{b}}{4}$交替存在。

在 m 和 m 相交处是 2 次轴,这个 2 次轴和$\frac{\boldsymbol{b}+\boldsymbol{c}}{2}$组合得另一些 2_1 次螺旋轴(图 3-36)。

(2) C_{2v}^{15}-$Abm2$

空间群有附加平移 $\frac{\boldsymbol{b}+\boldsymbol{c}}{2}$,将 b,m 分别与$\frac{\boldsymbol{b}+\boldsymbol{c}}{2}$组合。

$$b_{\perp a} \cdot \frac{\boldsymbol{b}+\boldsymbol{c}}{2} = c_{\perp a}$$

$$m_{\perp b} \cdot \frac{\boldsymbol{b}+\boldsymbol{c}}{2} = m_{\perp b} \cdot \frac{\boldsymbol{b}}{2} \cdot \frac{\boldsymbol{c}}{2} = m_{\frac{b}{4}} \cdot \frac{\boldsymbol{c}}{2} = c_{\frac{b}{4}}$$

即垂直于 b,c 滑移面和 m 每隔$\frac{\boldsymbol{b}}{4}$交替存在。

b 和 m 组合得到的 2 次轴距 b 和 m 相交处移动了$\frac{\boldsymbol{b}}{4}$距离,这个 2 次轴和$\frac{\boldsymbol{b}+\boldsymbol{c}}{2}$组合得另一些 2_1 次轴(图 3-37)。

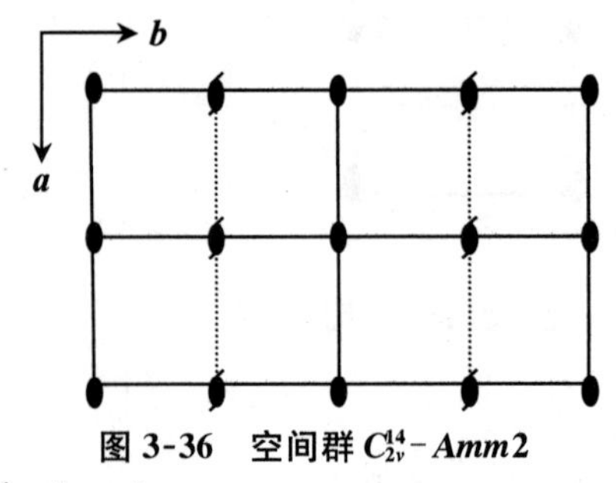

图 3-36 空间群 C_{2v}^{14}-$Amm2$　　图 3-37 空间群 C_{2v}^{15}-$Abm2$

(3) C_{2v}^{16}-$Ama2$

$$m_{\perp a} \cdot \frac{\boldsymbol{b}+\boldsymbol{c}}{2} = n_{\perp a}$$

$$a_{\perp b} \cdot \frac{\boldsymbol{b}+\boldsymbol{c}}{2} = m_{\perp b} \cdot \frac{\boldsymbol{a}}{2} \cdot \frac{\boldsymbol{b}}{2} \cdot \frac{\boldsymbol{c}}{2} = m_{\perp b} \cdot \frac{\boldsymbol{b}}{2} \cdot \frac{\boldsymbol{a}+\boldsymbol{c}}{2} = m_{\frac{b}{4}} \cdot \frac{\boldsymbol{a}+\boldsymbol{c}}{2} = n_{\frac{b}{4}}$$

即垂直于 b, a 和 n 滑移面每隔$\frac{\boldsymbol{b}}{4}$交替存在。

m 和 a 组合得到的 2 次轴距 m 和 a 相交处移动了$\frac{\boldsymbol{a}}{4}$距离,这个 2 次轴和$\frac{\boldsymbol{b}+\boldsymbol{c}}{2}$组合得另一些 2_1 次轴(图 3-38)。

(4) C_{2v}^{17}-$Aba2$

$$b_{\perp a} \cdot \frac{\boldsymbol{b}+\boldsymbol{c}}{2} = c_{\perp a}$$

$$a_{\perp b} \cdot \frac{\boldsymbol{b}+\boldsymbol{c}}{2} = m_{\perp b} \cdot \frac{\boldsymbol{a}}{2} \cdot \frac{\boldsymbol{b}}{2} \cdot \frac{\boldsymbol{c}}{2} = m_{\perp b} \cdot \frac{\boldsymbol{b}}{2} \cdot \frac{\boldsymbol{a}+\boldsymbol{c}}{2} = m_{\frac{b}{4}} \cdot \frac{\boldsymbol{a}+\boldsymbol{c}}{4} = n_{\frac{b}{4}}$$

即垂直于 b,a 和 n 滑移面每隔 $\frac{\boldsymbol{b}}{4}$ 交替存在。

b 和 a 组合得到的 2 次轴距 b 和 a 相交处移动了 $\frac{\boldsymbol{a}+\boldsymbol{b}}{4}$ 距离,这个 2 次轴和 $\frac{\boldsymbol{b}+\boldsymbol{c}}{2}$ 组合得另一些 2_1 次轴(图 3-39)。

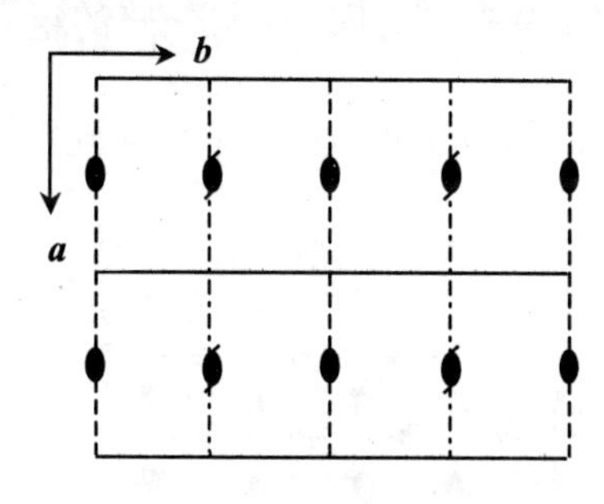

图 3-38　空间群 C_{2v}^{16}-$Ama2$

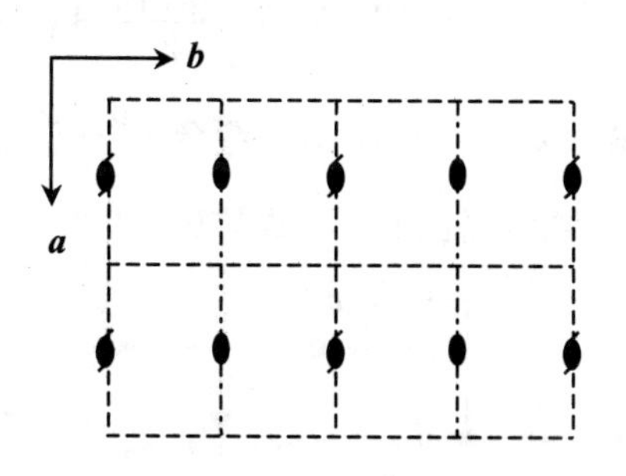

图 3-39　空间群 C_{2v}^{17}-$Aba2$

4. *F* 格子

(1) C_{2v}^{18}-$Fmm2$

空间群有附加平移 $\frac{\boldsymbol{a}+\boldsymbol{c}}{2}$, $\frac{\boldsymbol{b}+\boldsymbol{c}}{2}$ 和 $\frac{\boldsymbol{a}+\boldsymbol{b}}{2}$,将 m 分别与 $\frac{\boldsymbol{a}+\boldsymbol{c}}{2}$, $\frac{\boldsymbol{b}+\boldsymbol{c}}{2}$ 和 $\frac{\boldsymbol{a}+\boldsymbol{b}}{2}$ 组合。

$$m \cdot \frac{\boldsymbol{a}+\boldsymbol{b}}{2} = m \cdot \frac{\boldsymbol{a}}{2} \cdot \frac{\boldsymbol{b}}{2} = m'_{\frac{a}{4}} \cdot \frac{\boldsymbol{b}}{2} = b$$

$$m_{\perp a} \cdot \frac{\boldsymbol{b}+\boldsymbol{c}}{2} = n_{\perp a}$$

$$m_{\perp a} \cdot \frac{\boldsymbol{a}+\boldsymbol{c}}{2} = m_{\perp a} \cdot \frac{\boldsymbol{a}}{2} \cdot \frac{\boldsymbol{c}}{2} = m_{\frac{a}{4}} \cdot \frac{\boldsymbol{c}}{2} = c_{\frac{a}{4}}$$

即 m 和 c 滑移面每隔 $\frac{\boldsymbol{a}}{4}$ 交替存在。

同理,m 和 c 滑移面每隔 $\frac{\boldsymbol{b}}{4}$ 交替存在。

在 m 和 m 相交处是 2 次轴,这个 2 次轴和 $\frac{\boldsymbol{a}+\boldsymbol{b}}{2}$ 组合得另一些 2 次轴,和 $\frac{\boldsymbol{a}+\boldsymbol{c}}{2}$, $\frac{\boldsymbol{b}+\boldsymbol{c}}{2}$ 组合得另一些 2_1 次螺旋轴(图 3-40)。

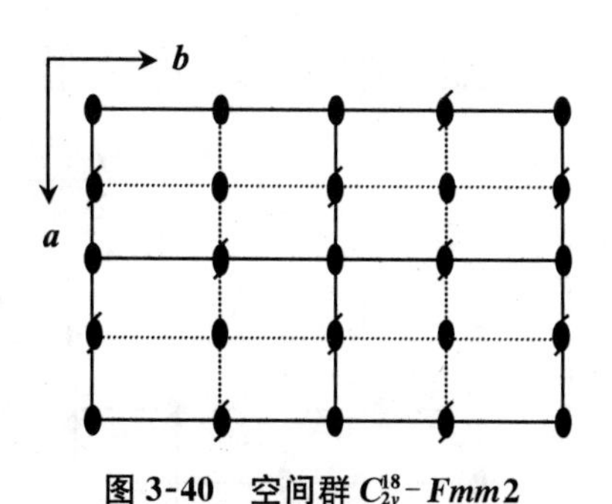

图 3-40　空间群 C_{2v}^{18}-$Fmm2$

(2) C_{2v}^{19}-$Fdd2$

空间群有附加平移 $\frac{\boldsymbol{a}+\boldsymbol{c}}{2}$, $\frac{\boldsymbol{b}+\boldsymbol{c}}{2}$ 和 $\frac{\boldsymbol{a}+\boldsymbol{b}}{2}$,将 d,d 分别与附加平移组合。

$d_{\perp a}$ 与附加平移 $\frac{\boldsymbol{a}+\boldsymbol{c}}{2}$ 斜交:

$$d_{\perp a} \cdot \left(\frac{\boldsymbol{a}+\boldsymbol{c}}{2}\right) = m_{\perp a} \cdot \left(\frac{\boldsymbol{b}+\boldsymbol{c}}{4}\right) \cdot \left(\frac{\boldsymbol{a}+\boldsymbol{c}}{2}\right) = m_{\perp a} \cdot \left(\frac{\boldsymbol{a}}{2}\right) \cdot \left(\frac{\boldsymbol{b}}{4} + \boldsymbol{c} - \frac{\boldsymbol{c}}{4}\right)$$

$$= m_{\perp \frac{a}{4}} \cdot \left(\frac{\boldsymbol{b}-\boldsymbol{c}}{4}\right) = d_{\perp \frac{a}{4}}$$

若 $d_{\perp a}$ 其平移分量为升，则 $d_{\perp \frac{a}{4}}$ 其平移分量为降，即平移分量方向相反的 d 滑移面每隔 $\frac{\boldsymbol{a}}{4}$ 交替存在。同理，$d_{\perp b}$ 与附加平移 $\frac{\boldsymbol{b}+\boldsymbol{c}}{2}$ 斜交，可证平移分量方向相反的 d 滑移面每隔 $\frac{\boldsymbol{b}}{4}$ 交替存在。

因为，由附加平移 $\frac{(\boldsymbol{a}+\boldsymbol{c})}{2}$ 和 $\frac{(\boldsymbol{b}+\boldsymbol{c})}{2}$ 可得附加平移 $\frac{\boldsymbol{a}+\boldsymbol{b}}{2}$，所以 d 与 $\frac{\boldsymbol{a}+\boldsymbol{b}}{2}$ 的组合与上面的组合结果是重复的。$d_{\perp a}$ 与 $d_{\perp b}$ 组合于 $\frac{\boldsymbol{a}+\boldsymbol{b}}{8}$ 处是 2_1 次螺旋轴，这个 2_1 次螺旋轴与附加平移组合得另一些 2 次轴和 2_1 次螺旋轴(图 3-41)。

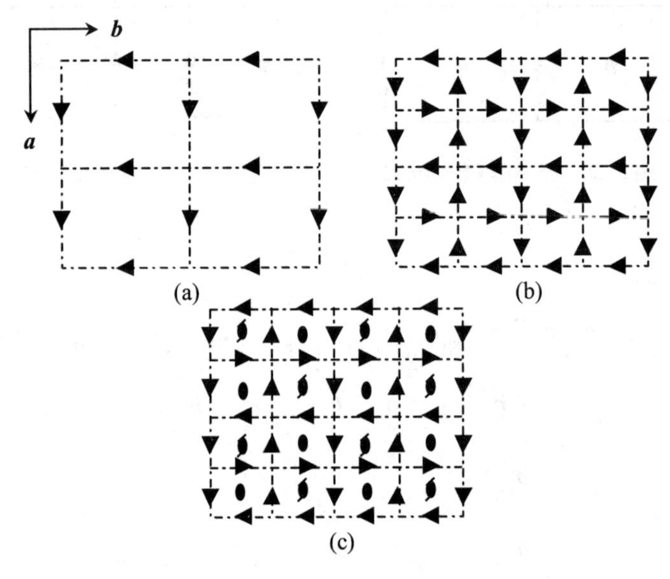

图 3-41　C_{2v}^{19}-*Fdd*2 空间群的投影图

5. *I* 格子

(1) C_{2v}^{20}-$Imm2$

空间群有附加平移 $\frac{\boldsymbol{a}+\boldsymbol{b}+\boldsymbol{c}}{2}$，将 m 分别与 $\frac{\boldsymbol{a}+\boldsymbol{b}+\boldsymbol{c}}{2}$ 组合。

$$m_{\perp a}\cdot\frac{\boldsymbol{a}+\boldsymbol{b}+\boldsymbol{c}}{2}=m_{\perp a}\cdot\frac{\boldsymbol{a}}{2}\cdot\frac{\boldsymbol{b}+\boldsymbol{c}}{2}=m_{\frac{a}{4}}\cdot\frac{\boldsymbol{b}+\boldsymbol{c}}{2}=n_{\frac{a}{4}}$$

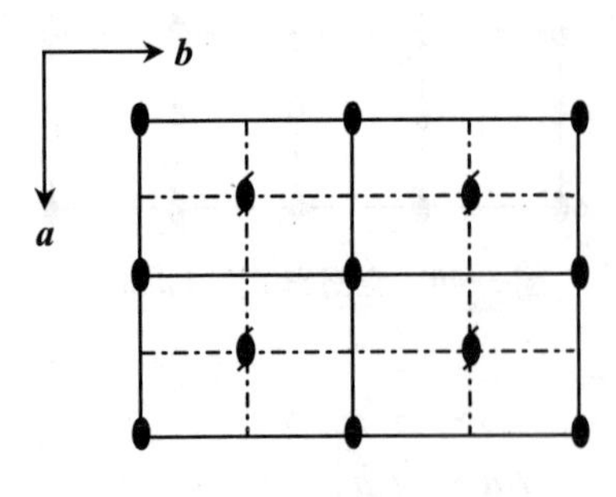

图 3-42　空间群 C_{2v}^{20}-*Imm*2

即 m 和 n 滑移面每隔 $\frac{\boldsymbol{a}}{4}$ 交替存在。

同理，m 和 n 滑移面每隔 $\frac{\boldsymbol{b}}{4}$ 交替存在。

在 m 和 m 相交处是 2 次轴，这个 2 次轴和 $\frac{\boldsymbol{a}+\boldsymbol{b}+\boldsymbol{c}}{2}$ 组合得另一些 2_1 次螺旋轴，这些 2_1 次螺旋轴距 m 和 m 相交处移动了 $\frac{\boldsymbol{a}+\boldsymbol{b}}{4}$ 距离(图 3-42)。

(2) C_{2v}^{21}- $Iba2$

$$b_{\perp a}\cdot\frac{\boldsymbol{a}+\boldsymbol{b}+\boldsymbol{c}}{2}=m_{\perp a}\cdot\frac{\boldsymbol{b}}{2}\cdot\frac{\boldsymbol{b}}{2}\cdot\frac{\boldsymbol{a}+\boldsymbol{c}}{2}$$

$$=m_{\perp a}\cdot\frac{\boldsymbol{a}}{2}\cdot\frac{\boldsymbol{c}}{2}=m_{\frac{a}{4}}\cdot\frac{\boldsymbol{c}}{2}=c_{\frac{a}{4}}$$

即 b 和 c 滑移面每隔$\frac{\boldsymbol{a}}{4}$交替存在。

$$a_{\perp b}\cdot\frac{\boldsymbol{a}+\boldsymbol{b}+\boldsymbol{c}}{2}=m_{\perp b}\cdot\frac{\boldsymbol{a}}{2}\cdot\frac{\boldsymbol{a}}{2}\cdot\frac{\boldsymbol{b}}{2}\cdot\frac{\boldsymbol{c}}{2}=m_{\perp b}\cdot\frac{\boldsymbol{b}}{2}\cdot\frac{\boldsymbol{c}}{2}=m_{\frac{b}{4}}\cdot\frac{\boldsymbol{c}}{2}=c_{\frac{b}{4}}$$

即 a 和 c 滑移面每隔$\frac{\boldsymbol{b}}{4}$交替存在。

b 和 a 组合得到的 2 次轴距 b 和 a 相交处移动了$\frac{\boldsymbol{a}+\boldsymbol{b}}{4}$距离，这个 2 次轴和$\frac{\boldsymbol{a}+\boldsymbol{b}+\boldsymbol{c}}{2}$组合得另一些 2_1 次轴(图 3-43)。

(3) C_{2v}^{22}- $Ima2$

$$m_{\perp a}\cdot\frac{\boldsymbol{a}+\boldsymbol{b}+\boldsymbol{c}}{2}=m_{\perp a}\cdot\frac{\boldsymbol{a}}{2}\cdot\frac{\boldsymbol{b}+\boldsymbol{c}}{2}=m_{\frac{a}{4}}\cdot\frac{\boldsymbol{b}+\boldsymbol{c}}{2}=n_{\frac{a}{4}}$$

即 m 和 n 滑移面每隔$\frac{\boldsymbol{a}}{4}$交替存在。

$$a_{\perp b}\cdot\frac{\boldsymbol{a}+\boldsymbol{b}+\boldsymbol{c}}{2}=m_{\perp b}\cdot\frac{\boldsymbol{a}}{2}\cdot\frac{\boldsymbol{a}}{2}\cdot\frac{\boldsymbol{b}}{2}\cdot\frac{\boldsymbol{c}}{2}=m_{\perp b}\cdot\frac{\boldsymbol{b}}{2}\cdot\frac{\boldsymbol{c}}{2}=m_{\frac{b}{4}}\cdot\frac{\boldsymbol{c}}{2}=c_{\frac{b}{4}}$$

即 a 和 c 滑移面每隔$\frac{\boldsymbol{b}}{4}$交替存在。m 和 a 组合于$\frac{\boldsymbol{a}}{4}$处是 2 次轴，这个 2 次轴和$\frac{\boldsymbol{a}+\boldsymbol{b}+\boldsymbol{c}}{2}$组合得另一些 2_1 次螺旋轴(图 3-44)。

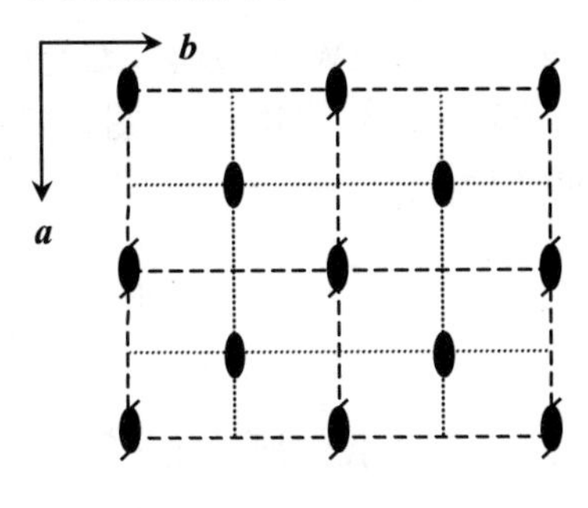

图 3-43　空间群 C_{2v}^{21}- $Iba2$

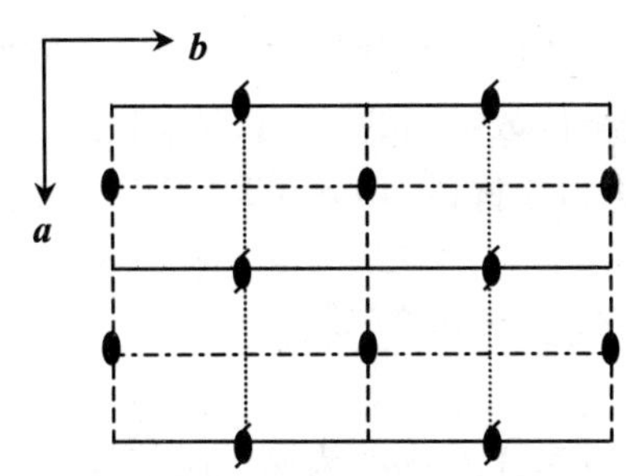

图 3-44　空间群 C_{2v}^{22}- $Ima2$

3.5 等 效 点 系

3.5.1 等效点系的概念

被空间群的对称元素(包括复格子的附加平移)联系起来的一组点叫作**等效点系**。

我们只要弄清一个晶胞内的等效点系的分布情况就够了，因为晶体结构可以看成由晶胞三维重复而成。在一个晶胞中这些等效点的数目叫作等效点系的重复数。

等效点系和空间群之间的关系正如单形与点群之间的关系一样。晶体的宏观外形往往由几套单形聚合而成，晶体的微观结构则是由几套等效点系穿插而成。与单形相似，等效点系有普通等效点系和特殊等效点系之分。普通等效点系因与对称元素无特定的几何关系，所以自由度最大，为 3。特殊等效点系因与对称元素有特定的几何关系，所以其自由度和重复数都要相应减少。如在反映面上自由度为 2，重复数减少 1 倍；在 3 次轴上自由度为 1，重复数减少 3 倍；等等。在某些仅有螺旋轴如 4_3，4_1，2_1，3_1，3_2，6_1，6_5 的空间群中无特殊等效点系，因为这里没有位置使得等效点重合而减少重复数。

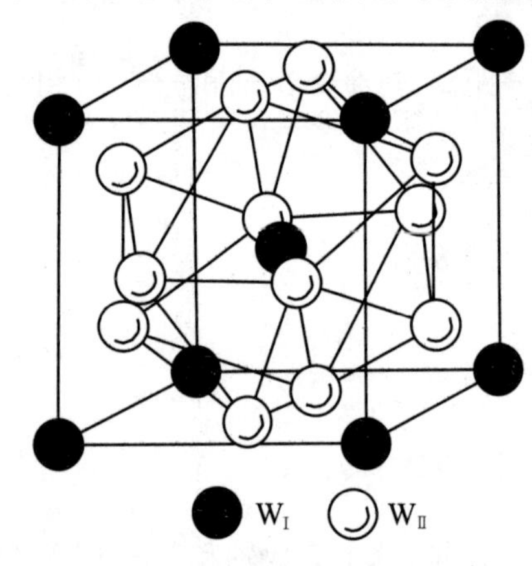

图 3-45　β-钨的晶体结构

同一等效点系的点在具体晶体结构中相应于等同的组成该晶体的物质元素。但是同一物质的原子在晶体结构中可以属于同一套等效点系，也可以不属于同一套等效点系。

在 β-钨的晶体结构中，钨原子分别属于两套等效点系。β-钨晶体结构属于空间群 $Pm3n$，每个晶胞中有 8 个钨原子：有 2 个 $W_{Ⅰ}$，坐标为 $(0,0,0)$，$\left(\frac{1}{2},\frac{1}{2},\frac{1}{2}\right)$；6 个 $W_{Ⅱ}$，坐标为 $\left(0,\frac{1}{4},\frac{1}{2}\right)$，$\left(0,\frac{3}{4},\frac{1}{2}\right)$，$\left(\frac{1}{2},0,\frac{1}{4}\right)$，$\left(\frac{1}{2},0,\frac{3}{4}\right)$，$\left(\frac{1}{4},\frac{1}{2},0\right)$，$\left(\frac{3}{4},\frac{1}{2},0\right)$。这两类钨原子的配位数是不同的，$W_{Ⅰ}$ 周围有 12 个 $W_{Ⅱ}$ 原子，$W_{Ⅱ}$ 周围按距离远近依次有：$2W_{Ⅱ}$，$4W_{Ⅰ}$，$8W_{Ⅱ}$。显然，无论什么对称动作都不能把配位数不同的 $W_{Ⅰ}$ 和 $W_{Ⅱ}$ 联系起来，它们分别属两套等效点系（图 3-45）。这就是 A_{15} 型结构。超导材料 Nb_3Sn（$T_c=18$ K）就是 A_{15} 型结构。

3.5.2　等效点系的符号

我们以空间群 $Pmm2$ 为例说明等效点系的表示方法。当我们把 a 和 b 所决定的平面移到纸上时，对称元素在格子中的分布如图 3-46 所示。由于平移和 m 的组合，每隔 $\frac{\boldsymbol{a}}{2}$ 或 $\frac{\boldsymbol{b}}{2}$ 都有反映面。两个反映面相交处为 2 次轴。在格子中各种位置得到的等效点系列于表 3-7 中。

表 3-7　空间群 *Pmm2* 的等效点系

重复数	点的对称性	等效点系的坐标
1a	$mm2$	$(0,0,z)$
1b	$mm2$	$\left(0,\frac{1}{2},z\right)$
1c	$mm2$	$\left(\frac{1}{2},0,z\right)$

续表

重复数	点的对称性	等效点系的坐标
1d	$mm2$	$\left(\frac{1}{2},\frac{1}{2},z\right)$
2e	m	$(0,y,z),(0,\bar{y},z)$
2f	m	$\left(\frac{1}{2},y,z\right),\left(\frac{1}{2},\bar{y},z\right)$
2g	m	$(x,0,z),(\bar{x},0,z)$
2h	m	$\left(x,\frac{1}{2},z\right),\left(\bar{x},\frac{1}{2},z\right)$
4i	1	$(x,y,z),(\bar{x},y,z),(\bar{x},\bar{y},z),(x,\bar{y},z)$

注:此表来自“International Tables for X-ray Crystallography,1”。

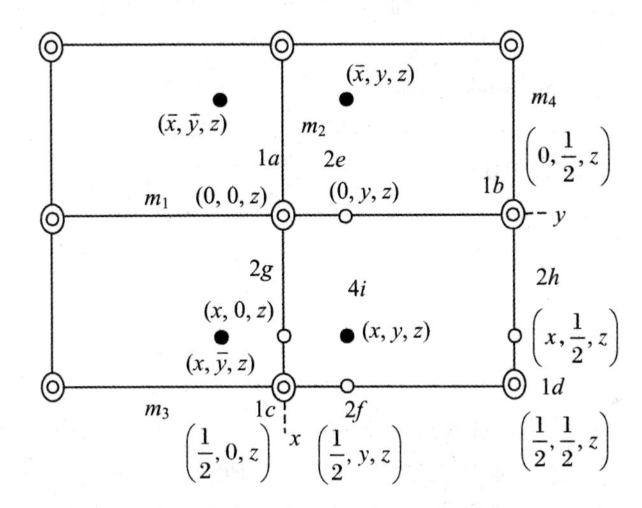

图 3-46　空间群 *Pmm2* 的等效点系

表 3-7 解释如下：

1a：　在 $mm2$,两个反映面不能对它实际对称动作,所以重复数为 1。我们把 1 写在“a”的前面表示重复数为 1,坐标可写为$(0,\ 0,\ z)$;

1b：　在距 1a 的$\frac{\boldsymbol{b}}{2}$处,也是 $mm2$ 的位置,重复数为 1,坐标为$\left(0,\frac{1}{2},z\right)$;

1c：　在距 1a 的$\frac{\boldsymbol{a}}{2}$处,也是 $mm2$ 的位置,重复数为 1,坐标为$\left(\frac{1}{2},0,z\right)$;

1d：　在距 1a 的$\frac{\boldsymbol{a}}{2}+\frac{\boldsymbol{b}}{2}$处,也是 $mm2$ 的位置,重复数为 1,坐标为$\left(\frac{1}{2},\frac{1}{2},z\right)$;

2e：　在反映面 m_1 上,重复数为 2,这是另一个反映面实行对称动作的结果。我们把这个 2 写在“e”前面,坐标分别为$(0,y,z),(0,\bar{y},z)$;

2f：　在反映面 m_3 上,重复数为 2,坐标分别是$\left(\frac{1}{2},y,z\right),\left(\frac{1}{2},\bar{y},z\right)$;

2g：　在反映面 m_2 上,重复数为 2,坐标分别是$(x,0,z),(\bar{x},0,z)$;

2h：　在反映面 m_4 上,重复数为 2,坐标分别是$\left(x,\frac{1}{2},z\right),\left(\bar{x},\frac{1}{2},z\right)$;

$4i$： 在普通位置上，两个反映面都能对它实行对称动作，这样的重复数为 4：

$$(x,y,z)\xrightarrow{m_1}(\bar{x},y,z)\xrightarrow{m_2}(\bar{x},\bar{y},z)\xrightarrow{m_1}(x,\bar{y},z)$$

3.6 几何结晶学总结

3.6.1 对称性和几何度量

与几何度量相比，晶体的对称性更深入地反映了晶体的本质。有些晶体从格子参数看，$a=b=c$，棱间夹角 $\alpha=\beta=\gamma=90°$，但并不属于立方晶体而是属于四方或正交晶体。究其原因，是因为它们没有作为立方晶系的特征对称元素——4 个 3 次轴。这样的晶体叫作假立方晶体。例如：

晶体的化学式	空间群
$CdIn_2Se_4$	$P\bar{4}2m$
冰 III(−190℃)	$P4_12_12$
α-SiO_2(合成)	$P2_12_12_1$
Zr_2ON_2	$I2_12_12_1$

3.6.2 对称性的重要性

以 K_2PtCl_6 为例，从晶体宏观外形可知属点群 $m3m$，以后可知用 X 光衍射不难确定其格子常数。进而从密度求出晶胞中式量为 4，即 4 个 Pt^{4+}、8 个 K^+、24 个 Cl^-。从 X 光衍射的消光情况可以判断其空间群为 $Fm3m$，其部分等效点系的坐标见表 3-8。

表 3-8 空间群 *Fm3m* 的部分等效点系

重复数	点的对称性	等效点系的坐标 $(0,0,0),\left(0,\frac{1}{2},\frac{1}{2}\right),\left(\frac{1}{2},0,\frac{1}{2}\right),\left(\frac{1}{2},\frac{1}{2},0\right)$
$4a$	$m3m$	$(0,0,0)$
$4b$	$m3m$	$\left(\frac{1}{2},\frac{1}{2},\frac{1}{2}\right)$
$8c$	$\bar{4}3m$	$\left(\frac{1}{4},\frac{1}{4},\frac{1}{4}\right),\left(\frac{3}{4},\frac{3}{4},\frac{3}{4}\right)$
$24d$	mmm	$\left(0,\frac{1}{4},\frac{1}{4}\right),\left(\frac{1}{4},0,\frac{1}{4}\right),\left(\frac{1}{4},\frac{1}{4},0\right)$ $\left(0,\frac{1}{4},\frac{3}{4}\right),\left(\frac{3}{4},0,\frac{1}{4}\right),\left(\frac{1}{4},\frac{3}{4},0\right)$
$24e$	$4mm$	$(x,0,0),(0,x,0),(0,0,x)$ $(\bar{x},0,0),(0,\bar{x},0),(0,0,\bar{x})$

K_2PtCl_6 晶胞中，4 个 Pt^{4+} 占据 $4a$ 位置，K^+ 占据 $8c$ 位置，24 个 Cl^- 占据的位置可能为 $24d$，也可能为 $24e$。$24d$ 位置过分靠近 K^+（$8c$ 位置），$24e$ 位置与 $4a$ 位置很近，由化学知识可知，Pt^{4+} 与 Cl^- 易形成络离子，故 Cl^- 占据 $24e$ 位置较为合理。这样得出的结构如图 3-47 所示，Cl^- 和 Pt^{4+} 形成八面体配位，$24e$ 仅一个参数 x，因 $4a$，$8c$ 位置无参数，即这个结构仅需求一个参数。

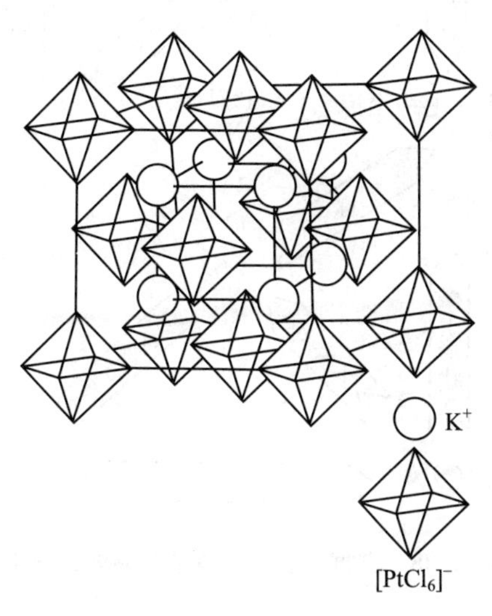

图 3-47　K_2PtCl_6 晶体结构

3.6.3　几何结晶学总结

前三章讲的是几何结晶学，是学习结晶学的基础。为了便于记忆，我们把几何结晶学理论要点作一简单小结。

以晶体的各向异性和均匀性为出发点，提出了晶体的点阵理论。点阵可用无数种方法画分出无数并置的平行六面体。为了使画出的平行六面体能代表整个点阵，可按布拉维法则来画：平行六面体对称性和点阵对称性必须一样；棱间直角数目最多；体积最小。这样得到 14 种空间格子，即 14 种空间平移群。因为它能代表点阵，所以点阵形式也是 14 种。14 种空间格子的对称性有 7 种，相当于 7 个晶系全对称类型。同一晶系的晶体，格子形状一样，具有该晶系的特征对称元素。同一晶系晶体取相同坐标系。

如果我们在 14 种空间格子的每一个点阵点上填上结构基元，就能得到无数种点阵结构。空间格子（或点阵）是点阵结构对称性的平移部分。晶体微观结构是点阵结构。点阵结构可以有无数种，但其对称性仅有 230 种。从 230 种空间群的对称动作可得种种等效点系。晶体结构就是原子、离子等质点按若干套等效点系穿插而成。

230 种空间群在宏观观察中由于观察能力的限制，表现为 32 种点群。多种互相同形的空间群与一种点群同形，即在宏观观察中表现为一种点群。

由点群对称元素的对称动作联系起来的平面叫作单形。晶体的外形就是由这些单形聚合而成，晶体外形对称性分属 32 点群。

上述的简单小结可用图 3-48 表示。

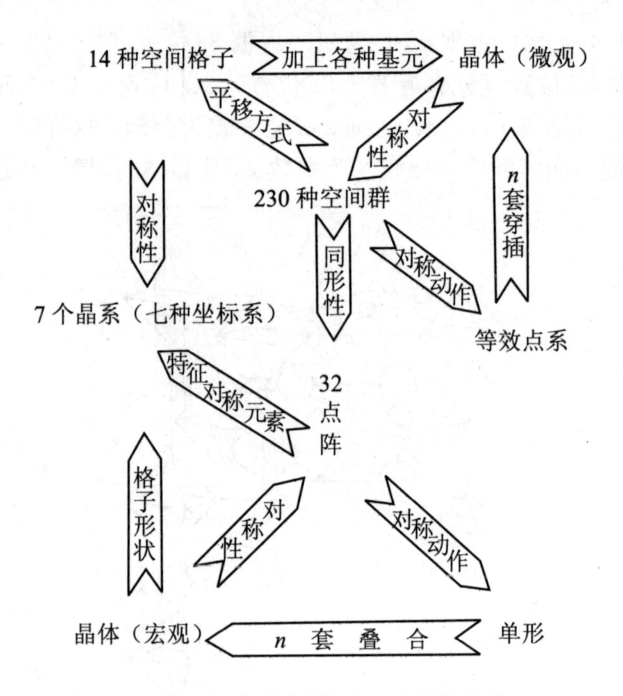

图 3-48　点群、空间群、格子和晶体的关系

第 4 章　X 光与晶体

4.1　劳 埃 方 程

4.1.1　晶体作为 X 光的衍射光栅

在 1895 年伦琴发现了 X 光以后，科学家们像对普通光那样，试图用狭缝使 X 射线发生衍射，但都失败了。这告诉我们：假如 X 光是电磁波的话，那么它的波长是极短的。

与此同时，晶体结构理论已发展十分完善。1890 年弗多洛夫推导出了晶体的 230 种空间群，1897 年巴劳提出了与现在完全一样的 NaCl（图 4-1）和一些金属的晶体结构模型。

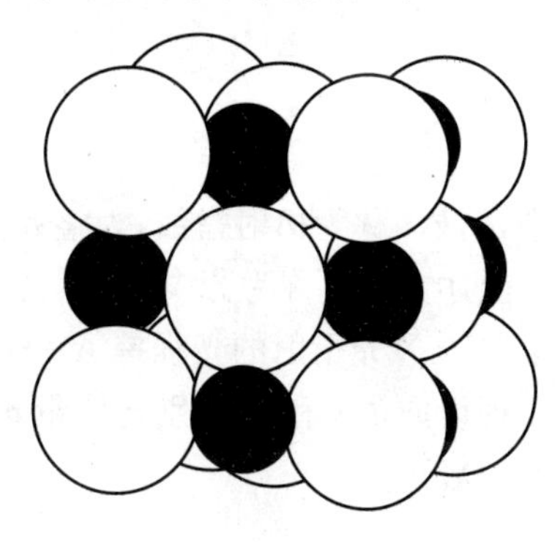

图 4-1　巴劳提出的 NaCl 晶体结构模型

在这些基础上，劳埃提出了一个设想：在人工做的狭缝光栅上，X 光衍射失败的原因是狭缝太宽，X 光波长太短，而三维周期排列的晶体倒是一个理想的天然立体光栅。这是因为：当时阿佛伽德罗常数已经测定，很容易估计每个原子所占的体积和原子间的距离。例如对于 Cu 所占的体积为

$$\frac{M}{\rho N_0}=\frac{63.6\times4}{8.96\times10^{-24}\times6.023\times10^{23}}=12(\text{Å}^3)$$

Cu 原子间距离为 $\sqrt[3]{12}\approx2.3$ Å。

这样劳埃就希望用实验来验证他这个大胆的设想。在两个学生的支持下，经过努力实验成功了。在 $CuSO_4\cdot5H_2O$ 晶体上得到了世界上第一张 X 光衍射图。这样就同时诞生了两门新兴学科：晶体 X 光结构分析和 X 光光谱学。

4.1.2　劳埃方程

设 $\boldsymbol{OP}$ 是点阵的素向量（图 4-2），$\boldsymbol{s}_0$ 和 $\boldsymbol{s}$ 分别为 X 光的入射方向和衍射方向上的单位向量，则 O 点和 P 点的光程差：

$$\Delta=OB-PA=\boldsymbol{OP}\cdot\boldsymbol{s}-\boldsymbol{OP}\cdot\boldsymbol{s}_0=\boldsymbol{OP}(\boldsymbol{s}-\boldsymbol{s}_0)$$

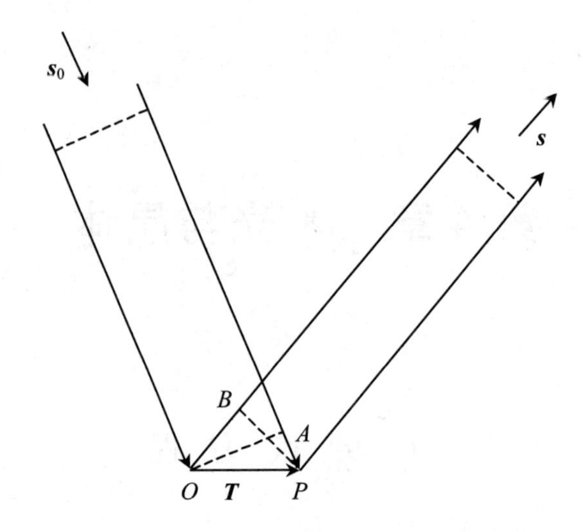

图 4-2　光程差公式的推导

设该点阵的单位向量为 $\boldsymbol{a},\boldsymbol{b},\boldsymbol{c}$，则 $\boldsymbol{OP}$ 可表示为 $\boldsymbol{OP}=m\boldsymbol{a}+n\boldsymbol{b}+p\boldsymbol{c}$，光程差可表示为

$$\Delta=\boldsymbol{OP}\cdot(\boldsymbol{s}-\boldsymbol{s}_0)=m\boldsymbol{a}\cdot(\boldsymbol{s}-\boldsymbol{s}_0)+n\boldsymbol{b}\cdot(\boldsymbol{s}-\boldsymbol{s}_0)+p\boldsymbol{c}\cdot(\boldsymbol{s}-\boldsymbol{s}_0)$$

$\Delta=N\lambda$ 是点阵进行衍射的充分必要条件，为使这个条件在任何 m,n,p 的情况都能满足，必有下面的式子成立：

$$\begin{cases}\boldsymbol{a}\cdot(\boldsymbol{s}-\boldsymbol{s}_0)=h\lambda\\ \boldsymbol{b}\cdot(\boldsymbol{s}-\boldsymbol{s}_0)=k\lambda\\ \boldsymbol{c}\cdot(\boldsymbol{s}-\boldsymbol{s}_0)=l\lambda\end{cases}$$

式中，h,k,l 称为衍射指数，为整数。

上述方程组称为劳埃方程。从这组方程中可知，在衍射 hkl 中由向量 $\boldsymbol{T}_{mnp}$ 联系起来的两个原子 X 光衍射的光程差 $\Delta=(mh+nk+pl)\lambda$。

现设向量 $\boldsymbol{s}$ 和 $\boldsymbol{s}_0$ 分别与向量 $\boldsymbol{a},\boldsymbol{b},\boldsymbol{c}$ 交成角 α 和 α_0，β 和 β_0，γ 与 γ_0，则劳埃方程可化为下面的一般形式：

$$\begin{cases}a(\cos\alpha-\cos\alpha_0)=h\lambda\\ b(\cos\beta-\cos\beta_0)=k\lambda\\ c(\cos\gamma-\cos\gamma_0)=l\lambda\end{cases}$$

4.1.3　X 光照相法

从劳埃方程可以看出，在规定了入射方向后，$\alpha_0,\beta_0,\gamma_0$ 是常数，当用单色(固定波长)X 光进行实验时，波长也是常量，而在 α,β,γ 三个量中，也只有 2 个是独立变量，因为它们之间存在函数关系，若 $\boldsymbol{a},\boldsymbol{b},\boldsymbol{c}$ 间互相垂直，则有

$$\cos^2\alpha+\cos^2\beta+\cos^2\gamma=1$$

这样三个方程中仅有两个变量，方程组一般是无解的。换句话说，衍射得不到保证。如果要使衍射发生，必须增加变量。现代的各种 X 光晶体衍射法用各种办法增加变量。

在摄取劳埃相时，晶体不动，用的是“白色”X 光，此时波长是变量，衍射图是一些斑点。在摄取转动相时，用单色 X 光，晶体绕某一晶轴转动，$\alpha_0,\beta_0,\gamma_0$ 中就有一个是变量。衍射图

和劳埃照相一样也成为斑点。在摄取粉末相时，用单色 X 光，样品是多晶，各个小晶粒在空间取向是随机的。就入射 X 光来说，$\alpha_0,\beta_0,\gamma_0$ 中有两个成了变量（注意：$\alpha_0,\beta_0,\gamma_0$ 之间也只能有两个变量），整个衍射线汇成一个锥面，与底片交成圆弧线。

4.2　布拉格方程

4.2.1　离原点第一个点阵平面的方程

如果一点阵平面与三晶轴交于 m,n,p（m,n,p 为无公约数的整数），则点阵平面方程为

$$\frac{x}{m}+\frac{y}{n}+\frac{z}{p}=1 \quad \text{或} \quad npx+mpy+mnz=mnp$$

而 $np:mp:mn=h^*:k^*:l^*$（这里 h^*,k^*,l^* 是晶面指数），若 m,n,p 间无公因子，简单地 $h^*=np,k^*=mp,l^*=mn$，这样一来，方程式变为

$$h^*x+k^*y+l^*z=mnp$$

为求离原点第一个点阵平面方程，只要弄清在这个点阵平面与原点之间有多少个点阵平面就行。为简单起见，考虑二维情况，如图 4-3 所示，在 OA 方向平移重复得三个点阵直线，然后每一个再在 OB 方向平移重复得 4 个，这样共得 $3\times4=12$ 个，也就是 mn 个，在三维情况下会得到 mnp 个点阵平面。因此，离原点第一个点阵平面为

$$h^*x+k^*y+l^*z=1$$

离原点第 N 个点阵平面为

$$h^*x+k^*y+l^*z=N$$

在 m,n,p 间有公因子的情况，结果也是这样。

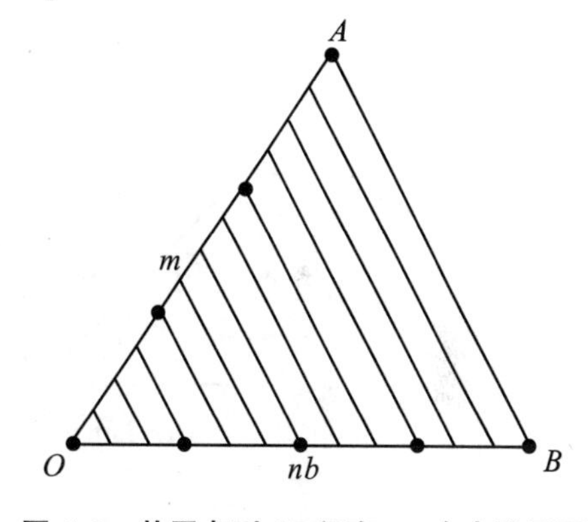

图 4-3　从原点到 *AB* 间有 *mn* 个点阵平面

4.2.2　布拉格方程

布拉格在实验中发现，晶体中有一系列原子平面反射着白色 X 光中的某些波长一定的特征 X 光。基于这一发现，和对它的理论解释，布拉格把劳埃方程变换成布拉格方程。

在劳埃方程中：

$$\begin{cases}\boldsymbol{a}\cdot(\boldsymbol{s}-\boldsymbol{s}_0)=h\lambda\\ \boldsymbol{b}\cdot(\boldsymbol{s}-\boldsymbol{s}_0)=k\lambda\\ \boldsymbol{c}\cdot(\boldsymbol{s}-\boldsymbol{s}_0)=l\lambda\end{cases}$$

h,k,l 可能有公因子 n，把它提出来得

$$\begin{cases}\boldsymbol{a}\cdot(\boldsymbol{s}-\boldsymbol{s}_0)=nh^*\lambda\\ \boldsymbol{b}\cdot(\boldsymbol{s}-\boldsymbol{s}_0)=nk^*\lambda\\ \boldsymbol{c}\cdot(\boldsymbol{s}-\boldsymbol{s}_0)=nl^*\lambda\end{cases}$$

式中，h^*，k^*，l^* 就可以是晶面指数，然后化成

$$\begin{cases}\left(\dfrac{\boldsymbol{a}}{nh^*}-\dfrac{\boldsymbol{b}}{nk^*}\right)\cdot\boldsymbol{H}=0\\ \left(\dfrac{\boldsymbol{b}}{nk^*}-\dfrac{\boldsymbol{c}}{nl^*}\right)\cdot\boldsymbol{H}=0\\ \left(\dfrac{\boldsymbol{c}}{nl^*}-\dfrac{\boldsymbol{a}}{nh^*}\right)\cdot\boldsymbol{H}=0\end{cases}$$

或

$$\begin{cases}\left(\dfrac{\boldsymbol{a}}{h^*}-\dfrac{\boldsymbol{b}}{k^*}\right)\cdot\boldsymbol{H}=0\\ \left(\dfrac{\boldsymbol{b}}{k^*}-\dfrac{\boldsymbol{c}}{l^*}\right)\cdot\boldsymbol{H}=0\\ \left(\dfrac{\boldsymbol{c}}{l^*}-\dfrac{\boldsymbol{a}}{h^*}\right)\cdot\boldsymbol{H}=0\end{cases}$$

式中，$\boldsymbol{H}=(\boldsymbol{s}-\boldsymbol{s}_0)$（图 4-4(a)），这三个式子说明了 $\boldsymbol{H}$ 与点阵平面组$(h^*\ k^*\ l^*)$垂直。

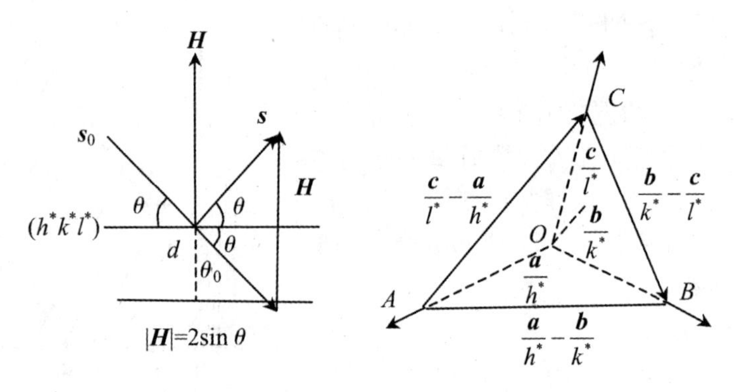

(a) $\boldsymbol{H}$与点阵平面组$(h^*\ k^*\ l^*)$垂直　　(b) 布拉格方程的推导

图 4-4　H 与布拉格方程的推导

让我们看一下点阵平面的 X 光衍射效应。离原点第 N 个点阵平面$(h^*\ k^*\ l^*)$上任一点 $R(x,y,z)$与原点的光程差为

$$\begin{aligned}\boldsymbol{OR}\cdot\boldsymbol{H}&=x\boldsymbol{a}\cdot\boldsymbol{H}+y\boldsymbol{b}\cdot\boldsymbol{H}+z\boldsymbol{c}\cdot\boldsymbol{H}\\&=xnh^*\lambda+ynk^*\lambda+znl^*\lambda\end{aligned}$$

但

$$h^*x+k^*y+l^*z=N$$

所以

$$\Delta=\boldsymbol{OR}\cdot\boldsymbol{H}=Nn\lambda$$

光程差与坐标没有关系说明同一点阵平面上光程差为零。这是一个等程面，等程面等于是反射面。如图 4-4(a)所示，$\boldsymbol{s}$，$\boldsymbol{s}_0$，$\boldsymbol{H}$ 在与$(h^*\ k^*\ l^*)$垂直的同一平面内，即入射线、反射线和法线在同一平面内，入射角等于反射角（入射角$=90°-\theta$）。

相邻的两个点阵平面之间光程差为

$$\Delta = \boldsymbol{OR}_{N+1} \cdot \boldsymbol{H} - \boldsymbol{OR}_N \cdot \boldsymbol{H} = (\boldsymbol{OR}_{N+1} - \boldsymbol{OR}_N) \cdot \boldsymbol{H} = n\lambda$$

显然

$$\Delta = d_{h^*k^*l^*} \cdot |\boldsymbol{H}| = d_{h^*k^*l^*} \cdot 2\sin\theta$$

如图 4-4(a)所示,因此

$$2d\sin\theta = n\lambda$$

这就是布拉格方程。必须注意的是:这个“反射”毕竟和光学反射不同,不是所有反射角都能反射,而是跳跃式的。

4.2.3　面间距公式

现在把布拉格方程中的面间距离 d 用 a,b,c 和 h^*,k^*,l^* 来表示。

在三角锥 $OABC$ 中(图 4-4(b)),其体积为

$$\begin{aligned} V &= \frac{1}{6}\frac{\boldsymbol{a}}{h^*} \cdot \frac{\boldsymbol{b}}{k^*} \times \frac{\boldsymbol{c}}{l^*} \\ &= \frac{1}{6}d\left|\left(\frac{\boldsymbol{c}}{l^*} - \frac{\boldsymbol{a}}{h^*}\right) \times \left(\frac{\boldsymbol{c}}{l^*} - \frac{\boldsymbol{b}}{k^*}\right)\right| \\ &= \frac{1}{6}d\left|\frac{\boldsymbol{c}\times\boldsymbol{a}}{l^*h^*} + \frac{\boldsymbol{b}\times\boldsymbol{c}}{k^*l^*} + \frac{\boldsymbol{a}\times\boldsymbol{b}}{h^*k^*}\right| \\ &= \frac{1}{6}d|\boldsymbol{S}| \end{aligned}$$

或

$$\frac{\boldsymbol{a}}{h^*} \cdot \frac{\boldsymbol{b}}{k^*} \times \frac{\boldsymbol{c}}{l^*} = d|\boldsymbol{S}|$$

式中,$|\boldsymbol{S}|$ 为以 $\left(\frac{\boldsymbol{c}}{l^*} - \frac{\boldsymbol{a}}{h^*}\right)$ 和 $\left(\frac{\boldsymbol{c}}{l^*} - \frac{\boldsymbol{b}}{k^*}\right)$ 为边长的平行四边形的面积,如 $\boldsymbol{a}$,$\boldsymbol{b}$,$\boldsymbol{c}$ 相互正交,将 $\boldsymbol{S}$ 自身点乘,得到

$$|\boldsymbol{S}| = \sqrt{\frac{c^2a^2}{l^{*2}h^{*2}} + \frac{a^2b^2}{h^{*2}k^{*2}} + \frac{b^2c^2}{k^{*2}l^{*2}}}$$

但

$$\frac{\boldsymbol{a}}{h^*} \cdot \frac{\boldsymbol{b}}{k^*} \times \frac{\boldsymbol{c}}{l^*} = \frac{abc}{h^*k^*l^*}$$

因此,对正交晶系

$$d = \frac{1}{\sqrt{\frac{h^{*2}}{a^2} + \frac{k^{*2}}{b^2} + \frac{l^{*2}}{c^2}}}$$

对四方晶系

$$d = \frac{a}{\sqrt{h^{*2} + k^{*2} + \frac{l^{*2}}{(c/a)^2}}}$$

对六方晶系

$$d = \frac{a}{\sqrt{\frac{4}{3}(h^{*2} + h^*k^* + k^{*2}) + \frac{l^{*2}}{\left(\frac{c}{a}\right)^2}}}$$

对立方晶系

$$d=\frac{a}{\sqrt{h^{*2}+k^{*2}+l^{*2}}}$$

4.3 第一次X光结构分析

在既不知道晶体结构，又不知道X光波长的情况下，布拉格首次利用衍射仪(图4-5)测定了NaCl的晶体结构。当时巴劳已预言了NaCl结构(图4-1)，因此布拉格的实验将检验巴劳的预言是否正确。

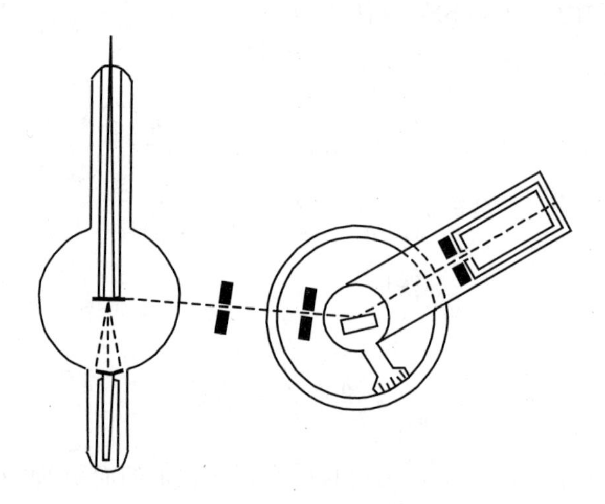

图4-5 布拉格实验简图

布拉格制备了NaCl晶体的三个晶面(100),(110),(111)，其X光衍射结果如图4-6所示，根据布拉格方程

$$2d\sin\theta=n\lambda$$

布拉格列出了一组方程

$$\begin{cases}2d_{100}(0.126)=n_1\lambda\\2d_{110}(0.178)=n_2\lambda\\2d_{111}(0.109)=n_3\lambda\end{cases}$$

在晶体结构分析中先以简单P格子为出发点，再通过观察哪些衍射出现，哪些消失，来决定晶体的格子类型。当为简单P格子时，

$$d_{100}=\sqrt{2}d_{110}$$

$$d_{100}=\sqrt{3}d_{111}$$

$$d_{110}=\sqrt{\frac{3}{2}}d_{111}$$

利用上面关系，可列下式：

$$\frac{d_{100}}{d_{110}}=\frac{(0.178)n_1}{(0.126)n_1}=\sqrt{2}$$

$$\frac{d_{100}}{d_{111}}=\frac{(0.109)n_1}{(0.126)n_3}=\sqrt{3}$$

$$\frac{d_{110}}{d_{111}}=\frac{(0.109)n_2}{(0.178)n_3}=\sqrt{\frac{3}{2}}$$

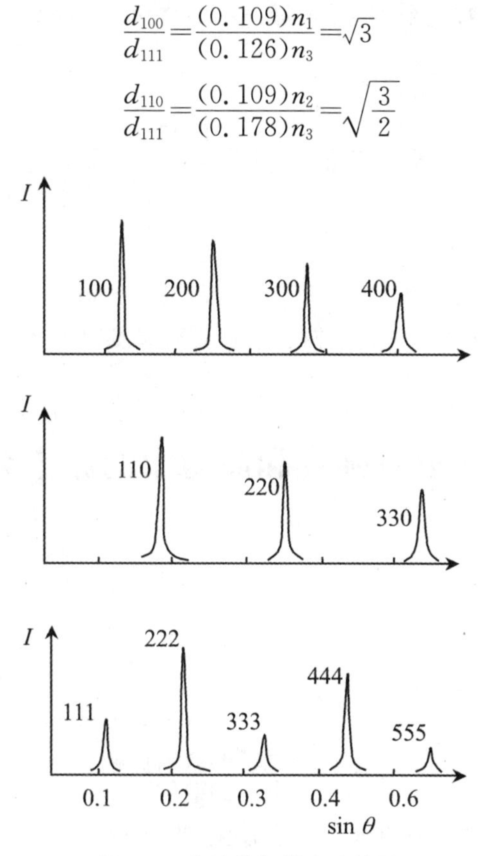

图 4-6　布拉格衍射实验结果

可求出 $n_1=n_2=2, n_3=1$，因此 NaCl 晶格为面心立方格子。如图 4-7(c)所示，面心立方格子的 d_{100} 和 d_{110} 实际与简单立方相比缩小一半，引起衍射从二级开始，而 d_{111} 和简单立方一样仍为 $\frac{1}{3}\sqrt{3}a$，因此有一级衍射。对于(111) 晶面的衍射，奇数次弱，偶数次为强，这说明 Na^+ 和 Cl^- 平面在(111) 方向上交替排列，结构与巴劳预言的完全一样。

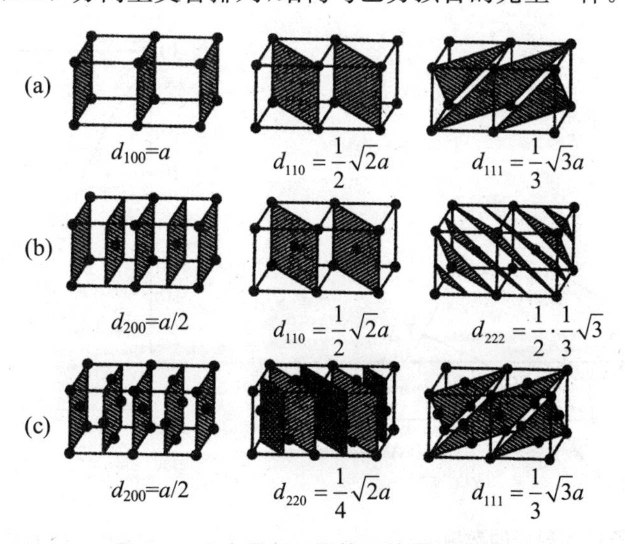

图 4-7　立方晶系不同格子的晶面间关系

这样一来每个晶胞便有 4 个 NaCl 式量，格子常数可从密度 $\rho=2.163\ \mathrm{g/cm^3}$ 求出：

$$\rho=\frac{Mz}{N_0a^3}$$

$$a^3=\frac{Mz}{N_0\rho}=\frac{58.45\times4}{6.023\times10^{23}\times2.163\times10^{-24}}$$

$$a=5.64\ \text{Å}$$

因为 $2d_{100}\times0.126=2\lambda$，且 $d_{100}=a$，则

$$\lambda=0.126\times5.64=0.71\ \text{Å}\quad(\text{Mo 靶})$$

这样，布拉格就成功地验证了 NaCl 晶体的结构，同时又测得了 X 光的波长。

4.4 衍射强度和晶胞中的原子分布

4.4.1 原子散射因子

原子散射因子定义为

$$f=\frac{\text{一个原子的散射振幅}}{\text{一个电子的散射振幅}}$$

当 X 光碰到原子时，原子中的每个电子都参加相干散射，如图 4-8 所示。因散射光的强度与质量的平方成反比，因此原子核的散射可以忽略不计。由于原子中的电子不是集中在一起，因此散射的 X 光仅在正前方位相才相同，这时原子的散射能力是各个电子散射能力的代数和，即 $f=z$。其他方向会有一个光程差。由于原子较小，往往这个光程差小于波长，这就引起正前方以外的其他方向 f 随 θ 增大而减小，随波长缩短而减小得更厉害。换言之，f 随$\frac{\sin\theta}{\lambda}$增大而减小(图 4-9)所示。

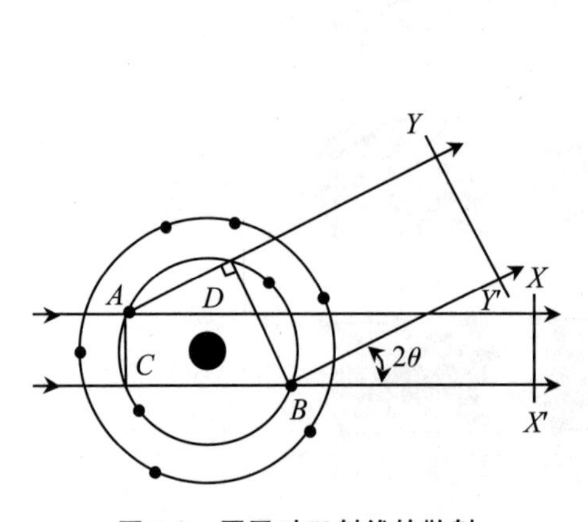

图 4-8 原子对 X 射线的散射

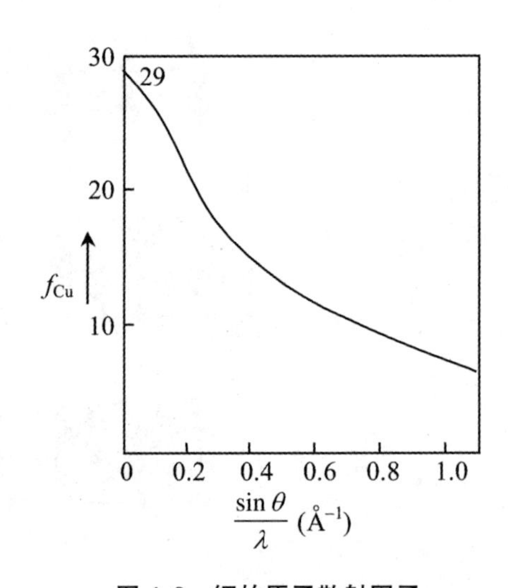

图 4-9 铜的原子散射因子

4.4.2　结构因子

当满足劳埃方程时，晶体中由平移向量联系起来的每套原子散射的 X 射线在衍射方向上位相是一致的。但是在各套原子散射的 X 光之间步调仍会不同。图 4-10 中，两套原子之间的位相差决定于两套原子的相对位置。而合振幅决定于原子散射因子和它们间的位相差。因此，晶胞中原子的种类和分布决定了衍射线的强度。讨论如下：

设原点为 o；$p,q,r,\cdots$是晶胞中的原子，它们的分数坐标分别为(x_1,y_1,z_1)，(x_2,y_2,z_2)，…。在 p 点原子和原点的光程差为

$$\Delta p=\boldsymbol{op}\cdot(\boldsymbol{s}-\boldsymbol{s}_0)$$

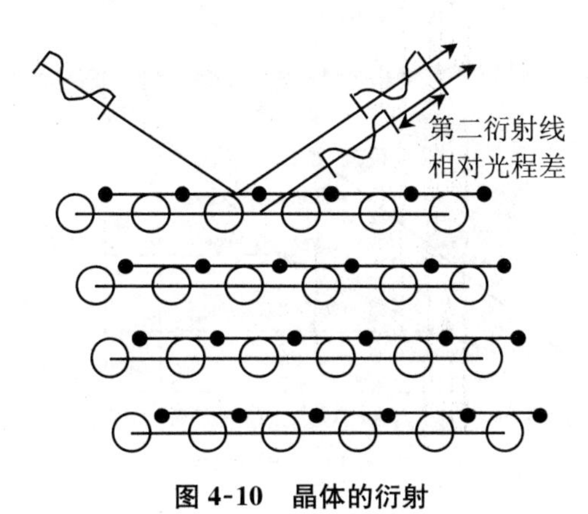

图 4-10　晶体的衍射

但

$$\boldsymbol{op}=x_1\boldsymbol{a}+y_1\boldsymbol{b}+z_1\boldsymbol{c}$$

则

$$\Delta p=x_1\boldsymbol{a}(\boldsymbol{s}-\boldsymbol{s}_0)+y_1\boldsymbol{b}(\boldsymbol{s}-\boldsymbol{s}_0)+z_1\boldsymbol{c}(\boldsymbol{s}-\boldsymbol{s}_0)$$

在衍射 hkl 中

$$\begin{cases}\boldsymbol{a}(\boldsymbol{s}-\boldsymbol{s}_0)=h\lambda\\ \boldsymbol{b}(\boldsymbol{s}-\boldsymbol{s}_0)=k\lambda\\ \boldsymbol{c}(\boldsymbol{s}-\boldsymbol{s}_0)=l\lambda\end{cases}$$

即

$$\Delta p=(hx_1+ky_1+lz_1)\lambda$$

在 q 点原子的情况可得

$$\Delta q=(hx_2+ky_2+lz_2)\lambda$$

相应原子与原点位相差为

$$\Delta\phi_p=(hx_1+ky_1+lz_1)2\pi$$
$$\Delta\phi_q=(hx_2+ky_2+lz_2)2\pi$$

因为从各个原子散射的次级 X 光的频率是相同的，所以各个原子散射次级 X 光可用下式表示：

$$E_p=f_p\sin(\omega t+\Delta\phi_p)$$
$$E_q=f_q\sin(\omega t+\Delta\phi_q)$$

这里，f_p，f_q 分别为 p，q 原子的原子散射因子，ω 是次级 X 光的频率，ω 对整个衍射来说是常数。

我们所要求的是从各个原子散射的波叠加后的振幅，而不是振幅向量随时间的变化情况。这些 X 光波叠加情况可简化成图 4-11 中的情况。合振幅为

$$\boldsymbol{F}_{hkl}=\boldsymbol{f}_p+\boldsymbol{f}_q+\boldsymbol{f}_r+\cdots$$

合振幅在 x 轴上的投影

$$|\boldsymbol{F}_{hkl}|\cos\phi=f_p\cos\Delta\phi_p+f_q\cos\Delta\phi_q+f_r\cos\Delta\phi_r+\cdots$$

合振幅在 y 轴上的投影

$$|\boldsymbol{F}_{hkl}|\sin\phi=f_p\cos\Delta\phi_p+f_q\sin\Delta\phi_q+f_r\sin\Delta\phi_r+\cdots$$

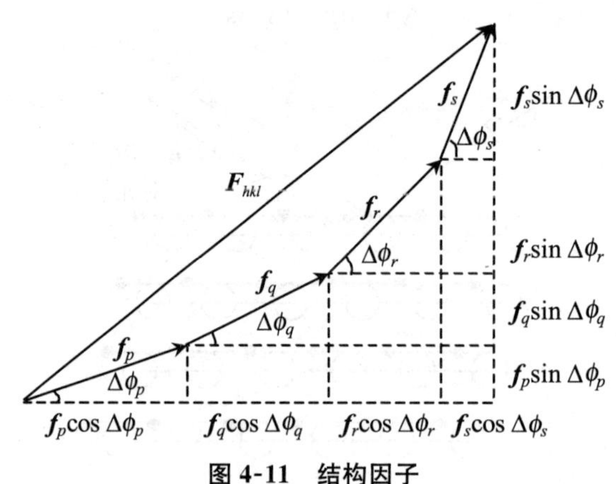

图 4-11 结构因子

在每个衍射中，衍射线的强度决定于结构振幅的平方

$$I_{hkl}\propto|\boldsymbol{F}_{hkl}|^2=\left(\sum_{j=1}^{n}f_j\cos\Delta\phi_j\right)^2+\left(\sum_{j=1}^{n}f_j\sin\Delta\phi_j\right)^2$$

$$=\left[\sum_{j=1}^{n}f_j\cos 2\pi(hx_j+ky_j+lz_j)\right]^2+\left[\sum_{j=1}^{n}f_j\sin 2\pi(hx_j+ky_j+lz_j)\right]^2$$

从上面这个结果我们可以清楚地看到，在每个劳埃方程所规定的方向上，衍射线的强度决定于晶胞中的原子坐标。这个 F_{hkl} 称为结构因子，$|\boldsymbol{F}_{hkl}|$ 称为结构振幅。

为了计算方便，像对其他向量情况一样，结构因子也可以用复数表示

$$F_{hkl}=|\boldsymbol{F}_{hkl}|\cos\phi+\mathrm{i}|\boldsymbol{F}_{hkl}|\sin\phi$$

实数部分

$$|\boldsymbol{F}_{hkl}|\cos\phi=f_p\cos\Delta\phi_p+f_q\cos\Delta\phi_q+f_r\cos\Delta\phi_r+\cdots$$

虚数部分

$$\mathrm{i}|\boldsymbol{F}_{hkl}|\sin\phi=\mathrm{i}f_p\sin\Delta\phi_p+\mathrm{i}f_q\sin\Delta\phi_q+\mathrm{i}f_r\sin\Delta\phi_r+\cdots$$

利用欧拉关系式 $\mathrm{e}^{\mathrm{i}\phi}=\cos\phi+\mathrm{i}\sin\phi$ 得

$$F_{hkl}=f_p\mathrm{e}^{\mathrm{i}\Delta\phi_p}+f_q\mathrm{e}^{\mathrm{i}\Delta\phi_q}+f_r\mathrm{e}^{\mathrm{i}\Delta\phi_r}+\cdots$$

$$=f_p\mathrm{e}^{2\pi\mathrm{i}(hx_1+ky_1+lz_1)}+f_q\mathrm{e}^{2\pi\mathrm{i}(hx_2+ky_2+lz_2)}+f_r\mathrm{e}^{2\pi\mathrm{i}(hx_3+ky_3+lz_3)}+\cdots$$

在原子数目很大时可写为一般形式 $F_{hkl}=\sum_{j=1}^{n}f_j\mathrm{e}^{2\pi\mathrm{i}(hx_j+ky_j+lz_j)}$。

这就是结构因子的复数形式。从复数的性质可知

$$|F_{hkl}|^2 = \left[\sum_{j=1}^{n} f_j \cos 2\pi(hx_j + ky_j + lz_j)\right]^2 + \left[\sum_{j=1}^{n} f_j \sin 2\pi(hx_j + ky_j + lz_j)\right]^2$$

4.4.3　结构因子的计算

在计算以前，我们先复习一下复数的性质：

$$e^{\pi i} = e^{3\pi i} = e^{5\pi i} = e^{(2n+1)\pi i} = -1$$

$$e^{2\pi i} = e^{4\pi i} = e^{6\pi i} = e^{2n\pi i} = 1$$

$$e^{n\pi i} = e^{-n\pi i}$$

$$e^{ix} + e^{-ix} = 2\cos x$$

式中，n 为整数。这些都可以用欧拉关系式来说明。

下面以 P，I，C，F 四种空间格子为例来说明结构因子的计算方法。

1. 简单 *P* 格子

仅在原点有一个原子(0,0,0)，有

$$F = f e^{2\pi i(0)} = f$$

$|F|^2 = f^2$ 即强度 I 与 hkl 无关，对于所有可能的衍射方向其强度都是一样的。

2. 底心 *C* 格子

在(0,0,0)，$\left(\frac{1}{2},\frac{1}{2},0\right)$有两个原子，这样

$$F = f e^{2\pi i(0)} + f e^{2\pi i\left(\frac{h}{2}+\frac{k}{2}\right)} = f[1 + e^{\pi i(h+k)}]$$

当 $h+k$ 是奇数时，$e^{\pi i(h+k)} = -1$，$F=0$；

当 $h+k$ 是偶数时，$e^{\pi i(h+k)} = 1$，$F=2f$，$|F|^2=4f^2$。

3. 体心 *I* 格子

在(0,0,0)，$\left(\frac{1}{2},\frac{1}{2},\frac{1}{2}\right)$有两个原子，这样

$$F = f e^{2\pi i(0)} + f e^{2\pi i\left(\frac{h}{2}+\frac{k}{2}+\frac{l}{2}\right)} = f[1 + e^{\pi i(h+k+l)}]$$

当 $h+k+l$ 是奇数时，$F=0$；

当 $h+k+l$ 是偶数时，$F=2f$，$|F|^2=4f^2$。

4. 面心 *F* 格子

原子坐标为(0,0,0)，$\left(\frac{1}{2},\frac{1}{2},0\right)$，$\left(\frac{1}{2},0,\frac{1}{2}\right)$，$\left(0,\frac{1}{2},\frac{1}{2}\right)$，这样

$$\begin{aligned} F &= f e^{2\pi i(0)} + f e^{2\pi i\left(\frac{h}{2}+\frac{k}{2}\right)} + f e^{2\pi i\left(\frac{h}{2}+\frac{l}{2}\right)} + f e^{2\pi i\left(\frac{k}{2}+\frac{l}{2}\right)} \\ &= f[1 + e^{\pi i(h+k)} + e^{\pi i(h+l)} + e^{\pi i(k+l)}] \end{aligned}$$

因此，如果 h，k，l 全是偶数或奇数，则 $F=4f$，$|F|^2=16f^2$。

若 h，k，l 是奇偶混杂的，则 $F=0$，$|F|^2=0$，衍射消失。

以 4_1 螺旋轴为例说明螺旋轴反射条件，设螺旋轴通过原点，平行于 c 轴，坐标为(x,y,z)的原子，经过螺旋轴的变换，得到等效位置的原子，坐标为$(-x,y,z+1/4)$，$(-x,-y,z+1/2)$，$(x,-y,z+3/4)$。考虑$(00l)$，它们的结构因子：

$$F = f e^{i2\pi lz} + f e^{i2\pi(lz+l/4)} + f e^{i2\pi(lz+l/2)} + f e^{i2\pi(lz+3l/4)}$$

$$=f\mathrm{e}^{\mathrm{i}2\pi lz}(1+\mathrm{e}^{\mathrm{i}\pi l/2}+\mathrm{e}^{\mathrm{i}\pi l}+\mathrm{e}^{\mathrm{i}3\pi l/2})$$

当 $l=4n, F\neq 0$，反之 $F=0$。

即对于平行于 c 轴 4_1 螺旋轴，$(00l)$ 产生衍射的条件为 $l=4n$，$l\neq 4n$ 衍射消光。

以垂直于 $\boldsymbol{a}$ 的 n 滑移面为例说明滑移面反射条件。假设滑移面通过原点，对于坐标为 (x,y,z) 的原子，经过滑移面作用，在 $(-x, y+1/2, z+1/2)$ 有一相应的原子。考虑它们的结构因子：

$$F=f(\mathrm{e}^{\mathrm{i}2\pi(hx+ky+lz)}+\mathrm{e}^{\mathrm{i}2\pi(-hx+ky+k/2+lz+l/2)})$$

当 $h=0$ 时，

$$F=f(\mathrm{e}^{\mathrm{i}2\pi(ky+lz)}+\mathrm{e}^{\mathrm{i}2\pi(ky+k/2+lz+l/2)})$$
$$=f\mathrm{e}^{\mathrm{i}2\pi(ky+lz)}(1+\mathrm{e}^{\mathrm{i}\pi(k+l)})$$

当 $k+l=2n, F\neq 0$。即对于 $n\perp a$，$(0kl)$ 衍射产生的条件为 $k+l=2n$，$k+l\neq 2n$ 衍射消光。

从表 4-1 可知，在格子带心，以及有无螺旋轴、滑移面一些衍射有规律地消失了。由衍射强度公式可推导出一系列“消光规则”，这可用来判断晶体格子类型和所属空间群。

NaCl 和立方 ZnS 晶体属面心立方格子，分别代表两类典型的面心立方结构。

表 4-1　系统消光条件

空间格子类型	反射存在条件	反射消失条件
简单 P	全部都存在	无
底心 C	$h+k$ 为偶数	$h+k$ 为奇数
体心 I	$h+k+l$ 为偶数	$h+k+l$ 为奇数
面心 F	h,k,l 全偶或全奇	h,k,l 奇偶混杂

螺旋轴的反射存在条件

螺旋轴位置	$//a$	$//b$	$//c$
反射类型	$h00$	$0k0$	$00l$
2_1 4_2 6_3	$h=2n$	$k=2n$	$l=2n$
3_1 3_2 6_2 6_4			$l=3n$
4_1 4_3	$h=4n$	$k=4n$	$l=4n$
6_1 6_5			$l=6n$
2 3 4 6	全都反射	全都反射	全都反射

滑移面的反射存在条件

滑移面位置	$\perp a$	$\perp b$	$\perp c$	$\{110\}$	$\{1\bar{1}0\}$
反射类型	$0kl$	$h0l$	$hk0$	$h\bar{h}l$	hhl
a 滑移面	—	$h=2n$	$h=2n$	—	—
b 滑移面	$k=2n$	—	$k=2n$	—	—
c 滑移面	$l=2n$	$l=2n$	—	$l=2n$	$l=2n$
n 滑移面	$k+l=2n$	$h+l=2n$	$h+k=2n$	—	—
d 滑移面	$k+l=4n$ $k=2n$	$h+l=4n$ $h=2n$	$h+k=4n$ $h=2n$	—	$2h+l=4n$

NaCl 晶格可以看成结构基元 Na(0,0,0),Cl$\left(\frac{1}{2},0,0\right)$按面心方式平移$\left(0\ 0\ 0,\frac{1}{2}\ \frac{1}{2}\ 0,\frac{1}{2}\ 0\ \frac{1}{2},0\ \frac{1}{2}\ \frac{1}{2}\right)$而得。这样

$$F_{Na^+}=f_{Na^+}[1+e^{\pi i(h+k)}+e^{\pi i(h+l)}+e^{\pi i(k+l)}]$$

$$F_{Cl^-}=f_{Cl^-}e^{\pi ih}[1+e^{\pi i(h+k)}+e^{\pi i(h+l)}+e^{\pi i(k+l)}]$$

$$F=F_{Na^+}+F_{Cl^-}=(f_{Na^+}+f_{Cl^-}e^{\pi ih})[1+e^{\pi i(h+k)}+e^{\pi i(h+l)}+e^{\pi i(k+l)}]$$

当 hkl 奇偶混杂时,$F=0$;

当 hkl 全奇或全偶时,$F=4(f_{Na^+}+f_{Cl^-}e^{\pi ih})$。

显然,当 hkl 全偶时,$F=4(f_{Na^+}+f_{Cl^-})$,此时衍射线较强;

当 hkl 全奇时,$F=4(f_{Na^+}-f_{Cl^-})$,衍射线较弱。

立方 ZnS 晶体(闪锌矿)也是面心立方格子,可以看成是结构基元 Zn(0, 0, 0);S$\left(\frac{1}{4},\frac{1}{4},\frac{1}{4}\right)$,按面心方式平移而得(图 4-12)。

结构因子:

$$\begin{aligned}F&=F_{Zn^{2+}}+F_{S^{2-}}\\&=f_{Zn^{2+}}[1+e^{\pi i(h+k)}+e^{\pi i(h+l)}+e^{\pi i(k+l)}]\\&\quad+f_{S^{2-}}e^{\pi i\frac{h+k+l}{2}}[1+e^{\pi i(h+k)}+e^{\pi i(h+l)}+e^{\pi i(k+l)}]\\&=[f_{Zn^{2+}}+f_{S^{2-}}e^{\pi i\frac{h+k+l}{2}}][1+e^{\pi i(h+k)}+e^{\pi i(h+l)}+e^{\pi i(k+l)}]\end{aligned}$$

当 hkl 奇偶混杂时,$F=0$,即衍射线消光;

当 hkl 全奇或全偶时,$F=4(f_{Zn^{2+}}+f_{S^{2-}}e^{\pi i\frac{h+k+l}{2}})$。

这里分为三种情况:

当 hkl 全奇时,$F=4(f_{Zn^{2+}}+\mathrm{i}f_{S^{2-}})$,因 $|F|^2=FF^*$,$|F|=4\sqrt{f_{Zn^{2+}}^2+f_{S^{2-}}^2}$,所以衍射线较强;

当 hkl 全偶,且 $h+k+l=4n$ 时,$F=4(f_{Zn^{2+}}+f_{S^{2-}})$,衍射线较强;

当 hkl 全偶,且 $h+k+l=4n+2$ 时,$F=4(f_{Zn^{2+}}-f_{S^{2-}})$,衍射线较弱。

上述两种晶体衍射结果如表 4-2 所示。

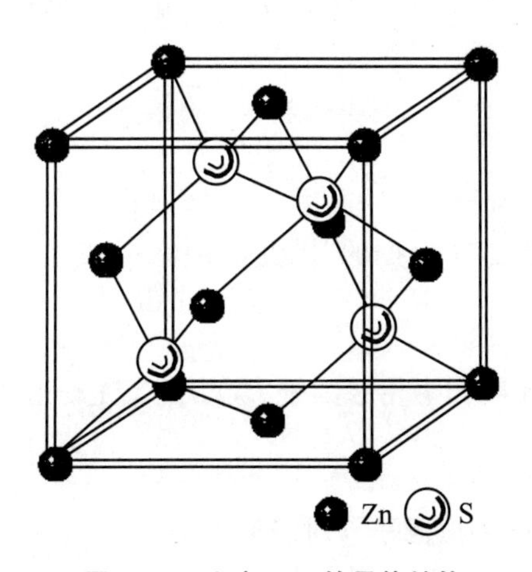

图 4-12　立方 ZnS 的晶体结构

表 4-2　NaCl 和立方 ZnS 晶体的衍射情况

序号	hkl	NaCl	ZnS
1	111	弱	强
2	200	强	弱
3	220	强	强
4	311	弱	强
5	222	强	弱
6	400	强	强
7	331	弱	强
8	420	强	弱
9	422	强	强
10	333,511	弱	强

4.4.4 倍数因子

在立方晶系粉末照相中，有些小晶体取向使得(100)晶面为反射面，而有些小晶体取向使得(001)，(010)晶面为反射面。这些晶面的面间距都是一样的，布拉格角是一样的，强度将集中于同一条衍射线上。在(111) 晶面衍射时还有$(\bar{1}1\,1)$，$(1\,\bar{1}\,1)$，$(11\,\bar{1})$。因此{100}晶面的反射机会为{111}晶面反射机会的 3/4。这个因素称为**倍数因子**，用 P 表示。

晶面(100)和$(\bar{1}00)$属同一点阵平面组，但 X 光在相对两个晶面的布拉格角都能衍射，因此对(100)而言，倍数因子为 6；对(111) 而言，倍数因子为 8，即倍数因子等于单形中晶面的重复数。

必须注意：同样晶面符号在不同的晶系中倍数因子往往是不同的。例如在四方晶系中，(100)，(001) 晶面的间距不一样，在粉末相上为两条线，(100)衍射倍数因子为 4，(001) 衍射倍数因子为 2，这与立方晶系不同。

表 4-3　倍数因子

指数 / P / 晶系	$h00$	$0k0$	$00l$	hhh	$hh0$	$hk0$	$0kl$	$h0l$	hhl	hkl
立方	6			8	12	24*			24	48*
六方，三方	6		2		6	12*	12*		12*	24*
四方	4		2		4	8*	8*		8	16*
正交	2	2	2			4	4	4		8
单斜	2	2	2			4	4	2		4
三斜	2	2	2			2	2	2		2

注：“*”表示在这些晶系的某些晶类中，同一衍射角处有两组反射，具有不同的结构因子。

在无对称性的晶体中单形为一面体，但因点阵平面贯穿整个晶体，晶体的相对二点阵平面将会有同样的布拉格角，这样其倍数因子为 2。

4.4.5 偏振因子和洛伦兹因子

在计算 X 光散射强度时，用普通 X 光管发出的光是非偏振的，因此必须修正乘上一个 $\frac{1+\cos^2 2\theta}{2}$因子，这叫作**偏振因子。**

对于 X 光照相过程中种种几何因素进行考虑修正叫作**洛伦兹因子** L，对于 X 光粉末法

$$L=\frac{1}{4\sin^2\theta\cos\theta}$$

一般，在计算强度时把上述两项一起考虑，称为**洛伦兹-偏振因子**。对于粉末法

$$\text{洛伦兹-偏振因子}=\frac{1}{8}\frac{1+\cos^2 2\theta}{\sin^2\theta\cos\theta}\sim\frac{1+\cos^2 2\theta}{\sin^2\theta\cos\theta}$$

在计算相对强度时，1/8 可以略去。洛伦兹-偏振因子和 θ 角关系如图 4-13 所示。

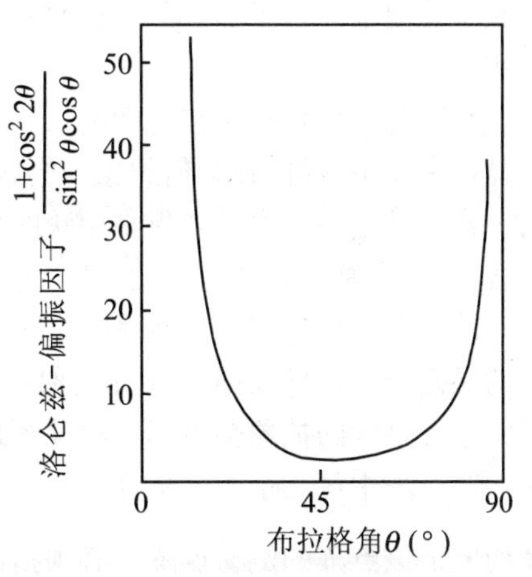

图 4-13　洛伦兹偏振因子与 θ 角的关系

4.4.6　衍射强度公式

综上所述，对于 X 光粉末法

$$I=I_0|F|^2P\frac{1+\cos^2 2\theta}{\sin^2\theta\cos\theta}$$

对于转动单晶照相

$$I=I_0|F|^2P\frac{1+\cos^2 2\theta}{\sin\theta\cos\theta}$$

其中，I_0 是入射 X 光的强度。对于这个公式要注意的是，同一晶体在绕不同的晶轴转动时，有时倍数因子 P 是不同的。

4.5　倒易点阵

4.5.1　布拉格方程的另一种表示方法

在公式 $2d_{h^*k^*l^*}\sin\theta=n\lambda$ 中，n 表示间距为 $d_{h^*k^*l^*}$ 的晶面$(h^*k^*l^*)$进行着 n 级反射。此式可化为

$$2\frac{d_{h^*k^*l^*}\sin\theta}{n}=\lambda$$

如果用 d_{hkl} 代替$\frac{d_{h^*k^*l^*}}{n}$则得公式

$$2d_{hkl}\sin\theta=\lambda$$

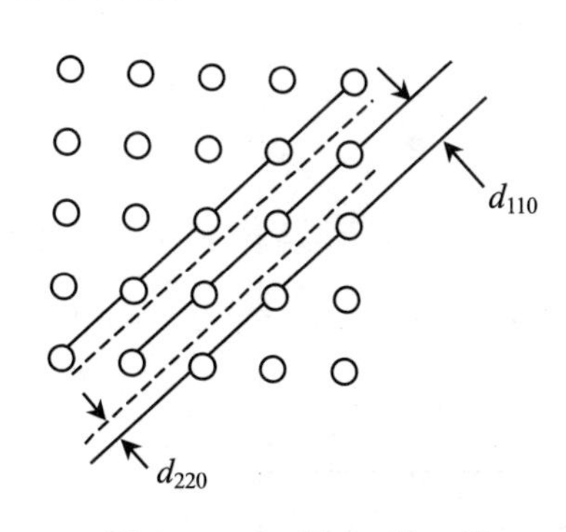

图 4-14　d_{220} 是 d_{110} 的一半

式中，d_{hkl} 是假想的(hkl)晶面的面间距，如图 4-14 所示，我们看到 d_{220} 这个假想晶面的面间距是 d_{110} 的一半。换句话说，d 的下标用衍射指数代替后，面间距缩小 n 倍，而 $h=nh^*$，$k=nk^*$，$l=nl^*$。

在一般文献中都省掉下标 hkl，公式写成 $2d\sin\theta=\lambda$。这里把$(h^*k^*l^*)$的 n 级衍射看成假想晶面(hkl)的一级衍射。

4.5.2　点阵与倒易点阵

在学习 X 光结构分析理论时，对各种 X 光照相法的理解经常会碰到困难，这多半由于在同一问题中有许多组晶面"反射"X 光，几何关系不易看清楚的缘故。如果能使各种 X 光

照相法几何上一目了然，那么既会加深理解，又会减轻计算。倒易点阵理论就起到了这样的作用。

晶面的一个特征是在空间的取向。晶面法线的方向就能代表晶面的取向。由于法线比起晶面来少了一维，在几何想象中会容易一些，特别当许多晶面并存时尤其是这样。晶面的另一特征是面间距离。如果在用法线代表晶面时把这一点也考虑进去，那么，这法线便能毫不含糊地、完整地反映晶面的本质。倒易点阵就是基于这样的指导思想。

前面已经讲过，(hkl)晶面的法线与入射X光和"反射"光交成等角，三者都在与(hkl)正交的晶面内。这样在描述X光衍射时晶面法线能完全代表晶面。实际上我们将看到，倒易点阵这个科学的抽象会更明了更深刻地描述晶体衍射的几何关系。

对点阵中每一个点阵平面作一法线，法线的长度为面间距的倒数，这些法线端点的集合就构成了该点阵的倒易点阵。必须指出，这里的面间距离是广义的面间距离 $d_{hkl}=\dfrac{d_{h^*k^*l^*}}{n}$。

以点阵平面$(hk0)$为例来说明点阵和倒易点阵之间的关系。图4-15(a)中是(320)这组点阵平面，它们的d值是一样的

$$d_{320}=\frac{a}{\sqrt{3^2+2^2}}=\frac{a}{\sqrt{13}}$$

根据定义，倒易点阵向量的大小 $\sigma=c\,\dfrac{1}{d_{hkl}}$；

在X光应用中，取$c=1$，则 $\sigma=\dfrac{1}{d_{hkl}}$；

对(320)点阵平面 $\sigma=\dfrac{\sqrt{h^2+k^2+l^2}}{a}=\dfrac{\sqrt{13}}{a}$。

在$(hk0)$系列点阵平面中，当取所有的h,k值时，便得图4-15(b)的集合，即$(hk0)$点阵平面集相应于倒易点阵中的一层点阵平面，这样如果我们再取$(hk1)$，$(hk2)$，…，(hkl)，构成无数层倒易点阵平面，即能得到整个三维倒易点阵。

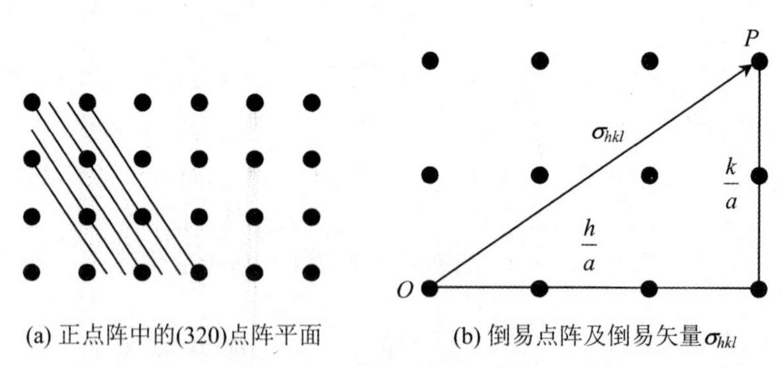

(a) 正点阵中的(320)点阵平面　　(b) 倒易点阵及倒易矢量$\boldsymbol{\sigma}_{hkl}$

图4-15　点阵平面及倒易点阵

我们详细地看一下$(hk0)$点阵平面系形成的倒易点阵的点阵性。

当$k=0$时，向量$\boldsymbol{\sigma}$沿水平方向$\sigma_{100}=\dfrac{1}{a}h$。在$h$分别取$0,1,2,\cdots,h$时，$\sigma_{100}=0,\dfrac{1}{a},\dfrac{2}{a},\cdots,\dfrac{h}{a}$，这相当于一点阵直线。

当 $h=0$ 时，向量 $\boldsymbol{\sigma}$ 沿垂直方向 $\sigma_{010}=\dfrac{1}{a}k$。在 k 分别取 $0,1,2,\cdots,k$ 时，$\sigma_{0k0}=0,\dfrac{1}{a},\dfrac{2}{a},\dfrac{3}{a},\cdots,\dfrac{k}{a}$，也相应于一点阵直线。

当 h 和 k 都不为零时（图 4-15(b)）

$$d_{hk0}=\frac{a}{\sqrt{h^2+k^2}}$$

$$\sigma_{hk0}=\frac{1}{a}\sqrt{h^2+k^2}=\sqrt{\left(\frac{h}{a}\right)^2+\left(\frac{k}{a}\right)^2}$$

这样的倒易点阵点可以沿水平方向数 h 个点，沿垂直方向数 k 个点。这些点显然构成了一个点阵平面。

因此，正点阵中一点阵平面相应于倒易点阵中一点阵点，而正点阵中 $(hk0)$ 点阵平面系列相应于倒易点阵中一点阵平面。

同样道理，简单立方点阵中 $(hk1)$ 点阵平面系列相应于一个倒易点阵平面

$$\sigma_{hk1}=\sqrt{\left(\frac{h}{a}\right)^2+\left(\frac{k}{a}\right)^2+\left(\frac{1}{a}\right)^2}$$

这与倒易点阵平面 $\sigma_{hk0}=\sqrt{\left(\frac{h}{a}\right)^2+\left(\frac{k}{a}\right)^2}$ 相比，等于 σ_{hk0} 中每一点阵点沿与纸面垂直方向移动了 $\dfrac{1}{a}$ 距离，依次类推，σ_{hkn} 所决定的倒易点阵平面等于是 σ_{hk0} 点阵平面沿垂直纸平面方向移动了 $\dfrac{n}{a}$。

类似地，可从正交点阵得到整个正交倒易点阵（图 4-16）。

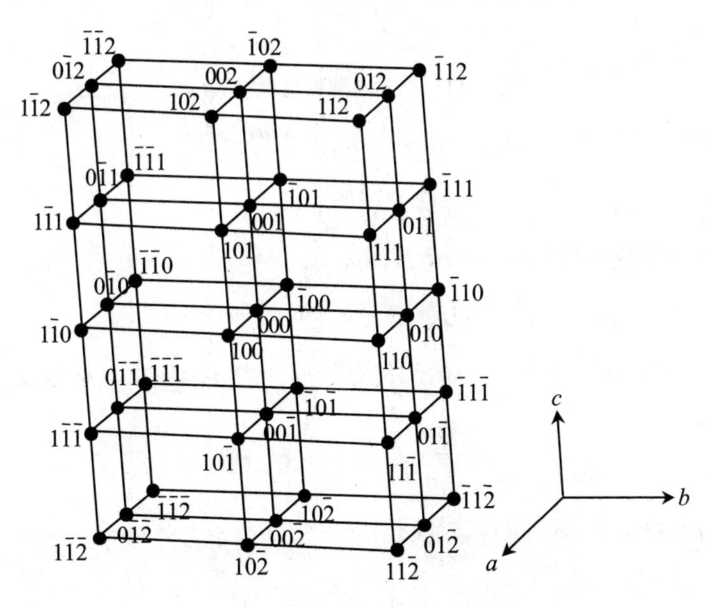

图 4-16　正交晶体的倒易点阵

4.5.3 倒易点阵的向量推导

在面间距公式推导过程中，由 $\boldsymbol{a}/h$，$\boldsymbol{b}/k$，$\boldsymbol{c}/l$ 三个向量构成的平行六面体体积（图 4-17）为

$$V=\frac{\boldsymbol{a}}{h}\cdot\left(\frac{\boldsymbol{b}}{k}\times\frac{\boldsymbol{c}}{l}\right)=\boldsymbol{S}\cdot\boldsymbol{d}$$

$$\boldsymbol{S}=\frac{\boldsymbol{c}\times\boldsymbol{a}}{hl}+\frac{\boldsymbol{a}\times\boldsymbol{b}}{hk}+\frac{\boldsymbol{b}\times\boldsymbol{c}}{kl}$$

$\boldsymbol{S}$ 的数值是 AB，AC 决定的平面四边形的面积。但

$$V=\frac{1}{hkl}\boldsymbol{a}\cdot(\boldsymbol{b}\times\boldsymbol{c})=\frac{V_P}{hkl}$$

式中，V_p 为素单位格子的体积。

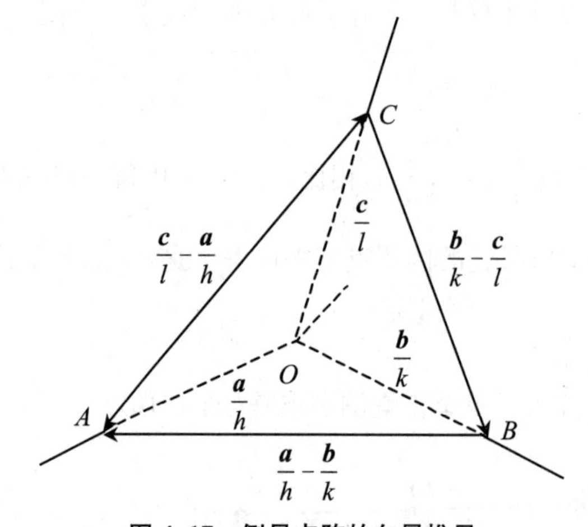

图 4-17 倒易点阵的向量推导

因为 $\boldsymbol{S}$ 和 $\boldsymbol{d}$ 方向是一致的，即 $\boldsymbol{S}\cdot\boldsymbol{d}=S\cdot d$，不难得出

$$\frac{1}{d_{hkl}}\boldsymbol{n}=\frac{hkl}{V_P}\boldsymbol{S}=\boldsymbol{\sigma}_{hkl}$$

式中，$\boldsymbol{n}$ 为 (hkl) 平面法线方向的单位向量。因此

$$\boldsymbol{\sigma}_{hkl}=\frac{1}{V_P}\left[h(\boldsymbol{b}\times\boldsymbol{c})+k(\boldsymbol{c}\times\boldsymbol{a})+l(\boldsymbol{a}\times\boldsymbol{b})\right]$$

这个方程表示了相应于点阵平面 (hkl) 的倒易点阵点。当 hkl 随意取整数变化时，就得到整个倒易点阵。

$$K\boldsymbol{\sigma}_{hkl}=K\left[\frac{h(\boldsymbol{b}\times\boldsymbol{c})+k(\boldsymbol{c}\times\boldsymbol{a})+l(\boldsymbol{a}\times\boldsymbol{b})}{V_P}\right]$$

这里，V（省去下标），$(\boldsymbol{b}\times\boldsymbol{c})$，$(\boldsymbol{c}\times\boldsymbol{a})$，$(\boldsymbol{a}\times\boldsymbol{b})$ 对每一点阵都是常数，设

$$\frac{\boldsymbol{b}\times\boldsymbol{c}}{V}=\boldsymbol{a}^*,\quad \frac{\boldsymbol{c}\times\boldsymbol{a}}{V}=\boldsymbol{b}^*,\quad \frac{\boldsymbol{a}\times\boldsymbol{b}}{V}=\boldsymbol{c}^*$$

这样倒易点阵可表示为

$$\boldsymbol{\sigma}_{hkl}=h\boldsymbol{a}^*+k\boldsymbol{b}^*+l\boldsymbol{c}^*\quad 或\quad K\boldsymbol{\sigma}_{hkl}=K(h\boldsymbol{a}^*+k\boldsymbol{b}^*+l\boldsymbol{c}^*)$$

4.5.4　倒易点阵和点阵的关系

（1）单位倒易点阵的长度可表示为

$$|\boldsymbol{a}^*|=\frac{|\boldsymbol{b}\times\boldsymbol{c}|}{V}=\frac{bc\sin\alpha}{V}=\frac{1}{d_{100}}$$

同理

$$|\boldsymbol{b}^*|=\frac{ac\sin\beta}{V}=\frac{1}{d_{010}},\quad |\boldsymbol{c}^*|=\frac{ab\sin\gamma}{V}=\frac{1}{d_{001}}$$

（2）倒易点阵和点阵互为倒易关系

$$\boldsymbol{a}\cdot\boldsymbol{a}^*=\boldsymbol{a}\cdot(\boldsymbol{b}\times\boldsymbol{c})/V=1$$
$$\boldsymbol{b}\cdot\boldsymbol{b}^*=\boldsymbol{b}\cdot(\boldsymbol{c}\times\boldsymbol{a})/V=1$$
$$\boldsymbol{c}\cdot\boldsymbol{c}^*=\boldsymbol{c}\cdot(\boldsymbol{a}\times\boldsymbol{b})/V=1$$

显然 $\boldsymbol{b}\cdot\boldsymbol{a}^*=\boldsymbol{c}\cdot\boldsymbol{a}^*=\boldsymbol{a}\cdot\boldsymbol{b}^*=\boldsymbol{c}\cdot\boldsymbol{b}^*=\boldsymbol{a}\cdot\boldsymbol{c}^*=\boldsymbol{b}\cdot\boldsymbol{c}^*=0$。

（3）倒易点阵的倒易点阵是点阵

$$(\boldsymbol{a}^*)^*=\boldsymbol{b}^*\times\boldsymbol{c}^*/\boldsymbol{V}^*=\boldsymbol{b}^*\times\boldsymbol{c}^*/\boldsymbol{a}^*\cdot(\boldsymbol{b}^*\times\boldsymbol{c}^*)$$

从前面可知：$\boldsymbol{a}\perp\boldsymbol{c}^*$，$\boldsymbol{a}\perp\boldsymbol{b}^*$。这样 $\boldsymbol{a}$ 可以表示为

$$\boldsymbol{a}=\alpha\cdot\boldsymbol{b}^*\times\boldsymbol{c}^*$$

式中，α 为比例系数。在上式两边点乘 $\boldsymbol{a}^*$

$$\boldsymbol{a}\cdot\boldsymbol{a}^*=1=\alpha\,\boldsymbol{a}^*\cdot(\boldsymbol{b}^*\times\boldsymbol{c}^*)=\alpha\boldsymbol{V}^*$$

即 $\alpha\boldsymbol{V}^*=1$ 或 $\alpha=1/\boldsymbol{V}^*$。

代入 $\boldsymbol{a}$ 的表达式得

$$\boldsymbol{a}=\boldsymbol{b}^*\times\boldsymbol{c}^*/\boldsymbol{V}^*$$

同理

$$\boldsymbol{b}=\boldsymbol{c}^*\times\boldsymbol{a}^*/\boldsymbol{V}^*,\quad \boldsymbol{c}=\boldsymbol{a}^*\times\boldsymbol{b}^*/\boldsymbol{V}^*$$

换言之，

$$(\boldsymbol{a}^*)^*=\boldsymbol{a},\quad (\boldsymbol{b}^*)^*=\boldsymbol{b},\quad (\boldsymbol{c}^*)^*=\boldsymbol{c}$$

4.6　倒易点阵和X光衍射

4.6.1　爱瓦尔德反射球

布拉格方程如改写成

$$\sin\theta=\frac{\frac{1}{d_{hkl}}}{\frac{2}{\lambda}}$$

即

$$\sin\theta=\frac{\sigma_{hkl}}{\frac{2}{\lambda}}$$

以$\frac{1}{\lambda}$为半径作圆，直径方向为X光入射方向，晶体在O点，晶面(hkl)与OP垂直，当$OP=\sigma_{hkl}$时

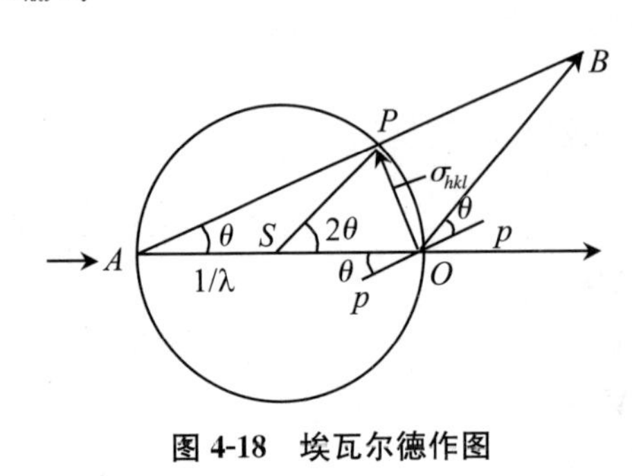

图 4-18　埃瓦尔德作图

$$\sin\angle OAP=\frac{\sigma_{hkl}}{\frac{2}{\lambda}}=\frac{\frac{1}{d_{hkl}}}{\frac{2}{\lambda}}=\sin\theta$$

即$\angle OAP=\theta$，从图4-18知，入射X光OA和衍射X光OB都和晶面成布拉格角θ。

图4-18是一个平面图，实际情况是立体的，它不是平面上的圆，而是一个以$\frac{1}{\lambda}$为半径的球，这一般称为**埃瓦尔德反射球**。综上所述，在倒易点阵空间中，衍射条件可表述如下：

仅当晶体取向使得倒易点阵点P正好落在半径为$\frac{1}{\lambda}$的反射球上时，衍射才能发生。

从图4-18可以清楚地看出，仅仅$\sigma_{hkl}\leqslant\frac{2}{\lambda}$的倒易点阵才有可能参加衍射。这些倒易点阵都落在以$\frac{2}{\lambda}$为半径的球中，这个球叫作**极限球**(图4-19)。

如图4-20所示，显然衍射条件也可简洁地表示为

$$\boldsymbol{\sigma}_{hkl}=\frac{\boldsymbol{s}}{\lambda}-\frac{\boldsymbol{s}_0}{\lambda}$$

式中，$\boldsymbol{s}$和$\boldsymbol{s}_0$是X光入射方向和衍射方向上的单位向量，这就是劳埃方程的向量式。

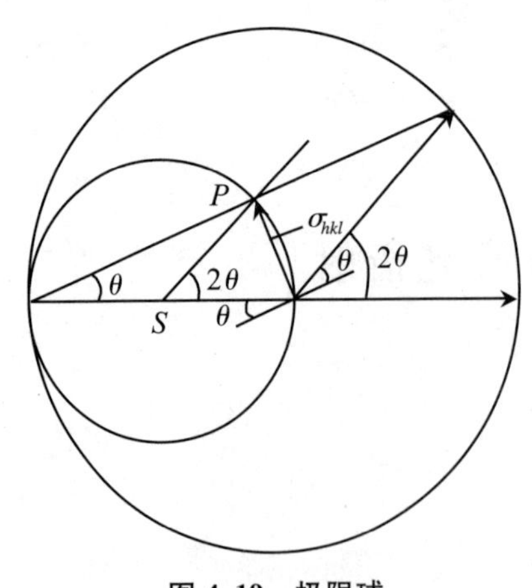

图 4-19　极限球

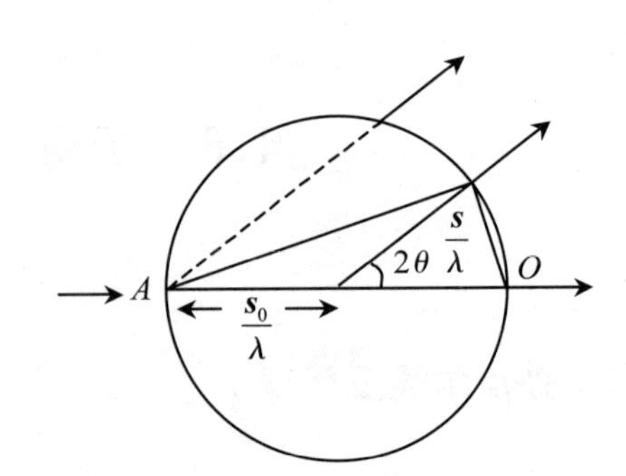

图 4-20　用倒易点阵推导劳埃方程

在方程两边分别乘以$\boldsymbol{a},\boldsymbol{b},\boldsymbol{c}$得到方程组

$$\begin{cases}\boldsymbol{a}\cdot(\boldsymbol{s}-\boldsymbol{s}_0)=h\lambda\\ \boldsymbol{b}\cdot(\boldsymbol{s}-\boldsymbol{s}_0)=k\lambda\\ \boldsymbol{c}\cdot(\boldsymbol{s}-\boldsymbol{s}_0)=l\lambda\end{cases}$$

这就是劳埃方程的一般形式。

4.6.2　倒易点阵中的结构因子

如图4-21所示，$\boldsymbol{r}_j$ 为格子内某原子的位置，其分数坐标为(x_j, y_j, z_j)，则它和原点的光程差$\Delta=\boldsymbol{or}_j \cdot (\boldsymbol{s}-\boldsymbol{s}_0)$，如果用$\boldsymbol{H}$代替$\boldsymbol{s}-\boldsymbol{s}_0$，则$\Delta=\boldsymbol{or}_j \cdot \boldsymbol{H}$，$\boldsymbol{H}$也垂直于衍射平面，它和倒易向量有关。因$H=2\sin\theta=\dfrac{\lambda}{d_{hkl}}$，而$\boldsymbol{H}$方向又和倒易点阵一致，即$\boldsymbol{H}_{hkl}=\lambda\boldsymbol{\sigma}_{hkl}$。

$$\Delta = \boldsymbol{or}_j \cdot \lambda\boldsymbol{\sigma}_{hkl},\ \boldsymbol{or}_j = x_j\boldsymbol{a} + y_j\boldsymbol{b} + z_j\boldsymbol{c}$$

$$\frac{\Delta}{\lambda} = (x_j\boldsymbol{a} + y_j\boldsymbol{b} + z_j\boldsymbol{c}) \cdot (h\boldsymbol{a}^* + k\boldsymbol{b}^* + l\boldsymbol{c}^*)$$

$$= hx_j + ky_j + lz_j$$

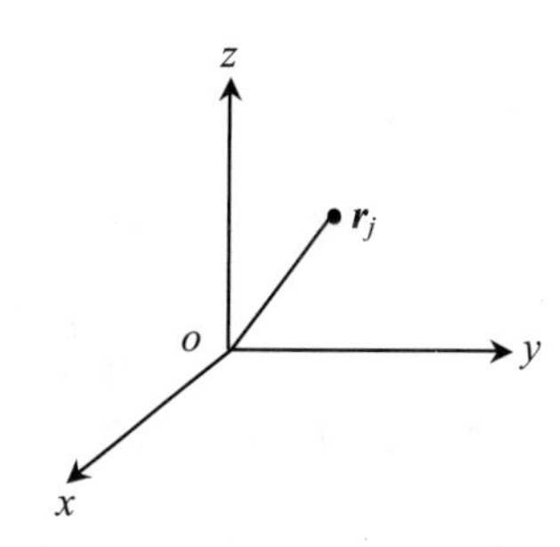

图4-21　$\boldsymbol{r}_j$ 原子在格子内的位置

换成位相差，则

$$\frac{\Delta}{\lambda}=\frac{\phi_j}{2\pi}=hx_j+ky_j+lz_j$$

因此

$$\phi_j=2\pi(hx_j+ky_j+lz_j)=2\pi\boldsymbol{or}_j \cdot \boldsymbol{\sigma}_{hkl}$$

一般用$\boldsymbol{r}_j$代替$\boldsymbol{or}_j$，这样结构因子可表示为

$$F_{hkl}=\sum_{j=1}^{n} f_j \mathrm{e}^{2\pi\mathrm{i}(hx_j+ky_j+lz_j)}=\sum_{j=1}^{n} f_j \mathrm{e}^{2\pi\mathrm{i}\boldsymbol{r}_j \cdot \boldsymbol{\sigma}_{hkl}}$$

这就是结构因子在倒易点阵中的表达式。

第 5 章　X 光粉末衍射法

5.1　立方晶系粉末相

5.1.1　粉末衍射原理

多晶样品中的小晶粒是随机取向的，当某个晶面满足布拉格方程时，衍射就会发生。由于小晶粒的取向是随机的，且数目很大，所以会有许许多多小晶粒满足布拉格方程，这些衍射点就连成一个圆锥。图 5-1(a)显示粉末法照相时衍射圆锥的形成，圆锥的张角为 4θ。对于面间距离为 $d_1, d_2, d_3, \cdots$的各个点阵平面族，就得到一系列张角不同的圆锥。在进行粉末照相时，如图 5-1(b)所示，相机为圆柱形，样品位于相机中心，则每一衍射圆锥为圆柱形底片所截，得到一对弧线，将底片展开，则得到长条状粉末照相底片(5-1(c))。

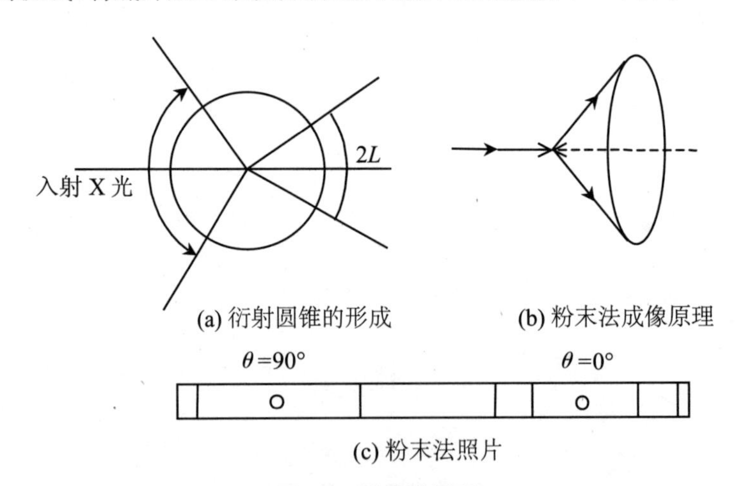

图 5-1　粉末法原理

设底片上每对弧线间距为 $2L$，相机半径为 R，则

$$4\theta \cdot R \cdot \frac{\pi}{180} = 2L$$

即

$$\theta = \frac{2L}{4R}\,\frac{180}{\pi}(^\circ)$$

对于背射的线条，由于其圆锥张角为 $360^\circ - 4\theta$，所以求出的值要用 90°去减才能得到实

际的 θ 值。X光粉末衍射图也可以用衍射仪配上记录仪获得,如图5-2所示。

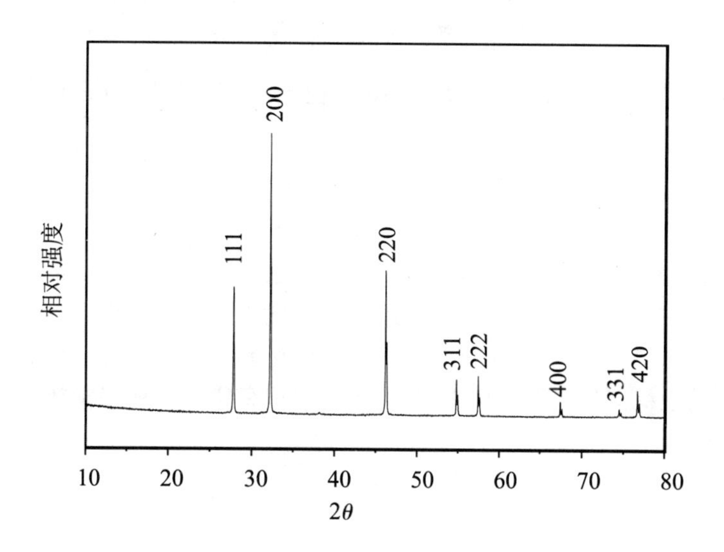

图5-2　KBr的X光粉末衍射图

X光结构分析的一般步骤为:

(1) 由衍射线的方向求出晶胞的形状和大小;

(2) 由化学分析数据确定化学式,测定晶体密度,测定晶胞中的容纳式量数;

(3) 由晶体的宏观对称性和衍射线的系统消光确定晶体所属的空间群;

(4) 根据空间群、衍射强度数据,结合晶胞中的原子种类和数目,确定原子的位置。

5.1.2　立方晶系粉末相的指标化

指标化就是给每一条粉末线标上它的衍射指数。粉末相指标化后就可求得晶胞的大小。

对于立方晶系

$$d_{h^*k^*l^*}=\frac{a}{\sqrt{h^{*2}+k^{*2}+l^{*2}}}$$

代入布拉格方程得

$$\frac{2a\sin\theta}{\sqrt{h^{*2}+k^{*2}+l^{*2}}}=n\lambda$$

移项和平方得

$$\sin^2\theta=\left(\frac{\lambda}{2a}\right)^2(n^2h^{*2}+n^2k^{*2}+n^2l^{*2})$$

因晶面指数($h^*\ k^*\ l^*$)与衍射指数有这样的关系:

$$h=nh^*,\quad k=nk^*,\quad l=nl^*$$

故

$$\sin^2\theta=\left(\frac{\lambda}{2a}\right)^2(h^2+k^2+l^2)$$

从上一章可知，在 P,I,F 三种点阵形式中，体心立方格子只有 $h+k+l$ 为偶数的粉末线出现；在面心立方格子中只有 hkl 全奇或全偶的粉末线出现。立方晶系不同格子类型粉末线出现情况如图 5-3 所示。立方晶系粉末相的指标化方法如下：

按 θ 从 0 至 $\frac{\pi}{2}$ 的次序将各对粉末线的 $\sin^2\theta$ 值列出，此时从 $\sin^2\theta$ 的比值可以确定晶体的格子类型。

$P=1:2:3:4:5:6:8:9:10:11:12:13:14:16:17\cdots$

$I=1:2:3:4:5:6:7:8:9:10:11:12:13:14:15\cdots$

$F=3:4:8:11:12:16:19:20:24:27:32\cdots$

在面心立方格子情况下，粉末线按双线、单线形式规则分布，很易识别。区别 P 和 I 可抓住简单格子时 $\sin^2\theta$ 之连比不出现 7，15，23 等值的特点，如图 5-3 所示。确定格子类型后，每对粉末线的指标可从图 5-3 中求出，再利用下列公式计算格子常数 a：

$$a=\frac{\lambda\sqrt{h^2+k^2+l^2}}{2\sin\theta}$$

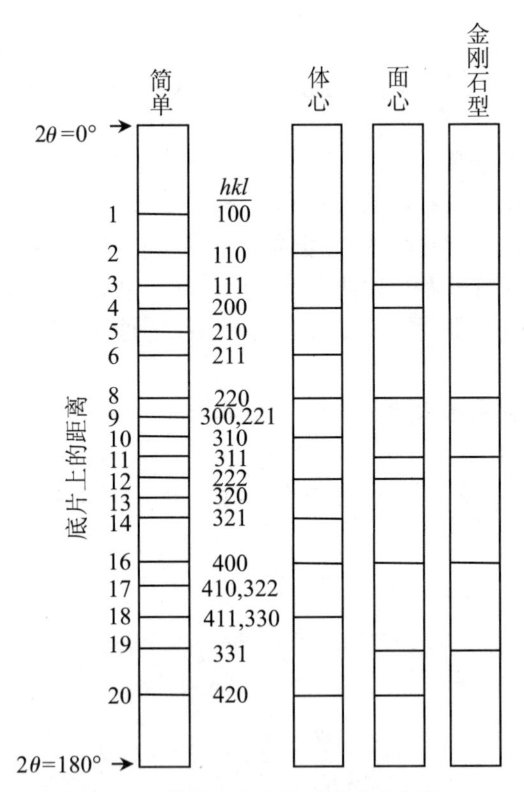

图 5-3　典型的立方晶系粉末衍射图

5.1.3　CdTe 的结构分析

在 Cd-Te 相图研究中出现一个相，在金相显微镜上观察是均匀的一相。化学分析表明，其重量比为 Cd 46.6%，Te 53.4%，因此可以写成 CdTe。X 光粉末相数据列在表 5-1 中（强度为目视估计强度）。将所有出现的粉末线按 $\sin^2\theta$ 作连比：

$$0.0462:0.1198:0.1615:0.1790:0.2340:0.2750:0.3460$$
$$=3:8:11:12:16:19:24$$

这是面心立方格子。按面心立方格子指标化以后的 200,420,600 等未出现,可能是太弱的缘故。

求出格子常数 $a=6.64$ Å,测得样品的密度 $D=5.828\ \mathrm{g/cm^3}$,而 $M_{\mathrm{Cd}}+M_{\mathrm{Te}}=240.02$,则

$$D=\frac{240.2\times n}{6.023\times 10^{23}\times(6.46)^3\times 10^{-24}}$$

求出晶胞式量 $n=3.94\approx 4$。

在面心立方格子的情况,晶胞中的式量为 4 的结构只可能有两种,即 NaCl 型和立方 ZnS 型。把衍射线的强度数据(表 5-1)和表 4-2 进行对照,从 200,420,600 衍射未出现这一点,就很容易断定 CdTe 的结构属于立方 ZnS 型。因为属立方 ZnS 型时,$h+k+l=4n+2$ 的线条为弱线条。如果属于 NaCl 型,这些线条是强线条。因此在 CdTe 晶胞中 Te 原子和 Cd 原子的位置为

$$\mathrm{Te}\left(000,\frac{1}{2}\frac{1}{2}0,\frac{1}{2}0\frac{1}{2},0\frac{1}{2}\frac{1}{2}\right)$$
$$\mathrm{Cd}\left(\frac{1}{4}\frac{1}{4}\frac{1}{4},\frac{3}{4}\frac{3}{4}\frac{1}{4},\frac{3}{4}\frac{1}{4}\frac{3}{4},\frac{1}{4}\frac{3}{4}\frac{3}{4}\right)$$

表 5-1　NaCl 型结构的衍射线强度数据表

线条	$\sin^2\theta$	$h^2+k^2+l^2$	hkl	实验强度	线条	$\sin^2\theta$	$h^2+k^2+l^2$	hkl	实验强度
1	0.0462	3	111	强	10	0.504	35	531	中等
			200	无				600,442	无
2	0.1198	8	220	较强	11	0.575	40	620	中等
3	0.1615	11	311	较强	12	0.616	43	533	弱
4	0.1790	12	222	较弱				622	无
5	0.234	16	400	中等	13	0.618	48	444	弱
6	0.275	19	331	中等	14	0.729	51	711,551	中等
			420	无				640	无
7	0.346	24	422	强	15	0.799	56	642	较强
8	0.391	27	511,333	中等	16	0.840	59	731,553	强
9	0.461	32	440	弱					

5.1.4　$KMgF_3$ 的结构分析

在无机合成中,当因产物太少或有难分离的杂质而无法进行密度测定时,我们可以求助于密堆积理论来解决这个问题。$KMgF_3$ 的结构分析就是一个例子。从表 5-2 可知,$\sin^2\theta$ 之比值中无 $N=7$ 或 15 等,所以我们可以确定 $KMgF_3$ 为简单立方格子,晶格常数 $a=3.988$ Å。

密度数据是未知的，可以查得这三种离子半径分别为

$$r_{K^+}=1.33\ \text{Å},\quad r_{F^-}=1.36\ \text{Å},\quad r_{Mg^{2+}}=0.78\ \text{Å}$$

这样，这三种球形离子所占的体积

$$V=\frac{4}{3}\pi(0.78^3+1.33^3+3\times1.36^3)=44(\text{Å}^3)$$

格子体积为 $3.988^3=63(\text{Å}^3)$。而在球的堆积时还要留一些空隙，这样一个晶胞内只能容纳一个式量的 $KMgF_3$。

把重复数为 3 的 F^- 放在棱之中点后，对于重复数为 1 的位置，体心和角顶有两种情况：K^+ 在体心、Mg^{2+} 在角顶，或者相反。从表 5-2 中可知，100 线条未出现。我们来看一下在两种 K^+，Mg^{2+} 分布下 F_{100} 的值。

当 K^+ 在体心，Mg^{2+} 在角顶时，因

$$F_{hkl}=f_{Mg^{2+}}+f_{K^+}e^{\pi i(h+k+l)}+f_{F^-}(e^{\pi ih}+e^{\pi ik}+e^{\pi il})$$

故

$$F_{100}=f_{Mg^{2+}}-f_{K^+}+f_{F^-}\approx10-18+10=2$$

$$F_{100}{}^2=4$$

表 5-2　ZnS 型结构的衍射线强度数据表

线条	hkl	$N=h^2+k^2+l^2$	$\sin^2\theta$	计算强度 (1)	计算强度 (2)	实验强度
	100	1	0.0080	1	59	2
1	110	2	0.0157	74	74	94
2	111	3	0.0238	73	27	83
3	200	4	0.0317	100	100	100
	210	5	0.0394	1	10	1
4	211	6	0.0472	32	32	24
5	220	8	0.0632	57	57	36
	300,221	9	0.0719	0.1	7	<1
6	310	10	0.0778	14	14	6
7	311	11	0.0874	19	34	8
8	222	12	0.0949	15	15	8
	320	13	0.103	0.07	4	0

X 光衍射很弱。

而当 K^+ 在角顶，Mg^{2+} 在体心时，

$$F_{100}=f_{K^+}-f_{Mg^{2+}}+f_{F^-}\approx18-10+10=18$$

$F_{100}{}^2=324$，此时 100 线条应出现且较强，实际并非如此，因此只能是 K^+ 在体心 $\left(\frac{1}{2},\frac{1}{2},\frac{1}{2}\right)$，$Mg^{2+}$ 在角顶(0,0,0)，见图 5-4。

5.1.5　Fe_4N 中氮的价态研究

Fe_4N 是一种铁氧体，结构如图 5-5 所示。空间群为 $O_h{}^1$- $Pm3m$，原子坐标为

$$\text{Fe}:(0,0,0),\left(0,\frac{1}{2},\frac{1}{2}\right),\left(\frac{1}{2},0,\frac{1}{2}\right),\left(\frac{1}{2},\frac{1}{2},0\right)$$

$$\text{N}:\left(\frac{1}{2},\frac{1}{2},\frac{1}{2}\right)$$

实验求得 Fe_4N 的磁矩为 8.86 μ_B/单位晶胞。为了解释这一点，有人认为氮为−3 价，三个与 N 邻近的 Fe 为+1 价，这样在面心的 Fe^+ 电子构型为 $3d^6 4s^1$，引起磁性的是未成对的 d 电子 $3d^6$：↑↓ ↑↑↑↑。它提供了 $4\mu_B$，而在角顶的 Fe^0 电子构型为 $3d^7 4s^1$：↑↓↑↓↑↑↑，即为 $3\mu_B$，但其方向与面心的 Fe^+ 上的电子自旋方向相反，这样

$$3\times4+(-3)=9\ (\mu_B)$$

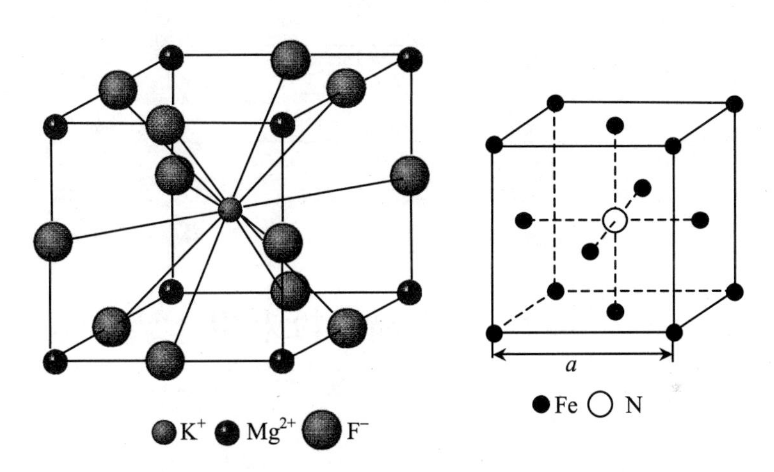

图 5-4　$KMgF_3$ 的晶体结构　　　　图 5-5　Fe_4N 的晶体结构

但是也有人看法不一样，且有中子衍射实验的支持，认为 N 为+3 价，在面心的 Fe 为−1 价，在角顶的 Fe 为 0 价。其电子构型和磁矩为：面心 Fe 为 $3d^8 4s^1$（$+2\mu_B$），角顶 Fe 为 $3d^7 4s^1$（$+3\mu_B$）。

因此晶格的磁矩为

$$3\times2+3=9\ (\mu_B)$$

从化学角度来看 Fe 为−1 价，N 为+3 价在化合物中存在的可能性不大。下面就氮的价态从 Fe_4N 的 X 光衍射强度的理论和实验对比做出判断。

为了将 $I_{计算}$ 和 $I_{实验}$ 对比，实验强度必须还原到绝对零度。这在表 5-3 的最后一列。系数 B 可以这样求得：

因

$$I_{实验}=I_0 e^{-B\sin^2\theta/\lambda^2}$$

式中，I_0 为绝对零度时的强度值，故

$$\ln\frac{I_0}{I_{实验}}=B\frac{\sin^2\theta}{\lambda^2}$$

作图可求得直线斜率 $B=1.9$。

在温度还原到绝对零度后，强度实验值和计算值之间符合得更好些。从表 5-3 中可以看出，氮为 −3 价时符合得较好。表 5-3 中 100 衍射和 110 衍射完全是由 N 提供的，因为这两条线中 Fe 的衍射互相抵消了。这两条线实验强度和理论强度的符合对于判断氮的价态是最重要的。至于磁矩为何为 8.86μ_B 仍有争论，这里只是从原则上说明 X 光衍射是如何应用于化合物价态研究的。

表 5-3　Fe_4N 的 X 光衍射强度的理论和实验值比较

hkl	$I_{实验}$	$I_{计算}$			$I_{实验}/\exp(-1.9\sin^2\theta/\lambda^2)$
		N^{3+}	N^0	N^{3-}	
100	8.8	2.13	4.9	10.5	9.1
110	4.6		3.0	4.6	4.9
111	331			331	340
200	180			190	190
220	105			123	127
311	133			181	170
222	49			71	67

5.2　四方晶系粉末相

5.2.1　数学解析法指标化

与立方晶系相比，四方晶系多了一个未知量 c，这个 c 可以取不同的值，这样粉末线的分布比立方晶系要复杂得多。但 $hk0$ 衍射是一个例外，衍射的晶面$(h^* k^* 0)$平行于 c 轴，$hk0$ 系列的衍射线分布有些像立方晶系，其连比为 1∶2∶4∶5∶8，相应的衍射为 100，110，200，210，220。数学解析法就是从这些线条开始的。

对于四方晶系

$$\sin^2\theta=\frac{\lambda^2}{4a^2}(h^2+k^2)+\frac{\lambda^2}{4c^2}l^2$$

用 $\sin^2\theta_1$，$\sin^2\theta_2$ 等去除其他的 $\sin^2\theta$，看看有没有整数情况。因第一条线可能是 100，也可能是 001 或 010 等。经过这些试验，求出 $\sin^2\theta$ 呈 1∶2∶4∶5∶8∶9∶10∶…情况，得出 $hk0$ 系列，如 100，110，200，210，220，300，310，…从而得出 a 值，把上式移项，得

$$\sin^2\theta-\frac{\lambda^2}{4a^2}(h^2+k^2)=\frac{\lambda^2}{4c^2}l^2$$

把剩下的线条按上式试验，调整得左面之比值为 1∶4∶9∶16∶…，指标化完成，c 值也求出了。

5.2.2　尿素晶体粉末相的指标化

通过小晶体外形观察，我们知道尿素晶体属四方晶系，我们用上面的数学解析法对尿素晶体粉末相进行指标化，结果见表 5-4。在指标化后求得格子常数是不难的。利用面间距公式

$$\frac{1}{d^2}=\frac{h^2+k^2}{a^2}+\frac{l^2}{c^2}$$

得

$$\frac{1}{{d_{200}}^2}=\frac{4}{a^2},\quad a=2d_{200}=2\times 2.826=5.652(\text{Å})$$

$$\frac{1}{{d_{002}}^2}=\frac{4}{c^2},\quad c=2d_{002}=2\times 2.349=4.698(\text{Å})$$

精确的格子常数应取高角度时 X 光衍射数据，计算得 $a=5.645$ Å，$c=4.704$ Å。

表 5-4　尿素的晶体结构分析(CuK_{α}，1.5405 Å)

序号	d(Å)	I/I_{max}(%)	hkl	序号	d(Å)	I/I_{max}(%)	hkl
1	4.01	100	110	15	1.721	<1	212
2	3.62	25	101	16	1.669	<1	311
3	3.048	29	111	17	1.568	<1	003
4	2.826	6	200	18	1.5219	<1	222
5	2.528	12	210	19	1.5090	1	103
6	2.422	10	201	20	1.4209	<1	312
7	2.349	3	002	21	1.3518	<1	401
8	2.229	5	211	22	1.3304	1	330
9	2.171	5	102	23	1.2622	<1	420
10	2.025	2	112	24	1.2190	<1	421
11	1.996	2	220	25	1.1771	<1	004
12	1.837	4	221	26	1.1076	<1	323
13	1.786	<1	310	27	1.0979	<1	431
14	1.747	1	301				

5.2.3　尿素分子结构的测定

1. 尿素晶体空间群的测定

从晶体外形和蚀像等确定尿素的点群为 D_{2d}-$\bar{4}2m$。根据空间群和点群的同形性原理，结合 X 光衍射效应，要想确定尿素属于什么空间群，首先要确定格子类型。

(1) 从出现的衍射指数 $h+k+l$ 为奇数如 210，201 等说明格子类型是简单格子。在空

间群符号中用 P 表示。

(2) 在 c 方向为 $\bar{4}$，相应的微观对称元素仍是 $\bar{4}$。从空间群表可知，与点群 $\bar{4}2m$ 同形的空间群有 $P\bar{4}2m$，$P\bar{4}2c$，$P\bar{4}2_1m$，$P\bar{4}2_1c$，$P\bar{4}m2$，$P\bar{4}c2$，$P\bar{4}b2$，$P\bar{4}n2$ 八个，先考虑前面 4 个，因后面 4 个与前面相比改变了定向。

(3) 在 a 方向是 2 次轴，相应的微观对称元素是 2 次轴还是 2_1 次轴？

如果有 2_1 次轴，假如把 2_1 次轴放在 $\boldsymbol{a}$ 方向上，有一个原子的坐标为 (x,y,z)，则必有另一个同样原子为 2_1 联系起来，即

$$(x,y,z)\xrightarrow{2_1}\left(\frac{1}{2}+x,\bar{y},\bar{z}\right)$$

则结构因子 $F=f\mathrm{e}^{2\pi\mathrm{i}(hx+ky+lz)}+f\mathrm{e}^{2\pi\mathrm{i}\left[\left(\frac{1}{2}+x\right)h-ky-lz\right]}$。

在 $h00$ 衍射中，$F=f\mathrm{e}^{2\pi\mathrm{i}hx}+f\mathrm{e}^{2\pi\mathrm{i}hx}\mathrm{e}^{\pi\mathrm{i}h}=f\mathrm{e}^{2\pi\mathrm{i}hx}(1+\mathrm{e}^{\pi\mathrm{i}h})$。在 h 为奇数时，$\mathrm{e}^{\pi\mathrm{i}h}=-1$，$F^2=0$；在 h 为偶数时，$\mathrm{e}^{\pi\mathrm{i}h}=1$，$F=2f$，$F^2=4f^2$，即对于 $h00$ 衍射线在粉末相上只出现偶数 h，而不出现奇数 h。从表 5-4 中我们看到 200 是出现的，而 100 和 300 都没有出现，这说明在 a 方向是 2_1 次螺旋轴，这也排除了后四个空间群的可能性。

(4) 我们再来讨论在 $\boldsymbol{a}+\boldsymbol{b}$ 垂直方向上是反映面 m 还是滑移面。从空间群表查得在 P 格子情况下，既有 $\bar{4}$ 又有 2_1 次轴的空间群仅有两个：$P\bar{4}2_1m$，$P\bar{4}2_1c$。我们只要确定有没有 c 滑移面就行了。

存在 c 滑移面时，图 5-6 中 c 滑移面垂直于 $\boldsymbol{a}+\boldsymbol{b}$ 方向，若有一个原子坐标为 (x,y,z)，则必有另一个同样原子 $\left(\frac{1}{2}-y,\frac{1}{2}-x,\frac{1}{2}+z\right)$，两者被滑移面联系起来，即

$$(x,y,z)\xrightarrow{c}\left(\frac{1}{2}-y,\frac{1}{2}-x,\frac{1}{2}+z\right)$$

则结构因子 $F=f\mathrm{e}^{2\pi\mathrm{i}(hx+ky+lz)}+f\mathrm{e}^{2\pi\mathrm{i}\left[\frac{1}{2}(h+k+l)+lz\right]}\cdot\mathrm{e}^{2\pi\mathrm{i}(-hy-kx)}$。

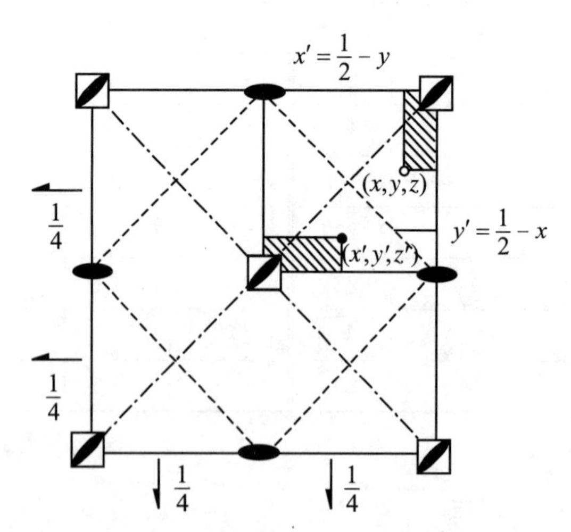

图 5-6　空间群 $P\bar{4}2_1c$ 的投影图

在 $00l$ 衍射中，$F=f\mathrm{e}^{2\pi\mathrm{i}lz}+f\mathrm{e}^{\pi\mathrm{i}l}\mathrm{e}^{2\pi\mathrm{i}lz}=f\mathrm{e}^{2\pi\mathrm{i}lz}(1+\mathrm{e}^{\pi\mathrm{i}l})$。

在 l 为偶数时，$\mathrm{e}^{\pi\mathrm{i}l}=1$，$F^2=4f^2$；

在 l 为奇数时，$\mathrm{e}^{\pi\mathrm{i}l}=-1$，$F^2=0$。

这样，在 $00l$ 衍射中，l 为奇数的线条应当不出现。我们看到 003 是出现的(001 没有出

现可能有其他的原因)，当然偶数的 002，004 都出现了。这说明系统消光不存在，不可能为 c 滑移面。这样尿素的空间群为 $P\bar{4}2_1m$(图 5-7)。

2. 尿素分子对称性的确定

尿素的密度为 $D=1.330\ \mathrm{g/cm^3}$，分子式为 $OC(NH_2)_2$，分子量为 60，因此每一个晶胞中的化学式量 n 可由下式计算：

$$D=\frac{n\times 60}{6.023\times 10^{23}\times(5.645)^2\times 4.704\times 10^{-24}}$$

求得 $n=2$。

现在我们来看看这两个分子放在 P 格子的什么位置上。如图 5-7 所示，这个格子各位置上的微观对称元素都已标上，图 5-8 是空间群 $P\bar{4}2_1m$ 的等效点系图。在空间群中，因有 2_1 轴，所以等效点系的重复数至少为 2。由于尿素分子在每个晶胞中为 2 个，因此 O，C 是 2 个，N 是 4 个。重复数为 2 的等效点系是在 4 次反轴上和 2 次轴上的三个特殊等效点系(表 5-5)。

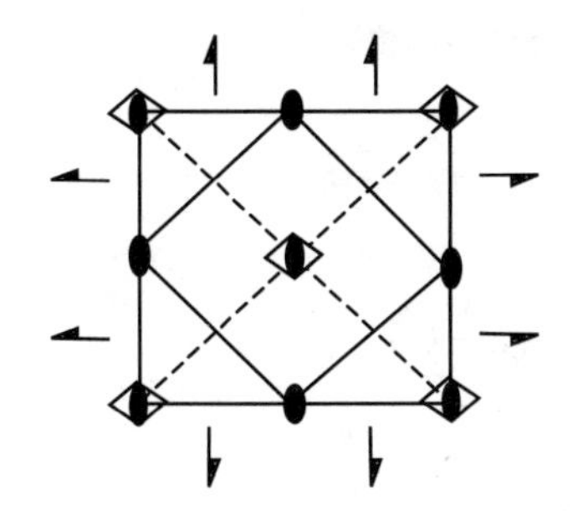

图 5-7　空间群 $P\bar{4}2_1m$ 的对称元素

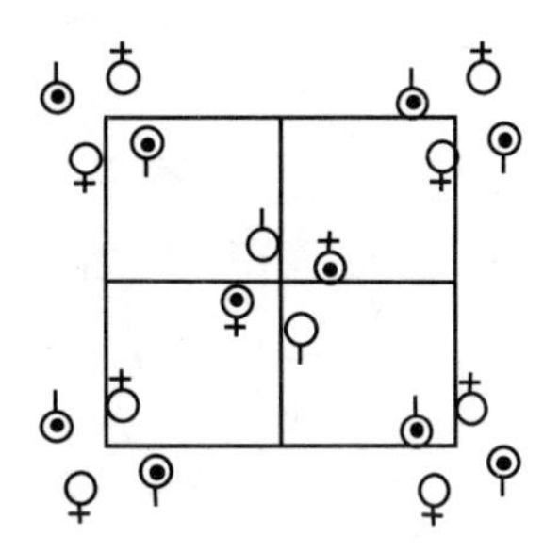

图 5-8　空间群 $P\bar{4}2_1m$ 的等效点系

表 5-5　空间群 $P\bar{4}2_1m$ 的等效点系

重复数	点的对称性	等效点系的坐标
$2a$	$\bar{4}(S_4)$	$(0,0,0),\left(\frac{1}{2},\frac{1}{2},0\right)$
$2b$	$(\bar{4}S_4)$	$\left(0,0,\frac{1}{2}\right),\left(\frac{1}{2},\frac{1}{2},\frac{1}{2}\right)$
$2c$	$mm(C_{2v})$	$\left(0,\frac{1}{2},z\right),\left(\frac{1}{2}0,\bar{z}\right)$
$4d$	$2(C_2)$	$(0,0,z),(0,0,\bar{z}),\left(\frac{1}{2},\frac{1}{2},z\right),\left(\frac{1}{2},\frac{1}{2},\bar{z}\right)$
$4e$	$m(C_s)$	$\left(x,\frac{1}{2}+x,z\right),\left(\bar{x},\frac{1}{2}-x,z\right),$ $\left(\frac{1}{2}+x,\bar{x},\bar{z}\right),\left(\frac{1}{2}-x,x,\bar{z}\right)$
$8f$	$1(C_1)$	$(x,y,z),\left(\frac{1}{2}-x,\frac{1}{2}+y,\bar{z},\bar{x},\bar{y},z\right),$ $\left(\frac{1}{2}+x,\frac{1}{2}-y,\bar{z}\right),(\bar{y},x,\bar{z}),\left(\frac{1}{2}+y,\frac{1}{2}+x,z\right),$ $(y,\bar{x},\bar{z}),\left(\frac{1}{2}-y,\frac{1}{2}-x,z\right)$

如果把 C═O 放在 4 次反轴上，则由于对称性就会产生过多的氮，这与化学式相矛盾。若把 C═O 放在 2 次轴上，则 N 需放在通过 2 次轴的反映面上(图 5-9)，显然尿素分子的对称性就成了 C_{2v}，这样它就有两种可能的构型(图 5-10(a))。到底属于哪一种，取决于氢的位置。其他实验确定尿素为平面构型，氢和氮取一样的等效点系，但取两套，如图 5-10(b)所示。

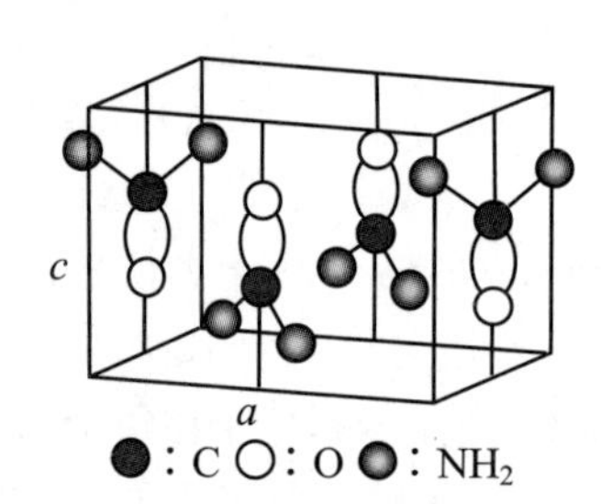

图 5-9　尿素中 C,O,N 在晶体中的位置

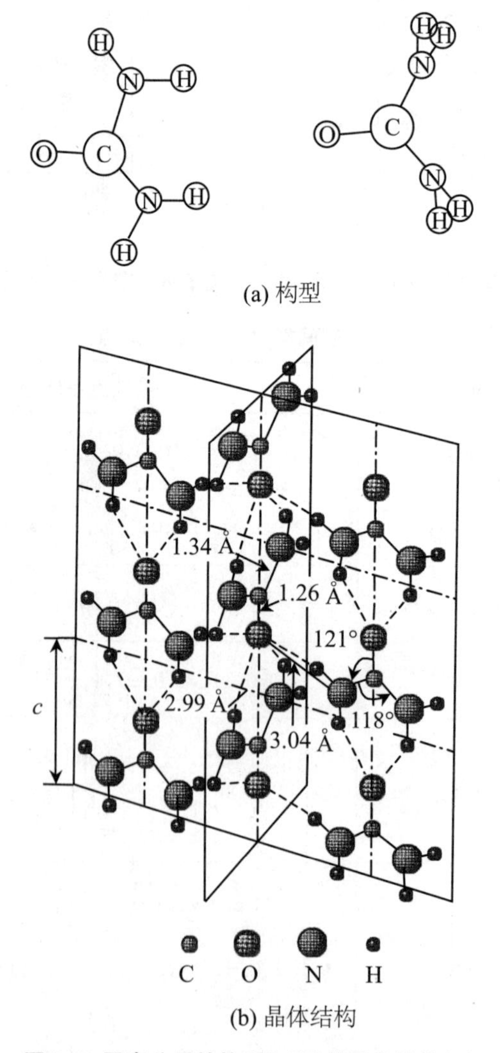

(a) 构型

(b) 晶体结构

图 5-10 尿素分子的构型(a)及其晶体结构(b)

C,O,N 的等效点系坐标为

a. C原子：$\left(0,\frac{1}{2},z_C\right),\left(\frac{1}{2},0,\bar{z}_C\right)$；

b. O原子：$\left(0,\frac{1}{2},z_O\right),\left(\frac{1}{2},0,\bar{z}_O\right)$；

c. N原子：$\left(x,\frac{1}{2}+x,z_N\right),\left(\bar{x},\frac{1}{2}-x,z_N\right),\left(\frac{1}{2}+x,\bar{x},\bar{z}_N\right),\left(\frac{1}{2}-x,x,\bar{z}_N\right)$。

从这些坐标我们可知，z_C，z_O，z_N 需要进一步从X光衍射强度计算中测得。若不考虑氢，则尿素晶体是四参数结构。用试差法求得这些值分别为 $z_C=1.58$ Å，$z_O=2.84$ Å，$z_N=0.85$ Å，$x=0.82$ Å。仅用X光衍射是难以确定氢的精确位置的。

5.2.4　$TaSr_2(Nd_{1.5}Ce_{0.5})Cu_2O_y$ 粉末相的指标化和结构测定[141]

$TaSr_2(Nd_{1.5}Ce_{0.5})Cu_2O_y$(Ta-1222相)是一种新型的层状铜氧化物超导体。从它的电子衍射结果可知，$TaSr_2(Nd_{1.5}Ce_{0.5})Cu_2O_y$ 属于四方晶系，采用前述的数学解析方法就可以对其粉末相进行指标化，其结果如表5-6所示。

表5-6　Ta-1222相的指标化数据表

hkl	d_C(Å)	d_O(Å)	I_C	I_O	hkl	d_C(Å)	d_O(Å)	I_C	I_O
004	7.2325	7.25	4.1	4.3	1110	1.9910	1.991	14.8	16.0
006	4.8217	4.823	5.9	3.8	200	1.9405	1.941	29.5	28.2
011	3.8465	3.841	1.4	2.7	1013	1.9305		7.2	7.0
103	3.6004	3.602	28.3	26.7	022	1.9233		0.1	
008	3.6163		0.1		208	1.7099	1.708	0.1	8.2
0010	2.8930	2.891	5.3	6.4	123	1.7082		7.1	
107	2.8291	2.827	100	100	1114	1.6508	1.651	13.6	13.0
110	2.7443	2.745	43.2	49.6	2010	1.6115	1.613	4.3	0.3
114	2.5658	2.562	0.9	1.9	0018	1.6072		0.6	
0012	2.4108	2.408	1.3	1.8	127	1.6002	1.601	35.8	35.8
118	2.1861	2.181	2.9	3.7	1017	1.5585	1.559	6.6	9.6
1011	2.1772		0.6		1019	1.4174	1.415	0.7	10.6
0014	2.0664	2.064	9.7	9.2	0214	1.4146		10.3	

在指标化以后，我们就可以利用四方晶系的面间距公式

$$\frac{1}{d^2}=\frac{h^2+k^2}{a^2}+\frac{l^2}{c^2}$$

来计算Ta-1222相的晶格常数。为了求得精确的数值应代入高角度的 d 值，如 $\frac{1}{d_{200}{}^2}=\frac{4}{a^2}$，则

$$a=2d_{200}=2\times1.941=3.882(\text{Å})$$

同理，$\frac{1}{d_{0014}^2}=\frac{196}{c^2}$，则

$$c=14d_{0014}=14\times 2.0664=28.930(\text{Å})$$

Ta-1222 相与 Tl-1222 相比，它们同属 1222 超导相且在诸如 X 光衍射、高分辨电镜等许多实验结果上极为相似，所以我们由 T1-1222 相结构猜测 Ta-1222 相的结构，如图 5-11 所示。

我们可以从不同的实验结果来验证我们的想法是否正确。

1. X 光衍射实验(实验结果如前表所示)

(1) 由 X 光衍射实验可知，在结果中只出现了衍射指数为 004,006,011,013 等 $h+k+l$ 均为偶数的衍射线，说明了 Ta-1222 相的格子类型应为体心格子，在空间群中用符号 I 表示，而且在 c 轴上是不存在 4_1 次轴的，因为若存在，则必然有

$$F=f(e^{2\pi i(hk+ky+lz)}+e^{2\pi i(hy-kx+lz+\frac{l}{4})}+e^{2\pi i(-hx-ky+lz+\frac{l}{2})}+e^{2\pi i(-hy+kx+lz+\frac{3l}{4})})$$

对于 $00l$ 衍射，衍射因子

$$\begin{aligned}F&=f(e^{2\pi ilz}+e^{2\pi i(lz+\frac{l}{4})}+e^{2\pi i(lz+\frac{l}{2})}+e^{2\pi i(lz+\frac{3l}{4})})\\&=fe^{2\pi ilz}(1+e^{\frac{\pi il}{2}}+e^{\pi il}+e^{\frac{3\pi il}{2}})\end{aligned}$$

仅当 $l=4n$ 时，$00l$ 衍射才能发生，但从表 5-6 可知，在实际情况中还存在 006，0010 等不符合 4_1 次轴的衍射线，这充分说明了在 c 轴上不存在 4_1 次轴。同理，我们亦可证明在 a 轴上不存在 c 滑移面。利用空间群和点群的同形性原理，结合我们从 X 光衍射实验中得到的格子类型、衍射条件可以得知，Ta-1222 相所对应的空间群为 $I\,\frac{4}{m}mm$。这个实验结果与我们由 T1-1222 相猜想所得到的 Ta-1222 相结构完全一致，证明了我们猜想结构的正确性。

(2) 根据猜想的 Ta-1222 相结构，我们可以求得模型中原子分布，如图 5-12 所示。

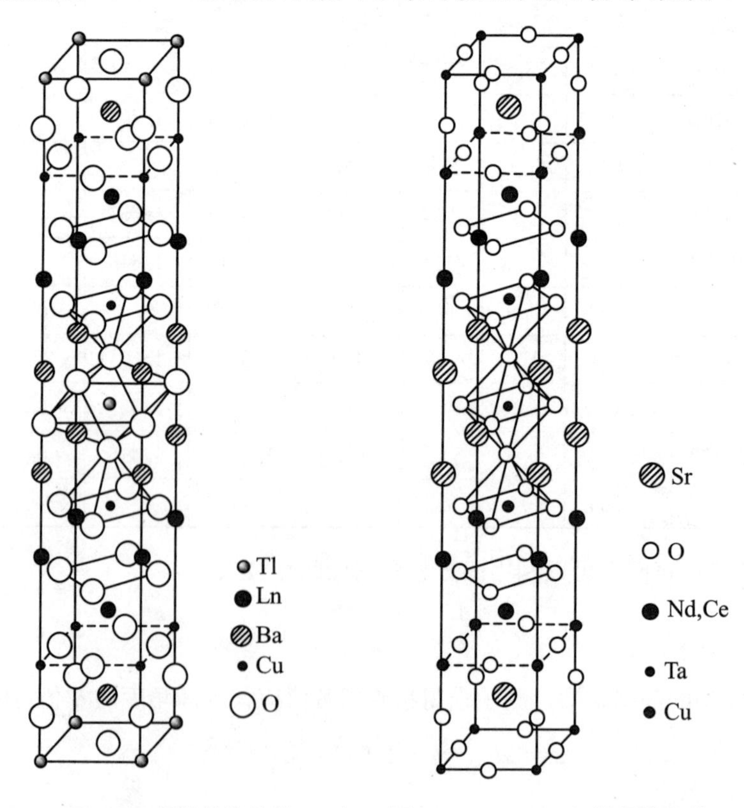

图 5-11　T1-1222 相的晶体结构　　**图 5-12　Ta-1222 相的晶体结构**

利用相对强度公式

$$I_C = p''LpF^2\exp(-2B\sin^2\theta/\lambda^2)$$

计算出各衍射线的计算强度 I_C(列在表 5-6 中)与 I_O(实验强度)比较符合得相当好。

2. 高分辨电镜实验

根据 Bell 公司著名的超导专家 Cava 教授的高分辨电镜实验结果可知晶格中各种重原子的相对位置与模型符合得相当好,因此,我们完全有理由认为 $TaSr_2(Nd_{1.5}Ce_{0.5})Cu_2O_y$ 的上述模型是正确的。

5.3　六方晶系粉末相[27-28]

通常,高 T_c 超导氧化物是在铂坩埚中近 1000 ℃的条件下制备的。在制备 $YBa_2Cu_3O_{9-\delta}$时,除了主相外,还发现有一些副产物附着在坩埚的内壁上,经分析表明副产物为 $YBa_2Cu_{3-x}Pt_xO_{9-\delta}$,它不超导。X 光粉末衍射图如图 5-13 所示,经指标化和物相分析,得知此化合物具有六方结构,晶格常数 $a=10.050$ Å,$c=8.318$ Å。

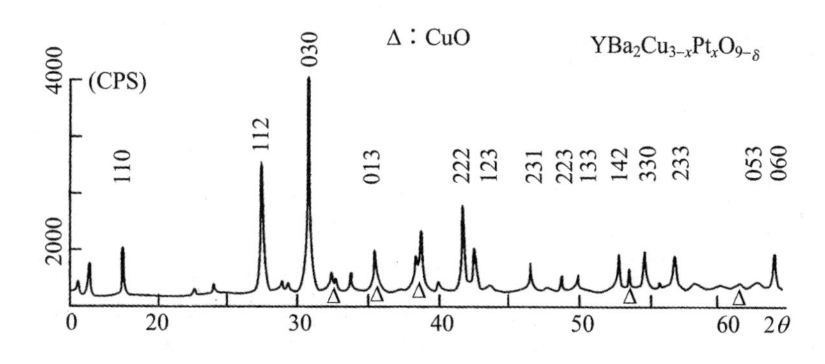

图 5-13　$YBa_2Cu_{3-x}Pt_xO_{9-\delta}$的 X 光粉末衍射图

众所周知,$YBa_2Cu_3O_{9-\delta}$晶格是钙铁矿结构的三倍超格子。温度低于 750 ℃时由于 Ba^{2+},Y^{3+}的有序分布,为正交晶格,高于 750℃时,为四方晶格。这种从立方钙铁矿结构到三倍正交超格子的转变可以认为是晶格沿 $\boldsymbol{a}$,$\boldsymbol{b}$,$\boldsymbol{c}$ 三个方向畸变造成的。另一种畸变也可能发生,即沿立方钙钛矿结构 3 次轴(体对角线)方向晶格发生畸变,这时晶体的对称性会从立方对称降至六方或三方对称。理论上这种相对位置的改变可以发生在多层堆积中。

已知具有正交对称性的 $YBa_2Cu_3O_{9-\delta}$晶格常数 $a=3.881$ Å,$b=3.813$ Å,$c=11.661$ Å。因此可以假定具有立方钙钛矿结构的 $(Y,Ba)CuO_{3-y}$的晶格常数为

$$a_p=\frac{1}{3}\left(3.881+3.813+\frac{1}{3}\times 11.661\right)=3.860(\text{Å})$$

立方钙钛矿结构是阴离子和大的阳离子共同沿晶胞体对角线方向进行密堆积的结果。因此层间距为$\frac{\sqrt{3}}{3}\times 3.860=2.229$(Å)。图 5-14(a)是立方钙钛矿结构的晶胞,如果从体对角线去看画虚线的那一层,则可发现其有六方对称性。若这一层中的原子(离子)完全相同,则六方

晶格常数 $a=\frac{\sqrt{2}}{2}a_p$。但是现在这一层中含有阳离子，晶格常数要加倍 $a=\sqrt{2}a_p=5.459$ Å。如果没有任何畸变的话，就可能出现一个四层堆积的六方结构，其晶格常数 $a=5.459$ Å，$c=4\times2.229=8.916$(Å)，而它的理想三倍超格子晶格常数 $A=\sqrt{3}a=9.445$ Å，$C=c=8.916$ Å，如图 5-14(b)所示。

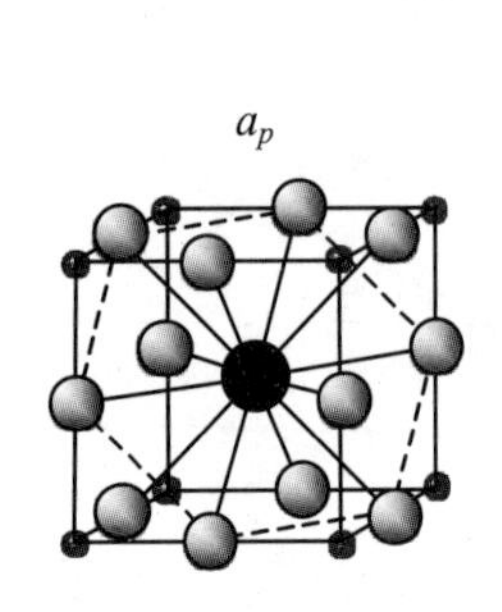

(a) 立方钙钛矿的晶体结构

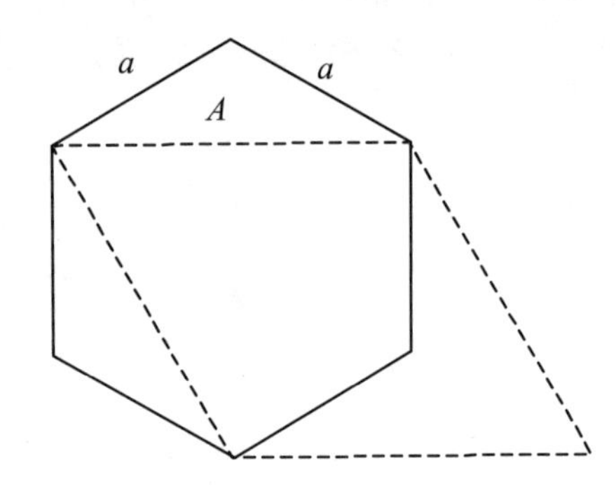

(b) 六方格子

图 5-14　立方钙钛矿结构的晶胞及其六方对称性

实验测得 $LnBa_2Cu_{3-x}Pt_xO_{9-\delta}$ 晶格常数如表 5-7 所示。

表 5-7　$LnBa_2Cu_{3-x}Pt_xO_{9-\delta}$ 晶格常数

Ln	a	c	a/c
Sc	10.050	8.320	1.208
Y	10.050	8.318	1.208
Pr	10.052	8.408	1.196
Nd	10.058	8.320	1.209
Tb	10.065	8.327	1.209
Tm	10.052	8.369	1.201
Yb	10.063	8.334	1.207
Lu	10.078	8.352	1.207

可以看出晶格常数与理论预测有差别，这表明发生了晶格畸变。这可解释为，由于 Pt^{2+} 进入 Cu^{2+} 位，造成 dsp^2 平面配位增强，氧空位增多。

后来作者等人又制备出了 $Ba_4Pt_{1+x}Cu_{2-x}O_{9-\delta}$ ($x<0.5$)的单晶。其电子衍射图如图 5-15 所示，可以清楚地看到它的六方对称性。X 光粉末衍射图指标化后，得到晶格常数 $a=5.803$ Å，$c=8.450$ Å，与前面假设的立方钙钛矿结构沿 3 次轴方向四层密堆积的计算结果相近（$a=5.459$ Å，$c=8.916$ Å，）。从而证实了上述假设。

(a)

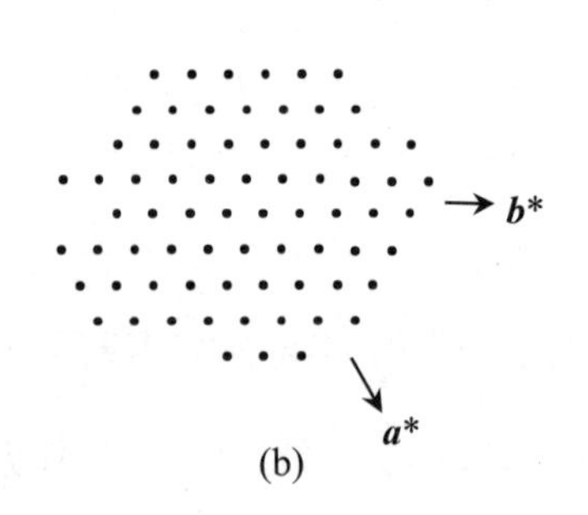

(b)

图 5-15　$Ba_4Pt_{1+x}Cu_{2-x}O_{9-\delta}$ ($x<0.5$)的电子衍射图

5.4　X 光粉末衍射法在相和体系研究中的应用

5.4.1　格子变化对粉末线的影响

从图 5-16 可看出格子在立方体心→四方体心→正交体心的变化中粉末线“分裂”的情况。

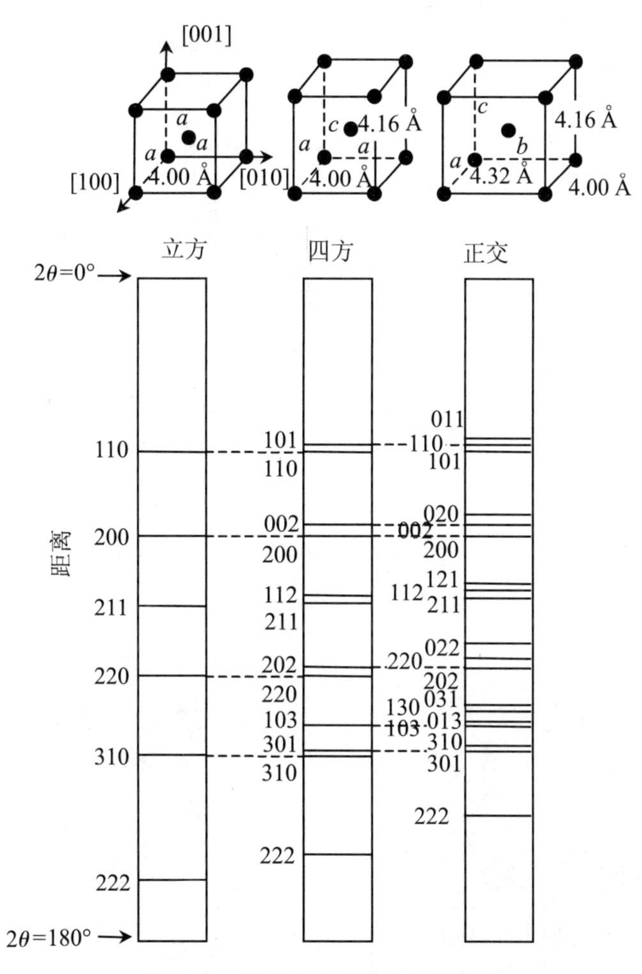

图 5-16　格子变化对粉末线的影响

在 110 衍射中，对于立方体心格子，110，101，011 是一样的，所以重合在一起。在四方体心格子的情况，110 和 101 衍射是两个不同面间距的平面点阵的反射，而 011 和 101 是一样的，所以在立方晶系时粉末图上为一条线即 110，到了四方晶系成为两条线，即 101 和 110。在正交体心格子情况下，101，011，110 均不一样，粉末图上是三条线。

这样从高级晶系到中级晶系至低级晶系粉末线的数目增加了，但各粉末线的倍数因子相应减少。立方的 110，$P=12$；四方的 101，$P=8$，110，$P=4$；正交的 110，101，011，P 均为 4。在其他条件一样时，粉末线的强度从高级晶系到中级晶系，再到低级晶系愈来愈弱。

图 5-16 是形象化的图，四方、正交格子常数相差 0.16 Å，使得粉末线成为一簇簇的。一般情况下，格子常数相差较大时，粉末线不会互相靠拢而在照片上整个展开，交织在一起。如果粉末线有靠拢情况也说明我们所研究的化合物格子常数和立方格子不会相差太远。

5.4.2 铜金体系

铜金体系的相图如图 5-17(a)所示。我们注意到图中呈现两个小峰，分别在原子比 Au∶Cu＝1∶3 和 Au∶Cu＝1∶1 以及温度为 390℃和 385℃处，这相应于两个金属形成的超格子相 Cu_3Au 和 CuAu。从图 5-17 可知 Cu_3Au 为简单立方格子，CuAu 为简单四方格子。

当温度超过 390 ℃时，Cu_3Au 中 Cu 和 Au 原子统计地占有面心立方格子点阵位置，为典型的置换固溶体相。当温度超过 385 ℃而在 410 ℃以下时，CuAu Ⅰ超结构相转变成 CuAu Ⅱ(参看第 13 章)，温度继续升高则变成置换固溶体。另一种超结构相 Cu_3Au Ⅱ只存在于相图的一个小区域内(参看 13.4 节)。

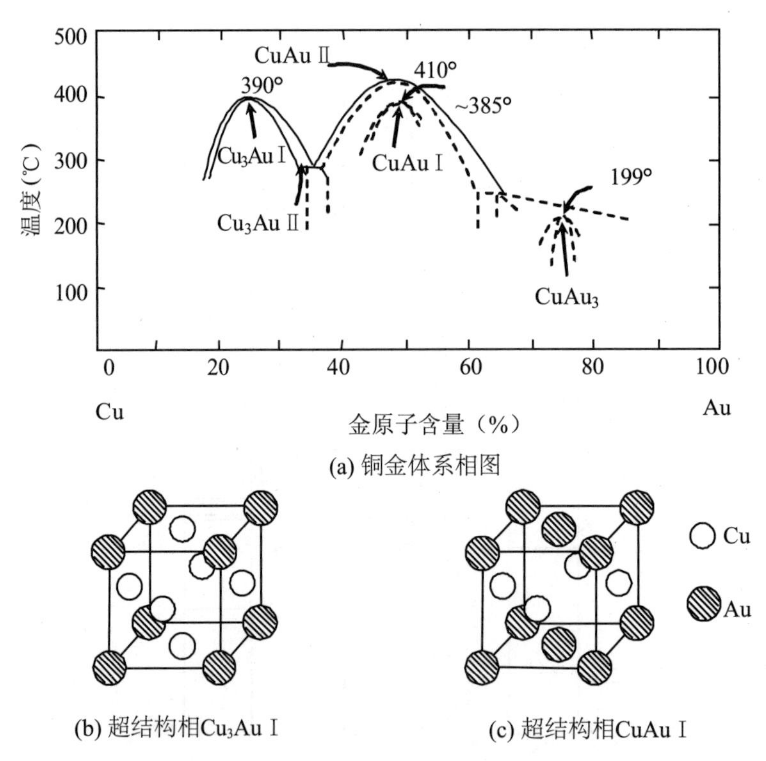

(a) 铜金体系相图

(b) 超结构相Cu_3Au Ⅰ　　(c) 超结构相CuAu Ⅰ

图 5-17　铜金体系

在温度接近临界温度 T_c(这里是 390 ℃，385 ℃)时，其结构有序程度就会降低，是一种介于二者之间的中间状态。

以 Cu_3Au 为例来说明用 X 光粉末衍射法鉴定这三种情况。

1. 置换固溶体

由图 5-17(b)知，Au 和 Cu 按 25％和 75％原子百分比统计地分布在面心立方格子所有位置上，我们来计算一下它们的结构因子，此时原子散射因子取平均值，$f_{平均}=0.25f_{Au}+0.75f_{Cu}$。

这四个统计平均的原子占有面心立方位置。

$$F=f_{平均}[1+e^{\pi i(h+k)}+e^{\pi i(k+l)}++e^{\pi i(h+l)}]$$

当 hkl 全偶或全奇时，$F=4f_{平均}$；

当 hkl 奇偶混杂时，$F=0$。

2. 金属化合物(有序固溶体)

Au 原子在(000)，Cu 原子在$\left(\frac{1}{2},\frac{1}{2},0\right)$，$\left(\frac{1}{2},0,\frac{1}{2}\right)$，$\left(0,\frac{1}{2},\frac{1}{2}\right)$。结构因子为

当 hkl 全偶或全奇时，$F=f_{Au}+3f_{Cu}$；

当 hkl 奇偶混杂时，$F=f_{Au}-f_{Cu}$。

与置换固溶体相比，有序固溶体多出了一些奇偶混杂的线，这些强度较弱的线称为“超结构线”。这些线的出现表明有序固溶体超结构相的形成。

3. 有序程度不足的情况

当 hkl 全偶或全奇时，不论是 Au 和 Cu 原子，无论在角顶或面心位置，衍射线互相加强，这样结构因子和前两种一样：$F=f_{Au}+3f_{Cu}$；当 hkl 奇偶混杂时，得仔细推导。

设 Au 在顶点的百分数为 r_A，则 $f_{角顶}=r_Af_{Au}+(1-r_A)f_{Cu}$。

对于立方面心的情况，则需考虑分配到面心位置上的 Au，如 Au 在合金中的百分比为 F_A，则

$$f_{面心}=\frac{(1-r_A)f_{Au}}{(1-F_A)/F_A}+\left[1-\frac{1-r_A}{(1-F_A)/F_A}\right]f_{Cu}$$

$\frac{1-F_A}{F_A}$这一项表示了离开角顶的 Au 分配到面心位置上去，在这里是到面心的三个位置。因 $F_A=0.25$，故$\frac{1-F_A}{F_A}=3$，因此，当 hkl 奇偶混杂时：

$$\begin{aligned}F&=f_{角顶}-f_{面心}\\&=r_Af_{Au}+f_{Cu}-r_Af_{Cu}-\frac{F_A(1-r_A)}{1-F_A}f_{Au}+\frac{F_A(1-r_A)}{1-F_A}f_{Cu}-f_{Cu}\\&=r_A(f_{Au}-f_{Cu})-\frac{F_A(1-r_A)}{1-F_A}(f_{Au}-f_{Cu})\\&=(f_{Au}-f_{Cu})\frac{r_A-r_AF_A-F_A+r_AF_A}{1-F_A}\\&=\frac{r_A-F_A}{1-F_A}(f_{Au}-f_{Cu})\\&=S(f_{Au}-f_{Cu})\end{aligned}$$

我们定义 $S=\frac{r_A-F_A}{1-F_A}$为有序度。

当原子 A 全部在正确位置上时，$r_A=1$，$S=1$；当 A 占有正确位置百分比和整个合金里 A 原子的含量相同时，即 $r_A=F_A$，这样 $S=0$，显然我们可以从 X 光衍射实验求得 S 值，然后再计算出 r_A 的值。

5.4.3 相图的绘制

1. 维加尔答定理

绘制相图一般采用热分析，金相显微镜再加上 X 光粉末衍射法，但是 X 光衍射是测定各相结构的唯一方法。

维加尔答定理：在固溶体中晶格常数与组分成线性关系，这样反过来也可以从晶格常数确定组分。这是参数法测定相图的理论依据。

像溶液体系一样，固溶体也有反常现象。正偏离如 Cu-Au 体系，负偏离如 Ag-Au 体系，这时晶格常数-成分曲线仍可用作相图，不过为作此曲线取的点要多一些(图 5-18)。

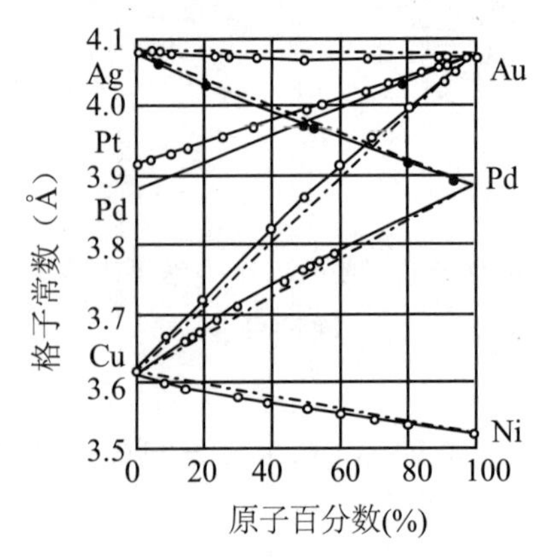

图 5-18 维加尔答定理举例

2. 晶格常数的精确测定

从布拉格方程 $2d\sin\theta=n\lambda$ 可以求出

$$\Delta d \approx d\Delta\theta\cdot\cot\theta$$

当 $\theta\to 90^\circ$，$\Delta d\to 0$，意思是 90°附近的 θ 值的误差对 d 值影响极小，我们能得到精确的 d 值，随后得到精确的晶格常数。

3. 各相区的粉末相和格子变化情况

图 5-19 表示了各相区粉末相和格子常数的变化情况。这里假定 A 和 B 都是面心立方格子，称为 α 相和 β 相，它们二者形成的化合物 γ 相为立方体心格子，B 原子大于 A 原子。假定 A 和 B 在 γ 相的溶解度很小，因此 γ 相的格子常数在整个过程中不变。

因为 B 原子比 A 原子大，所以 B 原子溶入 α 相中就引起 α 相格子增大，从 $a_1\to a_3$，a_3 相应于组分 x，x 是室温下 B 在 α 相中的溶解度极限。在 $\alpha+\gamma$ 区 α 相为 B 所饱和，格子常数不再随 B 继续增加。相图另一边是 A 溶入 β 相使 β 相的格子常数从 a_2 减至 a_4，而在二相区 $\beta+\gamma$ 则仍为 a_4 不变，β 相为 A 所饱和。

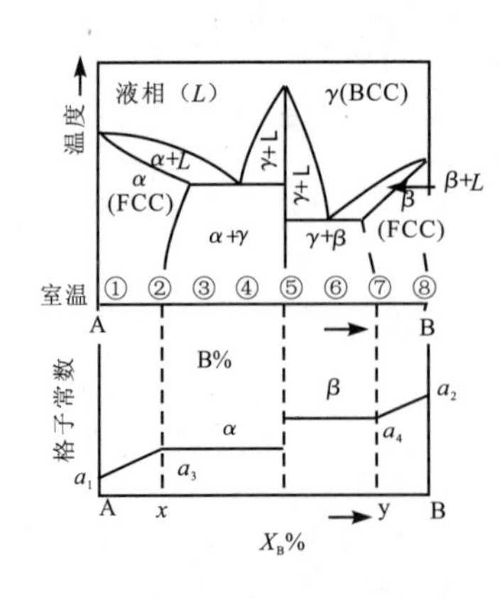

(a) 各相区点阵常数与成分的关系

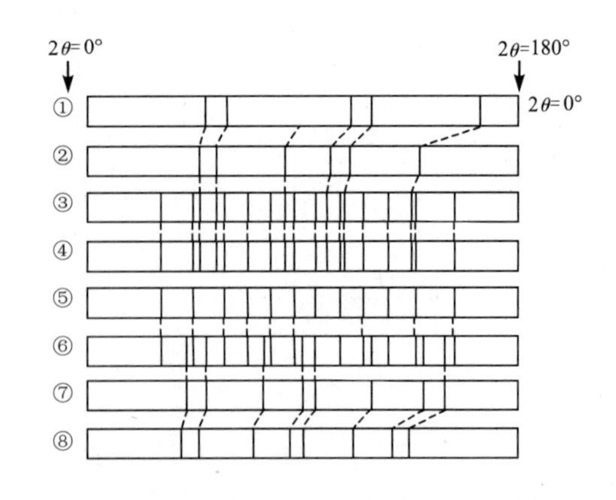

(b) 假想二元体系的X光粉末衍射图

图 5-19 假想二元体系的相图

在图 5-19(b)中,粉末相的情况解释如下:

(1) 纯 A 的粉末相(面心立方格子);

(2) α 相差不多为 B 所饱和,格子常数增大使得粉末线移向较小的 2θ 角;

(3) α 和 γ 相的粉末线叠加,α 相为 B 相所饱和,α 相粉末线相应于格子常数极大值 a_3;

(4) 与(3) 一样,只是由于 α 和 γ 相的比例不一样,X 光粉末线相对强度有了变化,这一点在这张示意图上无法标明;

(5) 纯 γ 相的粉末图(γ 为体心立方格子);

(6) γ 相与为 A 饱和的 β 相的粉末线叠加,β 相粉末线相应于格子常数极大值为 a_4;

(7) 接近为 A 饱和的 β 相格子常数比 a_4 略大;

(8) 纯 β 相(面心立方格子)。

研究高温时的情况可以取样淬火,使此相保持高温的状态再进行 X 光照相。有时平衡体系不稳定,一降温便发生相变,这时可用高温 X 光照相法或高温 X 光衍射得到各种温度下的粉末衍射数据。

4. 相图绘制实例

用 X 光粉末衍射法测定相界有好几种方法,这里我们只引用较简单的一种——参数法。参数法的主要理论依据是维加尔答定理。

图 5-20(b)是 Cu-Sb 相图的一角。图中下边那条相界线是这样确定的:在 630 ℃时取出 0%~12% Sb 的样品若干(这里取了七个样品),然后把这些样品在 630 ℃处平衡淬火使之保持 630 ℃时的结构,接着照 X 光粉末相。

以参数对组分作图得图 5-20(a),由图可知 Cu-Sb 体系格子常数随组分变化符合维加尔答定理。此图在 11.6%处直线折成水平直到 12%,这说明 α 相饱和了,出现了第二相。这 11.6%处显然就是在 630 ℃时 α 相和 $\alpha+\beta$ 相的边界。

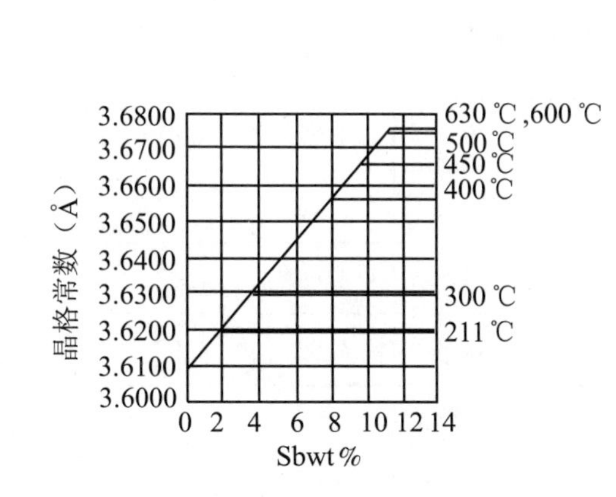

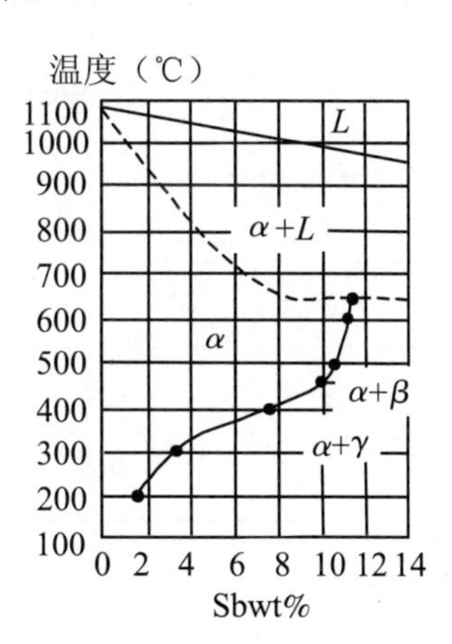

(a) 不同温度下组分与晶格常数的关系　　(b) Cu-Sb相图中固溶体相界的确定

图 5-20　Cu-Sb 相图的绘制

测定 630 ℃以下相界就可以在已经作出的这条直线的基础上进行。在 12%组分处照各种温度的粉末相。如图 5-20(b)所示,照了 200 ℃,300 ℃,400 ℃,460 ℃,500 ℃,600 ℃六张粉末图。这些粉末图显然是 $\alpha+\beta$ 或 $\alpha+\gamma$ 叠合而成的。因为 Sb 在 Cu 中的溶解度随温度升高而增加,这条相界的 630 ℃边界为 11.6%,那么在低于 630 ℃时,我们在 12%处照相总是在$\alpha+\beta$或$\alpha+\gamma$两相区中进行的。把每次X光粉末衍射图中求得的α相格子常数在已经作好的格子常数-组成曲线上找到相应的组分，这个组分显然就是这个温度下的相界。

必须指出，即使在α相的晶体结构较复杂，甚至不知道，因而粉末线无法指标化的情况下，也不影响制作相图。因为我们可以不选用晶格常数作为参数，例如我们直接以组成对2θ作图就是一个办法，这样同样可以求得相界。

5.4.4 不定比化合物

FeS结构属NiAs型(参看图10-26)，在此化合物中铁和硫的比例在一定的范围内会发生变化，可写成通式Fe_nS_{n+1}。这一不定比化合物起先被解释成过量的硫占有间隙位置。这一点随后为X光粉末衍射实验所否定。

对于Fe_nS_{n+1}可有两种情况：

(1) 硫过量，即硫占有间隙位置，上式可写为$FeS_{\frac{n}{n+1}}=FeS_{1+x}$，式量$M=A_{Fe}+A_S(1+x)$；

(2) 铁缺位，即硫占有正常位置，铁空出一些位置来，$Fe_{\frac{n+1}{n}}S=Fe_{1-x}S$，$M=A_{Fe}(1-x)+A_S$。

从X光粉末衍射法求得精确的格子常数，结合两种式量就可求出两种不同的计算密度D_x：

$$D_x=\frac{1.6604Mn}{V}\ \text{Å}^3$$

从这两种不同的计算密度和实验测得的密度进行比较(表5-8)，不难看出，它是铁缺位的不定比化合物。

表5-8 FeS不定比化合物的计算密度和实验密度对比

缺位式	间隙式	D_M(g/cm³)	D_c(g/cm³)	
			缺位	间隙
FeS	FeS	4.79	4.81	4.81
$Fe_{0.96}S$	$FeS_{1.04}$	4.72	4.75	4.84
$Fe_{0.92}S$	$FeS_{1.08}$	4.63	4.66	4.87
$Fe_{0.87}S$	$FeS_{1.13}$	4.56	4.60	4.92

5.5 晶粒大小的测定

5.5.1 积分强度

在晶体X光衍射时，由于晶体总有一定的大小，入射X光又不是严格的单色光，因此，在角度略偏于布拉格角时也能进行衍射。在衍射强度曲线上并不仅仅在精确的布拉格角 θ_B 才有强度，而是表现出高度为 I_{max} 的衍射峰(图 5-21)，峰面积为“积分强度”，可近似地表示为

$$I_{积分}=I_{max}B$$

式中，B 为半峰宽度。与 I_{max} 相比，$I_{积分}$ 受仪器影响较小。

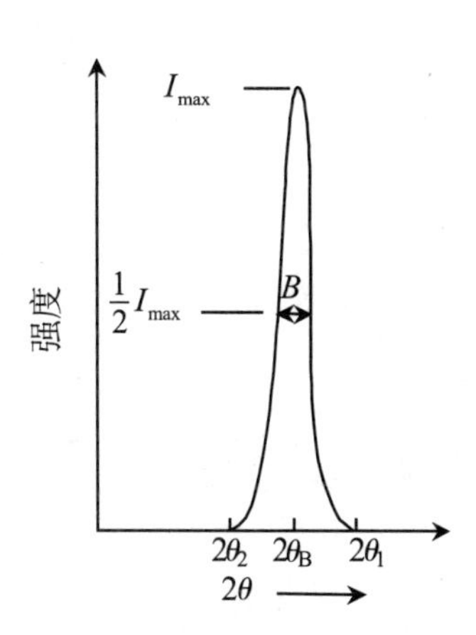

图 5-21　粉末衍射线的积分强度

5.5.2　粉末线的半峰宽和颗粒度

当入射角和衍射角不精确地在布拉格角时，第一个平面点阵和第二个平面点阵(图 5-22) 之间除去 $2n\pi$ 外还有附加的位相差。在这个附加的位相差达到某个 $\delta\theta$ 时，这 N 个平面点阵中的第一个和第 $\left(\frac{N}{2}+1\right)$ 个、第 2 个和第 $\left(\frac{N}{2}+2\right)$ 个平面点阵之间的位相差为 π，依次类推，导致小晶粒的衍射效应为零。这个 $\delta\theta$ 就是达到了最大偏差的 $\delta\theta_{max}$。在图 5-21 中相应于 $2\theta_1$ 和$2\theta_2$ 处。

从角度 $\delta\theta_{max}$的意义很容易求得

$$2d\sin(\theta+\delta\theta_{max})\cdot\frac{N}{2}=\frac{N}{2}\cdot n\lambda+\frac{\lambda}{2}$$

$\delta\theta_{max}$一般不大，因此

$$\sin(\theta+\delta\theta_{max})\approx\sin\theta+\cos\theta\cdot\delta\theta_{max}$$

代入上式得

$$2d\sin\theta\cdot\frac{N}{2}+2d\cos\theta\,\delta\theta_{max}\cdot\frac{N}{2}=\frac{N}{2}\cdot n\lambda+\frac{\lambda}{2}$$

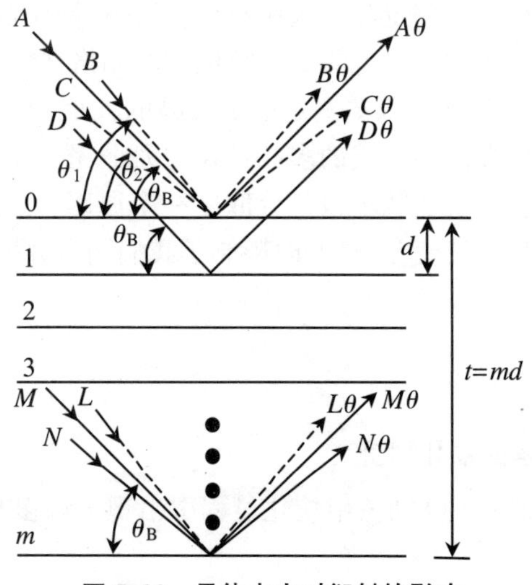

图 5-22　晶体大小对衍射的影响

因为 $2d\sin\theta=n\lambda$，所以

$$Nd\cos\theta\cdot\delta\theta_{\max}=\frac{\lambda}{2}$$

或

$$\delta\theta_{\max}=\frac{\lambda}{2Nd\cos\theta}$$

从图 5-21 可知：$B=\theta_1-\theta_2$，而偏差可为正负，所以

$$B=\theta_1-\theta_2=2\delta\theta_{\max}=\frac{\lambda}{Nd\cos\theta}$$

设小晶体的线度 $t=Nd$，则

$$B=\frac{\lambda}{t\cos\theta}$$

即 B 与 $\cos\theta$ 成反比。较精确的公式为

$$B=\frac{0.89\lambda}{t\cos\theta}$$

从上面公式可知，当 t 较大时，B 应接近零。可事实上在我们做实验时，即使晶粒很大，粉末线仍有一些宽度。这是仪器本身决定的，应减去，即

$$B=B_{测量}-B_{标准}$$

这里，$B_{测量}$ 为样品粉末线实际测得的半峰宽，$B_{标准}$ 为颗粒大于 1000 Å 标准样品的半峰宽，一般用结晶较好的多晶硅。B，$B_{测量}$，$B_{标准}$ 之间实际函数关系较复杂，常用平方差公式

$$B^2=B_{测量}^2-B_{标准}^2$$

或

$$B=(B_{测量}^2-B_{标准}^2)^{1/2}$$

然后就能从 $t=\frac{0.89\lambda}{B\cos\theta}$ 中求出晶粒的平均大小。

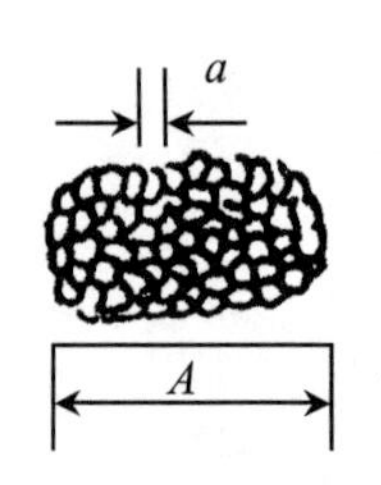

图 5-23　电子显微镜下的多晶颗粒示意图

从实验角度看，50～500 Å 范围内实验比较好做，500～1000Å 范围内颗粒较大，实验要特别小心。与电子显微镜相比，X 光粉末衍射法测定晶粒大小有设备简单、操作快的特点，而且在测定颗粒大小的同时也测定了分散相的晶格常数。这三个优点值得强调的是 X 光粉末法测定的是微晶的大小，电子显微镜有时只能得到由许多微晶构成的多晶颗粒的大小（图 5-23）。X 光粉末法的缺点是粉末线变宽不只是分散度一个原因，晶格的缺陷和畸变也会引起粉末线变宽，这有时限制了我们测得数据的精确度。

5.5.3　应用实例

1. CO 加氢甲烷化过程的催化研究

在 α-Fe_2O_3 作为催化剂的 CO 加氢甲烷化过程中出现了许多相：α-Fe_2O_3，Fe_3O_4，Fe_5C_2 等，可能还有 Fe。

作者研究了不同颗粒度 α-Fe_2O_3 作为催化剂的甲烷化过程（100 Å/200 ℃，200 Å/400 ℃），发现 α-Fe_2O_3 的颗粒大小与 CO 转换率无关（图 5-24），这样可以得出初步结论：α-Fe_2O_3 不是主要催化剂。

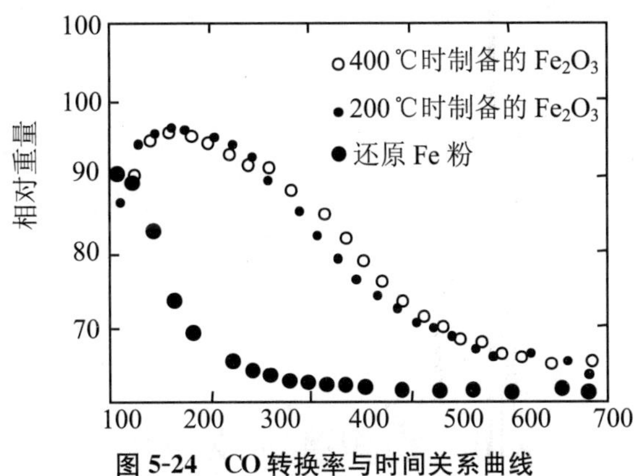

图 5-24　CO 转换率与时间关系曲线

2. 掺杂对纳米 SnO_2 粒径的影响[29]

SnO_2 是一种在微电子学、光电子学和气体传感器等方面有广泛应用的半导体。纯的纳米 SnO_2 不稳定，高温易烧结，用金属氧化物掺杂后可改变纳米 SnO_2 粒子的稳定性。作者采用混合硝酸盐共分解法分别制备了掺杂 10 mol% Cr_2O_3 和 Al_2O_3 的 SnO_2 超细粒子，粒径-温度曲线如图 5-25 所示。

实验结果表明，掺杂 Li_2O 有助于 SnO_2 粒子生长。X 光粉末衍射图中无 Li_2O 峰，这可能是由于 Li^+ 与 Sn^{4+} 半径相近，Li_2O 可溶于 SnO_2 中的缘故。NiO 掺杂后 X 光粉末衍射图中无 NiO 峰，由于 Ni^{2+} 与 Sn^{4+} 半径相等（均为 0.83 Å），两者可形成固溶体，所以掺杂对 SnO_2 粒子生长无明显影响。Al_2O_3，Cr_2O_3 和 ZrO_2 掺杂后，在低于 800 ℃时都阻碍 SnO_2 粒子的生长，但高于 800 ℃时，SnO_2 粒子生长明显加快。1000 ℃时 X 光粉末衍射图中出现的 α-Al_2O_3，Cr_2O_3 的衍射峰。这可解释为三种杂质在低于 800 ℃时以无定形的形式高度分散于 SnO_2 粒子表面，从而不利于 SnO_2 粒子生长，当温度升高使杂质结晶后，粒子生长加快。Fe_2O_3 掺杂后，在低于 800 ℃时，阻碍 SnO_2 生长，800 ℃时 α-Fe_2O_3 出现，SnO_2 粒子生长加快，阻碍的原因同前。

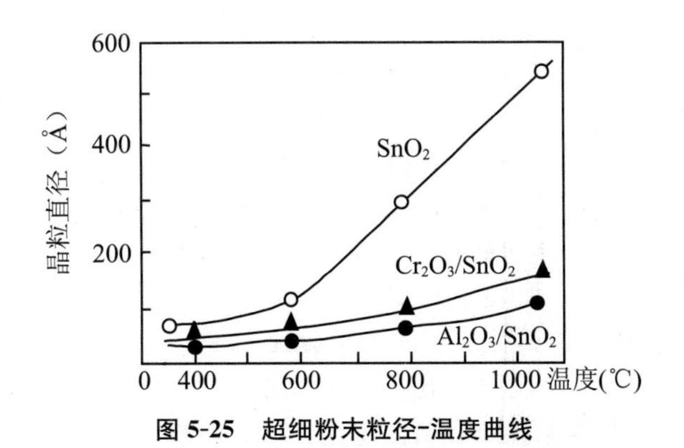

图 5-25　超细粉末粒径-温度曲线

3. γ 辐照还原法制备纳米 CdTe[30]

纳米半导体随其粒径减小，量子尺寸效应逐渐增强，呈现出与块材显著不同的特性。作者等人以胺、异丙醇和水为溶剂，K_2TeO_3 和 $CdSO_4$ 为原料，经过 γ 辐照还原法制备了尺寸约为 10 nm 球状 CdTe 粉末，X 光衍射图指标化后在 d 值为0.374 nm，0.647 nm，0.650 nm

处，分别对应 CdTe 的 111，220，311 衍射峰，计算得晶胞参数 $\alpha=6.482$ Å，可以根据谢乐公式，估算出样品粒径。例如：

$$t_{111}=\frac{0.89\times 1.5418}{0.76\times \cos 11.90}\times\frac{180}{\pi}=10.5(\mathrm{nm})$$

$$t_{220}=\frac{0.89\times 1.5418}{0.98\times \cos 19.66}\times\frac{180}{\pi}=8.6(\mathrm{nm})$$

$$t_{311}=\frac{0.89\times 1.5418}{1.18\times \cos 23.11}\times\frac{180}{\pi}=7.3(\mathrm{nm})$$

5.6 物相鉴定及应用

5.6.1 物相鉴定原理

每种晶体的 X 光衍射都有一组特定的 d 值，粉末线的分布是一定的，每种晶体内原子排列也是一定的，因此衍射线的相对强度也是一定的，即每一个晶体都有一套特征的粉末衍射数据 d-I 值，并可把它作为定性鉴定物质和物相的依据。后者是化学分析所达不到的，粉末法的灵敏度为 5%左右。用粉末法进行定量分析原则上也是可以的，因为粉末线的强度正比于样品中的该组分的含量。

用粉末法进行定性分析时无须知道该物质的晶格常数和晶体结构，只要把实验强度值与 JCPDS 卡上的标准值核对，就可进行鉴定。

JCPDS 卡包括卡片集（图 5-26）和索引两大部分。索引主要分为字母顺序索引和 d 值索引两大类。

（1）字母顺序索引是按照化合物英文名称的第一个字母的顺序排列的。根据试样中所含元素可初步估计出其可能组成物相，再查找字母索引，将可能物相的卡片与实验数据对比，进行鉴定。字母索引分无机物名称索引、有机物名称索引、有机物分子式索引和矿物名称索引等。

（2）d 值索引是按各物质粉末衍射线的 d 值大小排列的，是鉴定未知物相时主要的索引，按照排列方法的不同可以分为 Hanawalt 和 Fink 两种索引。

Hanawalt 索引列出每个标准物的 8 条最强线的 d 值和强度值（8 条线以强度大小的次序排列）。Fink 索引同样也是列 8 条衍射线，但以 d 值大小次序排列。卡片上最强线强度为 100%，其他的粉末线强度也据其化成相应的百分比。卡片上列出了化合物的 d-I 数值，及其他的一些结晶学数据和性质等，还列出了有关参考文献。

具体来说，对某一未知物可用下述方法鉴定：

（1）从衍射数据中找出 8 条最强线，按上述方法排列，再查数字索引，按第一个 d 值找到所属的组。

（2）按第二个 d 值大小在这个组里仔细寻找，找到与实验值基本相符的一组线。

（3）将找到的这一个标准物卡片数据与实验的全部数据对比，能完全符合，就能鉴定该种化合物。

35-1393 ★

$Mg_{1-x}Fe_xO$ Magnesium Iron Oxide	*d*(Å)	*Int*	*hkl*	*d*(Å)	*Int*	*hkl*
Rad. CuK*α* *λ* 1.5418　Filter Ni *d-sp* Diff Cut off　Int. Diffractometer $I/I_{cor.}$ Ref. Yi-tai Qian　*Private Communication*	2.46 2.1305 1.5074	26 100 75	111 200 220			
Sys. Cubic　S.G. Fm3m（225） *a* 4.2646　*b*　*c*　*A*　*C* *α*　*β*　*γ*　Z4 Ref. Yi-tai Qian et al.，*Mater. Res. Bull.*, 18 543（1983） D_x　D_m　*mp*	1.2862 1.2313	21 25	311 222			
When $MgFe_2O_4$ is reduced in H_2，$Mg_{1-x}Fe_xO$ appears together with metallic iron. X-ray data are from the sample after 80 hours reduction in H_2. Solid solution between MgO and FeO. *Fs*=38.9（0.026.5）						

JCPDS　1985　　　1528

图5-26　JCPDS卡片

混合物的粉末图是组成该化合物的各个单相的粉末图的叠合，显然用上述方法同样可进行鉴定，但由于衍射线太多，有些线条互相重叠，给鉴定带来一定的困难。

5.6.2 应用实例

1. 铁氧体 MFe_2O_4(M=Co,Ni,Zn,Mg,Cu)的高温氢气还原机理研究[31-32]

X 光粉末衍射法与热重分析结合，可用于一类具有尖晶石结构的铁氧体化合物 MFe_2O_4(M=Co,Ni,Zn,Mg,Cu)的高温氢气还原机理的研究。

对于 $MgFe_2O_4$ 在 450 ℃用纯 H_2 还原一定时间后，X 光衍射图表明存在一个组成介于 FeO 和 MgO 之间的中间相，JCPDS 卡中无相应卡片，这是一个新相，是 FeO 和 MgO 形成的固溶体。即使还原时间长达 80 h 仍有相当量的固溶体存在。还原反应的 X 光衍射图如图 5-27 所示。这说明 $MgFe_2O_4$ 在此条件是先还原成固溶体 $Mg_{1-x}Fe_xO$ 后才还原成金属铁的。对新相 $Mg_{1-x}Fe_xO$ 的 X 光衍射图指标化，最后确定其为立方晶系，晶格常数 a=4.264 Å，空间群 $Fm3m$。

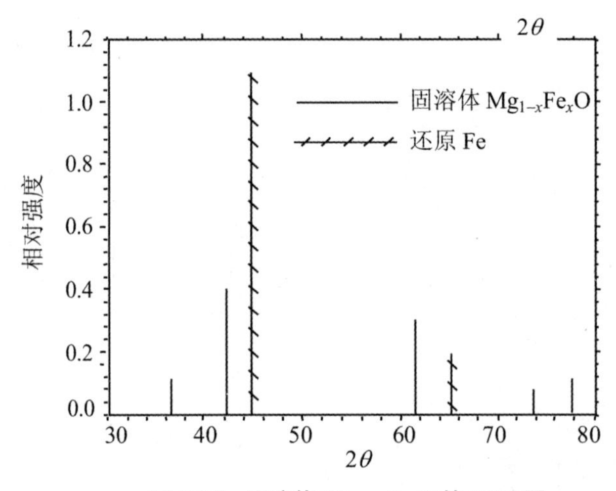

图 5-27 固溶体 $Mg_{1-x}Fe_xO$ 的 XRD 图

对其他铁氧体，还原气氛用 85%/15%的 Ar/H_2 气以便于很好地鉴定还原反应的中间体。$NiFe_2O_4$ 的还原反应于 360 ℃开始，490 ℃结束，由 X 光衍射数据查 Hanawalt 索引确定 400 ℃时形成了 α-Fe 和合金 γ-(Ni,Fe)，在 500℃时完全还原产物只有 γ-(Ni,Fe)。

对 $CuFe_2O_4$ 用 85%/15%的 Ar/H_2 还原，从热重曲线上可知反应存在两个明显的阶段(图 5-28)。第一阶段在 215～270 ℃温区，X 光衍射分析表明结束时中间产物是金属 Cu 和另一个相当于 Fe_3O_4 的相；第二阶段在 270～440 ℃温区，最终产物为金属 Cu 和 Fe。若设第一阶段相当于 Fe_3O_4 的组成为 $Cu_xFe_{3-x}O_4$，则两阶段反应为

$$\frac{1}{2}(3-x)CuFe_2O_4+2(1-x)H_2 \longrightarrow$$

$$\frac{3}{2}(1-x)Cu+(Cu_xFe_{1-x})Fe_2O_4+2(1-x)H_2O$$

$$(Cu_xFe_{1-x})Fe_2O_4+4H_2 \longrightarrow xCu+(3-x)Fe+4H_2O$$

则对应的两阶段反应失重比应为$(1-x)$∶2。热重曲线表明实际比为 1∶2.15，因此可求得

$x=0.07$，说明第一阶段 Cu 并未被完全还原，而是形成了$(Cu_{0.07}Fe_{0.93})Fe_2O_4$ 的中间相。

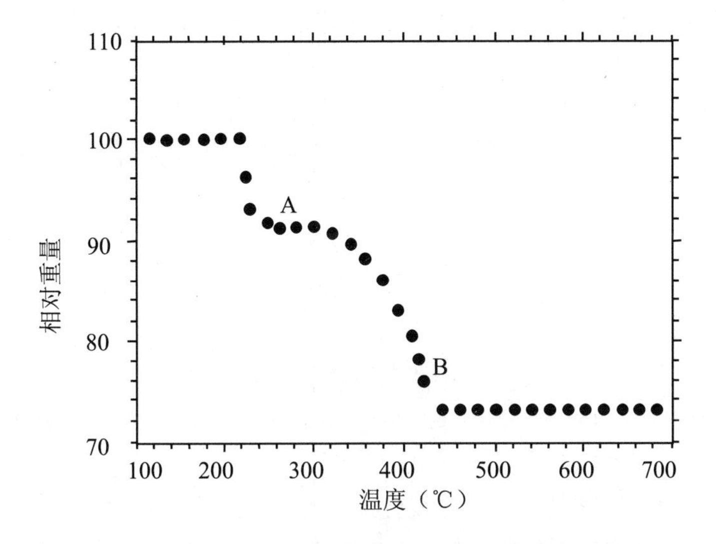

图 5-28　$CuFe_2O_4$ 在 85%/15%的 Ar/H_2 中还原的热重曲线

2. 铜铁矿或钙钛矿型 Fe 和 Rh 化合物高温还原机理[33]

用 15%H_2，85%Ar 还原六种具有铜铁矿或钙钛矿型结构的 Fe 和 Rh 化合物。X 光衍射和热重分析结果列于表 5-9，在还原反应起始温度上，$CuFeO_2$ 比 $CuRhO_2$，$LaFeO_3$、$YFeO_3$ 比 $LaRhO_3$、$YRhO_3$ 高得多，在还原过程中，Rh 化合物无中间过程。两方面都说明 Fe 化合物比 Rh 化合物难还原，热稳定性更高，原因在于 α-Fe_2O_3 与 Rh_2O_3 稳定性的差异。表中给出 α-Fe_2O_3 比 Rh_2O_3 发生还原反应的温度区间高，还存在一中间过程，说明 α-Fe_2O_3 比 Rh_2O_3 热稳定性高，查得它们的自由能分别是－177.4 kcal/mol 和－48.9 kcal/mol。这两者相对照，证实了 Shannon 等人提出的观点，即金属氧化物自由能的负值越小，越容易分解为金属与氧。

所以在还原具有铜铁矿或钙钛矿的 Fe 和 Rh 化合物时，各化合物稳定性的相对差异与形成 α-Fe_2O_3 和 Rh_2O_3 的自由能大小有关。

表 5-9　一些 Fe 和 Rh 化合物在 15%H_2/85%Ar 中还原机理

化合物	还原反应温度(℃)		中间相	最终产物
	T_a	T_b		
$LaFeO_3$	870	980		La_2O_3，α-Fe
$YFeO_3$	670	740		Y_2O_3，α-Fe
$LaRhO_3$	350	440		La_2O_3，Rh
$YRhO_3$	390	410		Y_2O_3，Rh
$CuFeO_2$	200	400	Cu，Fe_3O_4	Cu，α-Fe
$CuRhO_2$	100	140		Cu-Rh 合金
Rh_2O_3	100	120		Rh
α-Fe_2O_3	270	470	Fe_3O_4	α-Fe

注：下标 a 指还原反应起始温度；下标 b 指还原反应终了温度。

第 6 章　结晶化学概论

6.1　等径球的密堆积

1619 年，开普勒从雪花的六角形出发提出：固体是由“球”密堆积而成的，这些球就是原子或分子(图 6-1)。结构分析表明，冰的结构(图 6-2) 并不紧密，以致冰的密度小于水，这是水分子的氢键有方向性的缘故。然而，开普勒的科学思想仍然是正确的。大量实验表明，由无方向性的金属键、离子键、范德瓦尔斯键构成的晶体，其原子、离子或分子都堆积得十分紧密。尤其是金属键和离子键，其键力分布呈球形对称，它们的晶体可以近似地用球的紧密堆积来描述。

图 6-1　开普勒对固体结构的推测

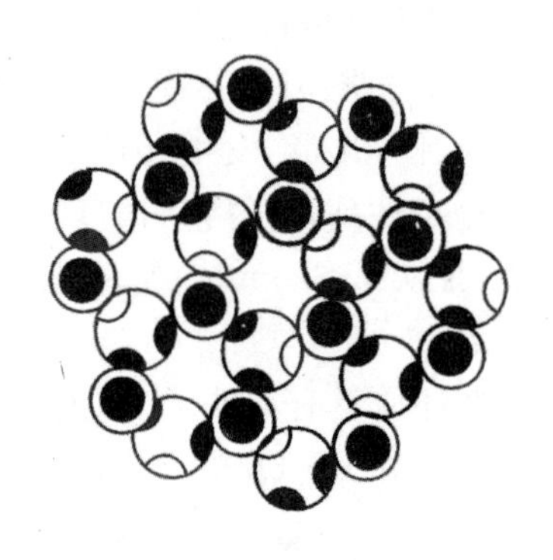

图 6-2　冰的结构

6.1.1　球的六方 A_3 和立方 A_1 最紧密堆积

在开普勒的图中画的是球紧密堆积的一个平面层，实际的晶体结构是立体的，由无数平面层堆成。先看一个平面层的情况。从图 6-1 可知，平面层中每个球与 6 个球相毗邻，每 3 个球中间形成一个三角形空隙，但每个球周围有 6 个三角形空隙，这样每个球就有 $6\times\frac{1}{3}=2$ 个空隙。换言之，平面层中三角形空隙的数目是球数目的二倍。

在向第一层上加第二层球时，如要形成最紧密堆积，必须把球放在三角形空隙上，由于空隙数目是球数目的二倍，所以仅半数的三角形空隙上放了球，另一半空隙上方是第二层的空隙，这样的二层堆积仍能透过光(图 6-3)。

在放第三层时，就会有不同的办法：① 把第三层放在与第一层一样的位置，即在第二层半数未被球占有的三角形空隙的下方是第一层，上方是第三层。然后再把第四层放得和第二层一样，第五层放得和第一层一样，直至无限。显然这样的堆积仍能透光。因为从中可选出一个六方单位来，这种堆积叫作**六方最密堆积**(图 6-4)。② 把第三层放在堵住头二层透光的三角形空隙上，这样第三层位置与前二层都不一样。然后第四层再与第一层、第五层再与第二层一样无限堆积下去。这样的密堆积不能透光。由于能从中取出一立方面心单位来，故称为**立方最密堆积**(图 6-5)。习惯上我们称立方最密堆积为 A_1 型，六方最密堆积为 A_3 型。立方体心密堆积不是最紧密堆积，所以称为**"密堆积"**。它的空间利用率为 68.02%，配位数为 8，习惯上称为 A_2 型，α-Fe 就采用此结构。

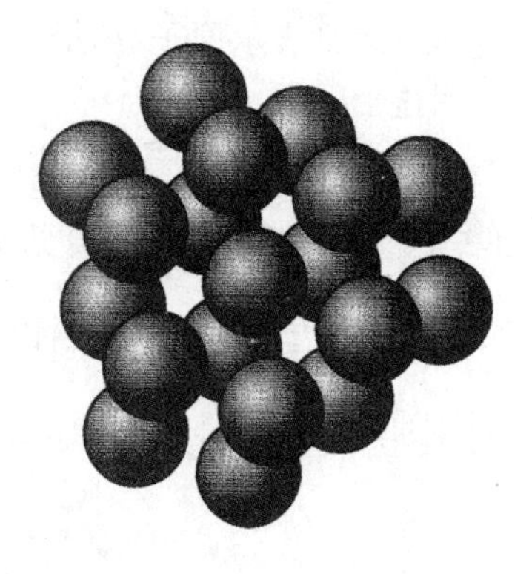

图 6-3　两层球的堆积情况

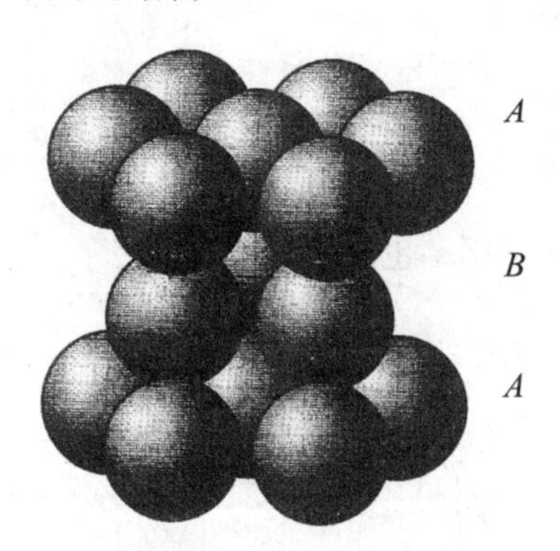

(a) 密置层按*ABABAB*…堆积

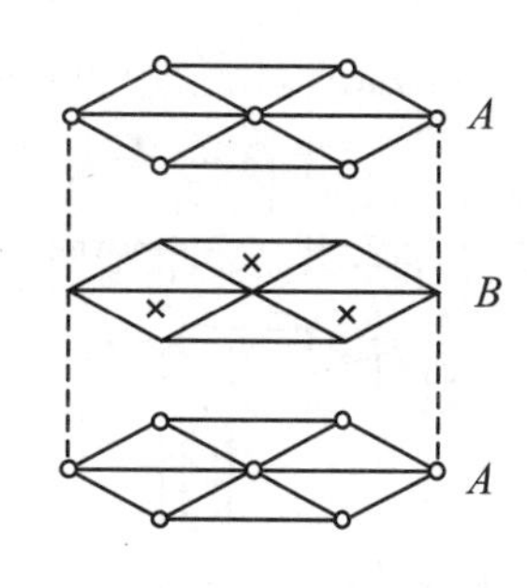

(b) 六方最密堆积中取出的六方单位

图 6-4　六方最密堆积

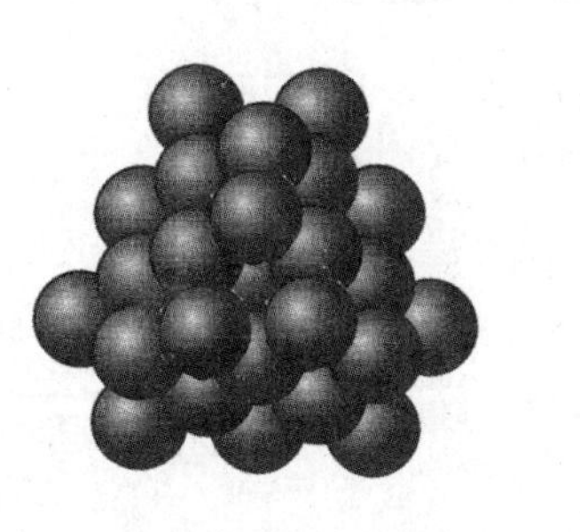

(a) 密置层按*ABCABCABC*…堆积

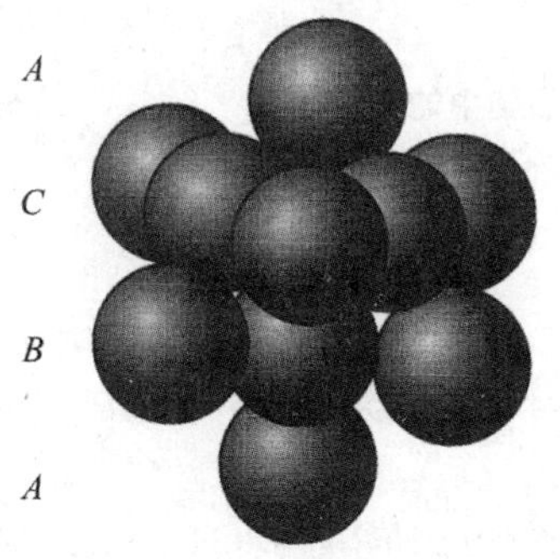

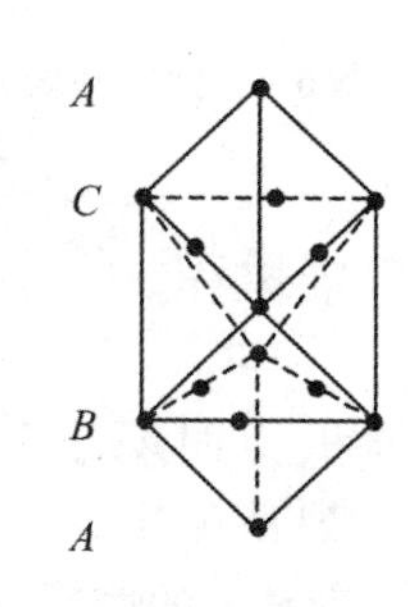

(b) 立方最密堆积中取出的立方面心单位

图 6-5　立方最密堆积

6.1.2　空间利用率

构成晶体的原子、离子或分子在整个晶体空间中占有的体积百分比叫作**空间利用率**。

这个概念可表示原子、离子、分子在晶体结构中堆积的紧密程度。下面以六方最密堆积为例说明这个问题。

在六方最密堆积中选出的六方单位中，每个单位有两个球，球心的坐标是(0,0,0)，$\left(\frac{2}{3},\frac{1}{3},\frac{1}{2}\right)$。从图6-6可见$a=2r$，边长为$a$的正四面体的高可以从图6-7中求出。由图可知，立方体边长为a'，立方体体对角线长为$\sqrt{3}a'$，体对角线为(111)平面一分为三，所以正四面体的高为立方体对角线的$\frac{2}{3}$，即$c=2\times\frac{2}{3}\sqrt{3}a'$，但$a'=\frac{\sqrt{2}}{2}a$，这样$c=\frac{2}{3}\sqrt{6}a$，轴率为

$$\frac{c}{a}=\frac{2}{3}\sqrt{6}\approx 1.633$$

设r为圆球半径，则六方单位体积为

$$V=a\cdot\frac{\sqrt{3}}{2}a\cdot c=8\sqrt{2}r^3$$

每个六方单位中，球所占体积为$2\times\frac{4\pi}{3}r^3$。空间利用率为

$$\frac{\frac{8}{3}\pi r^3}{8\sqrt{2}r^3}=74.05\%$$

用类似的办法可计算出立方最密堆积的空间利用率也为74.05%。

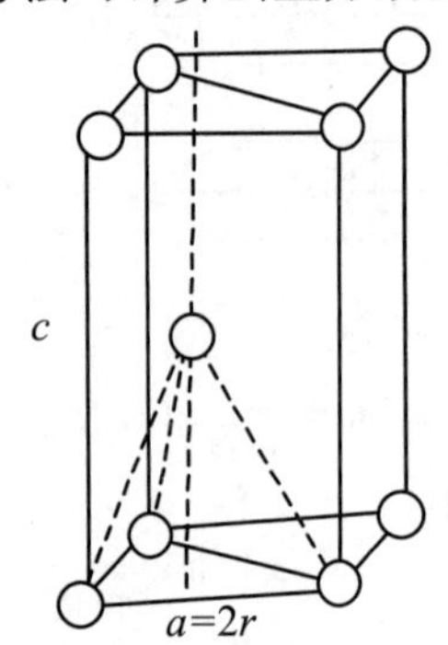

图6-6　六方密堆积晶胞中的六方单位

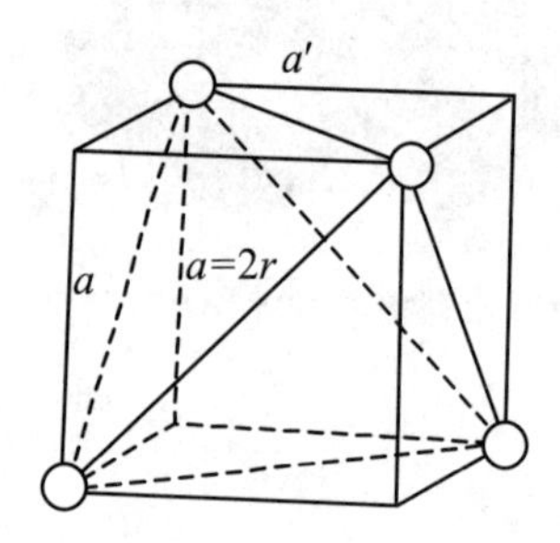

图6-7　立方体中的正四面体

6.1.3　多层堆积

当球堆积为四层重复时，可表示为…$ABACABAC$…，五层重复时，可表示为…$ABCABABCAB$…

对于最密堆积的情况，还可以用另一种办法表示。其原则是：对每一层我们看其上下两层的情况，如果上下两层一样，则中间这一层用h(hexgonal)来表示；如果上下两层不一样，则中间一层用c(cubic)来表示。用这个办法来改写一下六层堆积的两种情况：

(1) …$ABCACB$　$ABCACB$　$ABCACB$…

…hcc　hcc　hcc　hcc　hcc…

(2) …$ABABAC$　$ABABAC$　$ABABAC$…

…$chhhch$　$chhhch$　$chhhch$…

用这个办法表示密堆积的缺点是层次数目得不到反映。上例中同是六层最密堆积，但

(1) 看起来仿佛是三层重复,(2) 则仍保持六层堆积的样子。优点是对于每一层的上下两层的几何关系表示得较为清楚。显然,多层最密堆积的空间利用率和六方、立方最密堆积完全一样,是 74.05%。

6.1.4　原子半径

在测得晶体结构数据后,单质原子半径一般为最邻近二原子间距离的一半。金属铜为 A_1 型结构,格子常数 $a=3.6153$ Å,在铜结构中最近二铜原子间距为$\frac{\sqrt{2}}{2}a$,这样,原子半径 $r=\frac{\sqrt{2}}{4}a=1.278$ Å。

金刚石结构(图 1-6(a))的格子常数 $a=3.567$ Å,离晶胞原点碳原子最近的碳原子在$\left(\frac{1}{4},\frac{1}{4},\frac{1}{4}\right)$,这样它们的间距一半即原子半径为

$$r=\frac{\sqrt{3}}{4}a\times\frac{1}{2}=\frac{\sqrt{3}}{8}\times3.567=0.77(\text{Å})$$

在石墨的情况(图 1-15),仅需考虑层内,因层间是范德瓦尔斯键。两个碳原子最近距离的一半为

$$r=\frac{1}{2}\frac{a}{2\sin 60^\circ}$$

当 $a=2.445$ Å 时,$r=0.708$ Å。

正如金刚石和石墨那样,一些元素在其各种变体中,原子半径会不相同。有的元素晶体结构比较复杂,如 β-钨(图 3-45),在同一晶体结构中,同一元素原子有时会有两种或多种配位,这样,它们的原子半径也会有两种或多种值。

表 6-1 列举了一些元素常见的原子半径。

6.2　不等径球的密堆积

6.2.1　最密堆积中的空隙类型

图 6-8(a)是最密堆积二层时的情况,如果把组成层间空隙的球中心连起来,就能得到两种类型空隙,分别称为**四面体空隙**和**八面体空隙**。两种空隙在立方面心最紧密堆积中的位置如图 6-8(b)所示。从图 6-9 可知,每个球上、下各有 4 个四面体空隙和 3 个八面体空隙(图中仅表示了球上面的情况)。这样每个球周围有 8 个四面体空隙,6 个八面体空隙,其分布如图 6-10 所示。因为 4 个球构成一个四面体空隙,每个球有$\frac{1}{4}$个,每个球周围有 8 个四面体空隙,这样每个球就有 $8\times\frac{1}{4}=2$ 个四面体空隙。6 个球构成一个八面体空隙,每个球有$\frac{1}{6}$个,每个球周围有 6 个八面体空隙,因此每个球就有 $6\times\frac{1}{6}=1$ 个八面体空隙。

表 6-1 原子半径(单位 Å)

1	2	3	4	5	6	7	8	9	10	11	12	13	14	15	16	17	18
H 0.53																	**He** 1.22
Li 1.52 1.56	**Be** 1.11 1.12											**B** 0.98	**C** 0.91	**N** 0.92	**O**	**F**	**Ne** 1.60
Na 1.86 1.90	**Mg** 1.60 1.60											**Al** 1.42 1.42	**Si** 1.17	**P** 1.11	**S**	**Cl**	**Ar** 1.91
K 2.31 2.38	**Ca** 1.96 1.96	**Sc** 1.60 1.60	**Ti** 1.46 1.46	**V** 1.31 1.35	**Cr** 1.25 1.28	**Mn** 1.12 1.36	**Fe** 1.23 1.27	**Co** 1.25 1.25	**Ni** 1.24 1.24	**Cu** 1.28 1.28	**Zn** 1.33 1.37	**Ga** 1.21 1.35	**Ge** 1.22 1.39	**As** 1.25	**Se** 1.16	**Br**	**Kr** 1.96
Rb 2.46 2.53	**Sr** 2.15 2.15	**Y** 1.81 1.81	**Zr** 1.60 1.60	**Nb** 1.43 1.47	**Mo** 1.36 1.40	**Tc** 1.35 1.35	**Ru** 1.33 1.33	**Rh** 1.34 1.34	**Pd** 1.37 1.37	**Ag** 1.44 1.44	**Cd** 1.48 1.52	**In** 1.62 1.67	**Sn** 1.40 1.58	**Sb** 1.45 1.61	**Te** 1.37	**I**	**Xe** 2.09
Cs 2.62 2.70	**Ba** 2.17 2.14	**La** 1.87 1.87	**Hf** 1.58 1.58	**Ta** 1.43 1.47	**W** 1.37 1.41	**Re** 1.37 1.37	**Os** 1.35 1.35	**Ir** 1.35 1.35	**Pt** 1.38 1.38	**Au** 1.44 1.44	**Hg** 1.50 1.55	**Tl** 1.71 1.71	**Pb** 1.74 1.74	**Bi** 1.55 1.82	**Po** 2.00	**At**	**Rn**
Fr 2.80	**Ra** 2.20	**Ac** 1.88															

Ce 1.82 1.82	**Pr** 1.82 1.82	**Nd** 1.81 1.81	**Pm** 1.81	**Sm** 1.80	**Eu** 1.98 2.04	**Gd** 1.78 1.78	**Tb** 1.77 1.77	**Dy** 1.75 1.75	**Ho** 1.76 1.76	**Er** 1.73 1.73	**Tm** 1.74 1.74	**Yb** 1.93 1.93	**Lu** 1.73 1.74
Th 1.80	**Pa** 1.62	**U** 1.39	**Np** 1.31	**Pu** 1.51	**Am** 1.84	**Cm** 1.74	**Bk** 1.70	**Cf** 1.69	**Es** 2.03	**Fm**	**Md**	**No**	**Lw**

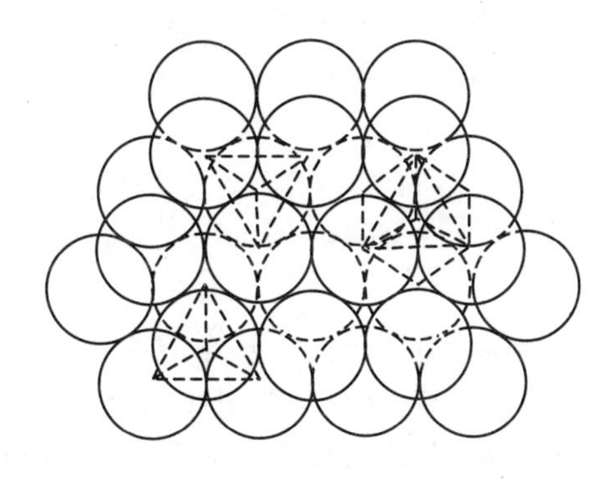

(a) 密置双层中空隙的类型

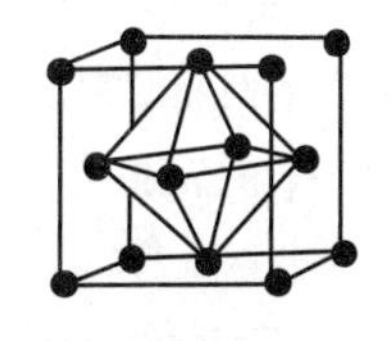

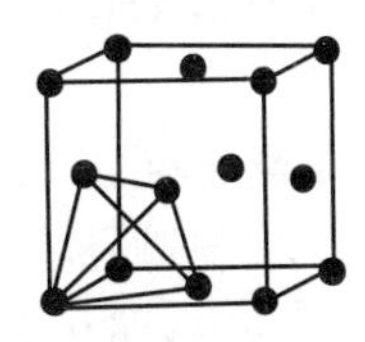

(b) 两种空隙在立方密堆积中的位置

图 6-8　四面体孔隙和八面体孔隙

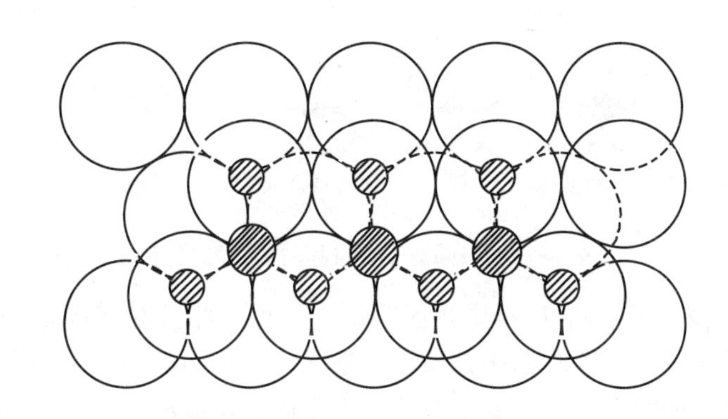

图 6-9　密置层中球四周的空隙分布

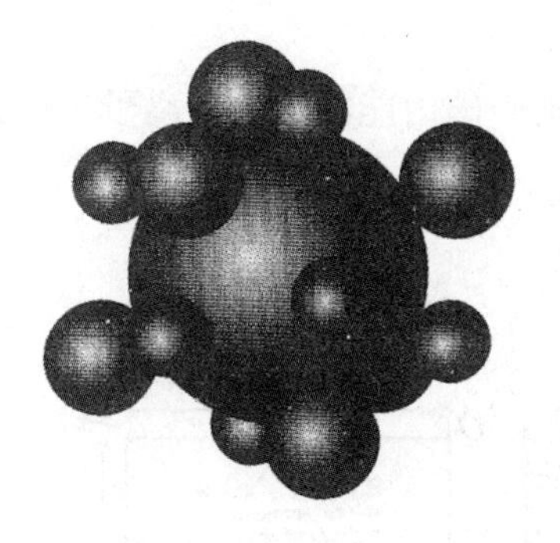

(a) 立方密堆积中球周围的空隙分布

(b) 六方密堆积中球周围的空隙分布

图 6-10　立方和立方密堆积中球四周的孔隙分布

中等球代表八面体空隙，小球代表四面体空隙

因此，在球的最密堆积中，四面体空隙数目为球的数目的 2 倍，八面体空隙数目与球的数目一样。

6.2.2　离子晶体的堆积

由于离子键的球形对称性，故可以把晶体看成由不等径球堆积而成。在多数情况下，阴离子要比阳离子大，可以认为阴离子形成球密堆积，阳离子处在阴离子形成的八面体或四面体空隙里。对于离子晶体，阳离子配位数普遍是 6 或 4 就印证了这一点。阴离子也有 3，8，12 等配位数，很少有 5，7，9 等配位数。

6.2.3 离子半径比对结构的影响

决定晶体中阳离子配位数的因素很多，在许多场合半径比 r^+/r^- 往往起着重要作用。当晶体中每个离子仅与符号相反的离子相接触时，结构最为稳定，如图 6-11(a)所示。如果中心阳离子再减小一点，那么当减小到使阴离子相接触时，结构便有点不稳定(图 6-11(b))。如果阳离子更小一点，那么阴离子的空隙由于斥力作用不会缩小，阳离子便可以在阴离子形成的空隙中自由移动(图 6-11(c))。这种结构很容易变化而导致配位数降低，如图 6-11(d)所示。

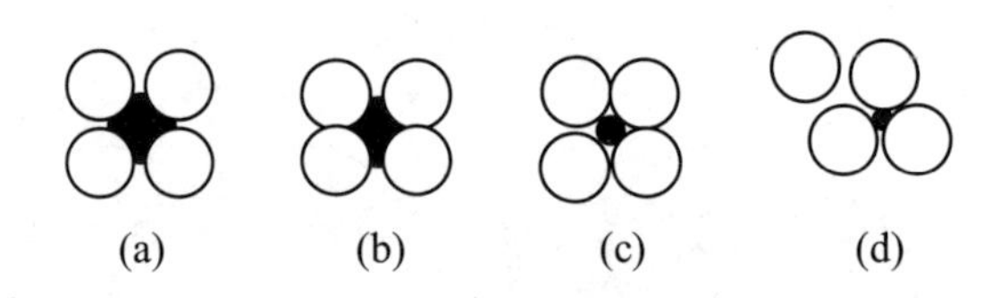

图 6-11 阴阳离子在堆积时的接触情况

当在某个配位数时，阴离子互相接触而阴阳离子也互相接触情况下的半径比 r^+/r^- 称为该配位数的半径比下限。这时结构开始不大稳定。对于四面体配位用立方体辅助图形来计算其半径比下限。如图 6-12 所示，立方体的六个面对角线构成一个正四面体。立方体的中心就是四面体的中心。如果立方体的边长为 a，则从四面体中心到顶点的距离为$\frac{\sqrt{3}}{2}a$，r^-应是正四面体边长的一半，即$\frac{\sqrt{2}}{2}a$，这样负离子构成的空隙内能容纳的正离子半径为

$$r^+=\frac{\sqrt{3}}{2}a-\frac{\sqrt{2}}{2}a$$

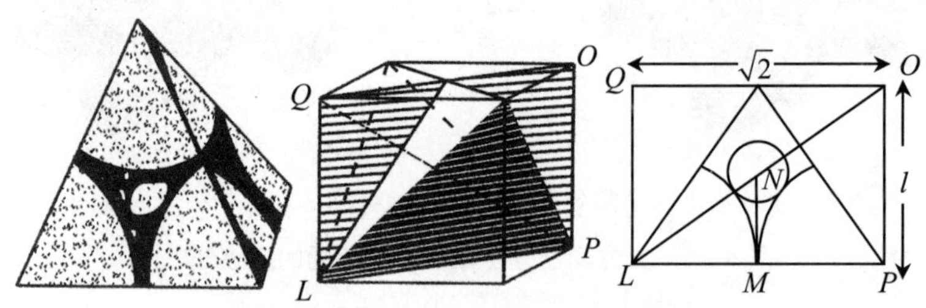

图 6-12 四面体空隙间正、负离子半径比的下限求解

$$\text{而 } r^+/r^-(\text{四面体})=\frac{\frac{\sqrt{3}}{2}a-\frac{\sqrt{2}}{2}a}{\frac{\sqrt{2}}{2}a}=\frac{\sqrt{3}-\sqrt{2}}{\sqrt{2}}=0.225$$

从八面体空隙的剖面图(图 6-13) 可知,正方形的对角线:

$$2r^- + 2r^+ = 2\sqrt{2}r^-$$

$$r^- + r^+ = \sqrt{2}r^-$$

$$r^+ / r^- = \sqrt{2} - 1 = 0.414$$

0.414 就是配位数为 6 时(八面体配位)结构稳定的半径比下限。各种配位数的半径比下限列在表 6-2 中。

表 6-2　各种配位数的半径比下限

r^+/r^-	配位数	构型
≥0.155	3	三角形
≥0.225	4	四面体
≥0.414	6	八面体
≥0.732	8	立方体
≥1	12	最密堆积

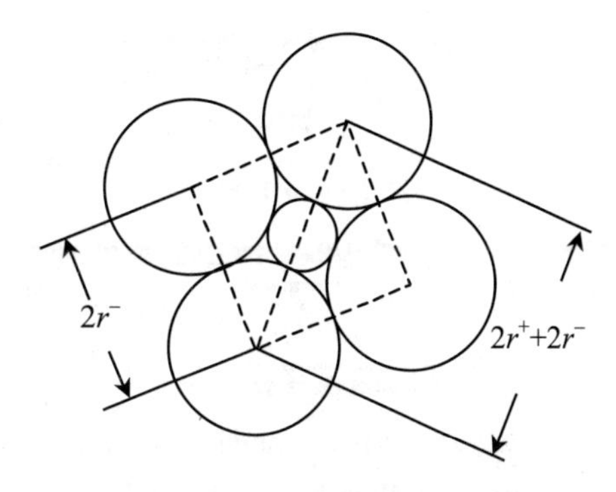

图 6-13　八面体空隙的剖面图

6.2.4　离子半径的求解

1. 离子的接触半径

X 光衍射可以求出正负离子间的距离即正负离子的半径和。问题是如何把这个和正确无误地划分为正、负离子的半径。在典型的离子晶体中,正离子比负离子小,负离子形成密堆积,而正离子填充在负离子密堆积的空隙。如果正离子足够小,小到正好落在负离子形成的空隙中,这时负离子就互相接触,负离子的半径就能求得。举例说明这个问题。

MgO,MgS,MnO,MnS 都是 NaCl 型结构,其格子常数如下(这相当于图 6-14 中八面体相对顶点的距离):

MgO	4.20 Å	MnO	4.48 Å
MgS	5.22 Å	MnS	5.20 Å

从 MgO 和 MnO 的格子常数差别上可看出,O^{2-} 之间在 MnO 中没有接触到,而 Mn^{2+} 和 O^{2-} 是接触到了,显然,$r_{Mn^{2+}} > r_{Mg^{2+}}$。在 Mg 与 Mn 的硫化物中,$S^{2-}$ 之间必然是接触到了。因为 Mg^{2+} 与 Mn^{2+} 的大小虽然不等,而其硫化物晶胞却几乎一样大。根据这种推理,我们可以计算出 S^{2-} 的半径,从图 6-13 可求得

$$r_{S^{2-}} = \frac{\sqrt{2}}{2} \times 5.22 \times \frac{1}{2} = 1.84(\text{Å})$$

CaS 的晶体结构也为 NaCl 型,$a = 5.697$ Å,因此可以肯定 Ca^{2+} 和 S^{2-} 在接触之中,这样即可求得

$$r_{Ca^{2+}} = \frac{1}{2}(5.697 - 2 \times 1.84) = 1.01(\text{Å})$$

用此方法可求出许多离子的半径(见表 6-3)。

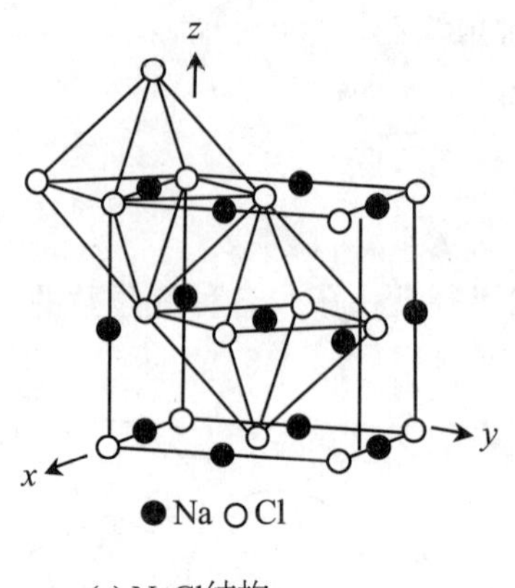

(a) NaCl结构

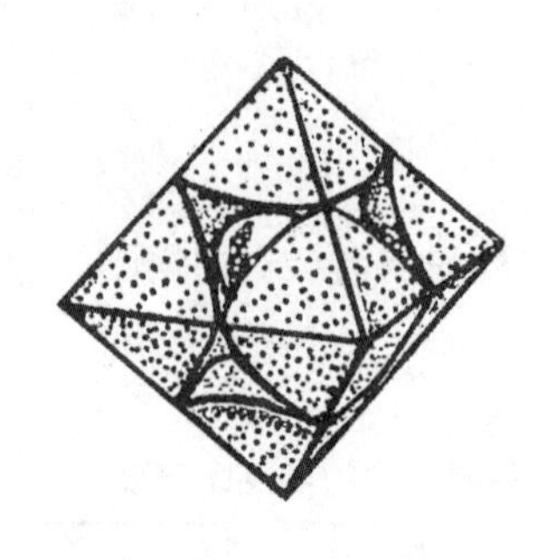

(b) 在正负离子相互接触的八面体空隙中正离子的填充情况

图 6-14 氯化钠的结构

2. 离子的晶体半径

鲍林曾从另一角度研究了离子半径问题。鲍林指出，离子的大小取决于最外层电子分布，就电子构型一样的离子来说，它们的大小与相应离子中作用于最外层电子上的有效核电荷成反比。有效核电荷等于核电荷 Z 减去屏蔽效应常数 S。因此，对同电子构型的离子有如下关系式：

$$r_1=\frac{C_n}{Z-S}$$

式中，r_1 称为离子的单电价半径，离子最外层电子离核越远，单电价半径越大。C_n 为取决于离子最外层电子层主量子数的常数。屏蔽常数则取决于离子的电子构型，例如对 Ne 型离子 $S=4.52$。

离子在半径比接近 0.75 的 NaCl 型晶体中的半径称为晶体半径。因为，根据鲍林提出的

$$r_{\text{A-X}}=(r_{\text{A}^+}+r_{\text{X}^-})F(\rho)$$

从图 6-15 可以看出，当 $r_{\text{A}^+}/r_{\text{X}^-}=\rho\sim 0.75$时，$F(\rho)=1$，此时的离子间距为离子半径之和。对于一价离子，晶体半径即为离子单电子价半径。

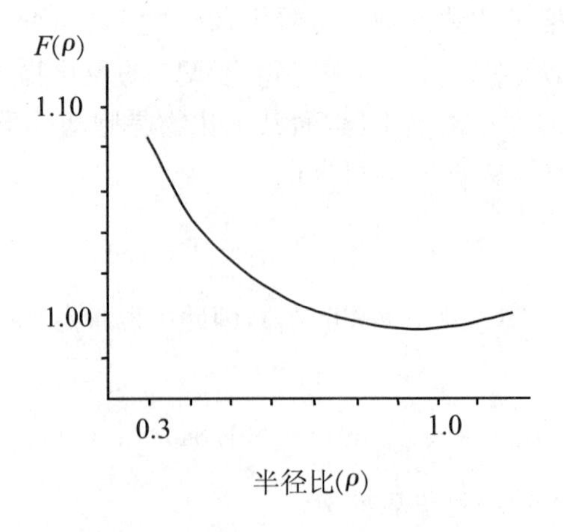

图 6-15 半径比(ρ)与 $F(\rho)$关系图

图6-3　离子半径(单位 Å)

H 1^{-}1.36 1^{+}0.00																	**He** 1^{+}0.93
Li 1^{+}0.68	**Be** 2^{+}0.31											**B** 1^{+}0.35 3^{+}(0.20)	**C** 4^{-}(2.60) 4^{+}0.2 4^{+}(0.15)	**N** 3^{-}1.71 5^{+}0.11	**O** 2^{-}1.40	**F** 1^{-}1.36 7^{+}0.07	**Ne** 1^{+}1.12
Na 1^{+}0.95	**Mg** 2^{+}0.65											**Al** 3^{+}0.50	**Si** 4^{-}2.71 4^{+}0.41	**P** 3^{-}2.12 5^{+}0.34	**S** 2^{-}1.84 6^{+}(0.29)	**Cl** 1^{-}1.81 7^{+}(0.26)	**Ar** 1^{+}1.54
K 1^{+}1.33	**Ca** 2^{+}0.99	**Sc** 3^{+}0.81	**Ti** 2^{+}0.78 3^{+}0.77 4^{+}0.68	**V** 2^{+}0.72 3^{+}0.74 4^{+}0.61 5^{+}0.59	**Cr** 2^{+}0.83 3^{+}0.64 6^{+}0.52	**Mn** 2^{+}0.80 3^{+}0.70 4^{+}0.52 7^{+}(0.46)	**Fe** 2^{+}0.76 3^{+}0.64	**Co** 2^{+}0.74 3^{+}0.63	**Ni** 2^{+}0.72 3^{+}0.62	**Cu** 1^{+}0.96 2^{+}0.72	**Zn** 1^{+}0.88 2^{+}0.74	**Ga** 1^{+}0.81 3^{+}0.62	**Ge** 2^{+}0.70 4^{+}0.53	**As** 3^{-}2.22 3^{+}0.69 5^{+}(0.47)	**Se** 2^{-}1.98 4^{+}0.69 6^{+}0.42	**Br** 1^{-}1.95 7^{+}(0.39)	**Kr** 1^{+}1.69
Rb 1^{+}1.48	**Sr** 2^{+}1.13	**Y** 3^{+}0.83	**Zr** 4^{+}0.79	**Nb** 4^{+}0.74 5^{+}0.70	**Mo** 4^{+}0.66 6^{+}0.62	**Tc** 2^{+}0.95 7^{+}0.58	**Ru** 3^{+}0.77 4^{+}0.62 8^{+}0.54	**Rh** 3^{+}0.75 4^{+}0.67	**Pd** 2^{+}0.86 4^{+}0.64	**Ag** 1^{+}1.26 2^{+}0.97	**Cd** 1^{+}1.14 2^{+}0.97	**In** 1^{+}1.32 3^{+}0.81	**Sn** 2^{+}1.02 4^{+}0.71	**Sb** 3^{-}2.08 3^{+}0.90 5^{+}0.62	**Te** 2^{-}2.21 4^{+}0.89 6^{+}(0.56)	**I** 1^{-}2.16 7^{+}(0.50)	**Xe** 1^{+}1.90
Cs 1^{+}1.69	**Ba** 2^{+}1.35	**La** 3^{+}1.06 4^{+}0.90	**Hf** 4^{+}0.78	**Ta** 5^{+}(0.70)	**W** 4^{+}0.68 6^{+}0.65	**Re** 4^{+}0.72 6^{+}0.52 7^{+}0.60	**Os** 4^{+}0.65 8^{+}0.53	**Ir** 3^{+}0.73 4^{+}0.64	**Pt** 2^{+}0.85 4^{+}0.70	**Au** 1^{+}(1.37) 3^{+}0.91	**Hg** 1^{+}1.27 2^{+}1.10	**Tl** 1^{+}1.44 3^{+}0.95	**Pb** 2^{+}1.20 4^{+}0.84	**Bi** 3^{-}2.13 3^{+}0.96 5^{+}(0.74)	**Po** 4^{+}0.65 6^{+}0.56	**At** 1^{-}2.27 7^{+}0.51	**Rn**
Fr 1^{+}1.76	**Ra** 2^{+}1.40	**Ac** 3^{+}1.11															

Ce 3^{+}1.03 4^{+}0.92	**Pr** 3^{+}1.01 4^{+}0.90	**Nd** 3^{+}1.06	**Pm** 3^{+}(0.98)	**Sm** 2^{+}1.11 3^{+}0.96	**Eu** 2^{+}1.12 3^{+}0.95	**Gd** 3^{+}0.94	**Tb** 3^{+}0.92 4^{+}0.84	**Dy** 3^{+}0.91	**Ho** 3^{+}0.89	**Er** 3^{+}0.88	**Tm** 2^{+}0.94 3^{+}0.87	**Yb** 2^{+}1.13 3^{+}0.86	**Lu** 3^{+}0.85
Th 3^{+}1.08 4^{+}0.99	**Pa** 3^{+}1.05 4^{+}0.96	**U** 3^{+}1.04 4^{+}0.93 6^{+}0.83	**Np** 3^{+}1.01 4^{+}0.92	**Pu** 3^{+}1.00 4^{+}0.90	**Am** 3^{+}0.99 4^{+}0.89	**Cm** 3^{+}0.99 4^{+}0.88	**Bk** 3^{+}0.98 4^{+}0.87	**Cf** 2^{+}1.17 3^{+}0.98	**Es** 2^{+}1.16 3^{+}0.98	**Fm** 2^{+}1.15 3^{+}0.97	**Md** 2^{+}1.14 3^{+}0.96	**No** 2^{+}1.13 3^{+}0.95	**Lw** 2^{+}1.12 3^{+}0.94

以 NaF 为例计算离子的晶体半径：

$$(Z-S)_{Na}=11-4.52=6.48$$

$$(Z-S)_{F}=9-4.52=4.48$$

$$\begin{cases} r_{Na^+}+r_{F^-}=2.31\ \text{Å} \\ r_{Na^+}/r_{F^-}=4.48/6.48 \end{cases}$$

可解得

$$r_{Na^+}=0.95\ \text{Å},\quad r_{F^-}=1.36\ \text{Å}$$

6.3 分子的堆积

6.3.1 格里姆·索末菲法则和非金属、分子的堆积

当非金属原子相互以共价单键结合时，周围会配置 $8-N$ 个原子，N 是该元素在周期表中的族次。非金属间化合物配位也如此。这就是格里姆·索末菲法则。C 在周期表中为第Ⅳ族，$8-N=4$，金刚石和碳氢化合物中的配位数为 4。在金刚石中，C 和 4 个 C 成正四面体配位，形成的是三维骨架型结构。As 的结构中，$8-N=3$，As 原子有 3 个 As 配位(图 6-16)。在硒(Se)或碲(Te)的结构中，$8-N=2$，形成长链状的无限分子，再构成晶体。与它们同族的硫则形成八原子的环形分子，再堆成晶体。在碘的结构中，$N=7$，碘原子临近只有一个碘原子以共价键结合，这样形成哑铃状的碘分子 I_2，再构成晶体(图 6-17(a))。图 6-17(b)表示碘原子的范德瓦尔斯半径。如果用范德瓦尔斯半径计算，其空间利用率还是不低的。对于惰性气体，$8-N=0$，是单原子分子，低温下在范德瓦尔斯力的作用下凝成晶体，由于范德瓦尔斯力无方向性，它们的晶体结构与典型的金属晶体结构没有区别，其中 Ne，Ar，Kr，Xe 属立方最密堆积，而 He 的晶体结构属于六方最密堆积，$c/a=1.633$，与理论值完全一样。

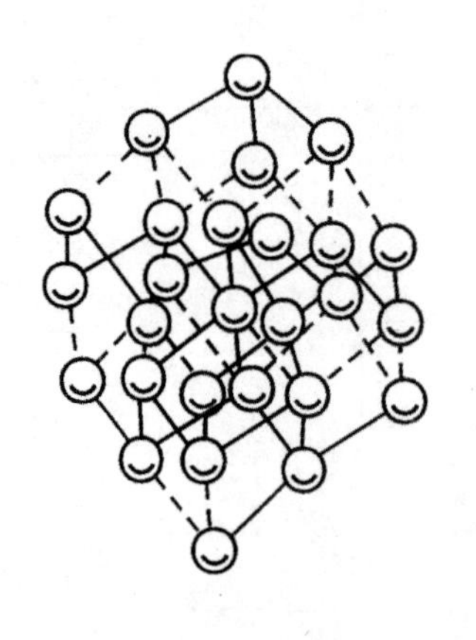

图 6-16　砷的结构

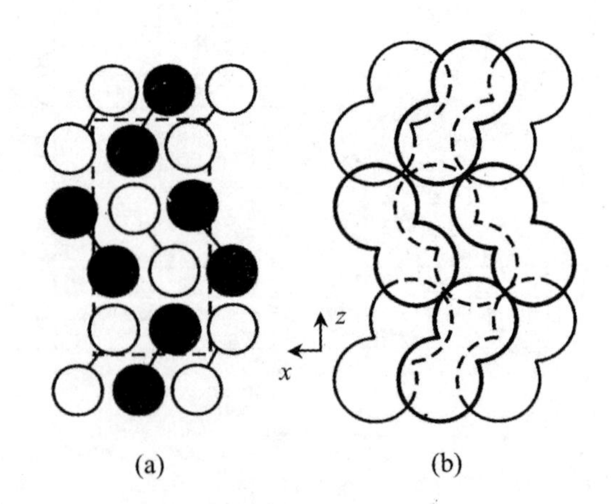

图 6-17　碘的结构

6.3.2　有机分子的堆积

由于范德瓦尔斯力无方向性，有机分子在构成晶体时也力求堆得紧密，所以为了形成密堆积往往一个分子的凸处尽量和另一分子的凹处堆在一起。

图 6-18 是三苯基苯的一个密堆积层的情况。图上分子周围可以靠近的范围叫作分子的范德瓦尔斯半径，这里用粗线画出了分子周围的情况。从图 6-18 可知，三苯基苯在层内的配位数是 6。在有机分子晶体中，一般层内配位数都是 6，而上下两层对于多数有机分子晶体，还有 6 个有机分子配位，即有机分子晶体中，每一有机分子的配位数约为 12。

在有机分子形状接近球形时，也可以像球一样作最密堆积，六次甲基四胺、六次甲基四甲烷的结构就是这样的。六次甲基四甲烷的结构可看成是分子以立方最密堆积堆起来(图 6-19)，而六次甲基四胺则可看成是立方体心密堆积(图 6-20)。

图 6-18　三苯基苯的一个密置层

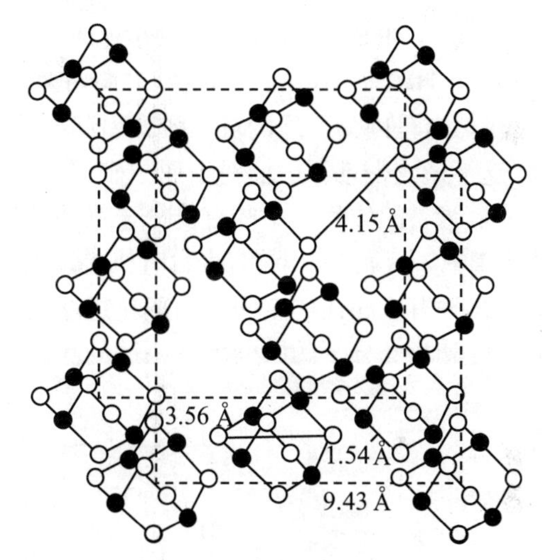

图 6-19　六次甲基四甲烷分子的立方最紧密堆积结构

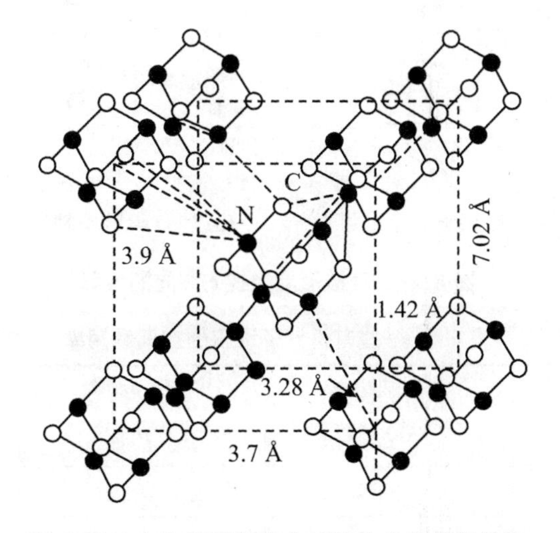

图 6-20　六次甲基四胺分子的体心密堆积结构

直链形烷烃的同系物的堆积在 a,b 方向是一样的(图 6-21),表现为 $a\approx7.45$ Å,$b\approx4.97$ Å(图 6-21(b))。

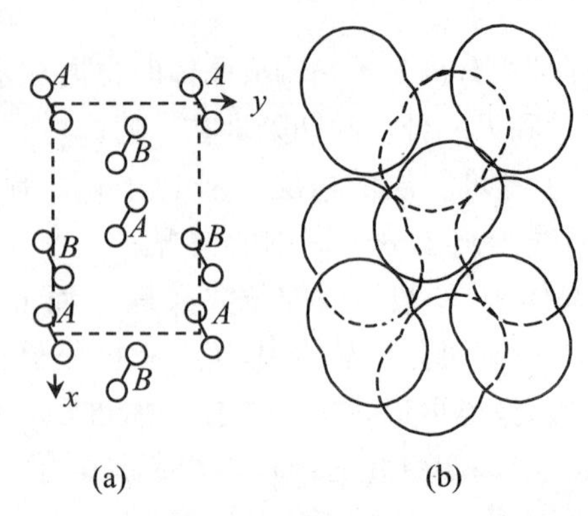

图 6-21　直链形烷烃的同系物在 *a*,*b* 方向的堆积

对 $2n-1$ 和 $2n$ 烷烃晶格常数对比发现,二者在 c 方向的周期差 4.4 Å(如 $C_{29}H_{60}$,$c=77.2$ Å;$C_{30}H_{62}$,$c=81.61$ Å),比 c 方向由两个碳链长短所引起的差 $2\times1.25=2.5$(Å)要大得多,显然这是因为不同的堆积方式引起的(图 6-22)。对于奇数碳链,反映面通过链正中碳原子,这不影响密堆积。而对于偶数碳链,反映面正好在两个分子之间,这就妨碍了两个分子形成最紧密的堆积。一些有机分子堆积成的晶体,以范氏半径计算其空间利用率数据列于表 6-4 中。从表 6-4 可知,少数有机晶体的空间利用率小于 65%,小于 60%的只有一个晶体。有几种有机晶体的空间利用率超过球最密堆积的空间利用率 74.05%,这显然是分子的凸处正好和相邻分子的凹处堆在一起的缘故。

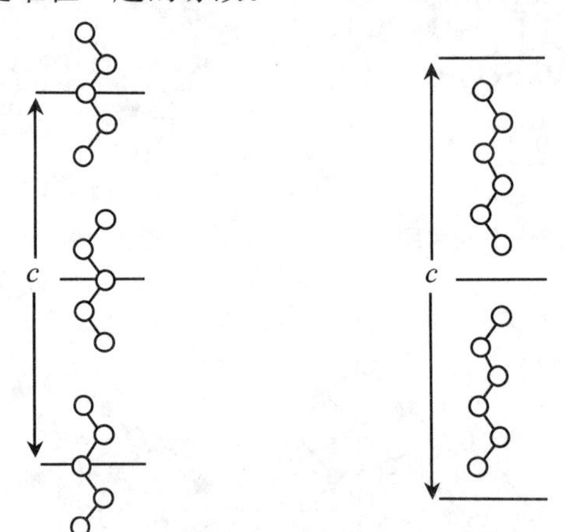

(a) 奇数碳链有利于密堆积　　(b) 偶数碳链不利于密堆积

图 6-22　直链形烷烃在 *c* 方向的堆积

表 6-4　一些有机分子堆积的空间利用率

化合物名称	空间利用率	化合物名称	空间利用率
苯	0.681	β-萘胺	0.705
α-苯间二酚	0.665	α-萘胺	0.680
β-苯间二酚	0.678	2,6-二甲萘	0.740

续表

化合物名称	空间利用率	化合物名称	空间利用率
n-甲苯胺	0.677	*β*-甲萘	0.712
n-醌	0.693	蒽	0.722
n-二溴苯	0.740	9,10-二溴蒽	0.733
n-氯溴苯	0.714	9,10-二氯蒽	0.800
n-二氯苯	0.687	9,10-蒽醌	0.765
联苯	0.740	1,2-蒽醌	0.781
邻二苯基苯	0.730	1,4-*α* 蒽醌	0.778
三苯甲烷	0.638	1,4-*β* 蒽醌	0.773
三苯基苯	0.716	菲	0.684
1,2-二苯乙烷	0.705	并二萘	0.737
均二苯乙烯	0.720	甲基异丙基菲	0.760
二苯乙烷	0.685	二萘嵌苯	0.805
萘	0.702	石墨	0.887
α-萘酚	0.714	2,6-二辛萘	0.595
β-萘酚	0.710		

6.4　密堆积理论和空间群理论

6.4.1　球最紧密堆积的空间群

我们前面已讲过，对于金属晶体、离子晶体及惰性气体晶体的结构，可以近似地看成是球的密堆积。现在来研究球密堆积所能具有的对称性。首先，研究球一层堆积的对称性，如图 6-23 所示，在三角形空隙处的对称性是 $3m$，而球心处的对称性是 $6m$。在进行最密堆积时，必然把第二层球放在第一层的三角形空隙上，放第三层、第四层也是这样。所以，不管堆积多少层，整个堆积至少有 $3m$ 对称性。必须指出，三层堆积的对称性是具有 4 个 3 次轴的面心立方。除了三层堆积外具有 $3m$ 对称性的点群总共有 5 个：

$$L_6 6L_2 7PC=\frac{6}{m}mm,(D_{6h})$$

$$L_6 6P=6mm,(C_{6v})$$

$$L_3 3P=3m,(C_{3v})$$

$$L_3 3L_2 4P=\bar{6}2m,(D_{3h})$$

$$L_3 3L_2 3PC=\bar{3}m,(D_{3d})$$

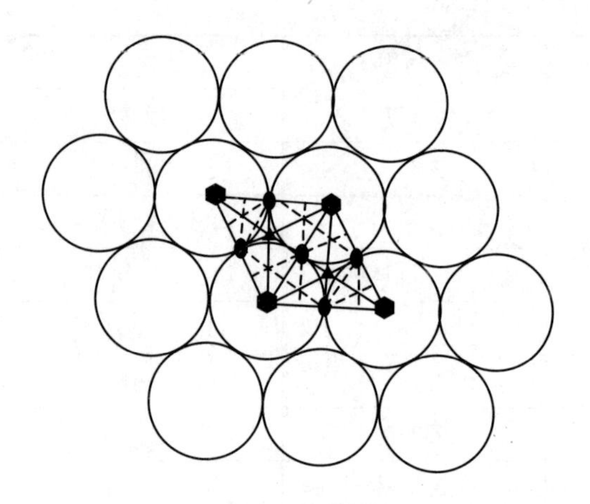

图 6-23　球一层堆积的对称性

与这五个点群同形的空间群共有 24 个：

$3m$：$\boxed{P3m1}$，$P3c1$，$P31m$，$P31c$，$\boxed{R3m}$，$R3c$

$\bar{3}m$：$\boxed{P\bar{3}m1}$，$P\bar{3}c1$，$P\bar{3}1m$，$P\bar{3}1c$，$\boxed{R\bar{3}m}$，$R\bar{3}c$

$\bar{6}2m$：$\boxed{P\bar{6}m2}$，$P\bar{6}c2$，$P\bar{6}2m$，$P\bar{6}2c$

$6mm$：$\boxed{P6mm}$，$P6cc$，$\boxed{P6_3mc}$，$P6_3cm$

$\frac{6}{m}mm$：$\boxed{P\frac{6}{m}mm}$，$P\frac{6}{m}cc$，$P\frac{6_3}{m}cm$，$\boxed{P\frac{6_3}{m}mc}$

其中有 $3m$ 对称性的空间群共 9 个，我们把它们框了起来，下面以与 $3m$ 点群和 $\frac{6}{m}mm$ 点群同形的空间群为例，来说明这一点。在与 $3m$ 点群同形的空间群中，仅 $P3m1$ 和 $R3m$ 是球密堆积的空间群。因为其他空间群中无通过三次轴的反映面。例如，$P31m$ 不是所有的 3 次轴都有反映面通过，所以它不是球最紧密堆积的空间群。在与 $\frac{6}{m}mm$ 同形的四个空间群中，$P\frac{6}{m}mm$ 和 $P\frac{6_3}{m}mc$ 都有 $3m$ 的对称性，但最紧密堆积球在单层时有 6 次轴，在多层最紧密堆积时不可能再有 6 次轴的对称性，因此 $P\frac{6}{m}mm$ 不是最紧密堆积的空间群，而 $P\frac{6_3}{m}mc$ 是六方最紧密堆积…$AB\ AB\ AB$…的空间群。

用类似的办法可推断，相应于三方和六方对称的最紧密堆积的空间群为 7 个，加上立方最紧密堆积 $Fm3m$，总共为 8 个(图 6-24)：

$$P3m1, R3m, P\bar{3}m^*, R\bar{3}m, P\bar{6}m2^*, P6_3mc$$

$$P\frac{6_3}{m}mc^*\text{(六方密堆积)}, Fm3m^*\text{(立方最密堆积)}$$

直到 8 层堆积仅出现四个打星号空间群，$R\bar{3}m$，$P3m1$ 在 9 层堆积才出现，$P6_3mc$ 在 12 层堆积中首次出现，$R3m$ 直到 21 层堆积才出现。

6.4.2　分子堆积的空间群

分子堆积可以看成是不规则图形的密堆积。图 6-25 所示的是分子密堆积具有反映面时的情形，图 6-26 是具有 2_1 次轴，c 滑移面或对称中心的分子堆积情况。将图 6-25 与图 6-26 对比可知，反映面不利于密堆积。从理论上可以推断，这种不规则图形的密堆积落在某些空间群中几率要大些，这样的空间群叫作最可几空间群，共有如下 12 种：

$$P2_1, P\frac{2_1}{c}, Pca2_1, C\frac{2}{c}, Pbca, P2_12_12_1$$

$$Pna2_1, P2_12_12_1, Cmn2_1, Pnma, Pbcn, Pmc2_1$$

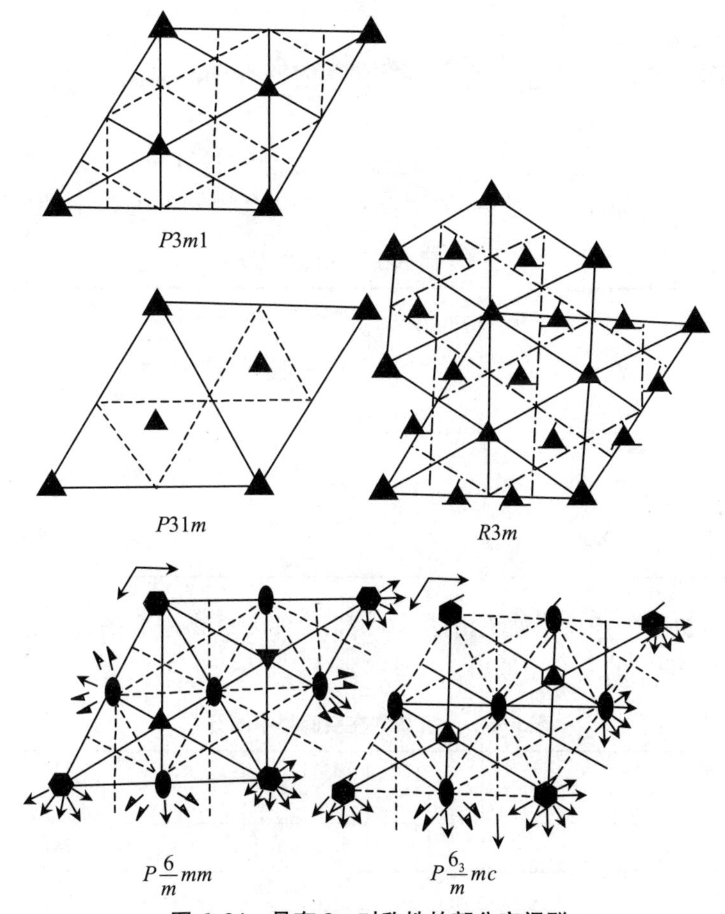

图 6-24　具有 3*m* 对称性的部分空间群

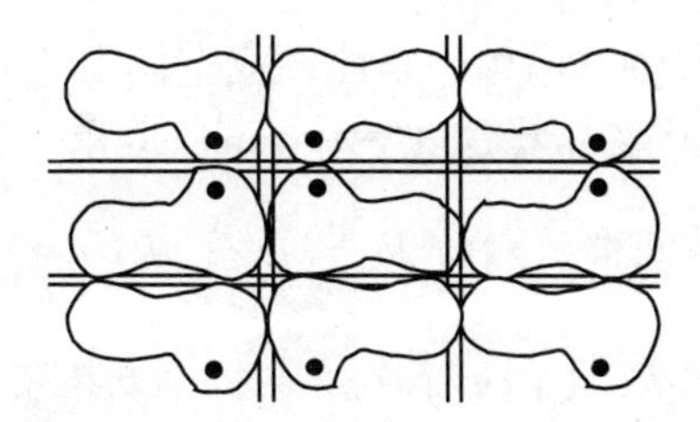

图 6-25　分子堆积具有反映面的情形

当然，在分子接近球形时也会具有中级甚至高级晶系的空间群对称性。

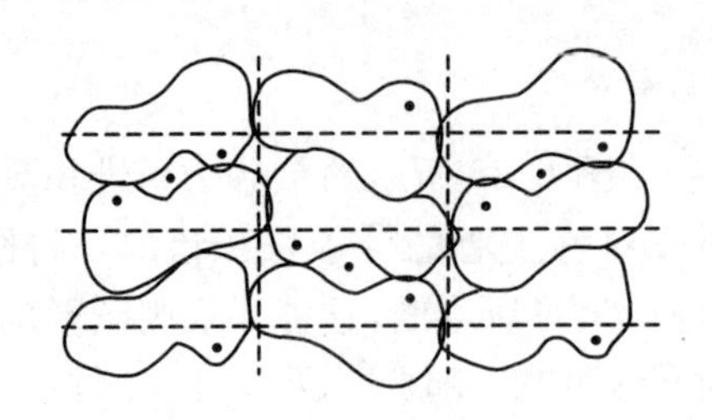

(a) 分子密堆积具有对称中心和c滑移面的情形

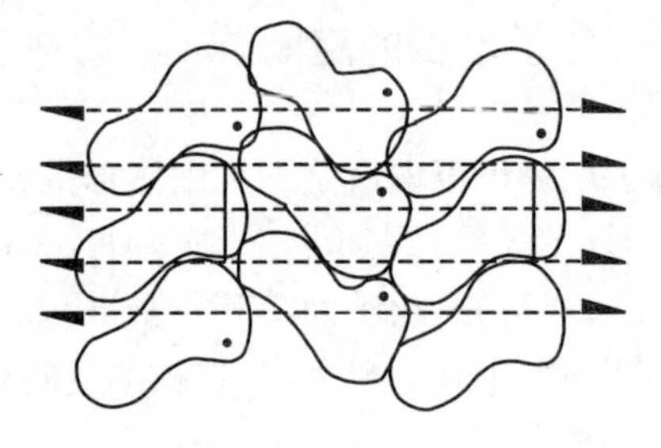

(b) 分子密堆积具有2_1次轴的情形

图 6-26　分子密堆积

6.4.3　晶体在 219 种空间群中的分布

由于 230 种空间群中有 11 对左右型空间群，每一对只算一种，所以是 219 种空间群。1967 年有人对 8795 个晶体作了统计，表明近半数的化合物分布在 11 种空间群中(表 6-5)。

表 6-5　晶体在空间群中的分布

$P\frac{2_1}{c}$	$Fm3m$	$Pnma$	$P2_12_12_1$	$C\frac{2}{c}$	$Fd3m$
1117	547	483	455	374	303
$P2_1$	$P\bar{1}$		$P\frac{6_3}{m}mc$	$Pm3m$	$R\bar{3}m$
284	249	242		223	218

把无机物、有机物分开讨论就更清楚。对 5576 种无机物进行统计后结果表明，40%以上的晶体属于表 6-6 中的 8 个空间群。

表 6-6　无机晶体在空间群中的分布

$Fm3m$	$Pnma$	$Fd3m$	$P\frac{2_1}{c}$	$Pm3m$	$P\frac{6_3}{m}mc$	$R\bar{3}m$	$C\frac{2}{c}$
9%	7%	5%	5%	4%	4%	4%	4%

$Fm3m$ 和 $P\frac{6_3}{m}mc$ 是典型的密堆积空间群。$R\bar{3}m$ 也是密堆积的空间群，同时空间群属于 $Fm3m$ 的晶体结构沿着 3 次轴方向稍一歪曲便成空间群 $R\bar{3}m$。空间群 $Pnma$ 晶体结构中，有些是从六方密堆积演变而来。六方格子本身可以取出一正交底心格子，可以想象当晶体结构发生某种畸变时会使空间群从六方 $P\frac{6_3}{m}mc$ 变成 $Pnma$。一些复杂无机物取最可几空间群 $P\frac{2_1}{c}$，一些离子化合物取 CsCl 结构 $Pm3m$，许多共价键化合物取 $Fd3m$。

在有机物晶体中，二次统计表明，50%以上的晶体结构属于六个空间群，其中有五个为最可几空间群,另一个也是有利于密堆积的空间群 $P\bar{1}$。这些有机物的最可几空间群中都有 2_1 次轴或滑移面,这特别有利于曲曲折折的有机链的堆积。具体结果如表 6-7。

表 6-7　有机晶体在空间群中的分布

空间群	$P\frac{2_1}{c}$	$P2_12_12_1$	$P2_1$	$C\frac{2}{c}$	$P\bar{1}$	$Pbca$	总百分比
百分比（总共 1179 种）	22%	10%	9%	5%	3%	3%	52%
百分比（总共 3219 种）	26%	13%	8%	7%	5%	3%	62%

统计的另一些结果是:第一次有 41 种空间群中无化合物,第二次有 22 种空间群中无化合物。没有化合物的空间群往往有极轴,如 C_{2v}^x,C_{4v}^x。另外 74%的化合物在具有对称中心的空间群中,这是因为在具有对称中心的晶体结构中分子堆积得较紧密(图 6-26(b))。因此,原子、分子堆成晶体时,往往牺牲其他对称元素,保持对称中心。

6.4.4　空间群理论和密堆积理论

在推导空间群过程中,我们考虑了周围重复图案的所有可能的对称性。图案在平面上任意排列的对称性为 17 种平面群。在空间任意排列的对称性就是 230 种空间群。然而,晶体中原子、离子或分子,由于化学键不会允许它们像花布上的花朵一样任意地进行几何排列而构成各种图案。

对于共价键晶体,由于共价键的方向性而堆积得较松,但晶体本身的对称性一般不低。典型的共价晶体不多。在无方向性的离子键、金属键、范氏键晶体中,原子、分子或离子为了使得晶体结构能量较低,就要尽量堆积得紧密。属于这种情况的晶体数量很大。上面已经看到,在分子晶体情况下,密堆积往往或多或少损害分子对称性。综上所述,晶体在 230 种空间群中的分布是不均匀的,在密堆积的空间群里分布的几率大些。

6.5　晶体结构研究的重要性

6.5.1　同质多象及其分类

在第 1 章中已讲过,同一物质在不同条件下可能有不同晶体结构的变体,这称为同质多象。物质的种种变体的热力学稳定性各不相同,一般情况下,物质大多数以其能量最低的稳定相存在。但是,有时物质也可以介稳相存在,这些介稳相由于存在某种位垒而不能转变成低能量相。例如,在室温常压下 C_{60} 也是十分稳定的,它具有完美的封闭贝壳型分子结构,其化学键十分强而且具有方向性,这些特点产生了巨大的动力学位垒使它无法形变从而转变成稳态相。

合成热力学介稳相是一种制备新物质的方法。一般介稳相的合成是以很大能量消耗为代价的。例如，C_{60}的气溶胶合成方法是在很高温度很大能量消耗下产生自由的气态碳原子，然后使它们重新聚集组合。但是，若引入合适的催化作用，也可在较温和的接近常温常压下合成介稳相。例如，在苯溶剂中 280℃ 50 bar 的条件下合成含有岩盐型高压相的 GaN 纳米晶[36-37]。从中可以看出，结晶化学在固体科学中的重要性。

同质多象根据其晶体结构可以分为以下五类：

1. 配位数不同的变体结构

例如，BN 在通常情况下为三配位的平面层状结构，与石墨结构类似，此时密度为 2.25 g/cm^3。但在高温高压下它能转变为四配位的闪锌矿结构，与金刚石结构类似，此时密度为 3.47 g/cm^3。

2. 分子或基团转动形成的变体

NH_4Cl 在 184.3 K 以上为 NaCl 结构，在此温度以下为 CsCl 结构，配位数由 6 增加到 8。但其形成变体的原因是 NH_4^+ 在 230 K 左右就开始了自由转动。

有机链状化合物也有自由转动所致相变问题。如 $C_{29}H_{60}$（图 6-27），在低温时属于正交晶系；高温时，分子绕长轴转动，其形状可看做是圆柱形，φ 角为 60°，这时晶体就变为六方晶系晶体。$C_{12}H_{25}OH$ 的情况就复杂一些。它在 24 ℃时，结晶为六方晶体，这个六方晶体在 16 ℃时转变为单斜晶体。此后如果再加热直至熔化也不会发生单斜向六方的相变。而六方晶体仅可以由熔化状态再冷却至 24 ℃结晶而取得。这是因为在单斜变体中，碳链由于有 OH 基团而与格子底面交成一定角度。单是链的转动不足以取得六方结构。

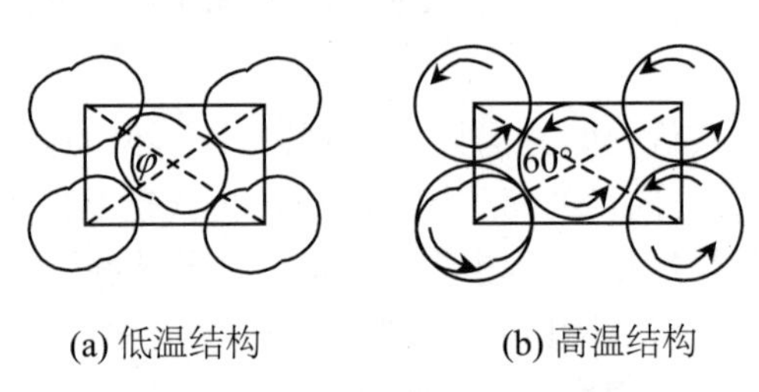

图 6-27　$C_{29}H_{60}$ 晶体结构的相变

3. 相同配位数，不同堆积重复数的变体结构

一些 $BaMO_3$ 化合物的多种变体就是以堆积层重复数不同而形成的。因为 Ba^{2+} 和 O^{2-} 的大小相近（$r_{Ba^{2+}}=1.38$ Å，$r_{O^{2-}}=1.36$ Å，），它们能形成 BaO_3 的密堆积层（图 6-28）。从图 6-28 可知，其六方晶格常数 $a=4\times1.38$ Å ~5.6 Å，在形成多层堆积后，较小的阳离子 M 处在由六个 O^{2-} 形成的八面体空隙中。

在理想的六方球密堆积中 $c/a=1.633$，在 BaO_3 密堆积层形成的六方密堆积中，二层堆积时，$c/a=0.817$，因为这里有两种离子，a 比通常情况要大一倍。$BaNiO_3$ 能形成二层堆积 $a=5.58$ Å，$c=4.83$ Å，$c/a=0.865$，差别较大可能与形成氧缺位结构有关。用 c/a 对重复层数(n)作图可求出近似表达式 $c/a\approx0.4170n$。表 6-8 中列出了多种 $BaCrO_3$ 变体[38]的空间群、重复层数、格子常数，从表 6-8 可知除 9R 变体，其余变体 $c/(na)$在 0.4055 至 0.4134 之间，在堆积过程中两种离子 Ba^{2+} 和 O^{2-} 形变不十分大。表中 H 表示六方格子，R 表示三方 R 格子。

$BaTiO_3$ 有三层密堆积结构。它是立方钙钛矿结构，$a=3.98$ Å，换算成六方格子 $a'=3.98\times\sqrt{2}=5.63$ (Å)(图 6-28)，$c=3.98\times\sqrt{3}=6.89$(Å)。

表 6-8　$BaCrO_3$ 的多层堆积变体[38]

变体	可能空间群	晶格常数		$c/(na)$
		a(Å)	c(Å)	
$4H$	$P\frac{6_3}{m}mc$	5.659	9.359	0.4134
$6H$	$P\frac{6_3}{m}mc$	5.627	13.690	0.4055
$9R$	$R\bar{3}m$	5.62	22.95① ～20.90②	0.454① 0.413②
$12R$	$R\bar{3}m$	5.662	27.752	0.408
$14H$	$P\frac{6_3}{m}mc$	5.652	32.515	0.4109
$27R$	$R\bar{3}m$	5.649	62.705	0.411

注：① 实验值，$c/(na)$的值是 9 或 10 层堆积，但是空间群与 9 层堆积的结构更加吻合。
② 计算值。实验值比理论值偏大，可能与形成缺位结构有关。

4. 有序-无序型变体

$ZnSnAs_2$ 在常温下是有序的 $CuFeS_2$ 结构，属四方晶系，格子常数 $c\approx2a$(图 6-29)。当温度升高时，Zn 和 Sn 无序排列使其结构变得和 ZnS(立方)结构相同。

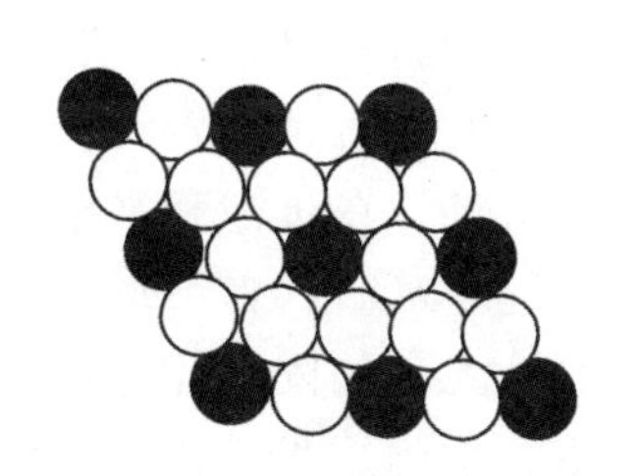

(a) BaO_3的二层堆积中一个平面层

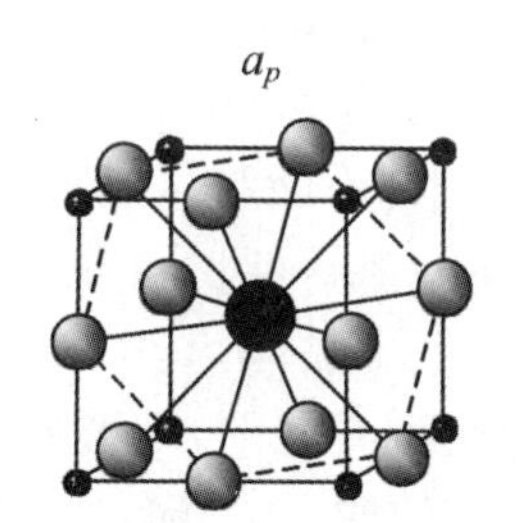

(b) BaO_3的三层堆积是钙钛矿结构

图 6-28　BaO_3 的堆积

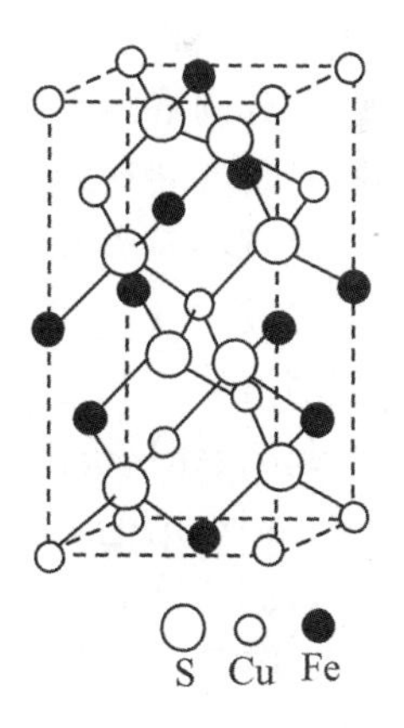

图 6-29　黄铜矿

5. 几何结构无变化而有性质跃变的变体

如 α-Fe $\xrightarrow{770\ ℃}$ β-Fe，两变体结构都是体心立方，此时 β-Fe 失去磁性。这种铁磁到顺磁的转变称为居里转变。

又如当 $YBa_2Cu_3O_{7-\delta}$在液氮中时几何结构无明显变化，但性质上从金属导体变到超导状态。

6.5.2 类质同象

若干化学式相似的物质具有相似晶体外形，这称为**类质同象现象**。显然，这与其内部结构的相似有关。二价金属的碳酸盐是一典型的例子，它们都有菱面体外形，其棱间夹角都十分接近(表 6-9)。类质同象现象曾被用来测定和修正一些元素原子量，因而在一定程度上推动了化学的发展。例如，在 1837 年以前，银的硫化物写成 AgS，按此式定出银的原子量为 216。1837 年杜马斯发现硫化银和硫化亚铜同晶，因此化学式应写成 Ag_2S，这样银的原子量应为 108。

表 6-9 碳酸盐晶体菱形晶面上的棱间角

化学式	$MgCO_3$	$CaCO_3$	$FeCO_3$	$MnCO_3$	$CdCO_3$
棱间夹角	101°55′	102°50′	103°28′	103°21′	103°04′

化学式相似可能会类质同象，也可能不发生类质同象。因为有些物质化学式相似而结构不相似，其晶体外形不会很相似。

6.5.3 固溶体

许多类质同象物质都能生成均匀的、组分可变的晶体，这有点像溶液，所以称为固溶体，这种是置换固溶体。正如溶液有溶解度问题一样，固溶体也区分为有限互溶和无限互溶。形成较一般意义下的固溶体的条件，可归结为离子半径和极化性能比较接近，其次是晶格的形状和大小相差不多。

形成固溶体的这些条件不是绝对的，应视具体情况而异。例如，LiCl 和 NaCl 由于 Li^+ 和 Na^+ 二者半径差别在 40%以上，晶格常数 LiCl 为 5.13 Å，NaCl 为 5.63 Å，相差也很大，因此二者不能形成固溶体。但是在 $LiMnPO_4$ 和 $NaMnPO_4$ 中，由于这两种物质组分较多，格子也较大，Li^+ 和 Na^+ 半径的差别并不能对晶格常数有很大影响，因此这两种化合物仍能形成固溶体。温度改变时，固溶体的溶解度也会改变。例如 KCl 和 NaCl 在过饱和水溶液中一起结晶时，析出不透明的乳白色小晶体，其中有的是 KCl，有的是 NaCl，二者不形成固溶体。但如果把二者均匀混合加热到 650 ℃，则形成均匀的、透明的、无色的固溶体。离子极化对固溶体的形成有较大影响。例如，Na^+ 和 Cu^+ 的离子半径相等，但由于 Cu^+ 的极化能力强，所以二者不能相互取代而形成固溶体。

置换固溶体与类质同象的这种联系，使人们起先以为取代离子至少是同价的，但实际上由于几何上相似，异价离子同样可以互相取代，如 $FeCO_3$-$Sc_2(CO_3)_3$。在硅酸盐中，$NaAlSiO_8$ 和 $CaAl_2Si_2O_8$ 能形成连续固溶体。这是因为(Na^+，Si^{4+})成对地与(Ca^{2+}，Al^{3+})相互取代时离子的电价和是相等的。然而，有时当这一点不满足时也能形成置换固溶体，如 $CaTiO_3$-$KMgF_3$，$BaSO_4$-KBF_4。这时的相互取代纯粹决定于几何上的差异。

进一步研究这种异价固溶体后，发现有些异价固溶体的相互溶解度有一下限，当其中一组分少于这个下限时，就不能形成固溶体。在等价固溶体时不存在这种情况。原因是有些异价固溶体内并没有发生真正的离子间的取代，而是一个组分的晶体分散到另一组分的晶体中去，生成的不是“固体真溶液”，而是“固体胶体溶液”。

6.5.4　反常固溶体

在第 2 章中已经提到，从含有尿素的 NaCl 过饱和溶液中能结晶出八面体外形的 NaCl 晶体。进一步研究表明，这是因为 NaCl 的{111}单形晶面对尿素的吸附。在吸附了尿素后的{111}的生长速度比{100}还慢，结果形成了正八面体外形。

从图 6-30 可知，二者有某些相似之处：三个 Cl^- 构成的等边三角形与三个尿素分子构成的三角形相比，前者的边长约为后者的一半。这种二维上的相似是尿素分子附着在 NaCl 晶体(111) 晶面上的结晶化学原因。这也等于形成了某种二维固溶体，这种固溶体称为反常固溶体。另一些典型例子是：$NiCl_2 \cdot 2H_2O$，$CoCl_2 \cdot 2H_2O$，$CuCl_2 \cdot 2H_2O$，$MnCl_2 \cdot 2H_2O$ 都能和 NH_4Cl 形成这种反常固溶体，它们在 NH_4Cl 晶体中的溶解度可达 15%。其结晶化学原因是这些盐的某些晶面和 NH_4Cl 晶体的某些晶面有相似的面网。例如，在 NH_4Cl-$CoCl_2 \cdot 2H_2O$ 体系中，NH_4Cl 的(100)晶面上能叠加上 $CoCl_2 \cdot 2H_2O$ 的$(4\bar{4}1)$晶面(图 6-31)。图中粗线表示 $CoCl_2 \cdot 2H_2O(4\bar{4}1)$，细线表示 NH_4Cl 的(100)晶面。有些无机盐如$Ba(NO_3)_2$和 $Pb(NO_3)_2$ 能溶解某些有机颜料，如亚甲基青($C_{16}H_{18}N_3SCl$)，也属于反常固溶体。

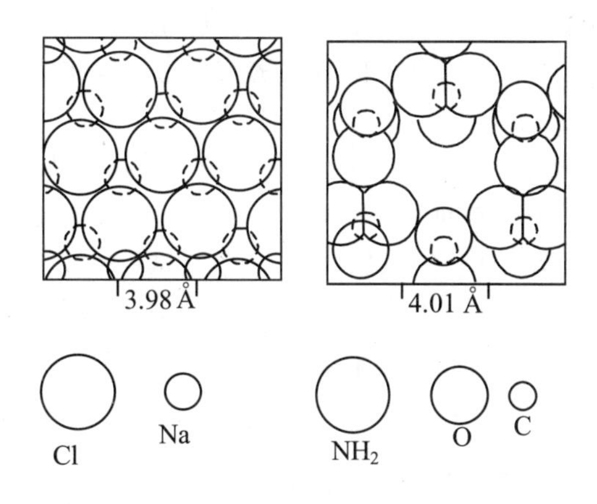

图 6-30　NaCl(111) 和尿素晶体(111) 的二维相似性

6.5.5　晶体的连生和外延

晶体在二维相似时还能导致晶体的连生。如把正八面体外形的 NaCl 晶体放入尿素的过饱和溶液中，尿素就会以(111) 晶面和 NaCl 的(111) 晶面连生的方式长出尿素小晶体(图 6-32)，这称为晶体的连生。当然，如果当晶体三维相似时，能形成固溶体的晶体之间也能连生，此时往往把整个晶体都包起来(图 6-33)。晶体的这种连生性质，在科学技术上得到了重要的应用。一些简单的实验即显示了这一点。

当把碱金属卤化物水溶液滴在白云母和黑云母片上时，待溶液蒸发干后，能在显微镜下观察到外形为三角形的、以(111) 晶面和云母片连生的卤化物小晶体的取向情况。白云母和黑云母的平面层具有六方对称性，$a_M = 5.18$ Å，$a_B = 5.30$ Å(白云母和黑云母的格子常数)。碱金属卤化物晶体的(111) 晶面具有 3 次轴对称性,格子形状与云母相似,就可能连生。对每个卤化物做上述实验,统计了 2000 个小晶体后,结果汇总成表 7 10。表中也列出了碱金属卤化物(111)晶面的格子常数 $a_{(111)}=\frac{\sqrt{2}}{2}a$,如对 KCl,$a_{(111)}=\frac{\sqrt{2}}{2}\times 6.29=4.44$(Å),从表 6-10 可知,只有当格子常数接近时,碱金属卤化物才能较好地在云母片上取向连生。

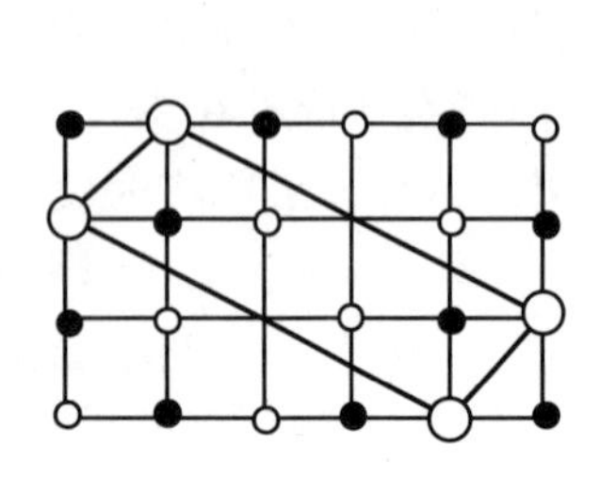

图 6-31　NH_4Cl(100)和 $CoCl_2$(4 $\bar{4}$1)互相叠加

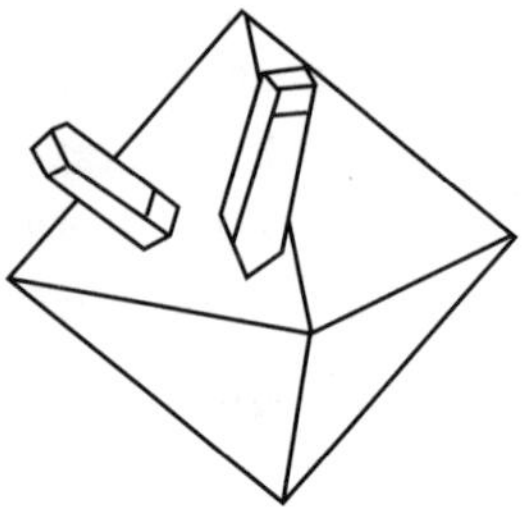

图 6-32　尿素(111)在 NaCl(111)上连生

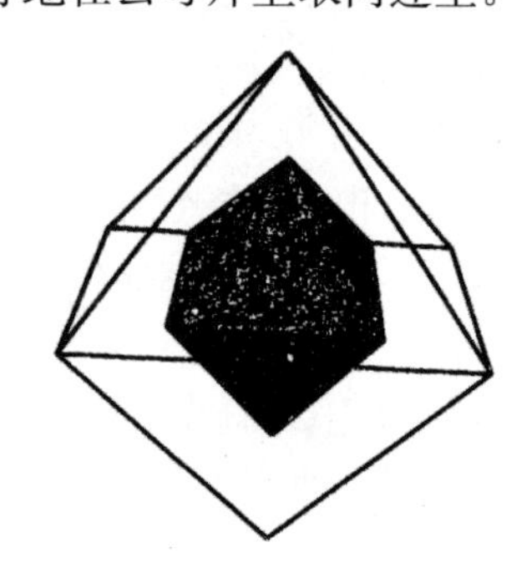

图 6-33　铬明矾在铝钾明矾上的生长

如果在衬底晶片上生长一层其他物质的多晶或单晶薄膜,这种技术称为外延。由于一方面薄膜有其特定的性质和用途,另一方面有些物质不易长成很大的单晶,因而外延技术显示出其特有的重要性。在进行气相或液相处延时,要考虑到格子常数的匹配。例如在制备 $YBa_2Cu_3O_{7-\delta}$超导薄膜时($a=3.88$ Å,$b=3.82$ Å),为了使得 a,b 形成的铜氧平面层能长在衬底上,可用 $SrTiO_3$ 等的(100)晶面($a=3.91$ Å)。用水热法在硅单晶(100)面上外延生长 TiO_2 薄膜时,由于 TiO_2(锐钛矿型)的(112)面的格子常数($a=5.354$ Å,$b=10.917$ Å)与二倍单晶硅(100)面的格子常数($a=5.43$ Å,$2a=10.86$ Å)匹配(图 6-34),所以此法可得到高取向的 TiO_2 薄膜,其 X 射线衍射图上只有一个尖锐的 112 衍射峰[39]。用该法也成功地制备了在(10$\bar{1}$0)面择优生长的 ZnO 薄膜[40]。

表 6-10　2000 个小晶体的取向统计

卤化物	NH_4I	KI	KBr	KCl
白云母	96.5%	69.2%	39.0%	无取向
黑云母	70.1%	66.3%	17.7%	无取向
$a_{(111)}$	5.16	4.99	4.65	4.44
$\Delta\ (a_M-a)$	0.02	0.19	0.53	0.74
$\Delta\ (a_B-a)$	0.14	0.13	0.65	0.86

不同溶剂对外延薄膜的择优取向、生长程度、粒子形状、晶化程度等都有一定影响。一般来讲,溶剂的介电常数越小,这个范围就越宽。例如在方铅矿(PbS)上外延碱金属卤化物时,若以水为溶剂($\varepsilon=80$),卤化物无法外延上去,但若改用乙醇为溶剂($\varepsilon=25$),这种液相外延就能进行。例如,采用喷雾热解法,$Cr(acac)_3$(acac 为乙酰丙酮)为前驱物,分别以乙酸、乙醇水溶液、无水乙醇为溶剂,在衬底上外延生长 α-Cr_2O_3 薄膜[41]。实验结果表明,从乙酸水

溶液中制得的薄膜的 XRD 图上 110 衍射峰特别强，这表明，在 Si 的(100)面衬底上，α-Cr_2O_3 的(110)面有择优生长。这是因为单晶 Si 为立方晶系，晶格常数 a=5.43 Å，而 α-Cr_2O_3 的(110)面包含 c 轴(c=13.58 Å)。两倍的 c 轴为 27.16 Å，它正好是 Si 晶格常数 a 的 5 倍。所以 α-Cr_2O_3 的(110)面与 Si 的(100)面晶格是匹配的，这导致了 α-Cr_2O_3(110)面在 Si(100)面上的择优生长。从 30%乙醇/水溶液中制得的薄膜的 XRD 图上 006 衍射峰特别强，这似乎并不是由于 α-Cr_2O_3 的(001)面与 Si 的(100)面晶格匹配而造成的，而是由于组成薄膜的粒子大多为针状，粒子的形状使得峰特别强。从无水乙醇溶液中制得的薄膜的 XRD 图中 2θ=33.6°处的 104 峰与 36.2°处的 110 峰重叠，这是由于晶化程度较差而造成的。

为使外延顺利进行，格子常数的差别对各种化学键类型有所不同。对离子化合物，这个差别范围在 15%～20%；对金属键晶体，降至 7%～12%；而对于范德瓦尔斯键，这个差别降至 3%～5%。当然，这只是经验总结，也存在不少例外。

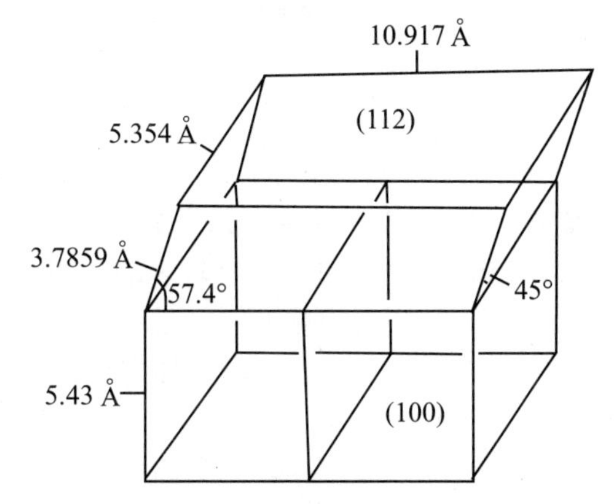

图 6-34　TiO_2 薄膜(112)面在硅(100)面上的择优生长

第 7 章　离子键和共价键

7.1　离　子　键

7.1.1　离子键的概念

离子键一般由较易接受电子的非金属元素和较易失去电子的金属元素形成。离子键无方向性和饱和性，在结构上表现为在离子周围力求有较多的带相反电荷的离子配位。从电子云密度在晶胞中的分布情况出发，可以对晶体中化学键的类型进行较为定量的研究。

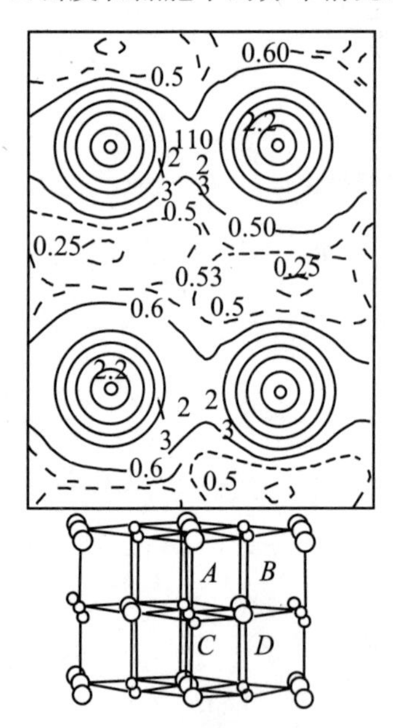

图 7-1　NaCl 沿垂直(100)方向的电子云密度投影

图 7-1 是 NaCl 晶体中沿垂直于(100)方向的电子云密度投影。如图所示，Na^+ 和 Cl^- 之间的电子云交叠是较少的，钠和氯确实以正负离子方式存在，它们之间的化学键是离子键。但精确测定表明，即使在 KBr 这样的晶体中，K^+ 和 Br^- 之间也有小部分电子云交叠，即其化学键中有共价键成分。

7.1.2　晶格能的概念

晶格能就是 1 mol 正负离子从相互分离的气态结合成离子晶体时所释放的能量。以 NaCl 为例：

$$Na^+(气)+Cl^-(气)\longrightarrow NaCl(晶体)+U$$

其中，U 就是晶格能。

由库仑定律，两个带相反电荷的离子间的静电引力为

$$F=\frac{z_1 z_2 e^2}{R^2}$$

式中，z_1，z_2 是离子的电价，e 是电子的电荷，R 是正负离子间的距离。如果把离子近似地看成不可压缩的球，则

$$R=r_a+r_x$$

这里 r_a 是阳离子半径，r_x 是阴离子半径。

一对离子从无穷远处接近而放出的能量为

$$u=\int_{\infty}^{R}-F\mathrm{d}R=-z_1\cdot z_2e^2\int_{\infty}^{R}\frac{1}{R^2}\mathrm{d}R=\frac{z_1z_2e^2}{R}$$

对于 1 mol 的离子对

$$E=\sum u=\frac{Nz_1z_2e^2}{R}$$

这个 E 不是晶格能，而是离子结合成 N 对“分子”，而“分子”间离子没有相互作用力时所释放的能量。这样的结构模型并没有反映离子晶体的实际情况。

NaCl 晶体结构如图 7-2 所示。每一离子周围有 6 个电荷相反、距离为 R 的离子，有 12 个电荷相同、距离为$\sqrt{2}R$ 的离子，有 8 个电荷相反、距离为$\sqrt{3}R$ 的离子……这样，它和其他离子的作用能

$$u=\frac{e^2}{R}\left(\frac{6}{\sqrt{1}}-\frac{12}{\sqrt{2}}+\frac{8}{\sqrt{3}}-\frac{16}{\sqrt{4}}+\cdots\right)=\frac{e^2}{R}\cdot A$$

式中，A 为级数的和，称为马德隆常数。对于氯化钠型结构，$A=1.748$。

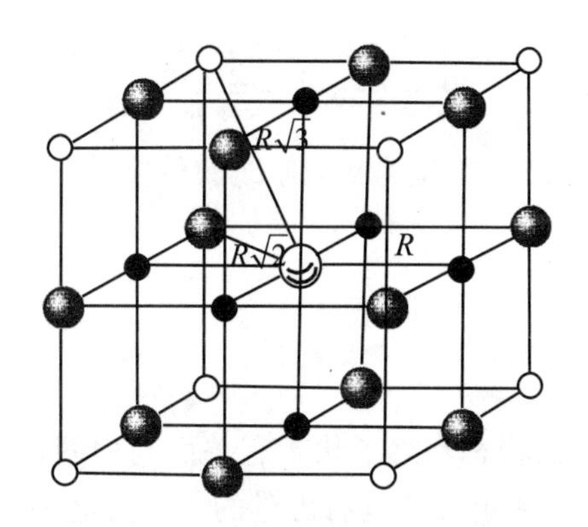

图 7-2　NaCl 结构的马德隆常数计算

如果对一摩尔晶体中每个离子进行这样的考虑，可以得到 $2N$ 个 u，但这显然是重复了一次，所以晶格能为

$$U=Nu=N\frac{e^2}{R}\cdot A$$

式中，N 为阿佛伽德罗常数。

正负离子间在接近到一定程度时斥力突然迅速增加，这很像刚性球，这样一种情况可以用公式表示为

$$U_{斥}=\frac{B}{R^m}\quad(m\gg 2)$$

m 可从晶体实验测定的压缩系数求出，求得的 m 如下：

晶体	LiCl	LiF	LiBr	NaCl	NaBr
m	8.0	5.9	8.7	9.1	9.5

从这些数据可知，轻离子的 m 小些，重离子的 m 大一些。一般 m 介于 6～12 之间。

在考虑到斥力后,晶格能可表示为

$$U=N\left(\frac{e^2}{R}A-\frac{B}{R^m}\right)$$

在晶体结构中引力和斥力平衡时,位能极小,即

$$\frac{\mathrm{d}U}{\mathrm{d}R}=0 \quad 或 \quad N\left(-\frac{e^2}{R^2}A+\frac{mB}{R^{m+1}}\right)=0$$

$$B=e^2A\frac{R^{m-1}}{m}$$

代入能量公式得

$$U=N\frac{e^2}{R}A\left(1-\frac{1}{m}\right)$$

对于非一价离子,$U=N\frac{z_+z_-}{R}Ae^2\left(1-\frac{1}{m}\right)$。

如 m 取 9,A 取 1.748,上式可改写成

$$U=512.1\times\frac{z_+z_-}{R}$$

对于一般二元化合物

$$U=256.1\times\frac{\Sigma z_+z_-}{R}$$

Σ 为化学式中的离子数,其中 R 的单位为 Å,则 U 的单位是 kcal/mol,这称为卡布斯钦斯基公式。

7.1.3 玻恩-卡伯循环

反应的热效应 Q 仅与起始状态和终了状态有关而与中间过程无关,这就是盖斯热化学定律。晶格能的实验数据直接测定显然是有困难的。针对这种情况,玻恩-卡伯根据盖斯热化学定律,用“循环”的办法避开了这个难题。以 NaCl 为例来说明这个问题:

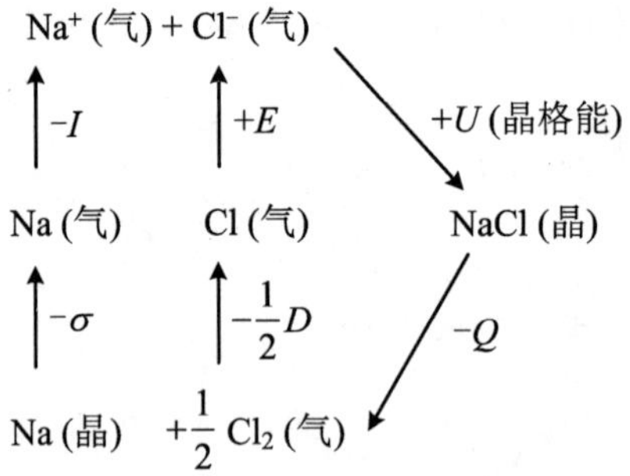

Na^+(气) + Cl^-(气)

$-I$　　$+E$　　$+U$(晶格能)

Na(气)　　Cl(气)　　NaCl(晶)

$-\sigma$　　$-\frac{1}{2}D$　　$-Q$

Na(晶)　　$+\frac{1}{2}Cl_2$(气)

其中,“+”表示放热,“−”表示吸热。σ 为升华热,对金属钠为 26.91 kcal/mol;I 为金属电离能,对钠为 117.7 kcal/mol;E 为非金属原子的电子亲和能,氯的亲和能为 87.4 kcal/mol;D 为非金属分子解离为原子的解离能,氯的解离能为56.8 kcal/mol;Q 为反应热,本反应热为 97.7 kcal/mol。

从上面的玻恩-卡伯循环可知:

$$-Q-\sigma-\frac{1}{2}D-I+E+U=0$$

$$U=\sigma+I+\frac{1}{2}D-E+Q$$

代入 NaCl 的晶体数据得

$$U=26.91+117.7+97.7+28.4-87.4=183.31\ (\text{kcal/mol})$$

晶格能的实验值和理论值的比较见表 7-1。

表 7-1　晶格能的实验值和理论值的比较

晶体	结构类型	$U_{实验}$	$U_{计算(玻恩)}$	$U_{计算(卡伯)}$
NaCl	NaCl	183.1	179.2	179.2
KBr	NaCl	157.8	155.6	155.6
β-SiO_2	β-SiO_2	3097.0	3042.0	3594.0
SnO_2	TiO_2	2813.0	2711.0	2983.0

由表 7-1 可见，晶格能的实验值和理论值是很接近的。

7.1.4　晶格能的应用

在化学上，晶格能可以提供晶体稳定性的定量依据，利用晶格能数据可以判断固体化学反应的反应热和方向，如：

$$Ag_2S+PbTe\longrightarrow Ag_2Te+PbS+Q$$

对于 Ag_2S 和 PbTe，由卡布斯钦斯基公式，计算晶格能之和为

$$\frac{256.1\times2\times3}{1.13+1.74}+\frac{256.1\times2\times2\times2}{1.32+2.11}=1132.1\ (\text{kcal/mol})$$

对于 Ag_2Te 和 PbS，晶格能之和为 1143.8 kcal/mol。因此

$$Q=1143.8-1132.1=11.7\ \text{kcal/mol}$$

反应能进行。

物理上，利用晶格能来预期晶体的物理性质，从表 7-2 可知，晶格能越大，热膨胀系数和压缩系数越小，而硬度、熔点和沸点越高。

在矿物学上，晶格能可以解释许多矿物自溶液或熔融状态中生成的天然过程，研究矿物生成的次序，有助于研究地球的构造和历史。

晶格能可用来计算电子亲和能 E。用实验方法测定非金属元素的电子亲和能尚有一定困难，因此，玻恩-卡伯循环往往被用来计算电子亲和能，这时晶格能就必须从理论途径来计算。也常常利用晶格能数据来计算反应热 Q。这是由于玻恩-卡伯循环中用到的电离能、电子亲和能数据是原子的常数值；解离能和升华热是单质的常数值，只有晶格能和反应热是化合物的常数值。这样一来，前四个数据对所有元素可以用实验方法或理论计算求出，后两个数据对不同化合物是不一样的。由于化合物的数量不断增加，用实验方法来求它们的工作量将十分大，在理论上能够计算晶格能以后，往往利用玻恩-卡伯计算反应热 Q。

表 7-2 晶格能和物性

化合物	晶格能 (kcal/mol)	沸点 (℃)	熔点 (℃)	热膨胀系数 $\beta\times10^6$	压缩系数 $r\times10^6$	莫氏硬度	离子间距 (Å)
KI	151	1331	682	135	8.53		3.53
KBr	159	1381	742	120	6.70		3.29
NaI	164	1300	662	145	7.70		3.23
KCl	165	1500	776	115	5.62	2.2	3.14
NaBr	175	1393	747	129	5.07		2.98
NaCl	183	1441	804	120	4.26	2.5	2.82
KF	190	1505	846	110	3.30		2.66
NaF	203	1695	988	108	2.11	3.2	2.31
BaS	647			102	2.95	3.0	3.19
SrS	686				2.47	3.30	3.00
BaO	727	2000	1923			3.30	2.76
CdS	737			51	2.32	4.0	2.84
SrO	766		2430			3.5	2.57
MgS	800					4.5	2.84
CaO	831	2850	2585	63		4.5	2.40
MgO	939		2800	40	0.60	6.0	2.10

7.1.5 配位数对晶体中离子半径的影响

前面我们常把离子看成刚性球，认为两个离子间的距离不会发生变化。但实际情况是两个离子间的距离取决于离子间引力和斥力的平衡。这种平衡因离子的配位数不同而不同。这就引起了离子间距离的变化。以 NH_4Cl 为例来说明这个问题。表 7-3 是不同配位数时离子间距离，当 NH_4Cl 的构型从 NaCl 型变到 CsCl 型时(184.3 ℃)，离子间距离增加了 0.08 Å，即 2.4%。

表 7-3 NH_4Cl 晶体在不同配位数时离子间的距离

化合物	结构类型	配位数	NH_4^+—Cl^- 距离
NH_4Cl	NaCl 型	6	3.27 Å
NH_4Cl	CsCl 型	8	3.35 Å

化学组分不同的化合物离子间距在配位数不同时也有明显差别。如表 7-4 所示。NH_4Cl 中 NH_4^+ 和 Cl^- 间距离的变化，SrO 和 $SrZrO_3$ 中 Sr 和 O 间距离的变化都说明了配位数增大时正负离子间距离也增大。

表 7-4　化学组分不同的化合物在不同配位数时离子间的距离

化合物	结构类型	配位数	Sr^{2+}—O^{2-} 距离
SrO	NaCl	6	2.57 Å
$SrZrO_3$	$CaTiO_3$	12	2.89 Å

7.2　共　价　键

7.2.1　共价键的概念

当两个原子以共用电子的方式构成分子或晶体时，这样的原子间结合方式称为共价键。在典型的共价键中，每个原子都形成了八电子(或十八电子)的惰性气体构型。既然原子间共用电子，则其电子云也是互相交叠的。

7.2.2　共价半径

共价键可以分为单键、双键和三键。由于共轭效应，共价键还有介于单键和双键之间的情况。这在共价键的半径数据上能够得到充分的反映(表 7-5)。

表 7-5　共价半径数据

四面体共价半径(Å)

		Be	1.07	**B**	0.89	**C**	0.77	**N**	0.70	**O**	0.66
		Mg	1.46	**Al**	1.26	**Si**	1.17	**P**	1.10	**S**	1.04
Cu	1.35	**Zn**	1.31	**Ga**	1.26	**Ge**	1.22	**As**	1.18	**Se**	1.14
Ag	1.53	**Cd**	1.48	**In**	1.44	**Sn**	1.40	**Sb**	1.36	**Te**	1.32
Au	1.50	**Hg**	1.48	**Tl**	1.47	**Pb**	1.46	**Bi**	1.46		
		Mn	1.38								

八面体共价半径(Å)

						C	0.97	**N**	0.95	**O**	0.90
		Mg	1.42	**Al**	1.41	**Si**	1.37	**P**	1.35	**S**	1.30
Cu	1.25	**Zn**	1.27	**Ga**	1.35	**Ge**	1.43	**As**	1.43	**Se**	1.40
Ag	1.43	**Cd**	1.45	**In**	1.53	**Sn**	1.60	**Sb**	1.60	**Te**	1.56
Au	1.40	**Hg**	1.45	**Tl**	1.73	**Pb**	1.67	**Bi**	1.65		
		Mn	1.31								

金刚石中，碳原子半径，即共价半径为 0.77 Å，而对于石墨，在层内形成 π 键，每四对价

电子平均地用于三个键上，因此石墨中碳原子半径，即共价半径比金刚石中短，为 0.71 Å。

在一般情况，从 X 光结构分析数据很容易求出共价半径。

图 7-3 是乙烯的晶体结构示意图，它属于正交晶系：

$$a=4.87\ \text{Å},\quad b=6.46\ \text{Å},\quad c=4.15\ \text{Å}$$

碳原子形成的双键中心对称地通过原点，离原点最近的碳原子的分数坐标为

$$x=0.11,\quad y=0.06,\quad z=0$$

因此共价半径为

$$\begin{aligned} r &= \sqrt{(0.11\times4.87)^2+(0.06\times6.46)^2} \\ &= 0.66(\text{Å}) \end{aligned}$$

而共价键长为共价半径的 2 倍：$R_{\mathrm{C=C}}=1.32$ Å。

7.2.3 杂化轨道理论

在典型的共价晶体金刚石中，形成的四个键是一样的。其碳原子外层电子为 $2s^2 2p^2$，在这里分不出哪个键由 p 电子形成，哪个由 s 电子形成，这样的四个键沿正四面体四个顶点方向互成 109°28′。从电子云密度图（图 7-4）可知，在碳原子间电子云密度很大，而其他地方很小。以上这两点就是共价键的方向性和饱和性。共价键在每个原子周围形成的数目一般比离子周围反符号离子的数目要小。金刚石结构中，碳原子所形成的这种键称为 sp^3 杂化。

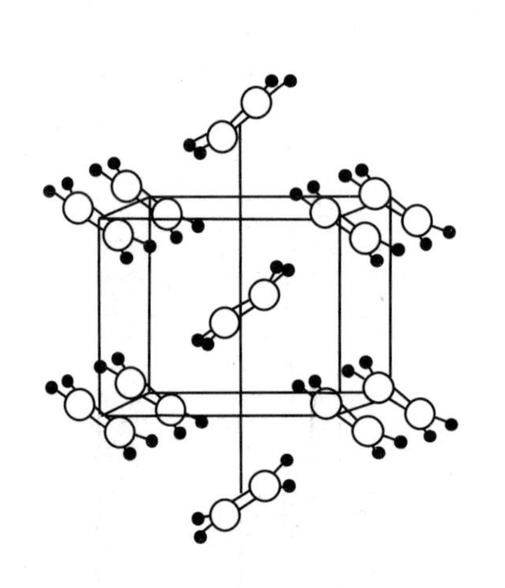

图 7-3　乙烯的晶体结构

图 7-4　金刚石电子云密度图

有些元素还以 sp^2 杂化轨道成键，典型的晶体是 BN，其结构如图 7-5 所示，三个杂化轨道在同一平面内互成 120°角。石墨也是 sp^2 杂化轨道成键。由于石墨层内化学键中还有大 π 键引起的金属成分，所以它不是典型的共价键。在 PtS 晶体结构（图 7-6）中，铂周围有四个硫。这四个硫不像离子晶体中那样以正四面体配位，而是以正方形配位在铂的周围。如果 PtS 为离子晶体，则无论什么样的半径比都不能得到这种结构，这是一种共价杂化轨道——dsp^2 杂化。在 K_2PtCl_6 结构中，d^2sp^3 杂化导致 Cl 在 Pt 周围八面体配位（图 7-7）。

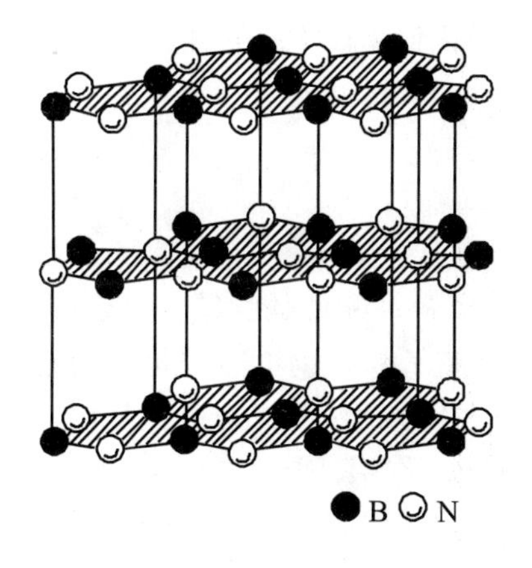

图 7-5　BN 的晶体结构

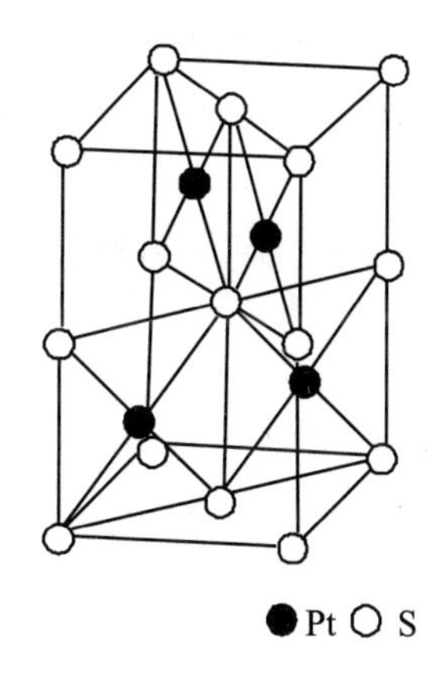

图 7-6　PtS 的晶体结构

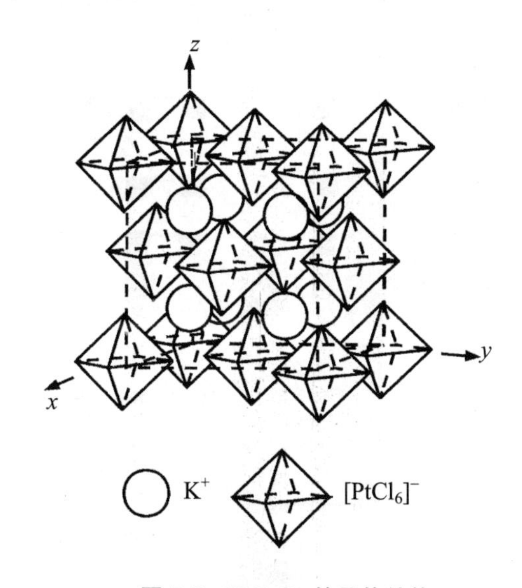

图 7-7　K_2PtCl_6 的晶体结构

7.3　结晶化学定律

哥希米德结晶化学定律认为:晶体的结构决定于其组成者的数量关系、大小比例和极化性能。组成者可以是原子、离子、络离子或分子。根据这个定律,原子序数和化学价对于晶体结构的形成都不会有决定性影响。结晶化学定律中很强调数量关系,在无机物结构中经常按化学式来分类化合物的结构形式,如 AB 型、AB_2 型、A_mB_n 型、ABO_3 型、A_2BO_4 型等等。用数量关系而不用化学键分类晶体结构的原因有二:一是纯的某种化学键毕竟是少数的,多数化合物晶体结构中化学键介于两种,甚至多种化学键之间;二是即使像 NaCl 那样的典型离子晶体的代表结构也可为其他键型的化合物所采用。

在化学式一样的化合物中,晶体结构形式随组成的大小比例和极化性能而递变,这称为形变。在化学成分一样时,组成者的大小比例与极化性能基本上是一致的。但是,这个大小比例与极化性能还会受到外界条件的影响。同一化合物在不同的外界条件下可以有完全不同的结构，这称为同质多象。

7.3.1 离子大小与晶体结构

前面已经讲过，在刚性球模型的基础上求得了各种配位数的结构稳定的r^+/r^-极限值。但是，这种考虑对二元化合物中即使是最典型的离子晶体也不能说是成功的。如图 7-8 所示，按刚性球理论，氯化钠型结构应分布在 r^+/r^- 为0.414～0.732 的区域内。但从图 7-8 可知，实际上分布情况在区域外，区域内界线几乎不起作用，因此对于碱金属卤化物刚性球模型连定性地解释都没有做到。但对于三元或多元化合物，这种离子的大小关系却有相当的作用。图 7-9 是 ABO_3 型结构中正离子 A^{2+}、B^{4+} 离子半径和所属晶系的关系。从图可知，区域的划分是十分明显的，每个区域内晶体属同样的晶系，结构上也相似。

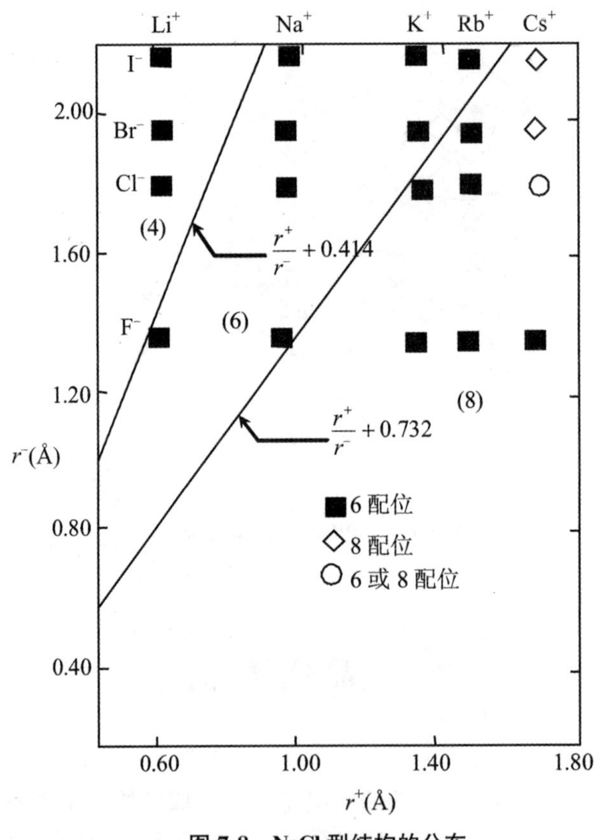

图 7-8 NaCl 型结构的分布

7.3.2 离子的极化

离子键中，核外电子云会发生形变和交叠，使得离子键中带有共价键的成分，这时离子间距离也会缩短，这种现象叫离子的极化。此外，还有离子的可极化性，这是指离子在单位强度电场中所产生的偶极矩，在电场中离子的正、负电荷重心不再重合，此时偶极矩

$$p=\alpha E=el$$

式中，α 为离子的极化系数或极化率，e 为电荷数，l 为电荷间距。

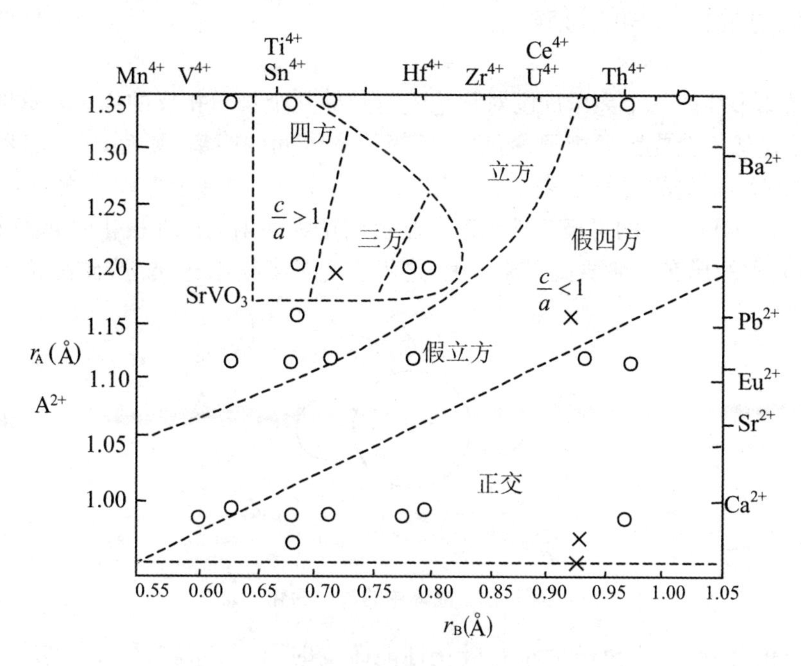

图 7-9　ABO_3 型结构

因为这个极化率主要是由于电子云的变形产生的，所以有时也称为电子极化率。α 可以作为离子可极化性的量度。一些离子的极化率与离子半径见表 7-6。

表 7-6　一些离子的极化率与离子半径

离子电荷	$\alpha\times10$(元素符号下为离子半径值，单位为 Å)				
−1	**F** 0.99 1.36	**Cl** 3.05 1.81	**Br** 4.17 1.95	**I** 6.28 2.16	
−2	**O** 3.1 1.40	**S** 7.25 1.84	**Se** 8.4 1.98	**Te** 9.6 2.21	
+4		**Si** 0.043 0.41	**Ti** 0.27 0.68		**Ge** 1.20 0.53
+3	**B** 0.014 0.20	**Al** 0.065 0.50	**Sc** 0.38 0.81	**Y** 1.04 0.83	**La** 1.59 1.06
+2	**Be** 0.028 0.31	**Mg** 0.12 0.65	**Ca** 0.57 0.99	**Sr** 1.42 1.13	**Ba** 2.08 1.35
+1	**Li** 0.075 0.68	**Na** 0.21 0.95	**K** 0.84 1.33	**Rb** 1.81 1.48	**Cs** 2.79 1.69

7.3.3 极化对晶体结构的影响

在离子晶体中往往一个离子周围对称地配位着好几个符号相反的离子。这时离子间相互极化的结果显然不会成为偶极子，而仅仅缩短了离子间的距离（图 7-10）。各种卤化银的离子半径和离子间距离的比较如表 7-7。从该表可知，AgI 的这个差别极大，达 0.34 Å，而 AgF 的为零。因为负离子的可极化性随离子半径的增大而增大。在极化引起离子间距离缩短过程中，负离子的形变一般要比正离子大，这就改变了半径比 r_a/r_x，导致配位数降低。

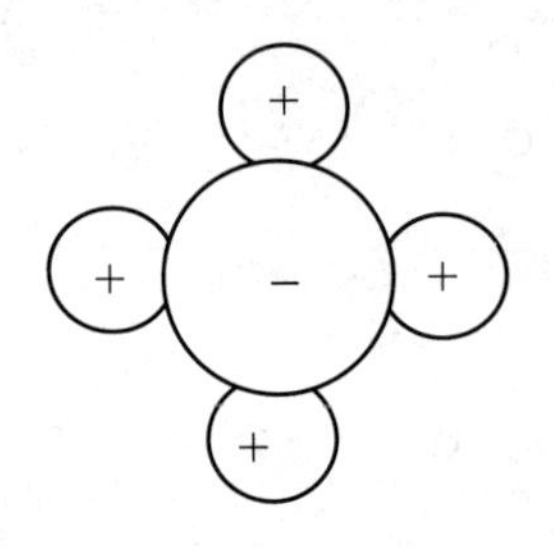

图 7-10 晶体中的离子极化

在 AB 型化合物中，当离子大小和极化性能改变时可能会有多种几何结构（图 7-11）。典型的例子是 AB 型氯化物晶体结构：

化合物	HCl	AuCl	CuCl	NaCl	CsCl
配位数	1	2	4	6	8

表 7-7 卤化银的离子半径和离子间距离的比较

化合物	实测 Ag—X(Å)	$r_{Ag^+}+r_{x^-}$ (Å)	$(r_{Ag^+}+r_{x^-})-r_{Ag—X}$ (Å)
AgF	2.46	2.46	0.00
AgCl	2.77	2.94	0.17
AgBr	2.88	3.09	0.21
AgI	2.99	3.33	0.34

AB 型氯化物晶体结构中，HCl 以孤立分子构成晶体，AuCl 为一维结构，CuCl($r^+/r^-=0.53$)，按其半径比应属于氯化钠型结构，但由于极化，属于立方 ZnS 型结构。

对于 AB_2 型化合物，离子极化强烈时导致层状结构：上下两层阴离子将阳离子夹在中间，如果层呈电中性，层间为范德瓦尔斯键。在过渡金属的 AB_2 型化合物中，由于过渡金属离子极化力强且 d 电子云较弥散，如此时阴离子易于形变且对电子的引力不足以维持其局域化时，则会使得部分电子能在整个晶体中活动，这种 AB_2 型晶体就会具有某种程度的半导体或金属性质。FeS_2 就是典型的例子。极化对 AB_2 型晶体结构影响如图 7-12 所示。当极化力更强，阳离子更小时，便形成分子晶体。

图 7-12 纵轴表示当阴离子不易极化，在阳离子减小，配位数相应减小时，AB_2 型最终也成为分子晶体结构。

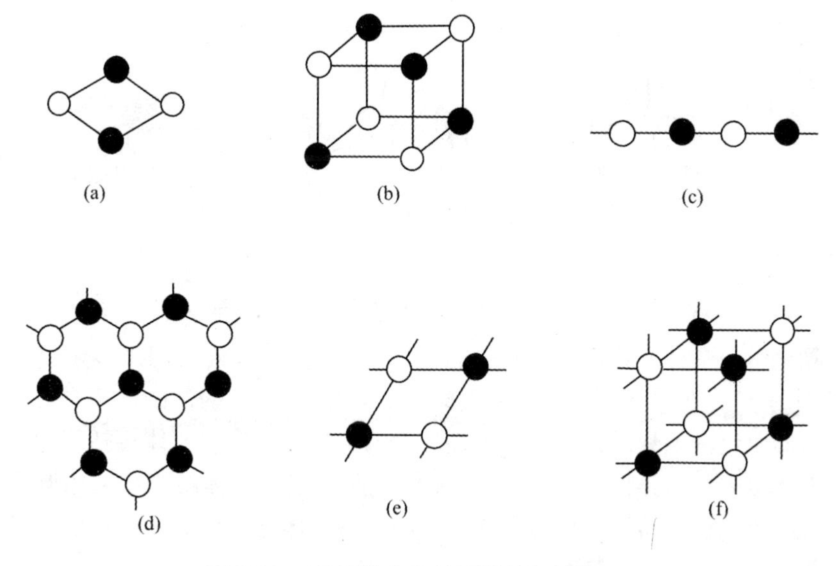

图 7-11　AB 型化合物的可能几何结构

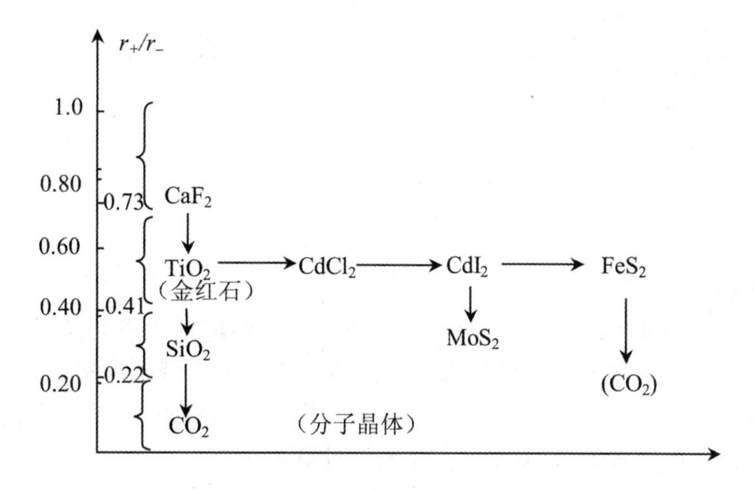

图 7-12　极化对晶体结构的影响

7.4　鲍 林 规 则

7.4.1　描述晶体结构的三种方法

图 7-13 是 P_4O_{10} 分子的三种结构描述方法，这三种描述方法的侧重有所不同。(a)显示出 P—O 化学键情况，为四面体配位和 sp^3 杂化共价键。(b)显示出结构中离子堆积情况，O^{2-} 形成密堆积和 P^{5+} 在四面体空隙中。(c)显示出四面体配位和四面体之间连接方式，八

面体空隙空着。

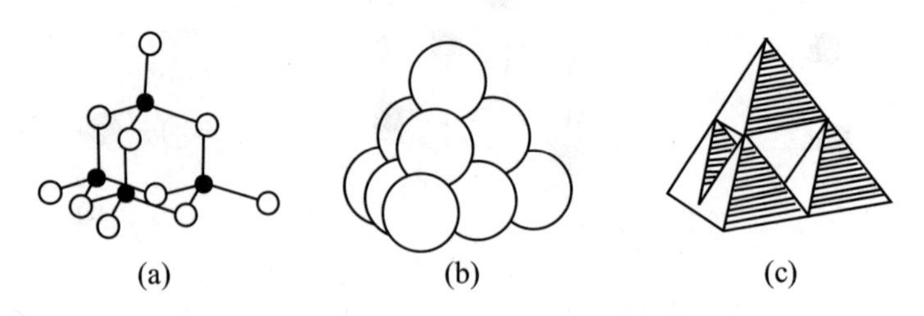

图 7-13　P_4O_{10}分子的三种结构示意图

在结晶化学中三种方式都用，但(c)的应用越来越广泛，因为用球表示晶体结构不大严格，原子和离子只有在单独存在时才呈现球形。无疑，在晶体内部的原子和离子不会保持各向同性的球形而丝毫不受晶体内各向异性环境的影响。配位多面体概括了原子(或离子)最邻近的周围环境的各向异性情况，因此用配位多面体表示晶体结构比起用圆球表示更能反映出晶体的实质。整个晶体结构可看成是由配位多面体连接而成。这样晶体结构的描述可归结为两条：

(1) 配位多面体的形状；

(2) 配位多面体的连接方式。

这两点就抓住了晶体结构的要害，这正如有机化学中用苯来表示许多芳香族化合物的结构一样，具有既方便又能反映结构本质的优点。

7.4.2　鲍林规则

1. 第一规则

在正离子周围形成负离子配位多面体，正负离子的距离是离子半径之和而配位数决定于半径比。鲍林第一规则实际上只把哥希米德结晶化学定律稍加发展，尤其是用配位多面体表示了晶体各向异性的实质，在分析较复杂的无机晶体结构时，将结构看做是以一定方式连接起来的正离子配位多面体，其结晶化学的特性就更显著。

2. 电价规则

在一稳定的离子结构中，每一负离子的电价等于或近乎等于从邻近的正离子至该负离子的各静电键强度 s 的总和：

$$z_{-} \approx \sum_{i} s_i$$

而

$$s_i = \frac{z_{+i}}{u_i}$$

式中，z 为离子的电荷数，u_i 是电荷为 z_i 的正离子周围的负离子配位数，i 是某一负离子和它周围正离子形成的静电键的数目。通常$\sum s_i$ 与 z_- 的偏差很小，不超过1/6，偏差一般发生在稳定性较差的结构中。许多场合，电价规则仍然可应用于离子性不很完全的结构中。

以无机复合氧化物和含氧酸盐的区别为例来说明电价规则在剖析无机物结构特征时的指导作用。

有些氧化物中正离子的电价超过了负离子配位数，如 C^{4+}，N^{5+}，P^{5+}，S^{6+} 等。根据电价规则因 $z_+ > u, s > 1$，这就表明这个正离子配位多面体在结构中的分立性。因位于角顶上的 O^{2-} 与中心正离子间的 $s > 1$，这个键显然强于 O^{2-} 和邻近的全部其他正离子间键强度的和。这就是形成分立基团——酸根的原因。在分立基团呈电中性时就形成了孤立的分子。

在方解石结构中，每个 Ca^{2+} 在 O^{2-} 形成的配位八面体中，每个 O^{2-} 与一个 C^{4+} 和两个 Ca^{2+} 相邻，因此，按电价规则：

$$z_- = \sum s_i = \frac{2}{6} + \frac{2}{6} + \frac{4}{3} = 2(O^{2-})$$

所以结构是稳定的。从计算可知，$s_{C \to O} = \frac{4}{3} > 1$，$CO_3{}^{2-}$ 在结构中形成了分立基团——碳酸根，$CaCO_3$ 可以称为碳酸盐(图 7-14)。

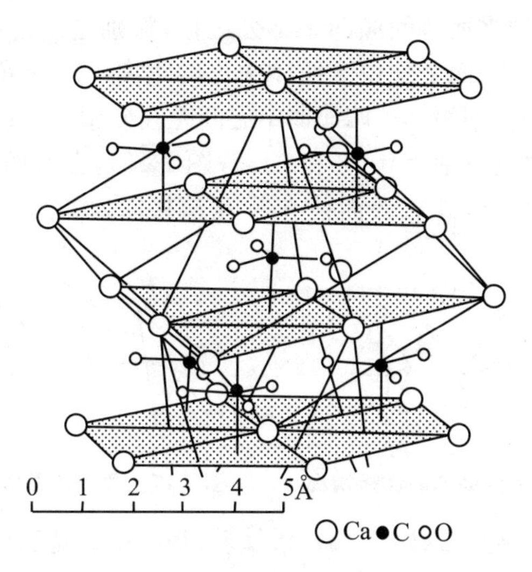

图 7-14　方解石($CaCO_3$)结构

在 $CaTiO_3$ 结构中(图 7-15)，Ca^{2+} 周围有 12 个 O^{2-}，

$$s_{Ca \to O} = \frac{2}{12} = \frac{1}{6}$$

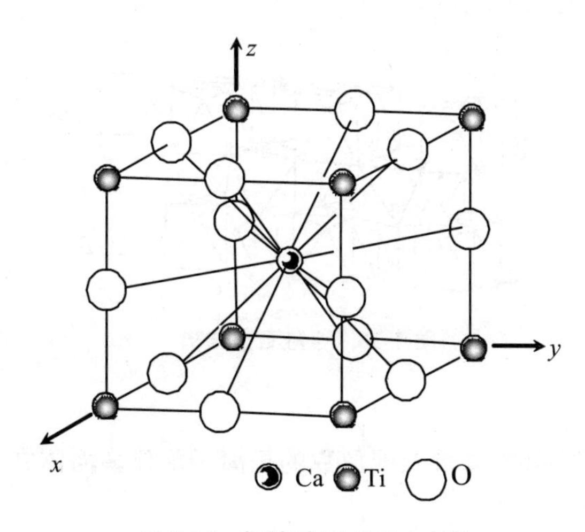

图 7-15　钙钛矿($CaTiO_3$)结构

在 Ti^{4+} 周围有六个 O^{2-}，

$$s_{Ti\to O}=\frac{4}{6}=\frac{2}{3}$$

每个 O^{2-} 周围有四个 Ca^{2+} 和两个 Ti^{4+}，因此 $\sum s_i=\frac{1}{6}\times4+\frac{4}{6}\times2=2=z_{O^{2-}}$，所以结构是稳定的。从计算可知，$s_{Ti\to O}=\frac{2}{3}$，虽然键较强，但不足以形成孤立的分立基团。通常 $CaTiO_3$ 称钛酸钙，严格地讲是不妥的，因为结构中并不存在"钛酸根"络离子。

有些正离子的电价和它周围的配位数相等，如 Bi^{3+}，Si^{4+} 等。这些正离子的配位多面体既可形成孤立的络阴离子，又可以某种方式相互公用顶点，连接起来形成复杂结构化合物。

3. 第三规则

在一配位结构中，配位多面体间倾向于不公用棱，特别是不公用面。如果棱被公用，公用的棱长将缩短。这是因为，两个配位多面体中央的正离子间的静电斥力会随着它们之间公用顶点数增加而激增。例如两个正四面体中心间距在公用一个顶点时为 1，在公用两个顶点（棱）和三个顶点（面）时则分别为 0.58 和 0.33（图 7-16），在八面体时为 1，0.71，0.58（图 7-17）。从这些数据可以看出，硅氧四面体在相互连接时，两个四面体间一般只公用一个顶点。

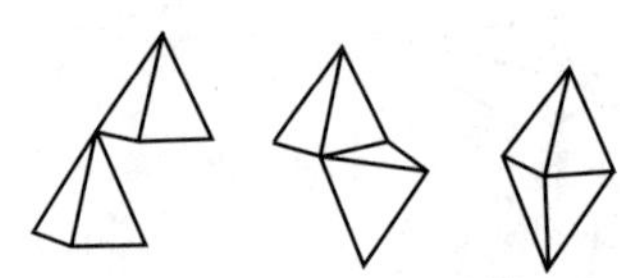

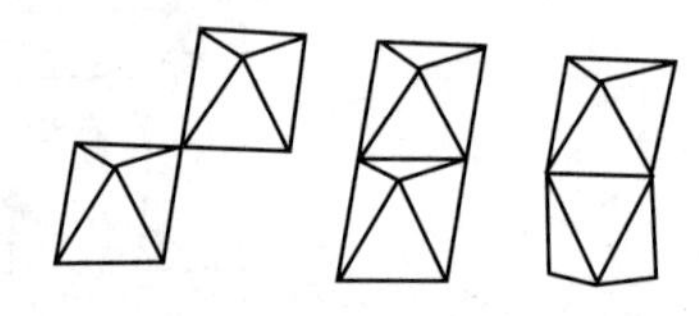

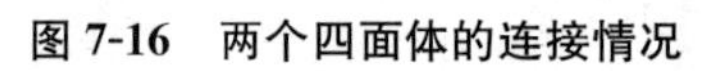

图 7-16　两个四面体的连接情况　　　**图 7-17　两个八面体的连接情况**

TiO_2 共有三种变体：金红石（图 7-18）、锐钛矿、板钛矿。这三种变体 O^{2-} 都形成歪曲了的密堆积，金红石中 O^{2-} 属于六方最密堆积，锐钛矿中 O^{2-} 属于立方最密堆积，而板钛矿中 O^{2-} 属于四层堆积…*ABACABAC*…。在这三种结构中，Ti^{4+} 都填充在 O^{2-} 密堆积的半数八面体空隙中。在金红石中，八面体公用两条棱，它较稳定，是 AB_2 型化合物的典型结构，而配位八面体公用了三条棱的板钛矿和公用了四条棱的锐钛矿则在自然界中存在较少。锐钛矿和板钛矿加热至高温都不可逆地转变成金红石。

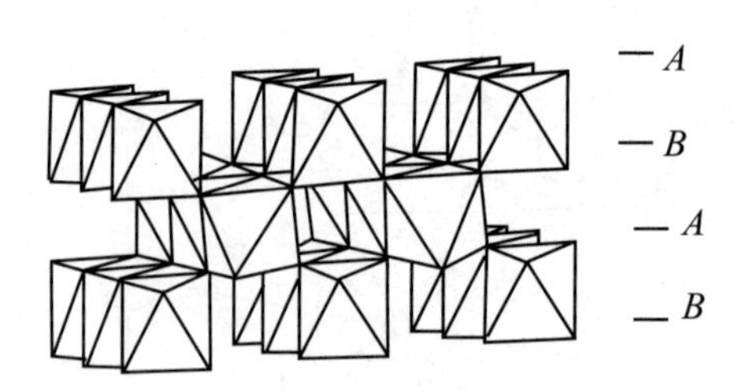

图 7-18　金红石的结构

4. 第四规则

在结构中有多种正离子时，高价低配位数的正离子配位多面体之间倾向于不公用几何元素。

5. 第五规则

在结构中实质上不同的原子种类数一般趋向于尽量少(吝惜规则)。

实际上鲍林五条规则的第一条哥希米德已总结过,这里不过是说得更深入、概括些罢了。鲍林第四规则是第三规则的推论,而第五规则应用上并不广泛,因此第二、第三规则是鲍林规则的核心。鲍林规则是基于离子晶体的,但是对于有共价成分的离子晶体也很适用。

在违反鲍林规则的情况中,要么化合物的结构不稳定,要么化学键不属于典型的离子键。含有 $Si_2O_7^{6-}$ 络离子的硅酸盐,两个正四面体连接处的 O^{2-},因 Si→O 键强为 1,是符合鲍林规则的,所以这样的结构是稳定的,且有矿物 $Sc_2Si_2O_7$(钪钇矿)存在。但 $P_2O_7^{4-}$ 和 $S_2O_7^{2-}$ 中,在两个四面体连接处的 O^{2-} 与鲍林规则分别偏差 $\frac{1}{2}$ 和 1,结果焦磷酸盐和焦硫酸盐是不稳定的,在水中易水解,自然界中也无矿物。

7.5　离子键与共价键的相互过渡

7.5.1　电负性与晶体中的化学键

1. 电负性

化合物中化学键的本质可以用构成化合物元素间电负性差别来判断:

$$\Delta x = x_A - x_B$$

电负性就是化合物中化学元素结合电子的能力。当两种原子的电负性相差很小时便生成共价型化合物,当两种原子的电负性相差不很大时则离子键中或多或少会有共价键的成分。因此电负性差 Δx 可以用来考察化学键的本质。

2. 电负性的数据

电负性数据有多种,表 7-8 列出了具有代表性的两种。不带括号的是介电刻度的数据(四面体 sp^3 杂化),带括号的是鲍林的电负性数据。鲍林的数据在很大程度上来自分子的生成热。

表 7-8　元素的电负性

Li	Be	B	C	N	O	F
1.00	1.50	2.00	2.50	3.00	3.50	4.00
(1.0)	(1.5)	(2.0)	(2.5)	(3.0)	(3.5)	(4.0)
[(0.95)]	[(1.5)]	[(2.0)]	[(2.5)]	[(3.0)]	[(3.5)]	[(3.95)]
Na	**Mg**	**Al**	**Si**	**P**	**S**	**Cl**
0.72	0.95	1.18	1.41	1.64	1.87	2.10
(0.9)	(1.2)	(1.5)	(1.8)	(2.1)	(2.5)	(3.0)
[(0.9)]	[(1.2)]	[(1.5)]	[(1.8)]	[(2.1)]	[(2.5)]	[(3.0)]

续表

Cu	Zn	Ga	Ge	As	Se	Br
0.79	0.91	1.13	1.35	1.57	1.79	2.01
(1.9)	(1.6)	(1.6)	(1.8)	(2.0)	(2.4)	(2.8)
[(1.8)]	[(1.5)]	[(1.5)]	[(1.8)]	[(2.0)]	[(2.4)]	[(2.8)]
Ag	**Cd**	**In**	**Sn**	**Sb**	**Te**	**I**
0.67	0.83	0.99	1.15	1.31	1.47	1.63
(1.9)	(1.7)	(1.7)	(1.8)	(1.9)	(2.1)	(2.5)
[(1.8)]	[(1.5)]	[(1.5)]	[(1.7)]	[(1.8)]	[(2.1)]	[(2.55)]
Au	**Hg**	**Tl**	**Pb**	**Bi**		
0.64	0.79	0.94	1.09	1.24		
(2.4)	(1.9)	(1.8)	(1.8)	(1.9)		
[(2.3)]	[(1.8)]	[(1.5)]	[(1.9)]	[(1.8)]		

这两种数据是不同的。为什么对电负性要用两种数据？实际工作中需要吗？回答是肯定的。因为这两种数据各有其适用范围。下面说明这个问题。首先说明二者为何不同。

在第四族元素中，$x_{Si}=x_{Ge}=x_{Sn}=x_{Pb}$，都是1.8，这是鲍林的电负性数据，但是介电刻度下的电负性$x_{Si}>x_{Ge}>x_{Sn}>x_{Pb}$。从电负性的定义"原子在成键状态时吸引电子的能力"出发，不难理解两套电负性数据的差别。小的原子A必然有较大的x_A，因为位能正比于$\frac{1}{r_A}$。但是对于较大的原子，其生成热有部分是由原子壳层贡献的，因此这一部分的能量正好补偿了较大原子位能较小造成的能量减小，这就使得上面四个元素的x(鲍林数据)一样，因为鲍林的电负性数据是从生成热而来的。但是在介电刻度的电负性中，电子壳层的极化效应是另行考虑而不包括在内的。这样，上述四元素的电负性就明显不同。

由上可知，这两种不同的电负性有各自的适用场合。例如，在A^nB^{8-n}型非过渡元素化合物中，壳层影响极小，因此对这些化合物的4到6配位相变研究时用介电刻度的电负性效果较好。相反，在研究既有非过渡元素也有过渡元素场合，如二者的金属间化合物相变研究，则运用鲍林电负性数据较好。

3. 电负性和晶体结构

离子键和共价键的相互过渡显然与离子的极化有关，这一点在引进了电负性概念以后稍有些定量的理解。

离子键和共价键在晶体结构上的转折点表现为从六配位变成四配位。

潘森以$\frac{\Delta x}{r^+/r^-}$对$\bar{n}$作图，比较成功地把配位数6和配位数4的化合物明显地分开。图7-19中黑点是NaCl型结构，白点是四配位结构。这两种类型化合物绝大多数分别分布在曲线的两边，仅少数在曲线两边波动。$\bar{n}=(n_A+n_B)/2$，是正负离子的主量子数平均值，从某种意义上讲它表示了元素的金属倾向。

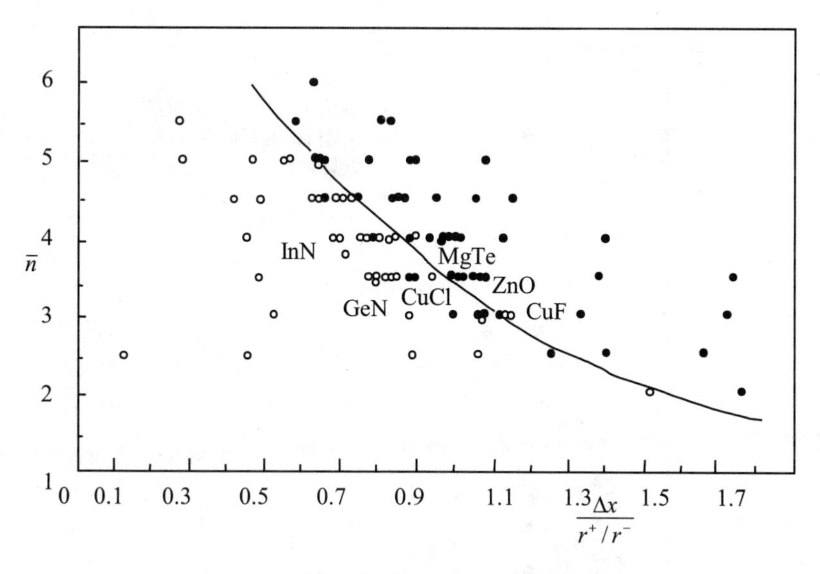

图 7-19　分开四配位和六配位结构的曲线

7.5.2　化学键中离子键和共价键成分

1. 平均能带间隙 E_g

对于 A^nB^{8-n} 型化合物，价带和导带之间的平均能带间隙为

$$E_g^2=E_h^2+C^2$$

式中，E_h 为共价能带间隙，它取决于原子间距 d_{AB}，$E_{h(AB)}=E_{h(si)}(d_{Si}/d_{AB})^{2.5}$，$E_{h(si)}$ 为硅的能带间隙，C 为离子能带间隙，

$$C=1.5\left[Z_A\frac{e^2}{r_A}-Z_B\frac{e^2}{r_B}\right]\exp(K_S\,\bar{r})$$

K_S 为汤马斯·费米屏蔽函数，$\bar{r}=(r_A+r_B)/2$。

这样，E_h 和 C 值都能从实验上和理论上求得。

2. 离子键成分和共价键成分的精确标度

利用上式可对化学键成分进行精确的标度。

离子键成分：$f_i=C^2/(E_h^2+C^2)$。这里，f_i 无量纲，在 0～1 之间。

共价键成分：$f_h=E_h^2/(E_h^2+C^2)=1-f_i$。把所有的 A^nB^{8-n} 型化合物在 E_h-C 平面上作图，从图 7-20 可知道共价性较强的四配位和离子性较强的六配位化合物十分明显地分开，分开它们的直线是 $f_i=0.785$。

7.5.3　离子键和共价键的相互过渡

从上面的讨论可知，许多化合物中既有共价成分又有离子成分。现在我们来看看离子键和共价键的相互过渡在晶体结构上的具体表现。以 GeO_2，GeS_2，SiO_2，SiS_2 为例说明。

如下所示箭头方向都表示共价键成分增加、离子键成分减小。如 GeO_2 和 SiO_2 许多方

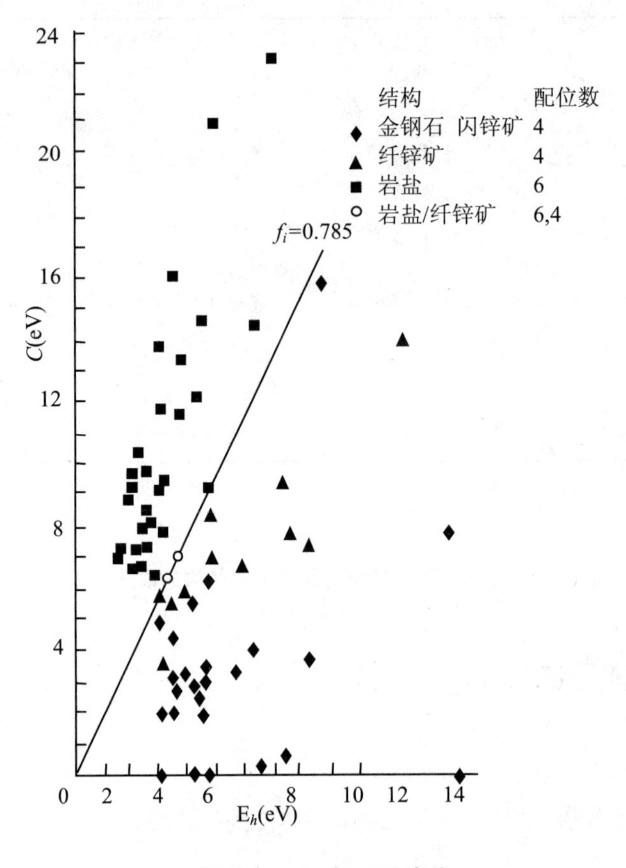

图 7-20　$f_i = 0.785$ 直线

面是相似的，如能形成以 GeO_4，SiO_4 四面体为骨干的多种化合物，如 $Sc_2Ge_2O_7$，$Sc_2Si_2O_7$。GeO_2 和 SiO_2 本身晶体结构也很相似，但是 GeO_2 中 Ge^{4+} 的离子性比 Si^{4+} 强。GeO_2 有六配位的金红石结构，但 SiO_2 仅在高压下才能形成金红石这样六配位的结构。

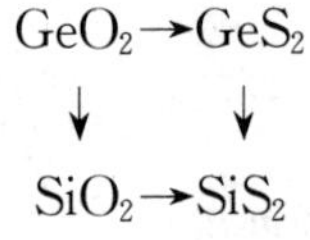

从 $GeO_2 \rightarrow GeS_2$ 时，由于阴离子半径增大，易被极化，共价成分也有极大增加，GeS_2 只有四面体配位的结构，没有金红石那样的结构。但这个四面体结构与石英不同。从 $SiO_2 \rightarrow SiS_2$ 时，共价键显著增加，在 SiO_2 中，SiO_4 硅氧四面体仅公用顶点，这是符合以离子键为出发点的鲍林规则的。但是在 SiS_2 中，SiS_4 硅硫四面体公用两个棱，形成链状结构，这充分说明 Si—S 键是以共价键为主的（图 7-21）。从 $GeS_2 \rightarrow SiS_2$，情况与从 $SiO_2 \rightarrow SiS_2$ 类似，GeS_2 结构中 GeS_4 四面体公用顶点而不公用棱。但这些都

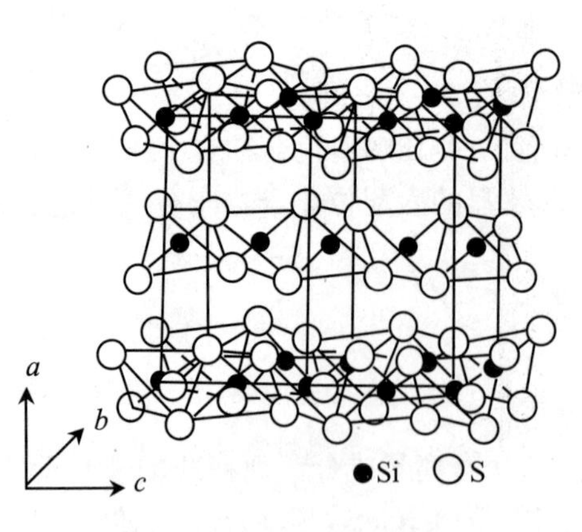

图 7-21　SiS_2 的晶体结构

不是绝对的。在一定的条件下，这些化合物的共价成分和离子成分都会显示出来。上面已提到 SiO_2 在高压下能形成三维金红石型结构，同时控制一定的合成条件 SiO_2 也能形成公用棱的 SiS_2 式结构。

又如铜氧超导体 $RBa_2Cu_3O_7$（R＝除 Ce，Pm，Tb 以外的稀土元素）体系中，R—O 键的平均键长与 R^{3+} 离子半径关系如图 7-22 所示[42-46]。

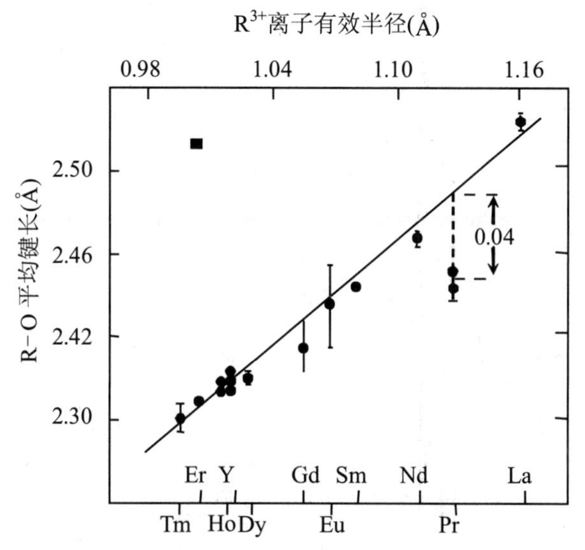

图 7-22　R—O 键的平均键长与 R^{3+} 离子半径关系

可以看出除了 Pr，其他化合物 R—O 平均键长都随 R^{3+} 离子半径单调递增。按此线性关系 Pr—O 键长应为 2.49 Å，而实测为 2.45 Å 左右。这可解释为 Pr—O 键中含有部分共价键成分。正是由于 Pr—O 的这种反常成键使得 $PrBa_2Cu_3O_7$ 与其他 $RBa_2Cu_3O_7$（R＝除 Pr，Ce，Pm，Tb 以外的稀土元素）在导电性等方面明显不同，如其他 $RBa_2Cu_3O_7$ 都具有超导电性，而 $PrBa_2Cu_3O_7$ 既无超导电性，又无金属导电性，其他 $RBa_2Cu_3O_7$ 的奈尔温度（T_N）均低于 2.25K，而 $PrBa_2Cu_3O_7$ 的 T_N 大约为 17 K。反之，如果削弱离子键中的共价键成分就会使其性质恢复正常。$PrBa_2Cu_3O_7$ 的结构如图 7-23 所示。

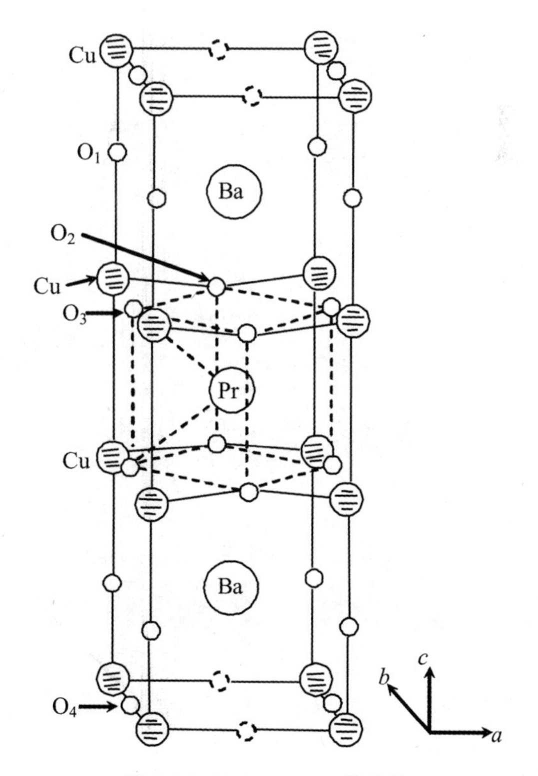

图 7-23　$PrBa_2Cu_3O_7$ 的结构

当用较小的离子（如 Sr）取代 Ba 时，晶胞参数变小，从而使 Cu—O 键的键长缩短，Pr—O 键的键长增大，共价性被削弱。如 $Gd_{0.55}Pr_{0.45}Ba_{2-y}Sr_yCu_3O_{7-\delta}$ 中随着 Sr

含量的增加其平均格子常数$\frac{a+b}{2}$由 $y=0$ 时的 3.884 Å 降至 $y=1.0$ 时的 3.860 Å；$TlBa_2PrCu_2O_{7-\delta}$中用 Sr 取代 Ba，Pr—O 键键长由 2.478 Å 增至 2.514 Å，Pr—O 键的共价性被削弱，其超导转变温度（T_c）升高，奈尔温度（T_N）由 11.6 K 降至 2.3 K；$Gd_{0.55}Pr_{0.45}Ba_{2-y}Sr_yCu_3O_{7-\delta}$中当 $y=0$ 时无超导电性，当 $y\geqslant 0.5$ 时超导电性恢复。$Y_{0.4}Pr_{0.6}Ba_{2-y}Sr_yCu_3O_{7-\delta}$中当 $y=0$ 时无超导电性，当 $y\geqslant 0.75$ 时又体现超导电性。

第 8 章　四面体配位的结晶化学

8.1　孤立基团的稳定性

8.1.1　离子的屏蔽效应

极性分子会互相吸引，这导致物质蒸气压降低和熔点升高。在极端情况下，分子中正负电性强时会形成离子晶体，不再有孤立分子。在 BF_3 中，B—F 键有极性，可以认为 B^{3+}，F^- 存在。但由于 B^{3+} 太小(0.20 Å)，被三个 F^- 完全包围，B^{3+} 不可能再吸引其他分子的 F^-，因此晶体为分子晶体，沸点为 −127 ℃，这称为屏蔽效应。在 AlF_3 结构中，Al^{3+} 较大(0.57 Å)，键的极性起了作用，Al^{3+} 吸引别的 F^-，实际上 Al^{3+} 周围有 6 个 F^-，结构为 ReO_3 型，即构成了离子晶体，沸点为 1000 ℃。而 $AlCl_3$ 中，由于 Cl^- 比 F^- 大，其结构介于二者之间，Al^{3+} 周围有 4 个 Cl^-，构成 Al_2Cl_6 二聚分子(图 8-1)。阴离子已有形成密堆积的倾向，与离子晶体相似，阳离子处在四面体空隙中，$r_+/r_-=0.31$，也相应于正四面体配位，其沸点为 810 ℃。

图 8-1　Al_2Cl_6 二聚分子结构

MX_4 型化合物的熔点，也可用屏蔽效应解释。M^{4+}，X^- 有各种大小，这就引起程度不同的屏蔽。从表 8-1 中数据可知从 CF_4(89K)，SiF_4(183K)到 GeF_4(236K)变化是正常的，而从 GeF_4(236K)到 SnF_4(978K)是一个飞跃，这只是由于在 GeF_4 中，F^- 能勉强屏蔽，到 SnF_4 屏蔽不住了。在实际结构中，$[SnF_6]^{2-}$ 八面体共用四个顶点连成层，即 Sn^{4+} 周围有 6 个 F^-(图 8-2)。

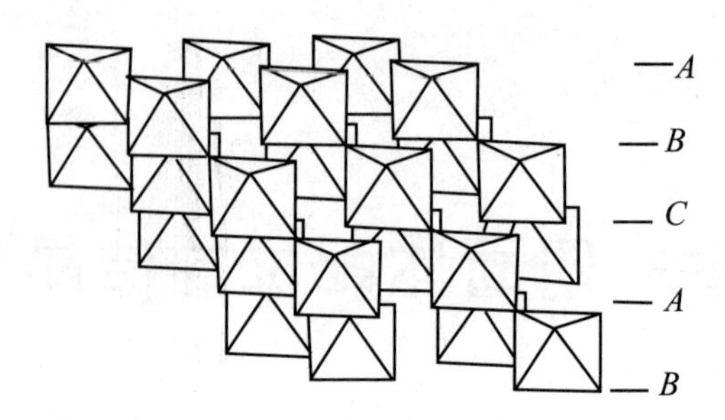

图 8-2　SnF_4 的结构

表 8-1　ⅣA 族、ⅣB 族卤化物的熔点(K)

	F	Cl	Br	I		F	Cl	Br	I
C	89	250	363	444					
Si	183	203	278	393					
Ge	236^s	223	299	417	Ti	500^a	248	312	423
Sn	978	240	304	418	Zr	900^a	604^s	630^s	
Pb		258			Hf		592^s	693^s	400^a
					Th	1200^a	1043	883^s	839^s

注：表中 a 表示近似值，s 表示升华值。

在 $SnCl_4$ 结构中，Cl^- 较大，Sn^{4+} 受到充分屏蔽，熔点又降至 240 K，结构为分子晶体。

在表 8-1 中，化合物可划分为三个区域：

(1) 纯分子晶体结构，在表的框外，分子按“六方密堆积”或“体心立方密堆积”堆成晶体，加引号表明只是堆积方式，而晶体不一定会有六方或立方对称性。

(2) 非分子晶体结构，配位多面体公用顶、棱构成。在表的左边框内，如 SnF_4，TiF_4 等。

(3) 虽为分子晶体结构，但卤原子以密堆积方式排列，这说明分子间有电性相互作用，如 SnI_4(立方密堆积)、$SnBr_4$(六方密堆积)(图 8-3)，在表的右边框内。

图 8-3　$SnBr_4$ 分子的结构

8.1.2　络离子的稳定性

上述的卤化物内，离子的相对大小通过结构影响到晶体结构的稳定性，这表现为沸点和熔点的高低。

对络阴离子，类似的几何因素也会起作用。正负离子的大小关系，决定了络阴离子的组成和电价，换言之，决定了什么样的络阴离子能存在，什么样的不能；什么样的能存在，但不稳定。

以含氧酸的络阴离子为例说明这个问题。S^{6+} 半径为 0.29 Å，Si^{4+} 为 0.39 Å，P^{5+} 为 0.35 Å，这样与 O^{2-} 的半径比分别为 0.21，0.29，0.26，这正是配位数为 4 的 r_+/r_- 范围内，因此它们都形成$[SO_4]^{2-}$，$[PO_4]^{3-}$。但从未有过$[SO_6]^{6-}$，这是因为几何上不允许有这种“正硫酸”根。Te^{6+}（$r_{Te^{6+}}=0.56$ Å）比 S^{6+} 大得多，$r_{Te^{6+}}/r_{O^{2-}}=0.42$，因而正碲酸和正碲酸盐都存在。

8.2　ZnS 的晶体结构

8.2.1　ZnS 的两种结构

ZnS 结构有两种变体，立方硫化锌（闪锌矿）和六方硫化锌（纤锌矿）。立方硫化锌中 S^{2-} 形成立方密堆积，Zn^{2+} 占有 1/2 的四面体空隙。如图 8-4(a)所示，四面体间公用顶点（注意是每四个四面体公用一个顶点）。纤锌矿中 S^{2-} 形成六方密堆积，Zn^{2+} 占有 1/2 的四面体空隙，同样，每四个四面体公用一个顶点（图 8-4(b)）。不同点在于二层四面体的相互取向。

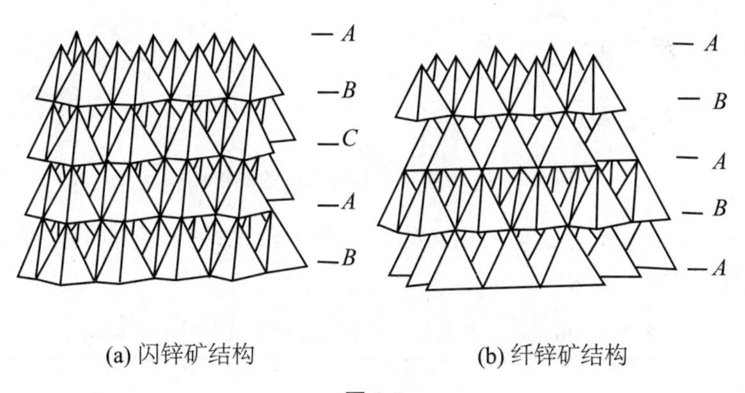

(a) 闪锌矿结构　　(b) 纤锌矿结构

图 8-4

r_+/r_- 为 0.225～0.414 时，化合物 MX 可能取 ZnS 型结构，但难于预言取六方型还是取立方型。一般说来，氧化物倾向于六方结构，硫化物倾向于立方结构。如 BeO 和 ZnO（六方），ZnS（六方和立方），BeS 和 ZnSe（立方），这说明共价键强的倾向于立方 ZnS 结构。引起这样的原因尚不清楚，可能是因为六方结构具有稍大的晶格能。

ZnS 有多种多层堆积变体，有的变体多达 50 层堆积。可以把立方 ZnS 和六方 ZnS 看成结构的两种极端情况，而多层堆积是介于二者之间的中间情况。具有正络离子的化合物很少取 ZnS 结构，因为络离子的离子性往往较强，而取 ZnS 结构本质上说明化合物有较多的共价性成分。同时，络离子较大，四面体空隙难于容纳。LiSH 和 $LiNH_2$ 取立方 ZnS 结构，NH_4CN 取六方 ZnS 结构，这些都与氢键方向性有关。

8.2.2 不定比性和无序结构

在 ZnS 型结构的化合物的 BN,SiC 中,两类原子会有杂乱统计的分布,即 B 可占有 N 位置,N 可占有 B 位置,SiC 也如此。在 Ga_2S_3,Ga_2Se_3,Ga_2Te_3 中,阴离子形成立方密堆积,Ga^{2+} 统计地占有 1/2 四面体空隙,这样的结构仍能看做 ZnS 型。

8.2.3 衍生结构(有序超结构)

图 8-5 是 $CuFeS_2$ 和 Cu_2FeSnS_4 的晶体结构,如果阳离子全部统计地排列,则结构完全和立方 ZnS 一样。这里 Cu,Fe,Sn 有序排列使晶格大了一倍,对称性也由 ZnS 的 $F\bar{4}3m$ 降为 $I\bar{4}2m$(空间群 $I\bar{4}2m$ 是 $F\bar{4}3m$ 的子群)。

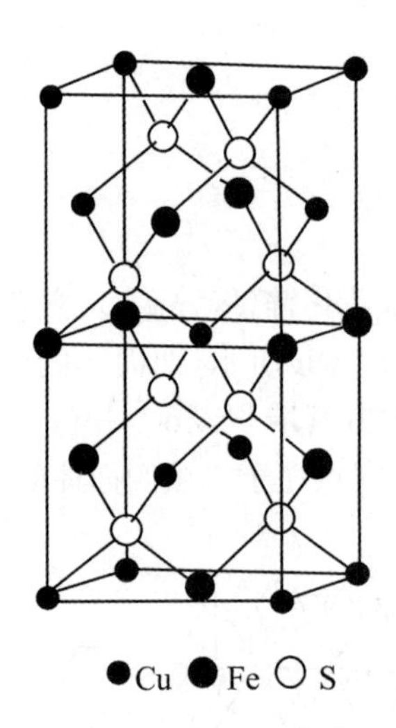

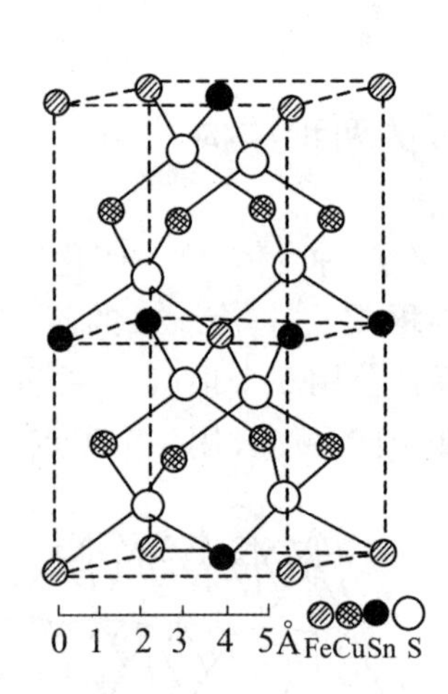

图 8-5 $CuFeS_2$ 和 Cu_2FeSnS_4 的晶体结构

$CuFeS_2$ 以及 Cu_2FeSnS_4 这样的结构称为 ZnS 的衍生结构,它们是有序超结构,一些与 ZnS 有关的结构如表 8-2 所示。

表 8-2 由闪锌矿型和纤锌矿型衍生的多元化合物的结构

结构类型	闪锌矿型	纤锌矿型
有序超结构	$CuFeS_2$ $AgGeTe_2$ Cu_2SnFeS_4	$CuSbS_2$ $CuFe_2S_3$ Cu_3AsS_4 α-$AgInS_2$
无序超结构	$MgGeP_2$ $ZnSnAs_2$ Cu_2GeS_3 Cu_2SnTe_3	$BeSiN_2$

续表

结构类型	闪锌矿型	纤锌矿型
有序缺陷超结构	Cu_3SbS_3 β-Cu_2HgI_4 β-Ag_2HgI_4 In_2CdSe_4	
无序缺陷超结构	$CuSiP_3$ α-Ag_2HgI_4 α-Cu_2HgI_4 Ga_2HgTe_4	Al_2ZnS_4

8.2.4 半导体的结晶化学

虽然有成千个无机化合物具有半导体性质，但至今已投入使用的仍为数不多。最重要的半导体仍是四面体配位金刚石结构的 Si 和 Ge。其次就是Ⅲ-Ⅴ族和Ⅱ-Ⅵ族化合物了。这些重要的半导体材料都取 ZnS 结构，从表 8-3 可知取立方。

表 8-3　一些半导体的结构

Ⅲ-Ⅴ			Ⅱ-Ⅵ		
化合物	晶体结构	晶格常数(Å)	化合物	晶体结构	晶格常数(Å)
BN	立方		ZnS	立方	5.406
AlP	立方	5.462	ZnSe	立方	5.667
AlAs	立方	5.662	ZnTe	立方	6.101
AlSb	立方	6.136		六方	$a=3.814$ $c=6.257$
GaN	立方	$a=4.100$	CdSe	六方	$a=4.299$ $c=7.010$
	六方	$a=3.18$ $c=5.17$	CdTe	立方	6.471
GaP	立方	5.451	CdS	六方	$a=4.135$ $c=6.713$
GaAs	立方	5.653	HgTe	立方	6.420
GaSb	立方	6.095			
InP	立方	5.869			
InAs	立方	6.058			
InSb	立方	6.479			

ZnS结构的占多数。其中立方表示闪锌矿型结构，六方表示纤锌矿型结构。它们的禁带宽度与其成分和原子序数的关系如图 8-6、图 8-7 所示。

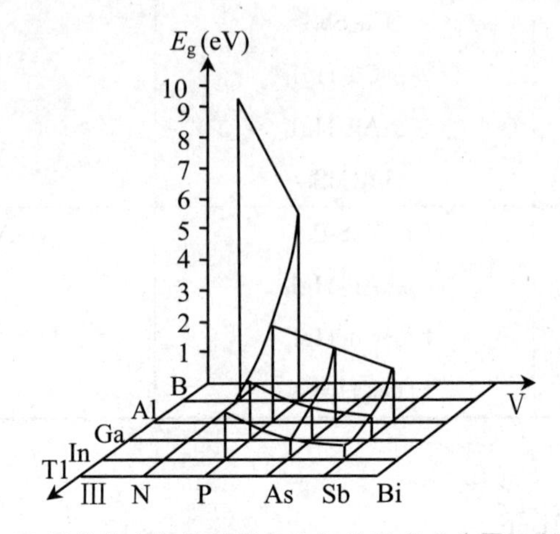

图 8-6　Ⅲ-Ⅴ族化合物的禁带宽度与其组成成分原子序数的关系

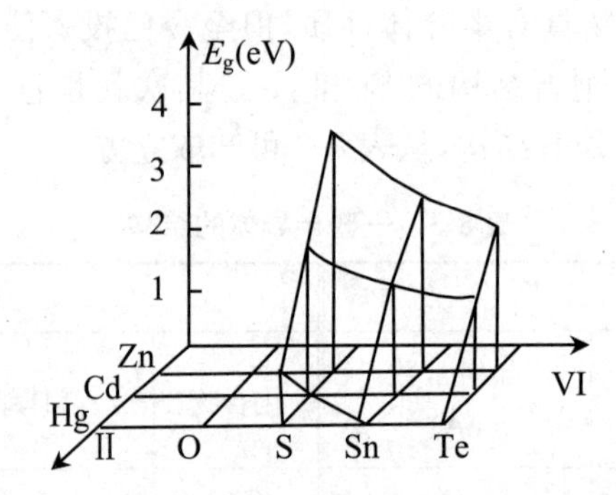

图 8-7　Ⅱ-Ⅵ族化合物的禁带宽度与其组成成分原子序数的关系

BN 是闪锌矿结构，禁带宽度太大，属于绝缘材料。SiC 的闪锌矿型和六层变体也是半导体材料，它是Ⅳ-Ⅳ族化合物。

8.3　SO_3 和 P_2O_5 的晶体结构

8.3.1　SO_3 的结构和物性

SO_3 有多种变体，四面体公用两个顶点的三聚分子 S_3O_9 成环形，熔点为 290.0 K。公用两个顶点成长链，如图 8-8 所示，O^{2-} 成立方密堆积方式。由于链的分子量较大，因而这样的结构熔点升至 306.7 K。另一个变体结构有支链，熔点就进一步提高到 335.4 K。

8.3.2　P_2O_5 的结构和物性

所有 P_2O_5 晶体结构中，PO_4 正四面体公用三个顶点。形成三类结构：

(1) 孤立分子 P_4O_{10}（图 8-9）；

(2) 无限层状结构 P_2O_5（图 8-10）；

(3) 三维骨架结构 P_2O_5（图 8-11）。

图 8-8　SO_3 分子的结构

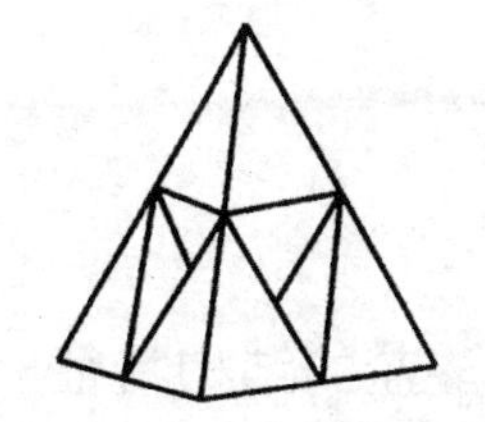

图 8-9　P_4O_{10} 分子的结构

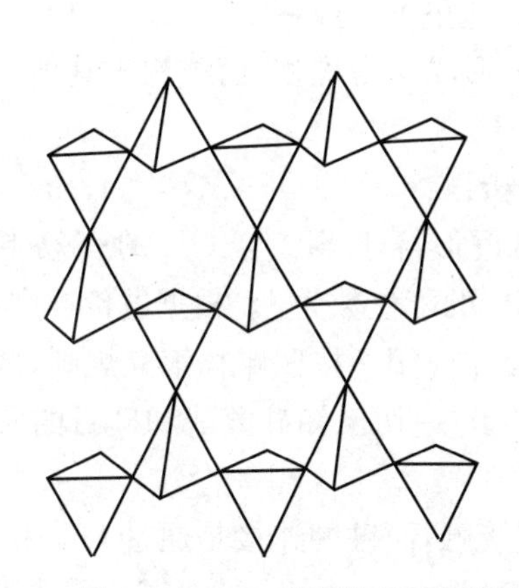

图 8-10　P_2O_5 分子的无限层状结构

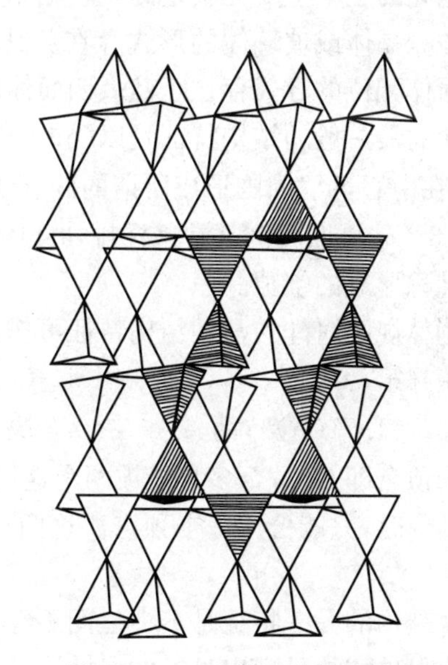

图 8-11　P_2O_5 分子的骨架结构

如图 8-11 所示，用阴影表示出 10 个四面体的环。这 10 个四面体交错连接而成整个结构。图 8-11 是理想的结构，实际结构受到歪曲，P—O—P 角接近 120°。三种变体的结构与物性见表 8-4。

表 8-4　P_2O_5 多晶型物的某些性质

结构	P_4O_{10} 分子	P_2O_5 层状	P_2O_5 骨架
熔点(K)	720	820	850
密度($kg \cdot m^{-3}$)	2300	2720	2900

续表

结构	P_4O_{10}分子	P_2O_5 层状	P_2O_5 骨架
在 300 K 时挥发性	易挥发	不易挥发	不挥发
水的作用	吸湿、极迅速的受水侵蚀	吸湿、迅速的受水侵蚀	不易吸湿、缓慢的受水侵蚀
熔化物的性质	高蒸汽压的液体	黏性熔化物、低蒸汽压	很黏的熔化物、低蒸汽压

8.4 硅 酸 盐

8.4.1 硅酸盐的结构特征

组成地壳的三个主要元素是硅、氧、铝，它们分别占原子百分比的 21%，62.5%，6.5%，主要以硅酸盐晶体或玻璃体的形式存在。其中铝原子既可以取代硅氧四面体中的硅，也可以以氧八面体配位的方式存在于硅氧四面体形成的空隙中。

硅酸盐的最一般的结构特征是以$(SiO_4)^{4-}$作为基本结构单位。四个氧离子以正四面体方式，配位在中心 Si^{4+} 周围形成所谓的硅氧四面体。这里 Si—O=1.62 Å，O—O=2.64 Å，$r_+/r_-=0.3$。硅氧四面体常常这样排列：O^{2-} 实际上形成了密堆积，而结构中其他的金属离子占有密堆积形成的空隙。

运用鲍林规则对硅酸盐的结构特征可作如下分析：

根据鲍林第一规则，$(SiO_4)^{4-}$ 中 Si—O 之距离近似等于 Si^{4+} 与 O^{2-} 的有效半径之和(0.39+1.32=1.71(Å))；而 $r_+/r_-=0.3$ 决定了 Si^{4+} 的配位数为 4。根据电价规则，硅氧四面体的每个顶点即 O^{2-}，至多只能被两个这样的四面体公用。按照鲍林第三规则，两个这样的四面体结合时，只能公用一个顶点。这两个推论是与一切已知硅酸盐和硅石的实际情况相符合的。

硅酸盐结构的另一特征是 Si^{4+} 之间不存在直接接触，而键的连接是通过 O^{2-} 来实现的，这种连接使得硅酸盐呈现出显著的多样性；同时，这又是与大量存在的含 C—C 键的有机化合物的重要区别。

8.4.2 硅酸盐的分类

前面已经讲过，根据半径比，硅氧以四面体的方式结合，而硅氧四面体中每两个之间不能公用棱、面，只能公用一个顶点或不公用顶点。而结构中的其他离子(除 Al 以外)都不能替代硅氧四面体中的 Si 而形成骨架形式。因此，以硅酸盐的阴离子中硅氧四面体与相邻硅氧四面体公用顶点的情况来进行硅酸盐的分类；因为硅酸盐中 Si—O 键是最主要的键，硅与氧的结合方式在很大程度上对硅酸盐的性质有着决定作用。

1. 硅氧四面体间无公用顶点

这时$(SiO_4)^{4-}$硅氧四面体是单独存在的，与其他四面体不公用顶点。这类硅酸盐由于$(SiO_4)^{4-}$与有关正离子组成的硅酸盐堆积较密，属于重硅酸盐一类。这些硅酸盐的晶体并无天然解理面。这类硅酸盐中具有代表性的化合物是镁橄榄石(图 8-12)。在镁橄榄石中，O^{2-}作假六方密堆积，Si^{4+}位于四面体空隙中，而Mg^{2+}位于八面体空隙中。镁橄榄石属于正交晶系。这个结构中，每个O^{2-}与一个Si^{4+}及 3 个Mg^{2+}相邻，而$Si^{4+}—O^{2-}$和$Mg^{2+}—O^{2-}$的静电键强度分别为

$$\frac{4}{4}=1 \quad 和 \quad \frac{2}{6}=\frac{1}{3}$$

故对每个O^{2-}有$s=1+3\times\frac{1}{3}=2$。

2. 硅氧四面体间公用 1 个顶点

在硅氧四面体间公用一个顶点(O^{2-})后，显然产生“一对”硅氧四面体独立基团$(Si_2O_7)^{6-}$。异极矿$[Zn_4Si_2O_7(OH)_2]\cdot H_2O$就是这种类型的结构。像橄榄石一样，由于这一对硅氧四面体无规则的取向，异极矿也没有明显的解理面。

3. 硅氧四面体相互以 2 个顶点相连接

当每个硅氧四面体以两个顶点相连接时，结构单位是单链$(SiO_3)^{2-}$，典型的代表是顽火辉石$MgSiO_3$，它是无限长的单链，因此硅氧单链得名辉石链。当然，单链也可以首尾相接成环状：$(Si_3O_9)^{6-}$(三元环)、$(Si_4O_{12})^{8-}$(四元环)、$(Si_6O_{18})^{12-}$(六元环)。绿宝石$Be_3Al_2(Si_6O_{18})$中就存在硅氧四面体形成的六元环(图 8-13)。所以有时这六元环也称为绿宝石环，绿宝石结构属六方晶系，其中正离子Be^{2+}，Al^{3+}分别在负离子O^{2-}的四面体和八面体空隙中。由于Be^{2+}和Al^{3+}的静电性较强，虽然绿宝石中六元环一层层排列，但由于层间、层内的引力相差不远，所以绿宝石并不显示出明显的解理面。但总的来说，这一类偏硅酸盐中，解理性比上面二类硅酸盐要明显。绿宝石六元环中的空腔使它能吸附像 He 这样的气体。

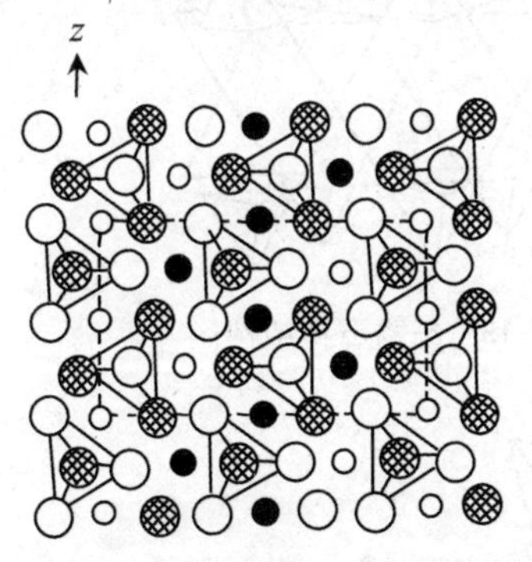

图 8-12　镁橄榄石的结构

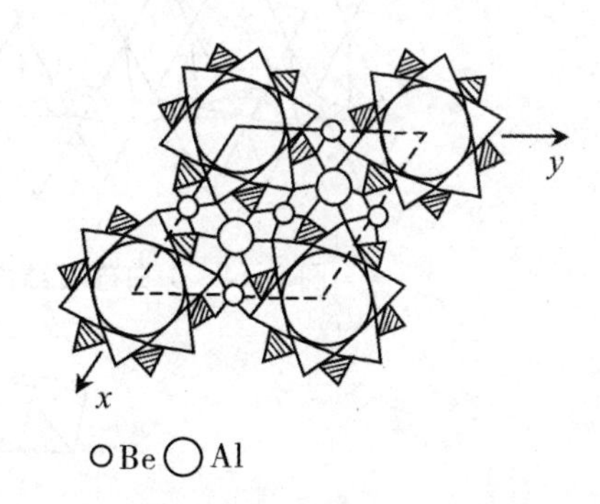

图 8-13　$Be_3Al_2(Si_6O_{18})$的结构

4. 硅氧四面体相互以平均 $2\frac{1}{2}$ 个顶点相连接

在双链的情况下，硅氧四面体交替地以 2 个和 3 个顶点相连接。因此双链的式子可写成$(Si_4O_{11})^{6-}$。这样的双链在所有闪石中都存在，因此称为闪石链。典型的例子是透闪石：

$$(OH)_2Ca_2Mg_5(Si_4O_{11})_2$$

它显然有解理性。

5. 硅氧四面体相互以 3 个顶点相连接

这将产生无限的平面层，在这层中四面体的连接可有不同方式，如先形成四元环、六元环、八元环，然后再连接成层。所有层状结构的化学式是一样的，即$(Si_2O_5)^{2-}$。六元环形成的无限层存在于云母中。典型的例子是白云母：$KAl_2(AlSi_3O_{11})(OH)_2$。显然，层状结构沿层间是很容易解理的。

6. 硅氧四面体相互以 4 个顶点相连接

当每个硅氧四面体的 4 个顶点都用以互相连接时，则形成了无限的三维骨架。化学式为 SiO_2，它有三个变体：石英、鳞石英和白硅石，其相变情况如下：

$$石英 \xrightarrow{870\ ℃} 鳞石英 \xrightarrow{1470\ ℃} 白硅石$$

在自然界中，大部分 SiO_2 以石英方式存在。同时，石英、鳞石英、白硅石各具有一个低温变体(α)和一个高温变体(β)。二变体之间的转化温度分别为

$$\alpha\text{-}石英 \xrightleftharpoons{573\ ℃} \beta\text{-}石英$$

$$\alpha\text{-}鳞石英 \xrightleftharpoons{120\sim160\ ℃} \beta\text{-}鳞石英$$

$$\alpha\text{-}白硅石 \xrightleftharpoons{20\sim275\ ℃} \beta\text{-}白硅石$$

石英、鳞石英与白硅石进行 α 变体与 β 变体之间的转化时，不必将原有的硅氧骨架拆散，而只要在原有骨架的基础上将各四面体稍加移动即可，转化并不困难。三种 SiO_2 的结构如图 8-14～图 8-16 所示。

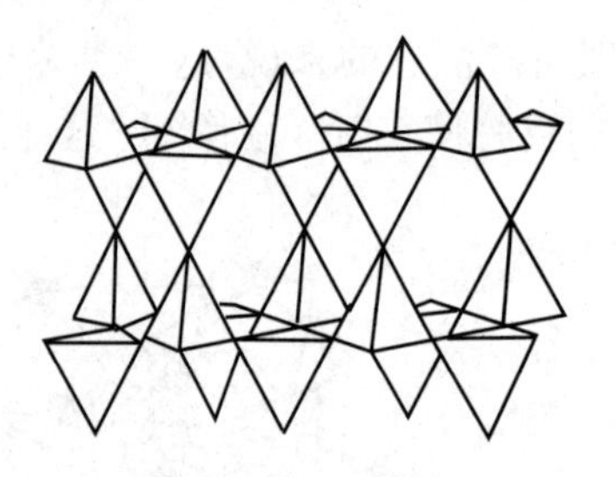

图 8-14　β-白硅石结构

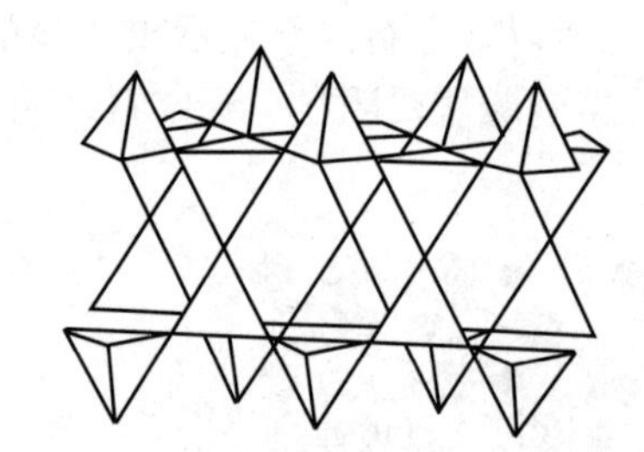

图 8-15　β-鳞石英结构

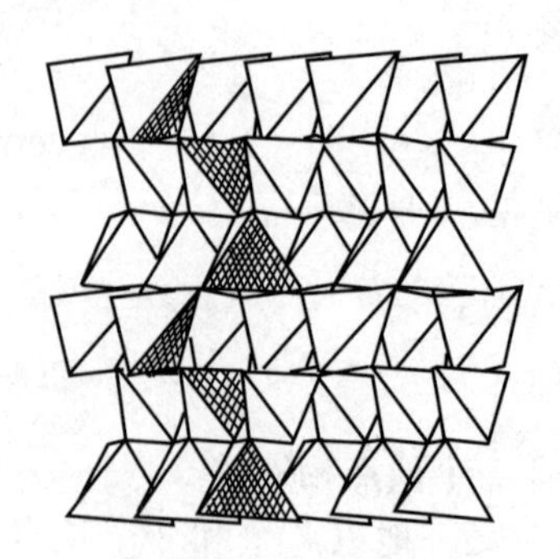

图 8-16　β-石英结构

从图可知，这三种变体之间，β-白硅石和 β-鳞石英结构十分相似，其差别只在上下之间的相对位置。在 β-白硅石中，上下硅氧四面体相对位置不同，而在 β-鳞石英中，上下正四面体相对位置一样。二者间的关系与立方 ZnS 和六方 ZnS 之间的关系相似。这里，β-白硅石为立方晶系，β-鳞石英为六方晶系。β-石英的结构则和这两者有根本不同，其结构可看成一些由硅氧四面体螺旋形链交接在一起，图 8-16 中阴影的一些四面体即表示一个螺旋链。它具有三次螺旋轴的对称性，因此会有左旋和右旋。从图 8-16 清楚地看出 β-石英的堆积要紧密些。

表 8-5 列出了三种 SiO_2 变体的超结构和间隙超结构。由表可知，因石英的堆积紧密，当这类结构中 Al^{3+} 取代 Si^{4+} 以后，还需引进阳离子才能补偿电荷，这时仅 Li^+ 才能进入结构中的间隙，形成 $Li(SiAl)O_4$。在结构较空旷的鳞石英和白硅石中，较大的阳离子可以进入，如霞石 $Na(SiAl)O_4$ 就是利用高温鳞石英的骨架。

表 8-5　硅石的结构和超结构

	石英	鳞石英	方石英
超结构	SiO_2 GeO_2 $AlPO_4$ $BaZnO_2$ $GaAsO_4$	SiO_2	SiO_2 BPO_4 $BeSO_4$ $MnPO_4$
间隙超结构	$LiAlSiO_4$	$KAlSiO_4$ $Na_3K(Al_4Si_4)O_{16}$	$K_2(AlFe)O_4$ Na_2CaSiO_4 $Na(AlSi)O_4$

同样的原因，长石类矿物可以在其空隙中有种种不同的离子。例如，钾长石 $K(AlSi_3)O_8$ 和钡长石 $Ba(Al_2Si_2)O_8$ 或钠长石 $Na(AlSi_3)O_8$ 和钙长石，都可以形成连续的固溶体。在这些固溶体中，每当空隙中进入一个二价阳离子，取代一个一价阳离子，必伴随着 Al^{3+} 取代了硅氧四面体中心的 Si^{4+}。硅酸盐的结构分类如表 8-6 所示。

表 8-6　硅酸盐的结构分类

公用氧数	结构单位	电荷补偿	化学式
0		Si +4 O −8 −4	$[SiO_4]^{4-}$
1		Si +8 O −14 −6	$[Si_2O_7]^{6-}$
2		Si +4 O −6 −2	$[SiO_3]^{2-}$

续表

公用氧数	结构单位	电荷补偿	化学式
$2\frac{1}{2}$		Si +16 O −22 −6	$[SiO_4O_{11}]^{6-}$
3		Si +8 O −10 −2	$[Si_2O_5]^{2-}$
4	三维结构	Si +4 O −4 0	$[SiO_2]^0$

硅酸盐的化学组成比较复杂，结构形成也多种多样，但在这些千变万化的硅酸盐结构中，起骨架作用的硅氧结合方式是比较单一的。这是因为硅酸盐中硅与氧的结合力是一种主要的、具有决定意义的结合力。因此，它们之间结合的方式在很大程度上取决于它们自身的性质（硅氧四面体），在一定程度上取决于它们自身的数量关系（各种形式的硅氧骨架）。

在我们接触到硅酸盐时，首先要弄清它属于上述哪一个类型，再仔细考虑离子间的置换取代形成的一些差异，就能对整个结构有一个全面的理解。当然这里的分类也是极简化的，实际情况要复杂些。但探讨复杂硅酸盐结构的思路同上面的分类是一样的。

8.4.3 硅酸盐的结晶化学

化学家曾将各种硅酸盐看做是一系列硅酸的衍生物，例如他们把下列矿物分别归为正硅酸（H_4SiO_4）与偏硅酸（H_2SiO_3）的盐（表 8-7）。

表 8-7 硅酸盐的分类

正硅酸盐	石榴石	$Ca_3Al_2(SiO_4)_3$	含 SiO_4^{4-}	$Ca_3Al_2(SiO_4)_3$
	白云母	$H_2KAl_3(SiO_4)_3$	层 型	$KAl_2(AlSi_3O_{10})(OH)_2$
	钙斜长石	$CaAl_2(SiO_4)_2$	骨架型	$Ca(Al_2Si_2O_8)$
偏硅酸盐	透辉石	$CaMg(SiO_3)_2$	链 型	$CaMg(SiO_3)_2$
	滑 石	$H_2Mg_3(SiO_3)_4$	层 型	$Mg_3(Si_4O_{10})(OH)_2$
	白榴石	$KAl(SiO_3)_2$	骨架型	$K(AlSi_2O_6)$

实践表明，这样的分类法与性质联系不起来，不能取得任何成效，远不如矿物学家根据硅酸盐的解理性、密度等易测的物性，把硅酸盐划分成层型、链型与轻重硅酸盐。当然矿物学家也无法指出化学分类失败的原因。20 世纪 30 年代在 X 光结构分析成就的基础上，联系硅酸盐的组成、结构和性能的结晶化学工作，圆满地解决了上述问题，找到了化学家按化学组成分类硅酸盐失败的原因。首先，在于他们限于当时的认识，并不着眼于硅与氧的结合方式，即不着眼于硅氧骨架的形式问题，而过分强调硅酸盐的“正、偏”。在与性质矛盾时也未仔细考虑其结构。

其次，Al 在硅酸盐中既可以 AlO_6 八面体的形式存在于硅氧骨架之外，也可以进入无限的硅氧四面体骨架中去置换 Si；O^{2-} 既可以在硅氧骨架中与 Si 相连，也可以 OH^- 的形式存在于硅氧骨架之外。因此，在大部分重的硅酸盐中，硅与氧的比例并不直接反映出其中硅氧骨架的形式。硅酸盐的这两个特点给化学家按组成分类造成严重的客观困难。

硅酸盐的结晶化学对地壳中硅酸盐的生成过程也能做出合理的推测。在岩浆的凝固过程中，电价高、半径小的阳离子 Si^{4+}，Al^{3+} 首先将阴离子 O^{2-} 吸引在它们周围，形成 SiO_4 和 AlO_4 这样的四面体。从岩浆中硅（铝）氧比例来看，它们必须相互公用顶点，形成动荡的、片断的、不完整的硅-氧链层或骨架，而随温度下降，阳离子 Ca^{2+}，Mg^{2+}，Fe^{2+}，Fe^{3+}，Na^+，K^+ 等又把这些阴离子骨架胶合在一起。一般来说，电价较高、半径较小的阳离子与含有较高残余电价的硅-氧骨架优先析出。岩浆凝固时，各种形式的硅酸盐大体按下列次序析出：

橄榄石→辉石→角闪石→云母→长石→石英

上面说的是丰度大的一些元素。而稀有元素在地壳中的分布可有两种类型，例如钒、镓、锗、铪是分散的稀有元素，而铍、硼、铯、镧、钍、铀、银、金等是分布比较集中的元素。决定稀有元素分布方式的一个因素，是它们的离子半径与地壳中主要元素离子半径的接近程度。离子 V^{3+}（0.65 Å）与离子 Fe^{3+}（0.67 Å）的半径非常接近。因此，钒的分布就极其分散。离子 Ga^{3+}（0.62 Å）与 Al^{3+}（0.57 Å）半径接近的情况与 V^{3+} 类似。事实上钒与镓这两种元素在地壳中的丰度要比一般比较常见的元素，例如铜、锌、银、金大得多。另一方面，半径特别小或特别大的元素，一般不易混入其他矿物中，而作为一种独立的矿物从岩浆中析出。贵金属的原子一般不易与氧结合，而以游离状态比较集中地分布在地壳中。

8.5　分　子　筛

8.5.1　分子筛的结构特征

骨架状的硅酸盐中，有些可以用作分子筛。硅酸盐分子筛的主要化学成分是 Si，Al，O，H_2O 等，其化学式可写成

$$M^+_2(\text{或 } M^{2+}) \cdot O \cdot Al_2O_3 \cdot nSiO_2 \cdot mH_2O$$

分子筛具有筛分不同大小分子的能力。和普通筛子不同，普通筛子是小于筛孔的物质可以过筛，大于筛孔的物质过不去。分子筛却相反，小于分子筛筛孔的分子进入分子筛后被吸附，大于筛孔的分子进不去，从分子筛小晶粒之间的空隙通过。自然界存在的分子筛晶体称为“泡沸石”，属于沸石类矿物。当用急火加热时，能放出水分，起泡沸腾或融熔，故称为泡沸石。实际是泡沸石中孔穴很多，吸附着大量的气体和水分，加热时气体和水分从孔穴中冲出。当温度太高时（一般在 700 ℃以上），骨架崩溃而熔化。人工合成的骨架型硅铝酸盐分子筛也称人造沸石。

早在 1756 年，瑞典矿物学家 A. F. Cronstedt 首先发现了天然微孔的硅（铝）酸盐，即天然沸石，并将其作为吸附剂和干燥剂用于一些气体和液体的干燥及分离、硬水软化、污水处理以及土壤改良等。但是对沸石结构的研究直到 1930 年才开始[47]。

根据国际沸石分子筛学会(IZA)委员会的统计[48-49]：

1970 年,27 种分子筛结构类型；

1978 年,38 种分子筛结构类型；

1988 年,64 种分子筛结构类型；

1996 年,98 种分子筛结构类型；

2001 年,133 种分子筛结构类型；

到 2004 年,至少有 152 种分子筛骨架结构已被确定。

在沸石分子筛骨架结构中,每个 T(Si,Al 等)原子都与四个氧原子配位,每个氧原子桥联结两个 T 原子,如图 8-17 所示。由于硅离子和铝离子的离子半径仅为 0.41 Å 和 0.50 Å,明显小于 O^{2-} 的离子半径 1.40 Å,因此该四面体实际上是 T 原子处于氧原子所组成的四面体的包围之中。

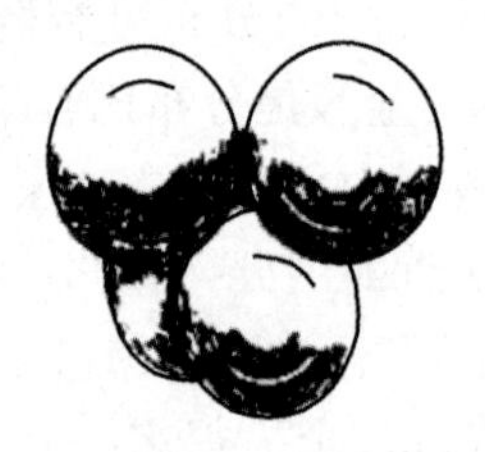

(a) 硅(铝)氧四面体的堆积图

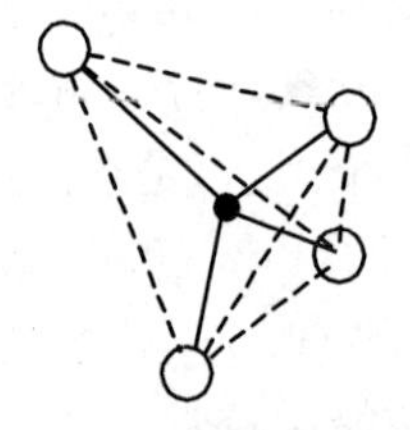

(b) 硅(铝)氧四面体的示意图

图 8-17　硅氧四面体基本结构单元

在硅(铝)氧四面体相互连接时,有如下几个特点[50]：

(1) 四面体中的每一个氧原子都是公用的；

(2) 相邻的两个四面体之间只能公用一个氧原子；

(3) 一般而言两个铝氧四面体不直接相连,也就是说,两个铝氧四面体不能相邻(Lowenstein 规则)。

图 8-18 是天然沸石菱沸石(CHA, chabazite)的结构图[51-52]。

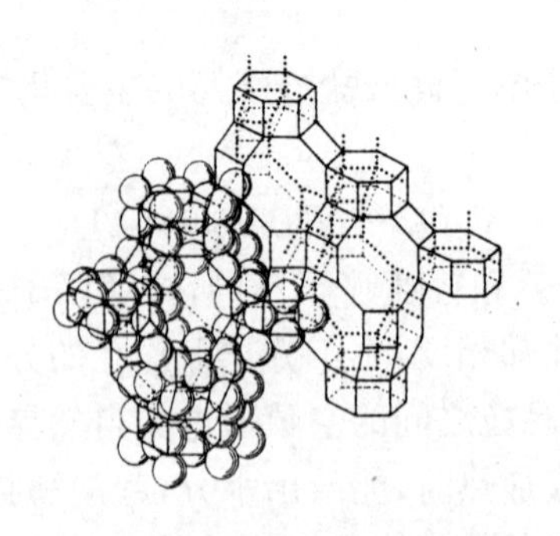

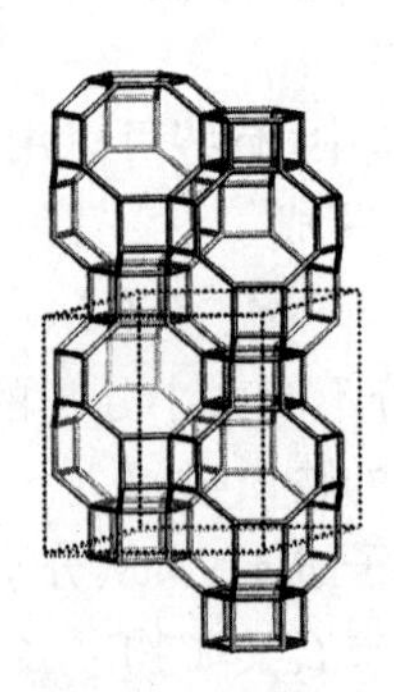

图 8-18　CHA 分子筛的结构

其结构可以看成是由硅氧四面体构成的四元、六元、八元环等连接而成的三维骨架结构。这些环构成的空穴实际上就是分子筛的窗口,被吸附的分子就是通过这些窗口进入分子筛内部的。各种环的有效直径称为孔径,如表 8-8 所示。

表 8-8　不同环的孔径

环	四元	六元	八元	十二元
孔径(Å)	～1	2.2	4.2	8～9

由于环中部分 Si 为 Al 所取代，故表 8-8 中的数值是十分近似的。图 8-19 显示的是四元环和六元环的连接示意图。

而四元环和六元环又是由最基本的结构单元 TO_4 四面体之间通过共享顶点而形成的。骨架 T 原子通常是指 Si，Al 或 P 原子，在少数情况下是指其他原子，如 B，Ga，Be 等。

图 8-20 显示的是分子筛中常见的次级结构单元[53]。3 代表由三个 T(T：Si，Al，P)原子组成的三元环；4-4 代表两个四元环；5-1 代表一个五元环和一个 T 原子。

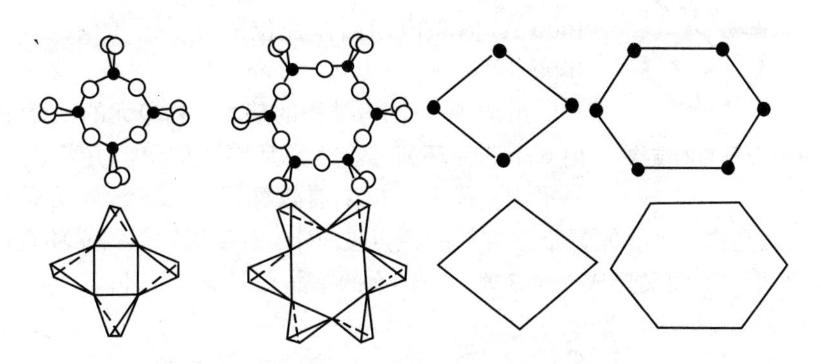

图 8-19　四元环和六元环的示意图

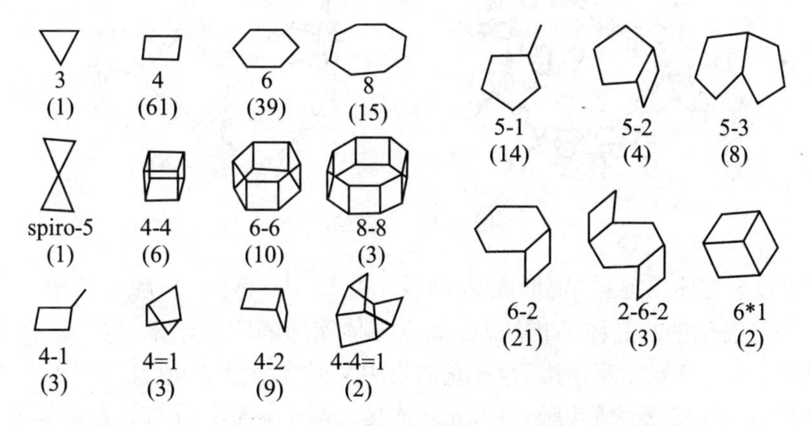

图 8-20　分子筛中常见的次级结构单元(SBU)及其符号

括号中的数字是 SBU 在已知结构中出现的次数

8.5.2　典型硅(铝)酸盐沸石分子筛的结构类型

1. 由笼形结构单元组成的沸石分子筛

天然沸石品种和质量上的限制，使其不能满足工业上的应用需要。以 R. M. Barrer 为首的一批科学家 20 世纪 40 年代末成功模拟天然沸石的地质形成条件，在水热条件下人工合成出首批低硅沸石(Si/Al=1～1.5)分子筛[54]。

到1954年，A型沸石分子筛和X型沸石分子筛开始工业化生产。接着，美国的多家公司，如Linde公司、U. C. C.公司、Mobil公司与Exxon公司等连续研究与开发出一系列的低硅铝比与中硅铝比(Si/Al=2.5)的人工合成沸石分子筛(如NaY型沸石、大孔丝光沸石、L型沸石、毛沸石、ZSM-5沸石等)。我国于1959年成功地合成出A型沸石和X型沸石。随后又合成出Y型沸石和丝光沸石，并迅速投入工业生产。

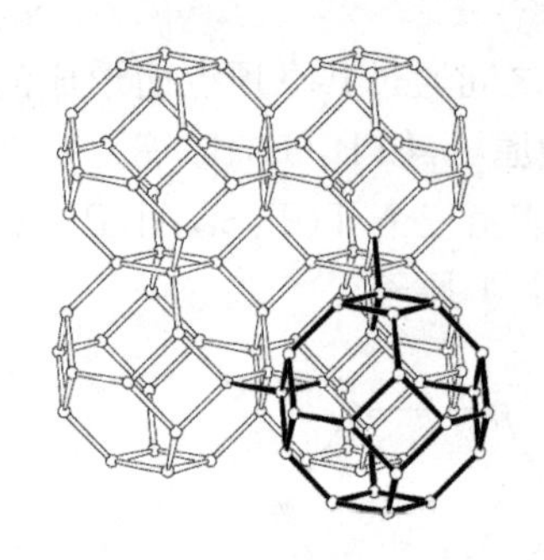

图8-21　SOD分子筛的结构

合成沸石比天然沸石纯度高、孔径的均一性好、离子交换容量高、质量稳定易控制，因此应用范围很广。

图8-21是人工合成的方钠石(sodalite)沸石($|Na_8^+Cl_2^-|[Al_6Si_6O_{24}]$-SOD)的结构[55-56]。它属于立方晶系，空间群为$P\bar{4}3n$，晶胞参数$a=8.870$ Å，骨架密度(即每1000 Å^{3}体积内四面体配位的T原子的数目)是17.2 T/1000 Å^3。

组成SOD沸石结构的基本结构单元的β笼(图8-22)，是由6个四元环和8个六元环围成的，称为$[4^6 6^8]$笼。笼内空穴平均直径为6.6 Å，有效容积是160 Å^3。方钠石沸石的骨架结构可以看做是将八个β笼置于立方体的顶点位置上，相互间公用四元环直接连接起来的。这样，在八个β笼间又形成一个β笼。方钠石的主晶孔仅是六元环。

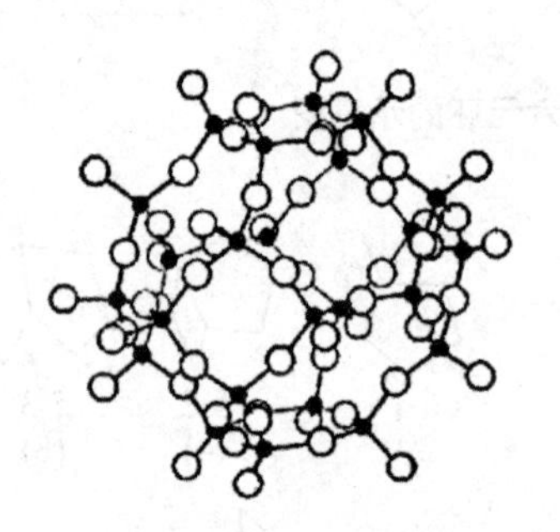

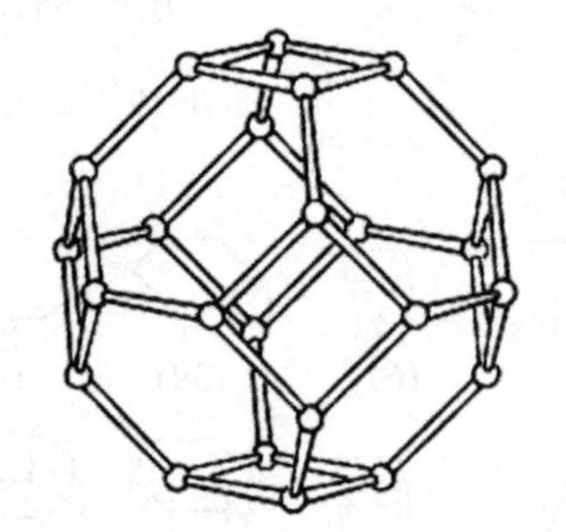

图8-22　β笼结构

β笼间通过立方体笼连接，则形成A型(LTA，Linde Type A)沸石结构[57-58]。A型沸石的结构类似于氯化钠的晶体结构。β笼和立方体笼间隔联结起来，这样就得到了A型沸石的晶体结构。8个β笼相互连接后，在它们当中又形成一个α笼(图8-24)。α笼之间以公用八元环连接，α笼和β笼之间以公用六元环连接。两个β笼通过与立方体笼公用四元环相连。因此，一个α笼周围有6个α笼、8个β笼和12个立方笼。A型分子筛的晶胞如图8-23所示。其中八元环是A型分子筛的主要窗口。

A型分子筛(典型材料的晶胞组成为$|Na_{12}^+(H_2O)_{27}|_8[Al_{12}Si_{12}O_{48}]_8$-LTA)属于立方晶系，其空间群为$Fm\bar{3}c$，晶胞参数$a=24.61$ Å，A型分子筛的$SiO_2/Al_2O_3=2$，设n为1000 Å^{3}体积中的Si和Al总数，即骨架密度，则

$$n=\frac{(12\times8+12\times8)\times1000}{(24.61)^3}=12.88$$

由此可见，结构内空穴和通道所占体积较大，硅(铝)氧骨架是十分空旷的，有效吸附容量相当大。

A 型分子筛硅(铝)氧骨架上的负电荷可用 Na^+,K^+,Ca^{2+} 中和,分别称为 NaA 型、KA 型和 CaA 型沸石。从分子筛的性质和结构测定判断,这些阳离子一般在八元环的窗口。在 NaA,KA 分子筛中,2/3 的八元环有 2 个 Na^+ 或 K^+,1/3 的八元环有 1 个。这些离子使八元环窗口变小,在 NaA 型时约为 4 Å,也称为 4A 分子筛。由于 K^+ 比 Na^+ 大,KA 型沸石八元环窗口只有 3 Å,故也称为 3 Å 型分子筛。对 CaA 型而言,由于一个 Ca^{2+} 的电荷相当于两个 Na^+ 的作用,因此八元环窗口阳离子数目少了一半。这样,CaA 八元环窗口比 NaA 型要大,约为 5 Å,所以也称为 5 Å 分子筛。

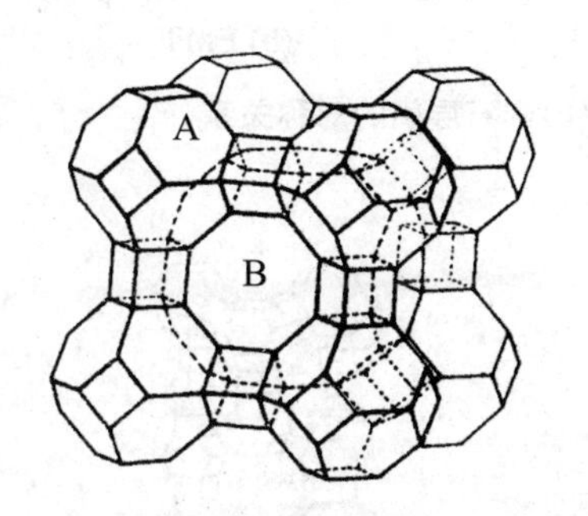

图 8-23　A 型分子筛的结构

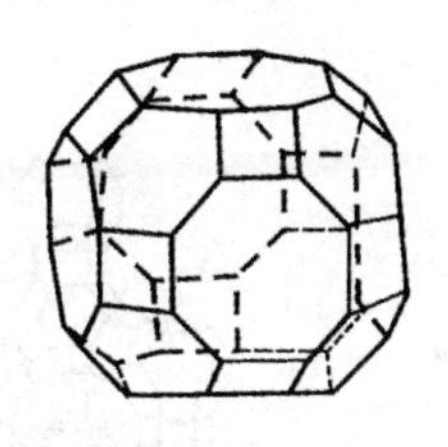

图 8-24　α 笼

若 β 笼间通过六角柱笼连接,则会形成 FAU 型[59-60] 和 EMT 型沸石分子筛的结构[61-62]。

X 型沸石和 Y 型沸石与天然矿物八面沸石(FAU)具有相同的硅(铝)氧骨架结构。人工合成的则按照硅铝比($SiO_2/A1_2O_3$)的不同而有 X 型沸石(2.2～3.0 Å)和 Y 型沸石(大于 3.0 Å)之分。它们的基本结构单元和 A 型沸石一样,也是 β 笼。在 FAU 沸石结构中(图 8-25),β 笼像金刚石结构中的碳原子一样排列,且相邻的两个 β 笼之间通过六方柱笼连接,形成一个八面沸石超笼结构(图 8-26)和三维孔道体系。超笼中含有四个按四面体取向的十二元环孔口,孔径为 7.4 Å×7.4 Å,骨架密度为 12.7 T/1000 $Å^3$。八面沸石的主晶孔是十二元环,为三维十二元环孔道体系。由于八面沸石具有较大的晶内空穴体积(约占 50%)和三维十二元环孔道体系,在催化方面有着极其重要的应用。

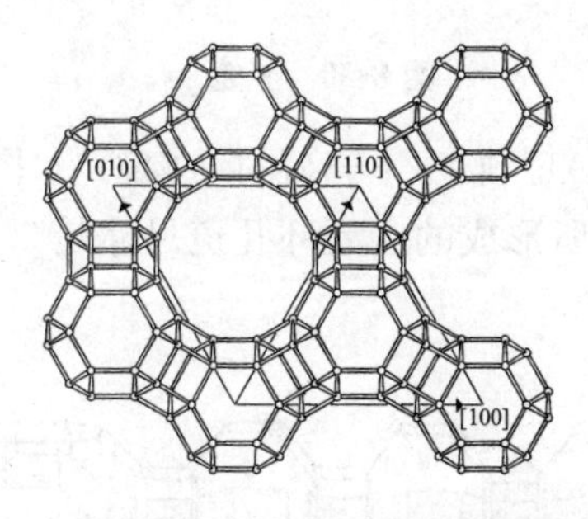

图 8-25　FAU 分子筛的结构

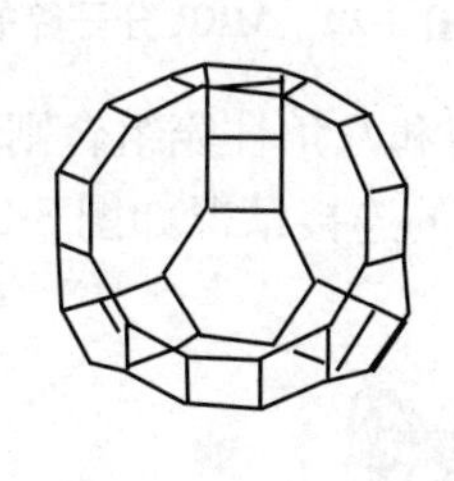

图 8-26　八面沸石笼

EMT 沸石的骨架类型是 FAU 型沸石的一个最简单的六方类似物。在 EMT 中,扭曲的层之间呈镜像关系,而在 FAU 中 β 笼之间则是中心对称关系(图 8-27)。沿[111]方向,FAU 沸石中的 β 笼层是 *ABCABC* 堆积,而 EMT 沸石中则是 *ABAB* 堆积(图 8-28)。

不同笼之间的组合则会形成其他结构的分子筛。如 γ 笼(图 8-29)和八角柱笼连接则形成了 MER 沸石分子筛的结构[63-64](图 8-30)。

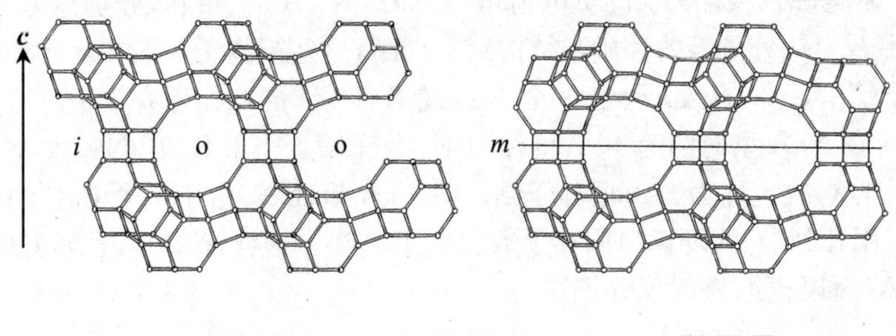

(a) FAU (b) EMT

图 8-27 FAU(a)和 EMT(b)沸石层间的对称关系

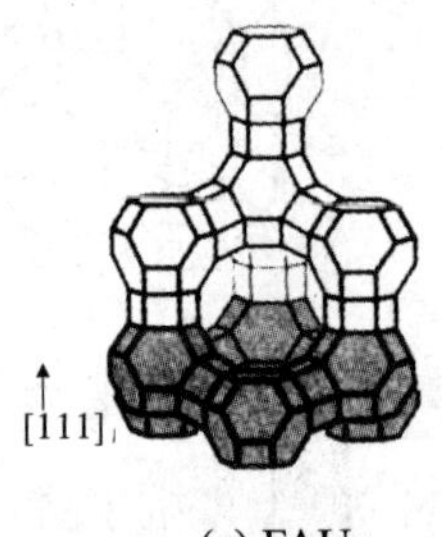

(a) FAU

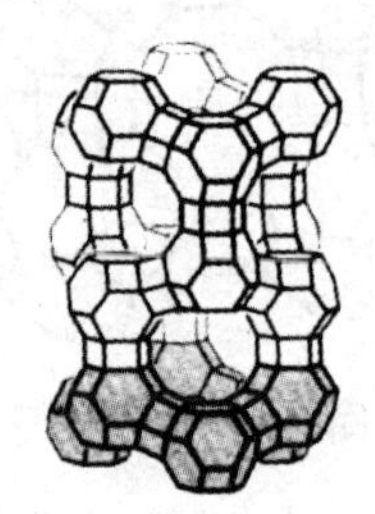

(b) EMT

图 8-28 FAU(a)和 EMT(b)沸石中 *β* 笼沿[111]方向的堆积

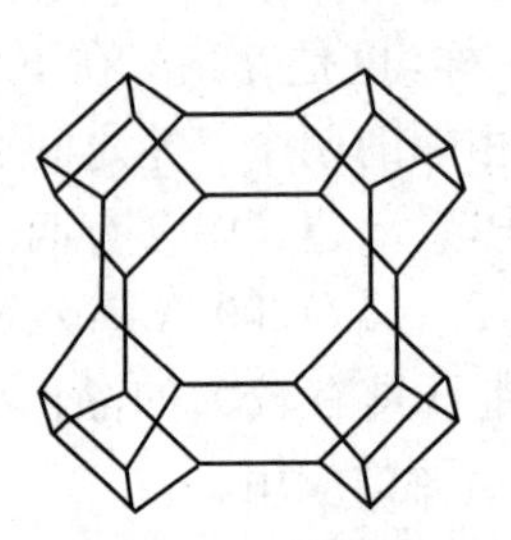

图 8-29 MER 分子筛的结构

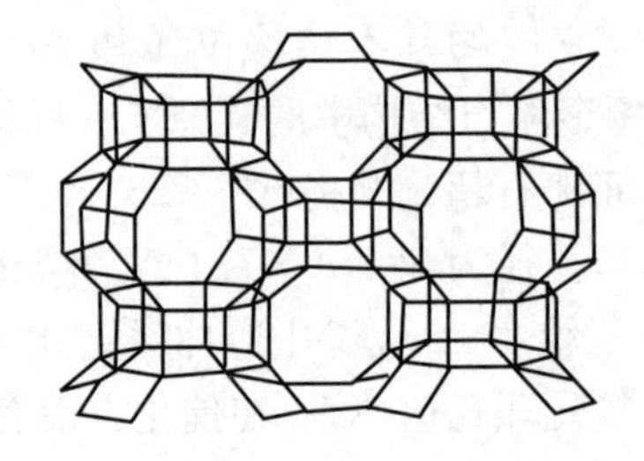

图 8-30 *γ* 笼

而由 α 笼、γ 笼和八角柱笼组合则形成了 PAU 沸石分子筛的结构[65-66](图 8-31),PAU 沸石结构中三种笼的连接情况如图 8-32 所示。所形成的八元环孔道尺寸是 3.6 Å×3.6 Å。

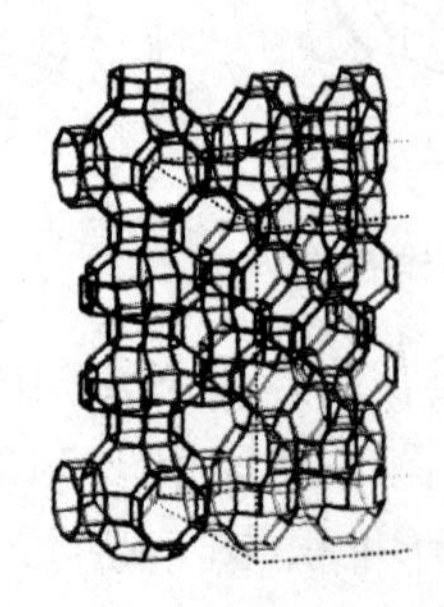

图 8-31 PAU 沸石分子筛的结构

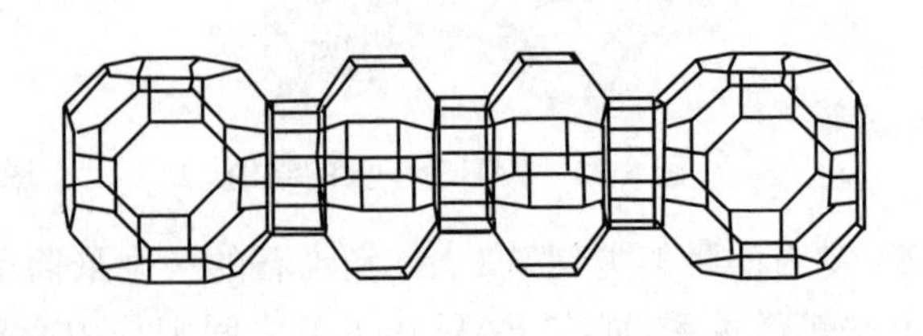

图 8-32 PAU 沸石分子筛中三种笼的连接方式

图 8-33 总结了分子筛中一些常见的笼形结构单元，它们是由一些次级结构单元围成的空腔。由 6 个四元环构成的笼为立方体笼，它的孔穴容积太小，一般分子都进不去，如图 8-33(c)所示。由 6 个四元环和 2 个六元环构成的笼称为六角柱笼，孔穴容积小，只可能容纳一个离子或一个小分子，如图 8-33(e)所示。由 8 个六元环和 6 个四元环构成的笼称为 β 笼，从外形上可以看做是正八面体削去 6 个角顶。正八面体原来的 8 个面变成 8 个正六边形，原来的 6 个角顶变成 6 个正方形。β 笼的平均直径为 6.6 Å，孔穴内有效容积为 160 $Å^3$，其结构如图 8-33(d)所示。由 6 个八元环、8 个六元环、12 个四元环构成的笼称为 α 笼，笼的平均直径为 11.4 Å，有效容积为 760 $Å^3$，如图 8-33(a)所示。由 18 个四元环、4 个六元环和 4 个十二环构成的笼称为八面沸石笼，它的平均有效直径为 11.8 Å，有效容积为 850 $Å^3$，如图 8-33(b)所示。此外还有 γ 笼、八角柱笼等。正是这些有关的笼在空间按一定方式作周期排列，形成了分子筛的晶体结构。

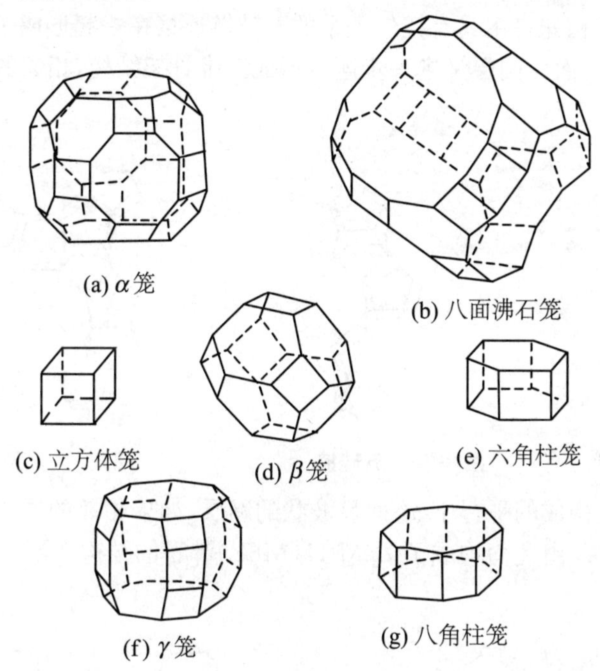

图 8-33　分子筛中常见的几种笼形结构单元

2. 由层状结构单元组成的分子筛

由于实践需要，尤其是石油催化应用要求的推动，围绕沸石分子筛的稳定性(热稳定性和对酸的稳定性)与固体酸性的提高，从 20 世纪 50 年代中期至 80 年代初期，沸石领域中从低硅(Si/Al=1.0～1.5)，中等硅铝比(Si/Al=2.0～5.0)直至富硅(Si/Al=10～100)与全硅等一大批沸石分子筛被合成出来，促进了分子筛结构与性质的研究，大大推动了其在应用方面的全面进步。

从 20 世纪 60 年代初起，美国的 Mobil 公司的科学家们开始将有机胺及季铵盐作为膜板剂引入沸石分子筛的水热合成体系，合成出了一批富硅分子筛。1972 年，"Pentasil"家族的第一个重要成员 ZSM-5 被合成出来。此后，ZSM-11，ZSM-12，ZSM-21 等"Pentasil"家族中的其他成员被陆续合成出来。"Pentasil"家族富硅沸石具有亲油憎水的表面与二维交叉十元环孔道，从其一出现直至目前一直在择形催化材料领域占有重要地位.

图 8-34 是合成的 ZSM-5(MFI)沸石的结构图[67-69]。

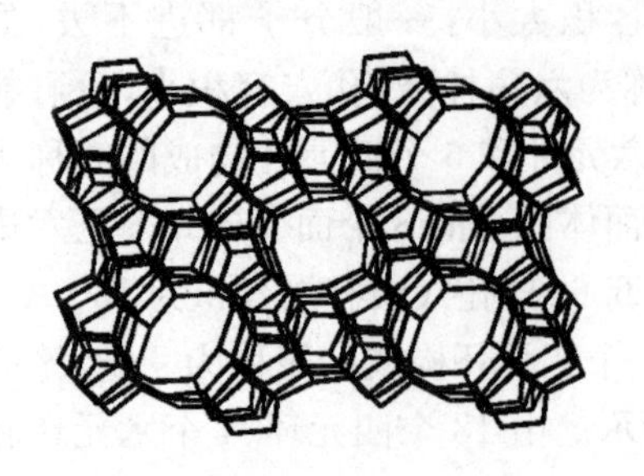

图 8-34　ZSM-5(MFI)分子筛的结构

ZSM-5 沸石（典型材料的晶胞组成为 $|Na_n^+(H_2O)_{16}|[Al_nSi_{96-n}O_{192}]$-MFI，$n<27$）属于正交晶系，空间群为 *Pnma*，晶胞参数 $a=20.07$ Å，$b=19.92$ Å，$c=13.42$ Å。骨架密度为 17.9 T/1000 Å^3，晶胞中铝原子数可为 0～27，即硅铝比可以在较大范围内改变，但硅铝原子总数为 96 个。由图 8-34 可见，ZSM-5 中的特征结构单元是由 8 个五元环组成的单元，称为$[5^8]$单元，具有 D_{2d} 对称性，这些$[5^8]$单元通过边共享形成平行于 *c* 轴的五硅链（Pentasil），如图 8-35、图 8-36 所示。

ZSM-5 沸石的结构先是由具有镜像关系的五硅链连接在一起形成了带有十元环孔且呈波状的网层（图 8-37），而后网层又进一步连接形成三维骨架结构，相邻的网层之间具有中心对称关系。

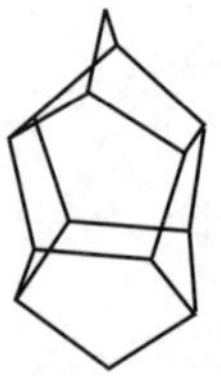

图 8-35　$[5^8]$单元

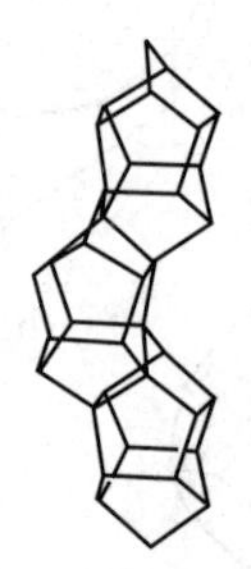

图 8-36　五硅链

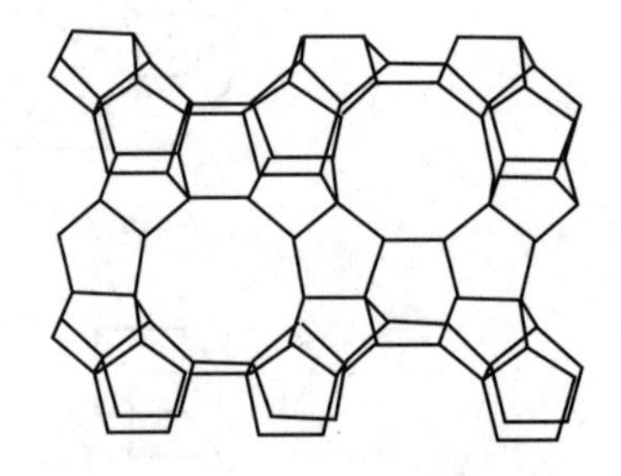

图 8-37　ZSM-5 分子筛的网层

同样是由五硅链构成的平行于 *ac* 面呈波状的网层，如果相邻的层之间不是以对称中心相关，而是以镜面相关，由此而构成了 ZSM-11(MEL)沸石的结构[70-72]。如图 8-38 所示。

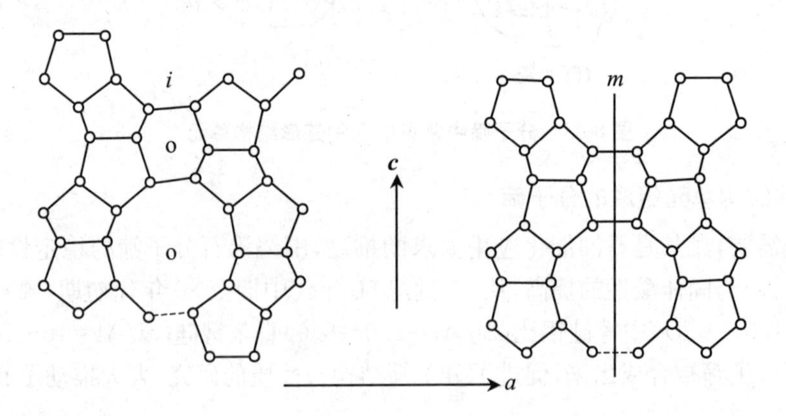

(a) 用对称中心操作构筑的ZSM-5　　(b) 用镜面操作构筑的ZSM-11

图 8-38　ZSM-5 和 ZSM-11 沸石的结构

图 8-39 是 ZSM-11 骨架结构图，ZSM-11 沸石（典型材料晶胞组成为$|Na_n(H_2O)_{16}|[Al_nSi_{96-n}O_{192}]$-MEL，$n<16$）属于四方晶系，空间群 $I\bar{4}m2$，晶胞参数 $a=20.12$ Å，$c=$

13.44 Å。骨架密度为 17.67 T/1000 Å^3。

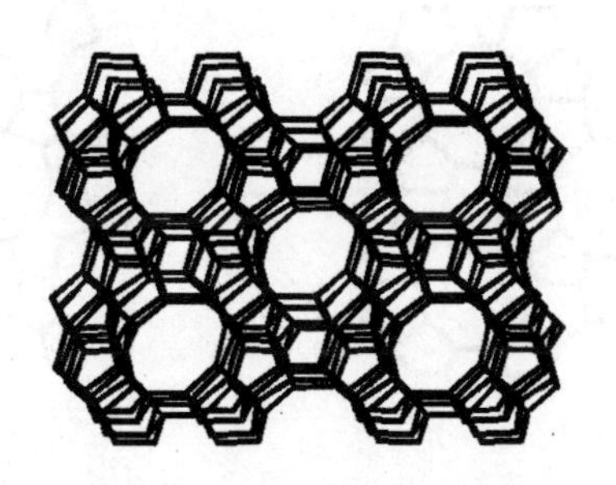

图 8-39　ZSM-11 分子筛的结构

如果将 ZSM-5 的平面网层扭曲变形，并在五硅链间插入四元环就构成了具有十二元环孔道结构的 ZSM-12(MTW)沸石结构[73-74]。图 8-40 比较了网层的关系，图 8-41 是 ZSM-12 的骨架结构图，可以清楚地看出其结构特征。

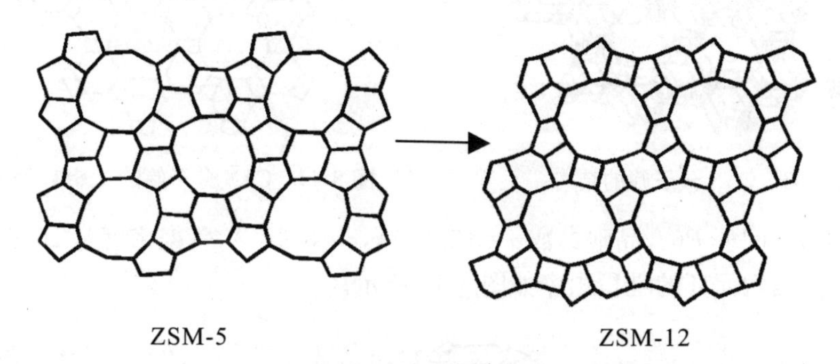

图 8-40　ZSM-5 和 ZSM-12 的平面网层

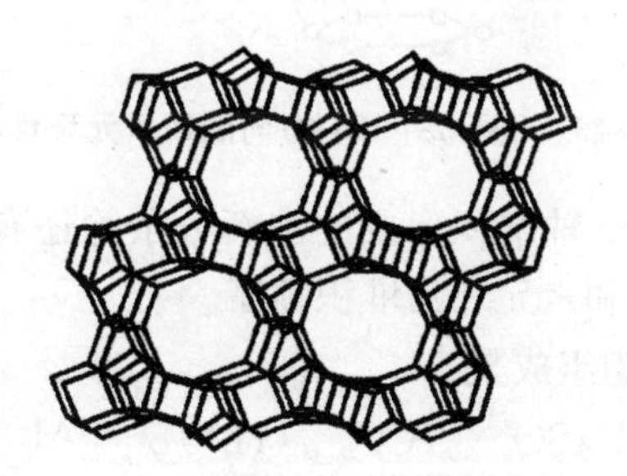

图 8-41　ZSM-12 分子筛的结构

ZSM-57(MFS)沸石分子筛[75]与 ZSM-11 具有相似的网层结构，只是网层的扭曲程度不同(图 8-42)。

总之，"Pentasil"家族沸石的结构可以看做是由五硅链形成的网层沿 c 轴堆积而成的。如果是其他特征的层状结构单元沿某一方向堆积，则会形成别的沸石结构。图 8-43 是 CAN 沸石的骨架结构图[76-77]，可以看成是由二维三连接的 4,6,12 网层(图 8-44) 沿 c 轴方向堆积而成。

CAN 沸石，又称铝霞石，典型材料的晶胞组成是

$$|Na_6^{+} Ca^{2+} CO_3^{2-} (H_2O)_2| [Al_6 Si_6 O_{24}]\text{-CAN}$$

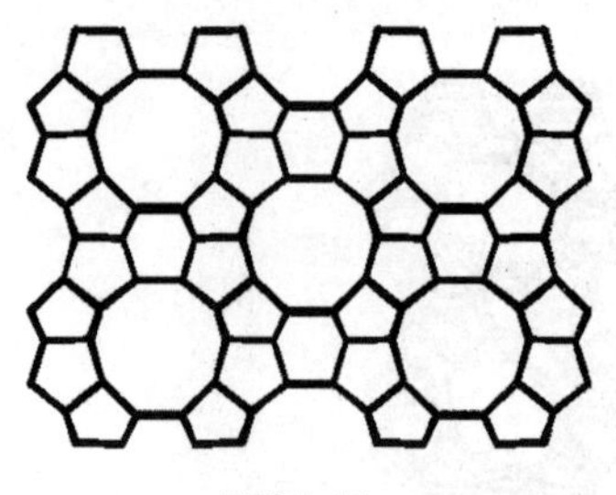
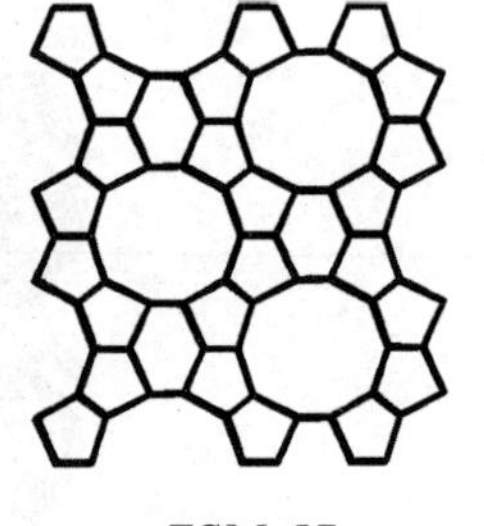

ZSM-11　　　　ZSM-57

图 8-42　ZSM-11 和 ZSM-57 分子筛的平面网层

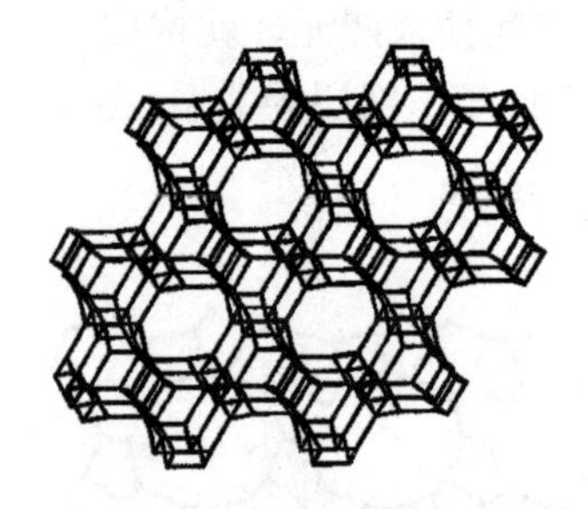

图 8-43　CAN 分子筛的结构

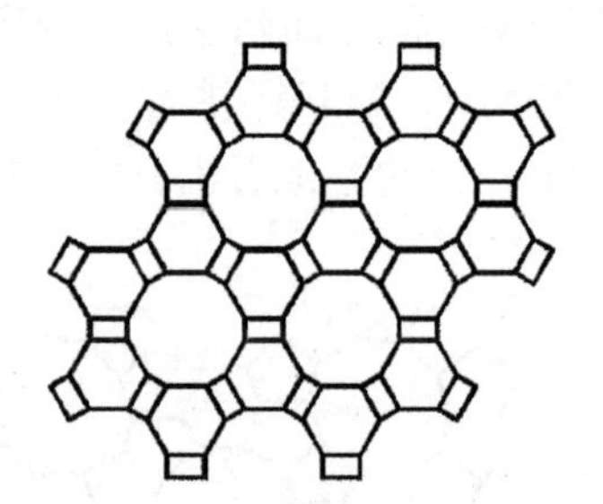

图 8-44　CAN 分子筛的 4,6,12 网层

属于六方晶系，空间群 $P6_3$，晶胞参数 a=12.75 Å，c=5.14 Å，骨架密度是 16.6 T/1000 Å^3。其沿[010]方向四六元环的堆积顺序如图 8-45 所示。

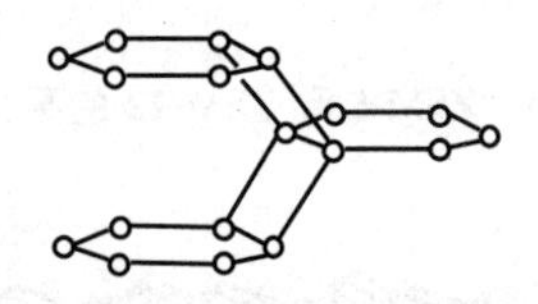

图 8-45　CAN 沿[010]方向的四六元环堆积图

同样是由 4,6,12 网层沿 c 轴堆积形成的沸石分子筛还有 AFG,ERI,GME 等，所不同的是它们沿[010]方向四元环和六元环的堆积顺序。

AFG[78-79]典型材料的晶胞组成是

$$|Ca^{2+}_{9.8}Na^{+}_{22}Cl^{-}_{2}SO_4^{2-}{}_{5.3}CO_3{}^{2-}(H_2O)_4|[Al_{24}Si_{24}O_{96}]\text{-AFG}$$

为 $P6_3mc$，晶胞参数 a=12.761 Å，c= 21.416 Å。骨架密度是 15.9 T/1000 Å^3。图 8-46 是 AFG 沸石沿[001]方向的投影图。可见 AFG 沸石同样是由 4,6,12 网层沿 c 轴方向堆积而成的。它与 CAN 沸石所不同的只是沿[010]方向上四元环和六元环的堆积顺序(图 8-47)。

ERI[80-81]和 GME[82-84]也属于六方晶系，理想晶胞空间群是 $P\frac{6_3}{m}mc$。图 8-47 是 ERI 和 GME 分子筛沿[010]方向的四六元环堆积图。

同样是十二元环孔道的 BEA 沸石分子筛[85-86]，它的十二元环则是由四元环，五元环和六元环呈镜像排列组成的(图 8-49)。BEA 沸石的结构 Si/Al 比大于 8，也是有重要石油催化应用的高硅分子筛。

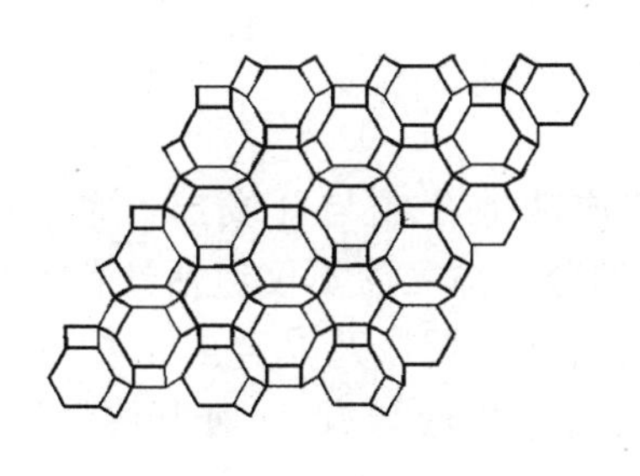

图 8-46　AFG 分子筛沿[001]方向的投影图

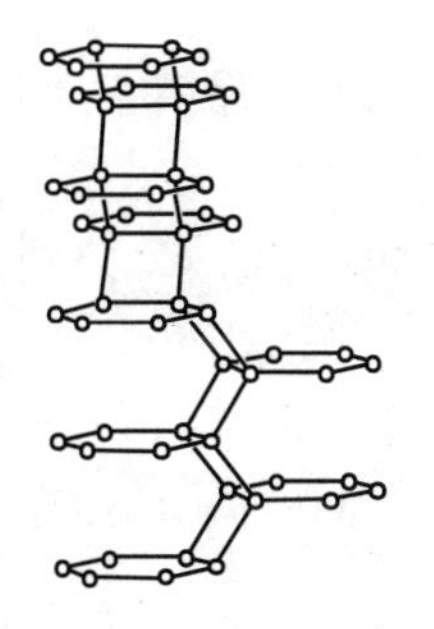

图 8-47　AFG 沿[010]方向的四六元环堆积图

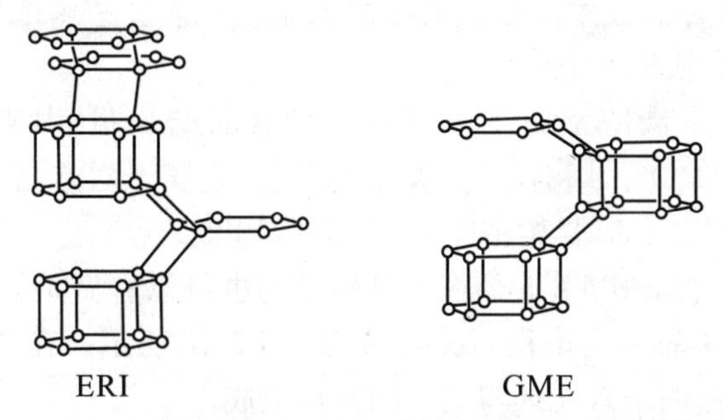

图 8-48　ERI 和 GME 沿[010]方向的四六元环堆积图

若十二元环全部由五元环组成，则形成 VET 沸石分子筛的结构[87]（图 8-50）。有广泛工业应用的丝光沸石（MOR）分子筛[88-89]的十二元环则是由四元环、五元环和八元环围成（图 8-51）。

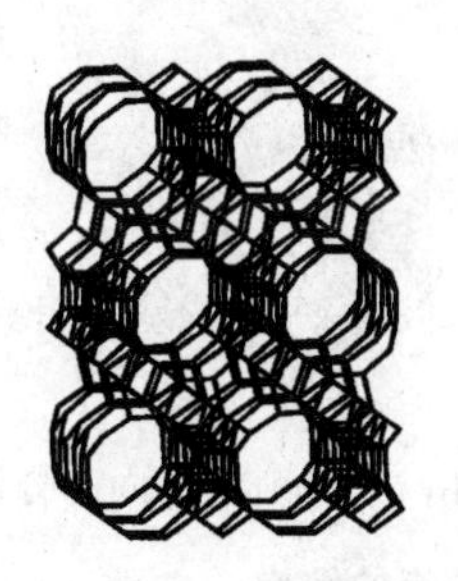

(a) BEA分子筛的结构

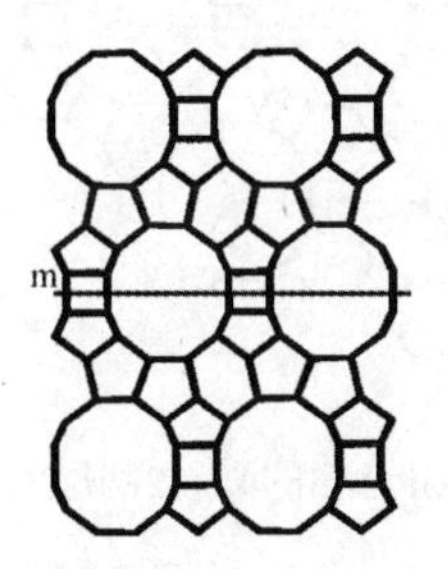

(b) BEA的平面网层

图 8-49　BEA 分子筛的结构

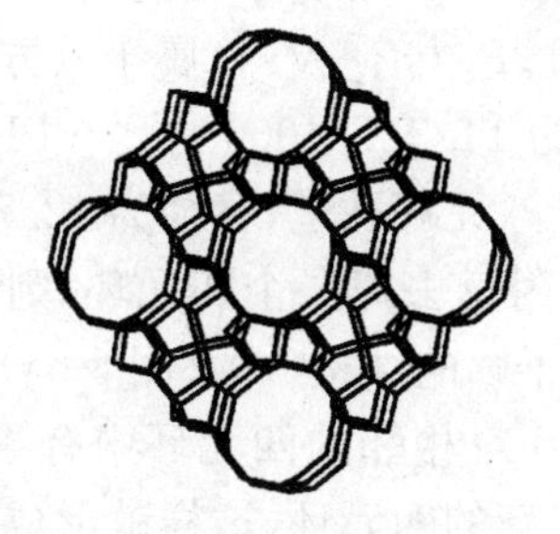

图 8-50　VET 分子筛的结构

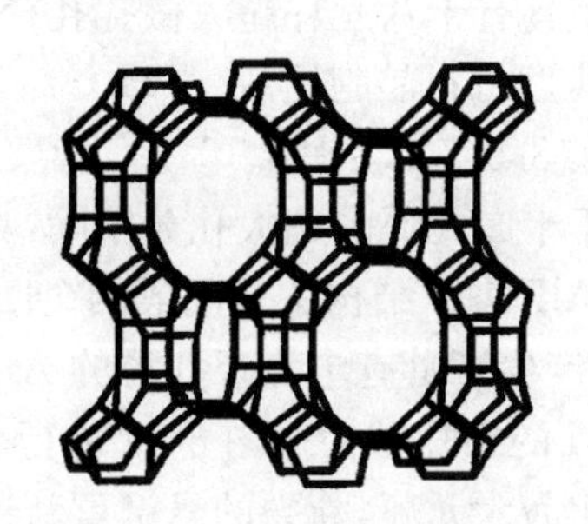

图 8-51　MOR 分子筛的结构

8.5.3 磷酸铝分子筛的结构

1982年,美国 U. C. C. 公司的科学家们成功地合成与开发出一个全新的分子筛家族——磷酸铝分子筛 $AlPO_{4-n}$[90]。这个全新的分子筛家族不仅包括具有大孔、中孔与小孔的 $AlPO_{4-n}$分子筛,而且可以将包括主族金属、过渡金属以及非金属元素,如 Li,Be,B,Mg,Si,Ga,Ge,As,Ti,Mn,Fe,Co,Zn 等,引入微孔骨架生成具有 24 种开放骨架结构类型的六大类微孔化合物。

磷酸铝及其衍生物的分子筛和微孔金属磷酸盐由于具有骨架元素种类与孔道结构的多样化,所以在吸附分离、催化与先进材料等方面得到广泛应用,并且在氧化还原催化、手性催化与大分子催化、反应等方面显示出重要的应用前景。但大多数磷酸铝分子筛的稳定性较差,因而限制了它的实际应用。

$AlPO_4$-5(AFI)[91-92]是磷酸铝分子筛家族中最著名的一员(其典型材料晶胞组成是 $|(C_{12}H_{28}N^+)(OH^-)(H_2O)_x|[Al_{12}P_{12}O_{48}]$-AFT)。它属于六方晶系,空间群 $P6cc$,晶胞参数 a=13.726 Å,c=8.484 Å,骨架密度为 17.3 T/1000 $Å^3$。

同 CAN 沸石结构一样,$AlPO_4$-5 的三维骨架结构也可以看做是如图 8-52(a)所示的 4,6,12 二维三连接网层沿 c 轴方向堆积而成的,如图 8-52(b)所示。在 $AlPO_4$-5 的结构中,基本的结构单元可以看做由两个六元环与三个四元环组成。

$AlPO_4$-5 分子筛的这种堆积方式形成了平行于[001]方向的一维十二元环孔道,如图 8-52 所示,孔径为 7.3 Å×7.3 Å。孔道壁完全由六元环组成。

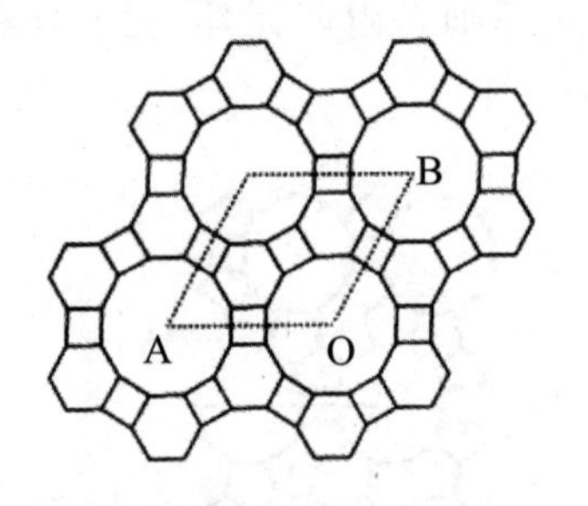

(a) $AlPO_4$-5的4,6,12网层

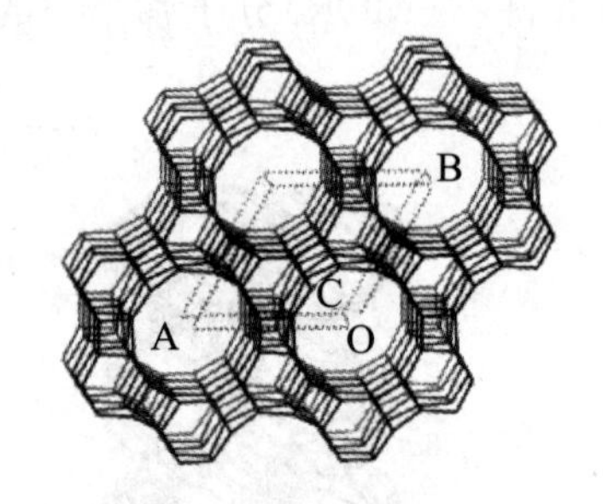

(b) 沿 [001] 方向的骨架结构

图 8-52 $AlPO_4$-5 分子筛的结构

如果在 $AlPO_4$-5 结构中每个四元环附近再插入一个四元环,使六元环间有一对四元环,这样就产生了具有十八元环超大微孔孔径的 VPI-5(VFI)分子筛的结构[93-94](图 8-53)。

VPI-5(典型材料晶胞组成 $|(H_2O)_{42}|[Al_{18}P_{18}O_{72}]$-VFI)属于六方晶系,空间群 $P6_3$,晶胞参数 a=18.975 Å,c=8.104 Å,骨架密度为 14.2 T/1000 $Å^3$。VPI-5 是人工合成的第一个孔径大于十二元环的超大孔分子筛,具有十八元环孔道,孔径为 12.7 Å×12.7 Å。

如果在 $AlPO_4$-5 结构中每间隔两个四元环附近去掉一个四元环,则有两个六元环直接相连,这样就产生了具有十元环孔径的 AEL 分子筛的结构[95-96](图 8-54)。

如果 VFI 的拓扑结构按图 8-55 进行变换,6 对相邻的四元环中有 4 对通过 P—O—Al 键的断裂转化为六元环,断裂的悬键重新连接成新的四元环,这样就形成了具有十四元环孔的 AET 分子筛的结构[97-99]。

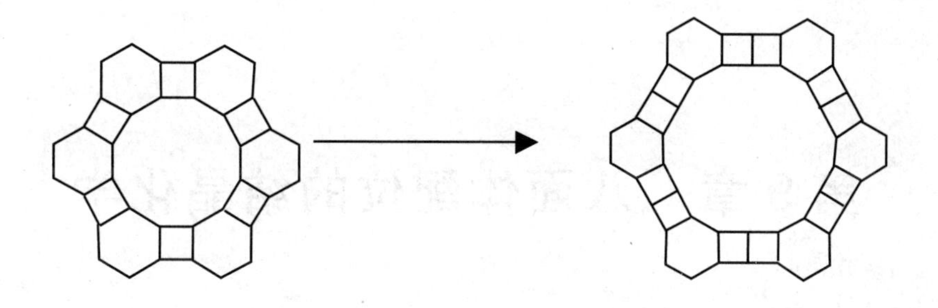

AlPO$_4$-5　　　　VPI-5

图 8-53　AlPO$_4$-5 和 VPI-5 分子筛的拓扑结构

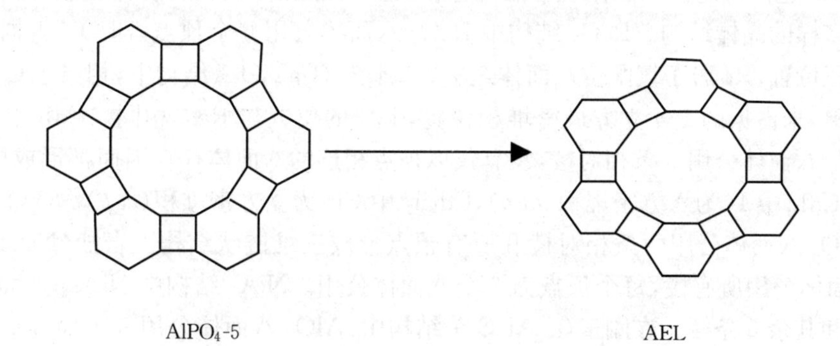

AlPO$_4$-5　　　　AEL

图 8-54　AlPO$_4$-5 和 AEL 分子筛的拓扑结构

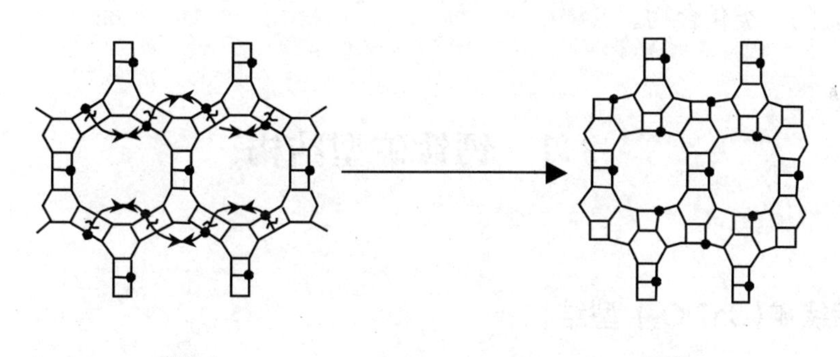

VPI-5　　　　AET

图 8-55　VFI 和 AET 分子筛的拓扑结构

第 9 章　八面体配位的结晶化学

根据配位八面体的连接情况可对已有的很多化合物分类。配位八面体有 6 个顶点、12 条棱、8 个面，这使得配位八面体既可独立存在，也可彼此公用顶点、棱、面或兼而有之，从而形成多种多样的晶体结构。ReO_3 结构中 ReO_6 八面体公用 6 个顶点，即 O^{2-} 占据 3/4 的立方最密堆积位置，Re 居于氧配位八面体之中。钙钛矿($CaTiO_3$)结构中，相当于 Ca^{2+} 占据了 ReO_3 中 O^{2-} 未占据的 1/4 立方最密堆积位置，Ti^{4+} 的位置与 Re^{6+} 相同。CdI_2 和 $CdCl_2$ 结构中，CdX_6 八面体公用 6 条相对棱，没有仅以顶点相连的八面体存在因而都形成层状结构，不同的是 CdI_2 中 I^- 为六方密堆积(hcp)，$CdCl_2$ 中 Cl^- 为立方密堆积(ccp)。金红石(TiO_2)结构中 TiO_6 八面体公用两条相对棱和所有顶点形成三维链状结构。岩盐(NaCl)结构中，$NaCl_6$ 八面体公用所有棱，每个顶点为 6 个八面体公用。NiAs 结构中 $NiAs_6$ 八面体公用两个相对面和其余 6 条棱。在刚玉(α-Al_2O_3)结构中，AlO_6 八面体公用一个面和 3 条互不平行的棱。此外，配位八面体还能以公用顶点、棱、面等方式形成大离子基团，同多酸、杂多酸就是其中重要的一类化合物。

9.1　钙钛矿型结构

9.1.1　钙钛矿($CaTiO_3$)型结构

在 ABX_3 型化合物中，X 和 A 形成立方最密堆积，A 原子周围有 12 个 X，B 原子占据 X 形成的所有八面体空隙，这便是 $CaTiO_3$ 型结构。如以配位多面体表示，如图 9-1 所示，BX_6 八面体公用所有顶点形成三维结构，而 A 位于 8 个 BX_6 八面体形成的空隙中。

ABX_3 型化合物形成 $CaTiO_3$ 结构，必须具备以下条件：

(1) A 离子比较大以便和 X 一起密堆积；

(2) B 离子半径适合于八面体配位；

(3) A 和 B 离子的总电荷为 X 离子电荷的 3 倍(表 9-1)。

表 9-1　主要钙钛矿型化合物

1∶2	$NaMgF_3$	$NaZnF_3$	$NaMnF_3$		$NaNbO_2F$	
	$KCaF_3$	$KCdF_3$	$KMgF_3$	$KCoF_3$	$KNiO_3$	$KCrF_3$
	$KCuF_3$	$KZnF_3$				
	$RbCaF_3$	$RbZnF_3$	$RbMnF_3$			
	$CsMgF_3$	$CsPbF_3$	$CsZnF_3$	$CsCdCl_3$	$CsHgCl_3$	$CsPbBr_3$
	$CsHgBr_3$					
	$HgNiF_3$	$AgZnF_3$	$TlCoF_3$			
1∶5	$LiWO_3$	$LiUO_3$				
	$NaIO_3$	$NaNbO_3$	$NaTaO_3$	$NaWO_3$		
	$KNbO_3$	$KTaO_3$	KIO_3			
	$RbIO_3$	$TlIO_3$				
2∶4	$MgCeO_3$					
	$CaCeO_3$	$CaSnO_3$	$CaZrO_3$	$CaThO_3$	$CaTiO_3$	$CaVO_3$
	$SrCoO_3$	$SrFeO_3$	$SrMoO_3$	$SrSnO_3$	$SrTiO_3$	$SrZrO_3$
	$BaSnO_3$	$BaZrO_3$	$BaThO_3$	$BaCeO_3$	$BaMoO_3$	$BaFeO_3$
	$BaTiO_3$	$BaUO_3$	$BaPbO_3$	$BaTiS_3$	$BaZrS_3$	
	$CdSnO_3$	$CdTiO_3$	$CdThO_3$			
	$PbCeO_3$	$PbThO_3$	$PbTiO_3$	$PbZrO_3$	$PbSnO_3$	
3∶3	$LnFeO_3$	$LnAlO_3$	$LnCrO_3$	$LnGaO_3$	$LnInO_3$	$LnMnO_3$
	$BiFeO_3$	$BiAlO_3$	$BiCrO_3$			
	$(Ln_2\square)Ti_3O_9$					

注：表中 Ln 表示镧系元素及钇。

如图 9-2 所示，如正负离子都处于接触之中，则

$$(R_A+R_X)=\sqrt{2}(R_B+R_X)$$

但事实上只需满足

$$(R_A+R_X)=t\sqrt{2}(R_B+R_X)\quad(0.7<t<1)$$

式中，t 称为容忍因子。

理想的钙钛矿型为立方晶系。但许多属于此结构类型的晶体可以歪曲为四方、正交、单斜晶系的晶体。

许多化学比不是 ABX_3 的晶体也能形成钙钛矿结构，如 Fe_4N（Mn_4N，Ni_4N），这种晶体结构中，N 占有 $\frac{3}{4}$ Fe 堆积成的八面体空隙。其原子分布与钙钛矿型十分相似，只是一个 Fe 起 A 作用，另 3 个 Fe 起 X 的作用，结构可写成 $FeNFe_3$。

一些重要的钙钛矿型化合物如表 9-1 所示。

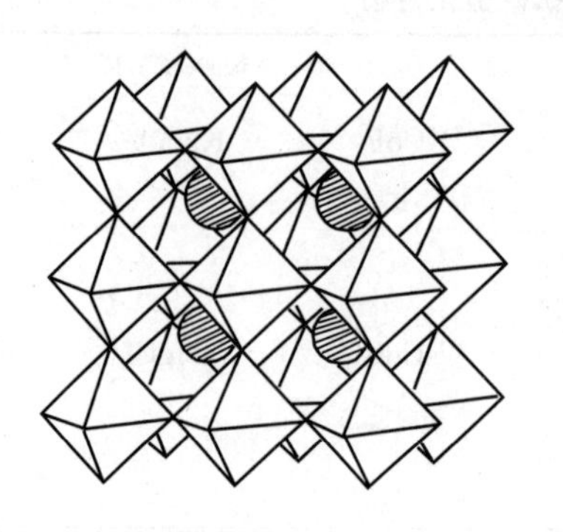

图 9-1 钙钛矿型结构中 BX_6 八面体的堆积

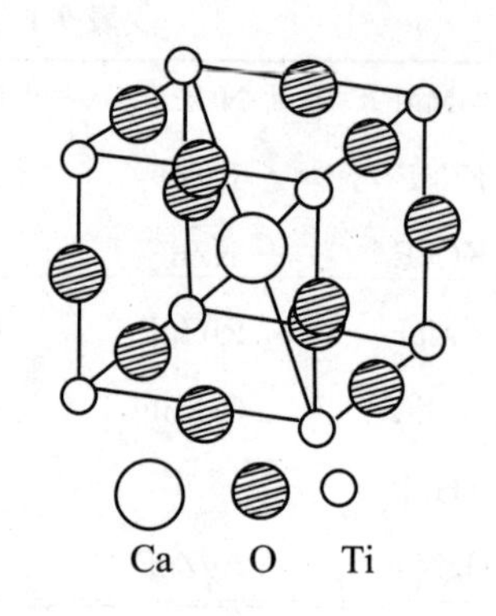

图 9-2 钙钛矿结构晶胞中的原子位置

9.1.2 压电晶体、热电晶体和铁电晶体

1. 压电晶体

在对中心对称晶体加机械压力时,离子的相对移动仍是中心对称的,这样晶体中电荷分布没有多大变化。如果晶体无对称中心,则这种外加压力将使电荷分布有变化,产生偶极矩。这种现象叫作**压电效应**。21 种非中心对称的晶体中有 20 种具有这样的性质。剩下的 1 种为点群 O,它的压电效应为零。如果对压电晶体加以电场,则在晶体中会感应产生偶极子,引起小的原子位移,导致机械形变,这叫作**反压电效应**。如果所加电场是交变的,则晶体中的电荷位移和机械形变也将交变地进行。一般来说,电荷位移会落后于所加交变电场的变化,二者的相位不会一致。

在共振频率时,二者的位相完全一致,此时电荷位移也将达到最大。有些晶体的这个频率在超声波区,如酒石酸钾钠,可用来做声纳。石英晶体的共振频率又高又窄,可用做无线电仪器"频率计"中的频率标准,也可用来做石英钟的振子。

2. 热电晶体

某些压电晶体,即使无外电场也天然地极化着。在通常温度下,晶体内永久偶极子所产生的电场或为晶体表面电荷所掩盖,或因晶体是双晶,电荷在二单晶间相互抵消了。在温度发生变化时,这种晶体内偶极子的取向也会变化,有些晶体的极化效应能测定出来。这称为**热电效应**。

电气石就是一种典型的热电晶体。将硫磺和红色 Pb_3O_4 的粉末混合后,通过丝制筛子洒于加热后的电气石单晶上,此时因摩擦生电,Pb_3O_4 带正电,硫磺粉末带负电,因此晶体上带负电的一端为 Pb_3O_4 所覆盖,带正电的一端为硫磺粉末所覆盖。

显然热电晶体带电的两端必须无对称元素联系起来,这样的对称性在 20 种压电晶体对称性中只有 10 种:

$$1,2,3,4,6,m,mm,3m,4m,6m$$

利用热电效应和压电效应,可以研究晶体的对称性,但必须注意,当测不出这两个效应时下结论要谨慎,因为有些晶体中这种效应很小。

3. 铁电晶体

如果热电晶体的极化方向能在外加强电场的作用下反向,那么这种晶体称为**铁电晶体**,

该反转极化方向的现象称为**铁电效应**。压电效应和热电效应是晶体内部结构所决定的晶体固有的性质。相反，铁电效应则是外加电场施于晶体而产生的一种性质。

为什么称为铁电晶体呢？原因是这种现象和铁磁晶体十分相似。例如它有电滞回线，也有居里温度等。高于居里温度时，即使晶体无对称中心也不再有铁电现象。在居里温度以下，铁电晶体常由多聚双晶组成。这个多聚双晶中，每个单晶在某一结晶学方向上是天然极化着的。但是相邻的单晶极化方向正好相反。更典型的是晶体中存在着类似磁畴那样的小区域，在每个这类小区域内存在着均匀的极化。这就使绝缘的晶体上有自由电荷，这些自由电荷就产生一反极化场。这样一个小区域晶体是不稳定的。但这些小区域（单晶）交替地以相反的极化方向存在，削弱了单个小晶体内的反极化场，使整个晶体趋于稳定。

铁电晶体也有"电滞回线"，如图 9-3 所示。与铁磁现象不同，铁电效应中晶体在电场作用下在内部结构上的极化，使晶体歪曲的方向主要取决于结构本身。而在铁磁现象中，小磁畴的取向取决于外加磁场，而这个磁场方向是可以任意选择的。

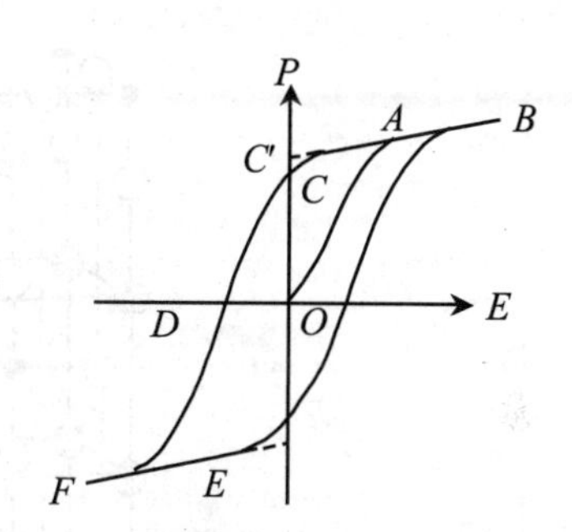

图 9-3　铁电晶体的"电滞回线"

$BaTiO_3$ 就是一个典型的铁电晶体，居里温度为 393 K。在该温度下，它具有 $CaTiO_3$ 的立方结构，低于这个温度便有铁电性质。室温下 $BaTiO_3$ 晶体属四方晶系，$c/a=1.04$，$BaTiO_3$ 的极化方向沿 c 轴，它的铁电性质主要是由 Ti^{4+} 和 O^{2-} 离子间的相对移动而产生的。由于 $BaTiO_3$ 的 $c/a=1.04$，所以 Ti^{4+} 和 O^{2-} 沿 c 轴方向移动会容易些。在加了某个电场后，Ti^{4+} 移动 0.06 Å，而 O^{2-} 反向移动 0.09 Å（图 9-4(a)）。有趣的是在同样条件下，结构一样的 $PbTiO_3$（$c/a=1.06$）中（图 9-4(b)），O^{2-} 移动了 0.47 Å，Ti^{4+} 移动了 0.17 Å，但两种离子沿 c 轴的移动方向是相同的。

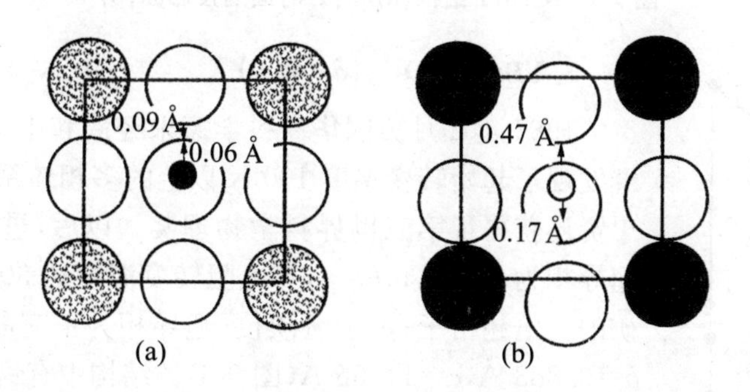

图 9-4　$BaTiO_3$(a)和 $PbTiO_3$(b)在电场作用下离子移动的情况

9.1.3　钙钛矿型复合氧化物的超导电性

1. $BaPb_{1-x}Bi_xO_{3-y}$

它的超导临界温度 $T_c=13$ K，Bi^{3+} 部分取代 Pb^{4+} 形成氧缺位。

2. $Ba_xLa_{2-x}CuO_{4-y}$

1986 年，瑞士科学家缪勒和柏诺兹发现 Ba—La—Cu—O 多相体系在 30 K 附近存在超导现象。以后的工作表明超导相是 $T_c(0)=38$ K 的具有 K_2NiF_4 结构的 $Ba_xLa_{2-x}CuO_{4-y}$。K_2NiF_4 是钙钛矿型结构的一种衍生结构，CuO_6 八面体公用 4 个顶点连成层，但从中仍可取出一个钙钛矿的结构单元来。这个结构可以看成二维的钙钛矿结构层和 NaCl 结构交替而成(图 9-5(a))。

$Ba_xLa_{2-x}CuO_{4-y}$ 的 a，b 取的是素格子 a_p 的 $\sqrt{2}$ 倍，由于氧缺位等原因，格子会从四方畸变到正交。而在 c 方向，如图 9-5(b)所示，涉及三层，即有两个层间距离大，注意到在 NaCl 结构层间为 $\frac{\sqrt{2}}{2}a_p$，这样：$c=2a_p+\sqrt{2}a_p$。缪勒和柏诺兹因此获得了 1987 年的诺贝尔物理学奖。

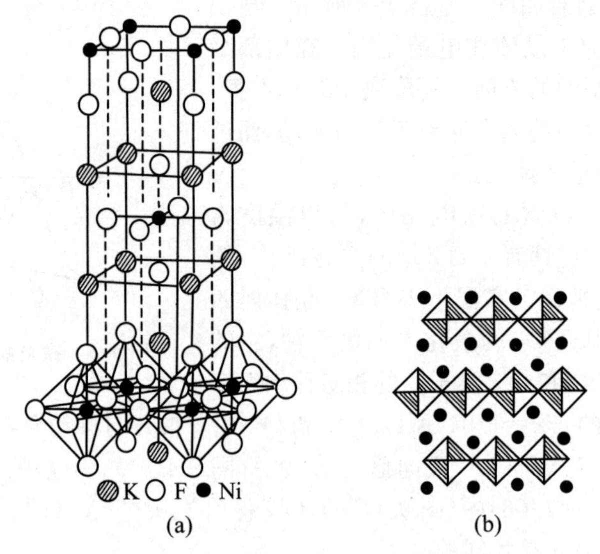

图 9-5　K_2NiF_4 结构(a)和(110)面的投影图(b)

3. $YBa_2Cu_3O_{7-\delta}$ ($\delta\approx0.1$)

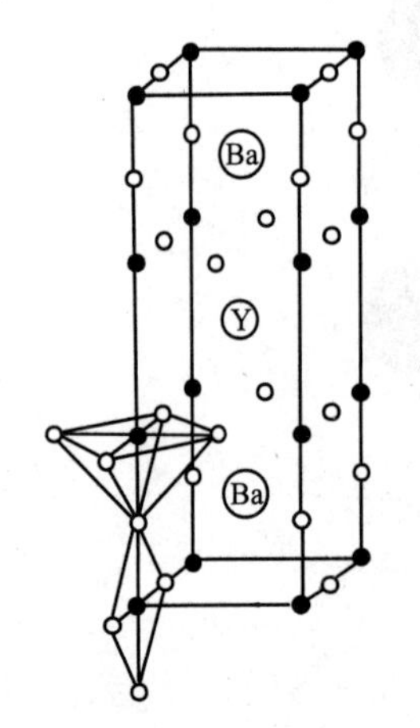

图 9-6　$YBa_2Cu_3O_{7-\delta}$ 的晶体结构

1987 年 2 月美国华裔科学家朱经武和中国科学家赵忠贤相继发现了起始转变温度 100 K 以上的多相体系超导体。为此，赵忠贤还获得了第三世界科学物理奖。以后，进一步的研究表明，超导相为 $YBa_2Cu_3O_{7-\delta}$，零电阻转变温度达 90 K，其结构属钙钛矿的三倍超格子；由于氧缺位，超导相为正交晶系：$a=3.813$ Å，$b=3.883$ Å，$c=11.66$ Å(图 9-6)。结构中有铜氧面和铜氧链，而铜氧面是超导的关键。

4. 非稀土超格子钙钛矿高温超导体

1988 年初，日美等国科学家发现了 $c=8a_p$ 的 Bi—Sr—Ca—Cu—O 超导体，零电阻转变温度在 80 K 以上。1988 年 2 月中国访美科学家盛正直和美国科学家霍尔曼协作发现了 Tl—Ba—Ca—Cu—O 超导体，零电阻转变温度为 106 K。超导相也是大的超格子。

9.2 ReO_3 和相关结构

9.2.1 ReO_3 结构

与 $CaTiO_3$ 结构对比，在 ReO_3 中，Re 占有 Ti 位置而 Ca 位置空着。这个结构可以看成由 ReO_6 八面体公用顶点而成直线形无限链，然后链之间再公用顶点连接成三维结构(图 9-7)。一些常见的具有 ReO_3 结构的化合物和超结构列在表 9-2 中。

在超结构如 TaO_2F 中，O^{2-} 和 F^- 统计地堆积在阴离子位置，但在右边一类如 $CaPbF_6$ 等化合物中，阳离子交替有序地占有八面体空隙。

表 9-2　某些呈 ReO_3 结构的化合物

ReO_3	AlF_3	$CoAs_3$	* Cu_3N
WO_3	MoF_3		
	TaF_3		
	ScF_3		
	超结构		
	$In(OH)F_2$	$CaPbF_6$	
	TaO_2F	$CaSn(OH)_6$	
	$TiOF_2$	$MoOF_2$	
	$TiO(OH)F$	NbO_2F	

注："*"表示反 ReO_3 结构。

9.2.2 钨青铜(A_xWO_3)结构及其超导电性

A_xWO_3 型化合物中，A 可以是 Na，K，Ca，Ba，La，Al，Cu，Zn，Tl 和 Pb 等。这些化合物与 ReO_3 结构的共同点是都以公用顶点的八面体链连接起来形成骨架(图 9-8)。不同点在于：在 $0<x<1$ 范围内，由于 A 离子的大小不同，这个骨架可以形成三元环、四元环、五元环和六元环(图 9-9)。当整个结构由四元环组成，且 $x=1$ 时为 $CaTiO_3$ 结构；x 接近 1 时，A_xWO_3 也为钙钛矿立方结构；当 $x\to0$ 时，相当于 ReO_3 结构，但 WO_3 结构仅在高温下才与 ReO_3 一样，所有的低温变体都可看成是 ReO_3 不同程度的歪曲。

在四方 A_xWO_3 结构中(图 9-9)，有三元、四元和五元环。这些都是三方柱形、四方柱形和五角柱形空隙的简称。在每个五元环周围有 3 个三元环，每个三元环周围有 3 个五元环，因此，三元环和五元环数目相等。而每个四元环周围有 4 个五元环，但是，在每个五元环的

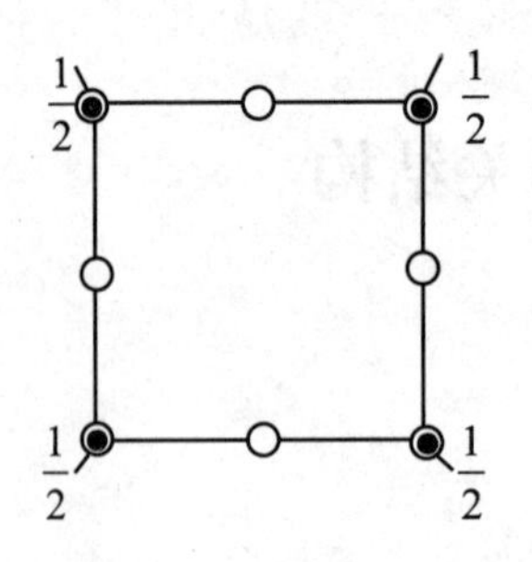

(a) ReO_3晶胞中原子的位置

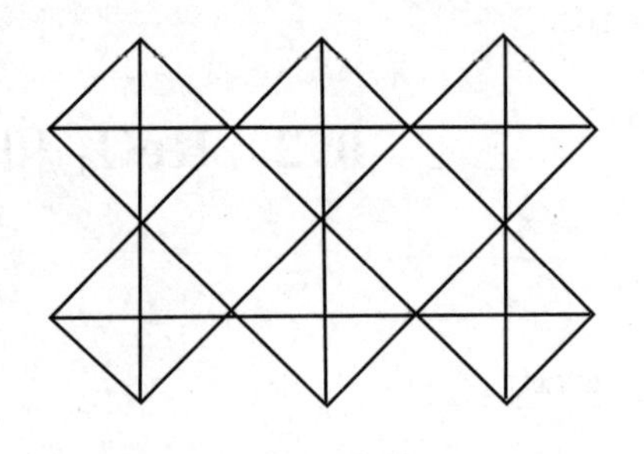

(b) ReO_3结构中八面体的连接情况

图 9-7

图 9-8　公用顶点的八面体连接方式

周围有 2 个四元环，因此四元环数目仅为五元环的一半，也即

三元环：四元环：五元环＝2：1：2

每个五元环由上下各 5 个共 10 个八面体构成，每个八面体周围有 4 个五元环，因此，八面体数：五元环数＝10：4。或者

八面体数：五元环数：四元环数：三元环数＝10：4：2：4

因此在四方结构中，如果三种环都为阳离子占满，$x=1$。但是三元环太小，一般不容纳阳离子，因此 $x\leqslant 0.60$($A_x{}'MO_3$)。类似地，在六方结构中(图 9-10)三元环和六元环总数和八面体数目相等，而二者比例为 2：1，三元环太小，仅六元环能容纳阳离子，因此六方结构中 $x\leqslant 0.33$。

图 9-9　四方 A_xWO_3 结构

图 9-10　六方 A_xWO_3 结构

显然,钨青铜结构中阳离子占据的三种空隙,即四元环、五元环、六元环的大小可以从 MO_6 八面体大小计算得到。计算表明这三种空隙容纳的阳离子半径比为 3∶4∶5,较小的阳离子如 Li^+ 和 Na^+ 倾向于形成立方结构,$x \to 1$。较大的阳离子如 K^+ 一般倾向于形成四方和六方结构,而更大的阳离子 Rb^+, Cs^+ 只能形成六方结构,因此,其化学式应为 $K_{0.33}WO_3$, $K_{0.66}WO_3$ 和 $Rb_{0.33}WO_3$, $Cs_{0.33}WO_3$。实验结果与理论上的预期十分接近。

在钨青铜中,每导入一个 A^{n+},必有 n 个 W^{6+} 变为 W^{5+},因此钨青铜最好写成

$$(A_x{}^{n+}\square_{1-x})[W_{nx}{}^{5+}W_{1-nx}{}^{6+}]O_3$$

钨青铜的结构和性质,除依赖于 A 的本质外,还依赖于 x 的值。以 Na_xWO_3 为例,$x<0.05$ 时,取三斜的 WO_3 结构;当 $x>0.3$ 时,取歪曲的 $CaTiO_3$ 四方结构;当 $x>0.6$ 时,取 $CaTiO_3$ 立方结构($CaTiO_3$ 型);当 x 从 0.3→0.6→0.9 时 Na_xWO_3 的颜色从蓝→红→黄。当 $x>0.3$ 时为导体,当 $x<0.3$ 时为半导体。

在更复杂的其他金属的青铜结构中,八面体既可公用顶点,又可公用棱,如 $A_xV_2O_5$(钒青铜)、A_xMoO_3(钼青铜)、A_xTiO_3(钛青铜)和一些含氟的青铜如 $Na_xV_2O_{5-y}F_y$,不少青铜型氧化物有超导电性(表 9-3)。

表 9-3　青铜型复合氧化物的超导电性

化学式	x 值	T_c(K)	结构
K_xWO_3	0.27～0.31	0.50	六方
K_xWO_3	0.40～0.57	1.5	四方
Rb_xWO_3	0.27～0.29	1.98	六方
Cs_xWO_3	0.32	1.12	六方
Tl_xWO_3	0.30	2.0	六方
$Li_xMo_5O_{17}$	0.9	1.9	复杂

9.2.3　切变化合物

Ti, V, Mo, W 和 Nb 这些元素可形成一类复杂的氧化物,通式为 M_nO_{3n-1} 等。在弄清了其晶体结构以后,我们才了解到,与 ReO_3 晶体结构相比,M_nO_{3n-1} 的结构只是在与正八面体链正交的某个方向上错过了一个位置——切变(图 9-11)。这时结构中出现了一些公用棱的八面体。这样一来,结构中氧的数目就会减少。这种结构的化合物称为切变化合物。

图 9-12 是 Mo 的切变化合物的一种,让我们看看这种化合物的化学比。这个结构可以看成是 9 个八面体单位平移而得。而这 9 个八面体中,有 4 个形成公用棱的结构(图 9-12(a)),这 4 个八面体的化学式应为 Mo_4O_{11},而其余的 5 个八面体的化学式为 Mo_5O_{15},整个结构的化学式为 Mo_9O_{26}。

在切变化合物中,含 Mo_4O_{11} 这种公用棱方式的化合物还有不少,都可写成 M_nO_{3n-1},但这是结构较简单的一类,其他如 Ti_nO_{2n-1}, $V_{3n}O_{8n-3}$ 等,几何结构比较复杂。

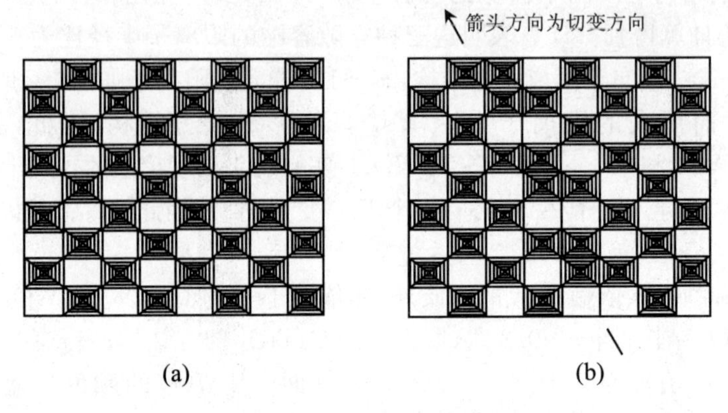

图 9-11　切变化合物的形成

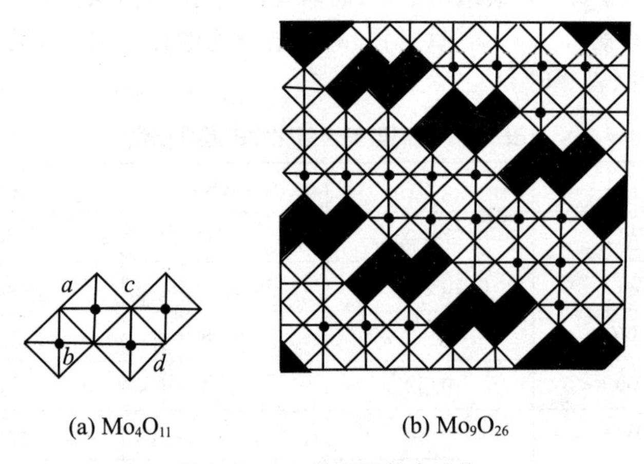

(a) Mo_4O_{11}　　(b) Mo_9O_{26}

图 9-12　Mo 的切变化合结构

9.3　CdI_2 型和 $CdCl_2$ 型结构

9.3.1　CdI_2 型和 $CdCl_2$ 型结构

当八面体公用 6 条棱(3 对相对棱)时可形成层形结构,即 CdI_2 和 $CdCl_2$ 结构。二者的差别只是层间的相对位置不同。在 CdI_2 中 I^- 呈六方密堆积(图 9-13(a)),$CdCl_2$ 中 Cl^- 呈立方密堆积(图 9-13(b))。晶体结构属于 CdI_2 和 $CdCl_2$ 的化合物如表 9-4 所示。

从表 9-4 可知,$CdCl_2$ 结构的化合物比 CdI_2 结构的化合物离子性强一些,在 $CdCl_2$ 结构中,

$$r_{Cd-Cl}=2.74\ \text{Å},\quad r_{Cd^{2+}}+r_{Cl^-}=2.85\ \text{Å}$$

$$\Delta r=0.11\ \text{Å}$$

而在 CdI_2 结构中,

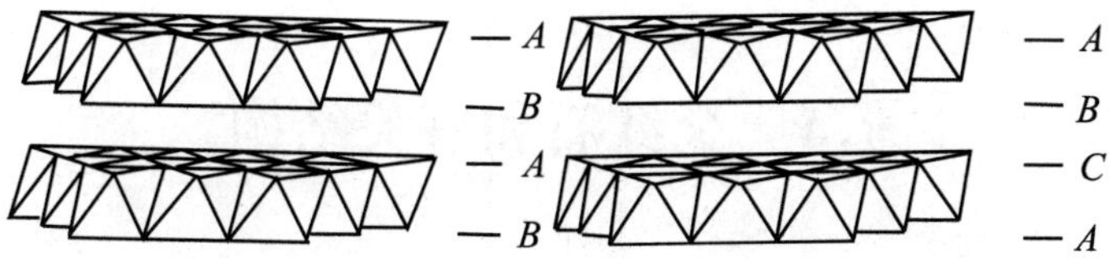

(a) CaI_2结构　　(b) $CdCl_2$结构

图 9-13

$$r_{Cd-Cl}=2.98\ \text{Å},\quad r_{Cd^{2+}}+r_{I^-}=3.23\ \text{Å}$$
$$\Delta r=0.25\ \text{Å}$$

这也是氯化物多取 $CdCl_2$ 结构而碘化物和氢氧化物多取 CdI_2 结构，溴化物介于这两种结构之间的原因。在四价阳离子形成的硫化物中，除 TaS_2 有两种结构外，其余都属于 CdI_2 结构。

表 9-4　$CdCl_2$ 型和 CdI_2 型化合物举例

$CdCl_2$ 型	CdI_2 型
	CaI_2　$Ca(OH)_2$
$MgCl_2$	$MgBr_2$　MgI_2　$Mg(OH)_2$
$ZnCl_2$	
$CdCl_2$ ($CdBr_2$)	CdI_2　$Cd(OH)_2$
$MnCl_2$	MnI_2　$Mn(OH)_2$
$FeCl_2$	$FeBr_2$　FeI_2　$Fe(OH)_2$
$CoCl_2$	$CoBr_2$　CoI_2　$Co(OH)_2$
$NiCl_2$ $NiBr_2$ NiI_2	$Ni(OH)_2$
TaS_2	TiS_2　ZrS_2　SnS_2　PtS_2
	TaS_2　HfS_2　$ZrSe_2$　$TiSe_2$
	$PtSe_2$　VSe_2　$TiTe_2$　$PtTe_2$

某些氢氧化物，硫硒碲和卤素混合化合物和混合卤化物也具有 CdI_2 的结构，如：$Cd(OH)Br$，$Mg(OH)Cl$，$Co(OH)_{1.5}Br_{0.5}$，$BiTeBr$，$CdBrI$。由于 O^{2-} 和 F^- 不易被极化，氧化物和氟化物也就不易形成层形结构。但是 Cs_2O 和 Ag_2F 分别有反 $CdCl_2$ 结构和反 CdI_2 结构。

9.3.2　多层堆积和超结构

六方密堆积可用…*hhhhhh*…表示，而立方密堆积可用…*cccccc*…表示，多层密堆积的符号为 *c* 和 *h* 层混杂，因此可把多层堆积看成是介于 *h*(六方)和 *c*(立方)密堆积间的一种中间情况。

CdI_2 本身就有多种多层堆积方式。$CdBr_2$，$Cd(OH)_2$，$HgBr_2$，PbI_2，TaS_2，$NiBr_2$ 等化合物都能形成类似的多层堆积变体。

9.4 金红石和有关结构

9.4.1 金红石结构

金红石结构如图 9-14 所示。O^{2-} 形成歪曲的六方密堆积，与理想的阴离子六方堆积 NiAs 结构有所不同，仅半数的八面体空隙为 Ti^{4+} 占据(图 9-15)，另一半八面体空隙空着。

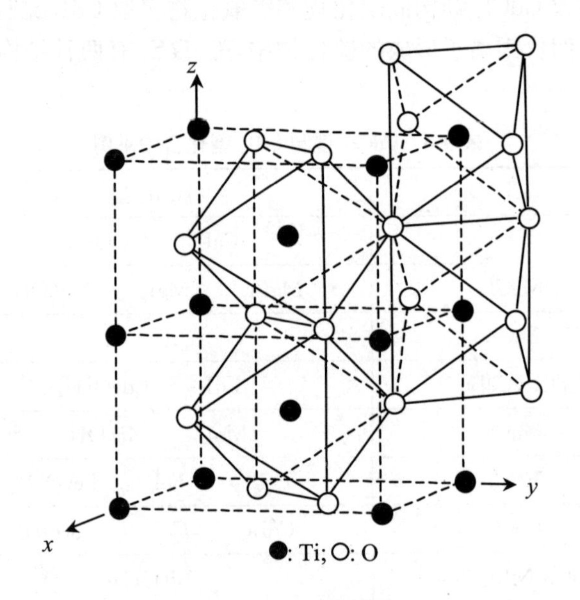

图 9-14 金红石结构

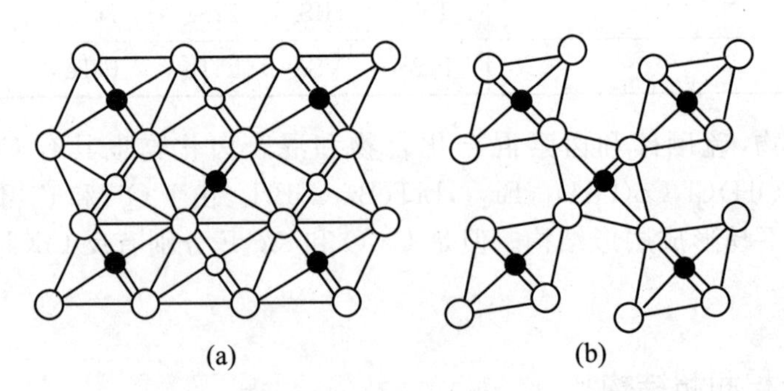

图 9-15 NiAs 结构(a)和金红石结构(b)的关系

有些取金红石结构的过渡元素化合物歪曲成单斜晶体，MoO_2，VO_2 即如此。结构中金属离子往往沿链方向接近。易于形成金属—金属键的过渡元素金属离子往往取这种结构。这种化合物往往有金属或半导体性质，如 VO_2 在 340 K 以下为半导体。

金红石型结构的 r_+/r_- 一般为 0.4～0.7，如表 9-5 所示。r_+/r_- 接近于 0.4 的，如 GeO_2 会形成多种变体或八面体间公用更多的棱或形成四面体配位的 SiO_2 结构。SiO_2 的

$r_{Si^{4+}}/r_{O^{2-}}$ 为 0.30，两者相差太远，仅在极端条件下才能形成 TiO_2 结构。

金红石型结构的化合物中，离子键型占优势的氧化物、氟化物占绝大多数，因为其他如卤化物、硫属化合物都取共价性较明显 $CdCl_2$，CdI_2 的结构。

金红石型结构的化合物在阳离子半径接近时，也能进行阳离子取代，得到多种无序结构或有序超结构。例如，M^{3+} 和 M^{5+} 取代 2 个 Ti^{4+} 得 $FeTaO_4$，$CrNbO_4$，$AlSbO_4$，$RhVO_4$，这些相很大程度上依赖于制备条件。VOF 和 TiOF 是阴离子取代的例子。

表 9-5　不同化合物的 r_+/r_-

名 称	r_+/r_-	名 称	r_+/r_-
TeO_2	0.67	MoO_2	0.52
MnF_2	0.66	WO_2	0.52
PbO_2	0.64	OsO_2	0.51
FeF_2	0.62	IrO_2	0.50
CoF_2	0.62	TiO_2	0.48
ZnF_2	0.62	VO_2	0.46
NiF_2	0.59	MnO_2	0.39
MgF_2	0.58	GeO_2	0.36
SnO_2	0.56	SiO_2	0.30
NbO_2	0.52		

有序的 $ZnSb_2O_6$，$FeTa_2O_6$，$ZnTa_2O_6$，WCr_2O_6，$TeCr_2O_6$，$NiSb_2O_6$，VTa_2O_6，称为三重金红石结构，因为其格子是金红石的三倍。

9.4.2　双金红石链结构

图 9-16(a)是 γ-MnO_2 的结构，图 9-16(b)是沿链的俯视图。这个链是由两个金红石链公用棱连接而成的，这些双金红石链间公用顶点，形成三维结构。由图 9-16 可知，每个八面体顶点为 3 个八面体公用，Mn ∶ O=1 ∶ 2。

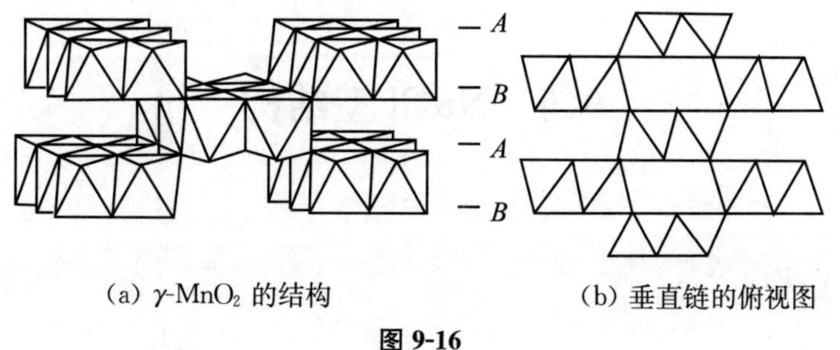

(a) γ-MnO_2 的结构　　(b) 垂直链的俯视图

图 9-16

双金红石链可以用各种方式公用顶点，形成多种多样的结构。在链间空隙中，也能进入大小合适的阳离子，当然此时链必须带有负电荷。图 9-17 是 $Eu^{2+}Eu_2^{3+}O_4$ 结构，Eu^{3+} 和 O^{2-} 形成双金红石链，Eu^{2+} 处在双金红石链形成的空隙中。由图可知，每个顶点仍为 3 个八面体公用，因此 Eu^{3+} ∶ O^{2-} ＝1∶2。CaV_2O_4 也取此种结构。图 9-18 是 ${Ti_2O_4}^{2-}$ 链形成的三维骨架，公用顶点方式与 ${Eu_2O_4}^{2-}$ 不同，有$\frac{1}{3}$顶点为 4 个八面体公用，有$\frac{1}{2}$顶点为 3 个八面体公用，有$\frac{1}{6}$顶点为 2 个八面体公用，这样其化学比为

$$\mathrm{Ti} : \mathrm{O} = 1 : \left(1\times\frac{1}{2}+3\times\frac{1}{3}+2\times\frac{1}{4}\right) = 1 : 2$$

Ca^{2+} 处在链间空隙内时化学式为 $Ca^{2+}{Ti_2}^{3+}O_4$。

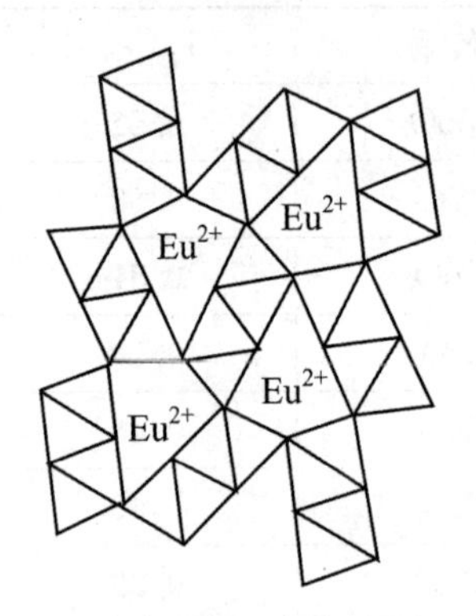

图 9-17　$Eu^{2+}{Eu_2}^{3+}O_4$ 结构

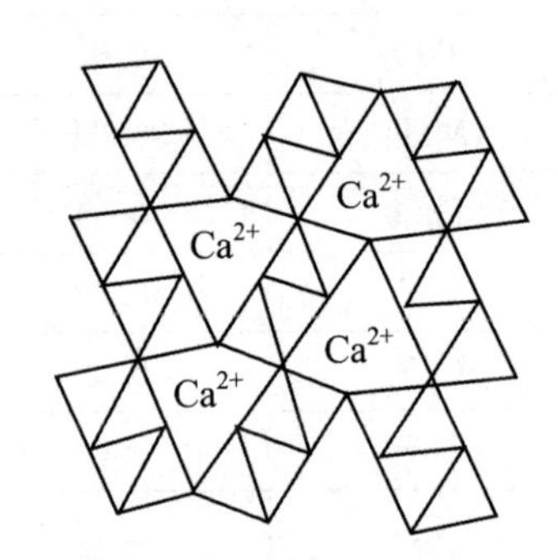

图 9-18　$CaTi_2O_4$ 结构

另一个具有双金红石链的结构例子是 α-MnO_2，如图 9-19 所示，由图可知，在 α-MnO_2 空隙中，当 Mn 上的正电荷减少时能相应地容纳较大的阳离子。

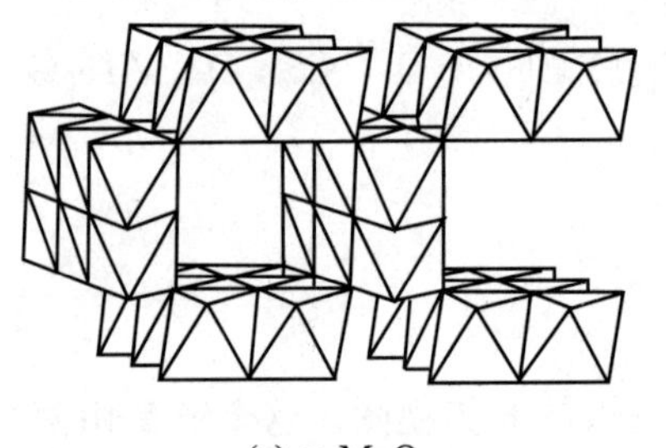

(a) α-MnO_2

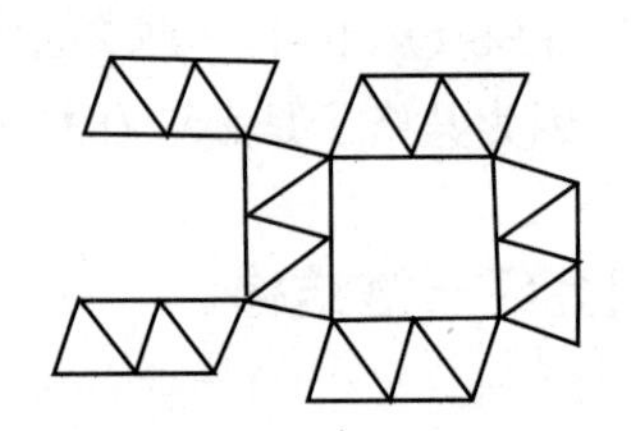

(b) 垂直于链的俯视图

图 9-19　α-MnO_2 的结构

9.5　NaCl 型结构

9.5.1　NaCl 结构

在 NaCl 结构(图 9-20)中，12 条棱都互相公用，这个结构也可看成阴离子形成立方密堆积，阳离子处于八面体空隙中。由于阳离子在阴离子周围也呈八面体配位，因此这个结构无反 NaCl 型。

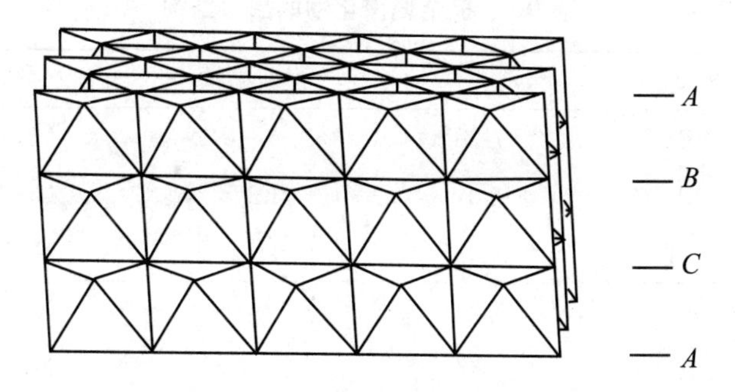

图 9-20　NaCl 结构中八面体堆积情况

除超结构、固溶体、缺位结构外，还有 200 多种化合物结晶呈 NaCl 型，可分为以下四类：

(1) M(OH)或 MX，X 为卤素，M 为 Li^+，Na^+，K^+，Rb^+，Ag^+，但不包括较大的 Cs^+，Tl^+，NH^{4+}；

(2) MO，MS，MSe，MTe，M 为 Mg^{2+}，Ca^{2+}，Ba^{2+}，Ti^{2+}，Ni^{2+}，Sn^{2+} 和某些 +2 价的镧系、锕系元素；

(3) 镧系、锕系元素的氮、磷、砷、锑、铋化合物；

(4) 过渡金属、少数非过渡金属的碳化物、氮化物。

NaCl 型结构的稳定区应在 r_+/r_- 为 0.414～0.732 之间或 1.37～2.44 之间。当 $r_+ > r_-$ 时，阳离子形成密堆积，而阴离子在其八面体空隙中。因此，当 $r_+/r_- < 0.414$ 时，结构取 ZnS 型较稳定。而当 $0.732 < r_+/r_- < 1.37$ 时，结构取 CsCl 型较稳定。当 $r_+/r_- > 1.37$ 时，结构又取 NaCl 型。但是从表 9-6 列出的 20 个化合物看，情况并非如此，当 $r_+/r_- > 0.732$ 时，有些化合物如 RbCl，RbBr，KF，RbF 和 CsF 仍然取 NaCl 结构，但这五种化合物在低温高压下能取 CsCl 结构。因此第二个转变点似乎在 $r_+/r_- = 0.98$ 处，而不像预言的在 1.37 附近(表 9-6)。

9.5.2　晶格能对晶体结构的影响

离子半径比与配位数的关系，对许多化合物是有一定的指导意义的，如硅酸盐。但是为什么对表 9-6 中这些典型的离子化合物反而无法说明问题呢？对此可用晶格能来加以解释。

晶格能(参见 7.1 节)

$$U_L = N_A\left(\frac{AZ_+Z_-e^2}{r_0} - Be^{-r_0/m} + \frac{C_\alpha{}^2}{r_0{}^6}\right)$$

式中，r_0 为观察的离子间距，第一项为静电吸引能，第二项为斥力能，第三项为范德瓦尔斯能，显然第一项最重要，占 U_L 的 90% 以上。如果仅考虑它，则

$$U_L \approx U_S \cdot \frac{A}{r_0} = \frac{常数}{r_0}$$

表 9-6 碱金属卤化物的晶体结构

名 称	r_+/r_-	推断结构	观察结构
LiI	0.28		NaCl
LiBr	0.31	ZnS 区	NaCl
LiCl	0.33		NaCl
NaI	0.44		NaCl
LiF	0.44		NaCl
NaBr	0.49		NaCl
NaCl	0.53		NaCl
KI	0.62	NaCl 区	NaCl
KBr	0.68		NaCl
RbI	0.69		NaCl
NaF	0.70		NaCl
KCl	0.73		NaCl
RbBr	0.76		NaCl
CsI	0.78		CsCl
RbCl	0.82		NaCl
CsBr	0.87	CsCl 区	CsCl
CsCl	0.93		CsCl
KF	0.98		NaCl
RbF	1.09		NaCl
CsF	1.24		NaCl

如果阴离子半径为常数，则 U_L 中的静电能随 $r_+/r_-(\rho)$ 的变化可以计算出来。采取了这种近似以后，ZnS，NaCl，CsCl 结构的晶格能与 ρ 的关系如图 9-21 所示。由图可知，ZnS 和 NaCl 两种曲线相交于 0.32 处，而不是 0.414 处。可是实际上LiI($\rho=0.28$)也取 NaCl 结构仍不能解释。这是因为图 9-21 是利用鲍林晶体半径计算的($\rho=0.75$)，而在 $\rho=0.3$ 时，$F(\rho)=1.07$。因

$$r_0=(r_++r_-)F(\rho) \quad (\text{参看图 6-15})$$

式中 r_+，r_- 均为鲍林晶体半径，故利用晶体半径计算的 ZnS 晶格能将偏大约 7%，而这部分也为配位数 6(NaCl)至 4(ZnS)半径减小 4%所抵消。因此实际的晶格能将比 ZnS 曲线小 3%，在图 9-21 中用虚线表示。此虚线与 NaCl 曲线交于 $\rho=0.25$处。这就解释了为什么 LiCl($\rho=0.33$)，LiBr($\rho=0.31$)，LiI($\rho=0.28$)取 NaCl 结构。仅当 $\rho\leqslant0.25$ 时，AX 型卤化物才会取 ZnS 结构。

同样从图 9-21 可知，NaCl 和 CsCl 晶格能曲线相交于 $\rho=0.70$ 附近，这时$F(\rho)\approx1$不影响 r_0，但当配位数从 6(NaCl)增至 8(CsCl)时，r_0 将增大 3%，这相应于晶格能减少 3%，修正后的 CsCl 晶格能曲线用虚线表示，由图可知，不管 ρ 取何值，CsCl 型晶格能都将小于

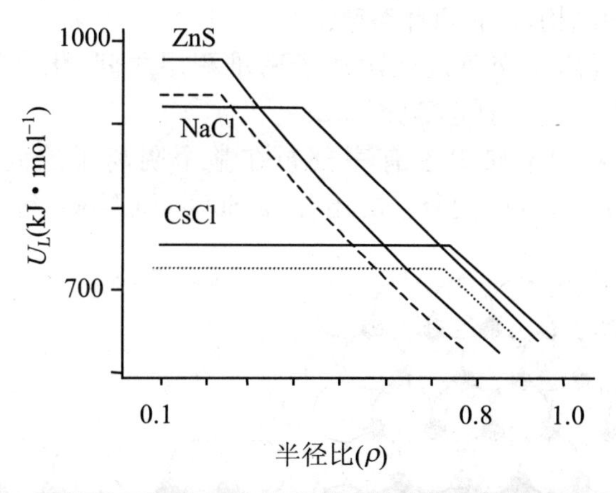

图 9-21　NaCl,ZnS,CsCl 的点阵能与半径的关系

NaCl 型。

为什么 CsCl,CsBr,CsI 取 CsCl 型结构？原因是范德瓦尔斯力决定的晶格能部分起了作用,

$$U_\omega=\frac{N_0C\beta^2}{r_0^6}$$

β 取决于离子的可极化性,它随离子半径增大而很快增加。这样 U_ω 也将随离子半径增大而增加,尤其在阳离子、阴离子都很大时,这部分晶格能更不能忽略。这就决定了 CsCl,CsBr,CsI 这三种化合物取 CsCl 的八配位结构。

9.5.3　不定比性和超结构

NaCl 本身就有不定比性。通常 NaCl 缺氯,虽然缺得极少,但当把透明的 NaCl 晶体放在 Na 蒸汽中加热时,微量 Na 进入间隙位置,晶体呈黄色,体积略有膨胀。为什么晶体会变成黄色?

在加入 Na 以后,钠上的电子进入负离子空位成 Na^+。换言之,大多数 Na^+ 相应于 Cl^-,而少数 Na^+ 相应于一些带有电子的空位,这就形成了 Na^+ 过剩型不定比化合物(图 9-22)。在负离子空位上的电子与 Cl^- 上的电子不同,无核电荷束缚,能吸收某波长的光而使晶体带色,在 NaCl 中,晶体呈黄色。而在 KCl 中,晶体呈深蓝色。

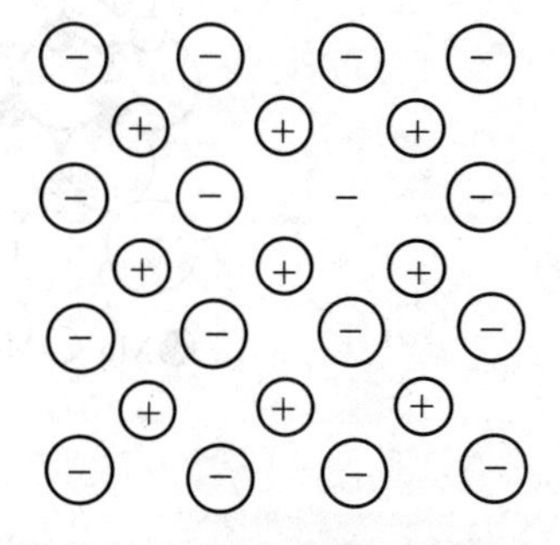

图 9-22　NaCl 的缺位结构

由于碱金属和碱土金属化学价变化余地小,故它们形成的化合物不定比性范围比过渡元素化合物要小得多。过渡元素、镧系、锕系元素 NaCl 型化合物都具有较大的不定比范围。它们既能产生阴离子空位,也能产生阳离子空位。作为例外,TiO 和 VO 在整个不定比范围内阴、阳离子空位并存,两种空位的比例决定了 x 的值:TiO_x(x=0.64～1.27),VO_x(x =0.86～1.27)。许多三元混合价氧化物能够形成 NaCl 型统计化合物,如 $NaTlO_2$,$NaEuO_2$,$NaCeO_2$,$LiTi_2O_3$,Na_3UO_4,Na_4UO_5,$NaLaS_2$,$AgSbTe_2$,等等。

有些则形成有序超结构，这有两种类型：

(1) $LiNiO_2$ 型金属离子交替地在阴离子密堆积层之间，化合物有 $LiNiO_2$，$NaCrS_2$，$AgBiS_2$，$NaFeO_2$，$AgCrO_2$，$CuFeO_2$ 等(图 9-23)。

(2) $LiFeO_2$ 型。两种金属离子有序分布在整个阴离子层间(图 9-24)，化合物有 $LiFeO_2$，$LiTlO_2$，$LiInO_2$，$LiYO_2$，更复杂的还有 Li_3SbO_4，Li_3NbO_4 等。

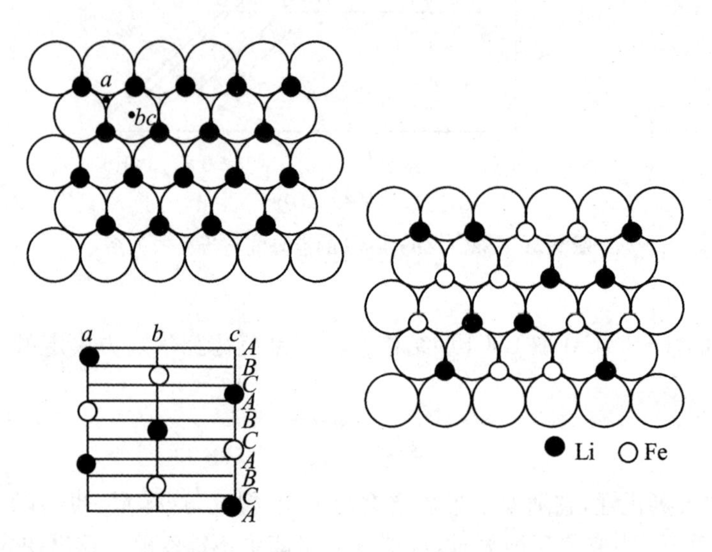

图 9-23 $LiNiO_2$ 的结构　　图 9-24 $LiFeO_2$ 结构

Mg_6MnO_8 也属于 NaCl 型结构，它是有序缺位的超结构(图 9-25)，反映结构的化学式为 $Mg_6(Mn\square)O_8$。

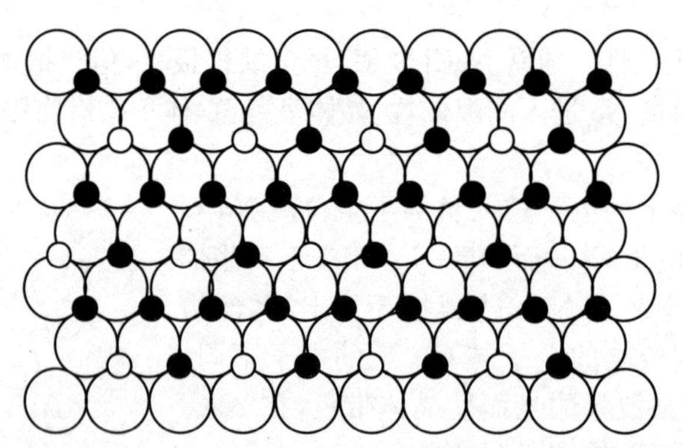

Mg　Mn 或空位 (Mn 和空位占据(111)交替的晶格层)

图 9-25 Mg_6MnO_8 的结构

9.6　NiAs 型结构

9.6.1　NiAs 结构

在 NiAs 结构中，As^{2-} 形成六方密堆积，Ni^{2+} 占满全部八面体空隙。换言之，$NiAs_6$ 配位八面体公用相对的两个面形成链，而链间公用棱形成三维结构，这样八面体的 12 个棱都公用(图 9-26)。与 NaCl 不一样，NiAs 中两类原子的配位不一样，As 周围的 Ni 呈三方柱形配位。一些呈 NiAs 结构的化合物如表 9-7 所示。

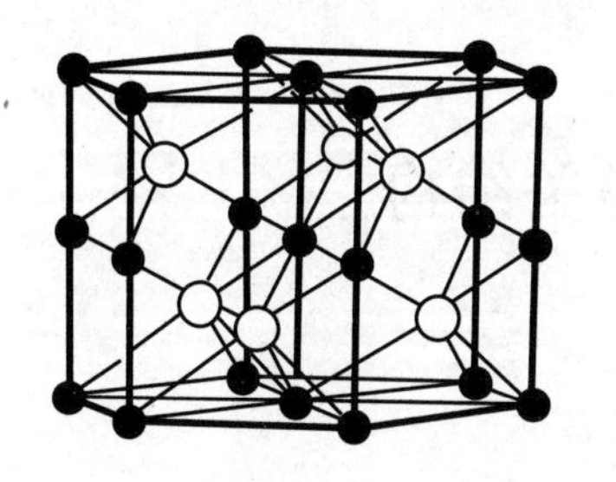

(a) 晶胞中原子的分布

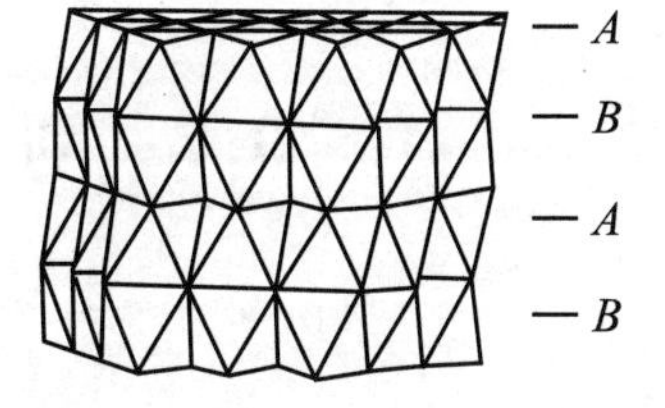

(b) $NiAs_6$配位八面体的连接情况

图 9-26　NiAs 结构

表 9-7　具有 NiAs 型结构的化合物

TiS	TiSe	TiTe				
VS	VSe	VTe	VP	* VAs		
CrS	CrSe	CrTe	* CrP	* CrAs	CrSb	
FeS	FeSe	FeTe	* FeP	* FeAs	FeSb	FeSn
CoS	CoSe	CoTe	* CoP	* CoAs	CoSb	
NiS	NiSe	NiTe		NiAs	NiSb	NiSn
		MnTe	* MnP	* MnAs	MnSb	
		RhTe			* RhSb	RhSn
		PdTe			PdSb	PdSn
					PtSb	PtSn

注：“＊”表示扭曲的 NiAs(MnP)结构。

由于 NiAs 结构中八面体公用两个面，所以这种结构的化合物将具有明显的共价性。较小的过渡金属离子和较大的阴离子，如 S，Se，Te，As，Sb，Bi 的化合物往往有此结构。由于化学键的共价成分，r_+/r_- 显得不那么有决定作用，一般不超过 0.50，甚至小于 0.41(如 0.35)也能接受。

对 NiAs 型化合物，磁性测量表明它们中许多有大的铁磁和反铁磁性，这说明金属离子间有明显的相互作用,化学键中有明显的金属键成分。

9.6.2 不定比性和超结构

不定比性对于共价化合物一般不太明显,但是,在 NiAs 型结构中,离子、共价、金属三种化学键成分都有,因此这类化合物的不定比性还是比较普遍的。内在的原因有二:

(1) 结构中过渡金属的价态可变;

(2) NiAs 结构和 CdI_2 结构密切相关。

这两个结构都有六方密堆积的阴离子,阳离子都占有八面体空隙,这两个结构都为过渡金属硫、硒、碲化合物所接受。因此当成分从 MX_2(CdI_2) 到 MX(NiAs)时,在结构上并无根本变化。这里就出现了一个命名的问题,是看成 CdI_2 型结构中阳离子间隙进去还是看成 NiAs 型结构中阳离子的缺位,要看具体情况而定。

9.7 刚玉和有关结构

9.7.1 刚玉(α-Al_2O_3) 结构

在 α-Al_2O_3 结构中 O^{2-} 成六方密堆积。与 NiAs 结构相比,O^{2-} 的堆积和 As^{2-} 是一样的,不同的是 Al^{3+} 仅占有$\frac{2}{3}$的八面体空隙,另外的$\frac{1}{3}$八面体空隙空着,这样一来,AlO_6 八面体仅公用一个面,然后再公用棱形成三维结构(图 9-27)。

一些化合物如 α-Fe_2O_3,V_2O_3,Cr_2O_3,Ti_2O_3,α-Ga_2O_3 和 Rh_2O_3 等都有 α-Al_2O_3 的结构。

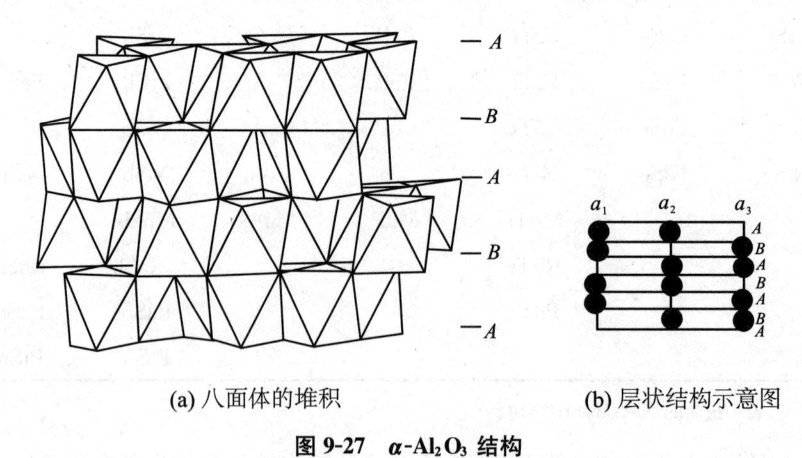

(a) 八面体的堆积　　(b) 层状结构示意图

图 9-27 α-Al_2O_3 结构

9.7.2 $LiNbO_3$ 和 $FeTiO_3$ 的结构

这两种结构可看成是 α-Al_2O_3 的超结构。它们的 O^{2-} 的堆积方式和刚玉(α-Al_2O_3) 完全一样，只是 Li，Nb 或 Fe，Ti 有序地取代了原来为 Al^{3+} 占有的八面体空隙。图 9-28(a)，(b)是 Li，Nb 在 O^{2-} 堆积层中取代 Al^{3+} 的情况。这表明在每个 O^{2-} 堆积层中 Li 和 Nb 有序地交替取代 Al^{3+} 的位置。而在 $FeTiO_3$ 中，以一层 Ti^{4+}，一层 Fe^{3+} 的方式有序取代 Al^{3+}(图 9-28(c))。

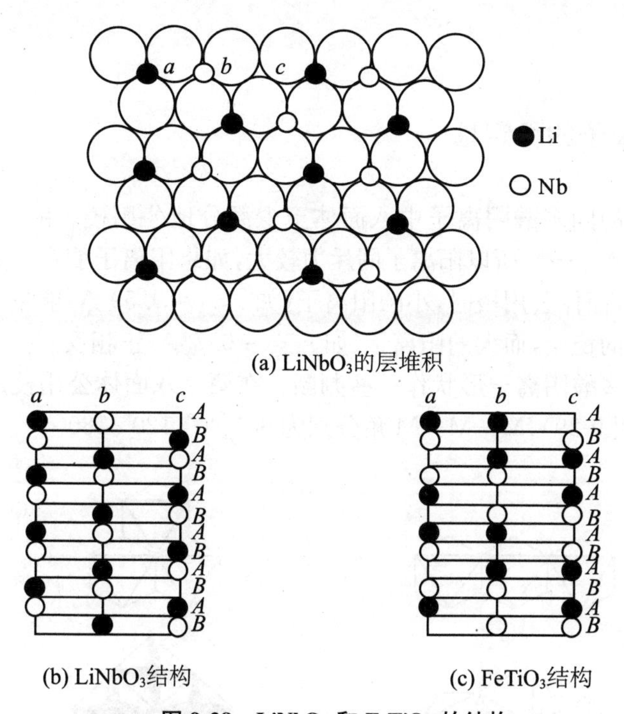

(a) $LiNbO_3$的层堆积

(b) $LiNbO_3$结构　　(c) $FeTiO_3$结构

图 9-28　$LiNbO_3$ 和 $FeTiO_3$ 的结构

表 9-8 列出了一些 $ATiO_3$ 的半径比和结构。由表可知，当 A^{2+} 较小时，取 $FeTiO_3$(钛铁矿)结构，而 A^{2+} 较大时则取 $CaTiO_3$(钙钛矿)结构。从表中还可以看出，$CdTiO_3$ 处于两种结构转变点，其实 $CdTiO_3$ 的高温相取钙钛矿结构。同时当 Ti^{4+} 为较大的 Sn^{4+} 取代时，$CdSnO_3$ 为钙钛矿结构。

表 9-8　半径比和 $ATiO_3$ 结构

$ATiO_3$	半径比 $r_{A^{2+}}/r_{O^{2-}}$	结构
$MgTiO_3$	0.46	
$NiTiO_3$	0.51	
$FeTiO_3$	0.54	钛铁矿
$MnTiO_3$	0.57	
$CdTiO_3$	0.69	
$CaTiO_3$	0.71	
$SrTiO_3$	0.81	
$PbTiO_3$	0.86	钙钛矿
$BaTiO_3$	0.96	

9.8 同多酸和杂多酸

9.8.1 同多酸阴离子的稳定性

所有八面体构成的同多酸阴离子中八面体至少部分地公用棱。由于阳离子电荷较大(V^{5+},Mo^{6+},W^{6+},Nb^{5+},…),所以阳离子间斥力较大,如果阳离子能在八面体内移动,斥力就会减小。换言之,八面体公用棱时,小的阳离子(如 $r_{V^{5+}}=0.59$ Å)能量上有利,通过八面体的歪曲换来能量上的稳定,而大的阳离子(如 $r_{Ta^{5+}}=0.73$Å)正相反。

以此出发可对同多酸阴离子形状作一些判断。在两个八面体公用棱后,第三个八面体加上去有四种方式(图 9-29),M—M—M 角分别为 60°,90°,120°,180°。

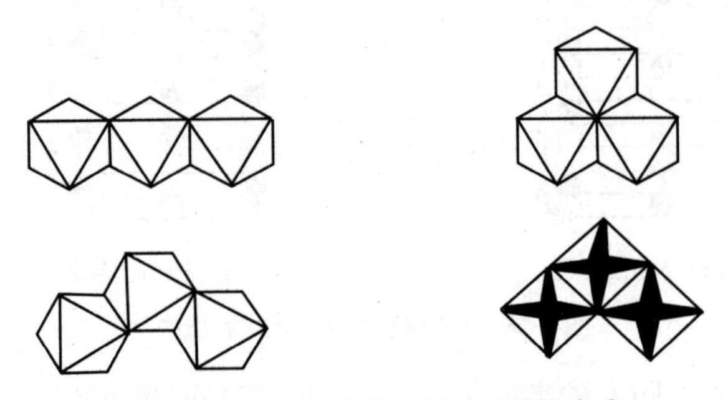

图 9-29 3 个八面体公用棱的不同方式

后两种情况中中心阳离子周围受到方向相反的斥力,使结构趋于不稳定,因为中心阳离子的任何移动,斥力和都将增大。60°的结合方式显然最稳定,因此许多同、杂多酸阴离子倾向于有这种结构单元,如较大的 W^{6+} ($R_{W^{6+}}=0.68$ Å),有$[H_2(W_{12}O_{42})]^{10-}$,由 60°和 120°两种八面体单元构成(图 9-30)。

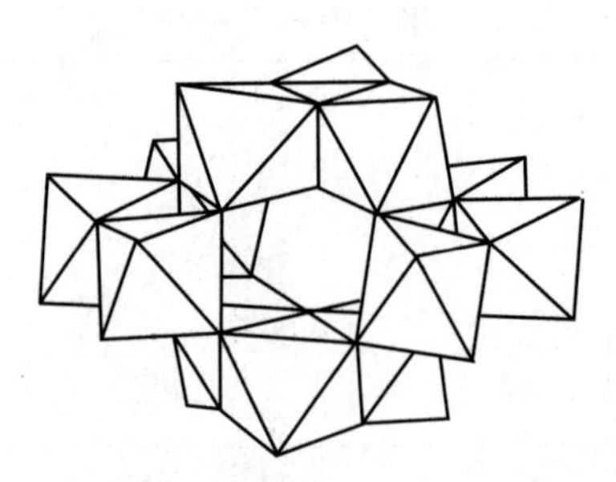

图 9-30 $[H_2W_{12}O_{42}]^{10-}$的结构

对于 4 个八面体公用棱时,有两种结构可避免 M—M—M 角为 120°和 180°(图 9-31),如图 9-31(b)所示 M_4O_{16}仅有 60°的 M—M—M 角,其结构最稳定,$Li_{14}(WO_4)(W_4O_{16})\cdot 4H_2O$ 即取此结构。在 6 个八面体公用棱时仅有一种结构,如图 9-32 所示,M_6O_{19}($Nb_6O_{19}^{8-}$,$Ta_6O_{19}^{8-}$),其他的可能性都未找到实际存在的晶体结构,这可能是因为 M_6O_{19} 结构紧凑,对称性高的缘故。在八面体数大于 6 时,M—M—M角不可避免地有 120°,180°角,最大的同多

酸阴离子 $V_{10}O_{28}{}^{6-}$（图 9-32）便由最小的 V^{5+} 形成，结果两个角度为 180°的八面体联结处斥力很大，使得八面体受到某种歪曲，V—O 键长取 1.59～2.22 Å 间几种数值，而 180°角也减小为 175°。

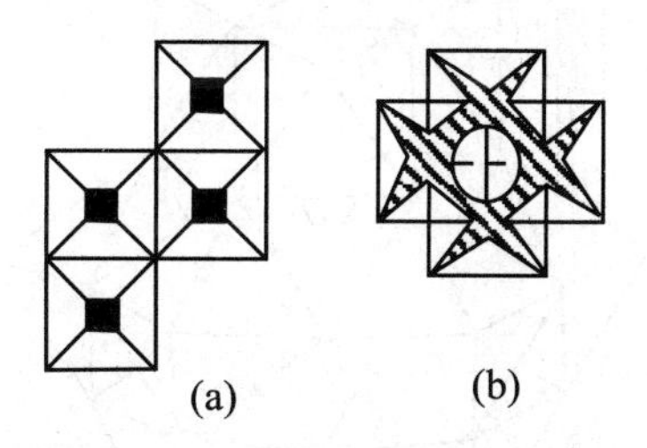

图 9-31　4 个八面体公用棱的方式

同多酸阴离子 M_8O_{26}，M_7O_{24}，M_6O_{19} 可看成是 $M_{10}O_{28}$ 结构中去掉一些八面体构成的（图 9-32）。

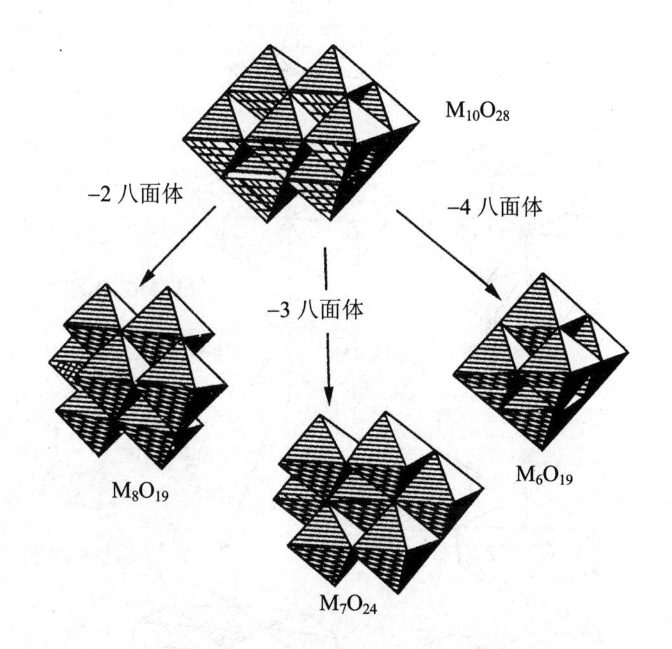

图 9-32　同多酸阴离子之间的关系

9.8.2　杂多酸阴离子

杂多酸阴离子中的杂离子，少数为四面体配位（见图 9-33，$PW_{12}O_{40}^{3-}$ 中的 P^{5+}）和二十面体配位（如 $Ce^{4+}W_8O_{28}^{4-}$ 中的 Ce^{4+}），但多数为八面体配位。

八面体配位的杂阳离子 M 和 Mo 之比一般为 1∶6，如 $Te^{6+}Mo_6O_{24}^{6-}$，$M^{3+}Mo_6O_{24}^{9-}$（M 为 Al，Cr，Fe，Co，Rh，Ga）；为 1∶9 时有 $M^{4+}Mo_9O_{32}^{6-}$（M 为 Mn，Ni）。

上述二结构可看成由假想的高对称的 $[M^{x+}Mo_{12}O_{38}]^{(4-x)-}$ 派生而成（图 9-34）。

高对称结构由 $M^{x+}O_6$ 八面体的 12 条棱，每条棱加一个 MoO_6 八面体构成。这个假想的高对称杂多酸结构负电荷不足，因此不会稳定，而在 $x>4$ 时，这个结构会带正电荷，这显然是不可能的。减少八面体会增加负电荷，派生得两种实际存在的结构：

$$M:Mo=1:6 \quad 或 \quad M:Mo=1:9$$

正如上述。

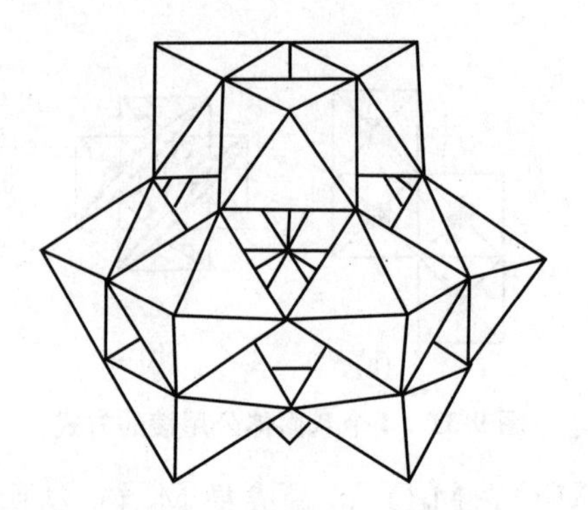

图 9-33 $PW_{12}O_{40}^{3-}$ 的结构

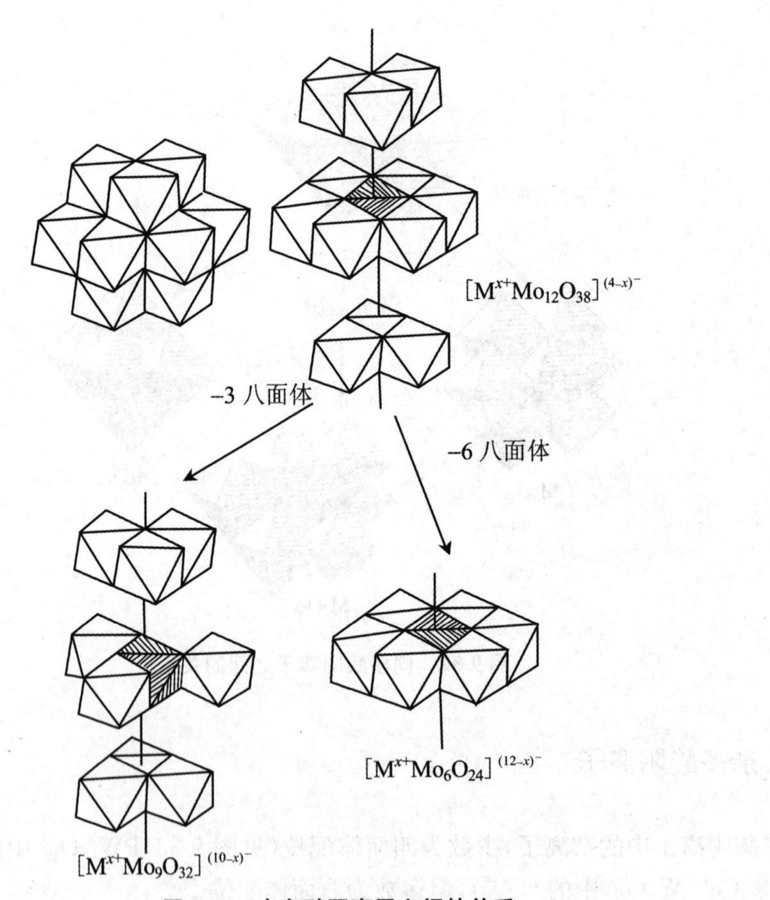

图 9-34 杂多酸阴离子之间的关系

第 10 章 其他配位多面体的结晶化学

10.1 三、四、五配位结构

10.1.1 三配位

除了 $CaCO_3$ 中 C^{4+} 周围 O^{2-} 三角形配位外，$Mg_3(BO_3)_2$ 的结构中 B^{3+} 周围 O^{2-} 也是三角形配位，而 Mg^{2+} 处于 O^{2-} 八面体的空隙中，图 10-1 中用虚线表示之。

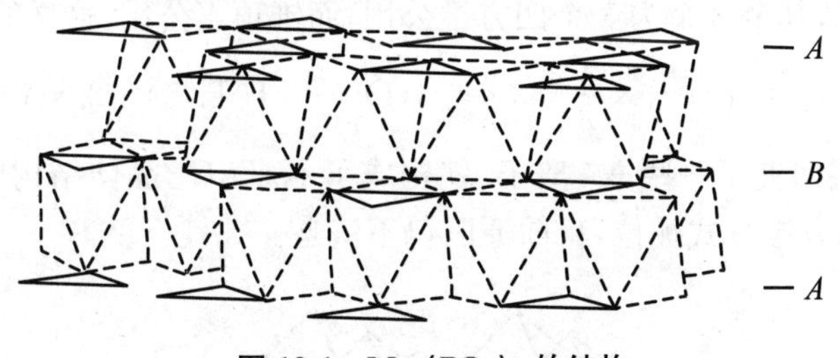

图 10-1 $Mg_3(BO_3)_2$ 的结构

10.1.2 四配位

在 NbO 结构中，Nb^{2+} 周围 O^{2-} 以正方形方式配位。正方形每个顶点为 4 个正方形所公用(图 10-2)。

在 PdO，PtO，CuO 这样的结构中四配位是矩形的，结构可看成阴离子成歪曲的密堆积，阳离子在四面体空隙中。这样理想密堆积时的 X—A—X 角为 109.5°，而阳离子成正方形 dsp^2 杂化，X—A—X 角应为 90°，这两点是相互矛盾的。实际情况介于二者之间，既要照顾正四面体配位，又要照顾正方形 dsp^2 杂化轨道，在 PtO 结构中，O—Pt—O 角为 97.5°和 82.5°，在 CuO 结构中，O－Cu－O 为 95.5°和 84.5°，这就使得正方形成为矩形(图 10-3)。

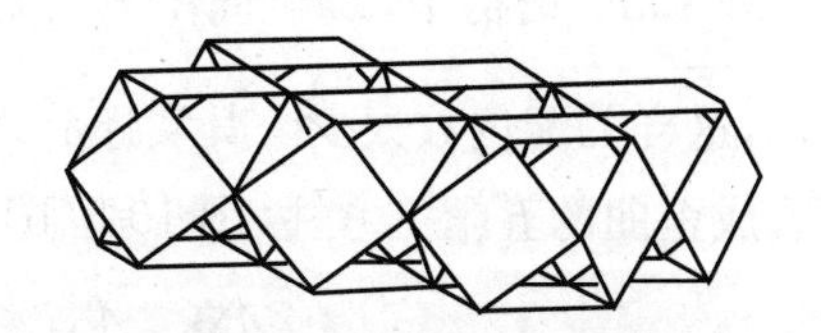

图 10-2 NbO 的晶体结构

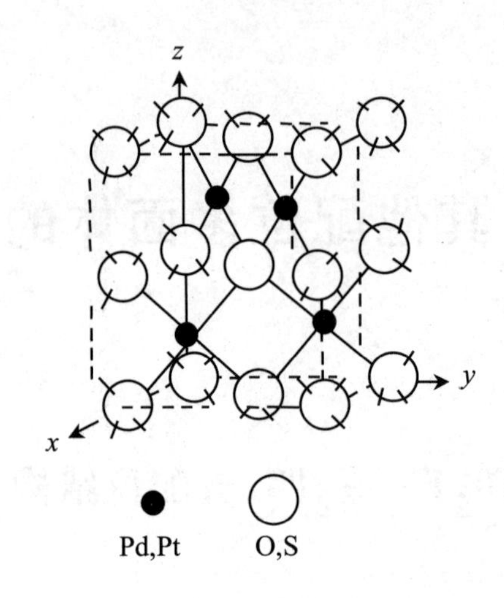

图 10-3 PdO(PtO)的晶体结构(矩形配位)

10.1.3 五配位

在 $K_2Ti_2O_5$ 结构中，Ti^{4+} 周围 O^{2-} 成五配位的四方锥，这些四方锥底面 4 个顶点中的 1 个为 2 个四方锥公用，其余 3 个为 3 个四方锥公用，而锥顶不公用，这样的结构化学比为

$$1(Ti^{4+}):\left(1+1\times\frac{1}{2}+3\times\frac{1}{3}\right)(O^{2-})=1(Ti^{4+}):2.5(O^{2-})$$

由 $(Ti_2O_5)_n^{2n-}$ 层间夹了一些 K^+ 离子，就构成了 $K_2Ti_2O_5$ 晶体结构(图 10-4)。为什么 Ti^{4+} 周围的 O^{2-} 以四方锥方式配位，目前原因仍不清楚。

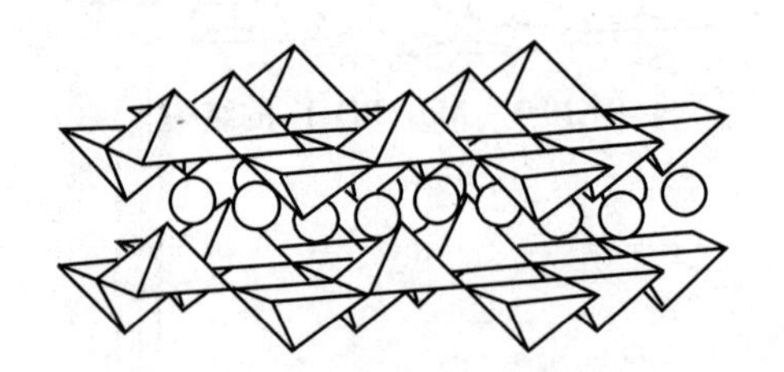

图 10-4 $K_2Ti_2O_5$ 中的四方锥配位

在 LaF_3 结构中，La^{3+} 周围 F^- 以三角双锥方式形成五配位(图 10-5(a))。可是 $\frac{r_{La^{3+}}}{r_{F^-}}\geqslant 0.75$，这样的配位数太少。其实还有六个 F^- 与 La^{3+} 也不太远，因此 La^{3+} 周围的配位多面体可看成歪曲的五帽三方柱(图 10-5(b))，即 La^{3+} 的配位数可近似看成是 5+6=11。

(a) 三角双锥堆积

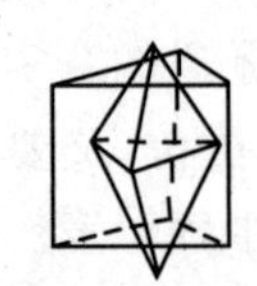

(b) 五帽三方柱

图 10-5 LaF_3 晶体结构

10.2　三方柱配位——MoS_2 型结构

10.2.1　MoS_2 结构

图 10-6 是 MoS_2 按三方柱形堆积的情况，阴离子 S^{2-} 成 AA，BB，AA，…，Mo^{4+} 在三方柱形空隙中。这是 d^4sp 杂化轨道的结果。MoS_2 还有多种多层堆积变体。

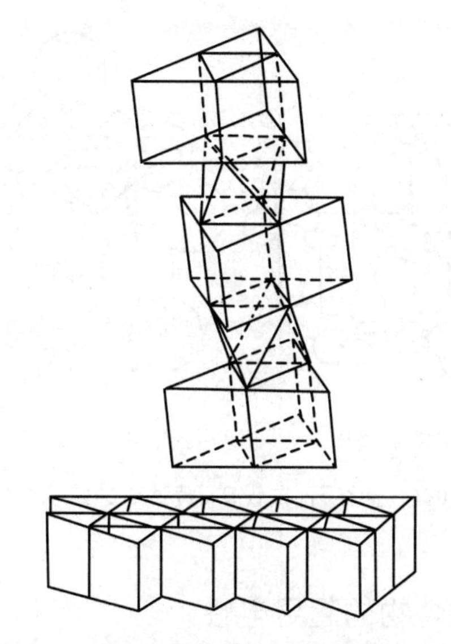

图 10-6　MoS_2 晶体按三方柱堆积的情形

化合物 WS_2，$MoSe_2$，$MoTe_2$ 等都属于此种结构。MoS_2 型结构的化合物层间是范氏键，层内有金属键成分，其电阻比层间要小得多。根据上述性质，MoS_2 型化合物可用来做可变电阻。它也是常用的固体润滑剂。

10.2.2　二硫化物的结构

MS_2 化合物有四种结构：MoS_2 型、CdI_2 型、白铁矿型、黄铁矿型。

黄铁矿（FeS_2）中两个 S 缔合在一起，结构与 NaCl 相似，但由于 S—S 的取向使空间群从 $Fm3m$ 降至 $Pa3$。

白铁矿结构有与 TiO_2 相似之处（图 10-7(a，b)），但当我们把围绕在 Fe^{2+} 周围的 S^{2-} 缩短距离以后，可清楚地看出它的结构与黄铁矿十分相似（图 10-7(c，d)）。

MoS_2 和 CdI_2 型结构都是层形结构，会有许多多层堆积体，如属 CdI_2 结构的 TiS_2 有 $4H$，$8H$，$10H$，$12H$，$12R$，$24R$，$48R$ 等。

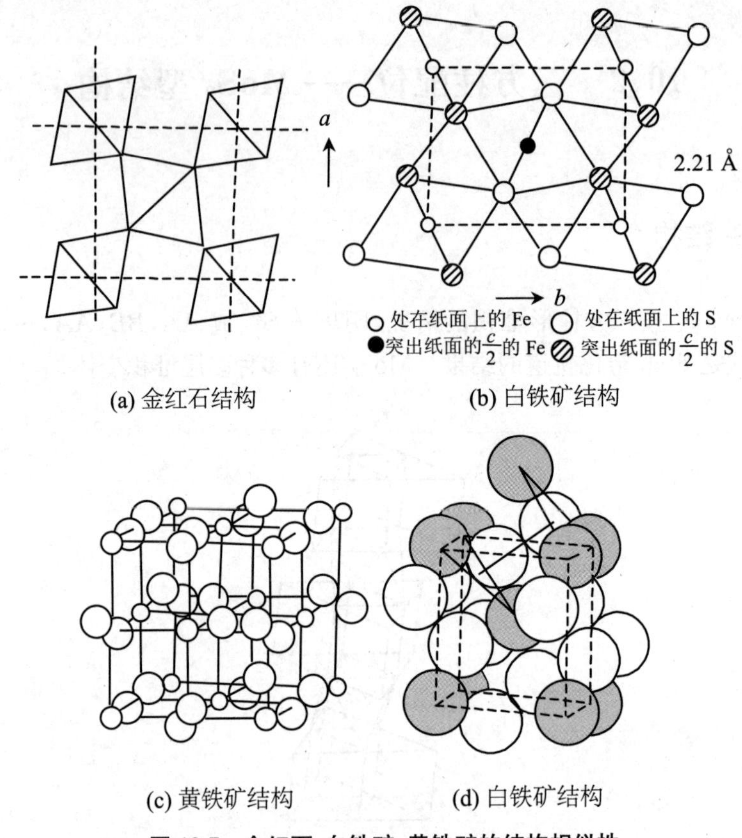

(a) 金红石结构　　(b) 白铁矿结构

(c) 黄铁矿结构　　(d) 白铁矿结构

图 10-7　金红石、白铁矿、黄铁矿的结构相似性

10.2.3　MS_2 及其夹层化合物的超导电性

TaS_2 和 NbS_2 本身是超导体。在 MoS_2，ZrS_2，WS_2 的 $2H$ 及 $3R$ 型结构的层中加入碱金属或碱土金属能使之变为超导体。特别引人注目的是 TaS_2，在加入 $NH_3 \cdot H_2O$ 或 KOH 等以后 T_c 从 0.7 K 升至 3.3～5.3 K。在 TiS_2 中加入 Li 后形成 $Li_{0.3}TiS_{1.8}$，这个相是从高温快速冷却到液氦温度而形成的六方亚稳相，具有 15 K 的转变温度。

10.3　七配位结构

10.3.1　七配位结构

对于七配位的多面体，这里只介绍两种。

在 La_2O_3 结构中，La^{3+} 周围 6 个 O^{2-} 成歪曲了的八面体，第 7 个 O^{2-} 在八面体三角形面的上方，这样形成的配位多面体称为一帽八面体（图 10-8）。

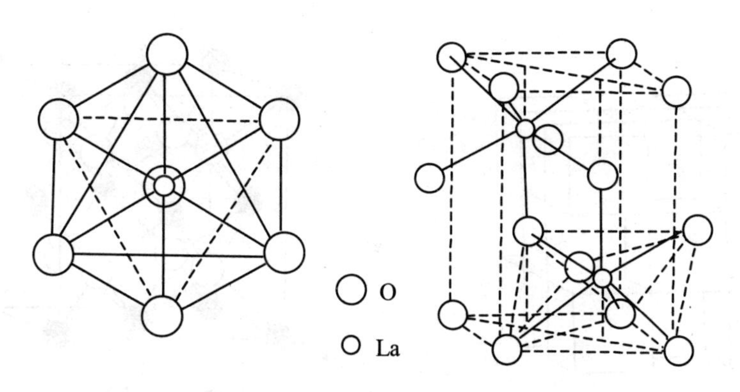

图 10-8　La_2O_3 结构(七配位)

在 ZrO_2 的结构中，Zr^{4+} 周围的 7 个 O^{2-} 如图 10-9 所示那样配位。显然，在配位四方柱的一面有 4 个 O^{2-}，而相对的面只有 3 个 O^{2-}。

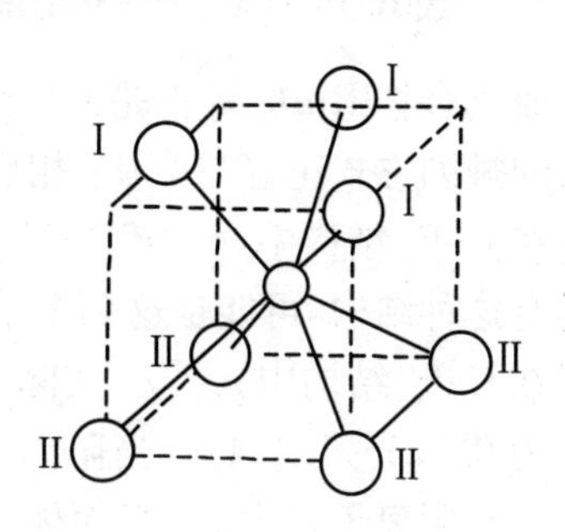

图 10-9　单斜 ZrO_2 中 Zr^{4+} 的配位

10.3.2　ZrO_2 的相变

由于 ZrO_2 的特殊结构，其相变规律是十分有趣的。

ZrO_2 通常为单斜变体，在 1100 ℃为四方，2500 ℃为立方萤石结构。这两种高温变体均无法用淬火法取得。但加入杂质，如 CaO、MgO 等则很易于维持这种高温相到室温。纯的 ZrO_2 如用做耐火材料，到 1100 ℃时将会有单斜到四方的相变，使得耐火材料开裂，影响使用，只有加入杂质如 MgO 才能使得相变温度提高。

在中等温度下从溶液制备 ZrO_2 粉末时，如颗粒小于 300 Å，则由于表面能影响，ZrO_2 能在室温下保持为四方相。

在研磨或冲压下会使 ZrO_2 由单斜相变为四方相，这一点使得 ZrO_2 很有用。如在冲力作用下，ZrO_2 发生由单斜向四方的相变，体积略有增加，应力消失后，又发生四方变回单斜的相变，仿佛 ZrO_2 有一定的弹性，与此同时又产生了许多微裂缝，这使得冲力大大分散了。这二者一起避免了 ZrO_2 器具的断裂。

10.4　八配位结构

10.4.1　CaF_2 结构

图 10-10 是 CaF_2 立方体堆积的情况。这个结构也可看成 Ca^{2+} 形成密堆积而 F^- 放在全部四面体空隙中，这样的四面体之间将公用全部 6 条棱(图 10-11)。由这种方式描述可看出该结构与一般阴离子形成密堆积而阳离子放在空隙中的情况相反。

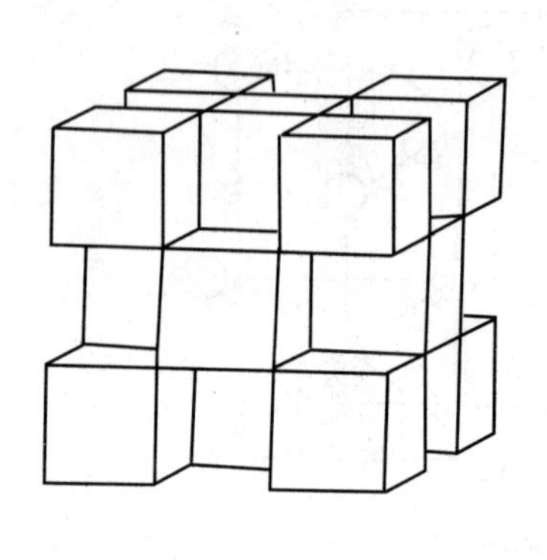
图 10-10 CaF_2 立方体的堆积

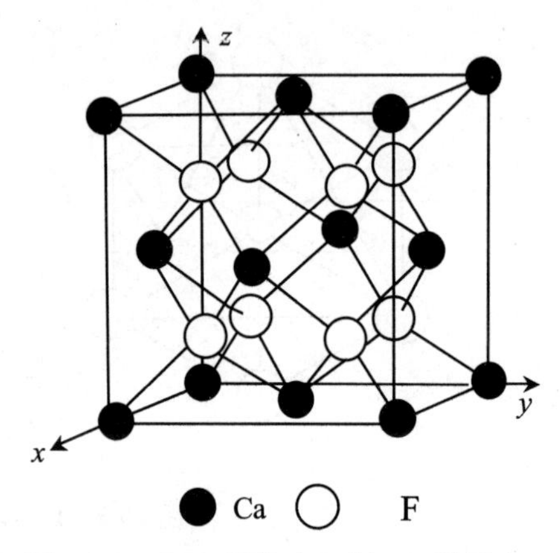

图 10-11 CaF_2 晶体中 Ca^{2+}, F^- 的堆积

而化合物 Rb_2O 等正是 O^{2-} 形成密堆积而 Rb^+ 放在全部四面体空隙中(图 10-12),阴阳离子的排列方式正好与 CaF_2 相反,这样的结构称为反萤石结构(反 CaF_2 结构)。

在 CaF_2 结构中,$r_+/r_- > 0.732$,但 ZrO_2 和 HfO_2 的离子半径比 r_+/r_- 也大于 0.732 却不具有这种结构,可能是这两个结构中 ZrO_2 和 HfO_2 歪曲成七配位的原因。

在 CaF_2 结构中,r_+/r_- 实际上在 0.27(Li_2Te)至 1.06(Rb_2O)较为广阔的范围内(理论上应为 0.225~1.414)。当阳离子小于阴离子时,AB_2 型化合物取这样的结构能量上是合适的。当阳离子较大时,四面体会发生歪曲。当阳离子太大时,如 Cs_2O,它不取反萤石结构,而取反 CdI_2 结构。

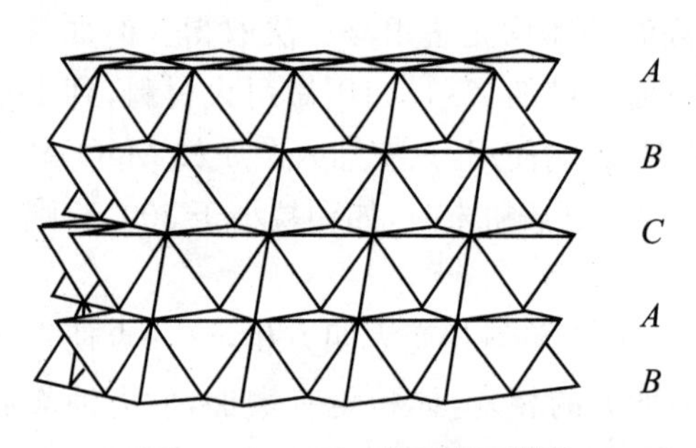

图 10-12 Rb_2O 的反萤石结构

因为在 CaF_2 结构中阳离子形成密堆积,阴离子占据四面体空隙,所以从这个角度来看,阴离子的空缺和阳离子的过剩都有可能。在阴离子过剩时,这些阴离子只能去占据八面体空隙。如当 YF_3 和 CaF_2 形成固溶体时,多余的 F^- 占据八面体空隙。

在 O_2Ce 结构中,直到 $O_{1.72}Ce$ 仍维持 CaF_2 结构,但是这种不定比性使得结构上有时是复杂的。如 $O_{1.8}Ce$ 实际上是 O_2Ce 和 $O_{29}Ce_{16}$ 的复合物,而 $O_{29}Ce_{16}$ 是 CaF_2 结构,有规则地空出 $\frac{3}{32}O^{2-}$。因为每少一个 O^{2-} 必有两个 Ce^{4+} 变成 Ce^{3+},所以 $O_{29}Ce_{16}$ 可写成

$$(O_{29}\square_3)(Ce_{10}{}^{4+}Ce_6{}^{3+})$$

10.4.2 CsCl 结构

当配位立方体的 6 个面都公用时为 CsCl 结构(图 10-13)。因每个顶点 Cl^- 为 8 个立方

体公用，故每个立方体分到 $8\times\frac{1}{8}=1$ 个 Cl^-，所以化学比为 Cs∶Cl=1∶1。

常压下，碱金属卤化物仅 CsCl，CsBr，CsI 属于此结构。此外，金属铊化物中 TlCl，TlBr，TlI 也为 CsCl 结构。

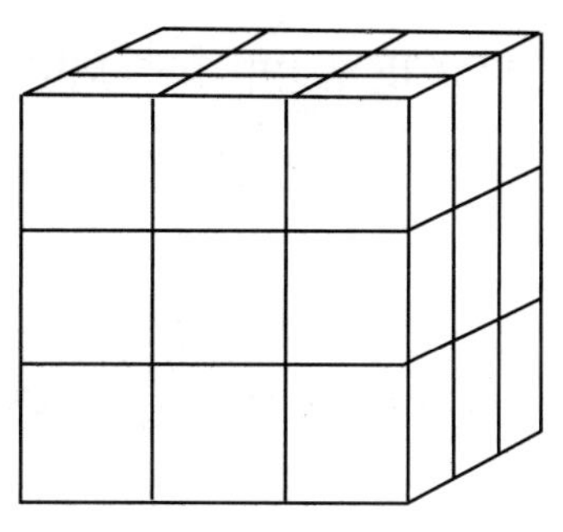

图 10-13　CsCl 晶体按 $CsCl_8$ 堆积的情形

当 $r_+/r_-\geqslant 0.732$ 时，取 CsCl 结构的晶体在堆积上较为紧密，如 CsBr 按 CsCl 堆积时空间利用率约 65%，而按 NaCl 堆积时仅 54%（假定离子半径不变）。因此，高压下 Na，K，Rb 的盐都结晶成 CsCl 型。CsSH 取 CsCl 结构，SH^- 呈球形对称，半径与 Br^- 相近。CsCN 室温时为 CsCl 结构，但在低温时 CN^- 平行于体对角线——3 次轴，这样晶体对称性降低，立方格子变成三方 *R* 格子（图 10-14）。在 NH_4CN 的结构中（图 10-15）NH^{4+} 周围有 8 个 CN^-，但是由于 CN^- 有两种取向，使格子常数增大一倍，格子也成了四方形。8 个 CN^- 中由于取向关系使 4 个在距 NH^{4+} 3.02 Å 处，4 个在 3.56 Å 处，这个结构在 35～80 ℃间稳定。

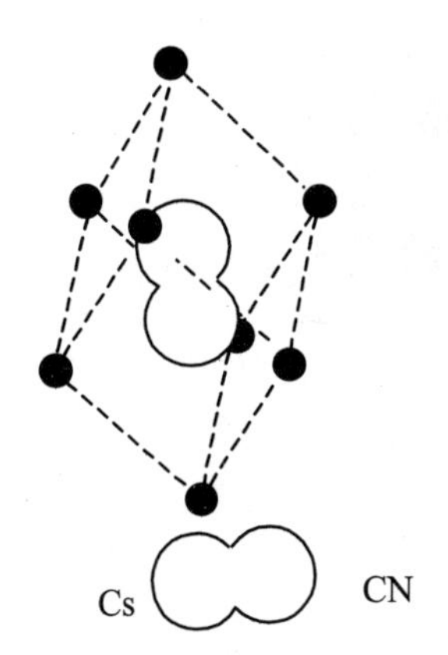

图 10-14 低温时 CsCN 的晶体结构

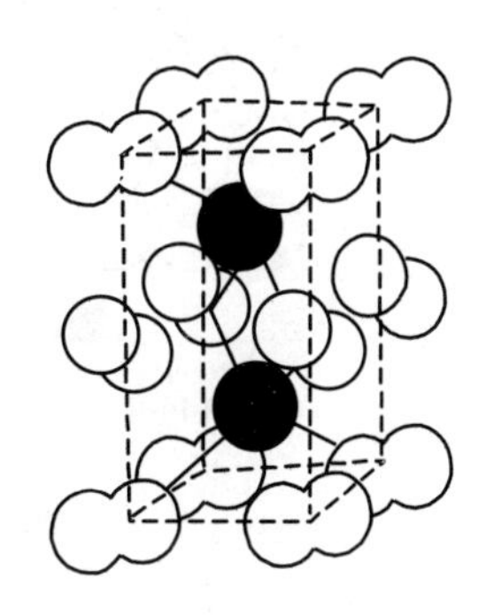

图 10-15　NH_4CN 的晶体结构

一些金属间化合物如 *β*-青铜的有序相，FeAl，TlSb 等也取 CsCl 型结构。

10.4.3　UO_2F_2 结构

在 UO_2F_2 结构中 F^- 在 U^{6+} 周围成八面体配位，但 O^{2-} 又必须和 U^{6+} 形成直线型二配位，这就形成了 UO_2F_2 的双帽八面体配位（图 10-16），显然 U^{6+} 的配位数为 8。

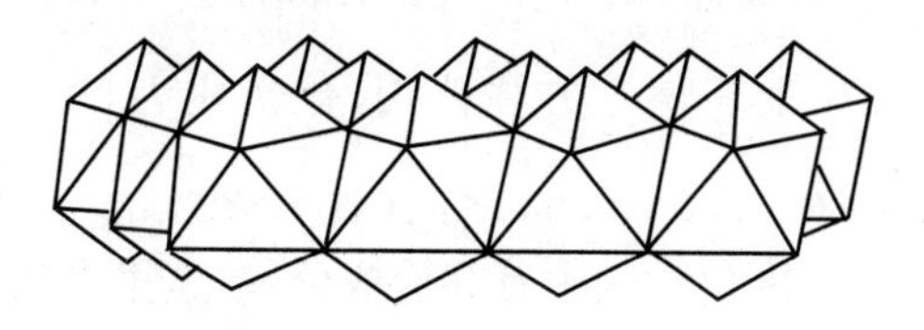

图 10-16　UO_2F_2 的双帽八面体配位

10.4.4 PbClF 结构

在 PbClF 结构中，Pb^{2+} 周围 Cl^-，F^- 成反四方柱配位，正方形配位的 Cl^- 层，F^- 层交替错过 45°排列，中间夹心 Pb^{2+}，在图 10-17 的双层结构中，单层反四方柱的每个顶点为 4 个反四方柱公用，这样阴离子个数为 Pb^{2+} 的一倍。在 PbClF 晶体双层时，两层 Cl^- 公用一层 F^-，但由于 F^- 的半径比 Cl^- 小，F^- 正方形的面积小，其层密度是 Cl^- 正方形层密度的二倍，因此，F^- 和 Cl^- 的化学比仍为 1∶1。BaFCl，BaFI 取这样的结构。铋和一些稀土元素的卤氧化合物也取此种结构，如 BiOCl，LnOCl(Ln＝Sm，Eu，Gd，Y，Tb，Dy)。

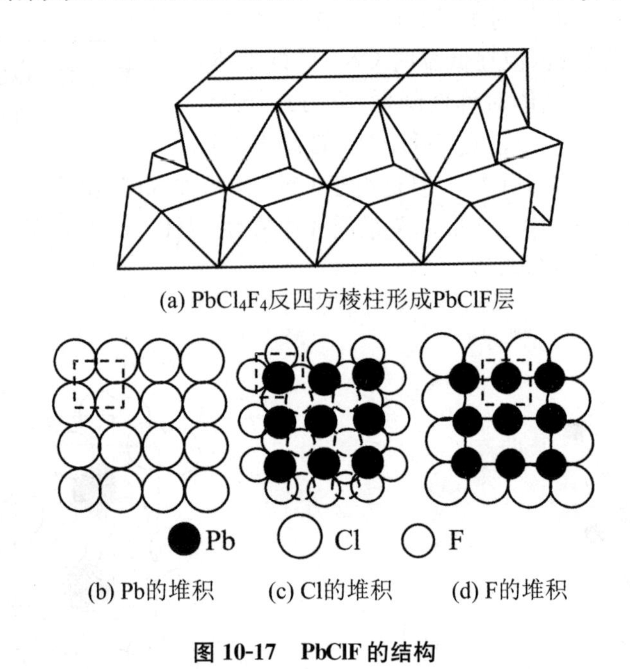

图 10-17 PbClF 的结构

10.5 九配位结构

较为对称的九配位多面体为三帽三方柱。图 10-18 为三帽三方柱 sp^3d^5 杂化轨道的几何分布，属于此配位的化合物列在表 10-1 中。

UCl_3 即属于具有这种配位多面体的结构。如图 10-19 所示，三帽三方柱间公用相对三角形面而成链，链间每一配位多面体和邻链的配位多面体公用二棱，每一链连接 3 条链。如图 10-19 所示，每个顶点为 3 个三帽三方柱公用，化学比为$1:\left(9\times\frac{1}{3}\right)=1:3$。一般取 UCl_3 结构的化合物半径比都在 0.55～0.65 之间(表 10-2)。形成这种结构是 f 电子也参加与较多的 X 原子成键的结果。因化学键中有共价成分，故这里的半径比意义不十分大。

表 10-1　三帽三方柱配位选例

AX_9 公用	X∶A	例　子
	9	$[Nd(H_2O)_9](BrO_3)_3 \cdot K_2ReH_9$
2 条棱	7	K_2PdF_7
2 个面	6	$[Sr(H_2O)_6]Cl_2$
2 条棱、4 个顶点	5	$LiUF_5$
2 个面、4 个顶点	4	NH_4BiF_4，$NaNdF_4$
2 个面、6 条棱	3	UCl_3
2 个面、12 条棱	2	$PbCl_2$

表 10-2　AX_3 型卤化物结构中的半径比范围

结构类型	A^{3+} 离子的配位数	半径比范围
LaF_3	5+6	>0.75
YF_3	9	0.65～0.75
UCl_3	9	0.55～0.65
$PuBr_3$	8+1	0.50～0.55
VF_3	6	0.45～0.50
BiI_3	6	<0.45

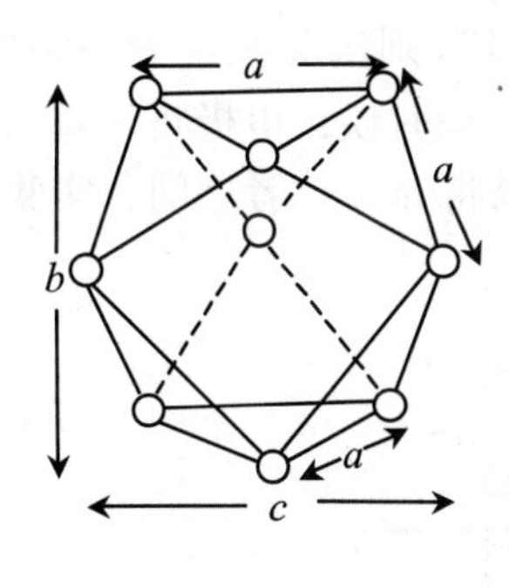

图 10-18　三帽三方柱

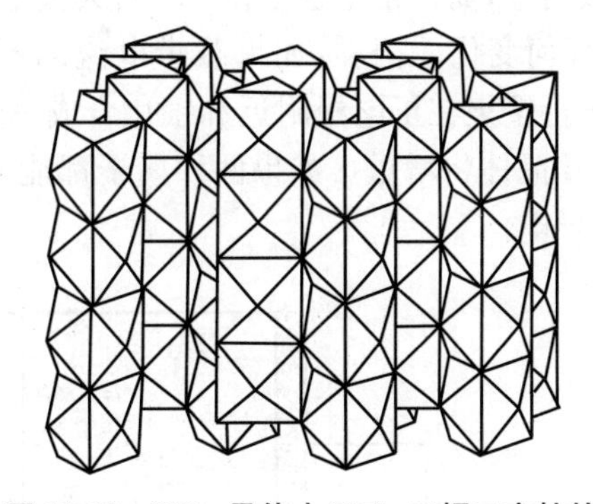

图 10-19　UCl_3 晶体中 UCl_9 三帽三方柱的堆积

10.6　固体离子导体

10.6.1　固体离子导体

固体离子导体是以离子形式导电的晶体，固体离子导体结构中一部分离子有序地点阵式排列，而另一部分离子则处于无序状态。当把固体离子导体置于电场之中时，这些无序分布的离子能在电场的作用下做定向迁移从而产生电流，这与电解质溶液十分类似，所以它又称为固体电解质。不难理解，具有这种特性的固体，其结构中必有大量的空隙连在一起形成可供离子迁移运动的通道。固体离子导体中，α-AgI 是阳离子导电，而 ZrO_2 是阴离子导电。

10.6.2 α-AgI 的结构和性能

AgI 有三种变体 α,β,γ，其转变温度、结构和性质如表 10-3 所示。

表 10-3 AgI 变体的结构和性能

变　体	γ-AgI	β-AgI	α-AgI
温度范围(℃)	≤136	136～146	146～555(熔点)
结构形式	立方 ZnS	六方 ZnS	体心立方
电导率($\Omega^{-1}\cdot cm^{-1}$)	—	3.4×10^{-4}	1.31

从表 10-3 可知，由六方 ZnS 结构的 β-AgI 在 146 ℃转变到体心立方结构的 α-AgI，其导电性能提高了近万倍。由于离子的可移动性比电子要小得多，用霍尔效应测定载流子为何种离子是不大可能的。但用如下的实验可检测出哪种离子导电。

如图 10-20 所示，两个同样的 AgI 晶体放在两个银电极之间，在接上直流电以后，可能会发生如下的情况：

如果电流是 Ag^+ 载带的，Ag^+ 将移向负电极，在得到电子后还原为 Ag 沉积在负电极上，使负电极增重，而在正电极上的 Ag 将失去电子成 Ag^+ 进入 AgI 晶体，正电极将失重，而 AgI 晶体无任何变化。相反，如果载带电流的不是 Ag^+ 而是 I^-，则情况又是另一种样子。此时，负离子将聚集在正电极附近和银化合成 AgI，因此过了一些时候正电极将失重而靠着正电极的 AgI 晶体将增重。如果两种离子都能载带电流，结果将介于二者之间。实验证明 AgI 中 Ag^+ 导电。

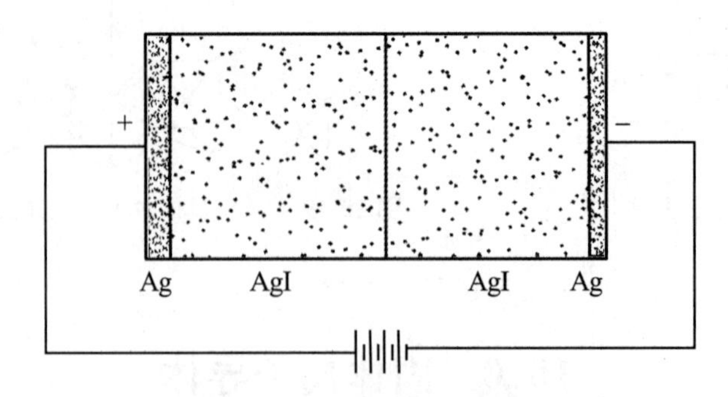

图 10-20 载流离子的确定

α-AgI 的结构是体心立方，结构中 I^- 形成立方体心堆积，这样有三种可能的空隙位置提供给 Ag^+：

(1) 八面体空隙，每个 I^- 分到 3 个八面体空隙，这空隙呈扁平状(图 10-21(b))。

(2) 四面体空隙，每个 I^- 分到 6 个四面体空隙(图 10-21(c))。

(3) 还有 3 个 I^- 形成的三角形空隙，每个 I^- 分到 12 个三角形空隙。

X 光粉末衍射实验表明，Ag^+ 统计地分布在这三种位置上。根据中子衍射实验，Ag^+ 主要在四面体空隙，这可能与四面体空隙容纳的离子不比八面体的小，而相邻的四面体空隙互相共面而形成了通道有关。正是这些通道大大增加了晶体的导电性。

用 Rb^+ 部分取代 Ag^+ 以后能使得 α-AgI 相在低温下也稳定，$RbAg_4I_5$ 的室温电导率为 0.27 $\Omega^{-1}\cdot cm^{-1}$，是至今固体离子导体中室温电导率最高的一种。

(a) 立方体心密堆积

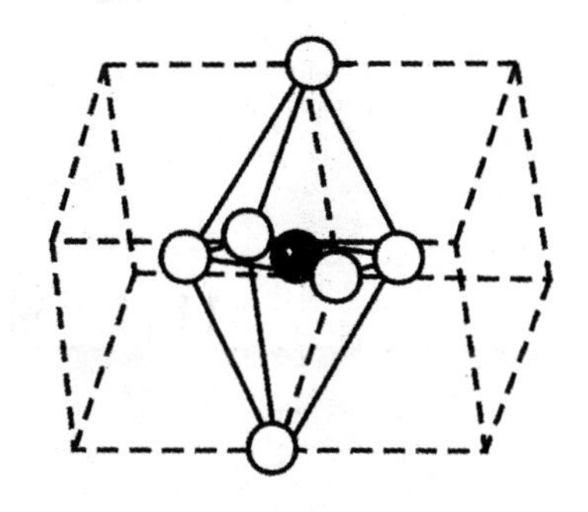

(b) 立方体心密堆积中歪曲的八面体空隙

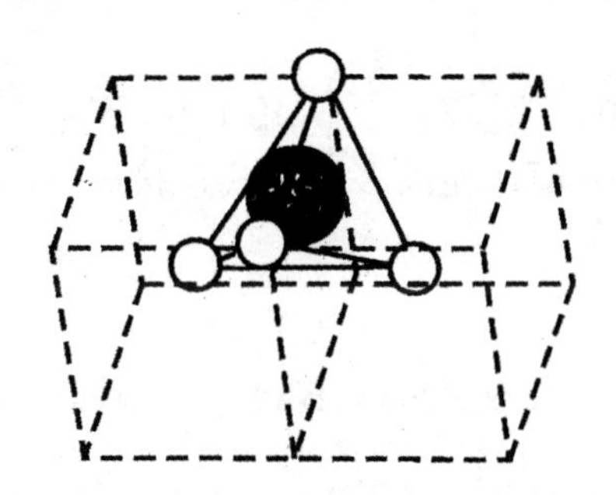

(c) 立方体心密堆积中歪曲的四面体空隙

图 10-21　α-AgI 的结构示意图

10.6.3　用 Y_2O_3 稳定的立方 ZrO_2

立方 ZrO_2 为 CaF_2 结构，仅在 2300 ℃以上才能稳定存在，但在加入一些杂质后能使 ZrO_2 立方相稳定在室温下。加入 9%原子比 Y_2O_3 后能使 ZrO_2 稳定在立方相，这是一个阴离子导电的固体电解质。和萤石一样，这个结构可看成阳离子形成面心立方最密堆积形式，阴离子占据全部四面体空隙，而全部八面体空隙空着。当用 Y^{3+} 取代了 Zr^{4+} 以后，引起了部分氧离子缺位，此时 O^{2-} 能通过交换"缺位"而导电。空着的八面体空隙为这种交换提供了几何条件。

第 11 章　复杂结构的结晶化学

11.1　硼　酸　盐

11.1.1　硼酸盐的分类

在硼酸盐中，基本结构单位为$[BO_3]^{3-}$三角形和$[BO_4]^{5-}$四面体，它们的氧有时能为$(OH)^-$取代。这些三角形和四面体能以多种方式连接成络阴离子，正如硅酸盐那样，它们也可以分成五种结构类型。

1. 岛状络离子

孤立的$[BO_3]^{3-}$和$[BO_4]^{5-}$或双三角形$[B_2O_5]^{4-}$、双四面体$[B_2O_7]^{8-}$公用顶点数为 0 或 1，如图 11-1 所示。

2. 环状络阴离子

骨架由多个$[BO_3]^{3-}$或$[BO_4]^{5-}$彼此公用两个顶点（对于$[BO_4]^{5-}$有时公用 3 个顶点）而成单环或双环，有$[B_3O_6]^{3-}$，$[B_3O_7]^{5-}$，$[B_3O_8]^{7-}$三联单环，$[B_4O_9]^{6-}$四联双环（图 11-1），也有五联双环，如$[B_5O_{10}]^{5-}$，$[B_5O_{11}]^{7-}$等。硼砂$[Na_2B_4O_5(OH)_4]\cdot 8H_2O$即是四联双环结构，如图 11-2 所示。结构中，4 个O^{2-}为$(OH)^-$所取代，四联环以氢键联结成长链，6 个水分子环绕Na^+构成配位八面体，再公用两条棱而构成阳离子链，显然$H_2O : Na^+ = 4 : 1$，8 个水都是结晶配位水。

3. 链状络阴离子

由$[BO_3]^{3-}$或$[BO_4]^{5-}$公用 2 个或 3 个顶点而成，如$[BO_2]_n^{n-}$等。

4. 层状络阴离子

由$[BO_3]^{3-}$或$[BO_4]^{5-}$公用 3 个顶点而成，如$[B_3O_6]^{3n-}$等。

5. 骨架状络阴离子

这样的结构较少，在自然界中仅有一种骨架——方硼石。

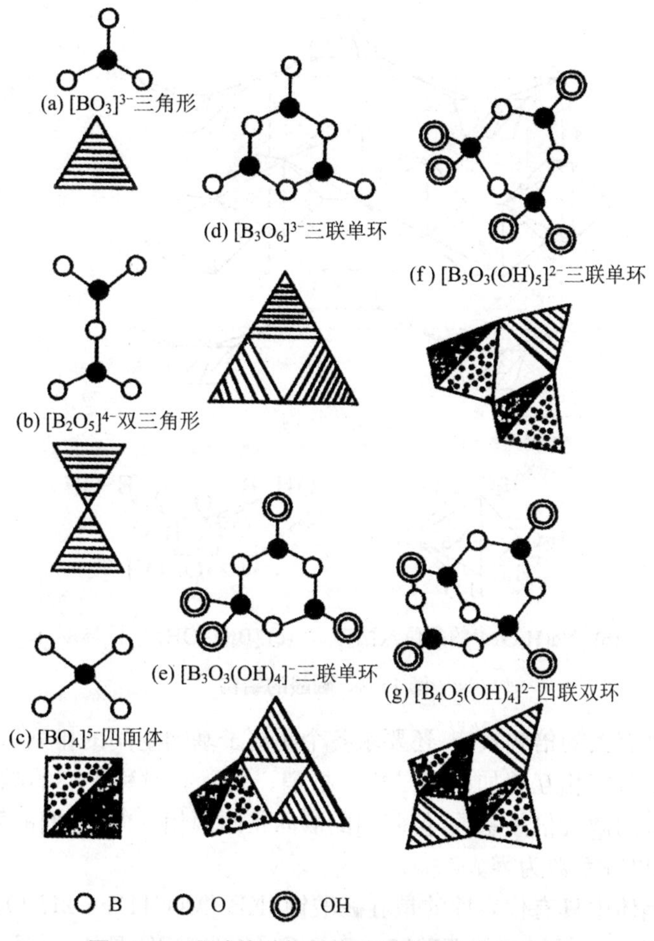

图 11-1　硼酸盐矿物晶体结构中的几种阴离子

11.1.2　硼酸盐的非线性光学性质

光在介质中传播时,介质相应地产生极化,在使用传统光源时,引起极化强度的变化与电场呈线性关系。对于激光光源,由于光学电场非常高,极化的强度与电场会成非线性关系。非线性光学效应中,目前研究得最为详尽的是倍频效应。具有倍频效应的晶体能够使透过它的激光频率增为原来的两倍。这在激光技术中占有重要的地位。一般的激光器只能发生固定频率的激光束,例如 YAG 激光器只能发出 1.06 μm 的激光,这就限制了激光器的使用范围。通过倍频晶体,便可一次次地改变激光的频率以满足各种需要。获得不同频率激光的另一种方法是使用染料激光器,但其输出的功率较小。

具有对称中心的晶体不可能产生倍频效应。正如前述(第 9 章),具有对称中心的晶体也不可能有压电效应。但是,倍频效应和压电效应之间并无必然的对应关系。好的倍频晶体不一定就是好的压电晶体。近年来对晶体结构与倍频效应间相互关系研究表明,晶体的倍频效应是入射光波和晶体的阴离子基团中的电子相互作用的结果,对于硼酸盐,晶体的倍频效应是来自晶体中所有硼氧阴离子基团贡献的总和。具有平面共轭 π 轨道的硼氧基团结构有利于产生大的倍频效应。硼氧基团按照产生倍频效应大小排列顺序为(B_3O_6)>(BO_3)>(BO_4)。前两者是平面基团,(BO_4)是立体构型。

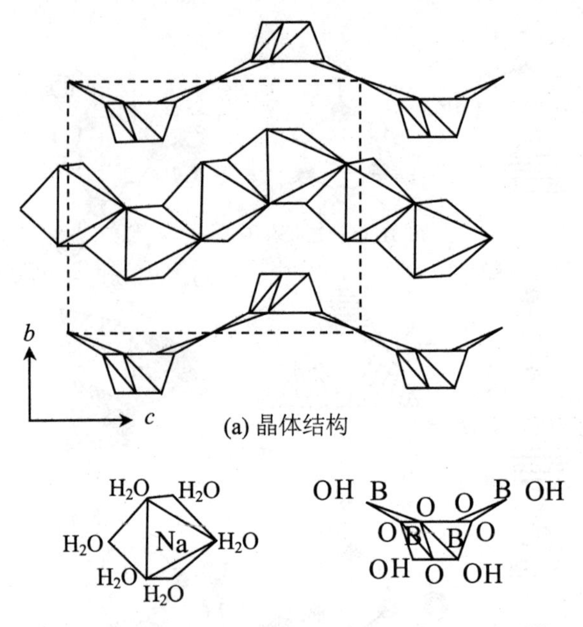

(b) $[Na(H_2O)_6]^+$的配位八面体　　(c) $[B_4O_5(OH)_4]^{2-}$四联双环

图 11-2　硼酸的结构

为了使晶体具有大的倍频效应，还要求各个阴离子基团空间的排列取向要一致，从而使基团的微观倍频系数能相互叠加而不是相互抵消。在具有对称中心的晶体中，尽管阴离子基团也可能有较大的微观倍频系数，但基团的取向是两两相反的，它们的微观倍频系数相互抵消，晶体的宏观倍频系数为零。

硼酸盐倍频晶体中具有代表性的是五硼酸钾（$KB_5O_6(OH)_4 \cdot 2H_2O$，称为 KB5 晶体）、硼酸铝钇（$YAlB_3O_{12}$）和低温相偏硼酸钡 β-BaB_2O_4（称为 BBO 晶体）。晶体的倍频系数一般以 ADP 晶体（$NH_4H_2PO_4$）的系数为标准来测量。五硼酸钾晶体的倍频系数是 ADP 晶体倍频系数的 0.1 倍，硼酸铝钇晶体的倍频系数是 ADP 晶体的 2 倍，而 β-偏硼酸钡晶体的倍频系数是 ADP 晶体的 4 倍。这三种晶体的倍频效应的差异正是由于它们不同的晶体结构类型所决定的。五硼酸钾晶体具有五联双环（B_5O_{10}）型阴离子基团，其中四个氧以 OH 形式存在（图 11-3）。

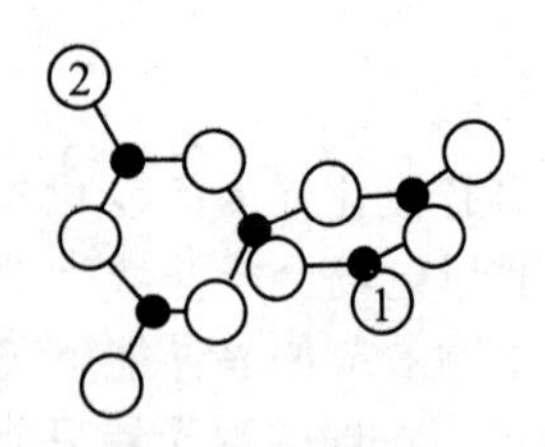

图 11-3　五联双环

由于基团中有四配位的硼原子，基团为立体构型，可看做是两个相互垂直的平面六元环相交于四配位硼原子处，这样的基团不具有 π 轨道，对产生倍频效应不利。五硼酸钾晶体具有 C_{2v}点群对称性，对称要素中有反映面，各个基团在 x 方向排列相反，致使倍频系数在 x 方向的分量相互抵消，而$[B_5O_6(OH)_4]$基团的这一分量又恰好最大，这两个结构因素导致五硼酸钾晶体的倍频效应很小。

硼酸铝钇晶体具有孤立的平面（BO_3）基团，这样的基团中由硼原子和 3 个氧原子各出一个轨道形成不定域的 π 轨道，这有利于产生倍频效应。

我国科学家陈创天提出了晶体结构和倍频效应关系的较完善的理论并和同事一起发现了世界上倍频性能最好的 β-偏硼酸钡晶体。其晶体结构中有孤立的（B_3O_6）六元环基团，3 个硼和 6 个氧各出一个轨道形成更大的不定域 π 轨道，因而更加有利于产生倍频效应。

11.2　晶体场理论

在前面讨论离子键时，都假定了离子周围电子云是呈球形对称的。这对于一般离子是允许的，但是过渡元素的阳离子外层 d 电子的轨道函数不是球形的，如图 11-4 所示。

如果所有 d 轨道处于半充满或全充满时，电子云基本上是球形的。但在其他情况下电子云就不再保持球形，这时正离子周围的电子云就会和负离子配位多面体相互作用。一方面，配位多面体上的负离子使得原来能量一样的 d 轨道能量有所区别——能级分裂。另一方面 d 电子云的非球形也会反过来使配位多面体形变。

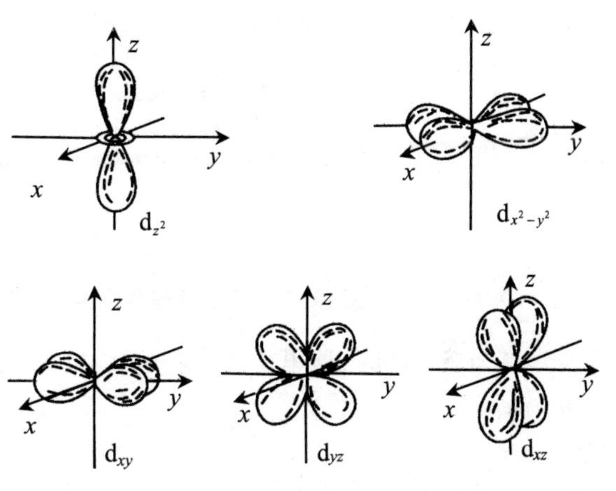

图 11-4　d 轨道电子云密度分布情况

从 d 电子轨道和负离子配位多面体间的相互静电作用来考虑能级分裂和晶体结构等的理论称为晶体场理论。晶体场理论是十分近似的理论，过渡元素阳离子配位多面体之间的相互作用，除静电作用外，还会有共价键的成分，在晶体场理论的基础上，运用分子轨道法考虑共价键成分，理论就发展成较精确、适用面较广泛的配位场理论。

11.2.1　八面体配位

如果把八面体配位的六个阴离子放在$(\pm x,0,0)$，$(0,\pm y,0)$，$(0,0,\pm z)$处，阳离子放在坐标原点$(0,0,0)$，对照图 11-4 可知，d_{z^2} 和 $d_{x^2-y^2}$ 这两个轨道正好面对六个阴离子，这两个轨道就处于高能态。而 d_{xy}，d_{yz}，d_{zx}，三个轨道与正对阴离子方向成 45°角，这三个轨道就处于低能态。如图 11-5 所示，高能态的 d_{z^2} 和 $d_{x^2-y^2}$ 轨道称为 e_g（或 d_γ）轨道组，低能态的 d_{xy}，d_{yz}，d_{zx} 轨道称为 t_{2g}（或 d_ε）轨道组。

e_g 轨道组中每个电子所具有的能量 $E(e_g)$ 与 t_{2g} 轨道组中每个电子所具有的能量 $E(t_{2g})$ 之差 Δ 称为晶体场分裂参数：

$$\Delta_0=E(e_g)-E(t_{2g})$$

d 轨道在晶体场中能量上的分裂，根据量子力学中的重心不变原理，可把未分裂时即离子处于球形场中的能量当作 0。分裂后整个能量仍应为 0：

$$4E(e_g)+6E(t_{2g})=0$$

于是

$$E(e_g)=\frac{3}{5}\Delta_0,\quad E(t_{2g})=-\frac{2}{5}\Delta_0$$

由于能级的分裂，在对 d 轨道填充电子时，先在能级低的 t_{2g} 轨道，即 d_{xy}，d_{yz}，d_{zx} 填充。

在填充了 3 个电子、自旋平行占据这 3 个轨道后，从填充第四个电子就有两种可能：

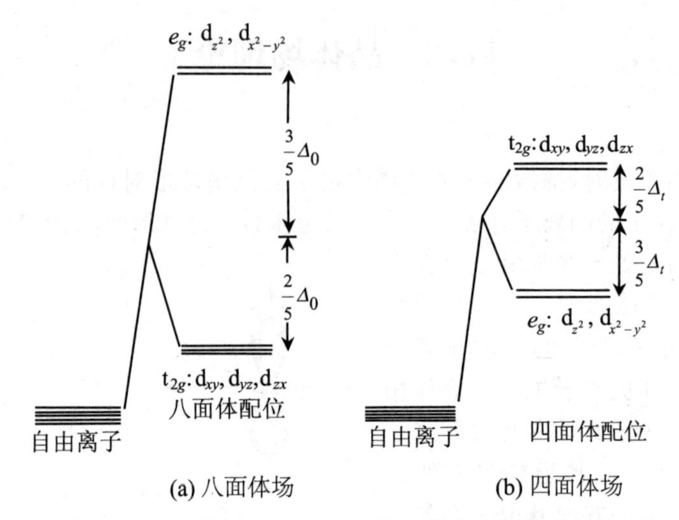

(a) 八面体场　　　(b) 四面体场

图 11-5　3d 轨道在八面体和四面体配位中晶体场能级分裂图

(1) 当 $\Delta<P$ 时(这里 P 是同一轨道内的成对电子的相互排斥能)，电子以如下方式进入轨道：

	t_{2g}			e_g	
四个电子	↑	↑	↑	↑	
五个电子	↑	↑	↑	↑	↑
六个电子	↑↓	↑	↑	↑	↑
七个电子	↑↓	↑↓	↑	↑	↑

这时，自旋平行的电子数较多，称为高自旋构型。

(2) 当 $\Delta>P$ 时，电子即使违反洪德定则也不填充到高能态的 e_g 轨道上去：

	t_{2g}			e_g	
四个电子	↑↓	↑↓			
五个电子	↑↓	↑↓	↑		
六个电子	↑↓	↑↓	↑↓		
七个电子	↑↓	↑↓	↑↓	↑	

这时，自旋平行的电子数较少，称为低自旋构型。

11.2.2　四面体配位

如图 11-6 所示，四个阴离子在四面体顶点，阳离子在正四面体的中心，坐标轴沿立方体棱的方向。e_g 轨道组的 d_{z^2} 和 $d_{x^2-y^2}$ 与阴阳离子中心连线之间的夹角为 54°44′，处于低能态，而 t_{2g} 轨道组 d_{xy}，d_{yz}，d_{zx} 与阴阳离子中心连线之间的夹角为 35°16′，处于高能态。显然正四面体配位时，晶体场能级分裂没有八面体时大。精确的计算表明：

$$\Delta_t=\frac{4}{9}\Delta_0$$

能级分裂情况如图 11-5(b)所示。由于 Δ_t 较小，它不大可能比 P 大。所以在四面体配位时很少有低自旋构型。

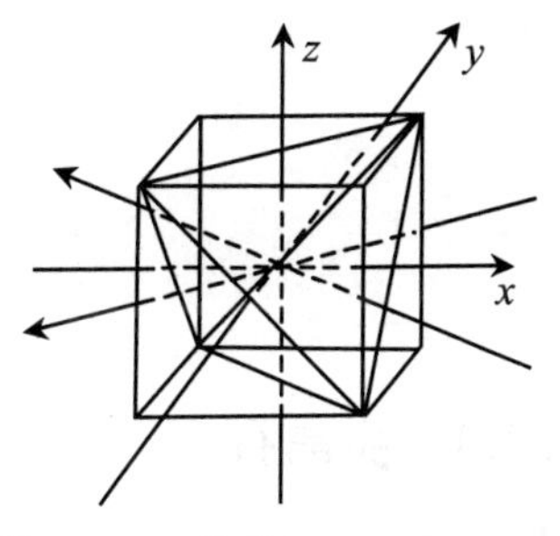

图 11-6　d 轨道与四面体的关系

11.2.3　过渡金属离子的有效半径

如图 11-7 所示。图中数据是 O^{2-} 八面体配位时取得的。对于二价高自旋过渡金属，离子半径从 Ca^{2+} (d^0) 1.08 Å 到 Zn^{2+} (d^{10}) 0.83 Å，图形变化呈 W 形，在 V^{2+} (d^3) 和 Ni^{2+} (d^8) 处各达到一个最低点，而在 Mn^{2+} (d^5) 处达到一最高点。对于低自旋过渡金属，二价离子相应的变化呈 V 形，其最低点位于 Fe^{2+} (d^6) 处。

上述的变化与镧系收缩中离子半径随原子序数单调减少是不同的。在这里，除原子序数外显然还有另一因素在起作用，这就是晶体场。

过渡金属离子的 d 轨道在八面体晶体场中分裂为 t_{2g} 和 e_g 轨道两组轨道，其中 t_{2g} 轨道的电子云插入在阴离子之间。因此，当阳离子核电荷增加时，t_{2g} 轨道上虽增加电子云，但由于其屏蔽效应较弱，结果阳离子对阴离子的吸引力增加，阴-阳离子之间距离缩短，这导致中心阳离子本身有效半径缩小。但是 e_g 轨道由于它处于与负离子正对的位置，因而增加阳离子 e_g 轨道的电子时，阳离子的电子云将排斥阴离子，同时屏蔽了阳离子核对阴离子的吸引，这就加大了阳离子和阴离子之间的距离，即增大了阳离子的有效半径。在八面体晶体中，由于 t_{2g} 电子增加，便增加了晶体场的稳定能，而 e_g 电子增加则产生相反的效果，因此在离子半径和 CFSE(晶体场稳定能)之间，肯定会有良好的相关性。图 11-7 上方表示 CFSE 和过渡元素之间的关系。

综上所述，过渡金属离子半径的变化是在随原子序数增大而半径正常减小的基础上，加上由晶体场作用所引起的半径变化的综合结果。同样道理，结合高自旋与低自旋电子构型上的不同可以得出结论：对处于相同晶体场中的同一过渡金属离子，当它呈低自旋构型时，其有效半径应比高自旋时要小。

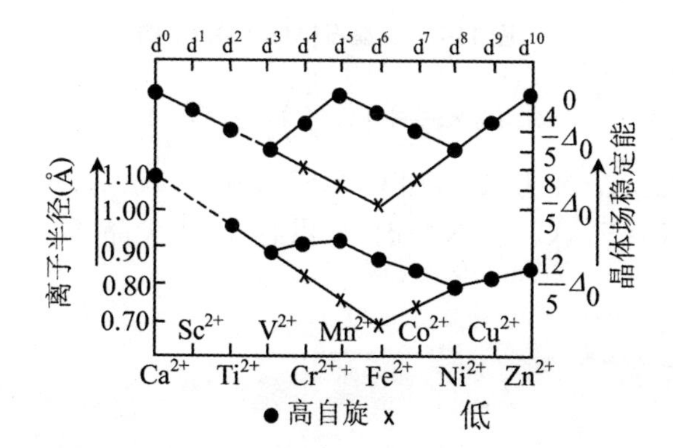

图 11-7　二价过渡金属离子的有效半径与晶体场稳定能的相关性

半径值根据 Shannon 和 Prewitt(1970)

11.3　AB_2O_4 型结构

11.3.1　尖晶石

尖晶石的化学式为 $MgAl_2O_4$，在 O^{2-} 结构中形成立方密堆积，Al^{3+} 占有 $\frac{1}{2}$ 八面体空隙，Mg^{2+} 占有 $\frac{1}{8}$ 四面体空隙。这些配位多面体的分布如图 11-8 所示，AB 层中 $\frac{3}{4}$ 八面体空隙为 Al^{3+} 占有，BC 层中 $\frac{1}{4}$ 八面体空隙和 $\frac{1}{4}$ 四面体空隙分别为 Al^{3+} 和 Mg^{2+} 占有。从图 11-8 可知，四面体每个顶点都和 3 个八面体公用，八面体和其他八面体公用六条棱，这样八面体每个顶点都和两个八面体、一个四面体公用，因而每个 O^{2-} 周围有 3 个 Al^{3+}、1 个 Mg^{2+}，结构符合电价规则：

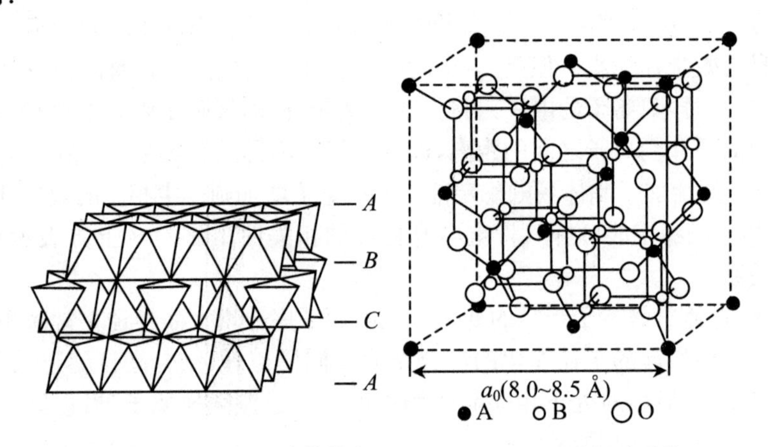

(a) MgO_4四面体和AlO_6八面体的堆积　　(b) 尖晶石型的晶体结构

图 11-8　尖晶石($MgAl_2O_4$)结构

$$\left(3\times\frac{3}{6}+1\times\frac{2}{4}\right)=2(O^{2-})$$

尖晶石结构通式为 AB_2X_4（X 为 X^{2-}，如 O^{2-}，S^{2-}，Se^{2-}，Te^{2-}），A 和 B 电价组合为 2∶3，4∶2，6∶1，当 X 为 X^-（F^-，Cl^-，CN^-）时，可以有 2∶1 尖晶石。95％尖晶石电价组合是 2∶3 或 4∶2，见表 11-1。

11.3.2　反尖晶石

2∶3 尖晶石 $MgAl_2O_4$ 服从于电价规则，4∶2 尖晶石，完全按上述尖晶石结构服从电价规则：

$$\left(1\times\frac{4}{4}+3\times\frac{2}{6}\right)=2$$

当 4∶2 尖晶石取反尖晶石结构：$[B]_t[AB]_o X_4$，即四面体空隙为 B 的一半占有，八面体空隙为 A 和另一半 B 占有。这样的结构也服从于电价规则：

$$\left(\frac{1}{2}\times 3\times\frac{2}{6}+\frac{1}{2}\times 3\times\frac{4}{6}+1\times\frac{2}{4}\right)=2$$

从表 11-1 可知，有些尖晶石介于 $[A]_o[B_2]_t X_4$ 与 $[B]_t[AB]_o X_4$ 之间：

$$[A_{1-2\lambda}B_{2\lambda}]_t[A_{2\lambda}B_{2-2\lambda}]_o X_4$$

当 $\lambda=0$ 为正尖晶石，$\lambda=\frac{1}{2}$ 为反尖晶石，$\lambda=0.33$ 时，阳离子在二配位多面体内分布是完全无序的。

表 11-1　某些尖晶石结构的化合物

类　型	实例				
2∶1	$NiLi_2F_4$	$BeLi_2F_4$	$MoNa_2F_4$	$ZnK_2(CN)_4$	$CdK_2(CN)_4$
2∶3(标准)	$CdCr_2O_4$	$CdCr_2S_4$	$CdCr_2Se_4$	$CdFe_2O_4$	$CdIn_2O_4$
	$CdIn_2S_4$	$CdGe_2O_4$	$CdMn_2O_4$	$CoAl_2O_4$	$CoCr_2O_4$
	$CoCr_2S_4$	$CoMn_2O_4$	CoV_2O_4	$CuCr_2O_4$	$CuCr_2S_4$
	$CuCr_2Se_4$	$CuCr_2Te_4$	$CuMn_2O_4$	CuV_2S_4	$CuTi_2S_4$
	$FeCr_2O_4$	$FeCr_2S_4$	$FeAl_2O_4$	$FeNi_2O_4$	FeV_2O_4
	$MgAl_2O_4$	$MgCr_2O_4$	$MgMn_2O_4$	$MgTi_2O_4$	MgV_2O_4
	$MnCr_2O_4$	$MnCr_2S_4$	MnV_2O_4	$MnTi_2O_4$	$NiCr_2O_4$
	$ZnAl_2O_4$	$ZnAl_2S_4$	$ZnCr_2O_4$	$ZnCr_2S_4$	$ZnCr_2Se_4$
	$ZnCo_2O_4$	$ZnFe_2O_4$	$ZnGa_2O_4$	$ZnMn_2O_4$	ZnV_2O_4
2∶3(反)	$CoFe_2O_4$	* $CoGa_2O_4$	$CoIn_2O_4$	$CoIn_2S_4$	* $CuAl_2O_4$
	$CuCo_2O_4$	$CuCo_2S_4$	$CuGa_2O_4$	$CuFe_2O_4$	$FeCo_2O_4$
	$FeGa_2O_4$	$FeIn_2O_4$	$FeIn_2S_4$	* $FeMn_2O_4$	* $MgFe_2O_4$
	* $MgGa_2O_4$	$MgIn_2O_4$	$MgIn_2S_4$	* $MnAl_2O_4$	$MnFe_2O_4$
	* $MnGa_2O_4$	$MnIn_2O_4$	* $MnIn_2S_4$	* $NiAl_2O_4$	$NiCo_2O_4$
	$NiFe_2O_4$	$NiGa_2O_4$	$NiIn_2O_4$	$NiIn_2S_4$	$NiMn_2O_4$
	NiV_2O_4	$CrAl_2O_4$	$CrAl_2S_4$	$CrIn_2S_4$	
4∶2(标准)	$GeCo_2O_4$	$GeFe_2O_4$	$GeNi_2O_4$	$SiNi_2O_4$(高压)	
4∶2(反)	$SnMg_2O_4$	$SnCo_2O_4$	$SnMn_2O_4$	$SnZn_2O_4$	VCo_2O_4
	VMg_2O_4	* VMn_2O_4	VZn_2O_4	$TiCo_2O_4$	$TiMg_2O_4$
	$TiFe_2O_4$	$TiMn_2O_4$	$TiZn_2O_4$	* $MoFe_2O_4$	
6∶1(标准)	$MoNa_2O_4$	WNa_2O_4	$MoAg_2O_4$		

注：“*”表示部分(反)。

11.3.3 决定尖晶石结构的因素

$r^{3+}/r_0<0.414$，M^{3+}占四面体空隙，$r^{2+}/r_0>0.414$，M^{2+}占八面体空隙。但$r^{3+}<r^{2+}$，因此2∶3尖晶石倾向于取反尖晶石结构，而4∶2尖晶石取正尖晶石结构。这正和电价规则的要求相反，它们的作用相互抵消了不少，因而突出了第三个比较小的因素——晶体场稳定能。

11.3.4 金绿宝石($BeAl_2O_4$)的结构

尖晶石没有六方变体。金绿宝石可以看成是与尖晶石有关的一个六方密堆积的衍生结构。像尖晶石那样，金绿宝石中$\frac{1}{2}$的八面体空隙和$\frac{1}{8}$四面体空隙为阳离子所占据。

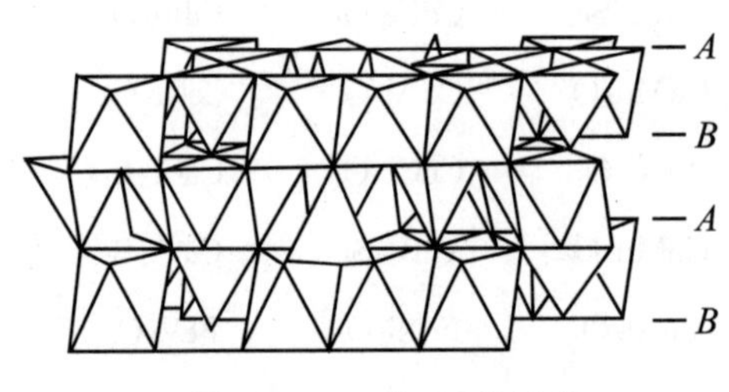

图 11-9 $BeAl_2O_4$ 的结构

BeO_4 和 AlO_6 堆积如图11-9所示。由图11-9可知，和尖晶石一样，八面体公用6条棱，但是与尖晶石不同，金绿宝石中八面体的4个棱和其他八面体公用，而2个棱和四面体公用。尖晶石中八面体仅和八面体公用6条棱，而四面体仅公用顶点。可以预料，金绿宝石结构中占有八面体空隙的原子与尖晶石中占有八面体空隙的原子类似，但是四面体和八面体公用棱，这是违反鲍林规则的，因此共价性会强些。一些取$BeAl_2O_4$结构的化合物见表11-2。

表 11-2 某些金绿宝石结构的化合物

A,B离子电价比	2∶1	2∶3	4∶2	5∶(1,2)
化合物	$BeCs_2F_4$	$BeAl_2O_4$	$GeBa_2O_4$	$P(NaMn)O_4$
	$BeNa_2F_4$	$BeCr_2O_4$	$GeMn_2O_4$	$P(LiFe)O_4$
		$BaFe_2O_4$	$SiFe_2O_4$	$V(LiMn)O_4$
			$SiMg_2O_4$	
			$SiMn_2O_4$	
			$SiCo_2O_4$	
			$SiNi_2O_4$	

从表11-2可知，Be^{2+}是唯一的取四面体位置的二价阳离子，而一般取四面体位置的是四价阳离子Si^{4+}(少数Ge^{4+})。因为在金绿宝石结构中，两个位置的阳离子的极化能力相差很大，因此反式结构[$B(AB)X_4$]至今未发现。

11.3.5 AB_2O_4(A_2BO_4) 型结构的结晶化学

AB_2O_4 或 A_2BO_4 型化合物根据不同的 r_A 和 r_B 可取多种结构，如图 11-10 所示，用 r_A 和 r_B 作图可以把多种结构所属区间明确地划分出来，各种结构间相互交叠不多。图中双线的左边为具有孤立基团的结构。必须指出在 Mg_2SiO_4 结构中，Mg^{2+} 位于八面体空隙，其结构可看成介于复合氧化物和孤立化合物的中间情况。

在 A_2BO_4 型化合物中，A 增大时，结构先变得松些，但 A 的 O^{2-} 配位数仍是 6，如 Na_2SO_4。当结构中 A 继续增大，结构会取 A 配位数为 8 的 K_2SO_4 结构。

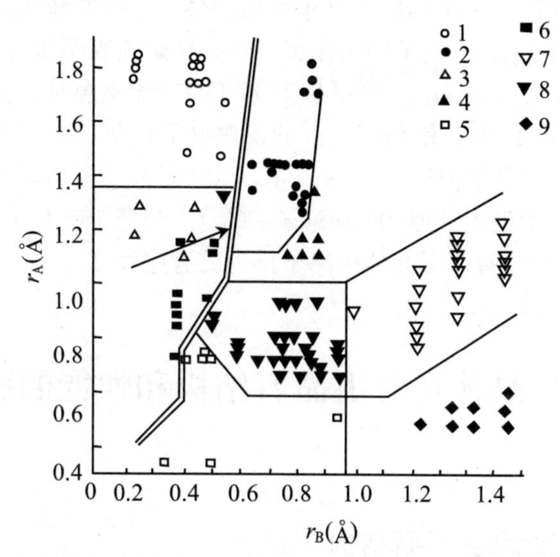

图 11-10　A_2BO_4 型结构与 A,B 离子半径的关系

1 β-K_2SO_4 结构　2 K_2NiF_4 结构　3 Na_2SO_4 结构
4 Sr_2PbO_4 结构　5 Mg_2SiO_4 结构　6 Be_2SiO_4 结构
7 $MgAl_2O_4$ 结构　8 $CaFe_2O_4$ 结构　9 $BaAl_2O_4$ 结构

在双线的右边都为复合氧化物式结构，在 K_2NiF_4 结构中，B 原子环境和$CaTiO_3$结构中的 Ti^{4+} 完全一样，不同的是 A(这里指 K^+)周围有 9 个 X^- 离子，这样的结构显然是典型的复合氧化物。当 A 变小时结构会变成尖晶石型。在 A,B 离子都很小，且 $r_A<0.85$ Å 时，A,B 离子都是四面体配位。在 BeO_4 和 SiO_4 两种四面体构成结构时，它们相互连接起来，形成一种骨架结构，因此 Be_2SiO_4 应称为四氧化二铍硅。

11.3.6 $Cu_xZn_{1-x}Fe_2O_4$ 体系的结构[101]

我们知道：$ZnFe_2O_4$ 具有正尖晶石结构，抗磁性的 Zn^{2+} 离子占据四面体(A)位置，Fe^{3+} 离子占据八面体(B)位置。$CuFe_2O_4$ 中 Fe^{3+} 和 O^{2-} 组成双金红石链结构，在曲折的 Fe—O—Fe—O…链中，由于强烈的交换作用，使其具有弱的铁磁性。作者等人制备了 $Cu_xZn_{1-x}Fe_2O_4$ 体系中的一系列样品，并对其结构和磁性进行了研究。如表 11-3 所示，可以看出随着 x 不同，晶格参数的变化。

表 11-3　$Cu_xZn_{1-x}Fe_2O_4$ 体系中的晶格参数

样品	x	a (Å)	b (Å)	c (Å)	晶体结构
$ZnFe_2O_4$	0	8.448	8.443	8.477	尖晶石结构
$Cu_{0.1}Zn_{0.9}Fe_2O_4$	0.1	8.454	8.448	8.463	
$Cu_{0.9}Zn_{0.1}Fe_2O_4$	0.9	9.225	10.705	3.018	
$CuFe_2O_4$	1	9.233	10.689	3.020	双金红石链结构

这种变化反映了从单相 $ZnFe_2O_4$ 到单相 $CuFe_2O_4$ 的结构变化。室温穆斯堡尔谱研究表明 $Cu_xZn_{1-x}Fe_2O_4$ 中 Fe^{3+} 以不同比例分布在四面体(A)位置和八面体(B)位置且 Cu 和 Zn 之间的取代并不显著影响 Fe 离子的氧化态。导电性研究表明所有的 $Cu_xZn_{1-x}Fe_2O_4$ 都有半导体性质，室温时电阻达 $10^6\ \Omega$。当样品从 1100 ℃淬火至室温时，电阻减小三个数量级，这表明存在 Fe^{2+}，从而导致了 Fe^{2+} 和 Fe^{3+} 之间的快速电子跳跃，这一点同 Fe_3O_4 很相似。铁磁性研究表明 $ZnFe_2O_4$ 的奈尔温度 $T_N=9.5$ K，Cu^{2+} 部分取代后，如 $Cu_{0.5}Zn_{0.5}Fe_2O_4$，T_N 升至 27 K。若在氧气氛中退火处理，则 $ZnFe_2O_4$ 的 T_N 升至 150 K，$Cu_{0.5}Zn_{0.5}Fe_2O_4$ 的 T_N 升至 205K，这表明退火处理提高了晶体中离子排列的有序程度。

11.4　晶体场对尖晶石结构和性能的影响

11.4.1　晶体场稳定能和尖晶石结构

由于晶体场导致的能级分裂，在填充电子时，会有附加的能量降低，这部分能量称为晶体场稳定能(CFSE)。

$$\text{八面体配位}: CFSE=\frac{1}{5}\Delta_0(2n_t-3n_e)$$

$$\text{四面体配位}: CFSE=\frac{1}{5}\Delta_t(3n_t-2n_t)$$

式中，n_t 是占有 t_{2g} 轨道组的电子数，n_e 是占有 e_g 轨道的电子数。

晶体场稳定能在尖晶石型化合物结构和性能关系上有很大的影响，以 Fe_3O_4 等化合物为例来说明这个问题。如果 Fe_3O_4 属于标准尖晶石型结构，则 Fe_3O_4 似乎可写成 $Fe^{2+}Fe_2{}^{3+}O_4$。但是实际情况是 $Fe^{3+}(Fe^{2+},Fe^{3+})O_4$，即部分 Fe^{3+} 占有四面体空隙，而 Fe^{2+} 和另一部分 Fe^{3+} 统计地占有八面体空隙。这样的结构称为反尖晶石型结构。这一点可用晶体场稳定能来解释。

对于 Fe^{3+}，3d 电子数目为 5，即半充满，其轨道是球形对称的，这样晶体场稳定能为 0，因此 Fe^{3+} 进入四面体配位或八面体配位，能量上是一样的。对于 Fe^{2+} 离子，3d 电子数目为 6，这样就要考虑晶体场稳定能的影响，其电子构型为

八面体配位　t_{2g} [↑↓|↑|↑]　e_g [↑|↑]

四面体配位　e_g [↑↓|↑]　t_{2g} [↑|↑|↑]

其相应的晶体场稳定能分别为

$$八面体配位:CFSE=\frac{1}{5}\Delta_0(2\times4-3\times2)=\frac{2}{5}\Delta_0$$

$$四面体配位:CFSE=\frac{1}{5}\Delta_0(3\times3-2\times3)=\frac{3}{5}\Delta_0=0.27\Delta_0$$

光谱实验测得

$$八面体配位:CFSE=11.9\ \text{kcal/mol}$$

$$四面体配位:CFSE=7.9\ \text{kcal/mol}$$

与理论推断十分相符。这样 Fe^{2+} 进入八面体空隙会使能量降低，这就解释了 Fe_3O_4 的实际结构为 $Fe^{3+}(Fe^{2+},Fe^{3+})O_4$。这里 Fe^{2+} 进入八面体位置比进入四面体位置能量上下降 4 kcal，这称为八面体优先能，用符号表示为

$$OSPE=4\ \text{kcal/mol}$$

对于铬铁矿，$Fe^{2+}Cr_2^{3+}O_4$ 则是标准尖晶石型结构，这也能从晶体场理论得到解释。因为 Cr^{3+} 的八面体优先能为 46.7 kcal/mol，比 Fe^{2+} 的八面体优生能大得多，使 Fe^{2+} 只能占据四面体位置。

用晶体场稳定能表可说明不少问题，但是有一些例外。在 $CoAl_2O_4$ 晶体中，因 Al^{3+} 离子电子云是球形对称的，晶体场稳定能 $CFSE=0$，Co^{2+} 有 7 个 d 电子，其 $CFSE$ 测定值为

$$八面体配位:CFSE=22.0\ \text{kcal/mol}$$

$$四面体配位:CFSE=14.8\ \text{kcal/mol}$$

因此，Co^{2+} 应当优先进入八面体位置，但事实上，Co^{2+} 仍在四面体位置上，结构为标准的尖晶石型结构。

表 11-4　氧化物中过渡金属离子在配位八面体和四面体位置中的晶体场稳定能(*CFSE*)与八面体位置优先能(*OSPE*)

离子	d 电子数	*CFSE*(kcal/mol)				*OSPE* (kcal/mol)	
		八面体场		四面体场			
		A	B	A	B	A	B
Sc^{3+}	0	0	0	0	0	0	0
Ti^{3+}	1	23.1	20.9	15.4	14.0	7.7	6.9
V^{4+}	1		26.8		19		7.8
V^{3+}	2	30.7	38.3	28.7	25.5	2.0	12.8
V^{2+}	3	40.2		8.7		31.5	
Cr^{3+}	3	60.0	53.7	13.3	16.0	46.7	37.7

续表

离子	d电子数	CFSE(kcal/mol)				OSPE (kcal/mol)	
		八面体场		四面体场			
		A	B	A	B	A	B
Cr^{2+}	4	24.0		7.0		17.0	
Mn^{3+}	4	35.9	32.4	10.6	9.6	25.3	22.8
Mn^{2+}	5	0	0	0	0	0	0
Fe^{3+}	5	0	0	0	0	0	0
Fe^{2+}	6	11.4	11.9	7.5	7.9	3.9	4.0
Co^{3+}	6	45		26		19	
Co^{2+}	7	17.1	22.2	15.0	14.8	2.1	7.4
Ni^{2+}	8	29.3	29.2	6.5	8.6	22.8	20.6
Cu^{2+}	9	22.2	21.6	6.6	6.4	15.6	15.2
Zn^{2+}	10	0	0	0	0	0	0

注：A 数据取自 McClure(1957)，B 数据取自 Dunitz 和 Orgel(1957)。

在 VMn_2O_4 晶体中，V^{4+} 应全部进入八面体位置，而 Mn^{2+}(d^5)两种位置的 CFSE=0，但是 V^{4+} 仅部分进入八面体，$\lambda=0.40$，结构部分地为反尖晶石结构。对于 2∶3 尖晶石 $MnFe_2O_4$，Mn^{2+} 和 Fe^{3+} d 电子层都有 5 个电子，CFSE=0，预期 $\lambda=0.10$。这说明电价规则作用在这里比半径比效应要大。

必须指出，晶体场效应对非过渡元素也有作用，如 $MgAl_2O_4$，$MgGa_2O_4$，$MgIn_2O_4$ 是 2∶3 尖晶石，但仅从电价规则来看，这些都应是正尖晶石型($\lambda=0$)，是 $r(Al^{3+})<r(Ga^{3+})\approx r(Mg^{2+})<r(In^{3+})$。这个半径值说明，$MgAl_2O_4$ 应取反尖晶石结构，而 $MgIn_2O_4$ 应取尖晶石结构。实验结果正相反：$MgAl_2O_4$，$\lambda=0$；$MgGa_2O_4$，$\lambda=0.33$；$MgIn_2O_4$，$\lambda=0.50$。即对于 $MgAl_2O_4$ 结构，离子半径和电价规则都支持它成为正尖晶石型结构($\lambda=0$)，但它却取反尖晶石型结构。虽然 In^{3+} 较大，但它仍进入四面体空隙。这说明它有大的四面体稳定能，从理论上估计，此值应为 40 kcal/mol 左右。

11.4.2 姜·泰勒效应

对于八面体配位的过渡金属离子来说，电子构型的 d^0、d^3、d^8、d^{10} 以及高自旋 d^5 和低自旋的 d^6 的离子，它们 d 层电子云在空间的分布都维持着正八面体的 O_h 对称性，因此，它们在八面体配位中是稳定的。

但是，对其他电子构型的离子，它们的 d 电子云不再保持 O_h 的对称性，尤其是 d^9 和 d^4 时，e_g 两个轨道面对着 6 个阴离子，效应较明显引起了配位八面体的歪曲，同时 d 轨道的能量进一步分裂，这称为姜·泰勒效应(图 11-11)。在 t_{2g} 轨道不等占有时，也会影响电子云 O_h 的对称性，使配位多面体畸变。

以 $Cu^{2+}(3d^9) \longrightarrow (t_{2g})^6(t_{2g})^3$ 为例，它与具有 O_h 对称性的 d^{10} 电子构型相比少了一个电子，如在 $d_{x^2-y^2}$ 轨道上，则 xy 平面内阴离子方向上电子云密度会减小，这等于增加了有效核电荷对 xy 平面内 4 个阴离子的吸引，结果 x 和 y 轴四个键缩短，而 z 轴相对地伸长，八面体畸变成四方双锥。此时，在原先同一能级 e_g 轨道一分为二，$d_{x^2-y^2}$ 处于高能态，d_{z^2} 处于低能态，而 t_{2g} 轨道中 d_{xy} 处于高能态，d_{yz} 和 d_{zx} 处于低能态，如[$Ba_2Cu(OH)_6$]取 K_2PtCl_6 结构，由于姜·泰勒效应，四个$(OH)^-$距 Cu 1.97 Å，两个$(OH)^-$距 Cu 2.81 Å，其结构也变为四方晶系。

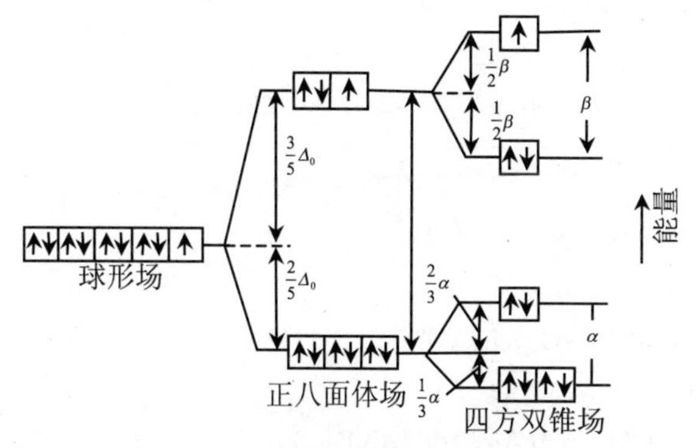

图 11-11　正八面体配位位置发生四方畸变($c/a>1$) 时 Cu^{2+} 离子 d 轨道能级的进一步分裂

在四面体配位时情况类似，在尖晶石结构 $NiCr_2O_4$ 中，Cr^{3+} 占有规则的八面体，但 NiO_4 四面体沿 $\bar{4}$ 方向伸长 14%，$\bar{4}$ 与结构的 4 次轴相平行，结构由立方→四方。这是因为 $Ni^{2+}(d^8)$ 对四面体配位只能是高自旋型：

e_g: ↑↓ ↑↓　　　t_{2g}: ↑↓ ↑ ↑

即 e_g 全充满，t_{2g} 中 d_{xy} 充满，d_{yz}，d_{zx} 为半充满，这样配位阴离子受到 d_{xy} 的附加排斥力，而沿 z 轴正反方向移动引起正四面体的伸长形变。

11.4.3　无序相和不定比性

由于适合尖晶石结构的阳离子很多，故尖晶石中阳离子之间的相互取代较为复杂，如表 11-5。更为复杂的是同一元素有三种不同的氧化态如 $NiMn_2O_4$，表面上看是一简单的反尖晶石结构 $Mn(NiMn)O_4$，其实 Mn 有三种氧化态，其真实结构式为

$$[Mn_{0.50}{}^{2+}Mn_{0.50}{}^{3+}][Ni^{2+}Mn_{0.50}{}^{3+}Mn_{0.50}{}^{4+}]O_4$$

11.4.4　铁的氧化物

在前面已经讲过 FeO 常是金属缺位，这样就有部分的 Fe^{3+} 存在以维持电中性。这些 Fe^{3+} 往往会进入原来空着的四面体空隙。FeO 取 NaCl 结构，此结构在理想状态可写成

$$[\Delta_{2.00}]_t[M_{1.00}\square_{0.00}]_oX$$

这里 Δ 和□表示四面体和八面体的空位，但当 Fe_xO 中 $x<1$ 时，如 $x<0.9$，则上面的式

子便成为

$$[Fe^{3+}_{0.10}\Delta_{1.90}]_t[Fe^{2+}_{0.70}Fe^{3+}_{0.10}\square_{0.20}]_oO$$

表 11-5　某些混合价、无序结构和缺位的尖晶石结构

(a)	混合价
(ⅰ)	$Co_3O_4[Co^{II}(Co_2^{III})O_4]$，$Mn_3O_4$，$Fe_3O_4$，$Co_3S_4$，$Co_3Se_4$，$Fe_3S_4$，$Ni_3S_4$，$Sn_3S_4$，$(Co,Ni)_3O_4$，$Cu_3Cl_4$
(ⅱ)	$NiMn_2O_4[(Mn_{0.50}^{II}Mn_{0.50}^{III})(Ni^{II}Mn_{0.50}^{III}Mn_{0.50}^{IV})O_4]$，$FeCo_2O_4[(Co^{II})(Fe^{III}Co^{III})O_4]$
(ⅲ)	$Co_7Sb_2O_{12}[Co^{II}(Co_{1.33}^{III}Sb_{0.66}^{V})O_4]$，$Zn_7Sb_2O_{12}$
(b)	无序结构
(ⅰ)	简单固溶体，如$(Mg^{II},Ni^{II})(Al^{III},Fe^{III})_2O_4$，$(Ti^{IV},Ge^{IV})(Mg^{II},Fe^{II})O_4$
(ⅱ)	$LiNiVO_4[Li^{I}(Ni^{II}V^{V})O_4]$，$LiCoSbO_4$，$LiCoVO_4$ $LiAlTiO_4$，$LiCrGeO_4$，$LiVTiO_4$
(ⅲ)	$LiAl_5O_8[(Li_{0.50}^{I}Al_{0.50}^{III})(Al_2^{III})O_8]$，$CuFe_5O_8$ $LiGa_5O_8$，$LiFe_5O_8$，$CuAl_5O_8$，$CuIn_5O_8$，$AgAl_5O_8$
(ⅳ)	$Li_2ZnGe_3O_8[Li^{I}(Zn_{0.50}^{II}Ge_{1.50}^{IV})O_4]$，$Li_2CoGe_3O_8$ $Li_2ZnTi_3O_8$，$Li_2CdTi_3O_8$
(ⅴ)	$Li_2Zn_8Al_5Ge_9O_{36}[Ge^{IV}(Li_{0.50}^{I}Zn_{0.90}^{II}Al_{0.55}^{III})O_4]$，$Li_2Zn_8Fe_5Ge_9O_{36}$
(c)	缺位结构
(ⅰ)	γ-$Fe_2O_3[Fe^{III}(Fe_{1.67}\square_{0.33})O_4]$，$\gamma$-$Al_2O_3$，$Co_2S_3$，$In_2S_3$，$LiRhO_3$
(ⅱ)	$Zn_2Ge_3O_8[Zn^{II}(Ge_{1.50}^{III}\square_{0.50})O_4]$

连续这样的过程：取走 Fe^{2+}，代之以适当的 Fe^{3+}，当仅仅有$\frac{1}{4}$的 Fe^{2+} 剩下时便成

$$[(Fe^{3+})_{0.25}\Delta_{1.75}]_t[Fe^{2+}_{0.25}Fe^{3+}_{0.25}\square_{0.50}]_oO$$

即成分为 $Fe_{0.75}O$ 或 Fe_3O_4，按照反尖晶石结构为

$$Fe^{3+}(Fe^{2+}Fe^{3+})O_4$$

如 Fe^{2+} 完全为 Fe^{3+} 取代，结构成为

$$[(Fe^{3+})_{0.25}\Delta_{1.75}]_t[Fe^{3+}_{0.42}\square_{0.58}]_oO$$

即 $Fe_{0.67}O$ 或 Fe_2O_3，这相应于阳离子缺位尖晶石：γ-Fe_2O_3 的结构或

$$(Fe^{3+})(Fe^{3+}_{1.67}\square_{0.33})O_4$$

综上所述，铁的各种氧化物在结构上是密切相关的，差别只是在 O^{2-} 立方密堆积中 Fe^{2+} 和 Fe^{3+} 的相对比例，FeO 和 γ-Fe_2O_3 代表了两种极端成分，在两端间有着连续的成分。只是当 Fe^{2+} ∶ Fe^{3+} 为 1∶2 时形成一个十分稳定的相 Fe_3O_4。因 Fe^{3+} 为 $3d^5$，Fe^{2+} 为 $3d^6$ 结构，如果这些离子的电子自旋方向都平行，其饱和磁矩将为 $14\mu_B$/式量。但实际测量到的值仅

4.08μ_B/式量。为了解释这一点，尼尔提出：在正八面体中的Fe^{3+}和正四面体中的Fe^{3+}的电子自旋方向是反平行的，结果只剩下Fe^{2+}的4μ_B的磁矩。中子衍射证实了这一点。

室温下Fe_3O_4是半导体，禁带宽度为0.05 eV。从结构中我们可以清楚地看到，八面体是相互以O^{2-}连接的，当Fe_3O_4不定比性增加时，其电导反而减小，因为它的导电机理是八面体中Fe^{3+}和Fe^{2+}交换电子。在低于120 K时，电导值减小，在115 K时，测得禁带宽度为0.10 eV。这可能是原来统计排列的Fe^{3+}和Fe^{2+}在低温下有序化引起的，有序使Fe^{2+}和Fe^{3+}间电子移动不那么容易。在115 K时晶体属正交晶系。

11.5　石榴石的结构

11.5.1　石榴石的结构

石榴石本是硅酸盐的一种，结构中有孤立的硅氧四面体基团，其通式为$A_3{}^{2+}B_2{}^{3+}(SiO_4)_3$，这里

$$A^{2+}=Ca^{2+},Mg^{2+},Fe^{2+},Mn^{2+}$$

$$B^{3+}=Al^{3+},Fe^{3+},Cr^{3+}\text{等}$$

其结构如图11-12所示，图中四面体是硅氧四面体，八面体为B^{3+}占据，每个$SiO_4{}^{4-}$四面体的四个角顶都和($B^{3+}O_6$)八面体角顶相连，形成一个三维骨架(图11-13)。而A^{2+}在十二面体的空隙中，这个十二面体可以看成是由立方体畸变而成，配位数仍为8。石榴石属立方晶系，空间群为O_h^{10}-$Ia3d$，每个晶胞含8个化学式量。

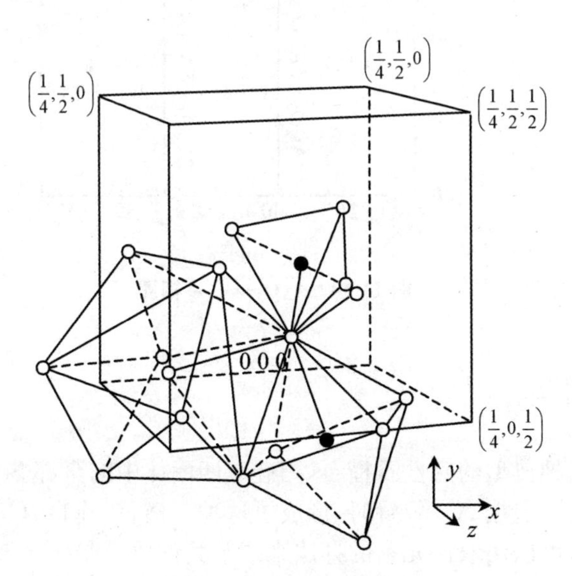

图11-12　石榴石结构

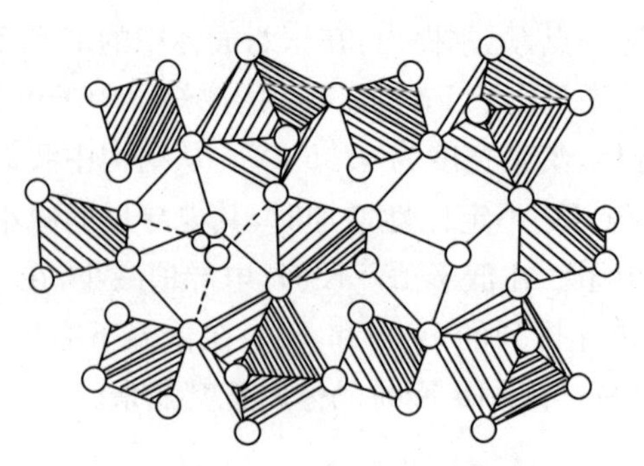

图 11-13　SiO_4^{4-} 四面体和 $(B^{3+}O_6)$ 八面体形成的三维骨架

11.5.2　钇铝石榴石

图 11-14 是 Y_2O_3-Al_2O_3 相图，从图可知，存在着组成为 $3Y_2O_3 \cdot 5Al_2O_3$ 的化合物，这就是钇铝石榴石 $Y_3Al_2(AlO_4)_3$。在这个晶体结构中硅氧四面体中的 Si^{4+} 完全为 Al^{3+} 取代，B^{3+} 位置也为 Al^{3+} 占据，而 A^{3+} 位置为 Y^{3+} 占据，这样电荷上阴、阳离子仍平衡。在这个晶体结构中掺入 Nd^{3+} 后，$(NdY)_3Al_2(AlO_4)_3$ 便是目前用得很广的激光晶体 YAG。

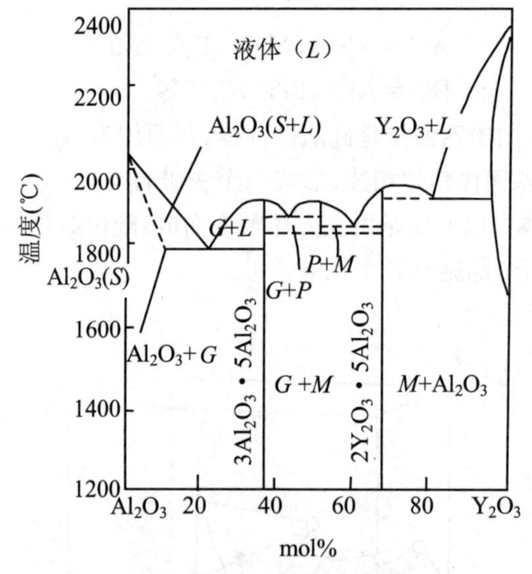

图 11-14　Y_2O_3-Al_2O_3 相图

11.5.3　钆铁石榴石

钆铁石榴石是一种典型的磁性石榴石，当硅氧四面体中的全部 Si^{4+} 为 Fe^{3+} 取代，而 B^{3+} 位置为 Fe^{3+} 占据，Gd^{3+} 占据 A^{3+} 位置时，形成了这种石榴石 $Gd_3Fe_2(FeO_4)_3$。

对于磁性石榴石可以用取代元素的办法来调节其性质。制作微波器件重要的是控制磁化及其随温度的变化，控制共振，剩余磁感应性质和高功率特性，目前取得的最佳组成为

$$(Y_{3-x-a-b}Gd_xR_aCe_b)(Fe_{2-y-c}In_yMn_c)(Fe_{3-z}M_z)O_{12}$$

其中，R＝Dy，Ho 或 Tb，M＝Al 或 Ga。

第 12 章　范德瓦尔斯键和氢键

12.1　范德瓦尔斯键

12.1.1　范德瓦尔斯键

许多晶体如分子晶体的分子间、层状晶体如石墨和辉钼矿(MoS_2)的层间都存在着范德瓦尔斯键。

范德瓦尔斯键能由 3 个部分组成:

1. 取向能

这部分归为分子偶极矩的相互作用,用 U_1 来表示:

$$U_1=\frac{A}{r^6}\cdot\frac{1}{kT}\quad\left(A=\frac{2}{3}{\mu_0}^4\right)$$

式中,μ_0 为分子的偶极矩,r 为分子重心间距离。

2. 诱导能

分子不是孤立的,分子之间还有诱导作用,即分子在周围分子的作用下会极化,使得分子间作用力加强,这部分能量用 U_2 表示:

$$U_2=\frac{B}{r^6}\quad(B=2\alpha\mu_0^2)$$

式中,α 是分子极化率。

以上两项仅对于具有偶极矩的分子才适用,对于无偶极矩的分子是没有取向力和诱导力可言的。然而,许多分子如 H_2,O_2 和惰性气体的单原子分子在极低温度下也能凝固成晶体,这种力必须另加说明。

3. 色散能

色散能是 1937 年由伦敦提出的。如图 12-1 所示,氢原子总体来说是无偶极矩的,但在原子运动的每一瞬间它都是偶极子,这样的瞬间偶极子和周围的原子(分子)将有诱导作用,至少使相互之间的电子运动有些同步。

如图 12-1(b)所示,第一个原子上的电子正好运动在两个原子之间,产生了一种势能,称为色散能,因其公式与光的色散公式相似而得名。色散能以 U_3 表示:

$$U_3=\frac{C}{r^6}-E\quad\left(C=\frac{3}{4}h\nu_0\alpha^3\right)$$

式中，ν_0 为两个分子的固有频率；α 为分子的可极化性；$E=3h\nu_0$，是单分子在绝对零度时的能量。

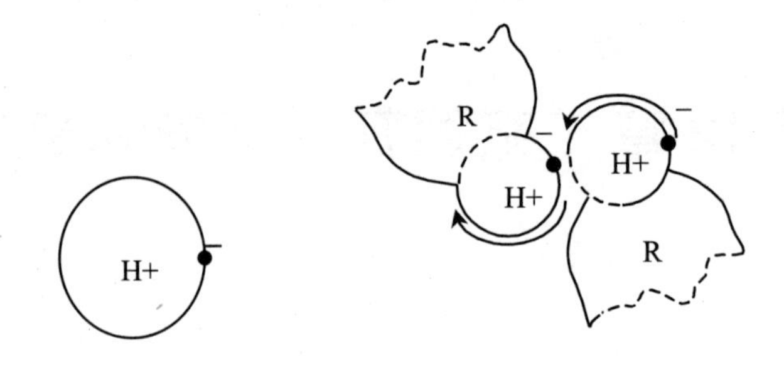

(a) 氢原子核及核外电子　　(b) 原子中电子核外运动的情形

图 12-1　氢原子的色散能

对于斥力项和晶格能的计算一样：

$$U_{斥}=-be^{-r/e}$$

因此，总的范德瓦尔斯键能表示为

$$U=U_1+U_2+U_3+U_{斥}=\frac{A}{r^6}\frac{1}{kT}+\frac{B}{r^6}+\frac{C}{r^6}-be^{-r/e}-E$$

一些分子晶体的范氏键能和升华热如表 12-1 所示。范德瓦尔斯键不涉及电子云的叠加。

12.1.2　范德瓦尔斯半径

由于范德瓦尔斯键很弱，例如 H_2 分子结合成晶体的范德瓦尔斯键能仅 0.5 kcal/mol，因此，其范德瓦尔斯半径比共价半径和离子半径大得多，而且其键长会随外界的温度、压力条件变化，有时在同一晶体中不同位置范德瓦尔斯半径也会不同。这些变化一般在 5%以内。

表 12-1　范德瓦尔斯键能和升华热对比(kcal/mol)

	取向能 U_1	诱导能 U_2	色散能 U_3	总能	升华热
Ar	−0.00	−0.00	−2.03	−2.0	2.0
CO	−0.00	−0.00	−2.09	−2.1	1.9
HCl	−0.79	−0.24	−4.02	−5.0	4.8
HBr	−0.16	−0.12	−5.24	−5.5	5.5
HI	−0.01	−0.03	−6.18	−6.2	6.2
NH_3	−3.18	−0.37	−3.52	−7.1	7.1
H_2O	−8.69	−0.46	−2.15	−11.3	11.3

在分子晶体中，分子内原子间的距离是共价半径，而分子间距离是范德瓦尔斯半径，这两个数据一起使用才能说明分子晶体的结构，这些数据列在表 12-2 中。分子的形状(对称性)和分子内原子间的距离对化学家来说要比分子在晶体中的排列方式重要得多。范氏键是无方向的，所以分子以密堆积的方式排列。

表 12-2　范德瓦尔斯半径(Å)

			H	He
			1.17	1.40
C	N	O	F	Ne
1.70	1.58	1.40	1.47	1.54
Si	P	S	Cl	Ar
2.10	1.80	1.80	1.78	1.88
	As	Se	Br	Kr
	1.85	1.90	1.85	2.02
		Te	I	Xe
		2.06	1.96	1.16

12.1.3　极性范德瓦尔斯键

许多化合物分子在形成晶体时，由于分子内部电子分布上的特征(如可移动的 π 电子云)引起分子间原子或原子团距离小于范德瓦尔斯键长。从键长缩短这一点看起来有点像氢键，但是这儿的作用未通过 H^+ 这样的离子，而是原子或原子团之间的直接静电吸引，我们只能把它归为范德瓦尔斯键。下面举例加以说明。

1. 无水茚三酮晶体($C_9H_4O_3$) 中的 C═O⋯C 键

无水茚三酮在形成晶体时(图 12-2(a))，它的 C═O 上的 O 对于另一分子的电正性的 C (C═O 上的)有着强烈的吸引力，使得 C═O⋯C 之间距离 2.83 Å 比氧和碳的范氏半径和 3.1 Å 小得多。图 12-2(b)为晶体内无水茚三酮分子间的相互作用情况，显然在晶体结构中，中间分子穿过了一个 2 次轴。

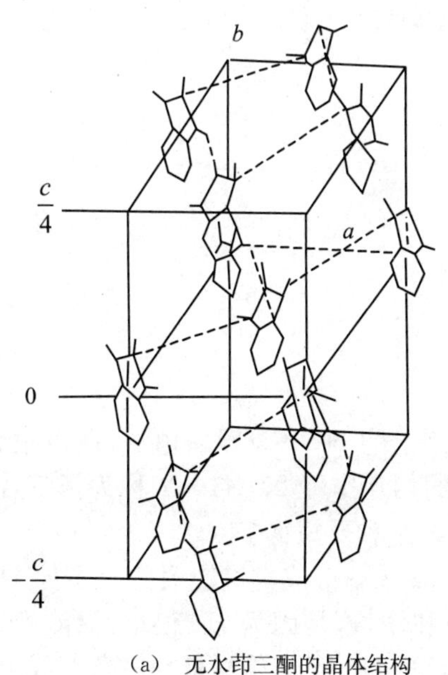

(a)　无水茚三酮的晶体结构

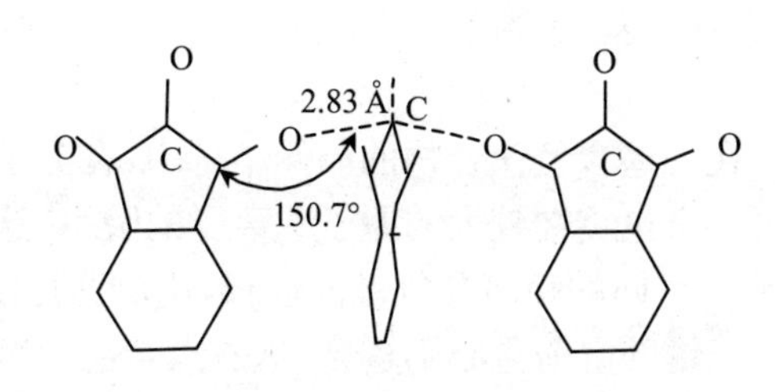

(b)　无水茚三酮晶体的 C═O⋯C 键

图 12-2　无水茚三酮晶体结构及 C═O⋯C 键的相互作用情况

2. 一维有机金属$(TTT)_2I_3$中的S…S键

两个四硫代四并苯的三碘化合物(图12-3(a))简写成$(TTT)_2I_3$。这个化合物是一个很好的有机金属,它的电导在室温下为$1000\ \Omega^{-1}\cdot cm^{-1}$,在40～80 K时电导为$3000\ \Omega^{-1}\cdot cm^{-1}$,比石墨的电导要高三倍而接近一些电导差的合金(如镍铬合金),而电导随温度的变化也和金属相似有负的温度系数。因只在晶体b轴方向导电,所以称之为一维有机金属。

这样的性质主要决定于S…S之间的接近,图12-3(b)是晶体结构在[010]和[001]方向的投影,从图可以清楚地看出S…S之间由于两个TTT基团之间相互叠合,范氏半径和大大缩短。

$$r(S\cdots S)=3.373\ \text{Å}$$

比起1969年发表的范氏半径和3.43 Å短了0.06 Å。这个缩短就决定了$(TTT)_2I_3$的一维导电性质。

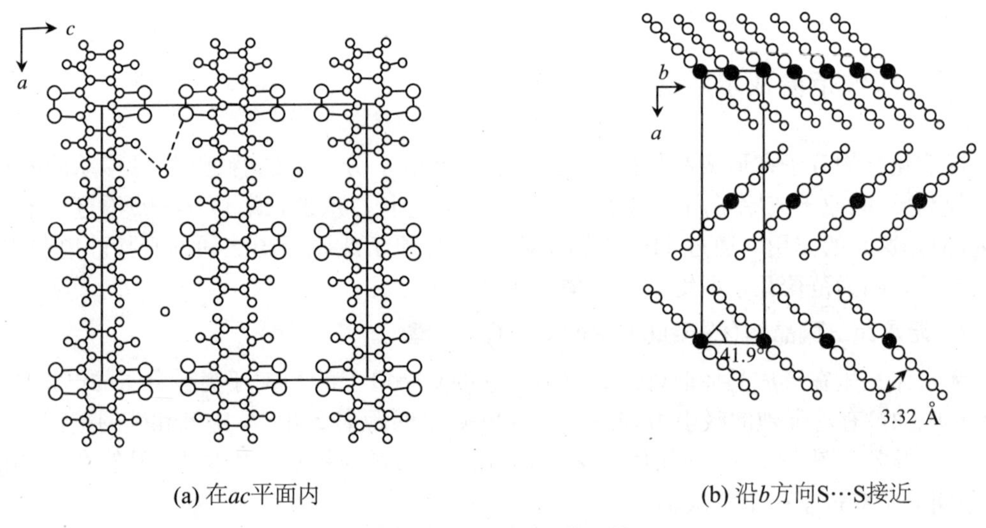

(a) 在ac平面内　　(b) 沿b方向S…S接近

图12-3 $(TTT)_2I_3$晶体结构

12.2 氢　　键

12.2.1 氢键的定义

在一些含氢化合物的晶体结构中,在分子或基团上的H^+核外没有电子,所以很容易受到另一个电负性较大的原子或离子的吸引,这种强的相互作用,X—H…Y称为氢键,此时从X到Y之间的距离是氢键的键长,比范德瓦尔斯半径之和要短得多。

氢键的电荷重心不重合,这一点与离子键相似,某些有形成氢键能力的分子如H_2O,能在一定条件下电离。氢键也有点类似共价键,有饱和性,这是因为H^+很小,只能容纳两个电负性原子接近。氢键也有方向性,在形成氢键时,X—H…Y必须尽量在一条直线上,因为X,Y都是电负性较大的原子或离子,它们是相互排斥的。

氢键有对称氢键和不对称氢键之分。在晶体结构 KHF_2 中，$F^-\cdots H\cdots F^-$ 形成基团使结构如同黄铁矿一样，K^+ 占 Fe^{2+} 位置，F^-HF^- 占有 S_2^{2-} 位置(图 12-4(a))，H^+ 位于两个 F^- 正中间，$[F—H—F]^-$ 键长为 2.27 Å，与两个 F^- 半径和相比缩短了：

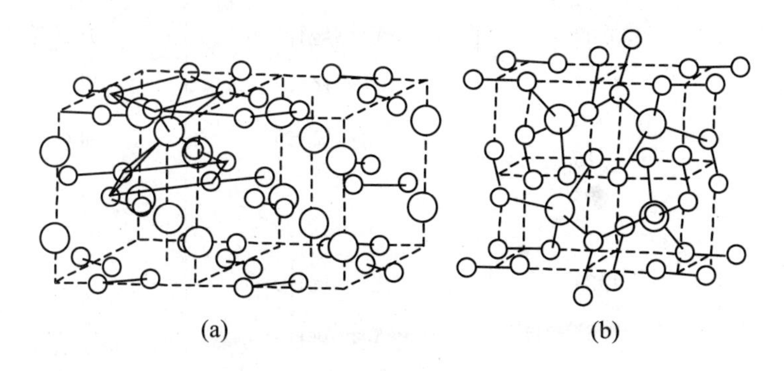

图 12-4 KHF_2(a)和 NH_4HF_2(b)的晶体结构

$$\Delta=2\times1.36-2.27=0.45(\text{Å})$$

这样的缩短相当于键能在 30 kcal/mol 左右。

在晶体结构 NH_4HF_2(图 12-4(b))中，除形成了对称氢键$[F—H—F]^-$外，还形成了 N—H…F 的不对称氢键，键长为 2.80 Å。因此，与 KHF_2 结构不同，K^+ 周围有 8 个 F^-，NH_4^+ 周围 4 个较近的 F^- 为 2.80 Å，4 个较远的为 3.02～3.40 Å。一般，不对称氢键的键能在 5 kcal/mol 左右，约为范德瓦尔斯键的 10 倍。

12.2.2 冰的变体

图 12-5 是水分子中电荷的四面体分布情况，四面体中心附近为氧离子位置。水分子电荷的四面体分布再加上氢键的方向性，使得由不对称氢键构成的冰的 10 种变体与由硅氧四面体构成的硅酸盐骨架十分相似(表 12-3)。值得指出的是，不对称氢键 O—H…O 中，当 H…O 距离缩短时，O—H 距离会相应地加长(图 12-6)。

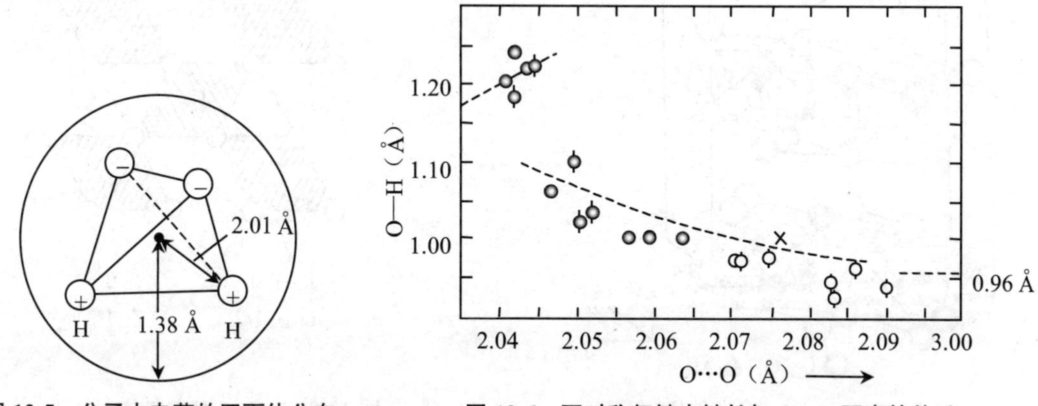

图 12-5 分子中电荷的四面体分布　　**图 12-6 不对称氢键中键长与 O—H 距离的关系**

图 12-6 中 0.96 Å 处是气体分子中 O—H 距离，左上角的一小段直线相应于对称氢键，这条直线的斜率为 0.5。在曲线靠近左边的一端没有什么点，这可能是由于 O—O 距离缩短到一定程度就突变成对称氢键，致使键长也有突变之故。

表 12-3 冰的变体

名称	密度(g/cm³)	质子的有序或无序	相似的硅酸盐
I_h	0.92	无序(统计)	磷石英
I_c	0.92	无序(统计)	方石英
Ⅱ	1.17	有序	凯石英
Ⅲ	1.16	无序(统计)	凯石英
I_x		有序	
I_v			
Ⅴ	1.23	无序(统计)	
Ⅵ	1.31	无序(统计)	钡沸石
Ⅶ	1.50	无序(统计)	方石英
Ⅷ		有序	

12.2.3 重要氢氧化物的结构

图 12-7 是 α-$Al(OH)_3$ 的晶体结构，是层形结构，$Al(OH)_6^{3-}$ 八面体相互公用棱而形成平面层，Al^{3+} 仅占有 2/3 的八面体空隙。在层内是离子键，层间则以氢键结合起来。因为这些层堆积成如图 12-8 所示的结构 $ABBA$，这不是最紧密堆积且 O—O 距离为 2.78 Å，所以这意味着层间是氢键。可以解释为 Al^{3+} 大大地极化了 OH^-，也使得它有类似于水分子的三角形或四面体配位促成了氢键的形成。

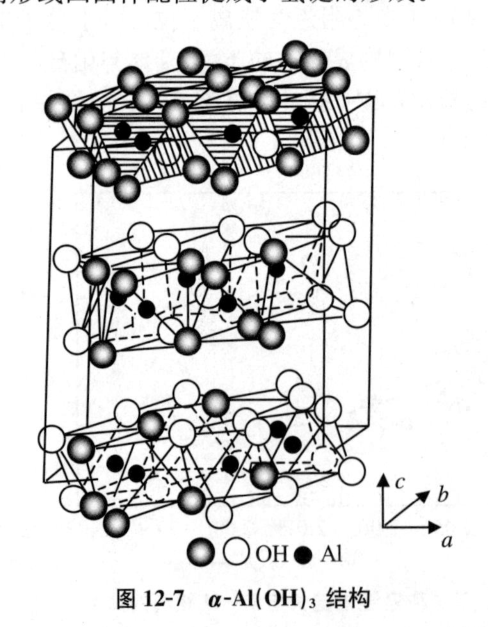

图 12-7 α-$Al(OH)_3$ 结构

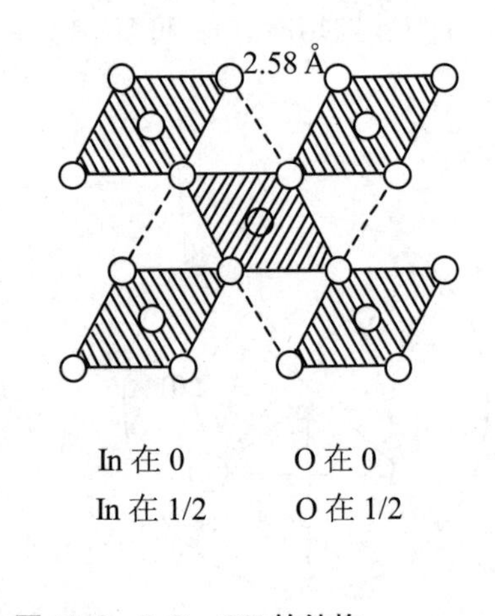

图 12-8 InO · OH 的结构

InO(OH)的结构(图 12-8)与金红石类似，但由于氢键形成而略有歪曲，图 12-8 中虚线表示氢键。α-AlO(OH)结构如图 12-9(a)所示，是由双金红石链公用顶点形成的三维结构，

O^{2-}，OH^- 为六方密堆积，图中虚线为氢键。γ-FeO(OH)和 γ-AlO(OH)结构是一样的，它们的 O^{2-} 和 OH^- 形成立方密堆积，结构中 Fe^{3+}，Al^{3+} 周围的 O^{2-}，OH^- 以八面体配位，八面体间公用棱形成层状结构，层间以氢键相结合，键长为 2.70 Å(图 12-9(b))。

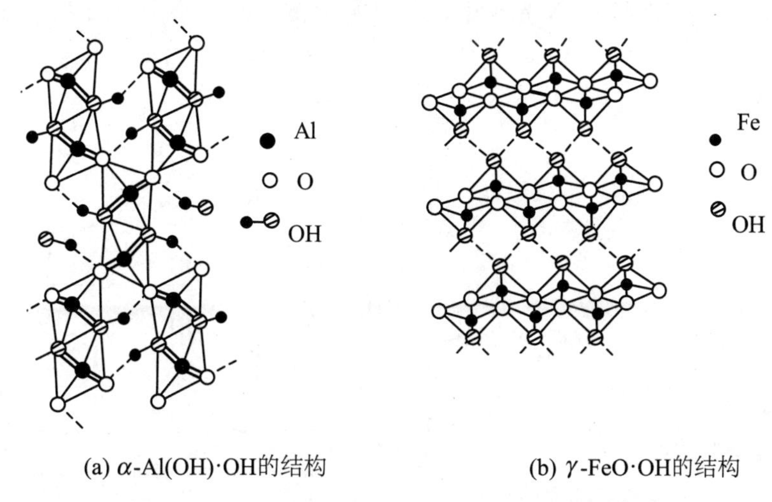

(a) α-Al(OH)·OH的结构　　(b) γ-FeO·OH的结构

图 12-9　α-Al(OH)·OH 和 γ-FeO·OH 结构示意图

12.2.4　$KH(C_6H_5CH_2COO)_2$ 晶体中的对称氢键

二苯乙酸氢钾是结构中有对称氢键的典型例子，其空间群为 $I\,\frac{2}{a}$，图 12-10 是沿 b 轴方向的投影。从图中可知，两个氧之间的直线——氢键上有对称中心，这就使氢只能处于对称中心上。X 光测定出 O—O 距离即氢键长为 2.443 Å。

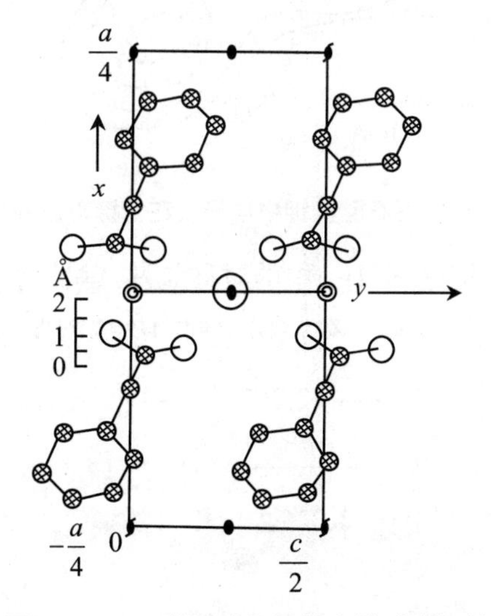

图 12-10　二苯乙酸钾晶体中的对称氢键

在络合物[$Co(en)_2Cl$]Cl·HCl·$2H_2O$(式中 en 为乙二醇)中出现的 $H_5O_2^+$ 为 $H_2O\cdots H\cdots OH_2$。X 光确定出 O—H—O 间距离为 2.66 Å。在晶体结构中，H 处为对称中心，所以这也是一个对称氢键。在 HCl·$2H_2O$ 晶体中也存在 $H_5O_2^+$，这时的对称氢键更短，O—H—O间距仅为2.42 Å。

在分子内形成氢键时，多数情况下是不对称氢键。如邻硝基苯酚形成不对称的内氢键。O—O之间距离为2.70 Å，O—H…O角为150°(图12-11)。但也有分子内形成对称氢键的情况，如马来酸(图12-12(a))。X光和中子衍射实验测定表明，该阴离子有一个反映面 m。显然 H^+ 不能停留在一个 O^{2-} 上，而应为两个 O^{2-} 共有，要么统计地分布在两个 O^{2-} 上(图12-12(b))，要么在反映面上(图12-12(c))，实验结果倾向于后者。

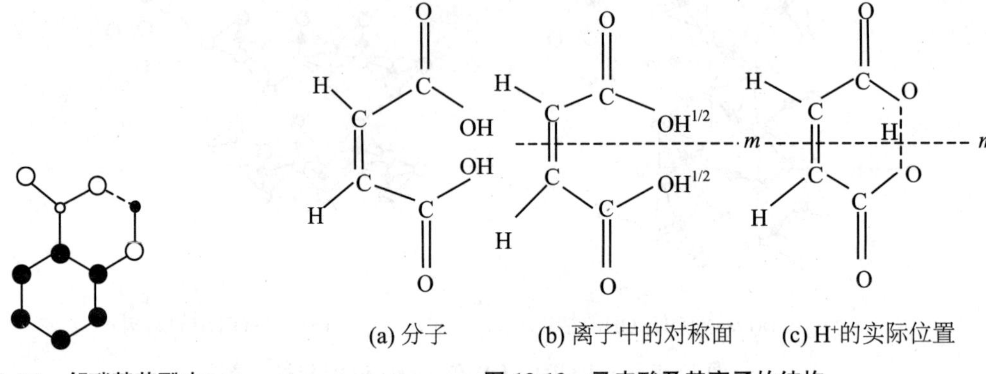

图12-11　邻硝基苯酚中的不对称氢键

图12-12　马来酸及其离子的结构

X光衍射测得，酒石酸氢钾晶体中的对称氢键的电子云密度不是围绕对称中心一点，而是统计地分布在对称中心两边(图12-13)，这意味着 H^+ 也统计地分布在对称中心两边。

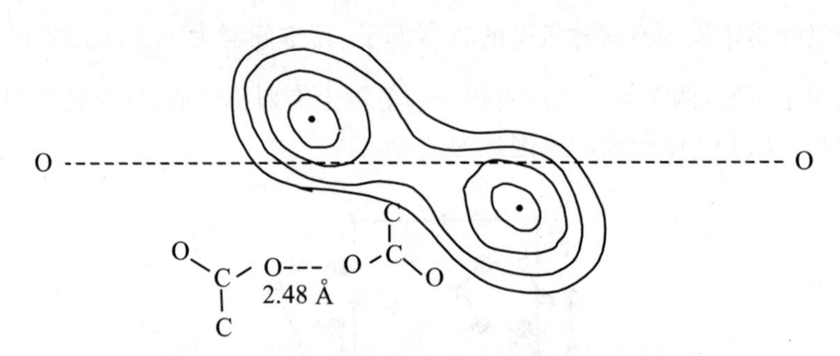

图12-13　酒石酸氢钾中电子云在氢键附近的分布

前面已经讲过，最强的氢键是 KHF_2 中的对称氢键，键长为2.27 Å，但对甲苯胺二氟化物所形成的氢键是线形的，键长为2.262 Å，由于周围环境的原因是不对称的：

|← 2.262 Å →|

F_1 ———— H … F_2

|← 1.025 Å →|

12.2.5　氢键铁电体

KH_2PO_4 晶体从顺电态变到铁电态实际上是氢键中 H^+ 的无序—有序转变。室温时，KH_2PO_4 晶体结构中，H^+ 统计地分布在O…O间两个相距为0.4 Å的位置上。在低于居里点时，KH_2PO_4 中的氢原子呈有序排列，靠近一个 PO_4 基团中的 O^{2-}，当 KH_2PO_4 晶体沿 c 轴极化时，其极化 P_s 与 c 轴方向相同或相反形成互成 180°的畴。对于自发极化平行于 c 轴的畴，PO_4 四面体底部的质子移近而上部的质子移开(图 12-14)。当在 c 方向上反向加一电场使 P_s 转向时，则底部的质子移开，而上部的质子靠近。由于质子的移动垂直于铁电轴，所以它们对自发极化无贡献，但此时质子的移动使 P^{5+} 和 K^+ 沿 c 方向移动而 O^{2-} 沿 c 反向移动而产生自发极化。

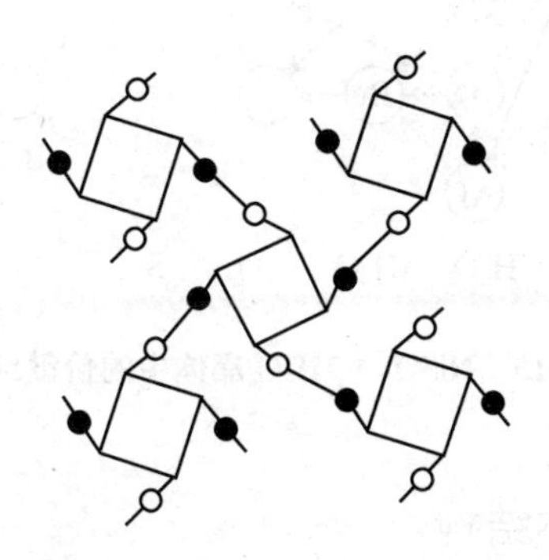

图 12-14　铁电体 KH_2PO_4 中 O—H—O 键上的氢离子有序分布

实心圆和空心圆分别代表满的和空的质子位置

12.3　晶体结构中的水

12.3.1　配位水和结构水($NiSO_4 \cdot 7H_2O$)结构

在晶体结构中，配位在阳离子周围的水称为配位水，而填充在结构空隙中的水分子称为结构水。

在 $NiSO_4 \cdot 7H_2O$ 的晶体结构中，有八面体的水合离子 $Ni(H_2O)_6^{2+}$，这 6 个水分子为配位水，而第七个水分子并不与 Ni^{2+} 直接结合而是填充在结构空隙中，称为结构水。在 $NiSO_4 \cdot 7H_2O$ 晶体结构中，电价的分配如图 12-15 所示。在 Ni^{2+} 周围的水分子，6 个中 4 个属 A 型，其电荷为三角形分布，即三角形的两个顶点带正电荷，三角形另一个顶点是补偿正电荷的负电荷，另两个水分子属 B 型，仍属四面体分布。一般从键强出发把 A 型看成是“双键”，B 型看成是“单键”，这 6 个配位水共形成

$$4\times2+2\times1=10(\text{个})$$

因 Ni 为正二价，所以每个静电键强度为 $2/10=1/5$。从图 12-15 可以清楚地看出，$NiSO_4 \cdot 7H_2O$ 晶体结构是遵守电价规则的。

有些晶体结构仅有配位水，无结构水，如 $BeSO_4 \cdot 4H_2O$，$NiSO_4 \cdot 6H_2O$。有些晶体结构仅有结构水，无配位水，分子筛即是典型的例子。

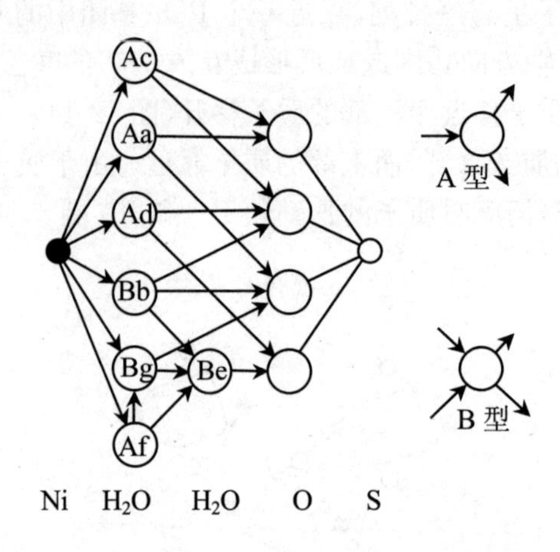

图 12-15　$NiSO_4 \cdot 7H_2O$ 晶体中的价键结构

12.3.2　$CuCl \cdot 2H_2O$ 的晶体结构

在水分子数目小于阳离子允许配位数时，如在 $CuCl \cdot 2H_2O$ 结构中，阳离子周围既有水分子，又有阴离子(图 12-16)。

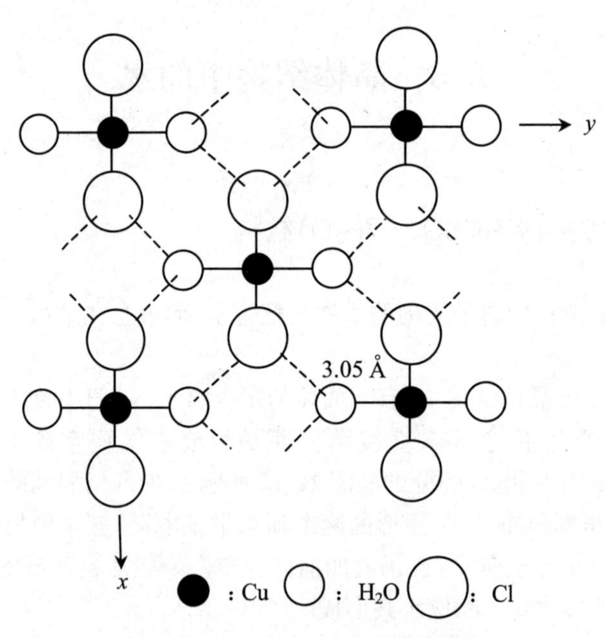

图 12-16　$CuCl \cdot 2H_2O$ 的晶体结构

12.3.3　$LiClO_4 \cdot 2H_2O$ 的晶体结构

在 $LiClO_4 \cdot 2H_2O$ 结构(图 12-17)中，$[Li(H_2O)_6]^+$ 八面体间公用面，形成链状结构：$[Li(H_2O)_3]_n^{n+}$ 链。

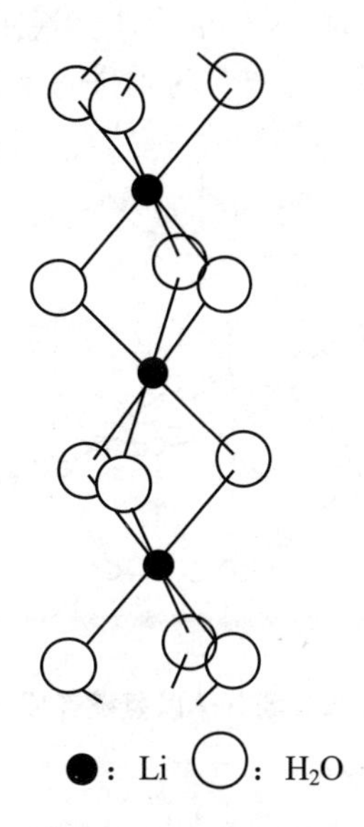

图 12-17　$LiClO_4 \cdot 3H_2O$ 的晶体结构

12.4　包　合　物

包合物是以大分子包容小分子，以范氏键结合起来的分子间化合物。这里的大分子常常是以氢键结合起来的多聚分子。包合物能否形成主要决定于包容分子间的几何关系。

12.4.1　管道状包合物

尿素能和多达 6 个碳原子的直链烷烃及其衍生物形成结晶管状包合物，管的直径为 5 Å。由尿素的 NH_2 基团和另一尿素上的 O^{2-} 间氢键构成了这个“管”，管的内壁为六方形。硫脲与尿素相似但管道稍大，为 7 Å，它能包容有支链或环形的烷烃分子。直链分子由于不能填满管道，反而不能形成稳定的硫脲包合物。管道状包合物在溶液中很稳定。

12.4.2　笼形包合物

笼形包合物是由一种分子构成笼形格子，另一种分子填充在其中而成。与管道状化合物不同，它在溶液中不稳定。

1. 对苯二酚笼形化合物

6 个对苯二酚分子以氢键构成六角形环状结构，其中 3 个在环平面上，3 个在下面(图 12-18)，余下的 OH^- 基团则和别的六角形环以氢键连接起来，便形成一个三维骨架结构(图 12-19)。图中小圆表示 OH^- 基团，而线条表示 HO—C_6H_4—OH 方向，而把苯环省略掉了。一些大小合适的分子可以填充在笼内，如 CH_3OH，$CH_2{=}CH_2$，SO_2，CO_2，O_2，HCl 等。

其实,也只有当这些化合物填在笼内时,这个结构才会稳定。如把这个包合物晶体放在溶液中,如客体是气体,则气体会释放出来,对苯二酚则进入溶液。

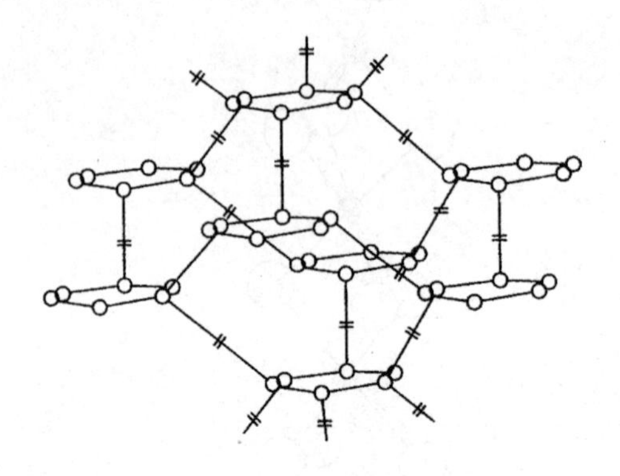

图 12-18　6个对苯二酚分子以氢键连成六角形环状结构

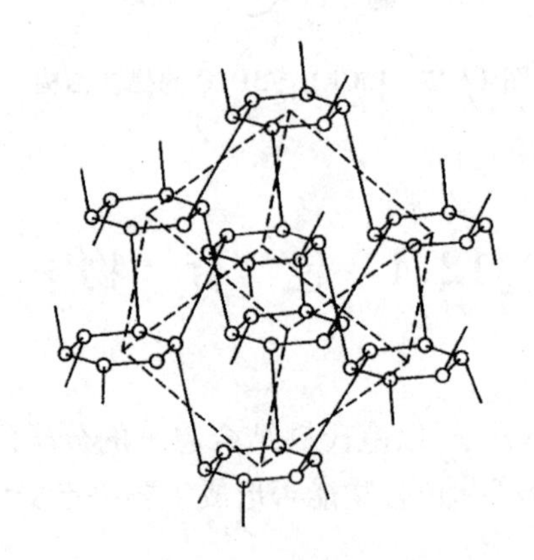

图 12-19　对苯二酚分子笼形包合物的晶胞

2. 气体水合物

冰是水分子以氢键结合而成的晶体,它有空隙,这空隙再扩大一些就能形成笼包容某些气体分子,形成包合物,典型的是46个水分子形成的笼。这个结构可以看成是以20个水分子占有顶角构成的五角十二面体(图 12-20),一个在立方体顶点,一个在体心位置但取向和角顶的不同,这样共有 2×20 个水分子,另有6个水分子占有它们的间隙位置使五角十二面体搭成一个三维骨架结构,同时,使五角十二面体上的每个水分子的四面体氢键配位方式得到满足。图 12-21 显示了结构中的笼,每个晶胞除了两个五角十二面体笼外还有6个十四面体笼,如果仅这6个十四面体笼填满,则水合物中水分子与气体分子比为$\frac{46}{6}=7\ \frac{2}{3}$,$Cl_2\cdot 7\frac{2}{3}H_2O$即是一例。如果6个十四面体和2个十二面体都填满,那么其化学比为$\frac{46}{8}=5\ \frac{3}{4}$,气体化合物 $Ar\cdot 5\frac{3}{4}H_2O$ 即是这样。

3. $Ni(CN)_2\cdot NH_3\cdot C_6H_6$ 结构

络合物 $Ni(CN)_2\cdot NH_3$ 结构中,CN^- 基团把 Ni^{2+} 连接起来形成一个平面层,两个平面

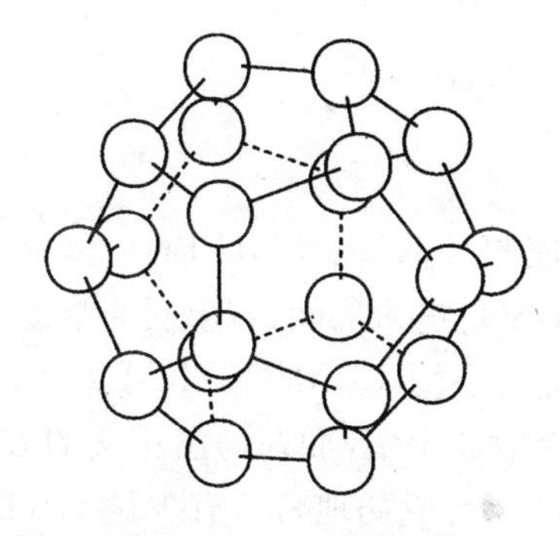

图 12-20　五角十二面体结构

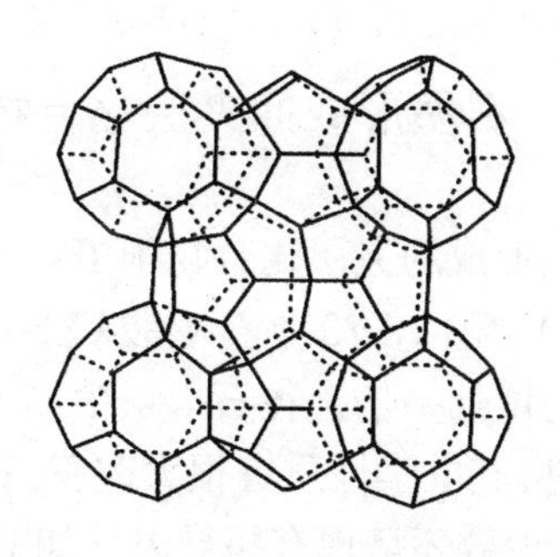

图 12-21　46 个水分子形成的笼状结构

层由于 NH_3 而不能相互接近，中间形成一个笼，这样的结构太空旷而不稳定，只有这个笼填充了大小合适的分子才稳定。C_6H_6 填充进去形成了包合物 $Ni(CN_2) \cdot NH_3 \cdot C_6H_6$。显然，这个笼，层内有离子键、共价键，而笼架由 NH_3 的氢键搭起来(图 12-22)。

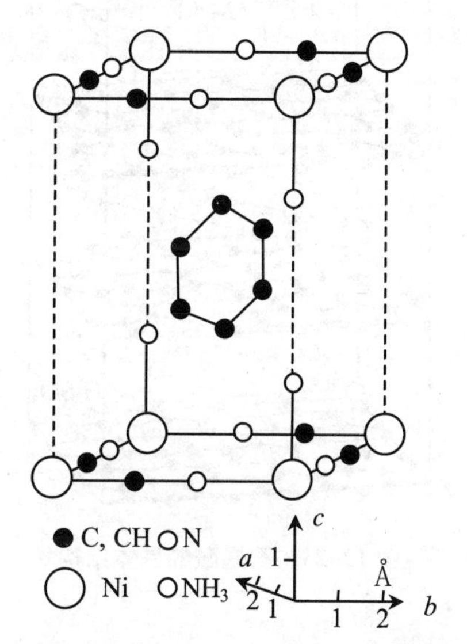

图 12-22　$Ni(CN)_2 \cdot NH_3 \cdot C_6H_6$ 的结构

12.5　夹层化合物

客体原子或分子插入到由弱键(通常是范德瓦尔斯力)连接的相同的主体层之间(或结构单元之间)形成夹层化合物(也称插层化合物或嵌入化合物)，客体插入后，主体的晶体结构特征不变。1841 年 Schauffaütl 首次报道了第一个夹层化合物——石墨酸 $C_xH_2SO_4$[102]。由于通过夹层可以广泛地控制主体材料的物理、电学等性能，所以科学家们一直在对客体分子或离子与固态的主体晶格之间的反应进行研究。只有当主体材料层间的键很弱时客体才能插入，层状晶体，如石墨、MoS_2 等能形成夹层化合物，在这些层间是范德瓦尔斯键，两层之间能夹入一些原子或分子，由于不同客体的加入使层间距明显增加。我们在此举例介绍几种典型的夹层化合物。

12.5.1 石墨形成的夹层化合物

石墨形成的夹层化合物很多,如有一定化学组成的 C_xK($x\geqslant 8$),C_xBr_2($x\geqslant 16$),C_xFeCl_3($x>6.7$)。图 12-23 是石墨酸 $C_xH_2SO_4$ 的结构,H_2SO_4 进入层间,石墨层的结构不变,层间距离大约增加一倍。在石墨层中加入碱金属后形成如 C_8M,$C_{24}M$,$C_{36}M$(M 为 K,Rb,Cs)夹层化合物,其电学性质有很大改善,在沿层方向电导增加十倍,而在与层正交的方向会增加 200 倍。少数还呈现有超导电性如 C_8M。最近,科学家已成功地将含有少量 HF 的 F_2 和石墨反应,形成含氟的夹层化合物,其导电性质接近铜。

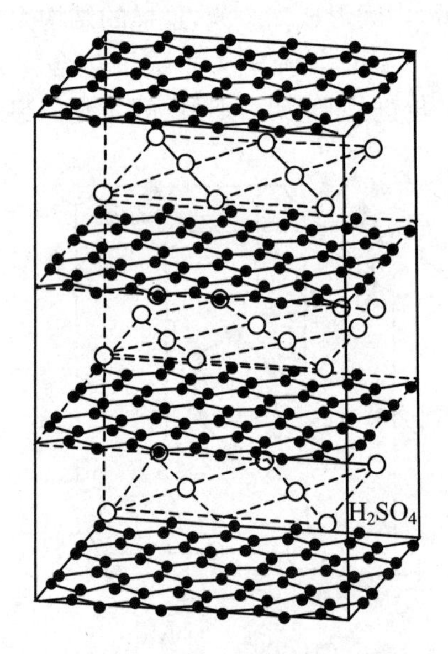

图 12-23 石墨酸的晶体结构

12.5.2 过渡金属二硫化物形成的夹层化合物

图 12-24 是长链胺与层状硫化物(MoS_2,ReS_2,TaS_2 等)形成的夹层化合物,图 12-24(a)中是双层十八胺加入 TaS_2 层间形成的夹层化合物[103],而在分压降低时,形成如图 12-24(b)所示的单层十八胺加入的夹层化合物[104]。一些大的有机分子也可进入硫化物的层间,图 12-25 是二茂钴进入 TaS_2 层间形成的双夹心化合物$[Co(C_5H_5)_2]_{0.25}TaS_2$[105]。除了氰化物,其他许多原子和分子都可以加入层状硫化物 TaS_2 的层间,包括吗啉 C_4H_9NO 和甲胩($CH_3\cdot NC$),使 TaS_2 的层间分别增大 3.4 Å 和 3.7 Å。

12.5.3 Bi 系铜酸盐超导体形成的夹层化合物

$Bi_2Sr_2CaCu_2O_8$ 是像云母一样的结构(图 12-26),在弱连接的双[Bi—O]层之间很易解理[106]。双[Bi—O]层之间键长 3.7 Å,而[Bi—O]层中键长只有 2.3 Å[107]。Xiang 等人将碘

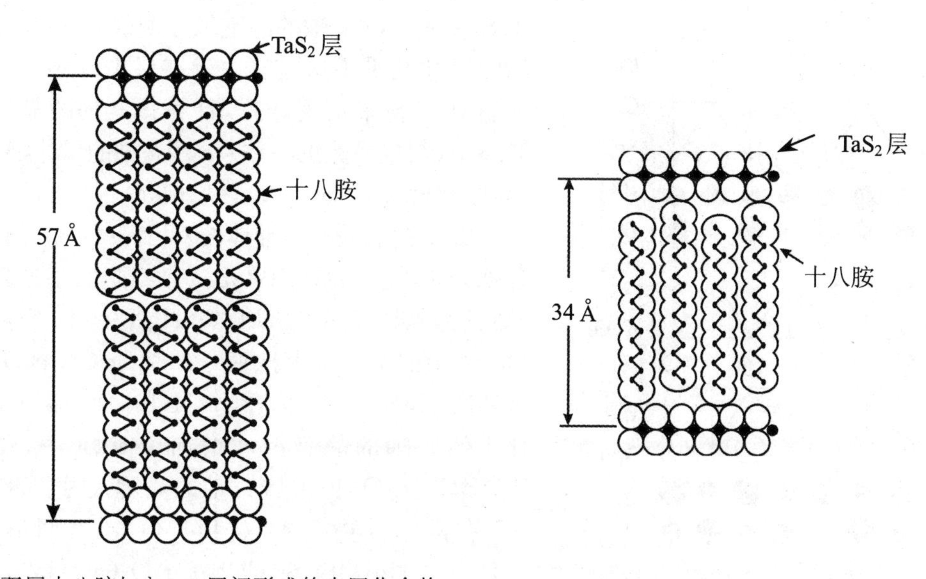

(a) 双层十八胺加入 TaS_2 层间形成的夹层化合物　　(b) 单层十八胺加入的夹层化合物

图 12-24　过渡金属二硫化物形成的夹层化合物

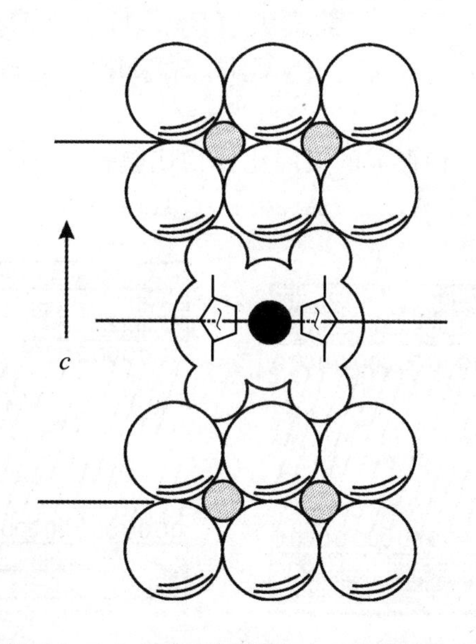

图 12-25　二茂钴进入 TaS_2 层间形成的双夹心化合物 $[Co(C_5H_5)_2]_{0.25}TaS_2$

分子插入到 $Bi_2Sr_2CaCu_2O_8$ 的[Bi－O]层之间得到了夹层化合物 $IBi_2Sr_2CaCu_2O_y$[108]。由沿 c 轴高度取向的 $Bi_2Sr_2CaCu_2O_8$ 和 $IBi_2Sr_2CaCu_2O_y$ 晶体的 XRD 衍射花样，计算得前者的晶胞参数 c 为 30.82 Å，而 $IBi_2Sr_2CaCu_2O_y$ 的 c 值为 37.78 Å，后者较前者增加了 7 Å，即 23%。对于主体 $Bi_2Sr_2CaCu_2O_y$ 的每个晶胞插入了两层碘，每碘层使 c 轴增加了约 3.5 Å。可以通过计算两种可能情况下的相对 X 光散射强度来确定插层位于[Bi—O]面之间还是[Cu—O]面之间。假设插层位于[Bi－O]面之间时计算所得的夹层化合物 $IBi_2Sr_2CaCu_2O_y$ 的 X 光散射强度，实验强度一致，[Bi—O]－[Bi—O]的层间距是 $Bi_2Sr_2CaCu_2O_8$ 结构中最大的（比 Cu—O 层间距大 10%），所以是对碘夹入最好的接受位置。虽然碘插入后

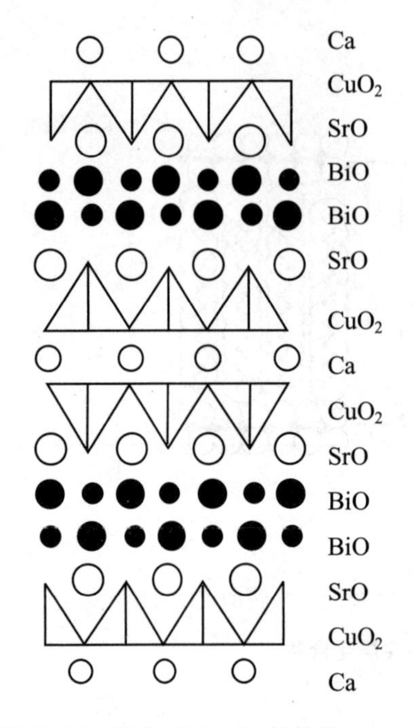

图 12-26 $Bi_2Sr_2CaCu_2O_8$ 的结构

$Bi_2Sr_2CaCu_2O_8$ c 轴的晶胞尺寸明显增加，但对 a 和 b 轴的尺寸几乎不影响。由碘夹层 $IBi_2Sr_2CaCu_2O_8$ 的多晶 X 光粉末衍射花样，计算得 c 轴的晶胞尺寸为 37.8 Å(与单晶数据一致)，a 和 b 轴的尺寸都是 5.4 Å(与原始材料 $Bi_2Sr_2CaCu_2O_8$ 相等)。

Bi 系铜氧酸盐超导体的双[Bi—O]层之间可插入各种客体，插入后结构单元没有实质性的改变，插入后 c 轴的晶胞尺寸明显增加，如$(HgX_2)_{0.5}Bi_2Sr_2CaCu_2O_y$ (X=Br 和 I)[109]，对于每一个 $Bi_2Sr_2CaCu_2O_y$ 晶胞插入两层 HgX_2，夹层化合物$(HgBr_2)_{0.5}Bi_2Sr_2CaCu_2O_y$ 比主体 c 轴的晶胞尺寸增加了 12.6 Å，$(HgI_2)_{0.5}Bi_2Sr_2CaCu_2O_y$ 比主体 c 轴的晶胞尺寸则增加 14.3 Å。有机化合物插入双[Bi－O]层之间形成$[(Py\text{-}C_nH_{2n+1})_2HgI_4]Bi_2Sr_2Ca_{m-1}Cu_mO_y$($m$=1, 2)[110]，图 12-27(a，b)分别是化学式为$[(Py\text{-}C_nH_{2n+1})_2HgI_4]_{0.35}Bi_2Sr_{1.6}La_{0.4}CuO_x$ $[(Py\text{-}C_nH_{2n+1})_2HgI_4\text{-}Bi2201]$和化学式为$[(Py\text{-}C_nH_{2n+1})_2HgI_4]_{0.35}Bi_2Sr_{1.5}Ca_{1.5}Cu_2O_y$ $[(Py\text{-}C_nH_{2n+1})_2HgI_4\text{-}Bi2212]$ (n=10) 的夹层化合物的结构。对于$[(Py\text{-}C_nH_{2n+1})_2HgI_4\text{-}Bi2212]$，当 n=1, 2, 4, 6, 8, 10 和 12 时，由于 HgI_2 和有机物形成的络合物的插入，使形成的夹层化合物比原料(Bi2212) 沿 c 轴晶胞分别增大了 10.8 Å，11.3 Å，13.7 Å，17.7 Å，22.9 Å，26.7 Å，31.6 Å。

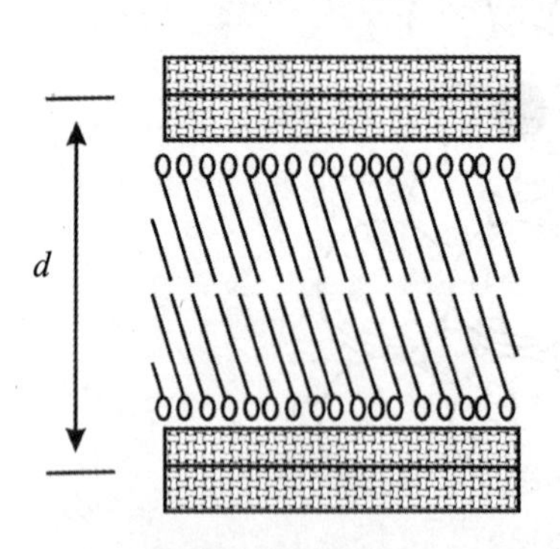

(a) 癸基吡啶衍生物插入Bi2201形成的夹层化合物

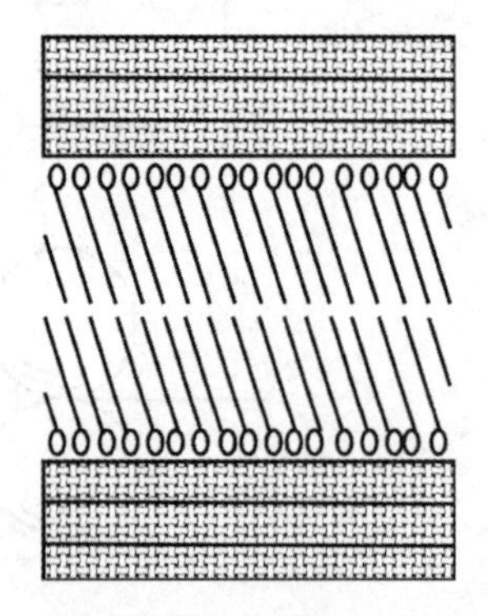

(b) 癸基吡啶衍生物插入Bi2212形成的夹层化合物

图 12-27 Bi 系铜酸盐超导体形成的夹层化合物

HgI_4^{2-} 阴离子夹在吡啶鎓阳离子之间，此处为了简化没有画出

第 13 章　金属的结晶化学

13.1　能 带 理 论

13.1.1　倒易点阵和衍射条件

与 X 光结晶学中倒易点阵矢量 $\boldsymbol{\sigma}_{hkl}$ 相比，固体物理中常用的倒易点阵矢量多一个因子 2π：

$$\boldsymbol{G} = 2\pi\boldsymbol{\sigma}_{hkl} \tag{13-1}$$

因此衍射条件为

$$\boldsymbol{G} = 2\pi\boldsymbol{S}/\lambda - 2\pi\boldsymbol{S}_0/\lambda \tag{13-2}$$

对于 $2\pi\boldsymbol{S}/\lambda$ 和 $2\pi\boldsymbol{S}_0/\lambda$，我们用波向量 $\boldsymbol{K}'$ 和 $\boldsymbol{K}$ 表示，这样式(2)为

$$\boldsymbol{G} = \boldsymbol{K}' - \boldsymbol{K} = \Delta\boldsymbol{K} \tag{13-3}$$

以 $2\pi/\lambda$ 为半径作反射球，如图 13-1 所示。

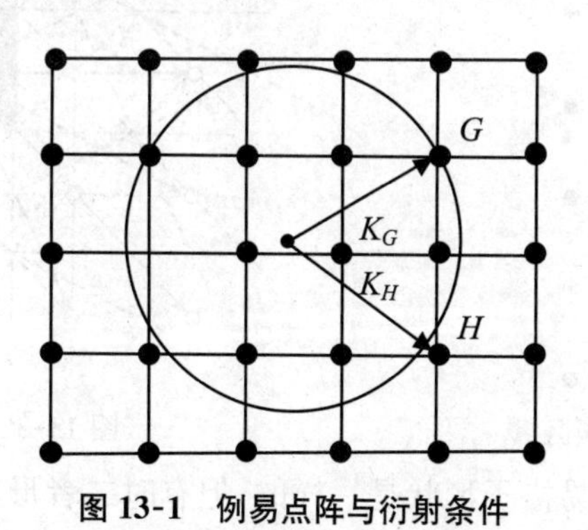

图 13-1　倒易点阵与衍射条件

(13-3) 式也可以表示为

$$\boldsymbol{K}+\boldsymbol{G}=\boldsymbol{K}'$$

上式也可以自相点乘，得

$$\boldsymbol{K}^2 + \boldsymbol{G}^2 + 2\boldsymbol{K}\cdot\boldsymbol{G} = \boldsymbol{K}'^2 \tag{13-4}$$

但 $\boldsymbol{K}^2=\boldsymbol{K}'^2$，得

$$2\boldsymbol{K}\cdot\boldsymbol{G}+\boldsymbol{G}^2 = 0 \tag{13-5}$$

倒易点阵中,有 $\boldsymbol{G}$ 向量必有 $-\boldsymbol{G}$ 向量,因此(13-5)式也可化成

$$\boldsymbol{G}^2 = 2\boldsymbol{K}\cdot\boldsymbol{G} \tag{13-6}$$

或

$$\boldsymbol{K}\cdot\frac{1}{2}\boldsymbol{G}=\left(\frac{1}{2}\boldsymbol{G}\right)^2 \tag{13-7}$$

13.1.2 布里渊区

图 13-2 是一个倒易点阵,

$$G_D=\boldsymbol{OD}$$
$$\boldsymbol{G}_C=\boldsymbol{OC}$$

都是倒易向量。原点在 O,现通过倒易向量中点并与之垂直作一平面,则不难证明式(13-7)为

$$\boldsymbol{K}\cdot\frac{1}{2}\boldsymbol{G}=\left(\frac{1}{2}\boldsymbol{G}\right)^2$$

即从原点到平面上任一点的向量 $\boldsymbol{K}$ 都满足衍射条件。

这些平面系列把倒易空间划分成各种形状的小块。图 13-3 是二维的正方形倒易向量,实线是倒易向量,虚线是倒易向量的垂直平分线。中心部分是由最短的倒易向量的垂直平分线交成的小正方形,这是第一布里渊区。其次为第二布里渊区,依次类推。很容易看出,每个布里渊区的面积(体积)是一样的。

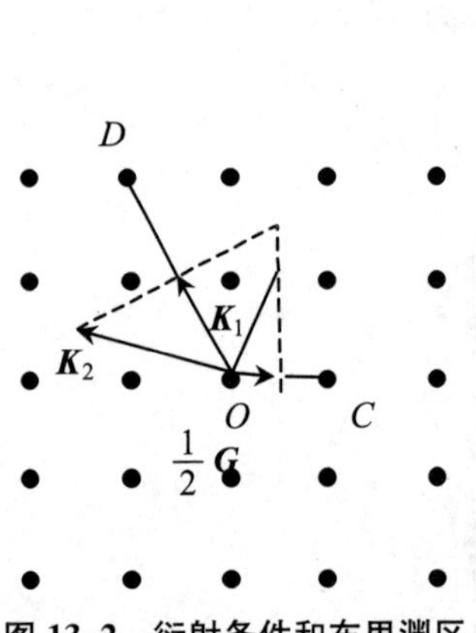

图 13-2 衍射条件和布里渊区

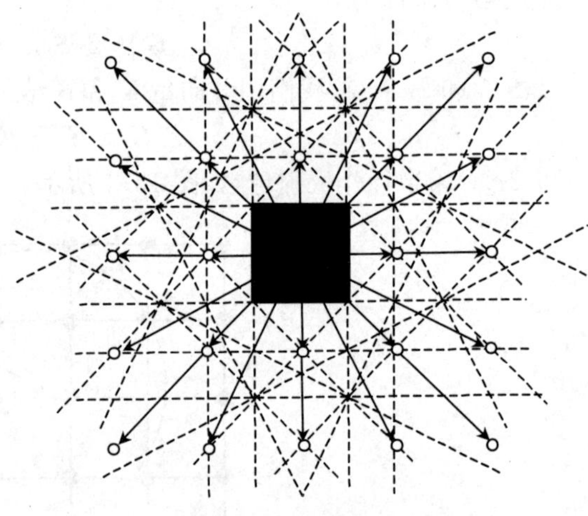

图 13-3 布里渊区的形成

在这里,布里渊区和倒易格子形状是一样的,但有时二者形状上无相似之处。然而更重要的是,与倒易空间不同,布里渊区实质上是能量空间。为了表示这一点,选用 K_x,K_y,K_z 构成的坐标系——K 空间表示更合适。

二维四方格子在 K 空间中的第一、第二布里渊区如图 13-4 所示。

13.1.3 能带理论

金属的自由电子模型解释了金属的热容、热导、电导等性质。但是导体中的电子是运动

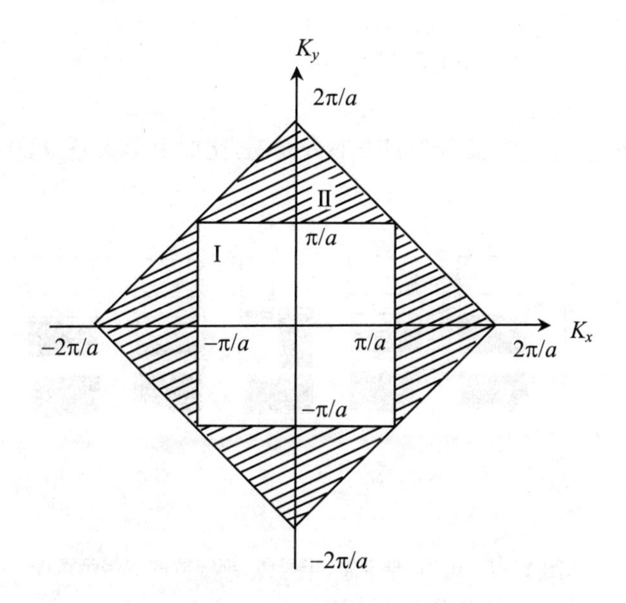

图 13-4　第一布里渊区(Ⅰ)和第二布里渊区(Ⅱ)

的,绝缘体中的电子也是运动的。为什么后者不导电?半导体又是怎么一回事?

这都是电子气模型解释不了的。在考虑了晶体中存在一个由带正电的离子引起的周期场后,哪怕十分近似地解薛定谔方程,我们都能看到,在晶体中电子能谱是不连续的,而由一些允许带和一些禁带构成。在禁带中,波函数不复存在。正是由于这些禁带的状态决定了材料属于导体、半导体或绝缘体。

禁带的起因是布拉格衍射,当电子的波长满足布拉格方程时,衍射就发生。此时薛定谔方程中的波函数不复存在,这形成了能量上的禁带。

图 13-5 是一维晶格及其布里渊区,图 13-6 是相应的自由电子和电子在周期场中的 E-K 曲线。从图可知,其禁带分别在 $K = \pm n\pi/a$ 处。

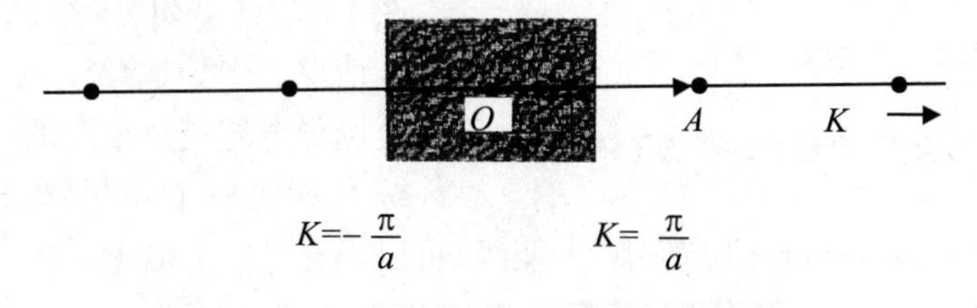

图 13-5　一维倒易点阵及其布里渊区

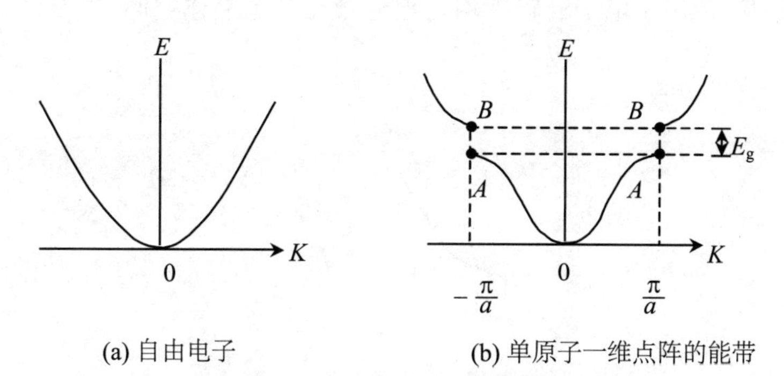

(a) 自由电子　　(b) 单原子一维点阵的能带

图 13-6　能量与波数的关系

13.1.4 金属、半金属、半导体和绝缘体

对金属晶体来说,有一个或多个能带部分充满,比如说10%或90%已充满,图13-7是各种情况的能带图。

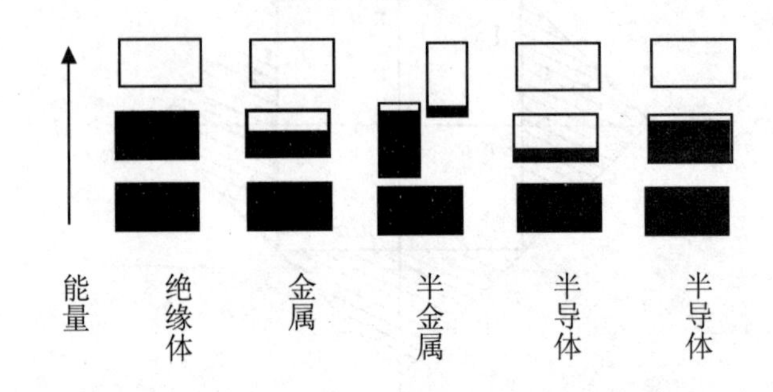

图13-7 金属、半金属、半导体、绝缘体的能带示意图

如果晶体能带多数充满,仅有一个或两个能带稍有空缺或稍有占据,这将是半导体或半金属。半导体的禁带宽度大于零,而半金属的禁带宽度为零或负值,即稍有重叠,其电阻比半导体要小。

在图13-7中有两种半导体,左图中由于禁带宽度窄,部分电子在一定温度下激发到高能态能带上。这种半导体在绝对零度时不会导电,是绝缘体(如硅)。右图的半导体是由于杂质引起电子缺少的半导体。

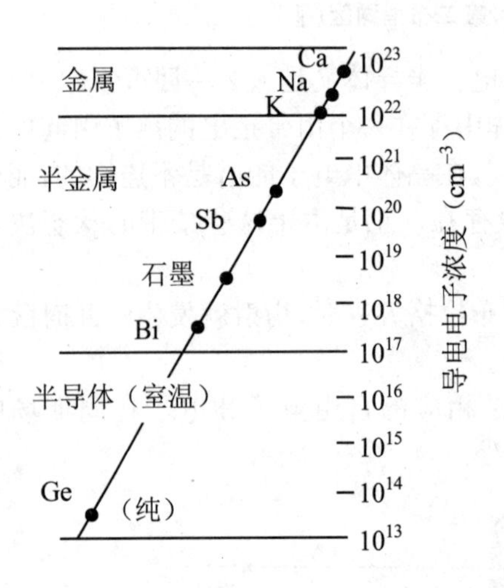

图13-8 金属、半金属、半导体的载流子浓度

图13-8是金属、半金属、半导体的载流子浓度情况。半导体导电范围可用掺入杂质原子改变导电载流子浓度的办法加以调节。

综上所述一个布里渊区相当于一个能带。在能带内,由于N个晶胞相应于N个能级,可以填充$2N$个电子,因N数值很大,能量便接近于连续,称为能带。而能带间,禁带的状况决定了晶体是导体、半导体、半金属或绝缘体。值得指出的是,金属中电子云较为均匀地分布在整个晶体空间,半导体、绝缘体中电子云则有局域化。

13.2　金　属　键

13.2.1　金属键

由能带理论，金属中有能带部分充满，这样，晶体中的电子云就有一部分均匀地分布在整个晶体空间。这和“电子气”理论是一致的。电子传导电流如此之快，则证明了“电子气”在金属中是以波的方式运动的。

图 13-9 是金属铝中电子云密度径向分布。显然，大于 0.8 Å 时电子云密度为 2～3 e/Å，而 NaCl 晶体中正负离子间的电子云密度几乎为零。因此在金属铝中电子云是非局域性的，在 NaCl 中电子云是局域的。

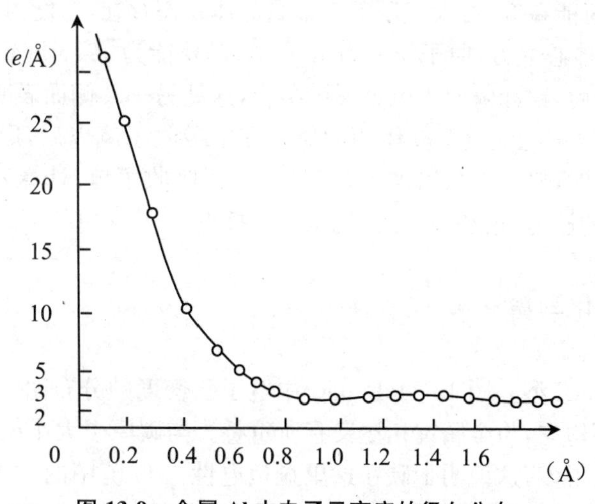

图 13-9　金属 Al 中电子云密度的径向分布

在石墨的一个平面层中，由于形成大 π 共轭键，石墨中有 $\frac{1}{4}$ 电子类似于金属的自由电子。但是这个电子定域在层内，在层间是不流动的。层间电阻为层内的 10^6 倍以上。石墨平面层的这一特点使石墨近似成为二维金属。

有趣的是，现在已合成了许多一维金属，一氯三羰合铱[$Ir(CO)_3Cl$]晶体就是一个典型的例子。

在 $Ir(CO)_3Cl$ 晶体结构中，铱有两种构型 Ir(1)，Ir(2)，如图 13-10 所示。Ir(2)周围有 CO 和 Cl 交叠。由图可知，CO 和 Cl 交叠在碳处而不是在氧处。Ir(1)和 Ir(2)在一个结晶学方向上交替排列，Ir(1)—Ir(2)间距为 2.844 Å，比其金属键长(2.70 Å)要长一些，因此，Ir(1)—Ir(2)间是介于金属键和范德瓦尔斯键间的一种较弱的键。Ir(1)—Ir(1)—Ir(1)的角度为 178.53°，这样，在 $Ir(CO)_3Cl$ 平面分子交错叠合时，铱原子则稍有曲折地为一直线排列，犹如“铱丝”把这些分子串起来，形成一条“电线”。

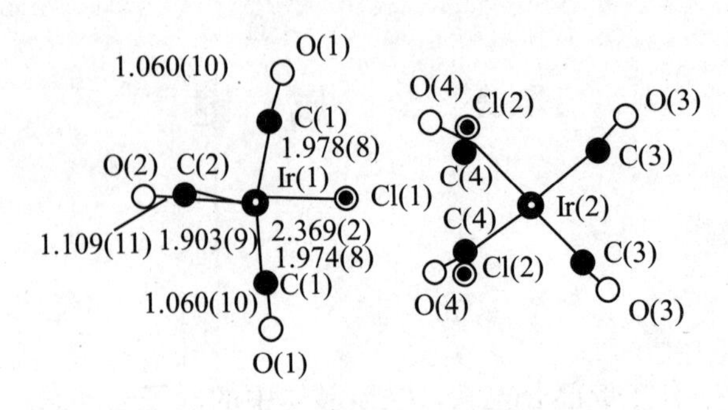

图 13-10　$Ir(CO)_3Cl$ 的晶体结构

13.2.2　金属氢

氢和锂有类似的外层电子构型。锂是典型的金属，从理论看，氢也应有金属晶体状态。量子力学计算表明，氢能在 30 万大气压下以金属晶体状态存在，密度为 0.59 g/cm^3，晶格常数为 1.78 Å，结构为体心立方，原子间距为 1.54 Å，晶格能为 10.6 kcal/mol。

金属钯在吸收氢后，钯和氢原子以金属键结合，这从另一个侧面表明了金属氢的存在的可能性。1 体积的金属钯能吸收 700 体积的氢。在钯吸收了氢以后，形成了含有 39%原子比氢的钯氢合金。此时，格子常数增加了 3.5%。由于吸收了氢，计算表明金属钯内部有相当于 27.5 万大气压的压力，这和 30 万大气压十分接近。

13.2.3　TiC 中的化学键

TiC 的结构是 NaCl 型。图 13-11 是 TiC 中电子云密度的分布图。不难看出，TiC 中电子云分布比共价键要均匀，与金属键相比又有所重叠。与碳原子大小相比，碳在电子云密度图上所占的面积要大得多，这说明了碳在这里显负电性。Ti 范围的缩小说明了它形成正离子的倾向。因此 Ti 和 C 之间除有金属键成分外，尚有共价键和离子键成分。

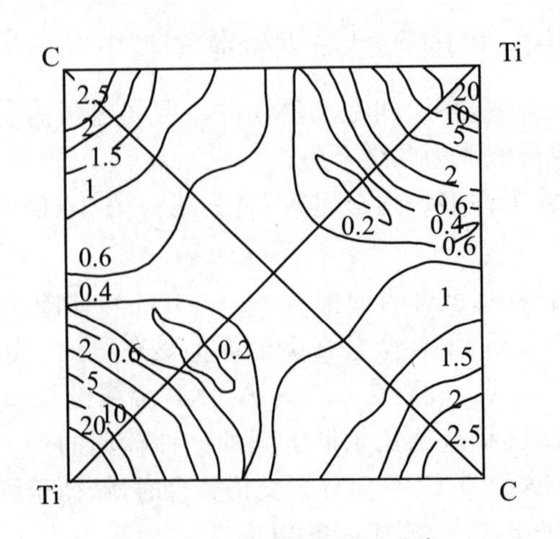

图 13-11　TiC 的电子云分布

由于碳原子较小，过渡金属 Ti 的能带结构尚未受到严重破坏，所以 TiC 仍有良好的金属性，电阻约为 100 $\mu\Omega \cdot cm^{-1}$，且有负的温度系数。

13.2.4　金属与半导体、绝缘体的相互转变

以 V_2O_3 为例，在 155 K 以上它是刚玉结构，具有金属性质。在冷至 155 K 以下突然成为绝缘体，晶体结构也变成单斜。此时布里渊区改变，原来的能带结构也会改变，这导致晶体成为绝缘体。从微观晶体结构中 V 原子的位置看，在 V_2O_3 六方→单斜转变过程中，V—V 间距离增加了，这使得原来处于导带中的 d 电子由非局域化变为局域化，它们不能在整个晶体中流动，致使晶体成绝缘体。金属到绝缘体的变化如果是由非局域化转变为局域化引起的则称为莫特转变。V—V 距离增加有利于绝缘体，压力增加，将缩短 V—V 距离，有利于金属相的存在。

白锡（金属）$\xrightarrow{13.6\ ℃}$ 灰锡（半导体），是一个众所周知的例子。此外，一些具有离子键和共价键的半导体在施加压力时会转变成金属。如 SmS，其 $\Delta E_g = 0.2$ eV，在 6.5 kPa 压力下转变成金属。SmSe 和 SmTe 也有类似的情况。这里半导体到金属的转变主要是 4f 电子在增加压力时激发到 5d 态，使得 Sm^{2+} 变成较小的 Sm^{3+}。值得指出的是，5d 态易于非局域化而形成导带。

13.3　单质的结构

13.3.1　金属元素的结构

如表 13-1 所示，普通金属除锰、镓外，大多数为面心立方密堆积（*fcc*）、体心立方密堆积（*bcc*）和六方密堆积（*hcp*）。

稀有金属中，镧、镨和钕为四层密堆积，而钐为九层密堆积。钋是唯一的结构为简单立方的金属，每个晶胞只有一个钋原子。

铟属四方晶系，但若把四方体心格子换成“四方面心格子”后轴率为

$$c/a = 4.95/(3.25\times\sqrt{2}) = 1.07$$

这和立方面心密堆积十分相近。再如汞取三方 *R* 格子，但它的结构实质上和面心立方的铜相比差不多（图 13-12）。

过渡金属元素由于 d 电子的缘故结合能大，原子半径小。有的过渡金属元素有多种变体，如 Fe 有两种；Mn 有四种，其中 α，β 变体较为复杂，每个晶胞有 20 个原子分属两套等效点系（图 13-13）。Mn 变体的存在温区如下：

$$\underset{(58\text{个原子})}{\alpha\text{-Mn}} \xrightarrow{727\ ℃} \underset{(20\text{个原子})}{\beta\text{-Mn}} \xrightarrow{1095\ ℃} \underset{A_1}{\gamma\text{-Mn}} \xrightarrow{1133\ ℃} \underset{A_2}{\delta\text{-Mn}} \xrightarrow{1244\ ℃} \text{Mn}(l)$$

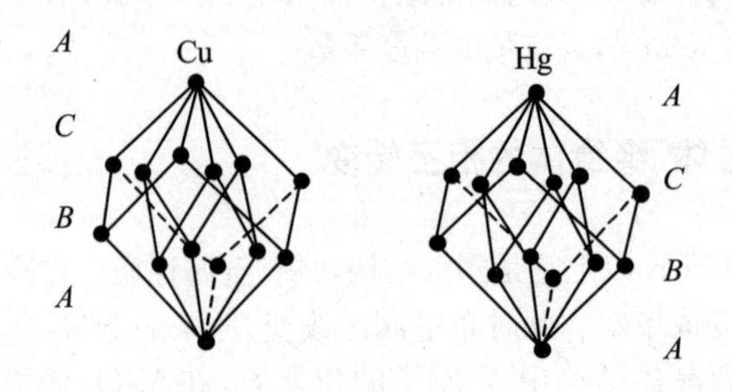

图 13-12　汞的三方 R 结构和铜的面心立方结构相近

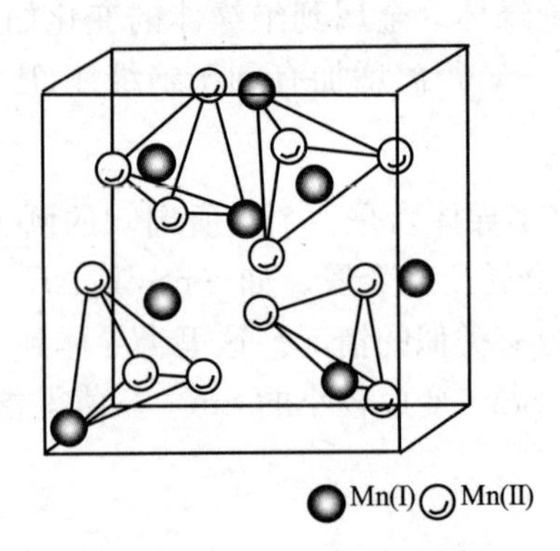

图 13-13　β-Mn 的立方结构

13.3.2　非金属元素的结构

砷、锑和铋具有最近配位数为 3 的结构。它们取三方 R 格子，这和汞的密堆积结构完全不同。

硫、硒和碲有多种变体。常见的硫成八元环分子，然后再堆积成晶体。硒既可以长链大分子形成六方格子，也可像硫那样成八元环，而碲则以长链大分子形成六方格子为主。

氯和溴采取与碘类似的结构。

惰性气体除氦为六方最密堆积外，其余都是立方最密堆积(各种单质的结构见表 13-1)。

13.4　金属固溶体

13.4.1　置换固溶体

图 13-14 的三种相图，相应于二金属相互溶解的情况：

(1) 无限互溶成连续固溶体；

(2) 有限互溶；

(3) 完全不互溶，成低共熔混合物。

表 13-1　单质的晶体结构

★：复杂
⬢：六方密堆积
⊡：体心立方
△：三方
□：立方
◈：面心立方
▭：四方
⬡：六方

晶体结构 / a（Å） / c（Å）

H 4K ⬢ 3.75 6.12																	**He** 2K ⬢ 3.57 5.83
Li 78K ⊡ 3.491	**Be** ⬢ 2.27 3.59											**B** △	**C** diamond 3.567	**N** 20K □ 5.66 (N_2)	**O** ★ (O_2)	**F**	**Ne** ◈ 4.46
N_2 5K ⊡ 4.225	**Mg** ⬢ 3.21 5.21											**Al** ◈ 4.05	**Si** diamond 5.430	**P** ★	**S** ★	**Cl** ★ (Cl_2)	**Ar** 4K ◈ 5.31
K 5K ⊡ 5.225	**Ca** ◈ 5.58	**Sc** ⬢ 3.31 5.27	**Ti** ⬢ 2.95 4.68	**V** ⊡ 3.03	**Cr** ⊡ 2.88	**Mn** □ ★	**Fe** ⊡ 2.87	**Co** ⬢ 2.51 4.07	**Ni** ◈ 3.52	**Cu** ◈ 3.61	**Zn** ⬢ 2.66 4.95	**Ga** ★	**Ge** diamond 5.658	**As** △	**Se** ⬡ chains	**Br** ★ (Br_2)	**Kr** 4K ◈ 5.64
Rb 5K ⊡ 5.585	**Sr** ◈ 6.08	**Y** ⬢ 3.65 5.73	**Zr** ⬢ 3.23 5.15	**Nb** ⊡ 3.30	**Mo** ⊡ 3.15	**Tc** ⬢ 2.74 4.40	**Ru** ⬢ 2.71 4.28	**Rh** ◈ 3.80	**Pd** ◈ 3.89	**Ag** ◈ 4.09	**Cd** ⬢ 2.98 5.62	**In** ▭ 3.25 4.95	**Sn(α)** diamond 6.49	**Sb** △	**Te** ⬡ chains	**I** ★ (I_2)	**Xe** 4K ◈ 6.13
Cs 5K ⊡ 6.045	**Ba** ⬢ 5.02	**La** ⬢ *ABAC* 3.77	**Hf** ⬢ 3.19 5.05	**Ta** ⊡ 3.30	**W** ⊡ 3.16	**Re** ⬢ 2.72 4.46	**Os** ⬢ 2.74 4.32	**Ir** ◈ 3.84	**Pt** ◈ 3.92	**Au** ◈ 4.08	**Hg** △	**Tl** ⬢ 3.46 5.52	**Pb** ◈ 4.95	**Bi** △	**Po** sc 3.34	**At**	**Rn** ◈
Fr ⊡	**Ra** □	**Ac** ◈ 5.31															
			Ce ◈ 5.16	**Pr** ⬡ *ABAC* 3.67	**Nd** ⬡ 3.66	**Pm** ⬢	**Sm** ★	**Eu** ⊡ 4.58	**Gd** ⬢ 3.63 5.78	**Tb** ⬢ 3.60 5.70	**Dy** ⬢ 3.59 5.56	**Ho** ⬢ 3.58 5.62	**Er** ⬢ 3.56 5.59	**Tm** ⬢ 3.54 5.56	**Yb** ◈ 5.48	**Lu** ⬢ 3.50 5.55	
			Th ◈ 5.08	**Pa** ▭ 3.92 3.24	**U** ★	**Np** ★	**Pu** ★	**Am** ⬡ *ABAC* 3.64	**Cm**	**Bk**	**Cf**	**Es**	**Fm**	**Md**	**No**	**Lw**	

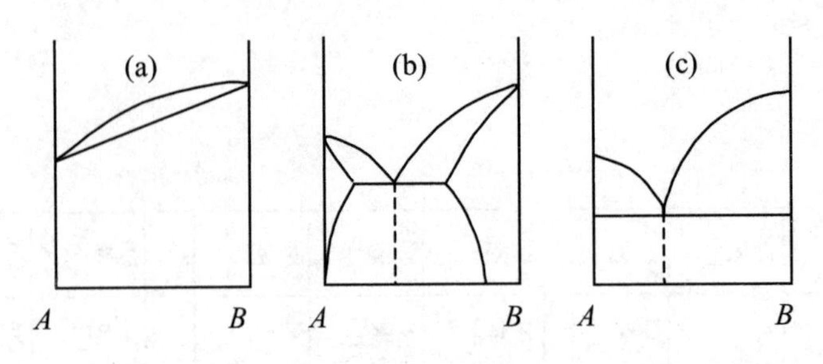

图 13-14　金属二元体系相图

金属间形成置换固溶体的条件和化合物情况十分相似,可归结为二金属原子半径和化学性质比较接近,其次是晶体结构十分相似。如 Ag 和 Au,原子半径和化学性质比较接近,Au 为立方,Ag 为立方,两者结构一样,故能形成连续固溶体。

如果这三个条件不全部满足,则往往形成有限固溶体。例如两种金属在化学性质和原子半径上都比较接近,从这两点也可以来考察两金属间的溶解度。在图 13-15 中以金属原子半径作为纵坐标,以其电负性 x 为横坐标,以某一金属原子(图中以 Mg 为例)为圆心作圆,半径 $\Delta x=0.4$,$\Delta r=15\%$,落在这个圆内的金属在圆心金属中的溶解度不小于 5%。

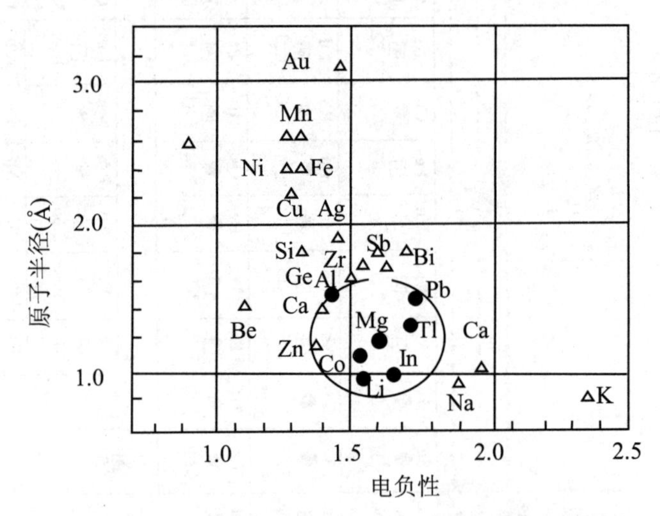

图 13-15　金属原子半径、电负性和溶解度的关系

当金属元素的价电子数不一样时,它们形成固溶体也会不一样,一般说来,高价金属在低价金属中的溶解度要大于相反的情况(表 13-2)。原因是高价金属可以利用部分价电子“模仿”低价金属,低价金属则难以产生价电子“模仿”高价金属。

一些连续固溶体中原子半径偏差如表 13-3。从表可知最大偏差为 12%。

表 13-2　高价-低价金属形成的固溶体

体系	高价在低价中	低价在高价中
Fe-Ti	13.5%	6.9%
Fe-Zr	21%	21%
Fe-Nb	13%	8.2%

续表

体系	高价在低价中	低价在高价中
Fe-Ta	13.5%	2.0%
Fe-Mo	9.5%	23%
Fe-W	10%	13%
Fe-Au	12.5%	4.76%
Fe-Al	12%	52.8%

表 13-3　连续固溶体中元素原子半径偏差

体系	原子半径偏差	体系	原子半径偏差
Co-Ni	1.0%	K-Rb	5.0%
Co-Pd	9.0%	K-Cs	12.0%
Co-Pt	9.5%	Rb-Cs	7.5%
Rh-Pt	3.0%	V-Fe	6.0%
Ni-Cu	3.0%	Cr-Fe	1.0%
Ni-Pt	10.0%	Mn-Co	4.0%
Pt-Au	4.0%	Mn-Ni	4.5%
Pd-Ag	5.0%	Fe-Pd	8.0%
Pd-Au	5.0%	Cu-Au	11.0%
Ag-Au	0	Ti-Zr	8.5%

13.4.2　有序固溶体——超格子相

在 Cu-Zn 体系中有序化使得结构由体心立方变成 CsCl 结构的简单格子。

在 CuPt 结构中，有序化方式是结构中正交于 3 次轴的方向，一层为 Pt、一层为 Cu，这样一来，无序时的立方结构歪曲成三方结构(图 13-16)。

在 Fe-Al 体系中，当 Al 含量少于 18%原子比时，是一简单的 Al 在 α-Fe 中的置换固溶体，但当 Al 的原子比大于 18%时情况就不一样。Fe_3Al 和 FeAl 是两个比较有趣的固溶体。当 Al 含量为 18%～25%原子比时，Al 有序地占图 13-17 中 X 位置，形成 Fe_3Al，而从 25%～50%原子比时 Al 再进入 Y 位置最后形成 FeAl 结构。

在第 5 章中已介绍过 Cu-Au 体系的两种有序超格子相 CuAu(Ⅰ)和 Cu_3Au(Ⅰ)(见图 5-17)。更细致的工作发现，Cu-Au 体系中还存在一维长程超格子相 CuAu(Ⅱ)和 Cu_3Au(Ⅱ)。图 13-18 是 CuAu(Ⅱ)超格子相的结构，a，c 方向周期无变化，但在 b 方向周期为原来的 5 倍，这可以看成结构中形成了两个畴区，相互之间错过了$(a+c)/2$。

在 Cu-Pd 体系中发现了组分为 Cu_3Pd 的二维长程超格子，如图 13-19 所示，它可分成四个畸区。

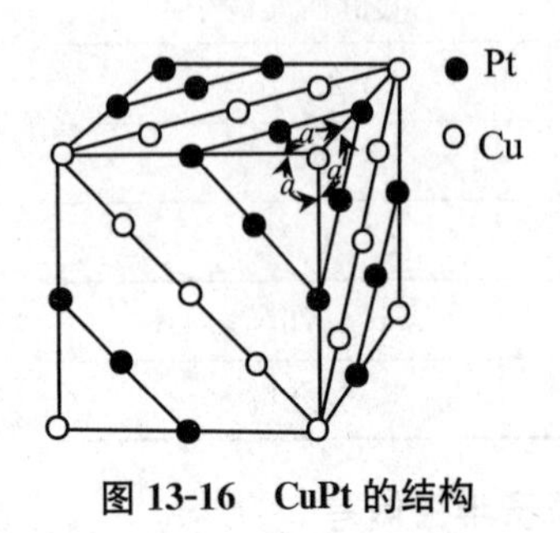

图 13-16　CuPt 的结构

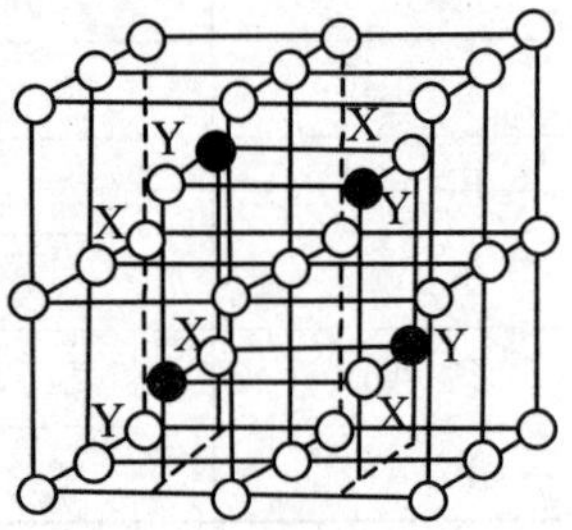

图 13-17　Fe_3Al 和 FeAl 的结构
在 Fe_3Al 中 X 代表 Al 原子，
在 FeAl 中 X 和 Y 代表 Al 原子

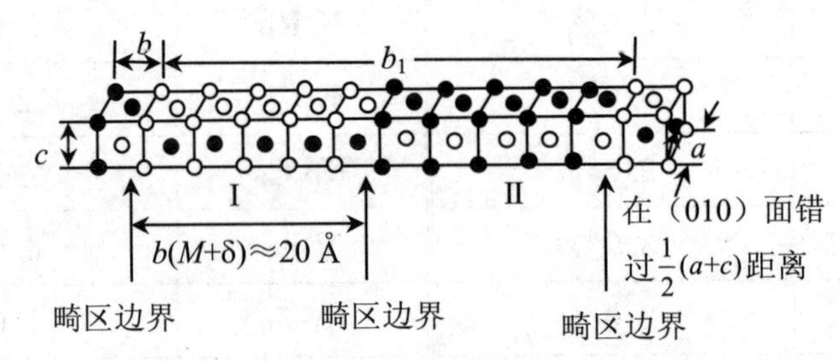

图 13-18　CuAu(Ⅱ)的一维长程超格子

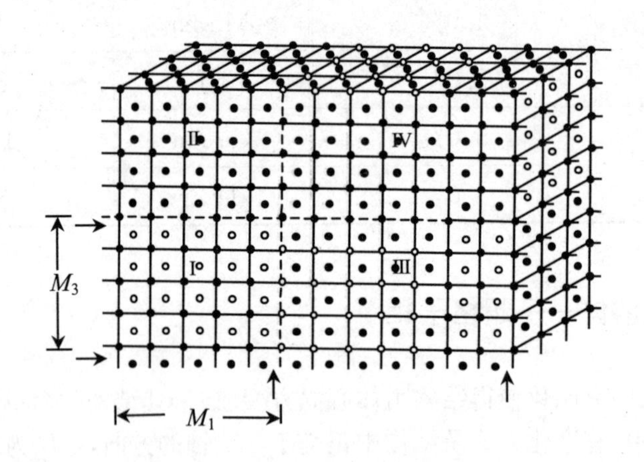

图 13-19　Cu_3Pd 的二维长程超格子

三维长程超格子至今未见报道。

13.4.3　缺位固溶体

在 Ni-Al 体系中，Al 原子含量为 40%～55%时，合金是一均匀的结构，取 CsCl 型。一般情况下，当 Al 原子比小于 50%时，它是标准的固溶体(图 13-20)。在这一成分区，因 r_{Al}(1.43Å)>r_{Ni}(1.24 Å)，格子常数随 Al 量增加而增加，而密度减小，当组成中 Al 的含量达到 50%原子比时，格子常数出现极大，而密度曲线也出现了转折点。当 Al 含量继续增加时，它很快下降，比预想的置换固溶体曲线低得多(见图 13-20 虚线)。这就说明此时形成了缺位固溶体——原来应为 Ni 占据的一些位置统计地空出来的固溶体。

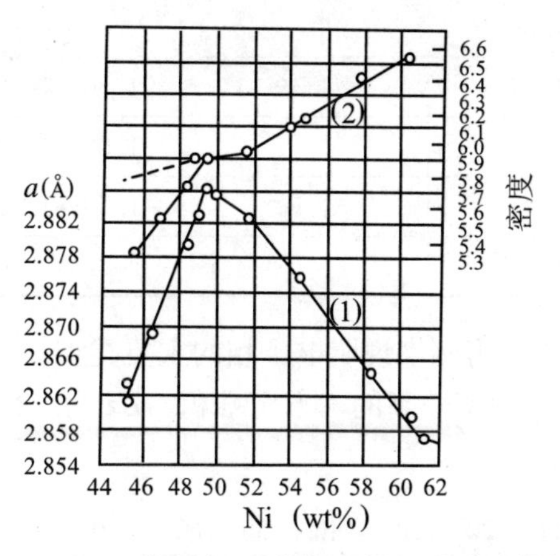

图 13-20　Ni-Al 体系中 Ni 含量和密度、晶胞常数的关系

1. 晶胞常数和 Ni 含量的关系

2. 密度和 Ni 含量的关系

在缺位固溶体中，空位在一定条件下也会有序化。当 Al 原子比达到 60％时有 Ni_2Al_3 相，结构中有$\frac{1}{3}$的 Ni 位置空着。因为所有这些空的位置都在(111) 面上，这样一来，立方结构就畸变成三方结构。

13.5　中　间　相

金属间形成的类似化合物的相称为中间相。因为它们很少服从元素的价态，它们之间金属键占了上风。本书中把电子相、拉维斯相和一些可用价态表示的相都称为中间相。间隙固溶体也属于中间相，因其性质特殊，故在另一节讲述。

13.5.1　电子相

电子相一般由两种金属构成，一种为一价的金属或过渡金属，而另一种为二至五价的金属。这些化合物的结构决定于电子的浓度(电子数/原子数)(表 13-4)。

表 13-4　电子化合物的电子数/原子数

合金	*fcc* 相	*bcc* 相(低限)	*γ* 相	*hcp* 相
Cu-Zn	1.38	1.48	1.58～1.66	1.78～1.87
Cu-Al	1.41	1.48	1.63～1.77	
Cu-Ga	1.41			
Cu-Si	1.42	1.49		

续表

合金	*fcc* 相	*bcc* 相(低限)	γ 相	*hcp* 相
Cu-Ge	1.36			
Cu-Sn	1.27	1.49	1.60～1.63	1.73～1.75
Ag-Zn	1.38		1.58～1.63	1.67～1.90
Ag-Cd	1.42	1.50	1.59～1.63	1.65～1.82
Ag-Al	1.41			1.55～1.80

以 Cu-Zn 体系(图 13-21) 为例来说明电子相的主要类型。

Cu 为立方密堆积，Zn 为轴率偏高的六方密堆积。Zn 为二价，Cu 为一价，Cu 中溶解 Zn 多，而 Zn 中溶解 Cu 少。

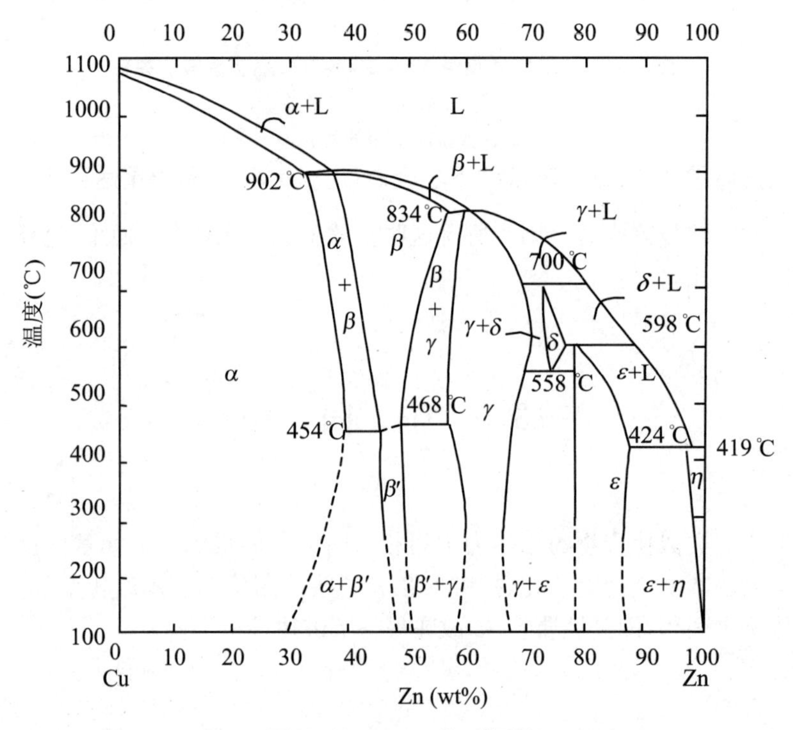

图 13-21　Cu-Zn 体系相图

从相图左边开始，α 相是面心立方，Zn 溶解于 Cu 中。在 Zn 为 45%～50%原子比时形成 β 相，属于 CsCl 型结构，在高于 470 ℃时实际上是无序的。低于 470 ℃时才是 CsCl 结构，这就是电子化合物(电子数/原子数=3/2=1.5)CuZn(图 13-22)。

在 61.5%Zn 原子比时为 γ 相，这个相是复杂的立方结构，单位晶胞中有 52 个原子，即四个 Cu_5Zn_8，电子数/原子数为 21/13。γ 相实际上可看成由 27 个 β 相晶胞构成，这样有 54 个原子，从中心和角顶上去掉两个原子为 52 个原子。结构也略有歪曲。γ 相的存在区域极窄，这使它成分上十分接近标准化学比化合物。

ε 相含 82%～88% Zn，是六方密堆积结构，$c/a=1.55$，电子数/原子数=7/4。η 相是 Cu 在 Zn 中的固溶体，$c/a=1.86$。

上述规律(表 13-4) 称为 Hume-Rothery 定律。即

β 相 电子数/原子数＝3∶2＝1.5

γ 相 电子数/原子数＝21∶13＝1.615

ε 相 电子数/原子数＝7∶4＝1.75

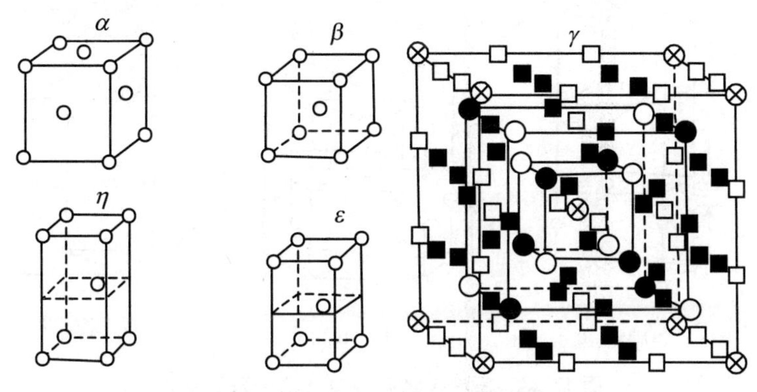

图 13-22　Cu-Zn 体系的各种结构

电子相的本质是电子浓度大到一定程度，布里渊区便全部充满，多余的电子必须进入另一布里渊区。要是这样，能量上要有很大的增加，这时降低体系能量的办法就是改变晶体结构，使得新晶体的布里渊区能容纳多余的原子。因此原子浓度决定了电子相取什么样的结构。

Jones 根据这种看法进行了理论计算，结果和 Hume-Rothery 定律十分相符，β 相为 1.48，γ 相为 1.538，ε 相为 1.70。

注意到过渡金属是零价，所以在 Jones 的计算中取了许多近似，但结果表明，对于确立物理概念这已经是足够的了。

13.5.2　拉维斯相

拉维斯相通式为 AB_2，有三种结构类型：$MgCu_2$，$MgZn_2$，$MgNi_2$。Mg 多数情况在 A 位，但在和较大的原子结合时也能在 B 位，如 $LaMg_2$。图 13-23 是三种拉维斯相 A 原子双层堆积的情况。显然在 $MgCu_2$ 中，Mg 的位置和金刚石中的碳一样，是 Mg 双层的三层堆积：$\cdots XYZXYZ\cdots$（图 13-23(a)）。$MgZn_2$ 是 Mg 双层的二层堆积，$MgNi_2$ 是 Mg 双层的四层堆积。在结构中，B 原子以四面体配位方式处在 A 原子形成的骨架的空隙中。以 $MgCu_2$ 为例来详细说明。

在 $MgCu_2$ 中，Mg 以金刚石方式堆积后，八面体空隙和半数的四面体空隙空着，堆入了自身以四面体方式连接起来的 Cu（图 13-24(a)）。图 13-24(b)是沿立方格子面对角线取得的截面。从该图可知，在 $MgCu_2$ 这样的结构中，A 原子间距为$\frac{\sqrt{3}}{4}a$，B 原子间距为$\frac{\sqrt{2}}{4}a$，或者说 $r_A/r_B=1.225$。从这些可以看出，几何上有效地填充空间是拉维斯相稳定存在的一个重要原因。

统计了 164 个拉维斯相表明，r_A/r_B 范围在 1.05～1.67 之间，多数在 1.1～1.4之间，26 个在 1.1～1.4 之外，还有几十对金属 r_A/r_B 在 1.1～1.4 之间，但未能形成拉维斯相。计算表明，当 r_A/r_B 在下限 1.1 时，B 被压缩；当 r_A/r_B 在上限 1.4 时，A 被压缩，这种压缩，也可

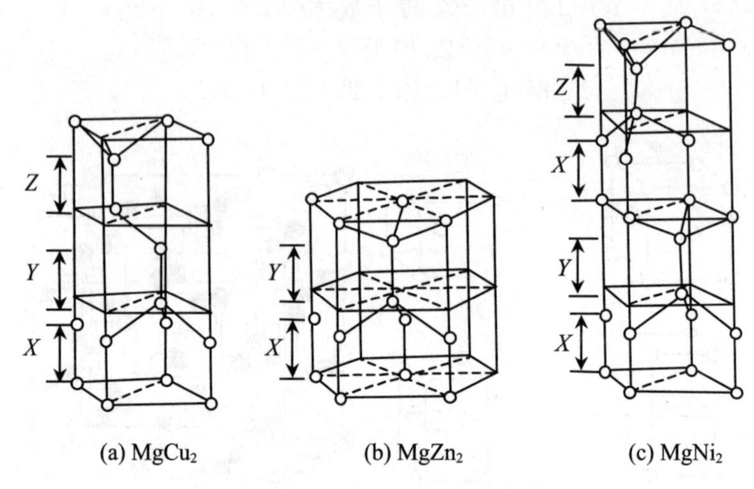

(a) $MgCu_2$　　(b) $MgZn_2$　　(c) $MgNi_2$

图 13-23　三种拉维斯相中 A 原子双层堆积

以理解为 AB 元素间形成一种介于金属键和共价键的键，这也是拉维斯相存在的另一重要原因。

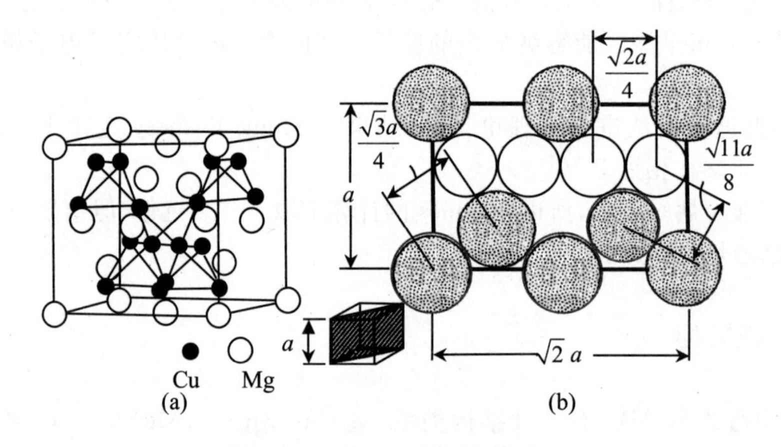

图 13-24　$MgCu_2$ 的拉维斯结构

$MgCu_2$ 是工程材料坚铝的成分。普通铝制造飞机质地太软，加入 4%Cu 和0.5%Mg 后，加入的 Mg，Cu 形成 $MgCu_2$。这个拉维斯相的微小晶粒散布到 Al 中去，使得 Al 的密堆积层滑移不再那样容易，因而硬度增加，延展性减小，形成所谓“坚铝”，这是制造飞机的主要材料。

13.5.3　化合物相

典型的金属化合物与一般固溶体相比，其原子比更确定，显示出一定的化学价。而且两种金属形成的化合物，与原来金属相比，结构和性能上都有质的变化，有时金属化合物成半导体而不再具有金属的导电性。

下面是一些金属化合物：

(1) ZnS 型(立方)：AgSb，InSb；

(2) CaF_2 型：Mg_2Sn，Mg_2Ge，$AuIn_2$；

(3) 复杂型：ZnSb(正交)，Mg_3Sb_2(六方)，Cu_2MnSn。

有 Cr_3Si 结构的合金，其原子比十分固定，我们也把它归为化合物相。β-W 也属这个相(图 3-45)，且 β-W 有两种不同配位的 W：W_I，W_{II}。这样结构的金属化合物相超导转变温度较高，如 Cr_3Si 的 T_c 为 17 K，其中 Nb_3Ge 为 23.2 K，这在 Ba—La—Cu—O 超导体发现以前是最高的。

13.6 间隙固溶体

13.6.1 间隙固溶体

间隙固溶体由过渡金属元素或含有过渡金属的合金与半径较小的非金属元素形成。几乎所有的间隙固溶体结构都与母体金属不同。但是，由于非金属原子在该相中的含量是可变的，其在间隙位置分布是统计的，所以仍称为间隙固溶体。

一般情况下，间隙固溶体中，$r_X/r_M \leqslant 0.59$，此时晶体结构较为简单。当 $r_X/r_M > 0.59$ 时，金属和非金属原子间就会形成较复杂的结构，此时，往往不能称为间隙固溶体。

常见的间隙固溶体由金属和碳($r_C = 0.77$ Å)，氢($r_H = 0.46$ Å)，氮($r_N = 0.71$ Å)，硼($r_B = 0.97$ Å)等形成，主要结构类型如下：

(1) NaCl 型：ZrN，TiC，TiH 等；

(2) 立方体心：TaH 等(图 10-21)；

(3) 六方密堆积：Fe_2N，Mo_2C；

(4) CaF_2 型：TiH_2；

(5) ZnS 型(立方)：TiH；

(6) WC 型：MoC，MoH，WH 等(图 13-25)；

(7) AlB_2 型：MgB_2，TiB_2，CrB_2 等。

上述结构中，WC 和 AlB_2 未讨论过，WC 中 W 以三方柱形堆积，C 在三方柱的中心，三方柱公用面，形成三方柱链，其中半数是空链。从图 13-25 可知，每个 C 周围有 6 个 W，而每个 W 周围有 6 个 C，因此 W∶C=1∶1。

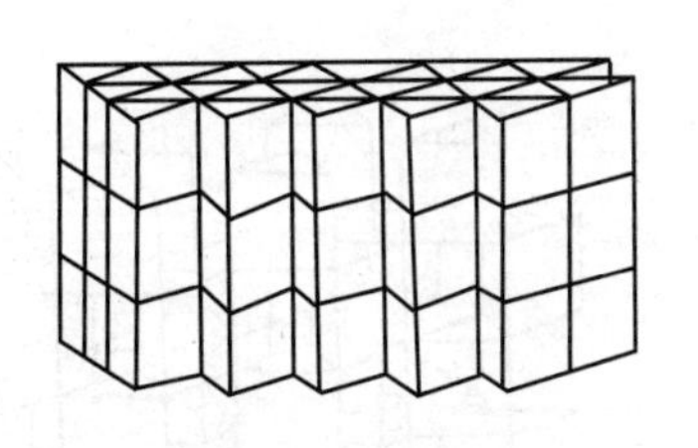

图 13-25 WC 结构

如果在 WC 那样的结构中，空着的三方柱链也为非金属原子所占有，则形成了 AlB_2 结构，Al 占有三方柱顶点，B 占有三方柱中心。

一些过渡元素间隙固溶体的熔点和硬度比过渡元素本身都高。其中 TaC 熔点超过 4000 K，W_2C 的硬度已接近金刚石。它们都是有用的工程材料。表 13-5 是一些重要的间隙固溶体的结构和性能，作为比较表中还列出了相应的母体金属的结构和性能。

表 13-5　金属和间隙相的某些性质的比较

金属	结构	熔点(K)	硬度(莫氏)	间充化合物	结构	熔点(K)	硬度(莫氏)
Ti	*hcp* 或 *bcc*	1950	4～5	TiN	*ccp*	3200	9
				TiC	*ccp*	3410	9
				TiB_2	*hcp*	3170	8
Zr	*hcp* 或 *bcc*	2125	5	ZrB_2	*hcp*	3260	8
				ZrN	*ccp*	3255	8
W	*bcc*	3680	7～8	WC	*hex*	3130	9
				W_2C	*hcp*	3130	9～10
Fe	*ccp* 或 *bcc*	1810	4～5	Fe_3C	正交	2110	8
Ta	*bcc*	3270	5	TaN	*hcp*	3360	9
				TaC	*ccp*	4150	8
Mo	*hcp* 或 *bcc*	2880	6	Mo_2C	*hcp*	2690	8

13.6.2　铁和钢

铁碳体系之所以复杂,原因有二。原因之一是铁有两种结构:体心立方和面心立方,常温变体是 α-Fe,直到 906 ℃都是体心立方,α-Fe 的居里温度为 766 ℃,在此温度以上仍为体心立方,但无磁性。在 766～906 ℃之间称为 β-Fe;在 906～1401 ℃之间为 γ-Fe,为面心立方。在 1401～1530 ℃(熔点)间的 δ 相又是体心立方。原因之二是 $r_C/r_{Fe}=0.771/1.24\approx 0.62>0.59$,这样,铁-碳体系的间隙固溶体不稳定而形成种种复杂的相。再加上碳既可以化合,又可以溶解,又会以石墨的方式分布在体系中。

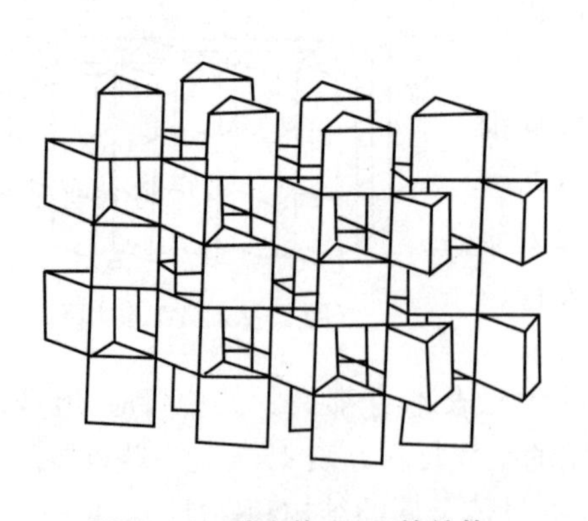

图 13-26　珠光体 Fe_3C 的结构

炼钢一般用焦炭,铁-碳共熔混合物在 1150 ℃时凝固成铸铁,它一般含 4.3%的碳。铸铁中,硅含量低时,碳以 Fe_3C 的形式存在,称为白口铁。Fe_3C 结构如图 13-26 所示,Fe 以三方柱形配位在 C 周围,三方柱间公用顶点,Fe_3C 的莫氏硬度为 8。铸铁中,硅含量较高时,C 以石墨的方式存在,称为灰口铁。此时如存在适量的 Mg,则石墨的颗粒呈球状,使铸铁的强度增加,称为球墨铸铁。

钢中的含碳量在 1.5%左右,低碳钢在 0.1%～0.5%。含碳量更少则为熟铁。因此炼钢过程中如以铸铁为原料,则应设法减少碳含量。如以熟铁为原料,则需要增加碳含量。钢的整个热处理过程如表 13-6 所示。

表 13-6　碳在 γ-Fe 中固溶体

奥氏体（碳在γ-Fe 中固溶体）

缓冷至 690 ℃以下 → 珠光体（铁素体+渗碳体）

骤冷至 150 ℃以下 → 马氏体 → 回火（200~300 ℃） → 铁素体+渗碳体

骤冷　含有 Mn，Ni 等 → 奥氏体

在 906 ℃以上的钢是碳在 γ-Fe 相中的间隙固溶体，碳占有面心铁的八面体空隙（图 13-27），这称为奥氏体。当它缓冷至 690 ℃以下时（在此温度下，C 在 γ-Fe 中的溶解度为0.9%），奥氏体分解为铁素体和渗碳体，这个质地较软的低共熔混合物称为珠光体，因它有珍珠光泽。铁素体含碳量约为 0.06%，是碳在 α-Fe 中的间隙固溶体。体心立方的 α-Fe 的两种空隙参看图 10-21。

从 906 ℃以上把奥氏体钢淬火到 150 ℃时，形成马氏体结构（图 13-28）。它属于四方晶系，可以看成是碳在 α-Fe 中的过饱和间隙固溶体，含碳量达 1.6%，这个相非常硬，接近渗碳体。这也是淬火钢的特点。

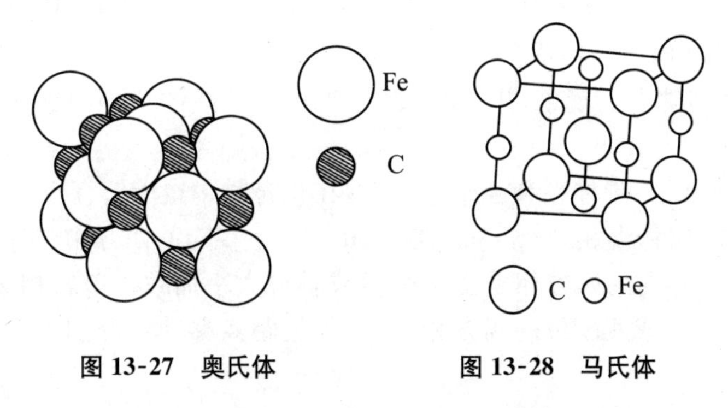

图 13-27　奥氏体　　**图 13-28　马氏体**

对马氏体在 200～300 ℃间进行回火，形成铁素体和渗碳体的混合物，但这种有控制的回火，使得它们两相的比例和两相形成的结构与珠光体不同。经回火的钢，结构上较粗杂，它们比珠光体要硬，比马氏体要有韧性，这才形成了日常用得较广的钢材。

从结构上可以看出，γ-Fe 为面心立方密堆积，它和碳形成的间隙固溶体将具有强度大、延展性好等优点。但单用淬火不能保住奥氏体的结构，它能存在的最低温度为 690 ℃，此时奥氏体中碳含量为 0.9%。只有当钢中含有 Mn，Ni 等其他金属时，才能用淬火的办法保住奥氏体的结构。

13.6.3　马氏相变

铁-碳体系中的奥氏体转变到马氏体的相变是一种重要的相变，称为马氏相变。其特点可归纳如下：

（1）相变是无扩散的，原子只是在附近作集体的切变性移动，犹如形成机械双晶那样。

面心立方奥氏体变成四方的马氏体的结晶学关系如图 13-29 所示。

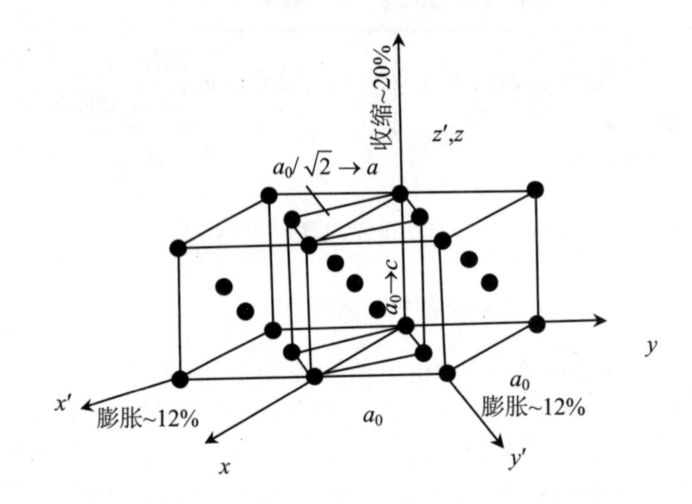

图 13-29　面心立方奥氏体变成四方马氏体的结晶学关系

(2) 相变速度很快,无法用淬火取得高温时存在的相。

(3) 相变时,原抛光的表面会出现粗糙的结构。有时可以用切成规则矩形抛光面来判断相变的发生。

(4) 相变是可逆的,以至于单晶都可以可逆地从这相转变到那相而仍为单晶。两相之间总存在着一定的几何取向关系。

(5) 相变一般有热滞后现象,几十度(如在 Au-Cu 体系约 20 ℃)到几百度(如 Fe-Ni 体系约 400 ℃)不等。

马氏相变不仅在铁-碳体系和合金中存在,在化合物中也能够存在。典型的是 ZrO_2 的四方(高温相)→单斜(低温相)的相变。在 1050 ℃以上稳定的四方相,在淬火时不能保持到较低温度,在室温下存在的四方相是由于杂质或颗粒太小而致。单斜相 ZrO_2 配位数为 7,升温至 1050 ℃以上变成八配位的四方相,其原子近距离移动情况如图 13-30 所示,这是一种无扩散相变。

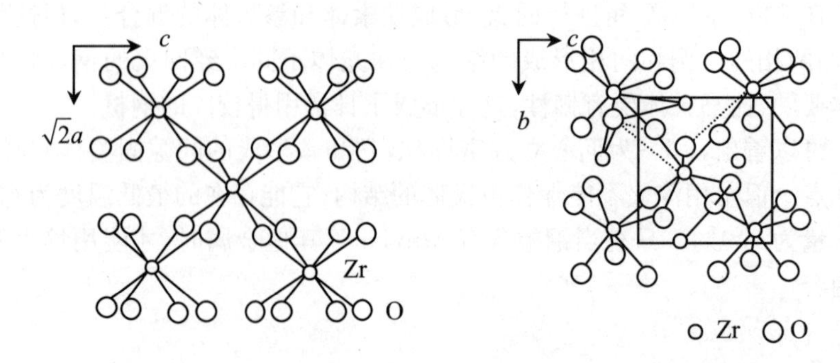

图 13-30　ZrO_2 从单斜相变成四方相时原子近距离移动情况

13.6.4　储氢材料

许多过渡元素能形成氢化物。而一些过渡金属合金对氢的吸附和释放，在一定条件下是可逆的，这样就可以用来储存氢。典型的例子是 $LaNi_5$，它能储存$6\times10^{22}\sim7\times10^{22}$氢原子/$cm^3$，超过了液态氢的密度 4.2×10^{22}氢原子/cm^3。图 13-31 是它的 P-x-T 曲线。从图可知，在室温下，曲线平台压力为 2.5 大气压，用做氢源很方便。

它的结构如图 13-32 所示，是 $CaCu_5$ 型结构。从图可知，一层由 La 和 Ni 构成，一层完全是 Ni。中子衍射研究表明，吸氢后，对每个晶胞而言有 8 个氢原子，4 个完全在 Ni 的层，另 4 个在 La，Ni 构成的层上。当 $LaNi_5$ 形成氢化物后，其晶体结构不变，但晶格参数有显著改变，致使晶胞体积胀大 27%。

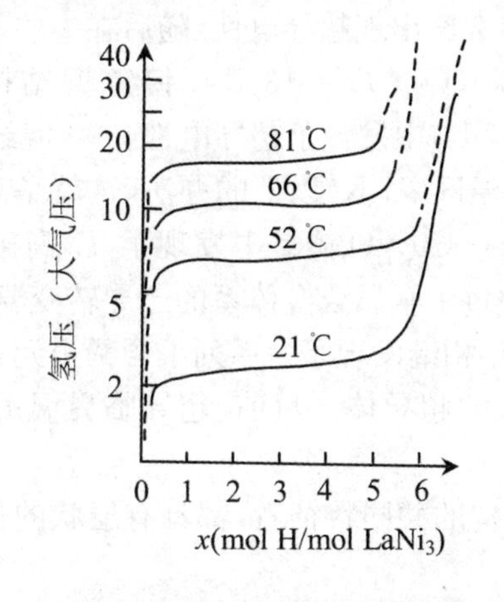

图 13-31　$LaNi_5$ 的 P-x-T 曲线

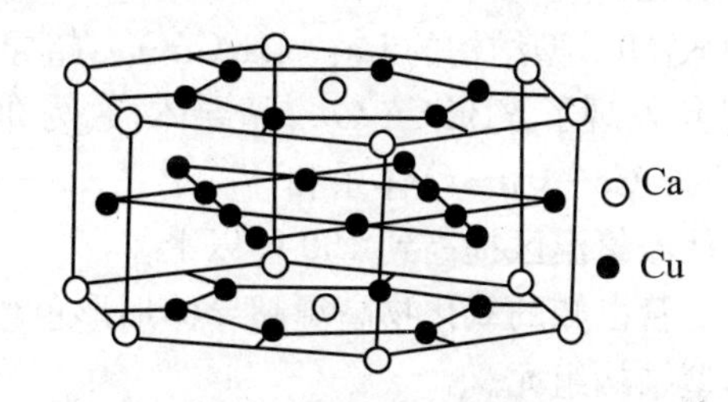

图 13-32　$CaCu_5$ 型结构

另一个有应用前景的储氢材料 FeTi，它是 CsCl 型结构，氢原子将进入其两种空隙。

第 14 章 超导材料的结晶化学

1911 年，荷兰科学家 Onnes 发现将汞冷却到 4.2 K 附近时，汞的电阻突然消失，他称这种处于超导状态的导体为超导体。超导体电阻突然变为零的温度叫超导临界温度（T_c）。

从 1911 年到 1986 年，所发现的超导体大多数为金属及合金，超导临界温度最高的是 Nb_3Ge，达 23.2 K。对氧化物体系，最早发现 NbO 在 1.2 K 出现超导电性，随后在一些氧化物如钙钛矿结构的 $SrTiO_3$（$T_c=0.28$ K），$BaPb_{0.7}Bi_{0.3}O_3$（$T_c=13$ K）、钨青铜结构的 Na_xWO_3（$T_c=0.3$ K）、尖晶石结构的 $LiTi_2O_4$（$T_c=13.7$ K）中发现了超导电性。20 世纪 60 年代开始，人们一直在探索把超导临界温度提高到液氮温区（77 K）以上的办法，这就是高温超导研究。1986 年 10 月，Muller 和 Bednorz 在 La—Ba—Cu—O 体系中发现了 T_c 高于 30 K 的 K_2NiF_4 型结构的 $La_{2-x}Ba_xCuO_{4+\delta}$ 超导体[111]，它超过了金属合金体系的超导转变温度。1987 年发现了 $YBa_2Cu_3O_{7-\delta}$ 超导体，T_c 为 90 K。1988 年相继发现了一系列不含稀土元素的 Bi—Sr—Ca—Cu—O 体系和 Tl—Ba—Ca—Cu—O 体系的超导体。目前，超导临界温度 T_c 已经从液氮温区提高到 160 K 以上。

尽管已知的氧化物高温超导体形形色色，从它们结构的共同特征看，都具有层状的类钙钛矿型结构组元。

14.1 类钙钛矿结构的超导氧化物

14.1.1 简单钙钛矿结构的超导氧化物

图 14-1 是理想钙钛矿（perovskite）立体结构图和立体结构沿 **a** 方向投影图。

实际上形成简单立方钙钛矿型结构的化合物并不很多，大量存在的是它的畸变衍生结构。离子虽稍偏离理想位置，但分布的方式与钙钛矿型相同。它们所属的晶系和空间群以及晶胞大小可能发生变化，但从结晶化学角度可以认为它们是类钙钛矿型结构或其衍生结构。ABX_3 钙钛矿型结构中的离子偏离理想位置，结构稍有变形，晶体的对称性下降，转变为四方晶系、三方晶系、正交晶系或单斜晶系和三斜晶系。ABX_3 型类钙钛矿型化合物随着温度的变化，晶体的对称性也可能变化。一般来说，温度升高，对称性提高；温度下降，则转变为低对称性的结构。

钙钛矿型结构除了 ABX_3 简单的化学式外，还可以有成分复杂的化学式。例如 $A(B'_{1-x}B''_x)X_3$，$(A'_{1-x}A''_x)BX_3$，$(A'_{1-x}A''_x)(B'_{1-x}B''_x)X_3$ 以及更多组元的化学式。

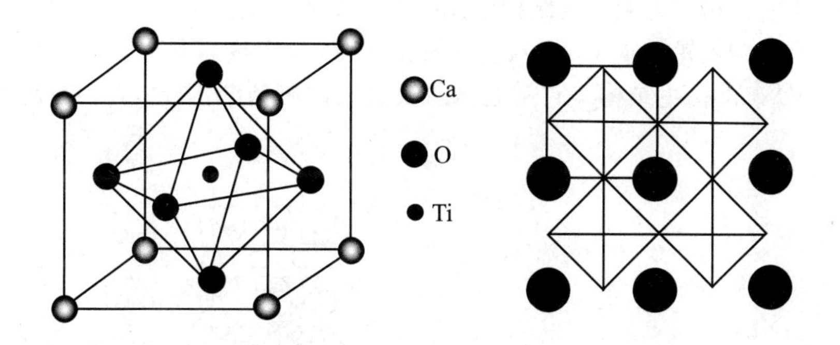

图 14-1　钙钛矿的立体结构图和沿 α 方向的投影图

$Ba(Pb_{1-x}Bi_x)O_3$超导体是由 ABO_3 立方钙钛矿型结构畸变衍生而来。当 $0.05<x<0.30$ 时，具有超导性，其超导转变温度随 x 的增加而提高[112]。当 $x=0.05$ 时，$T_c=9$ K；$x=0.20$ 时，$T_c=11$ K；$x=0.30$ 时，$T_c=13$ K。1988 年发现简单立方钙钛矿结构的 $Ba_{0.6}K_{0.4}BiO_3$，$T_c=30$ K[113]。

14.1.2　多倍钙钛矿型超导氧化物

$YBa_2Cu_3O_{7-\delta}$(Y-123 相)是朱经武等和赵忠贤等相继发现的第一个突破液氮温区的超导体，$T_c=90$ K[114-115]。其结构是一个三倍的缺氧钙钛矿型结构($c\approx 3a_p$)，在晶胞中 Cu 属于两套等效点系，位于 Cu(2)位的 Cu 与 O 形成 CuO_5 四方锥；Cu(1)位的 Cu 与 O 形成 CuO_4 四边形，并公用 CuO_5 四方锥的顶点 O，从 ab 面上看，这是沿 $\boldsymbol{b}$ 方向的一维 CuO 链。由于 CuO 链上的氧有序，结构为正交晶系(图 14-2)。当温度升高时，CuO 链上的氧失去使氧空位(δ)增大，CuO 链上的氧统计分布在$\left(\frac{1}{2},0,0\right)$和$\left(0,\frac{1}{2},0\right)$上，晶体结构从正交相变为四方相，超导电性消失。

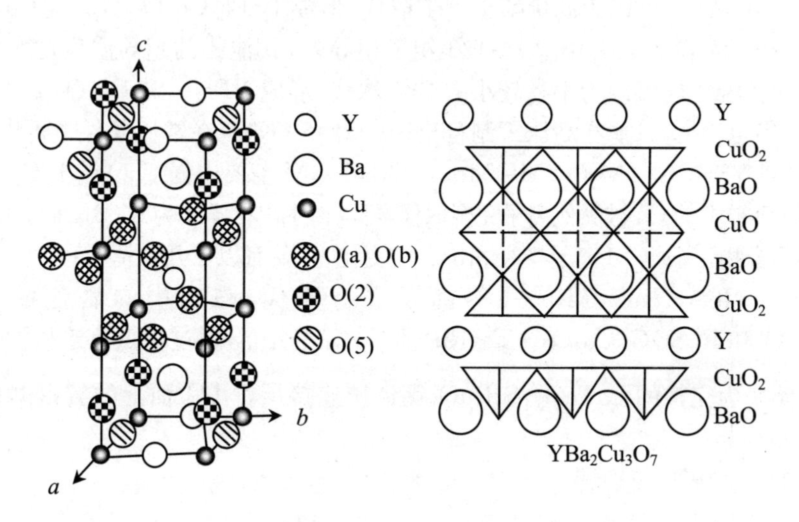

图 14-2　Y-123 相结构图

$YBa_2Cu_4O_8$(Y-124 相)的结构可以被看作是 Y-123 中的 Cu—O 链处插入另一个 Cu—O

链而产生的衍生物。由铜氧双链的结构单元将两个CuO_5四方锥连接起来(图 14-3(a)),铜氧双链可看作是由两层钙钛矿CuO_6八面体发生切变(公用棱),并失去面上相对的氧形成的,可认为是钙钛矿的衍生结构。它是七倍的缺氧钙钛矿型结构($c\approx 7a_p$)。超导转变温度为 80 K[116]。

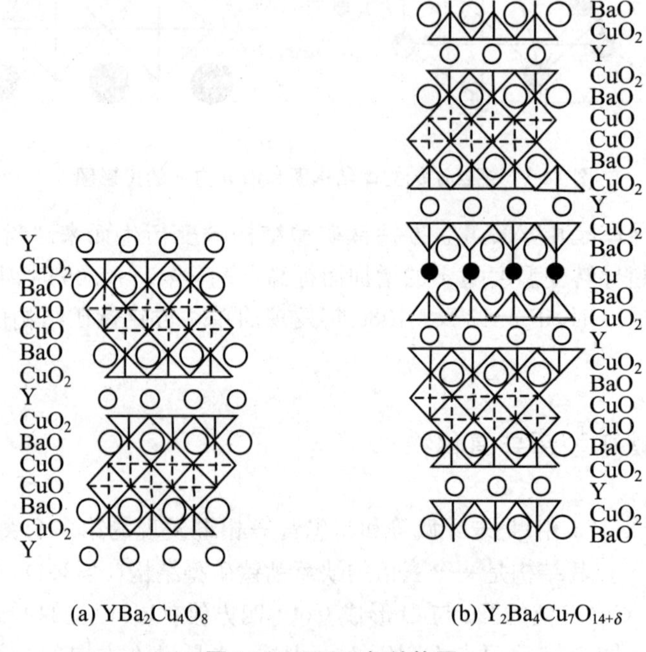

(a) $YBa_2Cu_4O_8$　　(b) $Y_2Ba_4Cu_7O_{14+\delta}$

图 14-3　Y-124 相结构图

如果$YBa_2Cu_3O_7$和$YBa_2Cu_4O_8$以 1∶1 比例在 c 轴方向上叠加,即组成一个新相$Y_2Ba_4Cu_7O_{14+\delta}$(Y-247 相)。其结构如图 14-3(b)所示,晶胞中除了含铜氧面的缺氧钙钛矿层外,还有铜氧双链和铜氧线性二配位结构,超导转变温度为 40 K[117]。

$YBa_2Cu_3O_{7-\delta}$的 Y 可以为同价稀土离子取代,形成$LnBa_2Cu_3O_{7-\delta}LnBa_2Cu_3O_{7-\delta}$(Ln=La~Lu,Ce,Pm,Tb 除外),其中除 Pr-123 相不超导外,其他相的超导温度均在 90 K 左右。$YBa_2Cu_3O_{7-\delta}$的Ba^{2+}也可以为半径较小的Sr^{2+}取代,形成$YBa_{2-x}Sr_xCu_3O_{7-\delta}$($0\leqslant x\leqslant 1$),Sr 完全取代的$YSr_2Cu_3O_z$只能在高压下制备出来($T_c=60$ K)。在常压条件下可以通过 Cu 的部分取代,得到$YSr_2Cu_{3-x}M_xO_z$(M=Mo,W,Al 等),M 主要占据 CuO 链上 Cu 的位置。

123 相 CuO 链上的 Cu 被其他离子完全取代,可以衍生出化学式为$M(Ba,Sr)_2(Ln,Ca)Cu_2O_z$(1212 相)的化合物。根据 M 离子半径和价态的变化,主要有以下几种情况:

(1) Ta^{5+},Nb^{5+},Ru^{4+}(Ru^{5+})等离子进行取代,晶胞中的氧含量增加,形成$NbBa_2LaCu_2O_8$和$RuSr_2GdCu_2O_8$。Ta(Ru)和 Cu 有序分布,通过顶点氧连接两个铜氧四方锥的结构单元变为完整的$BaTaO_3$,$SrRuO_3$钙钛矿连接层,NbO_2面上的氧占据$\left(\frac{1}{2},0,0\right)$和$\left(0,\frac{1}{2},0\right)$位,这是阳离子有序的三倍缺氧钙钛矿结构[118]。

非铜钙钛矿的连接结构单元还可以分为两层和三层的情况,从而形成化学通式为$(BaTiO_3)_n(LnCuO_{2.5})_2$($n=2,3$)多重钙钛矿结构。

(2) Ga^{3+},Fe^{3+}等离子进行取代,$GaSr_2(Y,Ca)Cu_2O_7$的连接结构单元为$SrGaO_2$,它可

看作是 GaO_6 八面体失去面上相邻的两个氧形成的变形 GaO_4 四面体，Ga 偏离理想的 (0,0,0) 或 $\left(\frac{1}{2},\frac{1}{2},\frac{1}{2}\right)$ 位置，GaO_4 四面体与 CuO_5 四方锥公用顶点的氧，使单位晶胞的 c 轴缩短。由于 GaO_4 四面体的非中心对称，Ga-1212 结构为正交晶系，a，b 取 $\sqrt{2}a_p$，$c\approx 2c_p$，c_p 为一化学式单位晶胞的 c 轴[119]。T_c 最高可达 70 K。

14.2　具有 K_2NiF_4 型及其相关结构的超导氧化物

K_2NiF_4 结构是钙钛矿型结构的一种衍生结构，可以看作是钙钛矿结构层和 NaCl 结构层交替排列而成的典型结构。由于这一类的超导氧化物中，其钙钛矿层的结构一般以公用顶点的 CuO_6 八面体配位结构层为特点，因此，又可称为八面体铜氧层。在具体的晶体结构中，八面体铜氧层可能会因缺一个氧而变成四方锥铜氧层，或者缺两个氧变成正方形铜氧层。K_2NiF_4 相关结构的超导氧化物一般是以上几种铜氧层和岩盐型层（NaCl 型）和/或萤石型层沿 c 轴层层交替排列形成的结构。K_2NiF_4 的结构及其(110)面的投影如图 14-4 所示。

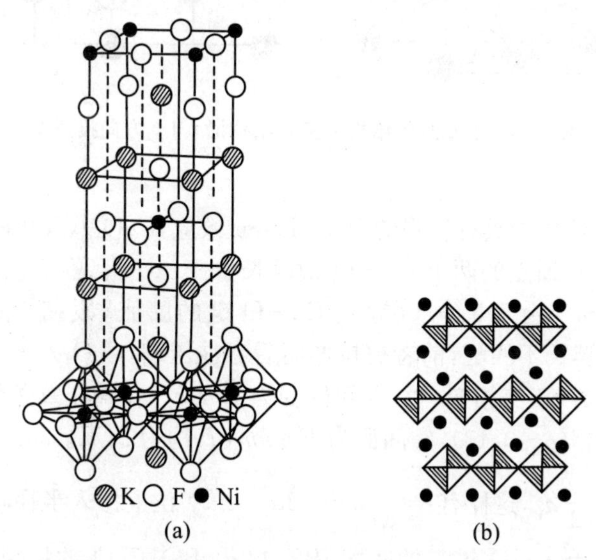

图 14-4　K_2NiF_4 的结构(a)及其(110)面的投影图(b)

图 14-5 是岩盐(rock salt)立体结构及岩盐结构沿 $a+b$ 方向投影图（空心圆：A/2，实心圆：0）。一种离子占据另一种离子密堆积的八面体孔隙。

图 14-6 是萤石(fluorite)立体结构及萤石结构沿 $a+b$ 方向投影图（空心圆：A/2，实心圆：0）。

$La_{2-x}Ba_xCuO_4$ 是 Bednorz 和 Muller 发现的第一个铜氧化物高温超导体，T_c 约 35 K[111]，它和母体化合物 La_2CuO_4（T 相）一样，具有 K_2NiF_4 结构（图 14-5(a)）。La_2CuO_4 是钙钛矿的衍生结构，CuO_6 八面体公用面上顶点形成了二维的钙钛矿层（八面体铜氧层）；两个钙钛矿结构单元层之间可以取出 LaO 单层，该层在 a，b 方向上的阴阳离子排列与岩盐型结构相似。所以 La_2CuO_4 可看作是由含八面体铜氧层结构单元与岩盐型结构单元沿 c 轴一层一层交替

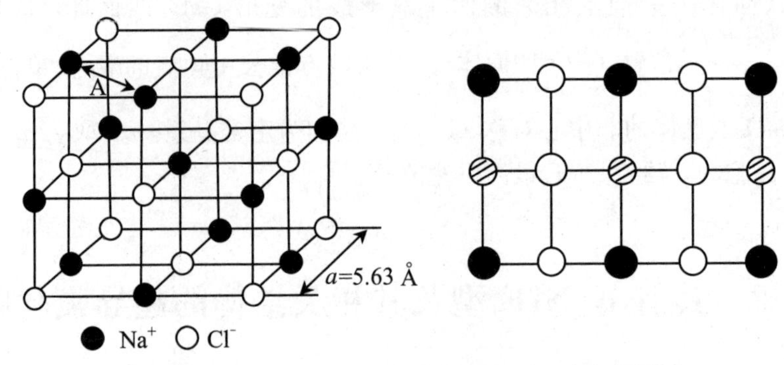

图 14-5　岩盐立体结构及岩盐结构沿 $a+b$ 方向投影图

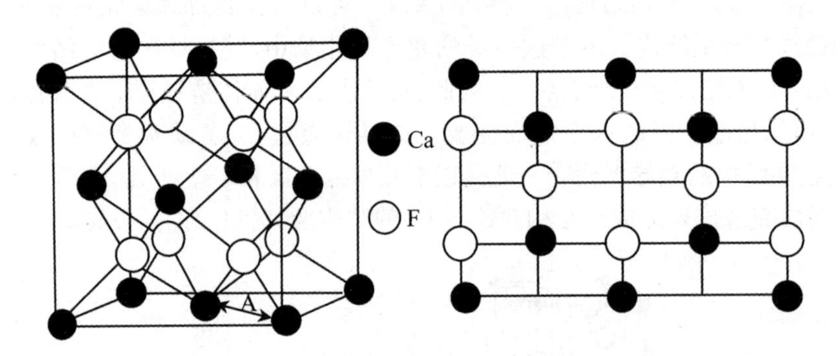

图 14-6　萤石立体结构及萤石结构沿 $a+b$ 方向投影图

排列而成。

Cu^{2+} 在八面体配位场中具有较强的 Jahn-Teller 效应，CuO_6 八面体的面上的 4 个 Cu-O_p 键相对较短（～1.9 Å），顶点的两个 Cu－O_a 键较长（～2.4 Å）。在高温时，La_2CuO_4 为四方相，空间群为 $I4/mmm$。由于 La—O 键比 Cu—O 键的膨胀（收缩）系数大，使得低温时 La—O_a 键与 Cu—O_p 键长不匹配，前者被拉伸而后者被压缩，CuO_6 八面体发生扭曲畸变，在低于 530 K 时发生四方-正交相变[120]，空间群变为 $Bmab$。在高压氧条件下处理，可得到富氧的 $La_2CuO_{4+\delta}$ 超导相（δ～0.13），空间群为 $Fmmm$，T_c 约为 34 K。a，b 取素格子的 2 倍，注意到岩盐型层间距为 $\frac{\sqrt{2}}{2}a_p$，这样有：$c\approx 2a_p+\sqrt{2}a_p$。$La^{3+}$ 位上掺入半径较大的离子如 Ba^{2+}，Sr^{2+} 时，增加了 La-O_a 和 Cu-O_p 键长的匹配程度，$(La, Ba)_2CuO_4$ 的相变温度下降到 180 K，常温下即为四方相。Ba^{2+}，Sr^{2+} 部分取代 La^{3+} 引入空穴载流子可获得超导电性。超导转变温度在 20～40 K 之间，取决于掺杂元素 M 和掺杂浓度 X。

具有 La_2CuO_4 型结构的铜氧化物超导体还有 $Sr_2CuO_2F_2$（T_c＝46 K），$(Ca,Na)_2CuO_2Cl_2$（T_c＝24 K）等，Cu 与 4 个 O 和两个卤素 X 原子形成 CuO_4X_2 八面体，卤素原子 X 占据顶点的位置。

$(Nd,Sr)_2(Nd,Ce)_2Cu_2O_{8+\delta}$（$T_c$＝28 K）[121] 的结构如图 14-7(b)（T^* 相），CuO_6 八面体失去 1 个顶点氧成为 CuO_5 四方锥。由于缺氧，CuO_2 面上下两侧的净电荷不相等，使得 O—Cu—O 键角小于 180°，CuO_2 面上的氧向缺氧一侧偏离，这在含铜氧四方锥的层状铜氧化物中是普遍的现象。T^* 相是由四方锥铜氧层、岩盐型层与萤石型层沿 c 轴有序堆积而成。在晶格中半径较大的 Sr^{2+} 及部分 Nd^{3+} 离子主要分布在含顶点氧一侧的 A 位及岩盐型

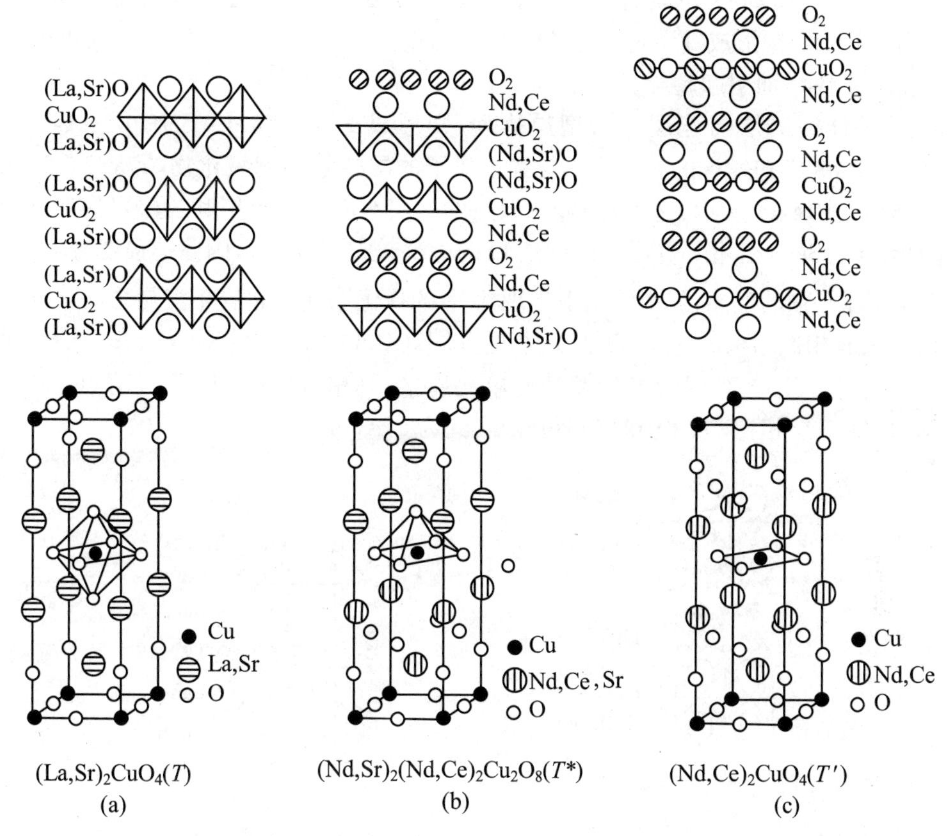

图 14-7　$(La,Sr)_2CuO_4(T)$，$(Nd,Sr)_2(Nd,Ce)_2Cu_2O_8(T^*)$，$(Nd,Ce)_2CuO_4(T')$的结构图

层中，(Sr,Nd)—O 键长约为$\frac{\sqrt{2}}{2}a_p$，半径较小的 Ce^{4+} 和 Nd^{3+} 离子主要分布在失氧一侧的 A 位及萤石型层中，(Ce,Nd)—O 键长约为$\frac{\sqrt{6}}{4}a_p$，明显小于(Sr,Nd)—O 的键长。具有 T^* 相结构的氧化物还有$(La,Ln)_2CuO_4$，它是由同价稀土离子 Ln^{3+} 部分取代 La^{3+} 而形成的。

Nd_2CuO_4(T′相)的结构如图 14-7(c)所示。Nd_2CuO_4可看作是由含铜氧面的正方形铜氧层与萤石型层在 c 轴方向上交替排列形成的。其主要结构特征是 CuO_4 四边形铜氧面，铜氧面之间的结构单元的阴阳离子分布方式与 CaF_2(萤石型)结构相同。与 La_2CuO_4 相比，单胞中的阳离子分布位置及氧的数目没有改变，但由于 Nd^{3+} 的离子半径较小，氧发生重排使得 CuO_6 八面体失去顶点氧成为 CuO_4 四边形。当 Nd^{3+} 被 Ce^{4+} 部分取代，引入电子载流子而成为电子型超导体，$T_c=24$ K[122]。这是 Tokura 等发现的第一个铜氧化物电子型超导体。

$Pb_2(Sr_{2-x}La_x)Cu_2O_{6+\delta}$可看作是类 K_2NiF_4 结构，是由 La_2CuO_4 的晶胞中的其中一层 CuO_6 八面体失去面上所有的氧而衍生出来(图 14-8)。这里 Cu 属于两套等效点系，分别与氧形成八面体(+2 价)和线性二配位(+1 价)构型，Pb^{2+} 和 Sr^{2+} 有序分布，分别形成 $PbCuO_{2+\delta}$缺氧钙钛矿层和 $SrCuO_3$ 钙钛矿层。该化合物的 T_c为 32 K[123]。

此外，类似的超导氧化物还有八面体铜氧层与多层岩盐型层交替排列的结构。如八面体铜氧层与两层岩盐型层连接的 1201 相(图 14-9)。$TlBa_2CuO_{4+\delta}$(Tl-1201 相)的 $T_c=$ 50 K[124]。1993 年，Putilin 等合成第一个 Hg 系超导体 $HgBa_2CuO_{4+\delta}$(Hg-1201 相)，$T_c=$

94 K[125]。此外，$TlBa_2CuO_5$ 也具有八面体铜氧层与两层岩盐型层排列的结构，但是不超导。La^{3+} 取代部分 Ba^{2+} 则形成 $TlBa_{1.2}La_{0.8}O_5$，其结构也类似于此，$T_c=52$ K，必须指出的是其中 La^{3+} 取代了 Ba^{2+} 而引起超导。

如果八面体铜氧层与三层岩盐型层排列，则形成 2201 相。$Bi_2Sr_2CuO_6$（Bi-2201）是 Michel 等于 1988 年初发现的第一个不含稀土离子的层状超导铜氧化物，$T_c=7\sim22$ K[126]。其理想结构如图 14-10 所示，它由含 Bi_2O_2 双层的一层八面体铜氧层和三层岩盐型层沿 c 轴有序排列形成。Bi 与相邻 BiO 层上的配位 O 的键长较长（>3 Å），因此键强度较弱，容易断开，发生垂直于 c 轴的解离，X 射线衍射出现〈001〉的择优取向。它属正交晶系，a，b 取 $\sqrt{2}a_p$。与 Bi-2201 具有相似结构的还有 Tl-2201 相的 $Tl_2Ba_2CuO_6$（$T_c=90$ K[127]），其含铜氧面的钙钛矿层由三层含 Tl_2O_2 双层的岩盐型结构单元连接，其中 Tl 主要以 Tl^{3+} 存在，并有部分 Tl^+。与 Bi_2O_2 双层相比，Tl_2O_2 双层间距较小，约为 2 Å。

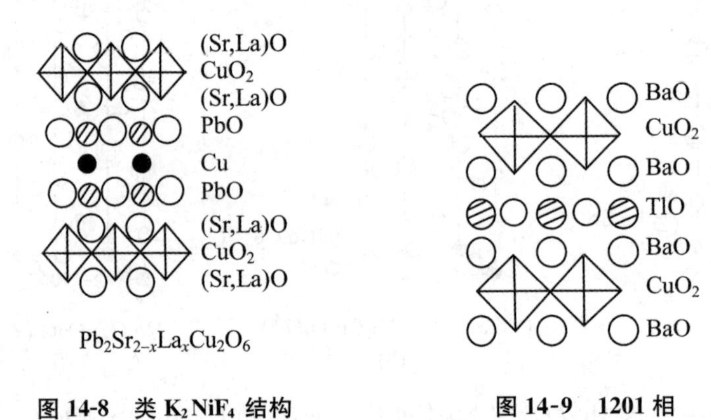

图 14-8　类 K_2NiF_4 结构　　　　**图 14-9　1201 相**

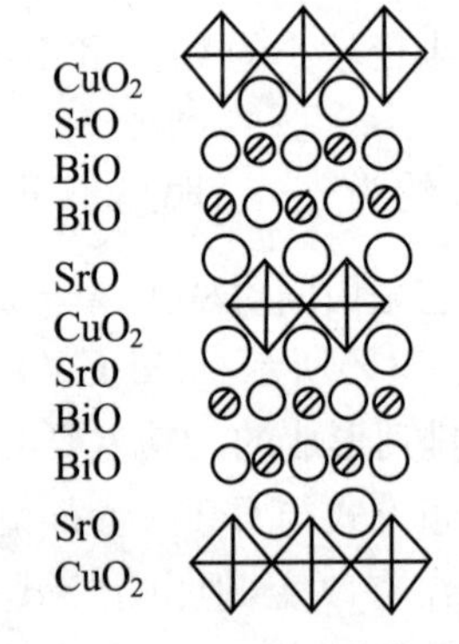

图 14-10　$Bi_2Sr_2CuO_6$（Bi-2201）

14.3　含铜氧双层的超导氧化物

一些超导氧化物的晶胞中含有两层面面相对的 CuO_5 四方锥，它是由两层 CuO_6 八面体失去公用的顶点氧形成的两倍缺氧钙钛矿结构，称之为铜氧双层结构。这一类的超导氧化物常常是铜氧双层和岩盐型层或萤石型层交替排列的层状结构。

$(Ca,Sr)CuO_2$ 的结构如图 14-11（T′相），$T_c=110$ K[128]，是一类特殊的含有铜氧双层的超导氧化物，其结构中铜和氧形成 CuO_4 四边形，Ca，Sr 处在 CuO_2 面的夹层中间，属于双正方形铜氧双层。其结构中不含岩盐型层或萤石型层。类似结构的超导体还有 $(Sr,Ln)CuO_2$（Ln 为稀土原子，$T_c=40$ K）。

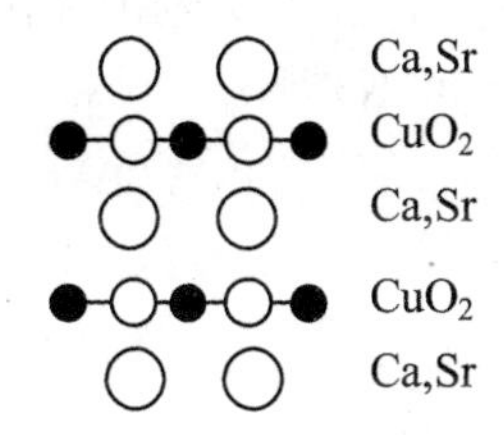

图 14-11　$(Ca,Sr)CuO_2$ 的结构图

$La_2CaCu_2O_6$ 属四方晶系。其结构为铜氧双层与一层岩盐型层交替排列的层状结构（图 14-12），$c\approx 4a_p+\sqrt{2}\,a_p$。使用 Sr^{2+} 部分取代 La^{3+}，$La_{2-x}Sr_xCaCu_2O_6$ 具有 $T_c=60$ K 的超导电性[129]。具有类似结构的氧化物超导体还有 $Ca_3Cu_2O_4Cl_2$，Cl 占据 CuO_4Cl 四方锥的顶点位置。

通式为 $MBa_2Ca_{n-1}Cu_nO_{2n+2+\delta}$（$n=1,2,3\cdots$，M=Tl，Hg）的超导氧化物，M 为半径较大的离子如 Tl^{3+}，Hg^{2+} 等取代 123 相 CuO 链上的 Cu 时，MO 层上的氧趋向于占据 $\left(\frac{1}{2},\frac{1}{2},0\right)$，形成岩盐型连接结构单元，相当于在钙钛矿层间插了两层岩盐层，由 123 相形成了 1212 相，其结构由铜氧双层与两层岩盐型结构单元在 c 轴方向上交替排列形成。M=Tl^{3+} 时，$TlBa_2CaCu_2O_{6+\delta}$（$T_c=103$ K[130]），TlO_δ 岩盐层上氧含量较大，δ 接近于 1；M=Hg^{2+} 时，$HgBa_2CaCu_2O_{6+\delta}$（$T_c=127$ K [131]）的 HgO_δ 层上氧的占有率很小，Hg 与 O 基本处于 **c** 方向的线性二配位。注意到岩盐型层间距为 $\frac{\sqrt{2}}{2}a_p$，可以估算 c 长约为 $2a_p+\sqrt{2}a_p$，即 c 大于 $3a_p$。

含完整单层 BiO 的铜氧化物难以形成[132]，使用合适的金属离子如 Cd，Cu 等部分取代 Bi 以稳定 BiO 层，可以得到含单层 (Bi，M)O 的铜氧化物 $(Bi,M)Sr_2YCu_2O_z$（Bi-1212 相，图 14-13）[133-134]，$T_c=60$ K（M=Cu）。

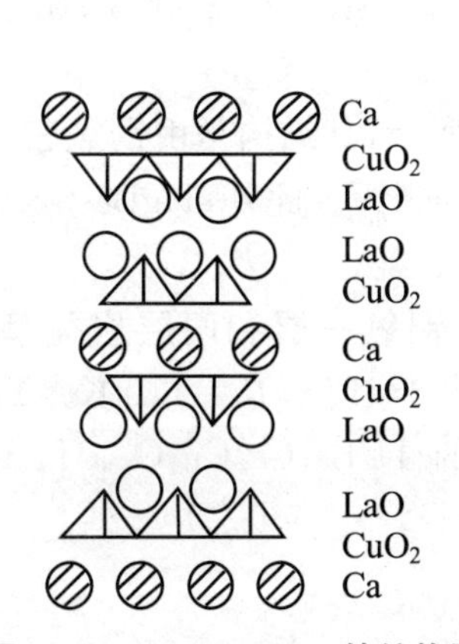

图 14-12　$La_2CaCu_2O_6$ 的结构图

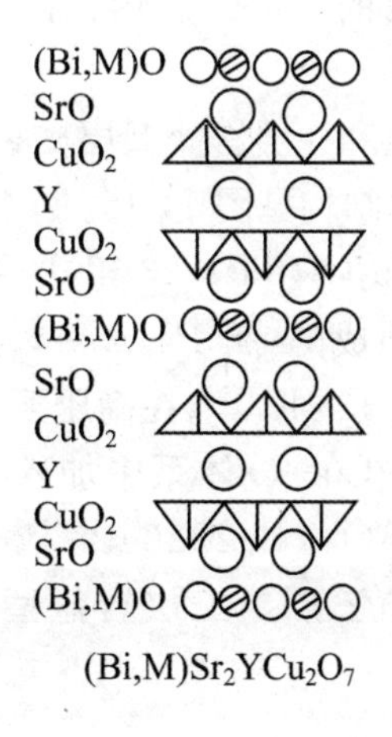

图 14-13　Bi-1212 相的结构图

在上一节中我们讲到的具有 K_2NiF_4 相关结构的 Bi-2201 相属于 Bi—Sr—Cu—O 体系的氧化物。在该体系中加入 Ca，可以得到含铜氧双层的 $Bi_2Sr_2CaCu_2O_8$（Bi-2212）[135-137]，属于正交晶系，$T_c=85$ K，其结构是由铜氧双层和三层岩盐型层交替排列而成(图 14-14)。Tl 系超导体中也可形成由铜氧双层与三层岩盐型结构单元堆积的 $Tl_2Ba_2CaCu_2O_8$ (Tl-2212 相，$T_c=98$ K)[138]。

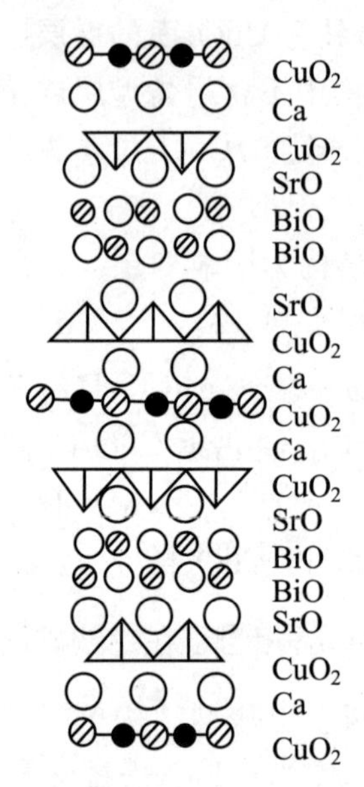

图 14-14　$Bi_2Sr_2CaCu_2O_8$ (Bi-2212)的结构图

14.4　含铜氧三层的超导氧化物

另一些超导氧化物的晶胞中含有铜氧三层结构，这种结构是由三层 CuO_6 八面体失去公用的顶点氧形成的三倍缺氧钙钛矿结构，具体为两层四方锥铜氧面中间夹一层正方形铜氧面。

由铜氧三层和一层岩盐型层交替排列而成的 $PbBaYSrCu_3O_8$ 氧化物，属于 $I4/mmm$ 点群，$c=27.66$ Å，结构见图 14-15。

$TlBa_2Ca_2Cu_3O_9$ (Tl-1223 相)的结构如图 14-16 所示，其结构是由铜氧三层和两层岩盐型层交替排列而成的，属 $P4/mmm$ 空间群，$T_c=110$ K[139]。此外，$HgBa_2Ca_2Cu_3O_{8+\delta}$ (Hg-1223 相)的 $T_c=134$ K[131]，在高压下 T_c 可达 150 K。

在 Bi—Sr—Cu—O 体系中加入 Ca，还可以得到铜氧三层和两层岩盐型层交替排列的 $Bi_2Sr_2Ca_2Cu_3O_{10}$ (Bi-2223)[135-137]，属正交晶系(图 14-17)，$T_c=110$ K。Tl 系超导体中也可形成由铜氧三层与三层岩盐型结构单元堆积的 $Tl_2Ba_2Ca_2Cu_3O_{10}$ (Tl-2223 相，$T_c=125$ K)[140]。

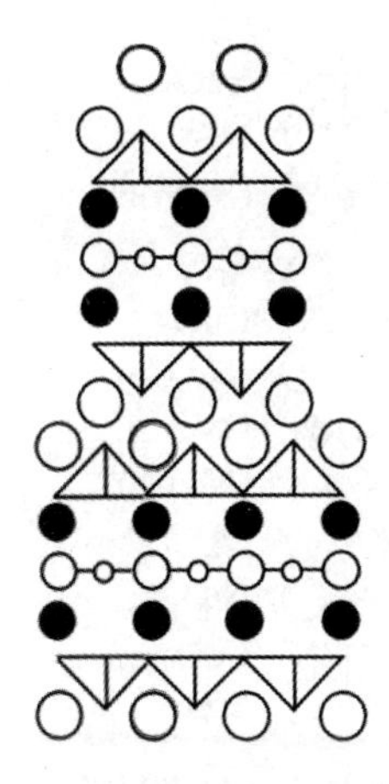

图 14-15　$PbBaYSrCu_3O_8$ 氧化物的结构图

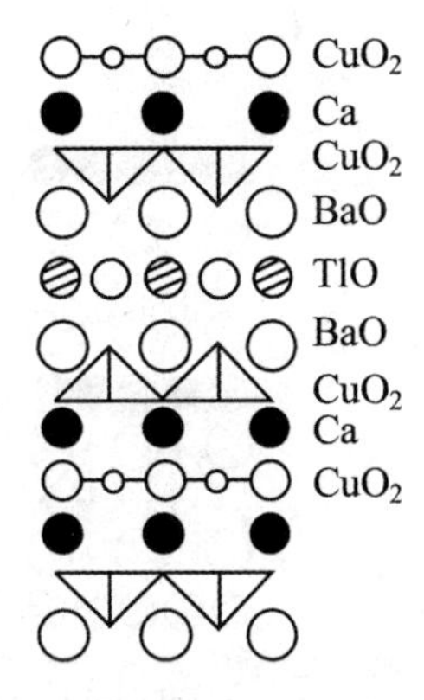

图 14-16　1223 相的结构图

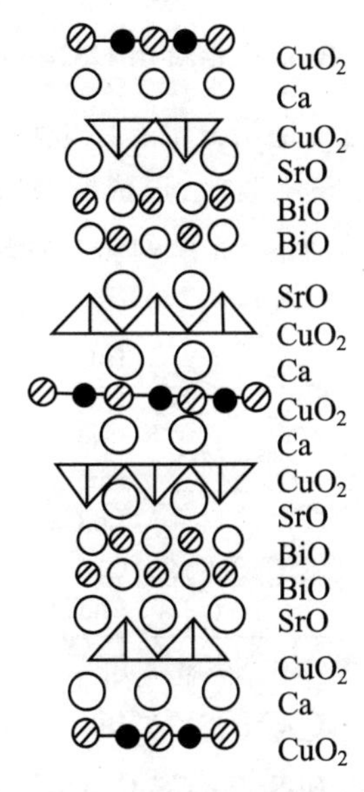

图 14-17　$Bi_2Sr_2Ca_2Cu_3O_{10}$ (Bi-2223) 的结构图

14.5　其他含铜氧层和岩盐型层、萤石型层的超导氧化物

Bi-1212 相可以引入萤石型层，从而得到含一层萤石型结构单元的 $(Bi,M)Sr_2(Ln,Ce)_2Cu_2O_z$ (Bi-1222 相)[141-142] 和含两层萤石型结构单元的 $(Bi,M)Sr_2(Ln,Ce)_3Cu_2O_z$ (Bi-1232 相)[143]，1222 相的 T_c 约为 27 K(M=Cd)，1232 相的 T_c 约为 20 K(M=Cu)。其结构见图 14-18。

由 Tl-1212 相也可衍生出含萤石型层的 $TlBa_2(Nd,Ce)_nCu_2O_z$ ($n=2,3$；Tl-12n2 相)，其结构与相应的 Bi-12n2 类似。

2212 相的两个铜氧四方锥底面之间可以插入一层萤石型层，得到 2222 相，例如铜氧化物 $Bi_2Sr_2(Ln,Ce)_2Cu_2O_{10}$ ($T_c=20\sim34$ K) 和 $Tl_2Ba_2(Ln,Ce)_2Cu_2O_z$ (Tl-2222 相)。这是由

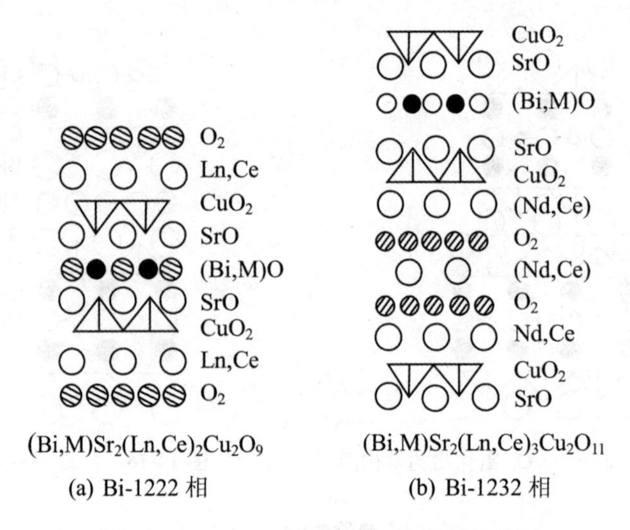

图 14-18　Bi-1222 相和 Bi-1232 相的结构图

三层岩盐型层，缺氧钙钛矿层与萤石型层沿 c 轴有序堆积形成的（图 14-19）[144]。

在 Tl 系超导体中，Ba^{2+} 可以为 Sr^{2+} 取代，形成化学通式为 $TlSr_2Ca_{n-1}Cu_nO_{2n+3}$ 的层状超导氧化物[145-147]。其超导温度比相应的 Ba 系列化合物略低，$T_c \approx 90$ K。

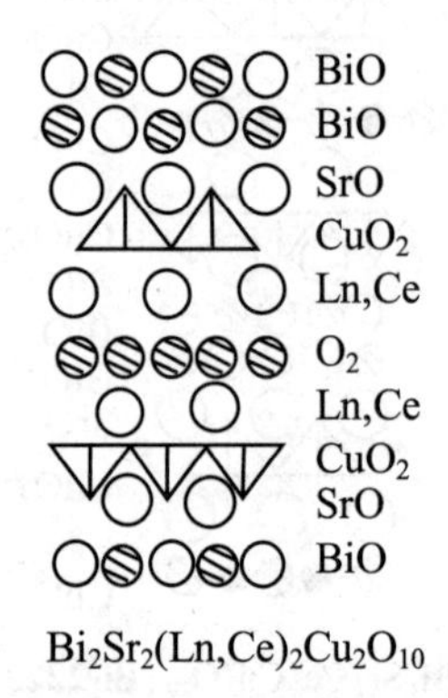

图 14-19　$Bi_2Sr_2(Ln,Ce)_2Cu_2O_{10}$ 的结构图

由于 HgO_δ 层中氧的占有率很小，Ba 位的空隙较大，使得用 Sr 取代 Ba 的 $HgSr_2Ca_{n-1}Cu_nO_{2+2n+\delta}$ 难以合成出来。使用合适的高价离子 M 如 Pb^{4+}，Bi^{3+}，Mo^{6+}，Nb^{5+} 等部分取代 Hg^{2+}，可以得到 $(Hg,M)(Sr,La)_2(Ln,Ca)_{n-1}Cu_nO_z$（$n=1,2$），这里 Sr，La 占据 Ba 的位置，其结构与 Pb-12($n-1$)n 相类似。(Hg，M)-1201 相的 $T_c=20\sim78$ K[148-149]，(Hg,M)-1212 相的 $T_c=56\sim110$ K[150-151]。引入萤石型层可以合成 $(Hg,M)Sr_2(Ln,Ce)_2Cu_2O_z$（1222 相，M=Pb，Nb），其中(Hg,Pb)-1222 相的超导转变温度为 38 K[152]。

Y-123 结构中的 Ba 全部由 Sr 取代，Cu—O 链上下各插入一层 Pb—O 后则得到 $Pb_2YSr_2Cu_3O_{8+\delta}$（Pb-3212 相），它是 Cava 等发现的第一个 Pb 系铜氧化物层状超导体，$T_c=68$ K[153]。它属于 $Pb_2(Sr,La)_2(Ln,Ca)_{n-1}Cu_{n+1}O_{2n+4+\delta}$ 系列的铜氧化物。$n=1$ 的化合物即为 $Pb_2(Sr,La)_2Cu_2O_{6+\delta}$，其结构如图 14-20(a)所示，它属于正交晶系，a，b 取 $\sqrt{2}a_p$，$c=3a_p+\sqrt{2}a_p$。Pb-3212 相的两铜氧四方锥底面之间可引入萤石型层，得到 $Pb_2Sr_2(Nd,Ce)_2Cu_3O_z$

(Pb-3222 相)，结构如图 14-20(b)所示。

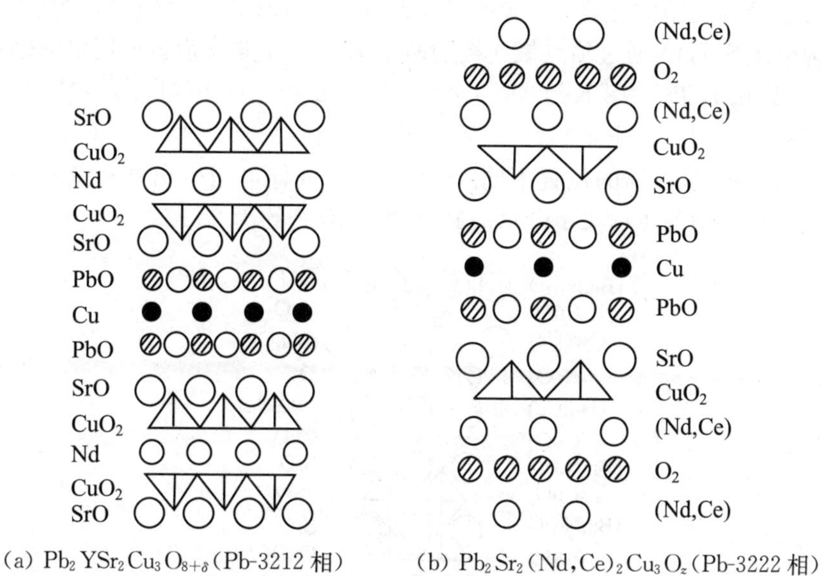

(a) $Pb_2YSr_2Cu_3O_{8+\delta}$(Pb-3212 相)　(b) $Pb_2Sr_2(Nd,Ce)_2Cu_3O_z$(Pb-3222 相)

图 14-20　$Pb_2YSr_2Cu_3O_{8+\delta}$(Pb-3212 相)与 $Pb_2Sr_2(Nd,Ce)_2Cu_3O_z$(Pb-3222 相)的结构图

由 Pb-3212 相晶胞中去掉一层 PbO 岩盐型结构单元则形成 Pb 系超导铜氧化物的另一重要体系 $Pb(Ba,Sr)_2(Y,Ca)Cu_3O_{7+\delta}$(Pb-2212 相)，$T_c=60$ K。其结构如图 14-21(a)[154]。在晶胞中 Ba,Sr,Pb 有序分布。与 Pb-3212 相类似，Pb 和 Cu(1) 分别以+2 和+1 价存在。Pb-2212 相中插入萤石型结构单元可得到 $Pb(Ba,Sr)_2(Nd,Ce)_2Cu_3O_z$(Pb-2222 相)，其结构如图 14-21(b)所示。

使用合适的离子如 Cd^{2+}，Cu^{2+} 部分取代 Pb，可以得到含(Pb，M)O 双岩盐型层的 $(Pb,M)(Sr,La)_2(Ln,Ca)_{n-1}Cu_nO_z$($n=1$，Pb-1201 相，$T_c=25$ K；$n=2$，Pb-1212 相，$T_c=40\sim90$ K)和 $(Pb,M)Sr_2(Ln,Ce)_nCu_2O_z$($n=2$，Pb-1222 相，$T_c=28$ K；$n=3$，Pb-1232 相)。

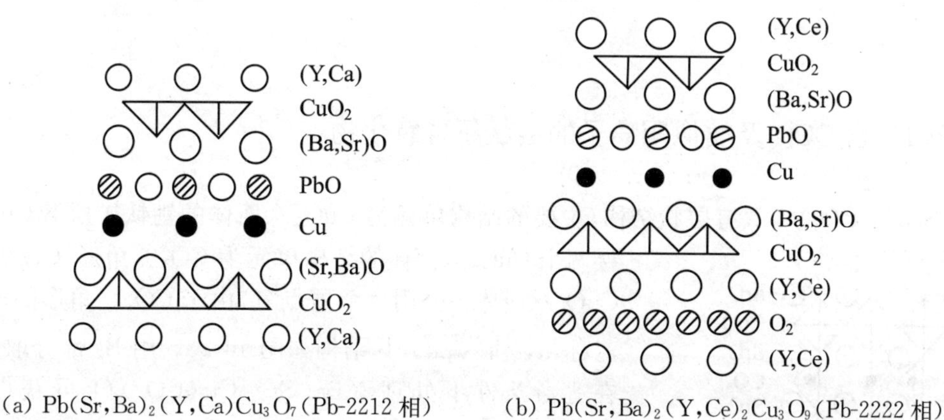

(a) $Pb(Sr,Ba)_2(Y,Ca)Cu_3O_7$(Pb-2212 相)　(b) $Pb(Sr,Ba)_2(Y,Ce)_2Cu_3O_9$(Pb-2222 相)

图 14-21　$Pb(Sr,Ba)_2(Y,Ca)Cu_3O_7$(Pb-2212 相)与 $Pb(Sr,Ba)_2(Y,Ce)_2Cu_3O_9$(Pb-2222 相)的结构图

1212 相的两铜氧面之间可以插入萤石型的结构单元，可以形成含萤石型层的 1222 相，典型的化合物 $(Nd,Ce)_2(Ba,Nd)_2Cu_3O_z$ 的结构见图 14-22(a)，O(1)位的 O 统计分布在 $\left(\frac{1}{2},0,0\right)$和$\left(0,\frac{1}{2},0\right)$位置上，结构属四方晶系。$T_c=43$ K。它可以看成三倍钙钛矿与萤石层交错排列形成。我们在 Ta-1212 相的两铜氧四方锥底面之间插入一层萤石型结构单元，衍生出一类新结构类型的化合物 $TaSr_2(Nd,Ce)_2Cu_2O_{10}$（Ta-1222 相），它是由完整的非铜钙钛矿结构单元 $SrTaO_3$ 通过顶点氧连接的两个铜氧四方锥与萤石型层沿 c 轴有序堆积形成的（图 14-22（b）），$T_c=28$ K[155-156]。它与 Tl-1222 相结构相似（晶体结构见图 5-11 和图 5-12），只是由于 Ta 离子半径小于 Tl 的离子半径，所形成的 Ta—O 配位八面体小于 Tl—O 配位八面体，氧占据的位置不同。Ga-1212 相同样可衍生出具有萤石型结构单元的层状铜氧化物 $GaSr_2(Y,Ce)_2Cu_2O_z$（Ga-1222 相），其 T_c 约为 20 K[157]。

(Ba,Nd)O
CuO2
(Nd,Ce)
O2
(Nd,Ce)
CuO2
(Ba,Nd)O
CuO2
(Ba,Nd)O
CuO2
(Nd,Ce)
O2
(Nd,Ce)
CuO2
(Ba,Nd)O
SrO
CuO2
(Nd,Ce)
O2
(Nd,Ce)
CuO2
SrO
TaO2
SrO
CuO2
(Nd,Ce)
O2
(Nd,Ce)
CuO2
SrO

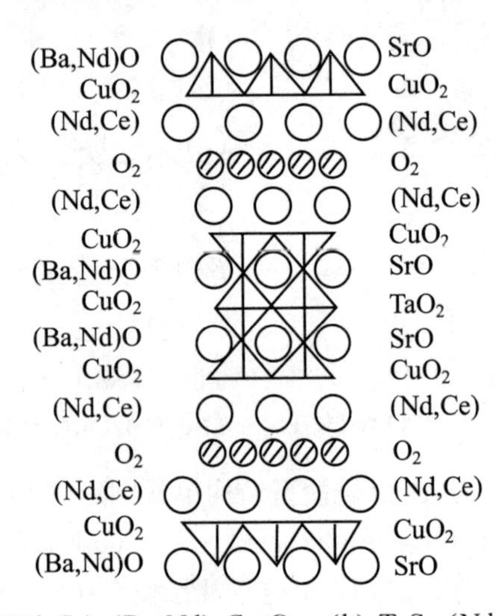

(a) $(Nd,Ce)_2(Ba,Nd)_2Cu_3O_z$　(b) $TaSr_2(Nd,Ce)_2Cu_2O_{10}$

图 14-22　$(Nd,Ce)_2(Ba,Nd)_2Cu_3O_z$ 与 $TaSr_2(Nd,Ce)_2Cu_2O_{10}$ 的结构图

14.6　其他结构类型的超导氧化物

14.6.1　含 CO_3^{2-} 及类似阴离子的层状超导氧化物

$Sr_2Cu(CO_3)O_2$ 具有层状结构，主要的结构单元为 CuO_6 八面体的钙钛矿层 $SrCuO_3$，连接两个 CuO_6 八面体的结构单元为 CO_3 三角形，CO_3 与两个 CuO_6 八面体各公用一个顶点氧，由于 CO_3 三角形的非中心对称，a，b 取 $\sqrt{2}a_p$，其结构如图 14-23。用 Ba 部分取代 Sr，在适当条件下处理，$(Ba,Sr)_2Cu(CO_3)O_2$ 可获得超导电性[158]。

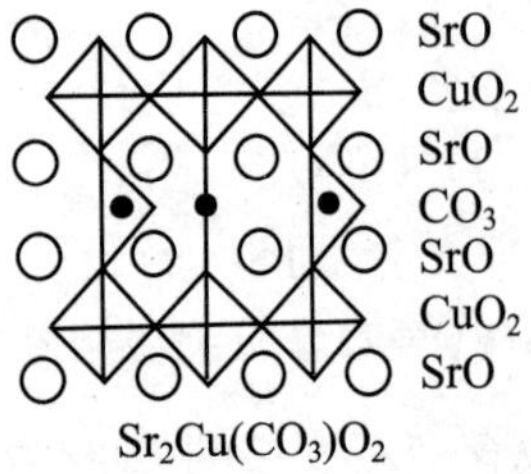

SrO
CuO2
SrO
CO3
SrO
CuO2
SrO
Sr2Cu(CO3)O2

图 14-23　$Sr_2Cu(CO_3)O_2$ 的结构图

一些阴离子如 BO_3^{3-}，NO_3^-，SO_4^{2-}，PO_4^{3-} 可以完全或部分取代 CO_3^{2-}，形成化学式为 $(La,Sr,Ba)_2Cu(AO_3)O_2$（A=C，B）和 $Y(Ba,Sr)_2Cu_{3-x}(AO_n)_xO_z$（A=C，B，N，$n=3$；A=P，S，$n=4$）的层状化合物，其中 $Y(Ba,Sr)_2Cu_{2.5}(BO_3)_{0.5}O_z$

的 T_c 为50 K。

14.6.2　具有CsCl型结构单元的层状铜氧化物

$Pb_3Sr_3Cu_3O_8Cl$ 的结构如图14-24(a)[159]所示，该结构中含有一个CsCl型的结构单元(Pb,Sr)Cl，它可看作由Pb-3212结构中的两个铜氧四方锥底面之间插入一层CsCl型的结构单元衍生出来。此外，类似的铜氧化物还有 $TaBa_2Pb_2Cu_2O_8Cl$（图14-24(b)），它由Ta-1212相插入CsCl型的结构单元衍生出来。这类化合物目前尚未获得超导电性。

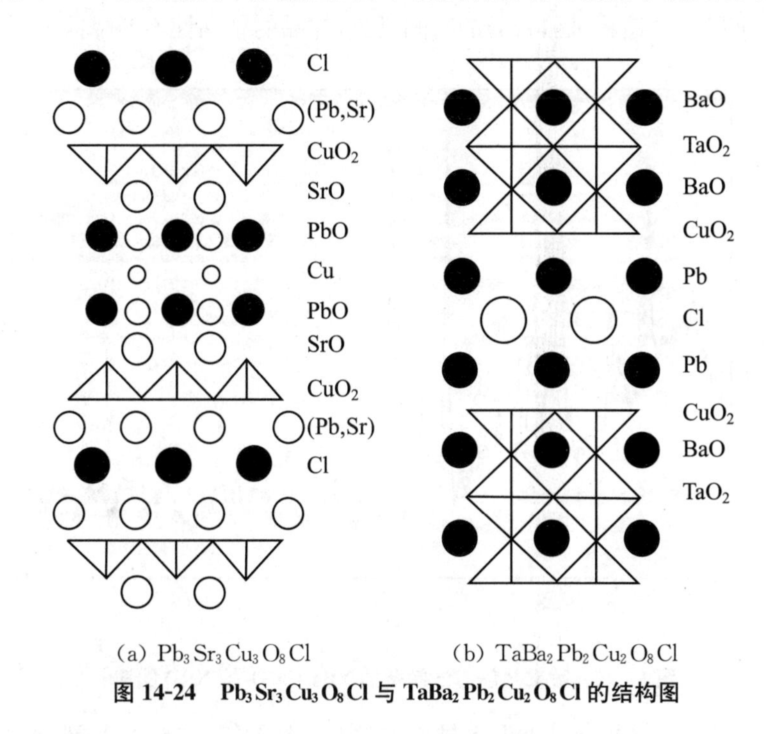

(a) $Pb_3Sr_3Cu_3O_8Cl$　　(b) $TaBa_2Pb_2Cu_2O_8Cl$

图14-24　$Pb_3Sr_3Cu_3O_8Cl$ 与 $TaBa_2Pb_2Cu_2O_8Cl$ 的结构图

14.7　超导氧化物材料的化学稳定性

14.7.1　Y-Ba-Cu-O体系的化学稳定性研究

研究发现，超导氧化物材料的稳定性较差。例如，Y-Ba-Cu-O体系的超导氧化物表现出化学不稳定性。如图14-25所示，通过喷雾热解方法制备 $YBa_2Cu_3O_7$ 过程中，温度范围控制在700～1100 ℃，总会有杂质相($BaCO_3$，CuO，Y_2BaCuO)的存在[160]。Yan等和Naito等发现 $YBa_2Cu_3O_7$ 遇水也会有以上杂质相的生成[161-162]。

14.7.2 Bi 系超导体的稳定性研究

此外，Bi 系超导材料也被发现在一定条件下稳定性较差。机械研磨会使超导态物相退化到非超导态，并且高 T_c 的超导相比低 T_c 的超导相更容易转变为非超导的非晶相。如 Bi-Sr-Ca-Cu-O 体系的一混合物样品，由 73 vol %高 T_c 的 $Bi_2Sr_2Ca_2Cu_3O_y$ 相(Bi-2223 相，$T_c=105$ K)、18 vol %低 T_c 的 $Bi_2Sr_2CaCu_2O_y$ 相(Bi-2212 相，$T_c=75$ K)和 8 vol %非超导相样品组成，经过 62 min 研磨后，样品 98 vol% 转化为非晶相[163]。其 XRD 衍射结果如图 14-26 所示，可以看出随着机械研磨的时间延长，样品的结晶性不断降低。

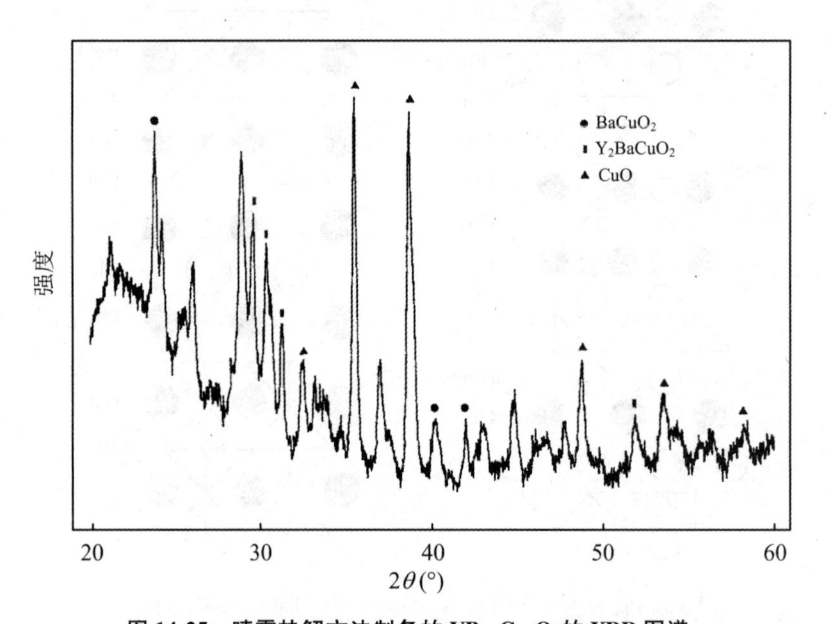

图 14-25 喷雾热解方法制备的 $YBa_2Cu_3O_7$ 的 XRD 图谱

Bi 系超导单晶在一定的条件下退火过程中常发生相偏析，这反映了 Bi 系超导的热力学不稳定性。如 Bi-2212 单晶($Bi_2Sr_2CaCu_2O_y$)生长后在一定的条件下退火可以明显改善其超导性，但该超导体本身是热力学不稳定的，热处理过程中发生相偏析[164]。具体表现为：在 400 ℃煅烧时，只有 $Bi_2Sr_2CaCu_2O_y$ 的(001)面的衍射峰出现；当温度升高到 450 ℃时，出现了 Bi_2O_3 的衍射峰；进一步升高温度到 550 ℃时，又出现了 $Bi_xSr_yCa_z$ 氧化物；650 ℃时，$Bi_2Sr_2CaCu_2O_y$ 的结构改变更加明显。其 XRD 衍射图谱如图 14-27 所示。

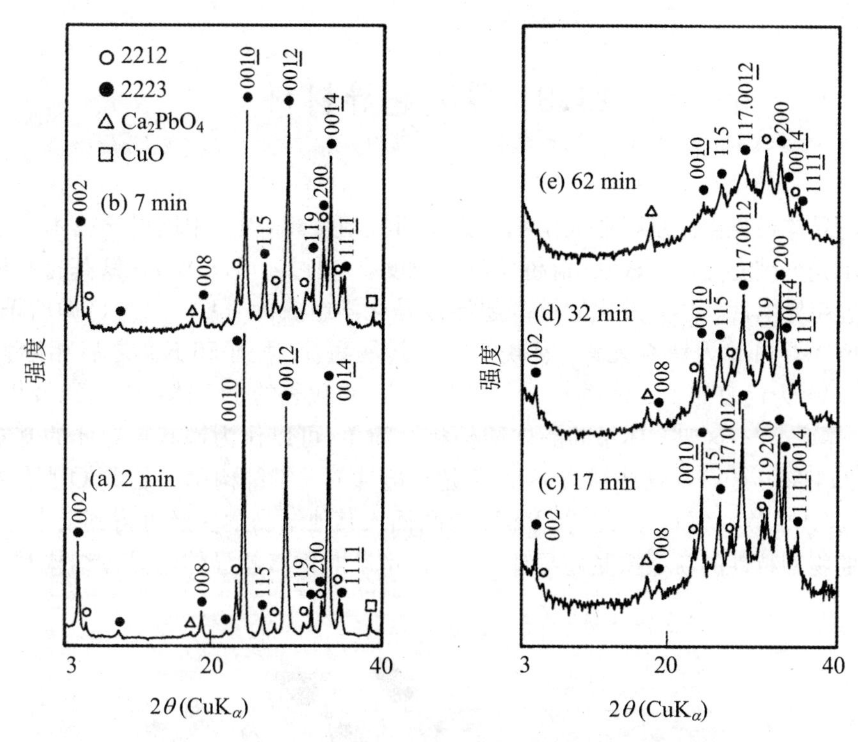

图 14-26　Bi-Sr-Ca-Cu-O 体系的一混合物样品的 XRD 谱图

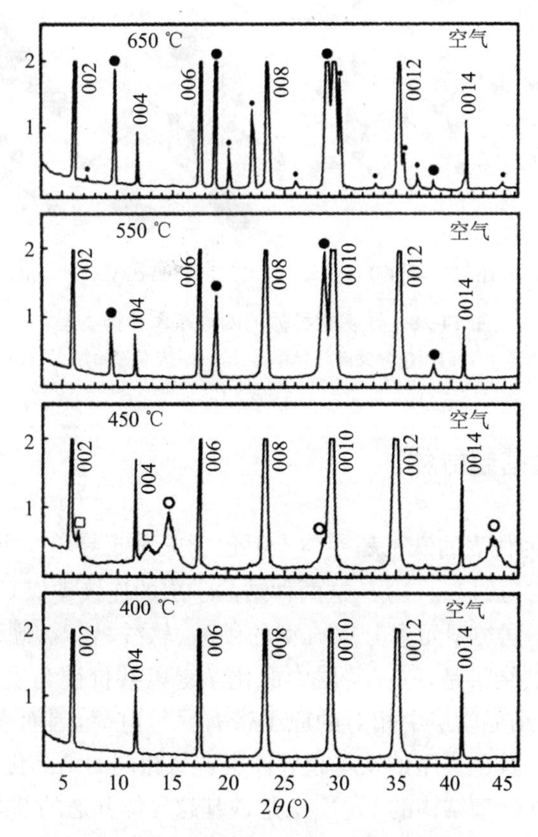

图 14-27　$Bi_2Sr_2CaCu_2O_y$ 的 XRD 谱图

14.8 铁基超导材料

铁基超导体最先由东京工业大学细野秀雄研究组发现[165]。中国科学技术大学陈仙辉研究组等率先突破麦克米兰极限(指超导转变温度 T_c超过 40 K)[166],在铁基材料体系实现常压下高温超导电性。早先发现的铁基超导体是化学组成为 1∶1∶1∶1(即所谓 1111 体系)的 LnFeAsO(Ln 为镧系元素)家族[165-169],其最高 T_c达到 56 K。之后相继发现了以(Ba,K)Fe_2As_2为代表的 122 体系[170-171],以 LiFeAs 为代表的 111 体系[172],以及以 FeSe 为代表的 11 体系[173]。这四个体系的晶体结构相对简单,可以作为铁基超导体的基本结构形式(参见图 14-28)[174]。在这些结构中,产生超导电性的关键结构单元是 PbO 型结构 Fe_2X_2层(X 为磷族或硫族元素)。因此,在 Fe_2X_2层间插入其他结晶学块层可得到复杂结构的、可能具有新的物理特性的新型铁基超导体[174-175]。本节对铁基超导体的晶体结构和结晶化学作简要介绍。

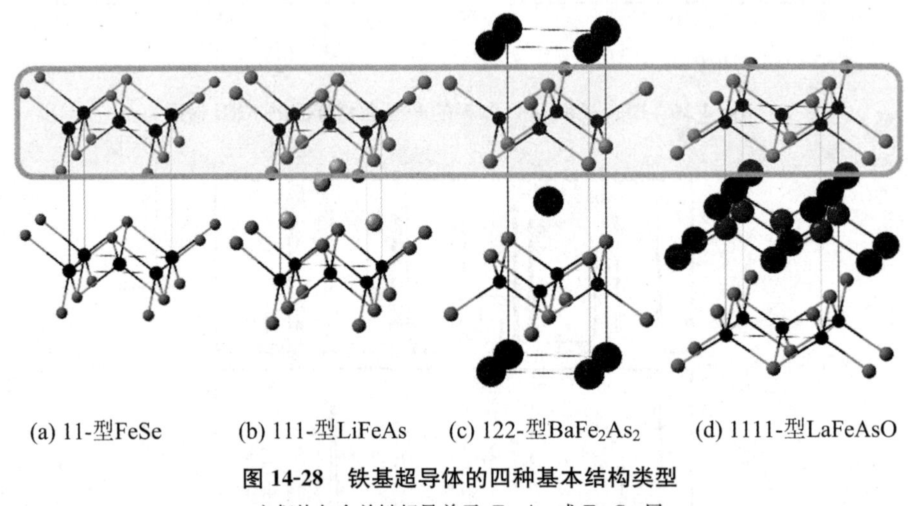

(a) 11-型FeSe　(b) 111-型LiFeAs　(c) 122-型$BaFe_2As_2$　(d) 1111-型LaFeAsO

图 14-28　铁基超导体的四种基本结构类型

它们均包含关键超导单元:Fe_2As_2或 Fe_2Se_2层

14.8.1 简单结构铁基超导体

以 $LaFeAsO_{1-x}F_x$为代表的铁基超导体不但包含关键超导单元 Fe_2As_2层,在 Fe_2As_2层中间还插入同为 PbO 结构的 La_2O_2层,这两种结晶学层的连接类似 CsCl 结构。值得注意的是,La,Fe,As,O 四种不同类型元素分属典型的硬酸、软酸、软碱、硬碱,在晶体结构中体现出软硬酸碱法则[174]。其结果是,Fe_2As_2层中的化学键以共价键为主,而 La_2O_2层中的化学键主要是离子键。两种结晶学层中相对的原子带有异号电荷,因而在 c 方向产生有效库仑吸引,使其结构稳定化。其他类型的铁基超导体也遵从相同的结晶化学规律。

如图 14-28 所示,PbO 型结构的 Fe_2X_2层是铁基超导体共通的基本结构单元。中间原子层为铁原子构成的四方平面晶格,与两侧的 X 原子层组成的“三明治”结晶学块层。该块层中，基本配位结构为 FeX_4 四面体。FeX_4 四面体共棱联结形成二维层状结构。研究表明，FeX_4 四面体的结构参数对 T_c 起着重要的作用。对于 FeAs 层超导体，当 FeX_4 为正四面体时，T_c 一般达到极大值[176-177]。

结构最简单的铁基超导体是 β-FeSe[173]。它可以看成是由 Fe_2Se_2 层沿 c 轴堆叠而成，空间群为 $P4/nmm$，层间相互作用主要为范德华力，如图 14-27(a)所示。β-FeSe 的 T_c 为 8 K 左右[173]，高压下可增加到 37 K[178]。对于 $SrTiO_3$ 衬底上生长的 FeSe 单层薄膜，其 T_c 可达 65 K 或者更高[179-182]。

当在 Fe_2As_2 层之间插入 Li^+，Na^+ 等较小的双层碱金属离子时，可形成具有反 PbFCl 结构的 LiFeAs[172] 和 NaFeAs[183]，如图 14-28(b)所示。如果在 Fe_2As_2 层之间插入 K，Rb，Cs 等较大的碱金属离子单层或者 Ca，Sr，Ba 等碱土金属单层离子，则可以形成被称为 122 型的 $ThCr_2Si_2$ 结构，如图 14-28(c)所示。相较于母体材料 $AeFe_2As_2$(Ae = Ca，Sr，Ba，Eu)中的 +2 价 Fe，$AkFe_2As_2$(Ak = K，Rb，Cs)中 Fe 的形式价态为 +2.5 价，处在重度空穴掺杂区，其本身即显示出 T_c 约为 3 K 的超导电性。还有另一类具有 $ThCr_2Si_2$ 结构的铁基硫属化合物超导材料 $A_xFe_{2-y}Se_2$(A=K，Rb，Cs，Tl)[184-185]。由于价态平衡的原因，其 A 位和 Fe 位的占位率都不到 100%，且往往伴生超结构相 $A_2Fe_4Se_5$ 的形成[185-186]。在 $A_xFe_{2-y}Se_2$ 体系中，可以在层间插入 NH_3 或有机小分子，得到新的夹层超导体[187-188]。

具有 ZrCuSiAs 结构的 1111 体系根据其中的绝缘层的不同又可分成几类。除了最早合成的 $[Ln_2O_2]^{2+}[Fe_2As_2]^{2-}$ 系列(其化学式一般按照元素电负性从小到大的顺序排列，即 LnFeAsO)，还有绝缘层阴离子为 −1 价的 AeFeAsF(Ae = Ca，Sr，Eu，Sm[189])系列和高压合成的 CaFeAsH(这里的氢元素为 −1 价)。如果将绝缘层阴离子换成 −3 价的氮元素，还可以得到目前唯一的氮化物铁基超导体 ThFeAsN[190]。ThFeAsN 与其他 1111 体系有显著的不同：它不需要进行额外的掺杂即可呈现 30 K 的超导电性。此外，通过高压合成，还可以得到 T_c 为 11 K 包含 FeSi 层的新超导体 LaFeSiH[191]。

14.8.2　复杂铁基超导体

与铜氧化物超导体类似，我们也可以通过改变隔离层(spacer layers)的结构或组成获得新的铁基超导体。图 14-29 显示了具有 1111 衍生结构的三种铁基超导体。第一种是将 1111 型 CaFeAsF 中的隔离层 Ca—F_2—Ca 换成 Ca—As_2—Ca，得到 112 型($HfCuSi_2$ 结构) $CaFeAs_2$。然而，$CaFeAs_2$ 本身并不能合成，需要在 Ca 位掺入部分三价镧系元素才能够使其结构得以稳定，同时实现电子掺杂而引入超导电性[192-193]。由于 As_2 层中的 As—As 共价键，该层中 As 原子排列形成锯齿状的 As 链，如图 14-29(a)所示。这导致晶格对称性降低，由四方晶系变为单斜晶系，空间群为 $P2_1/m$。$EuFeAs_2$ 是唯一的无需掺杂即可合成的 112 型铁基超导体母体[30]。通过在 Eu 位和 Fe 位分别掺入适量 La[194] 和 Ni[195] 可获得超导电性。

另外两种是将 112 结构中的 As_2 层替换成 PtAs 层，如图 14-29(b，c)所示。在 PtAs 层中，形成 $PtAs_4$ 准四方平面配位，$PtAs_4$ 四方平面共用顶点相互联结。这种 PtAs 平面层的 2×2 晶格恰好与 Fe_2As_2 层的 $\sqrt{5}\times\sqrt{5}$ 晶格相匹配，从而形成 $Ca_{10}(Pt_4As_8)(Fe_2As_2)_5$ 结构[196]。如果每四个 Pt 原子中有一个 Pt 缺位，则得到另一种新的铁基超导体 $Ca_{10}(Pt_3As_8)(Fe_2As_2)_5$[196]。

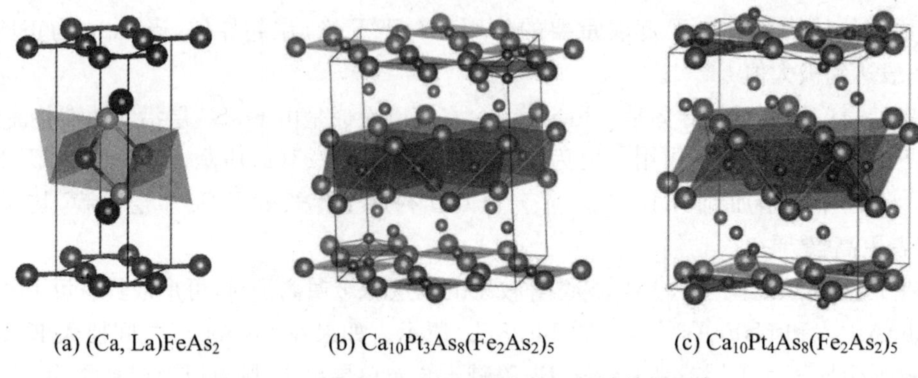

图 14-29　具有 1111 衍生结构的三种铁基超导体

氧化物钙钛矿与铁基超导体的晶格常数基本匹配，因此有可能在 Fe_2As_2 层之间插入钙钛矿型层 $A_{n+1}M_nO_{3n-1}$（n 代表层数）。图 14-30(a) 显示 $A_{n+1}M_nO_{3n-1}Fe_2As_2$ 系列铁基超导体的晶体结构。该系列结构实际上是多层缺氧钙钛矿 $A_nM_nO_{3n-1}$ 与 122 型 $SrFe_2As_2$ 的交生。实际上，相同结构的非铁基化合物早已报道。相关的例子有：$Sr_2CoO_2Cu_2S_2$（$n=1$）[197]，$Sr_3Sc_2O_5Cu_2S_2$（$n=2$）[198]，$Sr_4Mn_3O_8Cu_2S_2$（$n=3$）[199]。还可以合成同时包含铜元素和铁元素的 $Sr_3Fe_2O_5Cu_2S_2$[200]。根据软硬酸碱法则，这里的铜和铁分别与硫与氧结合，而不是相反。这就是说，该化合物并不具有超导活性层，因此没有超导电性。而对于 $n=1$ 的 $Sr_2CrO_2Fe_2As_2$[201]，铁主要与砷结合形成 Fe_2As_2 层，但由于存在少量铬占据 Fe 位，超导电性也被破坏掉。对于 $n\geqslant 2$ 的 $A_{n+1}M_nO_{3n-1}Fe_2As_2$，通过在钙钛矿层进行电子掺杂可获得超导电性[202-204]。

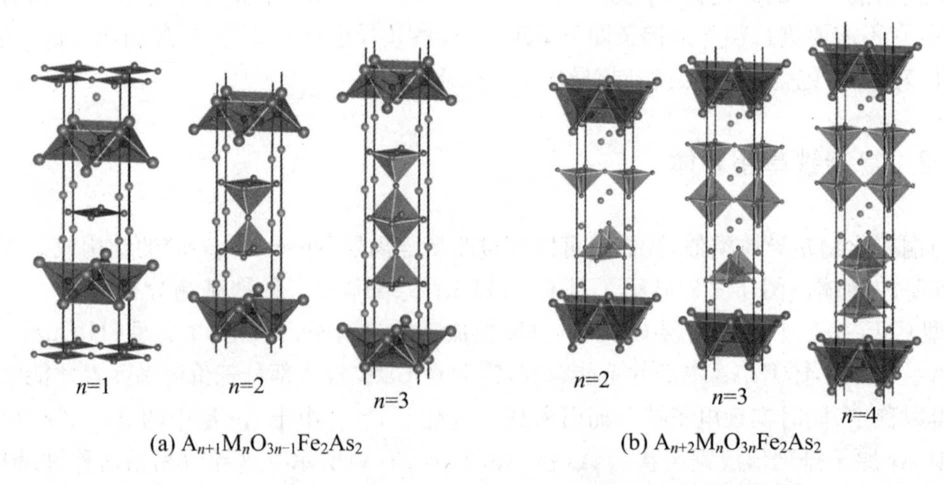

图 14-30　包含类钙钛矿层（中间部分）的铁基超导体的晶体结构

我们知道，钙钛矿层可与岩盐层结合形成 Ruddlesden-Popper 系列化合物。如果在上述钙钛矿层内增加一层岩盐层 AO，即可得到如图 14-30(b) 显示的 $A_{n+2}M_nO_{3n}Fe_2As_2$（$n\geqslant 2$）系列铁基超导体[205-206]，其典型代表为 $Sr_4V_2O_6Fe_2As_2$[205]。该铁基超导体中的钒元素呈现混合价态[207]，因而它无需掺杂即显示超导电性。

除了氧化物钙钛矿层外，一些其他结构层也能够与 Fe_2X_2（X = As, Se）层形成交生化合物。图 14-31(a) 所示的 $(Li_{0.8}Fe_{0.2})OHFeSe$[208] 即是由 (Li, Fe)OH 块层与 FeSe 块层交

生而成。LiOH 与 FeSe 具有相同的空间群（P4/nmm），二者的 ***a*** 轴分别为 3.546 Å 和 3.765 Å。尽管它们的 ***a*** 轴相差较大，但在 LiOH 块层中 Fe 部分替代 Li 使得两块层之间达成晶格适配。同时，Fe 的掺杂使得两块层分别带有异号电荷，产生层间库伦吸引，从而使结构得以稳定。$(Li_{0.8}Fe_{0.2})OHFeSe$ 与 1111 结构很相似，但它的超导活性层是 Fe_2Se_2 层而不是 Fe_2As_2 层 。

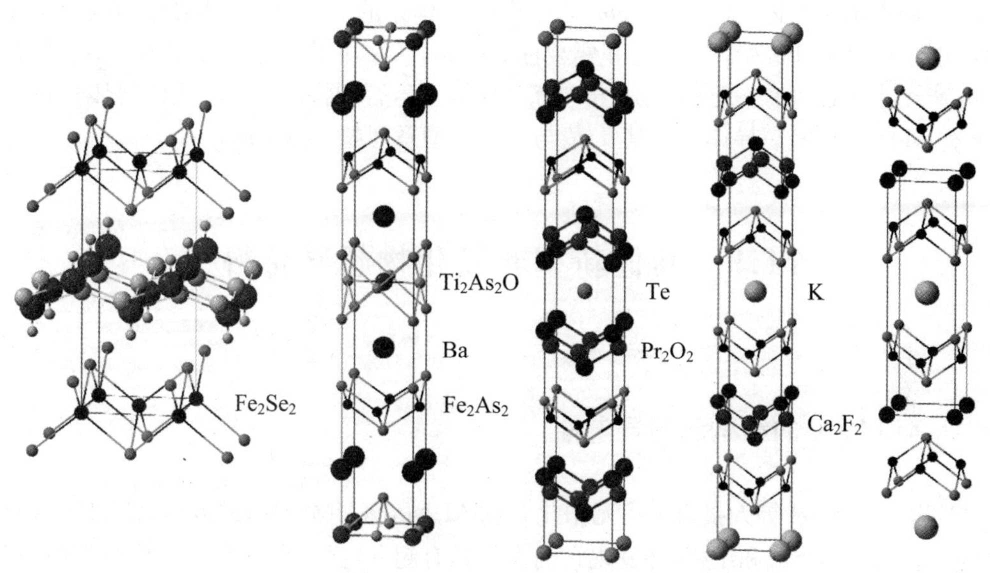

(a) $(Li_{0.8}Fe_{0.2})OHFeSe$　(b) $Ba_2Ti_2Fe_2As_4O$　(c) $Pr_4Fe_2As_4Te_{1-x}O_4$　(d) $KCa_2Fe_4As_4F_2$　(e) $KCaFe_4As_4$

图 14-31　部分复杂铁基超导体的晶体结构

图 14-31(b)所示的 $Ba_2Ti_2Fe_2As_4O$ 是 $BaFe_2As_2$ 与 $BaTi_2As_2O$ 的交生化合物[209]。有趣的是，单独的 $BaFe_2As_2$ 与 $BaTi_2As_2O$ 均不超导，而其交生化合物 $Ba_2Ti_2Fe_2As_4O$ 则呈现 21 K 的超导电性。其原因与 $Sr_4V_2O_6Fe_2As_2$ 中的情况相似，即由于 Ti 的混合价态而产生层间电荷转移——电子由$[Ti_2As_2O]^{2-}$层转移到$[Fe_2As_2]^{2-}$层。具有 $Ba_2Ti_2Fe_2As_4O$ 结构的化合物并不常见，包含 Cr_2As_2 层的 $Ba_2Ti_2Cr_2As_4O$ 是迄今第二个 22241 型结构化合物。它虽然具有金属导电性，但由于没有 Fe_2As_2 层，因而不超导。

图 14-31(c)所示的 $Pr_4Fe_2As_2Te_{1-x}O_4$[210] 是 PrFeAsO 与 Pr_2O_2Te 的交生结构。PrFeAsO 是前面介绍的 1111 型结构，而 Pr_2O_2Te 则为反 $ThCr_2Si_2$ 结构。PrFeAsO 与 Pr_2O_2Te 的 ***a*** 轴比较相近（差值约为 0.07 Å，晶格失配度为 1.67%），基本满足块层之间晶格匹配。如果将 Pr 替换为 La，其晶格失配度达到 2.12%，导致 $La_4Fe_2As_2Te_{1-x}O_4$ 不能被合成。另外，迄今报道的三个 $Ln_4Fe_2As_2Te_{1-x}O_4$（Ln＝Pr，Sm，Gd）超导体都有 Te 空位（$x\approx0.1$）。正是由于 Te 空位的存在而产生的层间电荷转移使得该结构得以稳定。另外，这里的电荷转移还产生一种协同效果：Te 空位也使 $Ln_2O_2Te_{1-x}$ 块层的 ***a*** 轴略微收缩，晶格更加匹配，反过来又进一步增加了结构的稳定性。

图 14-31(d)所示的 $KCa_2Fe_4As_4F_2$[211] 是上述 $Pr_4Fe_2As_2Te_{1-x}O_4$ 的反结构，它是 1111 型 CaFeAsF 与 122 型 KFe_2As_2 的交生化合物。单独的 CaFeAsF 和 KFe_2As_2 中铁的形式价态分别为＋2 和＋2.5 价，而形成 12442 型交生结构后只有一种铁晶位，铁的形式价态为＋2.25 价，因而产生层间电荷转移。12442 型结构也可以看成是 1111 的变种：与 CaFeAsF

结构相比较可以发现,12442 结构中的 Ca_2F_2 绝缘层中间多了一层 Fe_2As_2 层。这种分离的双 Fe_2As_2 层结构十分类似于铜氧化物中的双层 CuO_2 面超导体。目前已经发现了 19 个 12442 型铁基超导体(包括一种电子掺杂的双 Fe_2As_2 层超导体[212]),它们的 T_c 值为 25～37 K。122 型铁基超导体则相当于铜氧化物超导体中的无限层超导体,其最高 T_c 为 38 K。

类似地,两种不同铁价态的 122 型铁基超导体的"混合"可以产生新的 1144 型交生结构,所属空间群由 122 体系的 $I4/mmm$ 变成了 1144 体系的 $P4/mmm$,其典型的例子是如图 14-31(e)所示的 $KCaFe_4As_4$[213]。这里需要注意的是,两个块层中的 A 位阳离子不仅价态不同,而且离子半径也得有一定的差别(相差 0.3 Å 以上),否则将形成 122 型固溶体。目前已发现 9 种 1144 型铁基超导体[214],其 T_c 值与 12442 型系列超导体相近。

14.9 其他新型非氧化物超导材料

14.9.1 $M_xMo_6X_8$ 的结构和超导电性

1971 年,Chevrel 等人报道了三元钼化合物 $M_xMo_6X_8$(M=Li,Mn,Fe,Cd,Pb;X=S,Se,Te,$0\leqslant x\leqslant 4$)的合成和结构,并发现它们大都具有超导电性[215]。在这些化合物中,基本组成单元为 Mo_6X_8 簇,八个 X 原子位于立方体的顶点,而六个 Mo 原子位于立方体面心的附近,如图 14-32 所示。M 原子 x 值的范围取决于其大小,对于相对较小的原子,x 值可以达到 4。对于大的原子(Pb,Sn),x 的值是 1。对于 Mo_6S_8 簇,每个钼原子有 6 个电子,六个 Mo 原子共有 36 个价电子。形成 8 个 S^{2-} 离子需要 16 个电子,剩下的 20 个电子完全填充到成键的 d 轨道。每个簇还有非键的 e_g 能级,可以容纳四个额外的电子。这些电子可以由插层金属例如锂来提供,形成非计量比的 $Li_xMo_6S_8$ 相,其中 x 值的上限为 3.6。随着 x 从 0 变到 3,$Li_xMo_6S_8$ 的晶格参数有明显的变化。$LiMo_6S_8$ 和 $LiMo_6Se_8$ 分别在 5 K 和 3.94 K 出现超导性。

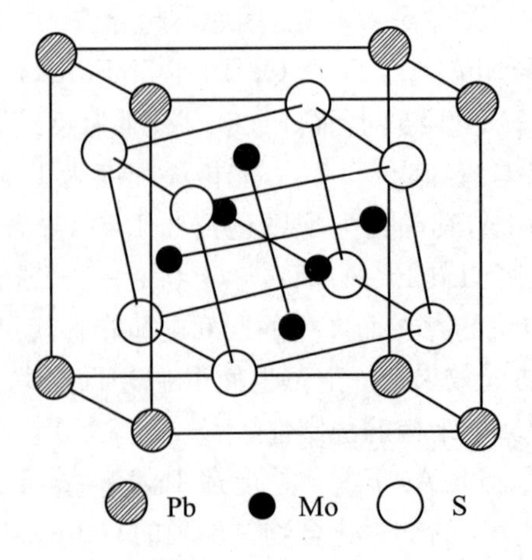

图 14-32　三元钼化合物 $M_xMo_6X_8$ 的结构图

14.9.2　M_3C_{60}的超导性

C_{60}原子团簇的独特掺杂性质来自它特殊的球形结构，当其构成固体时，球外壳之间较大的空隙提供了丰富的结构因素。1991 年 Herbard 等人首次发现掺金属钾的 C_{60}具有 18 K 超导临界转变温度[216]。随后对其他碱金属的掺入进行了大量工作，发现锂与钠掺入只是使 C_{60}的电阻率降低，但并不超导。其他碱金属 C_{60}复合物超导，T_c随着碱金属 M 离子半径的增加而升高，这可能与随着碱金属离子半径增大，M_3C_{60}的点阵常数 a 增大，相邻阴离子 C_{60}^- 的相互作用，减小了费米能级的色散，导致态密度的增加有关。

M_3C_{60}属立方晶系，面心点阵，空间群为 O_h^5- $Fm3m$，每单胞含 4 个化合式单位，点阵常数 M＝K 和 Rb 分别为 14.523 Å。和 14.436 Å。图 14-33 是 K_3C_{60}晶体结构沿立方体基面的投影。4 个 C_{60}分子的中心与 $Fm3m$ 空间群的 4(a)等效点系相一致。整个结构可以看成由 C_{60}分子按面心立方密堆积排列而成，每个 C_{60}分子平均有两个四面体空隙和一个八面体空隙，在 K_3C_{60}的结构中，全部四面体空隙和八面体空隙被 K 原子所占据。

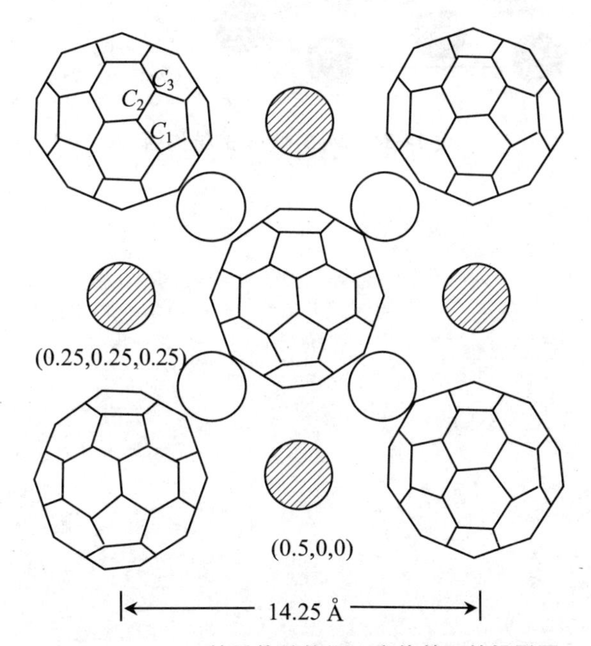

图 14-33　K_3C_{60}的晶体结构沿立方体基面的投影图

空圆圈为钾占据四面体空隙，带影线圆圈为钾占据八面体空隙

2001 年 6 月，香港物理学家发现直径 0.4 nm 的单壁碳纳米管能够呈现出一维超导特性，超导临界温度为 15 K，这是首次在单根纯碳纳米管中观察到超导特性[217]。2004 年俄罗斯科学家发现掺杂金刚石也能具有超导电性[218]，研究人员通过在高压和高温条件下用化学掺杂的方式将硼原子引入金刚石结构中，实验证实这种硼掺杂的金刚石可以成为超导体，虽然超导转变温度比较低(4 K)。

14.9.3 二硼化镁——一种新型的高温超导金属

2001年，日本科学家发现，一种普通的金属间化合物二硼化镁冷却到绝对温度39 K(−234 ℃)时，会表现出超导特性[218]。它是迄今发现的临界温度最高、性质特别稳定的一种金属间化合物。二硼化镁的发现为研究新一类具有简单组成和结构的高温超导体找到新途径。MgB_2 MgB_2的结构见图14-34，硼原子层状分布，镁原子层插在两层硼原子层间。每一层硼原子结构与石墨层相似。

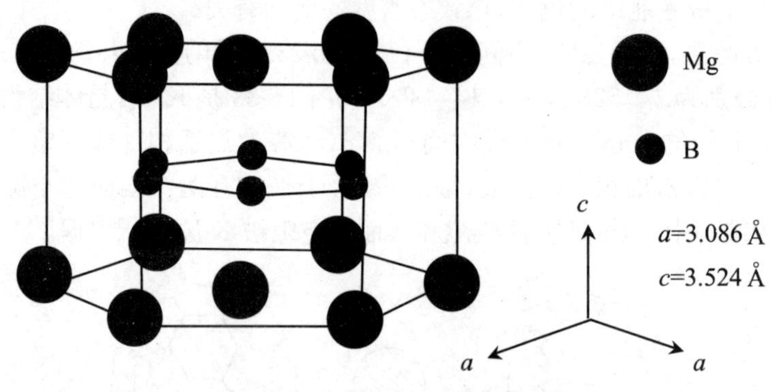

图14-34　MgB_2 MgB_2的结构图

第 15 章　微纳米材料的结晶化学

结晶化学主要研究晶体的化学成分、结构以及性质之间的相互关系。最初，人类只能用眼睛直接观察自然晶体，光学显微镜的发明，使人们能够更清晰地观察晶体的生长过程。直到 1914 年，利用 X 射线测定出晶体结构，化学键的本质及其结构与性能之间的关系得到进一步认识，才形成了结晶化学学科。之后，通过电子显微镜观察，研究晶体的生长过程、形貌与其演变规律，如层状结构和非层状结构晶体纳米管的形成过程，进一步充实了结晶化学。本章将从微纳米材料的晶体生长、新材料的探索等入手，展现结晶化学对材料科学发展的贡献。最后，从二次电池发展过程剖析结晶化学的作用。

15.1　微纳米材料的晶体生长

固相反应通常在固体接触界面上进行，反应速率会受到反应物扩散的影响，而在介质中反应，反应物溶于介质使得反应可控，并防止纳米颗粒的团聚。

根据晶体生长介质和反应条件的不同，晶体生长可分为常压溶液中晶体生长、水热生长、溶剂热生长以及熔盐热生长。

15.1.1　常压溶液中晶体生长

常压下溶液中晶体生长是一种普遍的方法，通常是在温度低于溶剂沸点的情况下将物质配成溶液，再降温或挥发溶剂使晶体从溶液中生长出来。如 $Al_2(SO_4)_3$ 可以诱导磷酸二氢铵(ADP)晶体室温下生长成微米线(图 15-1)；80 ℃下水溶液中可以制备出稀土掺杂的 γ-Fe_2O_3 纳米线，相比于普通 γ-Fe_2O_3 纳米线，其磁学性质得到了增强，且在高温下结构和磁性仍可保持。

在常压溶液中用 γ 射线辐照，也是一种有效的晶体生长方法。如以六方液晶为软模板，γ 射线可以诱导 Zn 盐和硫源在室温下反应生长成 ZnS 纳米线，避免了毒性物质 H_2S 的产生[219]。利用 γ 射线辐照在室温下可以获得 CdSe@PVAc(聚乙酸乙烯酯)纳米电缆结构(图 15-2)[220]。这是由于乙酸乙烯单体具有两亲性，会自发组装成超分子，且在辐照下，会进一步发生聚合，形成管状结构；同时，$SeSO_3^{2-}$ 在辐照下缓慢释放 Se^{2-}，以聚合物管为模板和纳米反应器，最终反应形成 CdSe@PVAc 纳米电缆。其他诸如 Ni，Co，Cd，Sn，Pb，Pd，Pt，Au，Au-Cu，Ag-Cu 等金属以及合金纳米粉末均可在 γ 射线辐照下室温制备[221]。

图 15-1　显微镜下放大 100 倍的 Al^{3+} 掺杂 ADP 微晶体

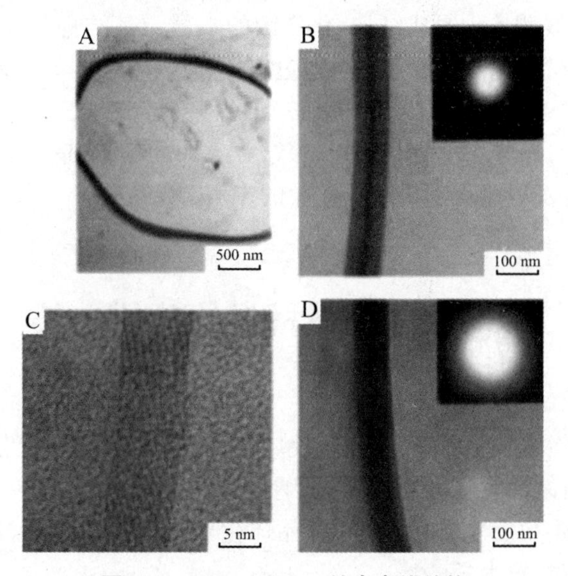

图 15-2　CdSe@PVAc 纳米电缆结构

通过控制表面活性剂的加入量和种类可以控制在 80 ℃水溶液中 Te 纳米晶体的溶解再结晶过程。研究发现，在反应初期由于表面活性剂的选择性吸附会形成大小均一的无定形 Te(*a*-Te)和结晶态的 Te(*t*-Te)纳米颗粒，*a*-Te 纳米颗粒因表面能大而溶解，从而以 *t*-Te 纳米颗粒为晶种生长成 1D 纳米棒结构(图 15-3)[222-223]。这样，改变表面活性剂的浓度和种类就可以实现 Te 纳米棒的直径在 10～40 nm 和长度在 300 nm 内可控生长。

15.1.2　水热法晶体生长

水热法是指在密封的压力容器中加热水溶液进行晶体生长，制得的粉体结晶性好，粒径分布均匀，已广泛用于各种晶体材料的生长。比如以往固相反应合成 Tl 基超导材料需要在 880～910 ℃下进行，会产生剧毒的 Tl 蒸汽，而利用水热法在 160 ℃下就可制备出相同的 Tl 基超导材料[224]。

层状结构的晶体材料如石墨层在制备过程中易自发卷绕形成纳米管状，非层状结构的晶体如 Se 形成纳米管状的过程则值得研究。Se 具有各向异性螺旋链结构，由螺旋的原子链

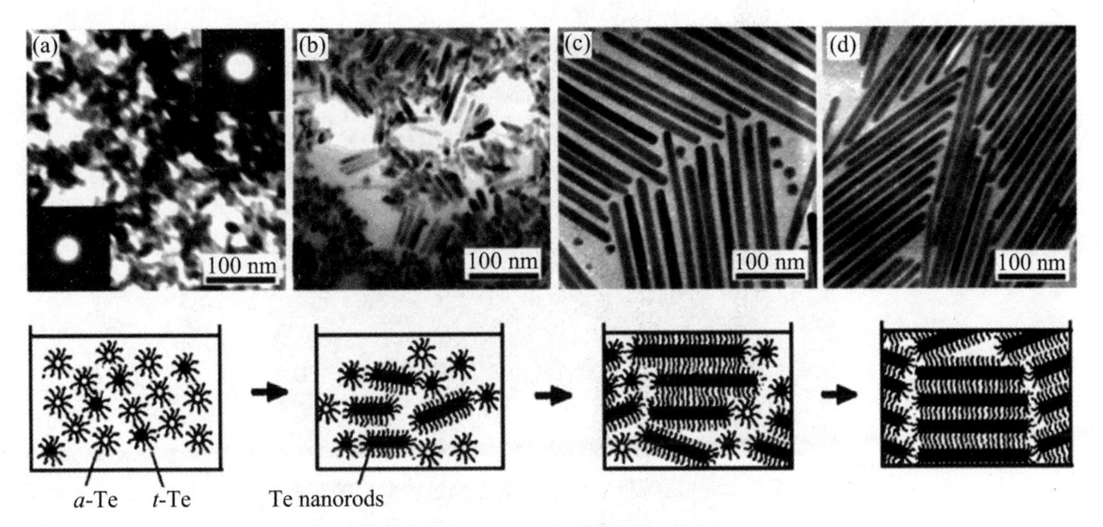

图 15-3　Te 纳米棒的生长过程

组成(图 15-4),每一圈有三个原子,每个链上对应的原子构成一个六边形网络,3 次轴方向定为 c 方向[225]。其同一螺旋中的原子以共价键结合,不同螺旋之间的原子以范德华相互作用结合,每个 Se 原子与同一螺旋中的两个原子和相邻螺旋中的四个原子结合。这种差异是非常大的,表明在同一螺旋中的原子之间的相互作用力要比在不同螺旋中的原子之间的作用力大得多,这将导致晶体倾向于向 3 次轴方向生长(1D 生长)。而在无表面活性剂或聚合物,也无外加力的情况下,利用水热反应可得到 *t*-Se 纳米管,纳米管的形成经历了成核—溶解—再结晶过程。在反应初始阶段,发生均相成核,形成约几十纳米的 *t*-Se 颗粒;之后经奥斯特瓦尔德(Ostwald)熟化,小的纳米颗粒溶解,转移到大的颗粒表面,生长成几微米的球形颗粒。然后,球形微粒逐渐在溶液中析出硒原子,并在表面形成小的凸起,这些凸起为 Se 原子的重结晶提供了高能位点。由于 Se 的各向异性螺旋链结构,晶体倾向于 1D 生长,并且周向生长慢于平行于管轴〈001〉方向的生长。此外,由于结晶态 *t*-Se 颗粒溶解速度缓慢,造成中心生长区的 Se 不饱和,因而形成了沟状 1D 结构的 Se 晶体。随着不断地重复溶解—重结晶过程,所有球状微粒被完全消耗,最终生长成完整的 *t*-Se 纳米管(图 15-5)。Te 同样具有高度各向异性的螺旋链结构,将 Na_2TeO_3 和 $NH_3 \cdot H_2O$ 进行歧化水热反应,可制备出螺旋状 Te 纳米带和以螺旋 Te 纳米带为模板生长出来的 Te 纳米管(图 15-6)[226]。

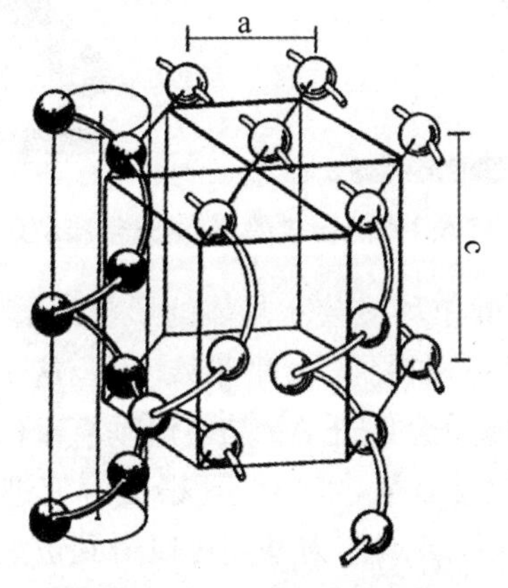

图 15-4　Se 晶体的螺旋链结构

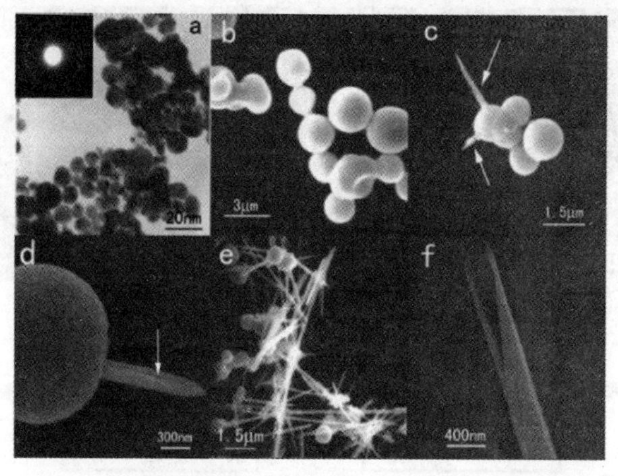

图 15-5　水热法制备 *t*-Se 纳米管生长过程形貌的演变

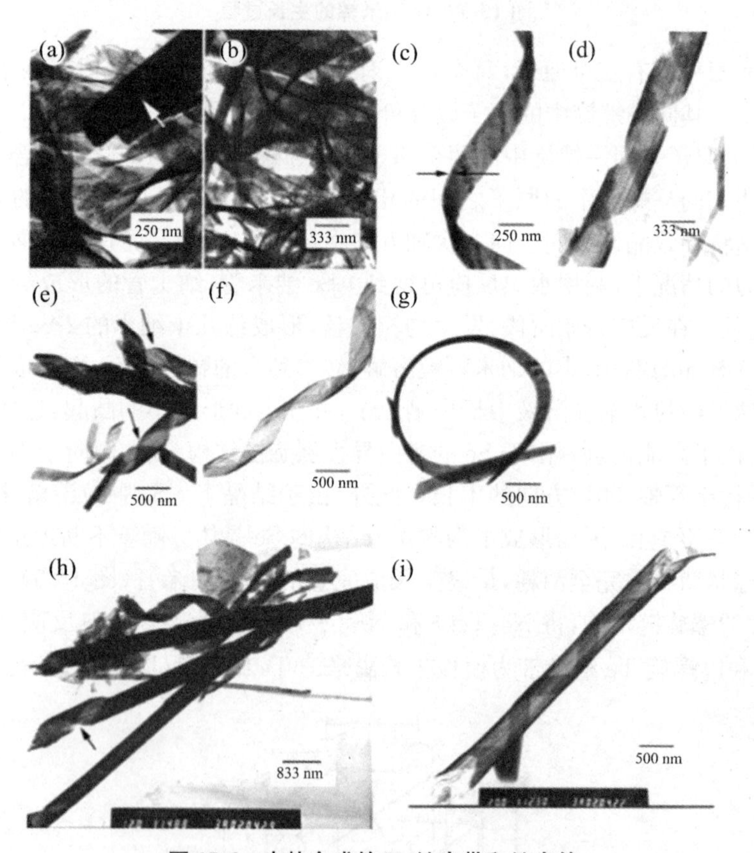

图 15-6　水热合成的 Te 纳米带和纳米管

水热过程中反应物的离子配位环境会对晶体的形貌产生重要影响。如以葡萄糖作为还原剂，水热处理 AgCl 胶体溶液可以得到 Ag 纳米线[227]。这是由于溶液中 AgCl 溶解沉淀平衡产生的 Ag^+ 浓度很低，在还原后会促进 Ag 晶体沿垂直于(200)晶面方向生长成一维纳米线结构。相对地，以葡萄糖作为还原剂，水热处理银氨溶液进行银镜反应，改变沉积的基体可以得到不同结构的单质银，如以玻璃作为基体可以得到银纳米颗粒，以铜作为基体可以得到叶状分形银微观结构[228]。

水热过程中酸碱度也影响着晶体生长。在水热反应中加入 $NaOH-H_2O_2$ 混合物，可以大规模合成具有良好光学性能的 ZnO 纳米棒阵列（图 15-7）[229]。纳米棒是由晶面（100）围成的六棱柱，尖端为六个封闭的（103）晶面，径向生长方向为〈001〉，排列良好，并垂直于 Zn 基板。通过在水热反应体系中添加 NaOH 并逐渐增加浓度，可使产物 $Co_3V_2O_8 \cdot nH_2O$ 的形貌由铅笔状六棱柱逐渐演变为凹形六棱柱，最终转变成空心六棱柱（图 15-8）[230]。这是由于 NaOH 会改变溶液中自发形成的 $[Co(NH_3)_6]^{2+}$ 与 Co^{2+} 的动态转变平衡，诱导 Co^{2+} 缓慢释放，从而控制成核与生长速率；此外，NH_4^+ 易与产物（001）晶面结合，随着 NaOH 浓度的增加，NH_4^+ 浓度下降，晶体会沿〈001〉方向生长，导致（001）晶面消失，$(3\bar{1}1)$，（311），（041）晶面出现，形成空心六棱柱结构，作为锂离子电池负极展现出优异的电化学性能。

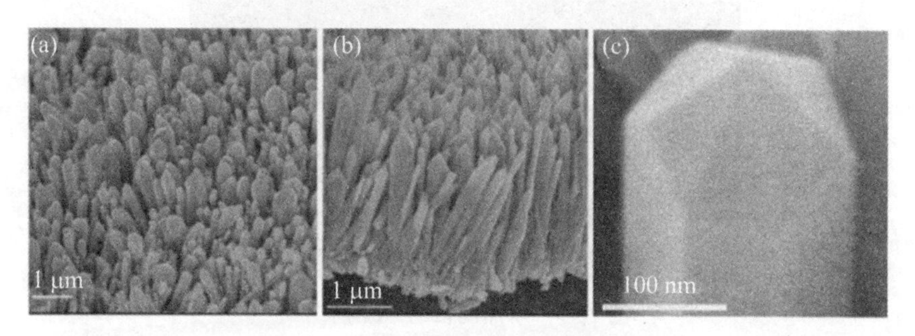

图 15-7　水热合成的 ZnO 纳米棒阵列

图 15-8　$Co_3V_2O_8 \cdot nH_2O$ 结构随 NH_4VO_3 与 NaOH 的摩尔比的演变

(a～c)2 : 1，(d～f)2 : 1.25，(g～i)2 : 1.5，(j～l)2 : 1.75

在水热体系中添加表面活性剂也能调控晶体的生长。如常规的水热反应中无法还原出金属纳米带，而以十二烷基苯磺酸钠(SDBS)作为表面活性剂，以 NaH_2PO_2 营造弱还原环境，并通过柠檬酸钠螯合 Ni^{2+}，降低溶液中游离态 Ni^{2+} 的浓度，使晶体生长速度减缓，可水热生长出单晶 Ni 纳米带，厚度仅 15 nm，长度达到 50 μm(图 15-9)[231]。所制备的单晶 Ni 纳米带为面心立方结构，径向生长方向为〈0$\bar{1}$〉，与体相 Ni 相比，Ni 纳米带的矫顽力显著增强。

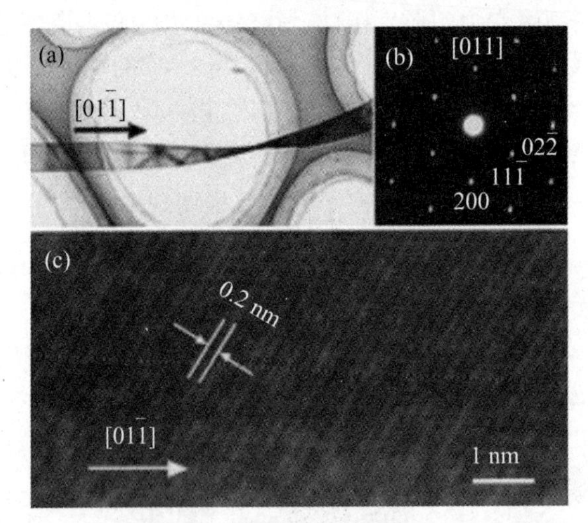

图 15-9　水热制备的 Ni 纳米带

在柠檬酸盐表面活性剂溶液中通过水热处理 $Zn(Ac)_2 \cdot 2H_2O$ 可以生长出由六边形 ZnO 纳米片构筑成的“甜甜圈”状三维纳米结构，这种复杂的微结构非常稳定，即使经过长时间的超声处理，也不能被分解成离散的纳米片(图 15-10)[232]。这是由于柠檬酸根离子作为表面修饰剂，其—COO^- 和—OH 基团可以与 Zn^{2+} 在极性(0001)晶面结合而抑制 c 轴方向晶体的生长。此外，柠檬酸盐还可以减缓 ZnO 纳米晶体成核和生长速度，并作为 Zn^{2+} 运输载体，转移到适当的位点，从而形成高度无缺陷的纳米片。

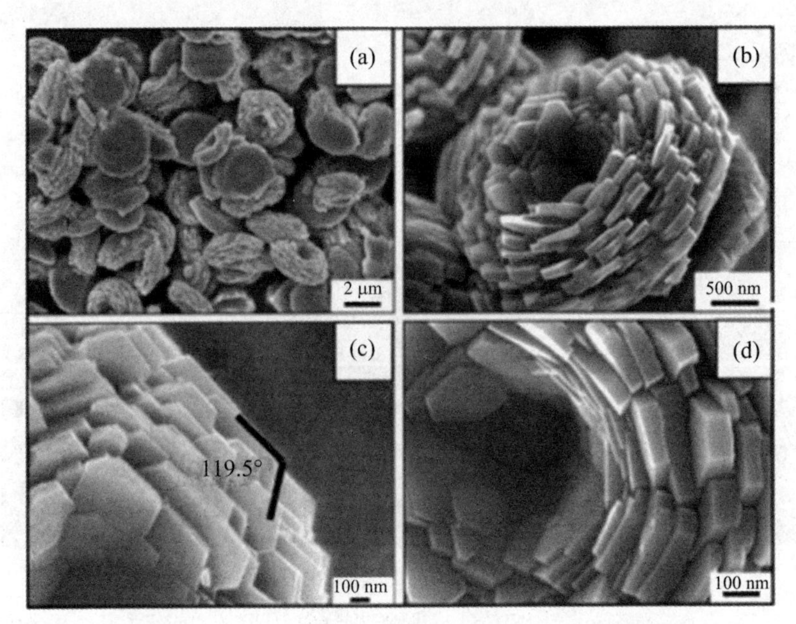

图 15-10　水热合成的“甜甜圈”状 ZnO 三维纳米结构

15.1.3　溶剂热

当水不宜作为反应介质时，可以选择合适的有机溶剂作为介质。如通过苯热反应以 $GaCl_3$ 和 Li_3N 为原料制备 GaN 的过程中，由于苯可以溶解 $GaCl_3$，反应为液固反应，在 280 ℃的较低温度下即可获得六方相和亚稳相岩盐结构 GaN（$GaCl_3 + Li_3N = GaN + 3LiCl$）[233]。亚稳相岩盐结构 GaN 通常只在 37 GPa 的高压下才能合成，且需要较高的反应温度。类似的，400 ℃下 $SiCl_4$ 和 CCl_4 的溶剂热反应中，以金属 Na 作为还原剂可以制备出 SiC 纳米棒[234]。

此外，溶剂热也是制备各种微纳结构晶体的重要方法之一。通过甲苯溶解 PCl_5，以 NaN_3 作为还原剂，反应为液固反应，制备出的中空红磷纳米球，作为储锂/钠负极材料时展现出显著提高的循环稳定性和倍率性能(图 15-11)[235]。以乙二胺作为溶剂溶解 S 粉，再以 Cd 粉作为前驱体，可以实现 CdS 纳米棒的可控制备[236]。研究发现，乙二胺可能作为双齿配体与 Cd^{2+} 形成络合物 $[Cd(en)_2]^{2+}$，高温下（>120 ℃）与 S 相互作用形成纳米棒状结构[237]。以正丁胺作为溶剂，也可得到 CdS，CdSe，ZnSe，PdSe 等纳米棒。正丁胺只有单 NH_2 基，在生长的过程中与晶体表面金属离子单齿配位，促进一维纳米棒结构的生长[238]。在乙二胺中热处理 Cd^{2+}/PVA（聚乙烯醇），还可以制备出 CdSe 纳米线[239]。纳米线是由生成的 CdSe 纳米棒连接起来的，长度由原来的小于 400 nm 变成 10～30 μm，这是由于 PVA 会促进 CdSe 的取向嫁接生长导致的(图 15-12)。将 PVA 替换成聚丙烯酰胺后进行乙二胺溶剂热，可以进一步增长产物 CdS 纳米线的长度至 100 μm[240]。反应时，聚丙烯酰胺聚合物内均匀分布着 Cd^{2+}，吸附乙二胺后会形成很多孔隙，随着溶剂热的进行，这些纳米孔相互连接充当 CdS 生长的纳米反应器，从而获得 100 μm 的纳米线结构。

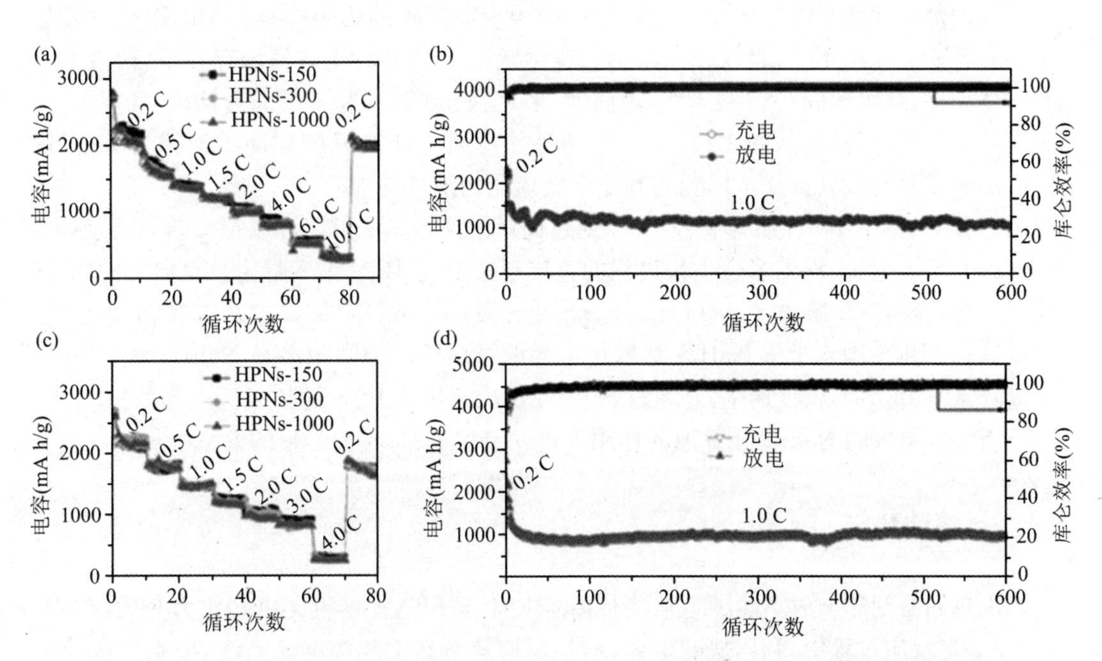

图 15-11　中空红磷纳米球作为储锂(a,b)和储钠(c,d)负极材料时的倍率性能和循环稳定性

溶剂的种类也对溶剂热产物的形貌和结构具有重要影响。在溶剂热条件下，Se 与乙二胺混合得到的是棕色均相溶液;改变溶剂为乙醇、四氯化碳、吡啶、甲苯、苯等进行溶剂热,则会得到毫米级 Se 管状晶体,直径为 15 μm,管厚为 5 μm,长度为 1～1.5 mm[225]。这是由于乙二胺具有很强的亲核性,会与 Se 粉形成[Se(en)$_x$]络合物,在高温下逐渐被乙二胺还原成 Se^{2-},得到均相溶液;而在其他溶剂中,低温状态 Se 的溶解度很低,但在溶剂热的过程,Se 发生溶解—再结晶的过程,生长成晶体。

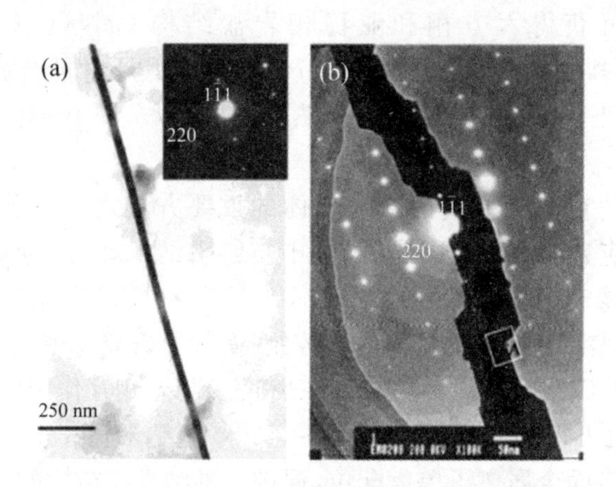

图 15-12　CdSe 纳米线的取向嫁接生长

15.1.4　复合溶剂热

通过控制复合溶剂的体积比、温度等实验条件,可以调控产物的形貌与结构。如控制水/乙二胺的体积比为 2∶3,3∶2,9∶1 和 1∶4 时,可以分别形成 ZnS 的纳米棒、海胆状、纳米棒组成的微球和纳米线结构[241]。另外,反应温度对产物的形貌也有很大的影响,当温度从 160 ℃升至 200～240 ℃时,ZnS 转变成 1D 棒状结构。在 L-半胱氨酸存在下,改变水/乙二胺的体积比,就可形成 CdS 纳米线、海胆状、多足状和纳米棒构建的球形结构,实现了从一维到三维纳米结构的转化(图 15-13)[242]。这种简便的 L-半胱氨酸辅助的液相方法也可以推广应用于控制合成具有复杂形貌的其他金属硫化物纳米结构。

以 NaOH 水溶液和甘油为混合溶剂,通过简单的溶剂热法可以合成超长的 Bi_2S_3 纳米带(图 15-14)[243]。对 Bi_2S_3 纳米带生长过程的直接观察发现,Bi_2S_3 纳米带生长是典型的固-液-固转变过程,分为三个阶段:① 中间相 $NaBiS_2$ 纳米片的形成;② Bi_2S_3 纳米带在 $NaBiS_2$ 纳米片上成核;③ Bi_2S_3 纳米带从 $NaBiS_2$ 纳米片中的继续生长。中间相多晶 $NaBiS_2$ 纳米片的缓慢生成降低了 Bi_2S_3 的成核速率,并通过固-固原位反应生成 Bi_2S_3 晶核($2NaBiS_2 \rightleftharpoons Bi_2S_3 + 2Na^+ + S^{2-}$),剩余的 $NaBiS_2$ 在甘油的作用下进一步促进 Bi_2S_3 纳米带的继续生长。

15.1.5　熔盐热

当水热和溶剂热合成不能满足某些制备需求时,可以选择熔融无机盐作为介质,称为熔盐热[244]。在反应过程中,利用盐的熔体,增强反应成分在液相中的流动性,提高扩散速率,同时阻止颗粒团聚,可以明显降低合成温度,缩短反应时间,在无机材料的合成方面具有广阔的应用前景。

图 15-13　溶剂热合成的 CdS 纳米结构：(a) 纳米线；(b) 海胆状结构；(c) 多足状结构；(d) 纳米棒构建的球形结构

图 15-14　复合溶剂热合成的 Bi_2S_3 纳米带

例如利用 $AlCl_3$ 熔盐，金属镁粉还原 $SiCl_4$，仅需 200 ℃反应 10 h，即可得到粒度均匀的硅纳米晶(图 15-15)[245]。反应方程式为

$$SiCl_4 + 2Mg + 4AlCl_3 = Si + 2MgAl_2Cl_8$$

反应过程中，金属镁还原 $AlCl_3$ 生成的金属 Al 会立即将 $SiCl_4$ 还原为单质 Si，因此，$AlCl_3$ 不仅作为熔盐，还参与了反应。所制备的结晶硅纳米颗粒作为锂离子电池负极时展现出良好的循环稳定性。该反应条件相对温和，产率在 80％以上。而在 1992 年《科学》(*Science*)报道用金属 Na 的已烷溶剂热还原 $SiCl_4$ 和 $RSiCl_3$ (R＝H，octyl)制备硅纳米晶，则需 380 ℃反应 3 天[246]。

此外，采用 $AlCl_3$ 作为熔盐，金属铝作为还原剂，200 ℃就可还原 SiO_2 制备出硅纳米晶，随着反应温度升高到 250 ℃，单质硅产率可从 40％提高到 75％[247]。反应方程式为

$$3SiO_2 + 4Al + 2AlCl_3 = 3Si + 6AlOCl$$

而传统的碳热还原 SiO_2 制备单质硅需 1700 ℃的高温环境，镁热还原 SiO_2 也需 650 ℃的反应温度[248]。

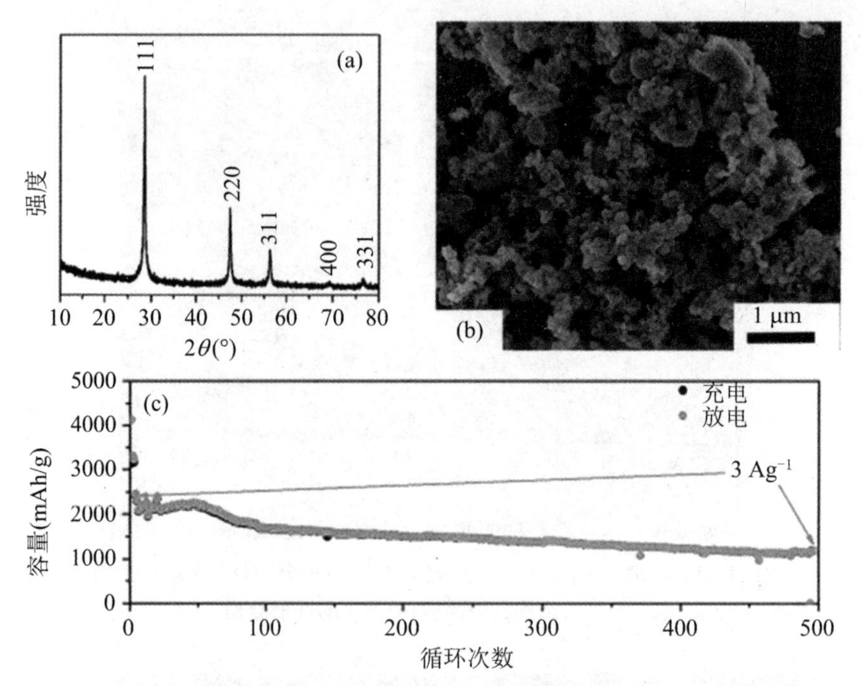

图 15-15 $AlCl_3$熔盐中镁粉还原 $SiCl_4$制备的硅纳米晶及其电化学性能

15.2 新晶体材料的探索

结晶化学在新晶体材料如非线性光学晶体与固溶体等的发展过程中起到了关键作用，对其研究一般是先培育小晶体，然后测定晶体结构，再探究其物理性质，并对重要的材料培育大晶体，这也为材料科学的发展指明了方向。

15.2.1 非线性光学晶体

非线性光学晶体材料是在晶体材料基础上发展起来的。非线性光学性质也被称为强光作用下的光学性质，主要因为这些性质只有在激光的强相干光作用下才表现出来。1961 年美国的 P. A. Franken 和他的同事们首次在实验上观察到倍频效应(二次谐波)[249]。他们把红宝石激光器发出的 3 kW 红色激光脉冲(波长为 694.3 nm)聚焦到石英晶片上，观察到了波长为 347.15 nm 的紫外二次谐波，拉开了非线性光学材料发展的序幕。

LiB_3O_5作为典型的非线性光学晶体，是在 1958 年 Sastry 和 Hummel 研究 Li_2O-B_2O_3体系的相图时发现的。1978 年，König 和 Hoppe 通过固态反应制备了小尺寸单晶 LiB_3O_5，并解析了其结构[250]。LiB_3O_5属于正交晶系，点群为 C_{2v}(mm2)，空间群为 $Pna2_1$，由 B_3O_7六元环结构通过共用氧原子相互连接，形成沿 c 轴方向的螺旋结构，各个螺旋结构之间又通过氧原子连接成三维空间结构，锂离子填充 B_3O_7六元环结构形成框架的间隙(图 15-16)。由于 B_3O_7六元环结构发生键长和键角的畸变，导致晶体结构中电子云分布不对称，这正是

LiB_3O_5晶体具有优异的非线性光学性质的内在根源。

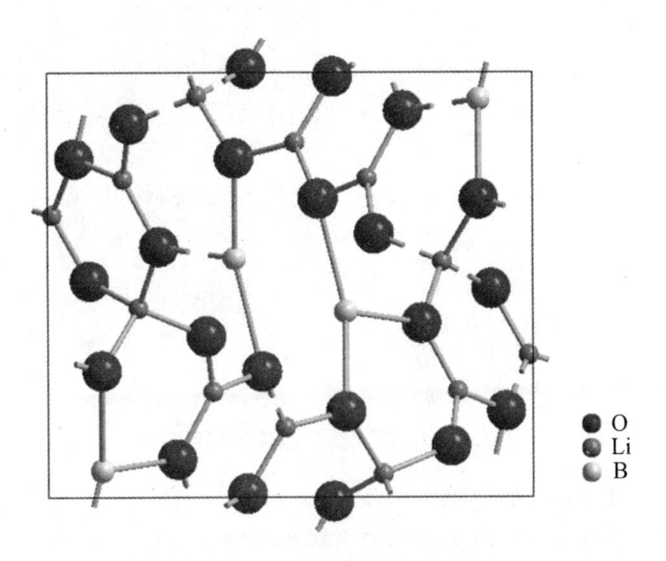

图 15-16　LiB_3O_5 晶体结构示意图

1980 年，Ihara 和 Yuge 通过气相沉积制备了 1 mm×1 mm×4 mm 单晶 LiB_3O_5[251]。美国杜邦公司中央研发部测量了其紫外吸收边缘最低到波长 160 nm。1989 年陈创天、吴以成等采用高温溶液法，首次生长出大块透明单晶 LiB_3O_5，尺寸达 30 mm×30 mm×15 mm，该工作被美国《激光与光电子学》杂志评为 1989 年度国际十大激光高技术最佳产品之一[252]。而且，陈创天、吴以成等申报的"新型非线性光学晶体三硼酸锂 LiB_3O_5"获得国家发明一等奖。

作为另一典型非线性光学晶体，氟代硼铍酸钾($KBe_2BO_3F_2$)晶体，简称 KBBF 晶体，是 1968 年由苏联科学家 Batsanova 团队首次合成[253]，并在 1971 年测定其晶体结构为空间群 *C*2 的双轴晶体[254]。直到 1989 年中国科学院福建物质结构研究所在筛选新型紫外非线性光学晶体的过程中，当时在读博士生夏幼南首先发现 KBBF 能够作为紫外非线性光学材料，接着进行了大量的研究工作，其中包括原料的合成、晶体的生长、结构的测定以及晶体物化性质和非线性光学性能的探究等[255]。结构测定过程中发现 KBBF 具有单轴晶体的特征，这说明此前将空间群确定为 *C*2 是错误的。在此基础上，进一步研究并确定了 KBBF 的晶体结构，属于三方晶系，点群为 $D\bar{3}32$，空间群为 *R*32(图 15-17)[256]。KBBF 具有明显的层状结构，每层是由 BO_3平面三角形和 BeO_3F 四面体共用氧原子组成的，层与层的间距相当大，以较弱的静电力结合，使得晶体易以层状结构生长，这给大晶体的制备带来困难。

15.2.2　固溶体与化合物

固溶体是指溶质原子溶入溶剂晶格中而仍保持溶剂类型的合金相，现以 S-Se 固溶体为例。基于 S-Se 二元相图，利用 Se 粉和 S 粉的混合物在反应釜中加热，形成不同组分比例的固溶体 $S_{1-x}Se_x$(x～0. 1，0. 08，0. 06，0. 05)，两种原子在固溶体 $S_{1-x}Se_x$ 中均匀分布[257]。与 SeS_2分子电极材料相比，$S_{1-x}Se_x$材料成本更低，电化学性能更优(图 15-18)。作为锂硫电池的正极材料，$S_{1-x}Se_x$/C 复合材料在酯类电解液中表现出优异的电化学性能。优异的电化学

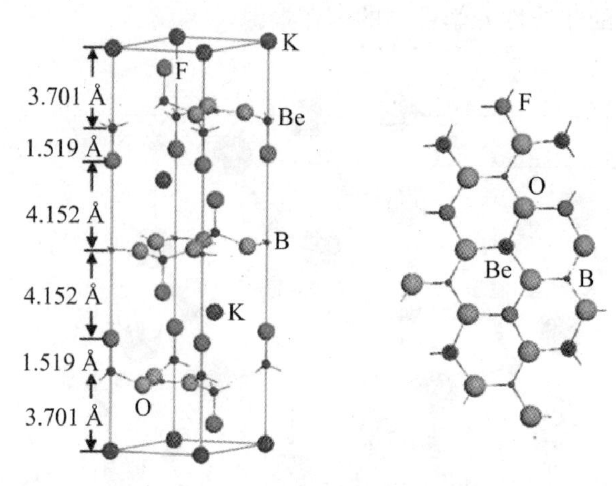

图 15-17　$KBe_2BO_3F_2$ 晶体结构示意图

性能归因于硒的双重作用：低比例硒的引入和多孔碳结构在循环过程中能够有效减少硫的溶解，导电性更高的硒可以改善硫正极动力学缓慢和导电性差的问题，从而提高复合材料的倍率性能。

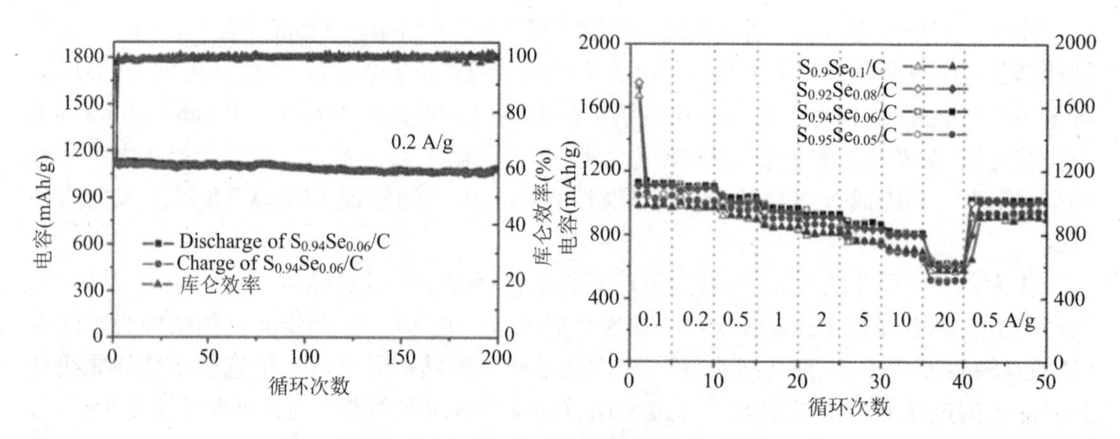

图 15-18　$S_{1-x}Se_x$/C 复合材料的电化学性能

15.3　二次离子电池中的结晶化学

二次离子电池在电化学过程中金属阳离子在正负极之间来回迁移，这就要求正负极材料的晶体结构有离子的传输通道，如层状结构（$LiCoO_2$、石墨）、橄榄石结构（$LiFePO_4$）和尖晶石结构（$LiMn_2O_4$）等。若以 Li/Zn 等金属直接作为二次离子电池负极材料时，还伴随着枝晶的生长，容易导致电池内部短路。调控正负极材料的晶体结构、控制金属负极的定向生长，对于促进二次离子电池的发展具有重要意义。

15.3.1　夹层化合物

1841 年，Schauffautl 首次报道了第一个夹层化合物——石墨酸($C_xH_2SO_4$)，H_2SO_4 分子分布在石墨层间，层间距增加约一倍(图 15-19)[258]。1859 年，英国化学家 Brodie 在此报道的基础上用强酸及 $KClO_3$ 制备出氧化石墨。1958 年 Hummers 等以 $KMnO_4$ 替代 $KClO_3$，提高了制备氧化石墨的安全性[259]。但当时没能主动观察到氧化石墨分散液中存在的少层或单层平面石墨层。并且在 2004 年之前，平面石墨层被普遍认为不能以自由状态存在的，因为其二维晶格的长程有序被破坏，是热力学不稳定体系，易于卷曲形成弯曲结构如富勒烯和纳米管[260]。如 1999 年以苯作为溶剂，在 350 ℃下用钾还原六氯代苯制备出碳纳米管。该过程类似于 Wurtz 反应，钾先还原六氯代苯，使其脱氯形成平面状石墨层，然后石墨层卷曲成纳米管并进行轴向生长[261]。2004 年，英国科学家 A. K. Geim 和 K. S. Novoselov 采用微机械剥离法从石墨中分离出几个原子厚度的石墨层，获得 2010 年诺贝尔物理奖(图 15-20)，掀开了石墨烯研究的热潮[262]。此后，Hummers 氧化法也正式成为制备氧化石墨烯较常用的方法之一。

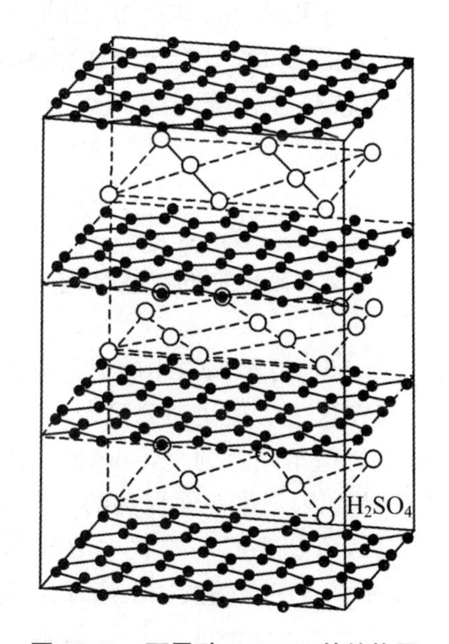

图 15-19　石墨酸 $C_xH_2SO_4$ 的结构图

石墨形成的夹层化合物很多，如有一定化学组成的 C_xLi($x>6$)，C_xNa($x>64$)，C_xK($x>8$)，C_xBr_2($x>16$)，C_xFeCl_3($x>6.7$)等。作为其中的典型代表，石墨-碱金属夹层化合物由于可以可逆脱嵌碱金属离子，从而在二次电池中受到广泛应用。1955 年，Herold 首先发现通过蒸汽输运可以将锂嵌入石墨，形成石墨-锂插层化合物 C_6Li_x($0<x\leqslant1$)[263]。1958 年，Harris 把锂金属放在不同的碳酸酯溶液中，观察到了一系列钝化层的生成(其中包括锂金属在含高氯酸锂 $LiClO_4$ 的碳酸丙烯酯(Propylene Carbonate，PC)溶液中的现象，而这个溶液正是日后锂电池中的一个重要的电解液体系)和离子传输现象，并基于此做了一些初步的电沉积实验。

1976 年，J. O. Besenhard 对 C_6Li_x 的电化学合成进行了较为详细的研究[264]。尽管石

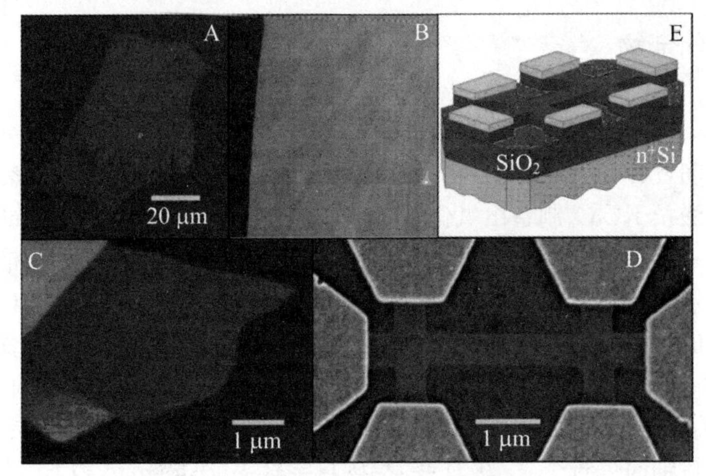

图 15-20　通过机械剥离法(透明胶带反复粘贴石墨层)制备的二维石墨烯

墨有着非常良好的性能(高电导、高容量、高稳定性、电势低等),但那时锂电池所用的电解液一般为前面提到的含 $LiClO_4$ 的 PC 溶液,而石墨在没有保护的情况下,电解液 PC 分子会随着锂离子同时插层进入石墨结构中,导致循环性能降低,因此当时石墨并不被科学家看好。同年,Whittingham 开发了以 TiS_2 为正极,Li-Al 合金为负极的基于锂离子嵌入式反应的二次电池[265]。由于负极锂金属存在枝晶生长等问题,TiS_2 电池的商业化并不成功。但是 Whittingham 提出的这种新的电池工作原理——插层,无疑成为了之后新式锂离子电池成功商业化的基石。

1979 年 John B. Goodenough 等人在 1973 年关于 $NaCoO_2$ 结构的文章的启发下制备了 $LiCoO_2$。$LiCoO_2$ 具有类似于过渡金属二硫化物的层状结构,其中的锂离子可以在充放电过程中可逆脱嵌。

1986 年,吉野彰首次将 $LiCoO_2$、焦炭、含 $LiClO_4$ 的 PC 溶液三者组合成第一个现代意义上的锂离子二次电池。Sony 公司在这之后很快注意到了 $LiCoO_2$ 专利并获得授权使用,于 1991 年商业化 $LiCoO_2$ 锂离子电池。值得注意的是,Sony 公司第一代锂离子电池和吉野彰都采用硬碳作为负极而不是石墨,其原因正是前面提到的 PC 溶剂分子会插入石墨层间,引起容量衰减。目前主流的 EC/DEC,EC/DMC 等有机电解液体系都是在 90 年代后才慢慢出现并一直沿用至今(EC:碳酸乙烯酯;DEC:碳酸二乙酯;DMC:碳酸二甲酯)。

锂在石墨中的插层现象促成了锂离子电池的产业化,同时也促进了钠离子电池、钾离子电池的发展。1958 年,Wilson 通过加热钠和商业石墨,400 ℃下搅拌 1～6 h,证实钠在石墨中插层化合物为 $C_{64}Na$,说明石墨作为钠离子电池负极材料理论容量不足 35 mAh/g[266]。最近关于钠离子与电解质溶剂共插层石墨的研究表明可以提升石墨作为钠离子电池负极材料的容量。例如,在醚类电解液中钠离子与溶剂一起共插层进入石墨,充放电平台高于 0.5 V vs Na^+/Na,容量接近 100 mAh/g。与钠离子不同,钾离子可以在石墨中实现可逆的脱嵌,形成插层化合物 C_8K,使得石墨作为钾离子电池负极材料,理论容量达到 279 mAh/g。以高(002)晶面取向型石墨化碳代替石墨,可以进一步提高负极的储钾容量(50 mA/g 的电流密度下首次可逆容量可达 541.0 mAh/g)和循环稳定性(2.0 A/g 的电流密度下循环 10000 次可逆容量仍可达 99.9 mAh/g[267]。机理研究表明,在高电压区域,钾离子通过吸附储存在(002)晶面取向型石墨化碳的介孔中;而在低电压区域,钾离子则以 C_8K 夹层化合物形式存在(图 15-21)。鉴于此,钾离子电池几乎可以完全继承锂离子电池的生产工艺,相比于钠离子电池,其商业化制造挑战性更小。

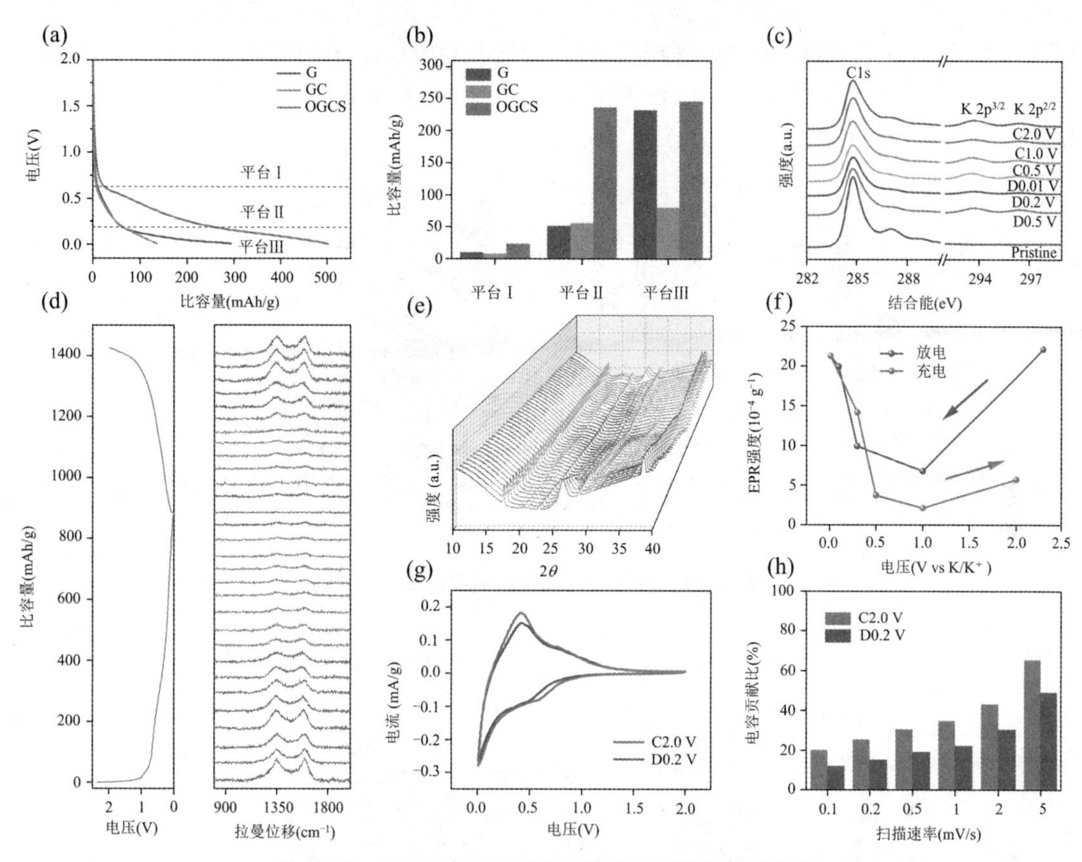

图 15-21　(002)晶面取向型石墨化碳的储钾机制研究

目前来说,钾离子电池的发展主要受限于正极材料,诸如普鲁士蓝及其类似物、层状过渡金属氧化物、聚阴离子化合物等都存在着亟须解决的问题[268]。普鲁士蓝及其类似物为金属六氰基铁酸盐,化学表达式为 $A_xM_2[M_1(CN)_6]_y \cdot zH_2O$(A 为碱金属(Li,Na,K),$M_1$ 和 M_2 为过渡金属(Fe,Ni,Co,Mn,Ti),$0<x<2$),制备简单,是典型的面心立方结构,空间群属于 $Fm3m$。高自旋 M_1N_6 和低自旋 M_2C_6 八面体被氰化物交替桥接,形成三维刚性框架,具有开放的离子通道和宽敞的空隙位点,能够容纳多种阳离子,如 Li^+,Na^+,K^+ 等,且在<100>方向具有较快的传输速率(图 15-22)。但普鲁士蓝及其类似物作为钾离子电池正极材料时,工作电压和体积能量密度较低,库伦效率和比容量也还有待提高。层状过渡金属氧化物的化学结构为 K_xMO_2(M 为 Co,Mn,Ni 等过渡金属),其中 MO_6 八面体通过共边连接形成过渡金属层,K^+ 和空位位于过渡金属层之间,从而形成碱金属层(图 15-23)。根据氧原子的堆积方式和 K^+ 配位环境,层状过渡金属氧化物还可进一步分为 O_3($ABCABC$ 堆积)、O_2($ABBCCA$ 堆积)、P_3($ABBCCA$ 堆积)和 P_2($ABBA$ 堆积)类型,O 代表八面体,P 代表三棱柱,2 和 3 表示堆积形成周期序列的最小的氧原子层。O_3,O_3',P_2,P_2' 和 P_3 结构对应的空间群分别为 $R\bar{3}m$,$C2/m$,$P63/mmc$,$Cmcm$ 和 $R3m$。实验合成的层状过渡金属氧化物一般为 P_2,P_3 和 O_3 结构。在第一次充电过程中,O_3 结构往往会发生 O_3—P_3 相变,而 P_2 结构则会发生 P_2—O_2 结构相变,这会影响钾离子的扩散,增加电池极化,导致一定程度的体积变化,从而影响电池的库伦效率和循环寿命。聚阴离子化合物 $K_xM_y[(XO_m)_n]_z$(M 为过渡金属离子,X 为 P,V,S,Si 等)是由 X 多面体与 M 多面体通过共边或共点连接形成的多面体三维框架结构,K^+ 位于间隙中,能够有效屏蔽 K^+ 与 K^+ 之间的排斥作用,从而降低了钾离子的插层能和扩散能,具有较高的热力学和电压氧化稳定性(图 15-24)。然而,与层状过渡金属氧化物相比,聚阴离子化合物的导电性普遍较低,作为钾离子正极材料时其倍率性能仍需提升。

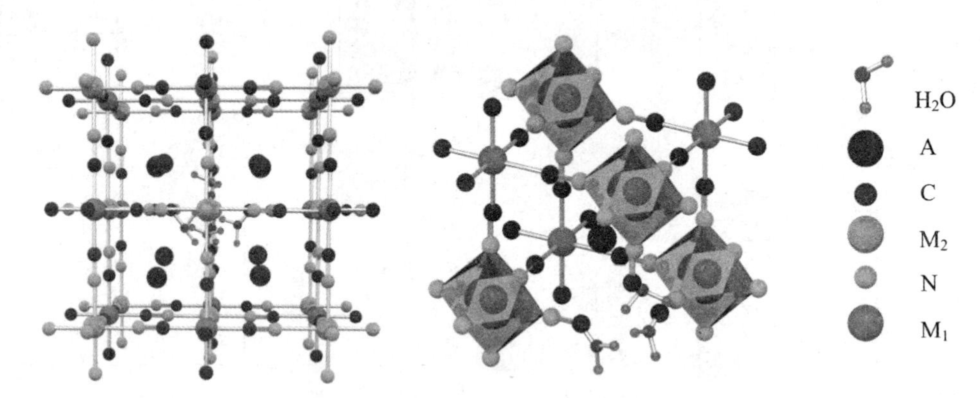

图 15-22　普鲁士蓝及其类似物的晶体结构

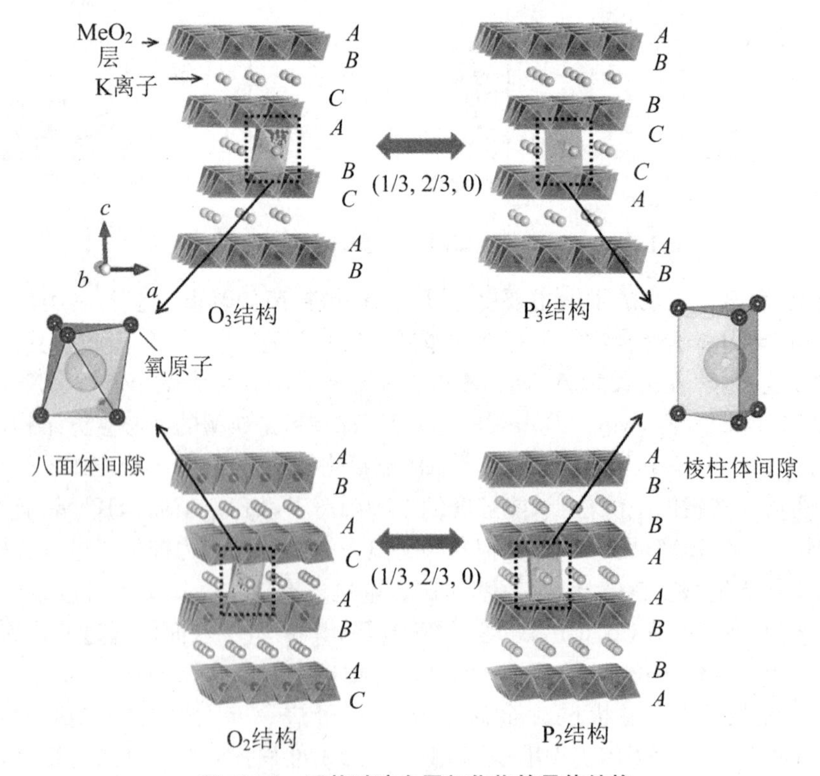

图 15-23　层状过渡金属氧化物的晶体结构

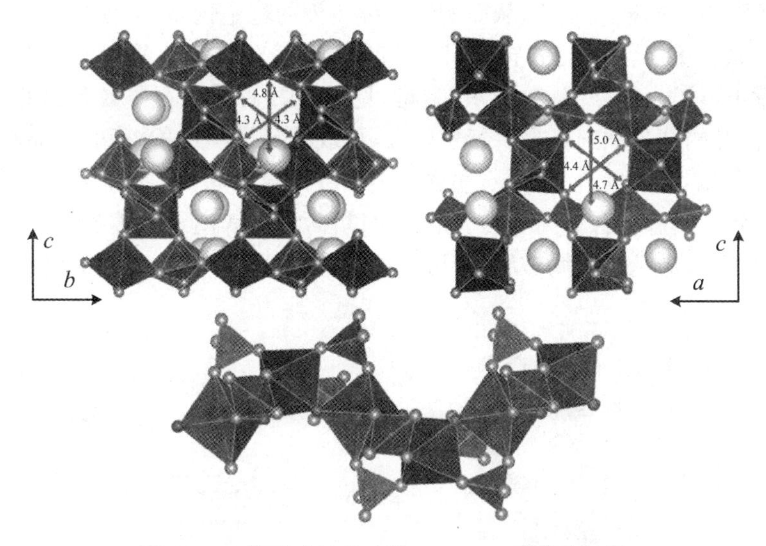

图 15-24　聚阴离子化合物 $KMSO_4F$ 的晶体结构

15.3.2　金属负极枝晶的生长与抑制

锂、锌等金属负极在电池的充放电过程中会自发地生长成枝晶状，这是由于基底上的成核是 2D 扩散过程，沉积的离子沿表面横向扩散，并在最有利于电荷转移的部位形成一些突起的尖端。这些尖端可被视为电场的电荷中心，吸引更多的离子，使它们堆积/沉积，从而最终形成枝晶，已经形成的枝晶尖端也可以成为电荷中心，进一步促进枝晶生长（图 15-25）。过度的枝晶生长会刺穿隔膜，导致短路，电池失效，严重的还会导致有机系电池失火。

图 15-25　锌枝晶的生长过程

抑制二次电池中金属负极枝晶的生长，对于提高电池的能量密度、续航力以及使用安全性等具有重要意义。目前，抑制金属负极枝晶生长的方法有很多，以水系锌离子电池为例，应对锌负极枝晶生长的策略主要有界面设计、新型结构设计、使用新型电解液等。

锌负极的界面修饰策略是指在锌负极与电解液之间增加一层保护层。一层有效的保护层可以避免金属锌和电解液直接接触，增强锌离子沉积的均匀性，抑制副产物的生成，从而避免不均匀沉积引发的枝晶生长,从而增强了锌负极的稳定性,使电池的整体性能得到了提升。目前常用做锌负极保护层的有碳材料、金属颗粒、金属氧化物以及有机材料等。2019年《科学》文章报道了一种“外延电沉积”策略,见图 15-26,利用石墨烯和锌的(0002)晶面的高晶格匹配,使锌的结晶取向优先平行于电极,形成板状堆积结构,而非枝晶状,延长了锌离子电池的循环寿命[269]。此外,利用石墨烯和纳米纤维素之间的 CH-π 相互作用组装成纳米纤维素-石墨烯膜,促进水合锌离子的去溶剂化过程,诱导锌离子快速扩散,并有效阻止水分子到达锌负极表面,避免锌金属被腐蚀,可获得平行于 Zn (0002) 晶面的沉积形貌[270]。

图 15-26　锌金属外延电沉积的设计原理

新型结构设计是另一种解决锌负极问题的有效策略,该方法通常选择高导电的三维多孔纳米结构作为负极的支撑结构,从而获得均匀的电流分布和沉积形貌,提高电池的电化学性能。如 2017 年 Debra R. Rolison 等人通过两步热处理成功构建出三维泡沫锌电极,有效抑制了宏观尺度的锌枝晶生长,实现了在高倍率和较高放电深度下的长循环(图 15-27)[271]。

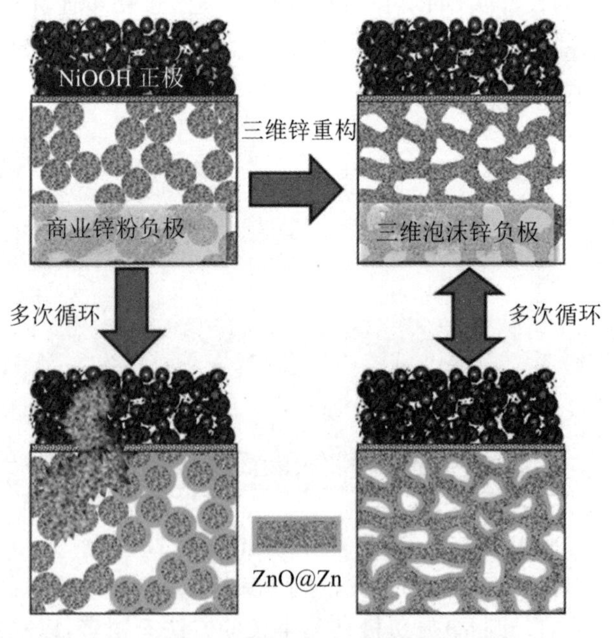

图 15-27　三维泡沫锌抑制枝晶的示意图

电解质是影响电池电化学性能的另一个重要因素,合格的电解质应保持良好的锌电镀/剥离的可逆性,并提供较宽的电化学窗口。目前新型电解液的设计主要包括使用高浓度电解液或凝胶电解质、引入添加剂、使用准固态或固态电解质。如使用 $NaClO_4$ 和 ZnOTf 的高浓度混合电解液能有效抑制枝晶生长，实现 1600 h 的可逆沉积/溶解[272]；采用 PVA 基的凝胶电解液实现 $V_2O_5(V_2TC_x)$//Zn 电池 3500 圈的循环寿命[273]；十二烷基磺酸钠[274]和尿素[275]等添加剂也可以抑制枝晶的生长，提高循环性能。

尽管通过各种策略可以使得枝晶在小型电池中的生长得到有效的抑制，大幅度提高水系锌离子电池的循环寿命，但随着活性物质由纽扣电池的几十毫克扩大到商用电池的千克级别，锌枝晶问题就变得尤为显著。结合以往的研究基础，最近笔者实验室采用新技术成功在商业级锌离子电池(12 V/12 Ah)中调控了锌离子溶剂化层结构，使得锌离子沉积更加均匀致密，有效地抑制了枝晶的生长，目前循环寿命已达到 425 次(图 15-28)。组装的电池重量只有 2.0 kg 左右，能量密度可达 75 Wh/kg。

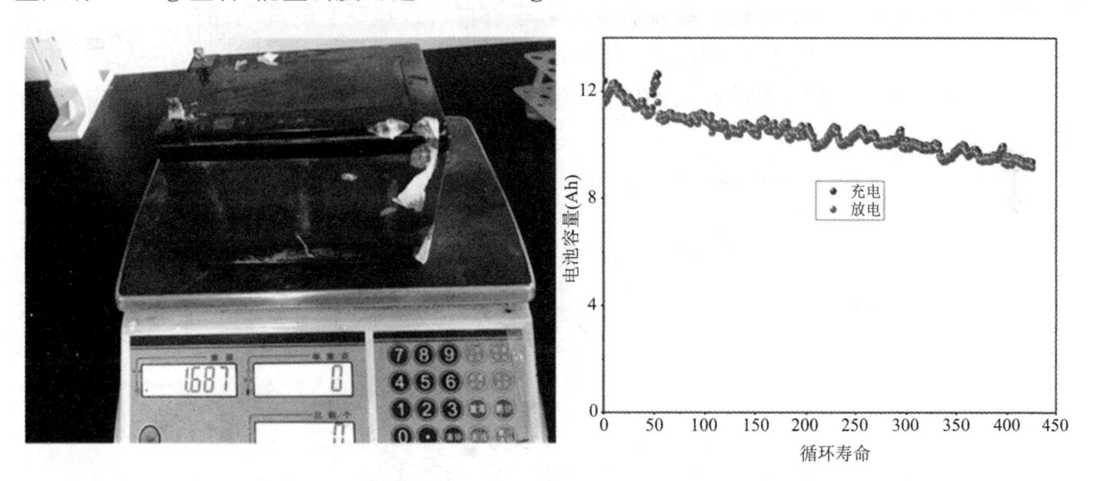

图 15-28　锌离子电池(12 V/12 Ah)的实物图及其循环性能

习　　题

1. 有一组点周期地分布在空间里，它的平行六面体单位如图 1 所示。这组点是否构成一点阵？是否构成一点阵结构？有没有点阵和平移群可以概括它的周期性？

2. 在图 1-15 中示出了石墨层的一部分，整个石墨层为一平面点阵结构，请从结构中引出一个平行四边形的点阵单位和结构单位，并给出向量 $\boldsymbol{a}$，$\boldsymbol{b}$ 的长度和交角，图中相邻原子距离为 1.42 Å。

3. 判断图 2 中的平面点阵和结构基元。

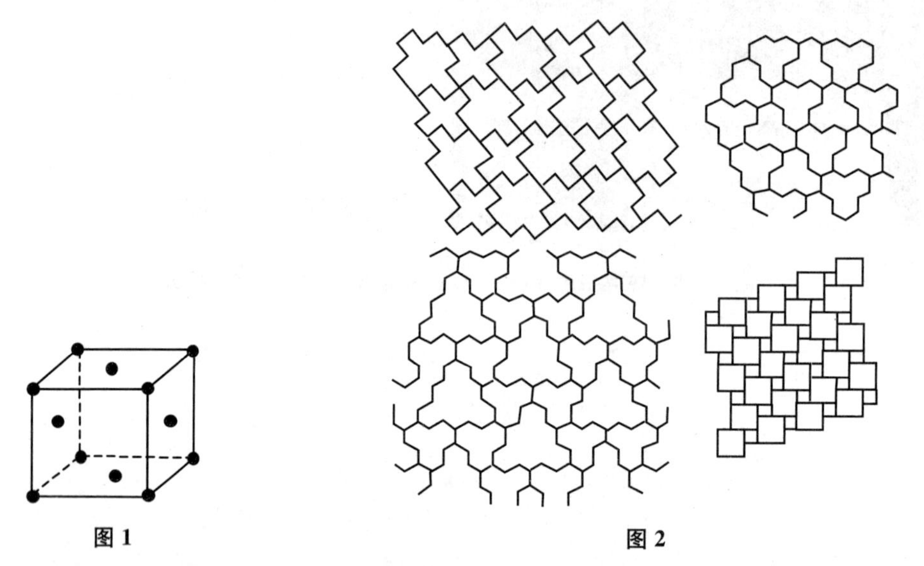

图 1　　　　图 2

4. 请从图 3 中的各种无限周期重复花样中，找出其结构基元，并画出平面格子。

5. 图 4 中画出了一个立方体的点阵，其中规定立方单位的一套向量 $\boldsymbol{a}$，$\boldsymbol{b}$，$\boldsymbol{c}$，而规定菱面体素单位的向量为 $\boldsymbol{A}$，$\boldsymbol{B}$，$\boldsymbol{C}$，试验证下列关系并阐述其意义：

(1)
$$\boldsymbol{A}=\frac{1}{2}(-\boldsymbol{a}+\boldsymbol{b}+\boldsymbol{c})$$
$$\boldsymbol{B}=\frac{1}{2}(\boldsymbol{a}-\boldsymbol{b}+\boldsymbol{c})$$
$$\boldsymbol{C}=\frac{1}{2}(\boldsymbol{a}+\boldsymbol{b}-\boldsymbol{c})$$

(2)
$$[\boldsymbol{A}\cdot\boldsymbol{B}\times\boldsymbol{C}]=\frac{1}{2}(\boldsymbol{a}\cdot\boldsymbol{b}\times\boldsymbol{c})$$

6. 试证明：单斜晶系仅有 P 和 C 两种格子。

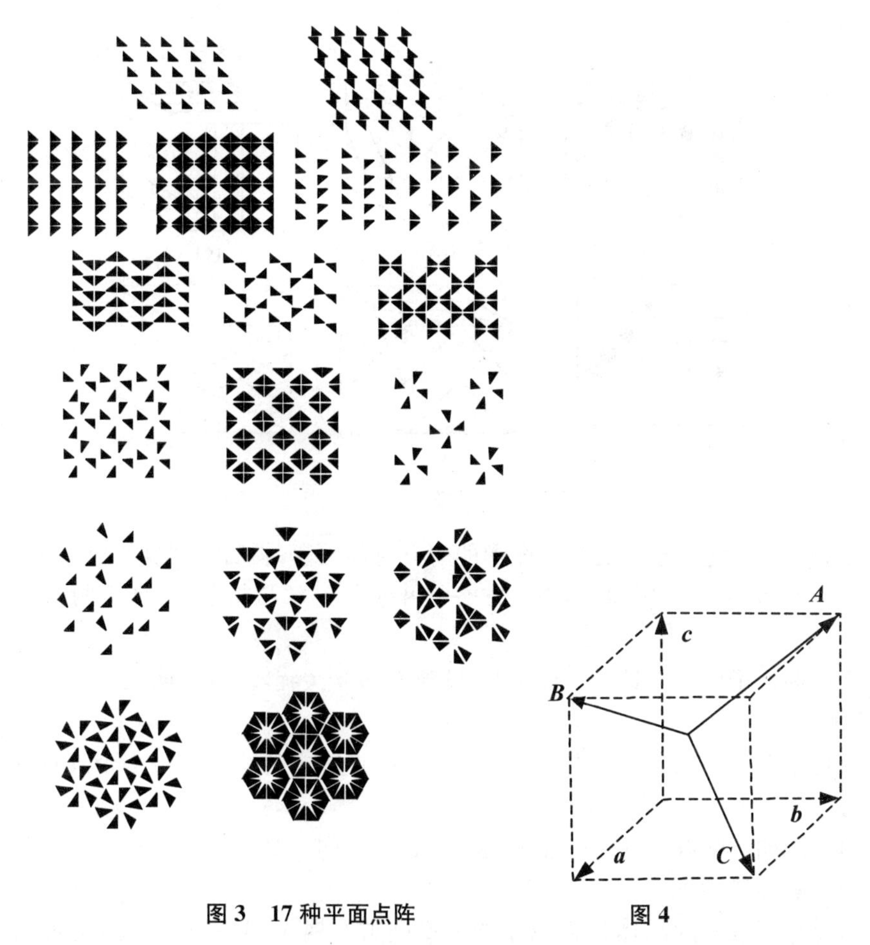

图 3　17 种平面点阵　　　　**图 4**

7. 试说明六方 P 格子和三方 R 格子之间的关系。

8. 32 个点群中，有些点群有很多旋转轴而没有反映面。但为什么找不到只有反映面而无旋转轴的点群？

9. 为什么 14 种点阵形式中有正交底心而无四方底心形式，也没有立方底心形式？

10. 请确定 O_2、CO、CH_4、NH_3，苯和萘等分子所属的点群，它们能否归入 32 个晶体点群？为什么？用圣佛里斯符号表示分子的对称性。

11. 试述晶体外形对称性，宏观物理性质的对称性与微观对称性之间的相互关系。

12. 试写出与 I,C,F 点阵相应的平移群。

13. 试证明：点阵固有对称中心，而不是所有晶体都有对称中心。

14. 试证：4 次反轴和 4 次旋转轴所得的平面对称图形一样。

15. 试证：平面点阵有四种对称性，五种格子类型。

16. 什么叫晶体的定向？写出正八面体，正四面体的晶面符号。

17. 试写出正交镁橄榄石的晶面符号(图 2-29)。

18. 找出相应的国际符号(1)圣佛里斯符号(2)。

(1) $C_{3v}, D_{2d}, T, O_h, D_4, D_{4d}, S_4$；

(2) $23, \bar{4}, m3m, \bar{8}2m, 422, \bar{4}2m, 3m$。

19. 确定图 5 中各个具有刻痕的立方体所属的点群。除骰子(d)外，所有立方体相对两面的图形都一样。

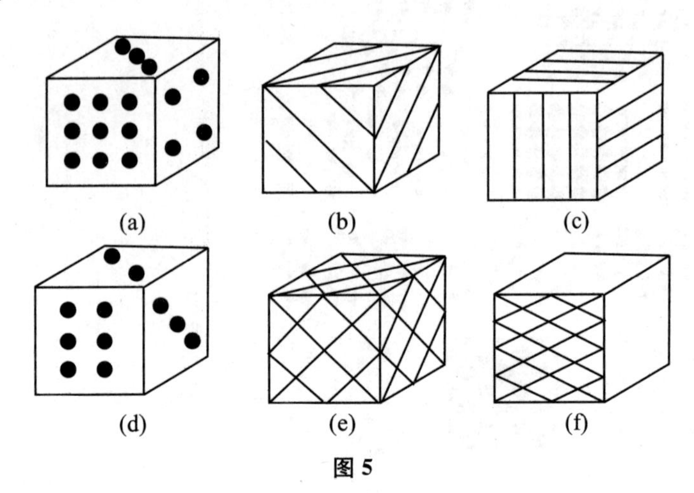

图 5

20. 请找出第 4 题所给出的各种图形的所有对称元素，画出空间群的对称元素配置图。

21. 试说明面心立方格子和体心立方格子可划出三方 R 格子，并计算两种三方 R 格子的角度 α。

22. 在平面格子中一定具有对称中心，反映面和 2 次旋转轴，说明任何平面格子至少具有 C_{2h} 对称性。

23. 晶体中每一个原子的位置是否一定为空间点阵中的阵点？每一个阵点的位置是否一定有原子？为什么？举例说明。

24. 具有相同空间点阵的两种晶体是否一定属于同一晶系？是否一定有相同的点群对称性？为什么？举例说明。

25. 具有相同点群的晶体是否属于同一空间群？属于同一空间群的是否属于同一点群？举例说明。

26. 对于空间群 $Pbca$ 的图(图 6)，试说明：

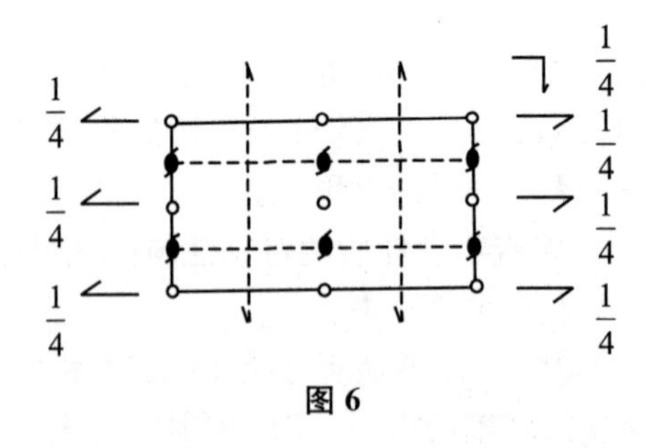

图 6

(1) 其对称元素；

(2) 由对称操作推导出 8 个等效点位置；

(3) $\left(0,0,\frac{1}{2}\right)$是否为特殊位置。

27. 确定图 7 中晶体所属的点群。

28. SiO_2 的高温稳定相是鳞石英，属六方晶系，其格子常数为 $a=5.03$ Å，$c=8.22$ Å，所属空间群为 $P\frac{6}{m}mc$，每个晶胞中 SiO_2 的式量为 4，Si 原子占据的位置具有 C_{3v}对称性：

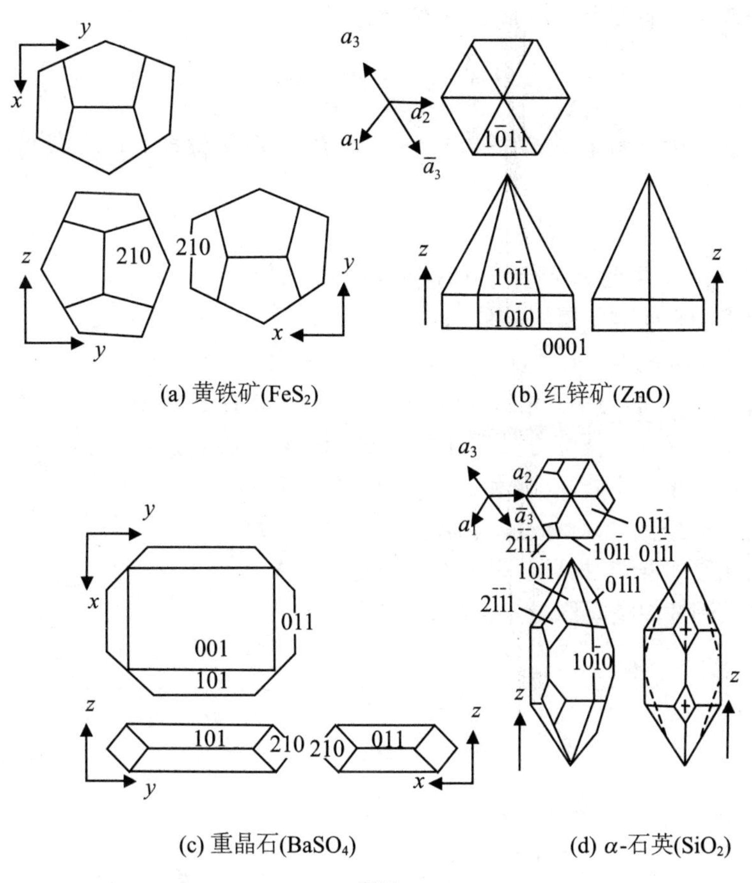

(c) 重晶石($BaSO_4$)　　(d) α-石英(SiO_2)

图 7

$$\left(\frac{1}{3},\frac{2}{3},z\right),\left(\frac{2}{3},\frac{1}{3},\bar{z}\right),\left(\frac{2}{3},\frac{1}{3},\frac{1}{2}+z\right),\left(\frac{1}{3},\frac{2}{3},\frac{1}{2}-z\right)$$

其中 $z=0.44$。两个氧原子占据的位置具有 D_{3h}-$\bar{6}m2$ 的对称性：

$$\left(\frac{1}{3},\frac{2}{3},\frac{1}{4}\right),\quad\left(\frac{2}{3},\frac{1}{3},\frac{3}{4}\right)$$

其他 6 个氧原子处在对称性为 C_{2h}-$\frac{2}{m}$的位置：

$$\left(\frac{1}{2},0,0\right),\left(0,\frac{1}{2},0\right),\left(\frac{1}{2},\frac{1}{2},0\right),\left(\frac{1}{2},0,\frac{1}{2}\right),\left(0,\frac{1}{2},\frac{1}{2}\right),\left(\frac{1}{2},\frac{1}{2},\frac{1}{2}\right)$$

(1) 计算鳞石英晶体的密度；

(2) 计算 Si 原子到与它最近的两种类型氧的距离。

29. 下面所给的是几个正交晶系晶体单位晶胞的情况。画出每种晶体的布拉维格子，并说明原因。

(1) 每个晶胞中有两个同种原子，其位置为

$$\left(0,\frac{1}{2},0\right),\quad\left(\frac{1}{2},0,\frac{1}{2}\right)$$

(2) 每个晶胞中有 4 个同种原子，其位置为

$$(0,0,z),\left(0,\frac{1}{2},z\right),\left(0,\frac{1}{2},\frac{1}{2}+z\right),\left(0,0,\frac{1}{2}+z\right)$$

(3) 每个晶胞中有 4 个同种原子,其位置为

$$(x,y,z),(\bar{x},\bar{y},\bar{z}),\left(\frac{1}{2}+x,\frac{1}{2}-y,\bar{z}\right),\left(\frac{1}{2}-x,\frac{1}{2}+y,\bar{z}\right)$$

(4) 每个晶胞中有两个 A 原子和两个 B 原子,A 原子位置为$\left(\frac{1}{2},0,0\right)$,$\left(0,\frac{1}{2},\frac{1}{2}\right)$;B 原子位置为$\left(0,0,\frac{1}{2}\right)$,$\left(\frac{1}{2},\frac{1}{2},0\right)$。

30. 试写出 β-W 中两套 W 原子的坐标(图 3-45)。

31. 指出下列空间群所属的晶系:

$Ima2, I4_122, I2_12_12_1, I4_132, P3_12, I23, F432, P622$

32. 金属 Ni 属于面心立方结构,当晶胞中的一个 Ni 原子被 Al 原子取代,即得 Ni_3Al 的晶体。若取代后的结构仍属立方晶系,试问:在晶格常数没有显著变化的情况下,Al 原子在晶体中是如何分布的?请指出 Ni 和 Ni_3Al 所属的空间群。

33. 尿素分子具有 C_{2v} 对称性,试确定其分子结构参数。

34. 说明在空间群 C_{2v} 推导过程中为什么要考虑 A 格子。

35. 请画出图 8 中空间群的等效点系位置图。

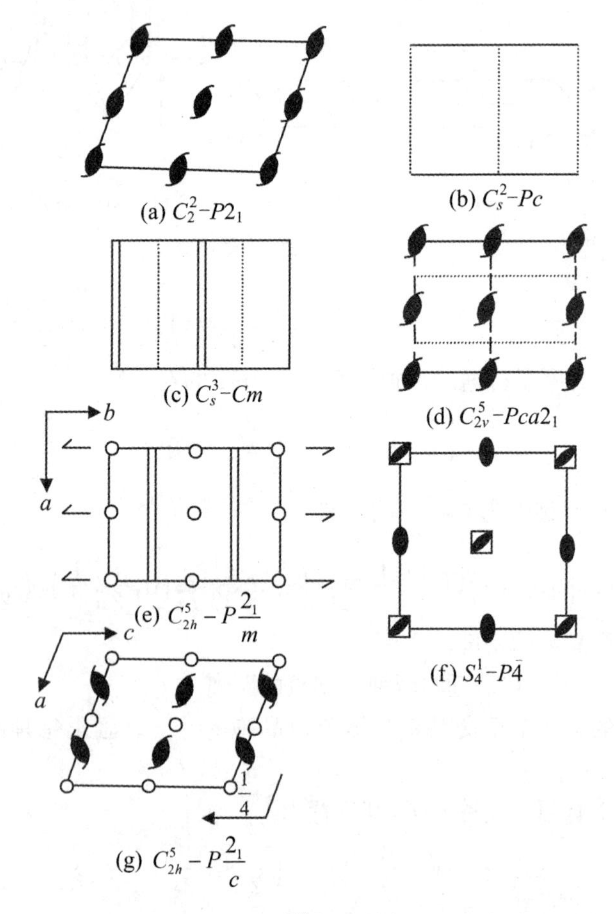

图 8

36. 立方 Cu_2O 和六方 Mg 的晶胞沿 $\boldsymbol{c}$ 方向的投影分别如图 9 所示。

(1) 标出 Cu_2O 结构中垂直于 **a** 的滑移面，平行于 **c** 的螺旋轴；

(2) 标出 Mg 结构中平行于 **c** 的螺旋轴，垂直于 2**a**+**b** 的滑移面。并确定这两种晶体的空间群和点群。

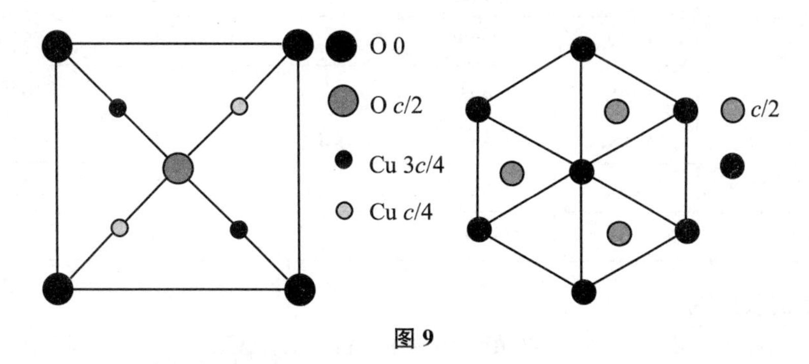

图 9

37. 从劳埃方程和布拉格方程出发说明衍射指数和晶面指数之间的关系。

38. 劳厄方程与布拉格方程解决什么问题？它们在本质上是否相同？

39. 证明在 hkl 衍射中，通过原点的衍射线与通过分数坐标为 x,y,z 的点的衍射线之间的光程差为

$$\Delta=(hx+ky+lz)\lambda$$

40. 用图阐明结构因子

$$F_{hkl}=\sum_{j=1}^{g} f_j \mathrm{e}^{2\pi\mathrm{i}(hx+ky+lz)}=|F_{hkl}|\cdot \mathrm{e}^{\mathrm{i}\phi(hkl)}$$

及其各符号的意义。

41. 阐明公式

$$\begin{aligned}\rho(x,y,z)&=\frac{1}{V_0}\sum h\sum_{-\infty}^{+\infty} k\sum l F_{hkl}\mathrm{e}^{-2\pi\mathrm{i}(hk+ky+lz)}\\&=\frac{1}{V_0}\sum h\sum_{-\infty}^{+\infty} k\sum l\ |F_{hkl}|\cos[2\pi(hx+ky+lz)-\phi(hkl)]\end{aligned}$$

在结构分析中的作用，并扼要指出什么是结构分析中的位相问题。

42. 从结构因子考虑 KCl，立方 ZnS 衍射线强度的异同。

43. 试证：对任何晶体来说，衍射 hkl 和 $\bar{h}\bar{k}\bar{l}$ 的结构振幅总是相等的，即 $|F_{hkl}|=|F_{\bar{h}\bar{k}\bar{l}}|$。

44. 试讨论金刚石衍射线的强度情况。

45. 试证：晶体在 **a** 方向上有二次螺旋轴时，h 为奇数的结构振幅 $|F_{h00}|=0$。

46. 试根据简单立方格子的三维劳埃方程，利用几何关系推证下面公式：

$$n\lambda=\frac{2a}{\sqrt{h^{*2}+k^{*2}+l^{*2}}}\sin\theta$$

47. 在直径为 57.3 mm 的照相机中摄得铜的粉末图一张（所用 X 射线为 CuK_α 线），量得几对粉末线的间距 $2L$ 值(mm)分别为

44.0，51.4，75.4，90.4，95.6，117.4，137.0，145.6

请对每条线进行指标化并求出 a 值。

48. 金属钽给出的粉末 X 光衍射线的 $\sin^2\theta$ 值如表 1 所示。

表 1

粉末线序数	波长	$\sin^2\theta$	粉末线序数	波长	$\sin^2\theta$
1	CuK_α	0.11265	7	CuK_α	0.76312
2	CuK_α	0.22238	8	$CuK_{\alpha1}$	0.87054
3	CuK_α	0.33155	9	$CuK_{\alpha2}$	0.87563
4	CuK_α	0.44018	10	$CuK_{\alpha1}$	0.97826
5	CuK_α	0.54825	11	$CuK_{\alpha2}$	0.98335
6	CuK_α	0.65649			

X 射线的波长各为

$$(CuK_\alpha)\lambda=1.542\ \text{Å},\quad (CuK_{\alpha1})\lambda=1.541\ \text{Å},\quad (CuK_{\alpha2})\lambda=1.544\ \text{Å}$$

试确定钽的晶系、点阵型式，对上述粉末线进行指标化并求出晶胞参数。

49. 试由结构因子公式证明铜晶体中 hkl 奇偶混杂的衍射，其结构振幅 $|F_{hkl}|=0$，hkl 全奇或全偶的结构振幅 $|F_{hkl}|=f_{Cu}$。试问：后一结果是否意味在铜粉末图上出现的诸粉末线强度都一样，为什么？

50. 氯化铯晶体属立方晶系，密度为 3.97 g/cm^3，晶胞参数为 4.11 Å，而它的衍射强度特点是：$h+k+l$ 为偶数时很大，而 $h+k+l$ 为奇数时很小，根据以上叙述确定 CsCl 结构。

51. NaCl 属面心立方晶系，$a=5.64$ Å，试计算粉末图中前三条线的位置。其中 $R=5.73$ cm，$\lambda=1.54$ Å。从衍射强度公式计算说明这三条线中哪条最强，哪条最弱，并从结构上加以说明。

52. CaF_2 具有面心立方结构，每个晶胞中有 4 个式量，X 光波长 $\lambda=1.542$ Å，(111) 衍射的 $\theta=14.18°$，计算晶胞参数和晶体密度。

53. $LiFeO_2$ 晶体粉末线 d 值和强度数据如表 2 所示。

表 2

d	I	d	I	d	I
2.39	4	1.195	4	0.845	4
2.07	10	1.035	2	0.798	1
1.461	9	0.949	1		
1.247	3	0.925	5		

其密度 $D=4.368$ g/cm^3，$\lambda=0.708$ Å，确定 $LiFeO_2$ 的晶体结构并画出其晶胞。根据这个结构，$LiFeO_2$ 的化学式应如何写为好？

54. 已知金刚石的晶格常数 $a=3.55$ Å，回答下列问题：

(1) 金刚石的格子类型，每个晶胞中有几个碳原子？

(2) 写出晶胞中碳原子的分数坐标；

(3) 计算 C—C 键的键长；

(4) 写出金刚石的结构因子，并讨论消光情况；

(5) 画出金刚石的粉末衍射示意图，已知照相机的半径为 57.3 mm，$\lambda=1.54$ Å。

55. 根据 CaF_2 结构图，写出其原子坐标和结构因子。并简化(311) 衍射的结构因子表

达式。(原子散射因子以 $f_{Ca^{2+}}$ 和 f_{F^-} 表示)

56. 某立方晶体的德拜-谢乐图(X 光的波长为 1.539 Å)衍射数据如表 3 所示。

表 3

序数	1	2	3	4	5
θ(°)	13.70	15.89	22.75	26.91	28.25
强度	*w*	*vs*	*s*	*vw*	*m*
序 数	6	7	8	9	
θ(°)	33.15	37.00	37.60	40.95	
强度	*w*	*w*	*m*	*m*	

(1) 对衍射线指标化;

(2) 求晶胞参数 θ;

(3) 确定此晶体的结构;

(4) 用结构因子解释线条 3 和 4 的相对强度。

57. Cu_2O 属立方晶系,a=4.26 Å,d=6.0 g/cm³,根据 X 光衍射分析,其对称性与以下空间群相容:$Pn3$,$P4_23$,$Pn3$。

(1) 计算单位晶胞所含式量数;

(2) 试确定 Cu_2O 的空间群结构(各空间群等效点系可查阅"International tables for X-ray crystallography")。

58. 尖晶石组成为:Al 37.9%,Mg 17.1%,O 45%,密度为 3.57 g/cm³,晶胞是 a=8.09 Å 的立方体,求单位晶胞中的各种原子的式量数。

59. 在制备载体化聚乙烯高效催化剂中,载体无水 $MgCl_2$ 晶体在球磨前 003 衍射峰的半峰宽为 0.4°,球磨后变为 1.1°,003 衍射角为 7.5°,实验用波长为 1.5418 Å,试估算研磨后晶粒在(001) 法线方向的厚度。

60. 参见 CaF_2 结构图,回答:

(1) 绘出并计算晶体中最短的 CaF_2 距离,描述每类原子的配位情况;

(2) 给出 X 射线衍射实验中(100)晶面开始四级的相对衍射强度;

(3) 若用 λ=1.5418 Å 的 X 射线进行(2)中实验,这四级的 $\sin\theta$ 将出现在什么位置?

61. KNO_3 的单晶有 a=5.42 Å,b=9.17 Å,c=6.45 Å 的正交单位晶胞。试计算当用 CuK_α 射线(λ=1.5418 Å)时,由(100),(010)和(111) 各面发生一级反射的衍射角。

62. 试从布拉格公式说明在什么角度范围测量粉末相底片能得到比较精确的格子常数值。

63. 用转动晶体法拍摄出黄铜矿晶体(属四方晶系)的两张衍射图,所用入射线为 CuK_α 线(λ=1.5418 Å),晶体转动轴与圆筒形感光片距离 R=50 mm,绕(100)轴旋转时测得中央层线(称为零层线)与第一层线间的距离为 15.38 mm。绕(001) 轴旋转时测得此距离为 7.57 mm。试计算在三个晶轴方向上的素平移。

64. 在氧化亚铜结构中,氧处于相当于立方体心的位置,铜的位置可以这样描述:如把格子分成 8 个小立方体,铜就处于其中 4 个立方体之中心。

(1) 写出这两种原子的坐标,计算 Cu—O 距离;

(2) 确定其空间群；

(3) 已知其格子参数为 4.26 Å，求晶体密度；

(4) 列出开始 8 条线的 $h^2+k^2+l^2$ 之和，并确定它们的强弱。

65. 化学式为 XY_2 的离子晶体属于立方晶系，X^{2n+} 的坐标为 $(0,0,0)$，$\left(\frac{1}{2},\frac{1}{2},0\right)$，$\left(\frac{1}{2},0,\frac{1}{2}\right)$，$\left(0,\frac{1}{2},\frac{1}{2}\right)$；$Y^{n-}$ 的坐标为 $\left(\frac{1}{4},\frac{1}{4},\frac{1}{4}\right)$，$\left(\frac{1}{4},\frac{1}{4},\frac{3}{4}\right)$，$\left(\frac{1}{4},\frac{3}{4},\frac{1}{4}\right)$，$\left(\frac{3}{4},\frac{1}{4},\frac{1}{4}\right)$，$\left(\frac{3}{4},\frac{1}{4},\frac{3}{4}\right)$，$\left(\frac{3}{4},\frac{3}{4},\frac{1}{4}\right)$，$\left(\frac{1}{4},\frac{3}{4},\frac{3}{4}\right)$，$\left(\frac{3}{4},\frac{3}{4},\frac{3}{4}\right)$。

(1) 通过结构因子判断其点阵格子类型，并写出其空间群。

(2) 如原子(离子)的散射因子等于原子(离子)的电子数。TiF_2 具有 XY_2 型结构，请通过结构因子计算说明其衍射消光规律。

(3) 如(331) 衍射的 $2\theta=81.276°$，计算 TiF_2 的晶胞参数和晶体密度。

66. 请为晶胞参数 $a=12.13$ Å 的立方晶体推算衍射 100 和 200 的 Bragg 角 θ，当 X 射线以与 a 轴垂直的固定方向入射于绕 a 轴回转的单晶时，晶体在给出衍射 100 后回转了多少度才给出衍射 200？晶面(100)在回转 360°的过程中总共给出了几次 100 衍射？几次 200 衍射？请用图表明。

67. 图 10 是 4 张 X 光粉末衍射实验数据，根据所列出的 d 和 I 值，查阅 JCPDS 卡片，确定其分别是什么物质。

68. 氯化钾晶体属立方晶系，用 Mo 的 K_α 线($\lambda=0.708$ Å)拍摄粉末衍射图，照相机半径为 57.4 mm，各条衍射弧线如下表 4 所示。

表 4

序号	1	2	3	4	5
$\sin^2\theta$	0.0132	0.0256	0.0391	0.0514	0.0644
序号	6	7	8	9	10
$\sin^2\theta$	0.0769	0.102	0.115	0.127	0.139

(1) 请给各条衍射线指标化并推测 KCl 的点阵形式，计算晶胞参数。

(2) 已知氯化钾晶体中，负离子按立方最密堆积，正离子占据八面体空隙，K^+ 和 Cl^- 的离子半径分别为 1.33 Å 和 1.81 Å，求晶胞参数。

(3) 由(1)，(2)中得到的结论是否一致？如何解释？

69. 写出下列化合物或单质的 X 射线粉末衍射的头三条衍射线的衍射指数：

NaCl，KCl，α-Fe，CsCl，AuCu 无序固溶体，AuCu 有序固溶体

70. 写出闪锌矿的结构因子表达式。

71. 试证：由于平行 a 轴的 4_2 的存在，使得 $h00$ 衍射中，当 $h\neq 2n$ 时发生系统消光现象。

72. 试证：由于 n 滑移面的存在(滑移分量为 $\frac{\boldsymbol{a}}{2}+\frac{\boldsymbol{b}}{2}$)，使得 $hk0$ 衍射当 $h+k\neq 2n$ 时，发生系统消光现象。

73. Al 也是立方面心结构，其(111) 面的衍射强度和 NaCl(111) 面的各级衍射强度相近吗？

(a)

d(Å)	I
11.6	5
6.1	1
5.6	10
5.0	5
4.50	8
4.06	1
3.68	10
3.48	1
3.30	7
3.02	4
2.93	5

(b)

d(Å)	I
3.56	2
3.03	10
2.72	4
2.24	1
2.06	2
1.85	1
1.64	1
1.41	1

(c)

d(Å)	I
4.85	2
3.68	1
3.00	2
2.91	1
2.69	2
2.60	4
2.50	10
2.42	2
2.20	1
2.18	2
2.06	4
1.94	1
1.84	1
1.75	1
1.69	4
1.67	2
1.61	2
1.59	4
1.50	8
1.48	2
1.45	6

(d)

d(Å)	I
10.2	2
7.1	1
6.8	3
5.2	1
4.87	6
4.83	1
4.50	2
4.27	1
3.94	4
3.58	10
3.40	2
3.35	1
3.21	1
2.84	5
2.61	2
2.53	2
2.39	2
2.19	4

图 10

74. 在温度 T 时淬火得到 $AuCu_3$，其 420 衍射线的积分强度是 421 衍射线积分强度的 4.38 倍，计算 T 时长程有序参数 S（格子常数为 3.75 Å，忽略两条衍射线之间洛伦兹极化因子的差别和原子散射因子修正）。

75. Cu_3SnS_4 有三种变体，立方：a=5.28 Å，立方：a=10.74 Å，四方：a=5.38 Å，c=10.76 Å，作出 $2\theta=10°\sim40°$ 的 X 光粉末衍射图，参看 JCPDS 卡并说明它们之间的异同。

76. 联苯（$C_6H_5C_6H_5$）的单位晶胞 a=8.24 Å，b=5.73 Å，c=9.51 Å，β=94.5 Å。如果密度是 1.16 g/cm^3，确定单位晶胞中的分子数。当 h 为奇数时，$h0l$ 发生系统消光；当 k 为奇数时，$0k0$ 发生系统消光。确定晶体所属空间群，并推测分子的对称性及在晶胞中的位置。

77. 由 CuK_α 照射某立方晶体粉末所得一系列的高角度的值如表 5 所示，求出晶格参数的精确值。

表 5

CuK_α	θ°
α_1	83.825
α_2	79.318
α_1	78.582
α_2	77.309
α_1	76.685
α_2	72.550
α_1	72.089

78. 石英有六方变体，$a=4.913$ Å，$c=5.405$ Å，由 X 光粉末照相得到一系列布拉格角：a. 10.44°；b. 13.34°；c. 18.32°；d. 19.78°；e. 20.18°；f. 21.28°；g. 22.90°；h. 25.15°；i. 27.54°；j. 27.76°；k. 30.06°；l. 32.12°。请对这些线条指标化。

79. 一四方晶体的单位晶胞中有 4 个原子，坐标为 $\left(0,\frac{1}{2},\frac{1}{4}\right)$，$\left(\frac{1}{2},0,\frac{1}{4}\right)$，$\left(\frac{1}{2},0,\frac{3}{4}\right)$，$\left(0,\frac{1}{2},\frac{3}{4}\right)$。

(1) 写出简化的 F^2 表达式。

(2) 晶体的布拉维格子是什么？

(3) 100，002，111 和 011 反射的 F^2 值如何？

80. InSb 具有闪锌矿结构，$a=6.46$ Å，写出头两条衍射的衍射指数，并计算出第一条和第二条衍射线的积分强度比。

81. 已知 Ga 属正交晶系，其单位晶胞，$a=4.526$ Å，$b=4.520$ Å，$c=7.660$ Å，分别用以下波长的 X 光照射：FeK_α，NiK_α 和 CuK_α，求每种情况下大于 80°的布拉格角的衍射线指标。

82. NiO 晶体为 NaCl 型结构，将它在氧气中加热，将氧化为 Ni_xO($x<1$)。今有一批测得密度为 6.47 g/cm³，用波长为 $\lambda=1.54$ Å 的 X 射线通过粉末法测得立方晶胞 111 反射的 $\theta=18.71°$($\sin\theta=0.3208$)，Ni 的原子量为 58.70。

(1) 计算 Ni_xO 的立方晶胞参数；

(2) 算出 x 值，写出标明 Ni 的价态的化学式；

(3) Ni^{2+} 和 Ni^{3+} 各占总量的百分之几？

(4) 说明在 Ni_xO 晶体中 O^{2-} 的堆积方式。Ni 在此堆积中占据哪些空隙？占有率(即占有百分数)是多少？

(5) 在 Ni_xO 晶体中 Ni—Ni 间最短距离是多少？

83. Si 具有立方(3C)金刚石结构，$a=5.431$ Å。

(1) 写出 Si 晶胞中各原子的分数坐标；

(2) 通过结构因子计算说明其衍射消光规律；

(3) 晶胞中 Si 原子的空间利用率；

(4) 有一单晶 Si 片，其切割面可能为(100)或(111) 面，如何判断？

(5) 试估算 Si 的六方堆积变体(2H)的晶胞参数，试写出其晶胞中的各原子坐标。

84. CaF_2的结构可以描述为：Ca^{2+}形成立方最密堆积，F^-填充在全部的四面体空隙中。

（1）写出 CaF_2 晶胞中的所有离子坐标；

（2）Ca^{2+} 和 F^- 的配位数分别是多少？Ca^{2+} 和 F^- 与配位离子所形成的配位多面体分别是如何连接的？

85. 用粉末法可以确定：KBr，LiBr，KF，LiF 均属 NaCl 型结构，其格子常数分别为 6.58 Å，5.50 Å，5.34 Å，4.02 Å。试由这些数据通过合理的推断求出 Br^-，K^+，F^-，Li^+ 的离子半径。

86. NH_4Cl 为简单立方点阵结构，晶胞中包含 1 个 NH_4^+ 和 1 个 Cl^-，晶胞参数 $a=3.87$ Å。

（1）若 NH_4^+ 由于热运动呈球形，试画出晶胞结构示意图；

（2）已知 Cl^- 半径为 1.81 Å，求球形 NH_4^+ 的半径；

（3）计算晶体密度；

（4）计算平面点阵族(110)相邻两点阵面的间距；

（5）用 CuK_α 射线时 330 衍射的衍射角 θ 的值；

（6）若 NH_4^+ 不因热运动而转动，H 为有序分布，请讨论晶体所属的点群。

87. BeO，Al_2O_3，$BeAl_2O_4$ 这三种晶体的摩尔体积分别为 8.44 cm^3，26.0 cm^3，34.6 cm^3，试从密堆积理论在合理推断的基础上求出 O^{2-} 的半径。

88. 一个正交晶系晶胞有以下参数：$a=5$ Å，$b=10$ Å，$c=15$ Å，该晶系中有一晶面在 3 个坐标轴上的截距都是 30 Å，求该晶面的晶面指数。

89. PdO 晶胞参数为：$a=b=3.03$ Å，$c=5.33$ Å，$\alpha=\beta=\gamma=90°$，晶胞中原子（离子）坐标：Pd(0,0,0)，$\left(\frac{1}{2},\frac{1}{2},\frac{1}{2}\right)$；O$\left(0,\frac{1}{2},\frac{1}{4}\right)$，$\left(0,\frac{1}{2},\frac{3}{4}\right)$。（PdO 分子量：122.42；阿佛伽德罗常数：6.022×10^{23}。）

（1）PdO 的晶系和点阵格子类型，晶体点群，空间群及其一般等效点数；

（2）晶胞中的原子（离子）分属几组等同点和几套等效点？分别写出这几套等效点的坐标；

（3）计算 Pd—O 键长和 O—Pd—O 键角；

（4）计算 PdO 晶体的理论密度；

（5）通过结构因子计算讨论(00l)和(hhl)面的衍射消光规律；

（6）PdO 结构中的 Pd 的配位方式如何？该结构是否遵守鲍林规则？简要说明原因。

90. 计算 CaF_2 的晶格能（设 $n=8$，r_0 取 Ca—F 的距离）。

91. 根据以下数据计算 AgCl 的晶格能：汽化热为 54 kcal/mol，Ag(g)+Cl(g)══AgCl(g)反应热为 −72 kcal/mol，Cl 的电子亲和能为 84 kcal/mol，Ag(g)的电离能为 174 kcal/mol。

92. CsCl 的晶胞参数 $a_0=4.11$ Å，晶格能为 636.8 kcal/mol，TlCN 具有 CsCl 型结构，$a_0=3.82$ Å，试求 TlCN 的晶格能（假定斥力参数相同）。

93. 已知 KCl 晶体具有 NaCl 型的结构，晶胞参数为 6.28 Å，请计算 KCl 晶体的晶格能（就 KCl 晶体来说：$Q=-104$ kcal/mol，$S=20$ kcal/mol，$I=100$ kcal/mol，$D=58$ kcal/mol，$E=-88$ kcal/mol）。

94. 对于 NH_4Cl，已知下列数据，试由玻恩-卡伯循环计算 NH_3 的质子亲合势 P。

$$U_0 = 161.6\ \text{kcal/mol}$$

$$\Delta H_F^0(NH_4Cl(s)) = -75.4\ \text{kcal/mol}$$

$$\Delta H_F^0(H^+(g)) = 367.1\ \text{kcal/mol} = \Delta H_F^0(H(g)) + I_H$$

$$\Delta H_F^0(Cl^+(g)) = -57\ \text{kcal/mol} = \frac{1}{2}\Delta H_D(Cl_2(g)) + E_{Cl}$$

$$\Delta H_F^0(NH_3(g)) = -11.0\ \text{kcal/mol}$$

95. 试由下列数据计算氧原子接受两个电子而变成 O^{2-} 离子的电子亲合势 A：

(1) MgO(s)的标准生成热：$\Delta H = -600$ kJ/mol；

(2) MgO(s)的晶格能：$U = -3800$ kJ/mol；

(3) $Mg(g) \rightarrow Mg^{2+}(g)$的电离能：$I = 2170$ kJ/mol；

(4) O_2(g)的解离能：$D = 494$ kJ/mol；

(5) Mg(s)的升华热：$\lambda = 150$ kJ/mol。

96. 已知在下面所列的变化中：

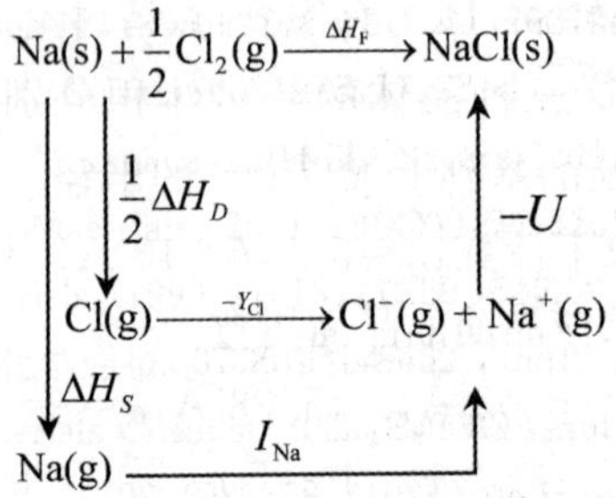

$Na(s) + \frac{1}{2}Cl_2(g) \xrightarrow{\Delta H_F} NaCl(s)$

$\frac{1}{2}\Delta H_D$

$-U$

$Cl(g) \xrightarrow{-Y_{Cl}} Cl^-(g) + Na^+(g)$

ΔH_S

I_{Na}

Na(g)

NaCl 晶体的生成热 $\Delta H_F = -98.2$ kcal/mol，Na 晶体的升华热 $\Delta H_S = 26.0$ kcal/mol，Cl_2 气体分子的分解热$\frac{1}{2}\Delta H_D = 28.9$ kcal/mol，气态 Na 的电离能 $I_{Na} = 118.2$ kcal/mol，Cl 的电子亲合势 $Y_{Cl} = 87.4$ kcal/mol。试用波恩-卡伯循环的热化学数据计算 NaCl 的晶格能。

97. 已知 NaCl 晶体的 $A = 1.7475$，$r_0 = 2.79$ Å，$n = 8$，求 NaCl 晶体的晶格能，并把结果与上题进行比较。

98. 试用鲍林规则说明：什么是含氧酸盐？什么是复合氧化物？并举例。

99. 尖晶石结构可写成通式 AB_2O_4，一般情况 A 为二价金属离子，B 为三价金属离子。试述 $B(AB)O_4$ 结构的意义。

100. 立方碳化硅(SiC)的结构和立方 ZnS 一样。其格子常数 $a = 4.349$ Å，试求：$2H$，$19H$，$33R$，$51R$ 堆积变体的六方格子常数。六方 ZnS 的 $a = 3.81$ Å，$c = 6.234$ Å，试求其 3R，15R 和立方 ZnS 格子常数。

101. 根据鲍林单价离子半径公式：

$$r_i = \frac{C_n}{Z - \sigma}$$

若利用 X 射线测得原子间距分别为：KCl 为 3.14 Å，RbBr 为 3.34 Å，试由表 6 所示的屏蔽常数 σ(对外层电子)计算：K^+，Cl^-，Rb^+，Br^- 半径。

表 6

电子构型	He	Ne	Ar	Kr	Xe
屏蔽常数 σ	0.188	4.52	10.87	26.83	41.80

102. 试讨论硅酸盐的分类，说明为什么硅酸盐有如此多种多样的结构。

103. 试用晶体场理论解释 Fe_3O_4 采取反尖晶石结构的原因。

104. 试用有关数据分别描绘出正戊烷和各种异戊烷的分子模型。估计各个分子最小截面积和直径，并分析：哪种分子不能被孔径为 5 Å 的分子筛吸附？戊烷与戊醇或苯相比较，何种先被吸附？

105. 在 AuCu 置换固溶体短程有序化后，在 $2\theta=0°\sim30°$间将出现哪些超结构线条？

106. 根据 NiAs 和六方 ZnS 的结构图，试用分数坐标表示其原子的位置。

107. 根据石墨的结构图，试用分数坐标表示晶胞中碳原子的位置。

108. 金属钽属于体心立方(bcc)结构，(231) 晶面间距为 0.8835 Å，求金属钽的密度。

109. 金属锌的晶体结构是略微歪曲的六方密堆积，$a=2.664$ Å，$c=4.945$ Å，每个晶胞含两个原子，坐标为(0,0,0)，$\left(\frac{1}{3},\frac{2}{3},\frac{1}{2}\right)$，求原子间距。

110. −140 ℃时，固态 Xe 的密度为 2.7 g/cm³，晶体结构属面心立方(fcc)，假设 Xe 的半径没有变化，试求固态 Xe 体心立方结构(bcc)的密度。

111. 根据面心立方结构(fcc)的典型平面证明：

$$d_{100}:d_{110}:d_{111}=1:\frac{1}{\sqrt{2}}:\frac{1}{\sqrt{3}}$$

112. ZnO 属六方晶系。晶格常数：$a=3.243$ Å，$c=5.195$ Å，每个晶胞有两个式量，若测出两种 ZnO 晶体密度分别为 5.470 g/cm³ 和 5.606 g/cm³，试确定：它们分属何种固溶体？是缺位还是间隙？

113. 试述 X 光衍射、电子衍射、中子衍射原理的异同。为什么说后两种衍射是 X 光衍射的补充？

114. 金属 Sm 的晶体结构为九层最密堆积：

$$\cdots ABABCBCACABABCBCAC\cdots$$

试用 h,c 表示法表示。

115. 试计算 CsCl 晶体中离子堆积的空间利用率，如 CsCl 按 NaCl 型结构堆积，其空间利用率又是多少？($r_{Cl^-}=1.81$ Å，$r_{Cs^+}=1.67$ Å)

116. 在 CuAu 合金有序时四方相的轴率 $c/a=1.3238$，试求：原来立方 CuAu 合金的 110 衍射，在此时发生什么变化？在四方相时衍射指标是什么？

117. 设配位多面体是三棱柱，计算位于配位多面体中心的球的最大半径。

118. 试求位于体心立方结构(bcc)中两种空隙处的球的最大半径与 R 之比。(R 是 bcc 密堆积球的半径)

119. 实验测得硅的晶体结构属金刚石型，空间群为 O_h^7-Fd3m，密度 $D=2.33$ g/cm³，

(1) 计算晶胞参数 a；

(2) 计算晶体中 Si—Si 键长；

(3) 假定在硅中掺入少量的硼形成间隙固溶体，试问硼原子占据晶胞中哪些位置的可

能性最大,请写出这些位置的分数坐标。(Si 的原子量为 28.06 g/mol。)

120. 已知 ZnS 有两种晶型:闪锌矿和纤锌矿。纤锌矿结构是由两套六方密堆积格子穿插而成,一套为 Zn^{2+},另一套为 S^{2-}。离子在晶胞中的位置为

$$Zn^{2+}:(0,0,0),\left(\frac{1}{3},\frac{2}{3},\frac{1}{2}\right)$$

$$S^{2-}:(0,0,u),\left(\frac{1}{3},\frac{2}{3},\frac{1}{2}+u\right)$$

这里 $u=\frac{3}{8}$。闪锌矿为金刚石型结构,其格子常数 $a=5.4093$ Å,纤锌矿格子常数:$a=3.8230$ Å,$c=6.2565$ Å,试计算两种矿物的理论密度。

121. 某一离子晶体经 X 射线分析鉴定属于立方晶系。晶胞参数 $a=4.00$ Å,晶胞中顶点位置为 Mg^{2+} 所占,体心位置为 K^+ 所占,所有棱心位置为 F^- 所占。

(1) 用分数坐标表示诸离子在晶胞中的位置;

(2) 写出此晶体的化学组成;

(3) 指出晶体的点阵形式;

(4) 指出 Mg^{2+} 的氟配位数和 K^+ 的氟配位数;

(5) 查出离子半径值,说明两种正离子的配位数是否合理;

(6) 检验此晶体是否符合电价规则,判断此晶体是否存在分立的络离子基团;

(7) K^+ 和 F^- 联合组成哪种形式的堆积?

(8) F^- 的配位情况如何?

122. 缺陷晶体可看做是其母体和其中的点缺陷形成的固溶体,包括下列三种类型:

(1) 间隙固溶体;

(2) 置换固溶体;

(3) 缺位固溶体。

请画出三种情况下晶体密度随缺陷浓度变化的示意图。

123. 试述 ReO_3 结构、$CaTiO_3$ 结构、四方和六方 A_xWO_3 结构之间的关系。

124. 试述马氏体相变的特点。

参 考 文 献

[1] 唐有祺. 结晶化学[M]. 北京:高等教育出版社,1957.

[2] Buerger M J. Elementary Crystallography[M]. New York: John Wiley & Sons, Inc., 1956.

[3] Buerger M J. Contemporary Crystallography[M]. New York: McGraw-Hill Book Company, 1970.

[4] Clyde R M. Theory and Problem of Physical Chemistry[M]. New York: McGraw-Hill Book Company, 1976.

[5] Graham M C. The Structures of Non-molecular Solids[M]. New York: Applied Science Publishers Ltd., 1972.

[6] Leonid V A. Introduction to Solids[M]. New York: McGraw-Hill Book Company, 1984.

[7] Evans R C. An Introduction to Crystal[M]. 2nd Edition. Cambridge: Cambridge University Press, 1976.

[8] Cullity B D. Elements of X-ray Diffraction[M]. New Jersey: Addison-Wesley Publishing Company, 1978.

[9] Charles K. Solids Physics[M]. New York: John Wiley & Sons, Inc., 1976.

[10] Г. Ъ. Ъокий. Кристаппохимия. И. Московского Универс-итета. 1960.

[11] 南京大学地质系岩矿教研室. 结晶化学与矿物学[M]. 北京:地质出版社,1978.

[12] 游孝曾. 结构无机化学计算[M]. 北京:人民教育出版社,1978.

[13] 周公度. 无机结构化学[M]. 北京:科学出版社,1982.

[14] Wells. Structural Inorganic Chemistry[M]. Oxford: Claren-Don Press, 1985.

[15] Donnay J D H, Helen M O. Crystal Data, Determinative Table Ⅱ: Inorganic Compounds[S]. 3rd Edition. American Crystallographic Association, Committee for the Joint ACA-NBS Crystal Data, 1973.

[16] А. И. Китайгогодски. Органическая Кристаппохимия, И. АНСССР, 1960.

[17] Barrett C S. Structures of Metals[M]. Oxford: Pergamon Press, 1980.

[18] 王文亮. 结晶化学[M]. 北京:人民教育出版社,1960.

[19] Т. Пенкапя. Очерки Кристаппохимии. Издатепвство Химия, 1974.

[20] Rao C N R. Phase Transitions in Solids. [M] New York: McGraw-Hill Book Company, 1978.

[21] В. Д. Кузнеиов. Кристаппы и кристаппизадия. Госу-дарственное Издатепьство Технико-Теоретической Питературьы, 1960.

[22] Roberts L E J. Solid State Chemistry (Inorganic Chemical Series Two Volume 10) [M]. London: Butterworths Press; Baltimore: Park University Press, 1975.

[23] Buckingham A D. Chemical Crystallography (Physical Chemistry Series One Volume 11) [M]. London: Butterworths Press, 1972.

[24] Kroto H W, et al. Nature, 1985, 318: 162.

[25] Kroto H W, et al. Chem. Rev., 1991, 91: 1213.

[26] Haddon R C. Philosophical Transactions of the Royal Society of London. Series A: Mathematical

Physical and Engineering Sciences, 1993, 343: 53-62.

[27] Qian Y T, Chen Z Y, et al. Mater. Res. Bull., 1988, 23: 119.

[28] Chen Z Y, Qian Y T, et al. J. Crystal Growth, 1989, 94: 277.

[29] Qian Y T, et al. Nanostructure Materials, 1992, 1: 347.

[30] Yang Q, Tang K B, et al. Mater. Lett., 2003, 57: 3508.

[31] Qian Y T, Wold A, et al. Mater. Res. Bull., 1983, 18: 543.

[32] Qian Y T, et al. J. Solid State Chem., 1984, 52: 211.

[33] Carreire L, Qian Y T, et al. Mater. Res. Bull., 1985, 20: 619.

[34] Qian Y T, Wu Y C, et al. J. Crystal Growth, 1989, 94: 273.

[35] Chen Z Y, Qian Y T, et al. Mater. Res. Bull., 1989, 24: 197.

[36] Xie Y, Qian Y T, et al. Science, 1996, 272: 1926.

[37] Louis B. Science, 1997, 276: 273.

[38] Chamberland B L. Inorg. Chem., 1969, 8: 286.

[39] Chen Q W, et al. Appl. Phys. Lett., 1995, 66: 1608.

[40] Chen Q W, et al. Mater. Lett., 1995, 22: 93.

[41] Qian Y T, et al. Mater. Res. Bull., 1990, 25: 1243.

[42] Cao G H, et al. J. Phys. Chem. Solid., 1995, 56: 981.

[43] Cao G H, et al. J. Phys. Chem. Solid., 1997, 58: 769.

[44] Cao G H, et al. Physics Letter A, 1994, 196: 263.

[45] Cao G H, Qian Y T, et al. Physics C, 1995, 248: 92.

[46] Qian Y T, et al. J. Phys. Condens. Matter., 1995, 7: 287.

[47] Taylor W H. Z. Kristallogr, 1930, 74: 1-19.

[48] Baerlocher C, Meier W M, Olson D H. Atlas of Zeolite Framework Types[M]. Amsterdam: Elsevier, 2001.

[49] http://www.iza-structure.org/databases.

[50] Lowenstein W A. Mineral, 1954, 39: 92.

[51] Dent L S, Smith J V. Nature, 1958, 181: 1794-1796.

[52] Smith J V, Rinaldi R, Glasser D L S. Crystallogr Acta, 1963, 16: 45-53.

[53] Barrer R M. Hydrothermal Chemistry of Zeolite[M]. London and New York: Academic Press, 1982.

[54] Pauling L. Z. Kristallogr, 1930, 74: 213-225.

[55] Loens J, Schulz H. Crystallogr. Acta, 1967, 23: 434-436.

[56] Reed T B, Breck D W. J. Am. Chem. Soc., 1956, 78: 5972-5977.

[57] Gramlich V, Meier W M. Z. Kristallogr, 1971, 133: 134-149.

[58] Bergerhoff G, Baur W H, Nowacki W N. Jb. Miner. Mh, 1958: 193-200.

[59] Baur W H. Am. Mineral, 1964,49: 697-704.

[60] Delprato F, Delmotte L, Guth J L, et al. Zeolites, 1990, 10: 546-552.

[61] Baerlocher C, McCusker L B, Chiappetta R. Microporous Materials, 1994, 2: 269-280.

[62] Passaglia E, Pongiluppi D, Rinaldi R N. Jb. Miner. Mh., 1977: 355-364.

[63] Galli E, Gottardi G, Pongiluppi D N. Jb. Miner. Mh., 1979: 1-9.

[64] Gordon E K, Samson S, Kamb W K. Science, 1966, 154: 1004-1007.

[65] Vaughan D E W, Strohmaier G. U.S. Patent 4, 1987, 661: 332.

[66] Flanigen E M, Bennett J M, Grose R W, et al. Nature, 1978, 271: 512.

[67] Lawton S L, et al. Nature, 1978, 272: 437.

[68] Olson D H, Kokotailo G T, et al. J. Phys. Chem., 1981, 85: 2238.
[69] Kokotailo G T, Chu P, et al. Nature, 1978, 275: 119.
[70] Bibby D M, Milestone N B, Aldridge L P. Nature, 1979, 280: 664.
[71] Fyfe C A, Gies H, Kokotailo G T, et al. J. Am. Chem. Soc., 1989, 111: 2470.
[72] LaPierre R B, Rohrman J A C, Schlenker J D, et al. Zeolites, 1985, 5: 346-348.
[73] Fyfe C A, Gies H, Kokotailo G T, et al. J. Phys. Chem., 1990, 94: 3718-3721.
[74] Schlenker J L, Higgins J B, Valyocsik E W. Zeolites, 1990, 10: 293-296.
[75] Pauling L. Proc. Natl. Acad. Sci., 1930,16: 453-459.
[76] Jarchow O. Z. Kristallogr, 1965, 122: 407-422.
[77] Bariand P, Cesbron F, Giraud R. Bull. Soc. fr. Minéral. Cristallogr., 1968, 91: 34-42.
[78] Merlino S, Mellini M. Zeolite,1976.
[79] Staples L W, Gard J A. Mineral. Mag., 1959, 32: 261-281.
[80] Kawahara A, Curien H. Bull. Soc. fr. Minéral. Cristallogr., 1969, 92: 250-256.
[81] Fischer K. N. Jb. Miner. Mh., 1966: 1-13.
[82] Vezzalini G, Quartieri S, Passaglia E. N. Jb. Miner. Mh., 1990: 504-516.
[83] Daniels R H, Kerr G T, Rollmann L D. J. Am. Chem. Soc., 1978, 100: 3097-3100.
[84] Higgins J B, LaPierre R B, Schlenker J L, et al. Zeolites, 1988, 8: 446-452.
[85] Newsam J M, Treacy M M J, Koetsier W T, et al. Proc. R. Soc. Lond. A, 1988,420: 375-405.
[86] Freyhardt C C, Lobo R F, Khodabandeh S, et al. J. Am. Chem. Soc., 1996, 118: 7299-7310.
[87] Meier W M. Z. Kristallogr.,1961,115:439-450.
[88] Eapen M J, Reddy K S N, Joshi P N, et al. J. Incl. Phenom., 1992,14:119-129.
[89] Wilson S T, Lok B M, Flanigen E M. U. S. patent 4, 1982, 310: 440.
[91] Bennett J M, Cohen J P, et al. ACS Sym. Ser., 1983, 218: 109.
[92] Flanigen E M, Lok B M, et al. Pure Appl. Chem., 1986, 58: 1351.
[93] McCusker L B, Baerlocher C, et al. Zeolites, 1991, 11: 308.
[94] Davis M E, Saladarriaga C, et al. Nature, 1988, 331: 698.
[95] Bennett J M, Richardson Jr J W, Pluth J J, et al. Zeolites, 1987, 7:160-162.
[96] Pluth J J, Smith J V, Richardson Jr J W. J. Phys. Chem., 1988, 92: 2734-2738.
[97] Dessau R M, Schlenker J L, Higgins J B. Zeolites, 1990, 10: 522-524.
[98] Richardson Jr J W, Vogt E T C. Zeolites, 1992, 12: 13-19.
[99] Chu C T W, Schlenker J L, Lutner J D, et al. U. S. patent 5, 1992, 91: 73.
[100] Xiao G, et al. Phys. Rev. Lett., 1988, 60: 1446.
[101] Lin R, Qian Y T, et al. Mat. Sc. & Eng. B, 1992, 13: 133.
[102] Schauffaütl P, Prakt J. Chem., 1841, 21: 155.
[103] Gamble F R, Osiecki J H, Cais M, et al. Geballe. Science,1971,174:493.
[104] Whittingham M S, Chianelli R R. J. Chem. Edu., 1980,57:569.
[105] Dines M B. Science, 1975,188:1210.
[106] Lindberg P A A, et al. Phys. Rev. B, 1989,39:2890-2893.
[107] Yuon K, Francois M Z. Phys. B, 1989,76:413-444.
[108] Xiang X D, Mckernan S, Vareka W A, et al. Science, 1990, 348: 145.
[109] Choy J H, Park N G, Hwang S J, et al. J. Am. Chem. Soc., 1994, 116: 11564.
[110] Choy J H, Kwon S J, Park G S. Science, 1998, 280: 1589.
[111] Bednorz J G, Muller K A. Z. Phys., 1986,B 76:189.
[112] Ekimov E A, Sidorov V A, Bauer E D, et al. Nature, 2004,428:542.

[113] Schnccmeyer L F, et al. Nature, 1988,332:421.
[114] Wu M K, Chu C W, et al. Phs. Rev. Lett. , 1987,58: 81.
[115] 赵忠贤,等. 科学通报,1987,32 :412.
[116] Marsh P,et al. Nature, 1988,334:141.
[117] Bordet P,et al. Nature, 1988,334 : 596.
[118] Greaves C, et al. Physica C, 1989,161: 245.
[119] Roth G, et al. J. Phys. , 1991,1:721.
[120] Goodenough J B. Supercond. Sci. Technol. , 1990,3:26.
[121] Sawa H, et al. Nature, 1989,337:347.
[122] Tokura Y,et al. Nature, 1989337 :345.
[123] Zandbergan H W, et al. Physica C, 1989,159:81.
[124] Haldar P, et al. Science, 1988,241:1198.
[125] Putilin S N, et al. Nature,1993,362:226.
[126] Michel C, et al. Z. Phys. B Condensed Matter. , 1987,68:421.
[127] Sheng Z Z, et al. Phys. Rev. Lett. 1988,60:937.
[128] Azuma M, et al. Nature, 1992,356 :775.
[129] Cava R J, et al. Nature, 1990,345:602.
[130] Hervieu M, et al. J. Solid State Chem. , 1988,75:212.
[131] Schilling A,et al. Nature, 1993,363:56.
[132] Wu W B, Li F Q, Li X G, et al. J. Appl. Phys. , 1993,74: 4262.
[133] Ehmann A,et al. Physica C,1992,198:1.
[134] Qian Y T, Tang K B, et al. Physica C,1993,209:516.
[135] Maeda H,et al. Jpn. J. Appl. Phys. ,1988,27:L209.
[136] Sastry V P P S, et al. Physica C,1988,156 :230.
[137] Tarascon J M, et al. Phys. Rev. B,1988,38:8885.
[138] Cox D E,et al. Phys. Rev. B, 1988,38:6624.
[139] Subramanian M A, et al. J. Solid State Chem. ,1988,77:192
[140] Torardi C C,et al. Science,1988,240:631.
[141] Schilling A, et al. Mater. Lett. ,1992,15:141.
[142] Tang K B,et al. Physica C,1997,282: 941.
[143] Chen X H, et al. Phys. Rev. B,1993,48:9799.
[144] Tokura Y, et al. Nature, 1988,342:890.
[145] Mochiku T, et al. Jpn. J. Appl. Phys. , 1989,28: L1962.
[146] Sheng Z Z, et al. Phys. Rev. B, 1989,39:2918.
[147] Subramanian M A, et al. Science, 1988,242:249.
[148] Singh K K, et al. Physica C, 1994,220:1.
[149] Liu R S, et al. Physica C, 1994,222:13.
[150] Hu S F, et al. J. Solid State Chem. , 1993,103:280.
[151] Tang K B, Qian Y T, et al. Physica C, 1995,248:11.
[152] Tang K B, Xu X W, et al. Physica C, 1995,249:1.
[153] Cava R J, et al. Nature, 1988,336:211.
[154] Tokiwa A,et al. Physica C, 1990,168:285.
[155] Li R K,et al. Physica C, 1991,176:19.
[156] Cava R J, et al. Physica C, 1992,191:237.

[157] Li R K, et al. Physica C, 1992,200:344.
[158] Kinoshita K,et al. Nature, 1992,357:313.
[159] Cava R J,et al. Physica C, 1990,167:67.
[160] Zachariah M R, Huzarewicz S. J. Mater. Res., 1991,6:264-269
[161] Yan M F, Barns R L, O'Bryan H M, et al. Appl. Phys. Lett., 1987,51:532.
[162] Naito N, Kafalas J, Jachim L, et al. J. Appl. Phys., 1990,67:3521
[163] Kanai T, Kamo T, Matsuda S P. J. Japan. Appl. Physic., 1990,29:412
[164] Wu W B, Qian Y T, et. al. Phys. Rev. B, 1994,49:1315
[165] Kamihara Y, et al. J. Am. Chem. Soc., 2008,130:3296.
[166] Chen X H, et al. Nature, 2008,453:761.
[167] Chen G F,et al. Phys. Rev. Lett., 2008,100:247002.
[168] Ren Z A,et al. Chin. Phys. Lett., 2008,25:2215.
[169] Wen H H,et al. Europhys. Lett., 2008,82:17009.
[170] Wang C, et al. Europhys. Lett., 2008,83:67006.
[171] Rotter M, M Tegel, D Johrendt. Phys. Rev. Lett., 2008,101:107006.
[172] Wang X C, et al. Solid State Commun., 2008,148:538.
[173] Hsu F C, et al. Proc. Natl. Acad. Sci. USA, 2008,105:14262.
[174] Jiang H, et al. Chin. Phys. B, 2008,22:087410.
[175] 王志成,曹光旱.物理学报, 2018,67:207406.
[176] Zhao J, et al. Nat. Mater., 2008,7:953.
[177] Lee C H,et al. J. Phys. Soc. Jpn., 2008,77:083704.
[178] Medvedev S, et al. Nat. Mater., 2009,8:630.
[179] Wang Q Y, et al. Chin. Phys. Lett., 2012,29:037402.
[180] He S L,et al. Nat. Mater., 2013,12:605.
[181] Fan Q, et al. Nat. Phys., 2013,11:946.
[182] Ge J F,et al. Nat. Mater., 2015, 14:285.
[183] Parker D R,et al. Chem. Commun., 2009,2009:2189.
[184] Guo J G, et al. Phys. Rev. B, 2010,82:180520 (R).
[185] Fang M H, et al. Europhys. Lett., 2011,94:227009.
[186] Dagotto E. Rev. Mod. Phys., 2013,85:849.
[187] Burrard-Lucas M,et al. Nat. Mater., 2013, 12:15.
[188] Gao Z, et al. Sci. China Mater., 2018,61:977.
[189] Lin D,et al. Inorg. Chem., 2019,58:15401.
[190] Wang C, et al. J. Am. Chem. Soc., 2016,138:2170.
[191] Bernardini F, et al. Phys. Rev. B, 2018,97:100504(R).
[192] Katayama N, et al. J. Phys. Soc. Jpn., 2013,82:123702.
[193] Yakita H, et al. J. Am. Chem. Soc., 2014,136:846.
[194] Yu J, et al. Sci. Bull., 2017,62:218.
[195] Liu Y B, et al. Sci. China.-Phys. Mech. Astron., 2017,61:127405.
[196] Ni N,et al. Proc. Natl. Acad. Sci. USA, 2008,108:E1019.
[197] Zhu W J, et al. J. Am. Chem. Soc., 1997,119:12398.
[198] Otzschi K, et al. J. Low Temp. Phys., 1999,117:729.
[199] Hyett G,et al. J. Am. Chem. Soc., 2007,129:11192.
[200] Zhu W J, et al. J. Solid State Chem., 1997,134:128.

[201] Eguchi N, et al. J. Phys. Soc. Jpn., 2013,82:045002.
[202] Zhu X,et al. Phys. Rev. B, 2009,79:024516.
[203] Chen G F,et al. Supercond. Sci. & Technol., 2009,22:072001.
[204] Ogino H, et al. Appl. Phys. Express, 2010,3:063103.
[205] Zhu X Y, et al. Phys. Rev. B, 2009,79:220512.
[206] Ogino H, et al. Supercond. Sci. & Technol., 2010,23:115005.
[207] G H Cao, et al. Phys. Rev. B, 2010,82:104518.
[208] Lu X F, et al. Nat. Mater., 2015,14:325.
[209] Sun Y L, et al. J. Am. Chem. Soc., 2012,134:12893.
[210] Katrych S, et al. Phys. Rev. B, 2013,87:180508(R).
[211] Wang Z C, et al. J. Am. Chem. Soc., 2016,138:7856.
[212] Shao Y T,et al. Sci. China Mater., 2019,62:1357.
[213] Iyo A, et al. J. Am. Chem. Soc., 2016,138:3410.
[214] Liu Y, et al. Sci. Bull., 2016,61:1213.
[215] Hebard A F,et al. Nature, 1991,350:600-601.
[216] Tang Z K, Zhang L Y, Wang N, et al., Science,2001,292:2462.
[217] Sleight A W,et al. Solid State Commun., 1975,17:27.
[218] Nagamatsu J, Nakagawa N, Muranaka T, et al. Nature, 2001,410:63.
[219] Jiang X, et al. Chemistry of Materials, 2001,13(4):1213-1218.
[220] Xie Y,et al. Advanced Materials, 1999,11(18):1512-1515.
[221] 陈祖耀,朱英杰,陈敏,等.化学通报,1996,1:44-45.
[222] Liu Z, et al. Journal of Materials Chemistry, 2003,13(1):159-162.
[223] Liu Z, et al. Langmuir, 2004,20(1):214-218.
[224] Chen Q,et al. Physica C: Superconductivity, 1994,224(3/4):228-230.
[225] Lu J, et al. Journal of Materials Chemistry,2002, 12(9):2755-2761.
[226] Mo M, et al. Advanced Materials, 2002,14(22):1658-1662.
[227] Wang Z, et al. Chemistry - A European Journal, 2005,11(1):160-163.
[228] Qu L et al. The Journal of Physical Chemistry B, 2005,109(29):13985-13990.
[229] Tang Q,et al. Chemical Communications, 2004 (6):712-713.
[230] Wu F, et al. Angewandte Chemie, 2015,127(37):10937-10941.
[231] Liu Z, et al. Advanced Materials, 2003,15(22):1946-1948.
[232] Liang J, et al. The Journal of Physical Chemistry B, 2005,109(19):9463-9467.
[233] Xie Y, et al. Science, 1996,272(5270):1926-1927.
[234] Lu Q, et al. Applied physics letters, 1999,75(4):507-509.
[235] Zhou J, et al. Advanced materials, 2017,29(29):1700214.
[236] Li Y D, et al. Chemistry of Materials, 1998,10(9):2301-2303.
[237] Li Y,et al. Inorganic Chemistry, 1999,38(7):1382-1387.
[238] Yang J, et al. Angewandte Chemie International Edition, 2002,41(24):4697-4700.
[239] Yang Q, et al. The Journal of Physical Chemistry B, 2002,106(36):9227-9230.
[240] Zhan J H, et al. Advanced Materials, 2000,12(18):1348-1351.
[241] Xiong S, et al. Advanced Functional Materials, 2007,17(15):2728-2738.
[242] Xiong S, et al. Chemistry, 2007,13(11):3076-81.
[243] Liu Z, et al. Advanced Materials, 2003,15(11):936-940.
[244] Liu X, et al. Chem. Soc. Rev., 2013,42(21):8237-65.

[245] Lin N, et al. Angew Chem. Int. Ed. Engl., 2015,54(12):3822-5.
[246] Heath J R, et al. Science, 1992,258(5085):1131-1133.
[247] Lin N, et al. Energy & Environmental Science, 2015,8(11):3187-3191.
[248] Bao Z,et al. Nature, 2007,446(7132):172-175.
[249] Franken P A,et al. Physical Review Letters,1961,7(4):118.
[250] Konig H,et al. Zeitschrift Fur Anorganische Und Allgemeine Chemie,1978,439(2) :71-79.
[251] Ihara M,et al. Yogyo-Kyokai-Shi (Japan), 1980, 88(1016):179-184.
[252] Chen C T, et al. Journal of the Optical Society of America B-Optical Physics,1989,6(4): 616-621.
[253] Heller G,et al. Topics in Current Chemistry, Vol. 131[M]. Springer: Berlin, 1986.
[254] Soloveva L,et al. Soviet Physics Crystallography,1971, 15(5):802.
[255] Chen C, et al. Journal of Applied Physics,1995,77(6) :2268-2272.
[256] Wu B C, et al. Optical Materials,1996,5(1/2) : 105-109.
[257] Li X, et al. Energy & Environmental Science, 2015,8(11) :3181-3186.
[258] Whittingha S M. Intercalation Chemistry[M]. Amsterdam:Elsevier,2012.
[259] W S. Hummers et al. Journal of the American Chemical Society,1958,80(6): 1339-1339.
[260] Krishnan A, et al. Nature, 1997,388(6641):451-454.
[261] Jiang Y,et al. Journal of the American Chemical Society, 2000,122(49):12383-12384.
[262] Novoselov K S, et al. Science, 2004,306(5696) :666-669.
[263] Herold A,et al. Bulletin De La Societe Chimique De France, 1955 (7/8):999-1012.
[264] Besenhard J O,et al. Carbon, 1976,14(2):111-115.
[265] Whittingham M S,et al. Science, 1976,192(4244) :1126-1127.
[266] Asher R,et al. Nature, 1958,181(4606) :409-410.
[267] Qian Y,et al. Angewandte Chemie International Edition, 2019,58(50):18108-18115.
[268] Meng Y,et al. Materials Today Energy,(2022) 100982.
[269] Zheng J X, et al. Science, 2019,366(6465):645.
[270] Zhang X T,et al. Energy & Environmental Science, 2021,14(5) : 3120-3129.
[271] Parker J F, et al. Science, 2017,356(6336): 414-417.
[272] Ao H,et al. Small Methods,2021: 2100418.
[273] Tian Y,et al. Chemistry of Materials, 2020,32(9):4054-4064.
[274] Hou Z,et al. Journal of Materials Chemistry A, 2017,5(2) :730-738.
[275] Hou Z,et al. Small, 2020,16(26):2001228.

化合物索引

名 词 索 引